ANWENDUNG
DER
DIFFERENTIAL- UND INTEGRAL-RECHNUNG
AUF
GEOMETRIE

VON

GEORG SCHEFFERS

ERSTER BAND

EINFÜHRUNG IN DIE THEORIE DER KURVEN
IN DER EBENE UND IM RAUME

BERLIN UND LEIPZIG 1923

WALTER DE GRUYTER & CO.

VORMALS G. J. GÖSCHEN'SCHE VERLAGSHANDLUNG · J. GUTTENTAG, VERLAGSBUCHHANDLUNG · GEORG REIMER · KARL J. TRÜBNER · VEIT & COMP.

EINFÜHRUNG

IN DIE

THEORIE DER KURVEN

IN DER EBENE UND IM RAUME

VON

GEORG SCHEFFERS

DRITTE VERBESSERTE AUFLAGE

MIT 107 FIGUREN IM TEXT

BERLIN UND LEIPZIG 1923

WALTER DE GRUYTER & CO.

VORMALS G. J. GÖSCHEN'SCHE VERLAGSHANDLUNG · J. GUTTENTAG, VERLAGSBUCHHANDLUNG · GEORG REIMER · KARL J. TRÜBNER · VEIT & COMP.

Aus dem Vorworte zur ersten Auflage.

Bei der Ausarbeitung des Werkes suchte ich stets dessen eingedenk zu sein, daß es denen dienen soll, die soeben zum ersten Male einen guten Kursus in der Differential- und Integralrechnung durchgemacht haben. Deshalb habe ich fast alle überhaupt besprochenen Probleme in größter Ausführlichkeit bis zu ihrem Abschlusse behandelt, was vielleicht gewandten Lesern lästig sein wird. Aus gleichem Grunde sind die Ergebnisse in besonders hervortretenden Sätzen formuliert, sehr zahlreiche Rückverweisungen angebracht, ferner viele Beispiele in kleinerem Drucke eingeschaltet und viele Figuren beigegeben worden. Außerdem ist zum Schlusse eine Reihe von Formeltafeln und ein ausführliches alphabetisches Sachregister angehängt worden. Durch die Formeltafeln wie auch durch die Art der Behandlung der Probleme, wobei Kunstgriffe möglichst vermieden wurden, suchte ich zu erreichen, daß der Leser bald eine gewisse Fähigkeit zu selbständigen Forschungen in ähnlichen Problemen erlange; und ich möchte sogleich anfügen, daß es bei einem elementaren Lehrbuche meiner Ansicht nach nicht sowohl auf eine möglichst große Bereicherung des Studierenden mit neuen Sätzen als vielmehr auf eine möglichst weitgehende Unterweisung des Studierenden zu eigener Arbeit ankommt.

Einige Punkte, auf die ich besonderes Gewicht lege, seien erwähnt:

Zunächst die gesonderte und ziemlich ausführliche Behandlung der ebenen Kurven vorweg, was vielleicht die Theoretiker tadeln werden. Dabei habe ich schon hier die krummlinigen Koordinaten, die dem Anfänger erfahrungsgemäß in der Flächentheorie die meisten Schwierigkeiten bereiten, wenigstens für die Ebene einführen können.

Ferner erwähne ich die grundsätzliche Mitberücksichtigung des Imaginären von vornherein. Wenn man späterhin — was kaum zu vermeiden ist — Anwendungen auf imaginärem Gebiete machen will, ist zu fordern, daß auch vorher die Beweise auf das imaginäre Gebiet erstreckt worden sind, was häufig nicht beachtet wird.

Weiterhin versuchte ich die Theorie der Berührung höherer Ordnung analytisch möglichst exakt darzustellen, was in unseren deutschen Lehrbüchern meist unterlassen wird.

Die Versuchung, geometrische Beweise zu bringen, war groß; aber der Zweck des Buches, Anwendungen der Infinitesimalrechnung zu geben, wäre durch solche Beweisführungen nicht gefördert worden. Deshalb fügte ich rein geometrische Betrachtungen nur da hinzu, wo sie zur Erleichterung des Verstehens der analytischen Folgerungen Nutzen zu haben schienen oder besonders interessant waren.

Die Figuren habe ich, soweit Räumliches darzustellen war, stets in axonometrischer Orthogonalprojektion entworfen.

In bezug auf die in den Anmerkungen gegebenen geschichtlichen Hinweise muß ich um Nachsicht bitten. Ich habe mich zum Teil auf anerkannte Forscher im Gebiete der Geschichte der Mathematik gestützt, so auf MORITZ CANTOR und STÄCKEL; ferner benutzte ich literarische Bemerkungen von CHASLES, DARBOUX, LORIA, DE SAINT-VENANT, SALMON-FIEDLER, SCHELL, STAHL-KOMMERELL u. a. Wenn nun die Anmerkungen hier und da doch nicht die wirklichen Quellen nennen sollten und wenn an manchen Stellen die Zitate überhaupt fehlen, steht diesen Mängeln doch der erhebliche Gewinn gegenüber, daß der Anfänger — der gerade am meisten dessen bedarf — wenigstens einiges aus der Geschichte seiner Wissenschaft erfährt.

Darmstadt, im Oktober 1900.

Aus dem Vorworte zur zweiten Auflage.

Eine gründliche neue Bearbeitung hat sich dieses Buch gefallen lassen müssen, sind es doch schon neun Jahre her, seitdem es zuerst erschien. Aber der Gang der Entwicklungen und die gesamte Haltung ist wie früher geblieben; daran konnte die als zweckmäßig erkannte Umstellung einzelner Paragraphen sowie die Einfügung einiger neuer Betrachtungen nichts Wesentliches ändern.

Größere neue Einschaltungen sind zunächst § 13 und § 19 des ersten Abschnittes. In § 13 werden Untersuchungen im Sinne von CESÀROS natürlicher Geometrie angestellt, und § 19 bringt als nützliche Vorbereitung zu den drei Fundamentalgleichungen der Flächentheorie im zweiten Bande den Begriff und die Auswertung der einzigen Fundamentalgleichung, die in der Ebene bei krummlinigen Koordinaten besteht. Da die ebenen Kurvennetze ohne Umwege inzwischen auch anderwärts Eingang in ein Lehrbuch gefunden haben, trug ich kein Bedenken, einen kurzen Abriß ihrer Theorie zu geben (in § 23 des ersten Abschnittes), zumal in der Flächentheorie auf sie zurückgegangen werden muß. Neu ist auch der § 7 des zweiten Abschnittes über die ebenen Kurven, aufgefaßt als Kurven des Raumes. Neu ist ferner eine große Anzahl von Beispielen und Ausführungen in kleinerem Drucke, und außerdem wurden die Kurvenpaare mit denselben Hauptnormalen in § 10 des dritten Abschnittes eingehender behandelt, als es früher geschah. Gekürzt wurden dagegen die Betrachtungen über gewöhnliche Differentialgleichungen erster Ordnung.

Die Unterschiede zwischen dem alten und neuen Texte haben im übrigen ihre Quelle in dem Streben nach Verbesserung. Mit großem Danke habe ich dabei die Ratschläge und Hinweise vieler freiwilliger Mitarbeiter verwertet. Erhebliche Ausstellungen hat Herr Study gemacht, der sich in den beiden auf S. 76 genannten Abhandlungen vielfach mit diesem Buche beschäftigt. Zunächst nämlich muß die Zweiwertigkeit derjenigen Größen, die ich nach dem Vorgange von Lie als Differentialinvarianten benutzte, gehörig beachtet werden; zweitens waren die nicht geradlinigen imaginären Kurven in den Minimalebenen übersehen worden; und drittens hätten auch die Geraden als Ausnahmegebilde behandelt werden müssen, da ihnen kein begleitendes Dreikant zukommt. Die neue Auflage wird jetzt weniger Anlaß zu Beanstandungen geben, da ich selbstverständlich die Kritik verwertet habe. Hoffentlich in hinreichendem Umfange; das stete Mitschleppen von zum Teil trivialen Ausnahmefällen würde nämlich das Lesen manchmal geradezu ungenießbar machen. Man muß da gewisse Grenzen einhalten.

Eine Schwierigkeit sei bei dieser Gelegenheit erwähnt: Für die nicht geradlinigen Kurven in Minimalebenen war ein Name nötig. Als Notbehelf dient die Bezeichnung als Minimalkurven zweiter Ordnung, die, falls sie nicht zusagt, leicht wieder fallen gelassen werden kann. Die Einführung eines Namens steht ja mir nicht zu, und Benennungen nach Autoren möchte ich wie in der ersten Auflage grundsätzlich vermeiden, soweit es irgend möglich ist.

Das Figurenmaterial ist stark vermehrt worden. Auch alle neuen Abbildungen habe ich, soweit sie Räumliches und Metrisches betreffen, in senkrechter Projektion, aber — der größeren Anschaulichkeit halber — bei schiefer Stellung des Achsenkreuzes gegenüber der Zeichenebene entworfen.

Schließlich sei noch ausdrücklich erwähnt, daß die klein gedruckten Partien des Werkes in der Regel durchaus nicht überschlagbar sind; vielmehr soll durch sie nur eine bessere Gliederung des Stoffes bewirkt werden.

Berlin-Steglitz, im März 1910.

Vorwort zur dritten Auflage.

Vor zwei Jahren war von diesem Bande ein anastatischer Neudruck in kleiner Anzahl hergestellt worden, weil das Buch vergriffen war. Die Folge dieses Umstandes ist, daß erst jetzt die neue, dritte Auflage des ersten Bandes herauskommt, nachdem die des zweiten Bandes schon erschienen ist. Diese Umkehrung der natürlichen Reihenfolge ist jedoch ohne Einfluß auf beide Teile des Werkes: sie gehören in der dritten Auflage zusammen.

Die Ungunst der Zeiten zwang auch diesmal dazu, nur die unbedingt notwendigen Verbesserungen vorzunehmen und nur geringfügige Neuerungen zu machen, weil der Text der wohlfeileren Herstellung der neuen Auflage halber möglichst zu schonen war. Aber alle mir bekannt gewordenen Druckfehler und Versehen sind ausgebessert worden. Wo es der Platz erlaubte, wurden kleinere Zusätze gemacht.

Eine Einzelheit muß hier noch zur Sprache kommen: Auf S. 296 fand sich in der zweiten Auflage ein Rechenfehler, auf den mich Herr Loria aufmerksam machte. Ich nahm bei der Herstellung der dritten Auflage des zweiten Bandes die Gelegenheit wahr, dort im Anhange auf S. 582 darauf hinzuweisen. Leider beging ich dabei einen neuen Irrtum. Jetzt aber ist die Stelle im vorliegenden Bande auf S. 296 in Ordnung gebracht; man möge daher die am Schlusse des zweiten Bandes angehängte Bemerkung als nicht vorhanden betrachten.

Berlin-Dahlem, im Februar 1923.

Georg Scheffers.

Inhalt.

Erster Abschnitt.

Kurven in der Ebene.

		Seite
§ 1.	Analytische Darstellung ebener Kurven	1
§ 2.	Die Bogenlänge einer ebenen Kurve	8
§ 3.	Die Bewegungen in der Ebene	13
§ 4.	Tangenten einer ebenen Kurve	18
§ 5.	Berührung zwischen Kurven in der Ebene	27
§ 6.	Merkmale für die Berührung bei besonderen Darstellungsformen der Kurven	33
§ 7.	Berührung von Kurve und Kreis	38
§ 8.	Krümmung ebener Kurven	45
§ 9.	Einhüllende Kurven in der Ebene	53
§ 10.	Evolute und Evolventen	60
§ 11.	Differentialinvarianten einer ebenen Kurve	74
§ 12.	Die natürliche Gleichung einer ebenen Kurve	84
§ 13.[1]	Begleitende Kurven	91
§ 14.	Singuläre Stellen ebener Kurven	104
§ 15.	Funktionen des Ortes in der Ebene	119
§ 16.	Gewöhnliche Differentialgleichungen erster Ordnung in der Ebene	127
§ 17.	Trajektorien einer Kurvenschar in der Ebene	132
§ 18.	Parameterlinien in der Ebene	143
§ 19.	Die Fundamentalgleichung der Ebene in krummlinigen Koordinaten	151
§ 20.	Kurvennetze in der Ebene	158
§ 21.	Flächentreue Abbildung der Ebene	166
§ 22.	Isothermen in der Ebene	170
§ 23.	Ebene Kurvennetze ohne Umwege	180

Zweiter Abschnitt.

Kurven im Raume.

§ 1.	Einleitung, insbesondere Geraden im Raume	189
§ 2.	Die Bewegungen im Raume	194
§ 3.	Analytische Darstellung von Raumkurven	203
§ 4.	Berührung zwischen Raumkurven	214
§ 5.	Das begleitende Dreikant bei einer Raumkurve	219
§ 6.	Formeln für die Richtungskosinus des Dreikants	227
§ 7.	Die ebenen Kurven als Raumkurven	239
§ 8.	Die Krümmungskreise einer Raumkurve	249
§ 9.	Oskulierende gemeine Schraubenlinien	254

[1] Dieser Paragraph kann später gelesen werden.

Seite
§ 10. Schraubung des begleitenden Dreikants 262
§ 11. Differentialinvarianten einer Kurve im Raume 269
§ 12. Die natürlichen Gleichungen einer Raumkurve 278
§ 13. Bestimmung aller Kurven mit gegebenen natürlichen Gleichungen 287
§ 14. Beispiele zu den natürlichen Gleichungen einer Kurve 299
§ 15. Berührung zwischen Kurve und Fläche 306
§ 16. Die Schmiegungskugel bei einer Kurve 316
§ 17. Sphärische Abbildung der Kurven 326
§ 18. Nachträge zur sphärischen Abbildung der Kurven 338
§ 19. Drei einem Kurvenpunkte zugeordnete Kegel 341

Dritter Abschnitt.

Kurven und abwickelbare Flächen.

§ 1. Die Tangentenfläche einer Kurve 351
§ 2. Einiges über geradlinige Flächen 366
§ 3. Einhüllende einer Ebenenschar 376
§ 4. Abwickelbare Flächen 382
§ 5. Filarevolventen 391
§ 6. Planevolventen und Planevoluten 395
§ 7. Die Polarfläche einer Kurve 404
§ 8. Die rektifizierende Fläche einer Kurve 415
§ 9. Verallgemeinerung des Begriffes der Schraubenlinien 426
§ 10. Kurven mit denselben Hauptnormalen 432
§ 11. Das Doppelverhältnis 445
§ 12. Die Minimalgeraden 453
§ 13. Die Minimalkurven 457

Anhang.

Tafel I. Änderung des Koordinatensystems 465
„ II. Beziehungen zwischen den Richtungskosinus des begleitenden Dreikants einer Kurve 466
„ III. Richtungskosinus des begleitenden Dreikants einer Kurve und ihre Ableitungen nach der Bogenlänge 466
„ IV. Bestimmung einer Kurve aus der sphärischen Indikatrix ihrer Tangenten 468
„ V. Bestimmung einer Kurve aus der sphärischen Indikatrix ihrer Hauptnormalen 468
„ VI. Bestimmung einer Kurve aus der sphärischen Indikatrix ihrer Binormalen 469
„ VII. Elemente der Filarevolventen einer Kurve 470
„ VIII. Elemente der Parallelkurven einer Kurve 471
„ IX. Elemente der Gratlinie der Polarfläche einer Kurve . . . 472
„ X. Elemente der Gratlinie der rektifizierenden Fläche einer Kurve 473
Sachregister 474

Erster Abschnitt.

Kurven in der Ebene.

§ 1. Analytische Darstellung ebener Kurven.

Wir legen unseren Betrachtungen ein rechtwinkliges Koordinatensystem zugrunde, in der Ebene also rechtwinklige Punktkoordinaten x und y.

Ein Punkt (x, y) beschreibt eine Linie oder Kurve[1], wenn sich seine Abszisse x ändert und dabei seine Ordinate y als eine Funktion von x gegeben und demnach ebenfalls veränderlich ist:

$$y = f(x). \tag{1}$$

Diese am nächsten liegende Darstellung der Kurve durch eine Gleichung hat einen Nachteil, da die beiden Koordinaten x und y ungleiche Behandlung erfahren. Außerdem sind die Kurven x=konst., nämlich die zur y-Achse parallelen Geraden, nicht in dieser Art darstellbar. Beide Nachteile werden nun zwar vermieden, wenn man die Gleichung der Kurve in einer nicht gerade nach y aufgelösten Form schreibt:

$$F(x, y) = 0, \tag{2}$$

aber diese ist viel unbequemer als die Form (1).[2]

Will man weder x noch y bevorzugen und doch eine für die Rechnung bequeme analytische Ausdrucksweise für eine Kurve haben, so nehme man an, daß sich x und y etwa mit der Zeit t gesetzmäßig ändern, d. h. daß x und y Funktionen einer dritten Veränderlichen t seien:

$$x = \varphi(t), \quad y = \psi(t). \tag{3}$$

---

[1] Das Wort Linie wird oft (z. B. in der sogenannten Liniengeometrie) nur für Geraden gebraucht. Wir ziehen deshalb den Namen Kurve vor.

[2] Der Erste, der systematisch die analytische Betrachtungsweise bei Kurven einführte, war bekanntlich DESCARTES in seiner „Géométrie" (Leyden 1637, Neudruck Paris 1886, deutsche Übersetzung von SCHLESINGER, Berlin 1894).

Ob man diese dritte Veränderliche t anschaulich als die Zeit auffassen will oder nicht, ist übrigens für die Gestalt der Kurve einerlei; es genügt, unter t eine unabhängig veränderliche Größe zu verstehen. Man nennt sie die Hilfsveränderliche oder den Parameter[1] der Kurve, und (3) heißt eine Parameterdarstellung der Kurve.

Über die hier und später auftretenden Funktionen von einer oder von mehreren Veränderlichen machen wir ein für allemal gewisse Voraussetzungen. Für solche Leser, denen die Theorie der analytischen Funktionen in ihren Grundzügen schon bekannt ist, lassen sich die Voraussetzungen kurz so formulieren: Es soll stets ein Wertebereich der unabhängigen Veränderlichen vorhanden sein, innerhalb dessen die Funktionen einwertig analytisch (monogen) sind. Für solche Leser, denen die genannten Kenntnisse noch fehlen, sei dies kurz erläutert. Wenn z. B. eine Parameterdarstellung (3) einer Kurve vorliegt, setzen wir voraus, daß es einen Wertebereich von t von folgender Beschaffenheit gebe: Wird irgend ein Wert t_0 innerhalb des Bereiches bestimmt gewählt, so sollen φ und ψ sowie ihre sämtlichen Ableitungen für $t = t_0$ bestimmte endliche Werte haben und die MACLAURINschen Reihen

$$x = \varphi(t_0) + \frac{1}{1!}\varphi'(t_0)(t - t_0) + \frac{1}{2!}\varphi''(t_0)(t - t_0)^2 + \ldots,$$

$$y = \psi(t_0) + \frac{1}{1!}\psi'(t_0)(t - t_0) + \frac{1}{2!}\psi''(t_0)(t - t_0)^2 + \ldots$$

in einer gewissen Umgebung von t_0, d. h. so lange gelten, als der absolute Betrag von $t - t_0$ unterhalb einer gewissen von Null verschiedenen Grenze bleibt. Man kann dann beweisen, daß sich die Ableitungen erster und höherer Ordnung von x und y nach t durch gliedweise Differentiationen der Reihen nach t ergeben. Liegt ferner eine Kurve in der Form (2) vor, so setzen wir voraus, daß es einen Wertebereich von x und y von folgender Beschaffenheit gebe: Wird irgend ein Wertepaar x_0, y_0 innerhalb des Bereiches gewählt, so soll die Funktion $F(x, y)$ nebst allen ihren partiellen Ableitungen F_x, F_y, F_{xx}, F_{xy}, F_{yy} usw. hinsichtlich x und y für $x = x_0$, $y = y_0$ bestimmte endliche Werte haben und die MACLAURINsche Reihe

[1] Solche Parameter wurden z. B. schon von EULER in seiner „Introductio in analysin infinitorum" (Lausanne 1748), aber nur zur Untersuchung spezieller Kurven, benutzt. Die Erkenntnis, daß die Parameterdarstellung die naturgemäße ist, hat sich erst allmählich Bahn gebrochen. Die Parameterdarstellung dürfte zunächst bei den Raumkurven und erst später bei den ebenen Kurven allgemein gebräuchlich geworden sein.

$$F(x, y) = F(x_0, y_0)$$
$$+ \frac{1}{1!}[F_x^0(x - x_0) + F_y^0(y - y_0)]$$
$$+ \frac{1}{2!}[F_{xx}^0(x-x_0)^2 + 2F_{xy}^0(x - x_0)(y - y_0) + F_{yy}^0(y - y_0)^2] + \dots$$

in einer gewissen Umgebung des Wertepaares x_0, y_0, d. h. so lange gelten, als die absoluten Beträge von $x - x_0$ und $y - y_0$ unterhalb einer gewissen von Null verschiedenen Grenze bleiben. Der Index Null bei F_x^0, F_y^0 usw. deutet natürlich an, daß die Ableitungen für $x = x_0$, $y = y_0$ zu bilden sind. Man kann auch hier die gliedweise Differenzierbarkeit der Reihe beweisen. Infolge der Bedingung (2) kommen übrigens im vorliegenden Falle nur solche Wertepaare x_0, y_0 und x, y des Bereiches in Betracht, für die die Funktion F den Wert Null annimmt.

In (1), (2) und (3) liegen zunächst drei verschiedene analytische Definitionen einer Kurve vor. Aber es läßt sich zeigen, daß sie ineinander übergeführt werden können, wenn man sich dabei auf die Umgebung einer Stelle beschränkt. Dazu dient der Satz über das Vorhandensein einer unentwickelten (impliziten) Funktion, den wir aus der Funktionentheorie entnehmen. Er besagt: Wenn etwa ω in einem gewissen Bereiche eine einwertige analytische Funktion von n Veränderlichen $x_1, x_2, \dots x_n$ ist und wenn insbesondere $x_1^0, x_2^0, \dots x_n^0$ ein solches Wertsystem innerhalb des Bereiches vorstellt, für das

$$\omega(x_1^0, x_2^0, \dots x_n^0) = 0$$

wird, so gibt es unter der Voraussetzung, daß die partielle Ableitung von ω nach x_1 für $x_1 = x_1^0$, $x_2 = x_2^0, \dots x_n = x_n^0$ nicht verschwindet, eine und nur eine einwertige analytische Funktion x_1 von $x_2, x_3, \dots x_n$, die erstens für $x_2 = x_2^0, \dots x_n = x_n^0$ gerade den Wert x_1^0 hat und zweitens der Gleichung

$$\omega(x_1, x_2, \dots x_n) = 0$$

in einer gewissen Umgebung des Wertsystems $x_2^0, \dots x_n^0$ von $x_2, \dots x_n$ genügt.

Wir wenden diesen Satz zunächst bei der Parameterdarstellung (3) an. Die Gleichungen (3) mögen etwa für $t = t_0$ die Werte x_0 und y_0 von x und y liefern. Ist dann überdies $\varphi'(t_0) \neq 0$, so gibt es eine (und nur eine) Funktion t von x, die für $x = x_0$ den Wert t_0 hat und die erste Gleichung (3) befriedigt, sobald x hinreichend wenig von x_0 abweicht. Wird diese Funktion t von x in die zweite Gleichung (3) eingesetzt, so geht für die Kurve (3) in der Umgebung des Punktes (x_0, y_0) eine Darstellung von der Form $y = f(x)$ wie in (1) hervor.[1] Ist dagegen $\varphi'(t_0) = 0$, aber $\psi'(t_0) \neq 0$, so gelangt man bei derselben Schlußfolgerung, indem man die Rollen von x und y vertauscht, zu einer Darstellung von der Form $x = f(y)$. Wenn aber $\varphi'(t_0) = 0$ und auch $\psi'(t_0) = 0$ ist, läßt uns der erwähnte Satz im Stiche. In diesem Falle soll der zu $t = t_0$ gehörige Punkt der Kurve (3) singulär heißen.

Wir können entsprechend schließen, wenn die Kurve in der Form (2) vorliegt: Es sei (x_0, y_0) ein Punkt der Kurve (2), also $F(x_0, y_0) = 0$. Falls nun die Ableitung F_x^0, d. h. die Ableitung F_x für $x = x_0, y = y_0$, nicht verschwindet, gibt es eine Funktion $y = f(x)$, die für $x = x_0$ den Wert y_0 annimmt und der Gleichung (2) genügt, sobald x hinreichend wenig von x_0 abweicht. Wenn dagegen $F_x^0 = 0$, aber $F_y^0 \neq 0$ ist, gelangen wir ebenso zu einer Funktion $x = f(y)$, indem wir die Rollen von x und y vertauschen. Ist aber sowohl F_x^0 als auch F_y^0 gleich Null, so läßt uns der Satz über das Vorhandensein einer unentwickelten Funktion im Stiche. In diesem Falle soll der Punkt (x_0, y_0) der Kurve (2) singulär heißen.

In der Umgebung eines nicht singulären Punktes hat somit sowohl die Kurve (2) als auch die Kurve (3) eine Darstellung von der Form $y = f(x)$ oder $x = f(y)$, also eine Darstellung, die sich der Form (1) oder derjenigen Form unterordnet, die aus (1) durch Vertauschen der Rollen der beiden Koordinaten hervorgeht.[2] Für die singulären Punkte haben wir zwei verschiedene Definitionen in den Fällen (3) und (2) aufgestellt; auf sie kommen wir in § 14 zurück. Wenn künftig von einem Kurvenpunkte schlechthin die Rede ist, sollen stets singuläre Punkte ausgeschlossen sein.

Übrigens kann man z. B. die Darstellungsform $y = f(x)$ leicht in eine Parameterdarstellung (3) verwandeln. Am einfachsten geschieht dies, indem man $x = t$ annimmt und also die Gleichung $y = f(x)$ durch das Gleichungenpaar

$$x = t, \quad y = f(t)$$

---

[1] Hierbei wird der Satz der Funktionentheorie benutzt, nach dem eine einwertige analytische Funktion einer Veränderlichen eine derartige Funktion bleibt, sobald man die Veränderliche durch eine einwertige analytische Funktion einer anderen Veränderlichen ersetzt.

[2] In dem Vorhergehenden ist nur das Eine bewiesen worden, daß sich die Definitionen (1), (2) und (3) von Kurven miteinander decken, sobald man sich auf eine hinreichend kleine Umgebung eines Kurvenpunktes beschränkt. Es ist also durchaus nicht gesagt, daß sich z. B. die Kurve (3) in ihrem Gesamtverlaufe durch eine Gleichung von der Form $y = f(x)$ oder $x = f(y)$ darstellen lasse.

ersetzt. Bei der Darstellungsform $y = f(x)$ spielt demnach die Abszisse x die Rolle des Parameters.

Liegt eine Kurve in der Form (1) vor, so soll (x_0) denjenigen Punkt der Kurve bedeuten, dessen Abszisse gleich x_0 und dessen Ordinate also gleich $f(x_0)$ ist. Liegt die Kurve in der Form (3) vor, so soll (t_0) denjenigen Punkt der Kurve bedeuten, dessen Koordinaten sich aus (3) für $t = t_0$ ergeben. Es kann übrigens sein, daß $\varphi(t)$ und $\psi(t)$ in (3) beide konstant sind. Dann stellt (3) nur einen Punkt dar. Nach der früheren Definition ist er als singulär zu bezeichnen, weil dann $\varphi'(t)$ und $\psi'(t)$ verschwinden. Diesen Fall schließen wir daher bei allgemeinen Betrachtungen aus.

Schließlich ist noch hervorzuheben, daß wir unterschiedlos reelle und imaginäre Werte der Veränderlichen zulassen. Sollen gelegentlich nur reelle Werte gestattet sein, so wird dies jedesmal besonders gesagt.

Hiernach heißt ein Wertepaar x, y stets ein Punkt (x, y), auch wenn x und y nicht reell sind. Die Gesamtheit aller reeller und imaginärer Wertepaare x, y, die einer linearen Gleichung

$$Ax + By + C = 0$$

genügen, heißt der Inbegriff aller Punkte (x, y) einer Geraden, auch wenn die Verhältnisse der Koeffizienten A, B, C nicht reell sind. Selbst wenn sie reell sind, also eine reelle Gerade vorliegt, gehören der Geraden auch unendlich viele imaginäre Punkte an. Entsprechendes gilt von einer Kurve (3): Gehören etwa zu den erlaubten reellen Werten des Parameters t die reellen Punkte (x, y) der Kurve, d. h. liegt eine reelle Parameterdarstellung einer reellen Kurve vor, so werden zu den außerdem erlaubten imaginären Werten des Parameters t noch imaginäre Kurvenpunkte gehören. Nur die reellen Punkte der Kurve kann man geometrisch im xy-Achsenkreuze veranschaulichen, und ihre Gesamtheit entspricht dann dem, was man gewöhnlich eine krumme Linie zu nennen pflegt. Obgleich wir darauf verzichten, uns von den imaginären Punkten einer Kurve irgend eine geometrische Vorstellung zu machen,[1]

[1] Man kann auch die imaginären Punkte (x, y) einer Kurve geometrisch deuten. Denn wenn $x = a + ib$ und $y = \alpha + i\beta$ ist, wo a, b, α, β reell sind und i die imaginäre Einheit bedeutet, kann man die komplexe Zahl x durch einen reellen Punkt einer Ebene mit den rechtwinkligen Koordinaten a und b und ebenso die komplexe Zahl y durch einen reellen Punkt einer zweiten Ebene mit den rechtwinkligen Koordinaten α und β darstellen. Zu jedem erlaubten Werte von x gibt es dann einen reellen Punkt (x) der einen und nach (1) einen

ist es doch häufig zur Vorbereitung analytischer Beweise nützlich, sich die Sachlage zunächst geometrisch an reellen Kurven klar zu machen und dabei auch Figuren zu betrachten.

Wenn man die geometrischen Gebilde analytisch definiert, kann man sie auch auf den imaginären Bereich übertragen, indem man ihren Bestimmungsstücken imaginäre Werte beilegt. So sagt man, daß

$$\sqrt{(x_1 - x_2)^2 + (y_1 - y_2)^2}$$

die Entfernung der beiden Punkte (x_1, y_1) und (x_2, y_2) voneinander oder ihre Strecke sei, ob nun die Punkte reell oder imaginär sind. Durch passende Einschränkung des Bereiches der erlaubten Wertepaare x_1, y_1 und x_2, y_2 kann man diese Funktion einwertig analytisch machen, wie die Funktiontheorie lehrt. Da man auch $\sin \alpha$, $\cos \alpha$ usw. für imaginäre Werte von α definieren kann, spricht man auch von imaginären Winkeln. Wir begnügen uns mit diesen kurzen Andeutungen und der Bemerkung, daß die Verallgemeinerung der Sätze der Geometrie auf den imaginären Bereich nirgends zu Widersprüchen führt, wenn man nur alle diejenigen Aussagen beiseite läßt, die darauf beruhen, daß zwischen den reellen Zahlen eine natürliche Rangordnung, d. h. der Begriff des Größer- oder Kleinerseins besteht. Beispielsweise ist der Satz, daß eine Dreiecksseite nie größer als die Summe der beiden anderen Dreiecksseiten ist, nicht auf den imaginären Bereich übertragbar. —

Wir kehren nun zur Betrachtung einer Kurve in der Parameterdarstellung

(3) $$x = \varphi(t), \quad y = \psi(t)$$

zurück. Man kann leicht einen anderen Parameter $\mathfrak{t}$ einführen, indem man t als eine Funktion von $\mathfrak{t}$ definiert:

(4) $$t = \omega(\mathfrak{t}).$$

Infolge von (3) ergibt sich dann die neue Parameterdarstellung der Kurve:

(5) $$x = \varphi(\omega(\mathfrak{t})), \quad y = \psi(\omega(\mathfrak{t})).$$

Wenn z. B. $t = t_0$ dem erlaubten Wertebereiche von t angehört, ist dabei vorauszusetzen, daß es einen Wert $\mathfrak{t} = \mathfrak{t}_0$ derart gebe, daß erstens $\omega(\mathfrak{t}_0) = t_0$ wird und zweitens $\omega(\mathfrak{t})$ in der Umgebung von $\mathfrak{t} = \mathfrak{t}_0$ eine einwertige analytische Funktion von $\mathfrak{t}$ ist. Die rechten

reellen Punkt ($\mathfrak{y}$) der anderen Ebene. Dadurch wird eine gesetzmäßige Beziehung zwischen den reellen Punkten zweier Ebenen gewonnen, die uns jedoch erst später beschäftigen wird.

Seiten von (5) sind alsdann in der Umgebung von t_0 einwertige analytische Funktionen von t:

(6) $$x = \Phi(t), \quad y = \Psi(t).$$

Aber wir wollen nur solche neue Parameterdarstellungen (6) der Kurve (3) zulassen, von denen man zur alten Darstellung (3) zurückgelangen kann, indem man umgekehrt t als einwertige analytische Funktion von t definiert, d. h. wegen des Satzes über das Vorhandensein einer unentwickelten Funktion wollen wir bei (4) noch voraussetzen, daß die Ableitung $\omega'(t)$ für $t = t_0$ nicht verschwinde. Dann nämlich können wir aus jenem Satze schließen, daß t infolge von (4) eine in der Umgebung von t_0 einwertige analytische Funktion von t ist. Da es unendlich viele Funktionen $\omega(t)$ gibt, die den aufgestellten Forderungen genügen, kann man für ein und dieselbe Kurve in der Umgebung eine Stelle unendlich viele verschiedene Parameterdarstellungen gewinnen.

Jetzt ist die Frage aufzuwerfen: Angenommen, es sind zwei Kurven

$$x = \varphi(t), \quad y = \psi(t) \quad \text{und} \quad x = \Phi(t), \quad y = \Psi(t)$$

in Parameterdarstellung gegeben; unter welchen Umständen sind sie miteinander identisch? Dies ist nach dem Vorhergehenden dann und nur dann der Fall, wenn die Gleichungen:

(7) $$\varphi(t) = \Phi(t), \quad \psi(t) = \Psi(t)$$

in einem gewissen Bereiche von t und in einem gewissen Bereiche von t dadurch zu befriedigen sind, daß man für t eine gewisse einwertige und nicht konstante Funktion von t setzt.

1. Beispiel: Die Gleichungen:

(8) $$x = a + \alpha t, \quad y = b + \beta t$$

stellen bei gegebenen Werten von a, b, α, β und veränderlichem t eine gewisse Kurve dar. Da sich nun durch Elimination von t die Gleichung

$$\begin{vmatrix} x - a & \alpha \\ y - b & \beta \end{vmatrix} = 0$$

oder

$$\beta x - \alpha y - (a\beta - b\alpha) = 0$$

ergibt, liegt eine Gerade vor. Jede Gerade

$$Ax + By + C = 0$$

läßt sich in der Form (8) darstellen. Man hat nämlich a, b, α, β so zu bestimmen, daß die Gleichung

$$A(a + \alpha t) + B(b + \beta t) + C = 0,$$

die nur die eine Veränderliche t enthält, für alle Werte von t gilt, mithin so, daß

$$Aa + Bb + C = 0, \quad A\alpha + B\beta = 0$$

wird. Als die Konstanten a, b darf man also die Koordinaten irgend eines bestimmten Punktes der Geraden wählen, während man α, β so festzusetzen hat, daß $\beta:\alpha$ die Richtung der Geraden (die Tangente ihres Winkels mit der positiven x-Achse) angibt.

2. Beispiel: Der durch Drehung um den Punkt (a, b) mit dem Radius r erzeugte Kreis kann leicht in der Form (3) dargestellt werden. Bildet nämlich der Radius r mit der positiven x-Achse den Winkel t, so sind die Koordinaten seines Endpunktes (siehe Fig. 1):

(9) $$x = a + r\cos t, \quad y = b + r\sin t.$$

Elimination von t gibt die gewöhnliche Darstellung:

$$(x-a)^2 + (y-b)^2 = r^2.$$

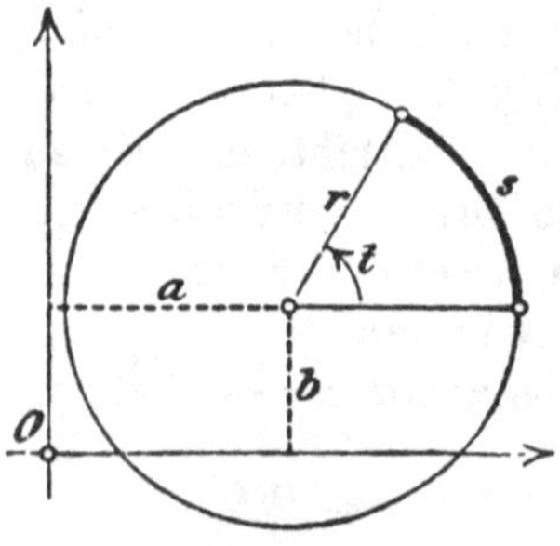

Fig. 1.

Die Form (9) ist häufig bequemer, weil bei ihrer Anwendung die Benutzung einer quadratischen Gleichung umgangen wird. Verstehen wir unter s den Bogen des Kreises vom Punkte $(a + r, b)$ aus im Sinne der positiven Drehung bis zu irgend einem Punkte (x, y) des Kreises hin gemessen, falls es sich um einen reellen Kreis handelt, so ist $s = rt$ oder $t = s:r$. Einführung dieses Wertes in (9) gibt:

$$x = a + r\cos\frac{s}{r}, \quad y = b + r\sin\frac{s}{r}.$$

Jetzt ist s der Parameter. Hier haben wir ein Beispiel zur Einführung einer neuen Hilfsveränderlichen s vor uns.

3. Beispiel: Um die Ellipse

$$\frac{x^2}{a^2} + \frac{y^2}{b^2} = 1$$

mit Hilfe eines Parameters t bequem darzustellen, beachten wir, daß man $x:a$ und $y:b$ als Kosinus und Sinus eines Winkels auffassen kann, da die Summe ihrer Quadrate gleich Eins ist. Dieser Winkel ist längs der Ellipse veränderlich. Bezeichnen wir ihn mit t, so kommt:

(10) $$x = a\cos t, \quad y = b\sin t.$$

Die geometrische Bedeutung von t ist aus der analytischen Geometrie bekannt.[1]

§ 2. Die Bogenlänge einer ebenen Kurve.

Ist die Gleichung einer reellen Kurve in der Form

(1) $$y = f(x)$$

gegeben, so lehrt die Integralrechnung, wie sich die Länge s des Kurvenbogens von einem Punkte bis zu einem andern durch ein bestimmtes Integral ausdrückt. Man beweist nämlich, daß die

[1] In der Theorie der Planetenbewegungen heißt dieser Parameter t die exzentrische Anomalie.

Summe der Seitenlängen der Vielecke, die sich dem Kurvenbogen von einem Punkte aus fortschreitend bis zum anderen Punkte hin einbeschreiben lassen, für den Fall, wo alle Vielecksseiten nach Null streben, einen bestimmten Grenzwert hat, den man eben als die **Bogenlänge** s bezeichnet. Die Anfangsstelle des Bogens s sei durch die Abszisse x_0 gegeben, siehe Fig. 2. Wächst die Abszisse von x_0 bis zu einem beliebigen Werte x, so ist der zugehörige Bogen s ebenso wie y eine Funktion von x. Dabei sind die Differentiale:

$$dy = f'(x)\,dx,$$

(2) $$ds = \sqrt{dx^2 + dy^2} = \sqrt{1 + f'(x)^2}\,dx,$$

und man kann vorschreiben, daß ds etwa mit dx positiv sei, so daß die letzte Quadratwurzel positiv anzunehmen ist. Das Bogendifferential ds heißt auch das **Bogenelement**. Die Fig. 2 soll die Formel (1) erläutern; darin müßten eigentlich statt dx, dy, ds die Bezeichnungen Δx, Δy, Δs für Differenzen statt Differentiale stehen. Es wird aber der Grenzübergang $\lim \Delta x = 0$ gemacht. Deshalb ziehen wir es in dieser Figur wie auch in späteren Figuren vor, direkt die Differentiale statt der Differenzen einzuschreiben. In **Betracht kommen dabei also immer nur die Verhältnisse der eingetragenen Größen für den Fall des Grenzüberganges.**

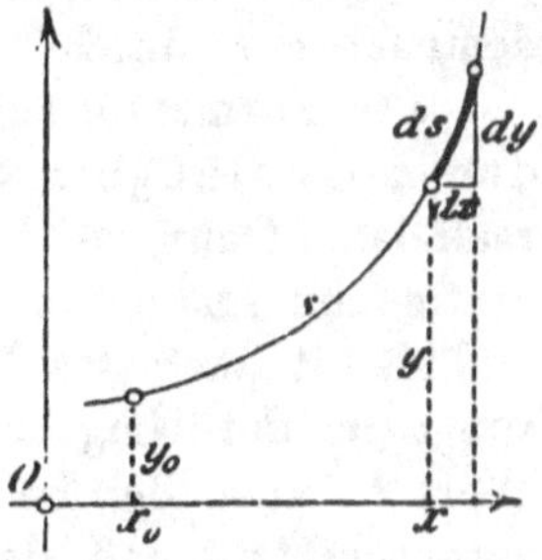

Fig. 2.

Da s für $x = x_0$ verschwindet, folgt aus (2):

(3) $$s = \int_{x_0}^{x} \sqrt{1 + f'(x)^2}\,dx.$$

Wenn

(4) $$x = \varphi(t), \quad y = \psi(t)$$

eine reelle Darstellung einer reellen Kurve ist, d. h. wenn die reellen Punkte der Kurve zu den reellen Werten des Parameters t gehören, ist die Bogenlänge s der Kurve vom Punkte (t_0) bis zu einem beliebigen Punkte (t) ebenso wie x und y eine Funktion von t. Hier gelten für die Differentiale die Formeln:

$$dx = \varphi'(t)\,dt, \quad dy = \psi'(t)\,dt,$$

(5) $$ds = \sqrt{dx^2 + dy^2} = \sqrt{\varphi'(t)^2 + \psi'(t)^2}\,dt.$$

so daß sich ergibt:

$$s = \int_{t_0}^{t} \sqrt{\varphi'(t)^2 + \psi'(t)^2}\, dt, \tag{6}$$

weil s für $t = t_0$ verschwindet. Schreibt man etwa vor, daß die Bogenlänge s für $t > t_0$ positiv und für $t < t_0$ negativ sein soll, so ist die Quadratwurzel positiv zu wählen. Die speziellere Formel (3) geht aus (6) hervor, wenn man x als den Parameter t benutzt und demnach $\varphi(t)$ durch t oder x und $\psi(t)$ durch $f(t)$ oder $f(x)$ ersetzt.

Die Formel (6) soll nun in der Umgebung von t_0 als Definition der Bogenlänge s dienen, wenn die vorgelegte Kurve (4) nicht reell ist. Dann ist der Integrand imaginär. Die Theorie der Integration im imaginären Zahlenbereiche lehrt, daß die Quadratwurzel und damit auch das Integral s eine einwertige analytische Funktion von t in der Umgebung von $t = t_0$ ist, sobald man nur für den Wert t_0 einen der beiden zugehörigen Wurzelwerte ausgewählt hat, vorausgesetzt, daß der Radikand in der Umgebung nirgends verschwindet. Von diesem besonderen Falle, den wir vorläufig ausschließen, sprechen wir nachher. Weil s als bestimmtes und von t_0 bis t erstrecktes Integral definiert ist, gilt auch für imaginäre Kurven die für reelle Kurven anschaulich einleuchtende Formel:

$$s_{12} + s_{23} = s_{13}, \tag{7}$$

wenn allgemein $s_{\alpha\beta}$ die Bogenlänge von dem Punkte (t_α) bis zum Punkte (t_β) bedeutet.

Nach (6) gehört zu jedem Punkte (t) der Kurve (4)[1] ein Wert s der von der Stelle (t_0) an gemessenen Bogenlänge. Zu dem Zuwachs Δt von t mögen die Zunahmen Δx, Δy und Δs von x, y und s gehören. Die Länge der geradlinigen Sehne vom Punkte (t) bis zum Punkte $(t + \Delta t)$ strebt ebenso wie Δs mit Δt nach Null, und sie sei mit $\Delta \mathfrak{s}$ bezeichnet. Es ist:

$$\Delta \mathfrak{s} = \sqrt{\Delta x^2 + \Delta y^2} \tag{8}$$

und daher:

$$\frac{\Delta s}{\Delta \mathfrak{s}} = \frac{\Delta s : \Delta t}{\sqrt{(\Delta x : \Delta t)^2 + (\Delta y : \Delta t)^2}}.$$

Hieraus folgt für $\lim \Delta t = 0$:

---

[1] Gemeint ist natürlich: zu jedem Punkte (t), dessen Parameter t der erlaubten Umgebung von t_0 angehört. Dasselbe gilt von dem nachher betrachteten Punkte $(t + \Delta t)$. Da wir uns stets auf die Umgebung eines bestimmten erlaubten Parameterwertes beschränken, soll die kurze Ausdrucksweise wie oben im Texte hier und später angewandt werden.

$$\lim \frac{\Delta s}{\Delta \mathfrak{s}} = \frac{ds:dt}{\sqrt{(dx:dt)^2 + (dy:dt)^2}},$$

also nach (5):

$$\lim \frac{\Delta s}{\Delta \mathfrak{s}} = 1,$$

vorausgesetzt, daß man der Quadratwurzel (8) das entsprechende Vorzeichen erteilt. Das Verhältnis aus einer Bogenlänge zur zugehörigen Sehne strebt also nach Eins, sobald der Endpunkt längs der Kurve nach dem Anfangspunkte strebt.

Wie gesagt, sind solche Stellen (t) der Kurve (4) auszuschließen, wo

$$\varphi'(t)^2 + \psi'(t)^2 = 0$$

ist. Bei einer reellen Kurve mit reellem Parameter t tritt dies nur da ein, wo gleichzeitig $\varphi'(t)$ und $\psi'(t)$ verschwinden, d. h. in den ausgeschlossenen singulären Punkten (siehe S. 4). Aber im allgemeinen Falle tritt es ein, wenn entweder

(9) $$\varphi'(t) + i\psi'(t) = 0 \quad \text{oder} \quad \varphi'(t) - i\psi'(t) = 0$$

ist. Deshalb schließen wir außer den singulären Punkten auch diejenigen Punkte (t) von der Betrachtung aus, für die eine der beiden Gleichungen (9) gilt. Die singulären Stellen sind übrigens diejenigen, für die beide Gleichungen (9) bestehen.

Die erlaubte Umgebung von t_0 soll sich demnach nur so weit erstrecken, als sie keinen Wert t enthält, der eine Gleichung (9) oder gar beide Gleichungen (9) erfüllt. Dann ist $ds:dt$ nirgends in dieser Umgebung gleich Null, so daß man s nach S. 7 als neuen Parameter einführen darf. Denkt man sich die durch (6) definierte Funktion s von t in (4) eingesetzt, so gelangt man zu einer Darstellung der Kurve in der Form:

$$x = \Phi(s), \quad y = \Psi(s).$$

Hiernach liegt die Frage nahe, wie man den Gleichungen einer Kurve

$$x = \varphi(t), \quad y = \psi(t)$$

ansieht, ob in ihnen der Parameter t nicht etwa selbst schon die Bogenlänge, gerechnet von einer Stelle an, darstellt. Die Anfangsstelle müßte die sein, für die $t = 0$ ist, und das Integral (6) müßte bei der Annahme $t_0 = 0$ gleich t, d. h. es müßte

$$\varphi'(t)^2 + \psi'(t)^2 = 1$$

sein. Mithin gilt der

Satz 1: In den Gleichungen einer ebenen Kurve:

$$x = \varphi(t), \quad y = \psi(t)$$

bedeutet der Parameter t dann und nur dann die vom Punkte ($t = 0$) an gemessene Bogenlänge der Kurve, wenn für jeden Wert von t die Gleichung besteht:

$$\varphi'(t)^2 + \psi'(t)^2 = 1.$$

Alsdann können wir t mit s bezeichnen und $\varphi'(t)$ und $\psi'(t)$ als Kosinus und Sinus eines längs der Kurve veränderlichen Winkels τ auffassen:

$$\varphi'(t) = \varphi'(s) = \cos\tau, \quad \psi'(t) = \psi'(s) = \sin\tau.$$

Der Winkel τ ist eine Funktion von s. Nun können wir schreiben:

$$x = \varphi(t) = \int \cos\tau(s)\,ds, \quad y = \psi(t) = \int \sin\tau(s)\,ds.$$

Satz 2: Die Gleichungen einer ebenen Kurve, ausgedrückt durch die Bogenlänge s als Parameter, haben die Form:

$$x = \int \cos\tau(s)\,ds, \quad y = \int \sin\tau(s)\,ds.$$

Diese Gleichungen stellen, wie man auch die Funktion τ von s wählen mag, immer eine Kurve dar, deren Parameter s die von einer gewissen Stelle an gemessene Bogenlänge ist.

Bei den letzten Betrachtungen sind, wie gesagt, außer den singulären Punkten solche Stellen der Kurve ausgeschlossen, für die eine der beiden Gleichungen (9) gilt. Es ist nun aber möglich, daß eine dieser beiden Gleichungen für alle Punkte einer Kurve (4) gilt. Alsdann handelt es sich um eine Kurve, bei der die Ableitung $ds:dt$ der Bogenlänge überall gleich Null und daher die Bogenlänge s selbst nach (6) ebenfalls überall gleich Null ist. In der Tat gibt es imaginäre Kurven von der Bogenlänge Null, denn wenn eine der Gleichungen (9) für alle Werte von t gilt, so ist längs der Kurve überall entweder

$$\varphi(t) + i\psi(t) = \text{konst.} \quad \text{oder} \quad \varphi(t) - i\psi(t) = \text{konst.},$$

d. h.:

(10) $$x + iy = \text{konst.} \quad \text{oder} \quad x - iy = \text{konst.}$$

Diese Gleichungen (10) aber stellen imaginäre Geraden dar.

Satz 3: Die einzigen Kurven in der Ebene, deren Bogenlänge konstant und daher gleich Null ist, sind die imaginären Geraden:

$$x \pm iy = \text{konst.}$$

Sie heißen die **Minimalgeraden** der Ebene.[1]

Zwei solche Geraden können zusammen durch eine reelle Gleichung dargestellt werden, denn die Gleichung

$$(x - a)^2 + (y - b)^2 = 0, \tag{11}$$

die den Kreis um den Punkt (a, b) mit dem Radius Null darstellt, wird nicht nur von dem Punkte (a, b) erfüllt, sondern auch von allen imaginären Punkten der beiden Minimalgeraden:

$$(x - a) \pm i(y - b) = 0$$

oder:

$$x \pm iy = a \pm ib.$$

Die imaginären Kreise (11) werden gelegentlich **Nullkreise** oder auch **zirkulare Geradenpaare** genannt.

§ 3. Die Bewegungen in der Ebene.

Unsere Aufgabe ist, die Eigenschaften der Kurven aus ihren Gleichungen zu erkennen. Je einfacher die Gleichungen sind, um so leichter wird dies sein. Zwei Mittel zur Vereinfachung der Gleichungen haben wir: Einerseits können wir durch passende Wahl der Hilfsveränderlichen die Gleichungen vereinfachen. Hiervon sprachen wir kurz in § 1. Andererseits können wir aber auch ein neues Achsenkreuz für die Koordinaten einführen. Hiervon soll jetzt gesprochen werden. Dabei betrachten wir zunächst nur **reelle Änderungen**.

Jede Lagenänderung ist relativ: Ob wir die Kurve festhalten und das Achsenkreuz ändern, oder ob wir die starr gedachte Kurve in eine andere Lage bringen, während wir das Achsenkreuz an seinem Orte belassen, ist in betreff der gegenseitigen Lage von Kurve und Achsenkreuz gleichgültig. Für die Ableitung der Formeln ist es bequemer, die erste Methode der Änderung zu benutzen.

Wir beginnen deshalb mit der **Änderung des Koordinatensystems bei festgehaltener Kurve**. Das Achsenkreuz werde, **ohne die Ebene zu verlassen**, in irgend eine neue Lage gebracht, so daß also der Sinn der positiven Drehung ungeändert bleibt. In diesem Sinne — von der positiven x-Achse zur positiven y-Achse — sollen alle Winkel gemessen werden. Dann gilt bekanntlich der Satz, daß die Summe der Projektionen der Seiten eines geschlossenen

[1] Sie traten zuerst bei Poncelet in seinem „Traité des propriétés projectives des figures“, Paris 1822, auf, wenn auch noch nicht unter ihrem heute gebräuchlichen Namen.

Vielecks auf irgend eine Gerade gleich Null ist. Dabei hat man sich das Vieleck in einem bestimmten, übrigens gleichgültigen Sinne des Umlaufens orientiert zu denken.

Nun habe der Anfangspunkt $\bar{O}$ des neuen Achsenkreuzes im alten System die Koordinaten a, b. Die Richtung der neuen positiven $\bar{x}$-Achse gehe aus der der alten positiven x-Achse durch Drehung um den Winkel α hervor (siehe Fig. 3). Ein beliebiger Punkt P habe im alten System die Koordinaten x, y, im neuen die Koordinaten $\bar{x}, \bar{y}$. Wir projizieren das in Fig. 3 angegebene, sofort verständliche geschlossene Polygon $O A \bar{O} \bar{Q} P Q O$ nacheinander auf alle vier Achsen. Jedesmal muß sich nach dem früheren für die Summe der Projektionen der Seiten Null ergeben.

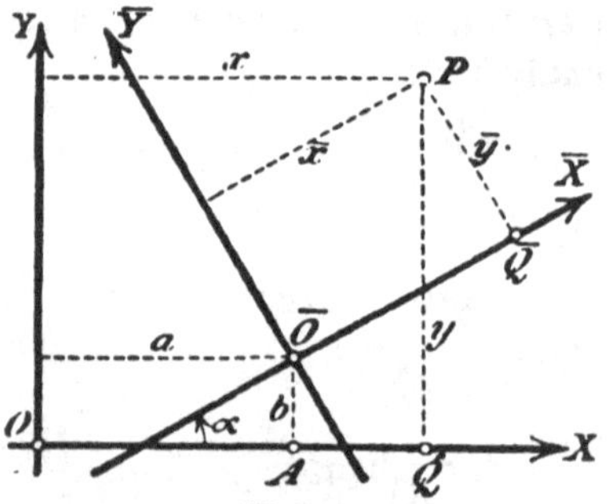

Fig. 3.

Wir erhalten dadurch die vier Gleichungen:

$$a + \bar{x}\cos\alpha - \bar{y}\sin\alpha - x = 0,$$
$$b + \bar{x}\sin\alpha + \bar{y}\cos\alpha - y = 0;$$
$$a\cos\alpha + b\sin\alpha + \bar{x} - y\sin\alpha - x\cos\alpha = 0,$$
$$-a\sin\alpha + b\cos\alpha + \bar{y} - y\cos\alpha + x\sin\alpha = 0,$$

aus denen die aus der analytischen Geometrie wohlbekannten Formeln hervorgehen:

$$(1) \qquad \begin{cases} x = \bar{x}\cos\alpha - \bar{y}\sin\alpha + a, \\ y = \bar{x}\sin\alpha + \bar{y}\cos\alpha + b \end{cases}$$

und:

$$(2) \qquad \begin{cases} \bar{x} = (x-a)\cos\alpha + (y-b)\sin\alpha, \\ \bar{y} = -(x-a)\sin\alpha + (y-b)\cos\alpha. \end{cases}$$

Die Gleichungen (1) drücken die alten Koordinaten durch die neuen, die Gleichungen (2) umgekehrt die neuen durch die alten aus. Der alte Anfangspunkt habe im neuen System die Koordinaten $\bar{a}, \bar{b}$. Da für ihn $x = y = 0$ ist, folgt aus (2) sofort:

$$(3) \qquad \begin{cases} \bar{a} = -a\cos\alpha - b\sin\alpha, \\ \bar{b} = a\sin\alpha - b\cos\alpha. \end{cases}$$

Nunmehr betrachten wir die Änderung der Lage einer starr gedachten Kurve oder beliebigen Figur bei festgehaltenem **Achsenkreuze.** Dabei soll die Figur immer in der Ebene bleiben. Man nennt eine solche Lagenänderung eine **Bewegung in der Ebene.** Die Figur geht bei ihr in eine **kongruente** Figur über.

Nach den Vorbemerkungen über die Gegenseitigkeit von Lagenänderungen der Figur und des Systems erhellt, daß die Gleichungen (1) und (2) auch jetzt gültig bleiben, sobald wir die der neuen Auffassung entsprechende geometrische Deutung vornehmen: Man denke sich auf der Figur in ihrer ursprünglichen Lage die Koordinatenachsen aufgezeichnet. Wird nun die Figur in die neue Lage gebracht, so sollen diese beiden mit ihr fest verknüpften Geraden in diejenigen Geraden übergehen, die vorbin die $\bar{x}$- und $\bar{y}$-Achse waren. Man erkennt dann, daß $\bar{x}$, $\bar{y}$ die ursprünglichen Koordinaten eines Punktes und x, y die Koordinaten desselben Punktes nach der Bewegung sind (siehe Fig. 4). Auch sieht man, daß der Winkel, um den alle Richtungen der starren Figur geändert worden sind, gleich α ist, wenn man ihn in dem Sinne mißt, in dem in der starren Figur die $\bar{x}$- und $\bar{y}$-Achse aufeinander folgen.

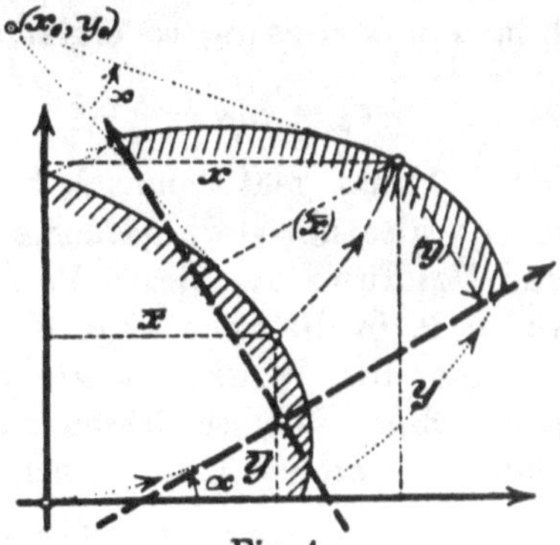

Fig. 4.

Vermöge einer Bewegung geht also jeder Punkt $(\bar{x}, \bar{y})$ der Figur in einen Punkt (x, y) über; beide sind auf dasselbe Achsenkreuz bezogen, und der Zusammenhang zwischen ihnen wird durch die Formeln (1) und (2) gegeben. Der Punkt der Figur, der ursprünglich an der Stelle des Anfangspunktes ($\bar{x} = 0$, $\bar{y} = 0$) lag, geht nach (1) in den Punkt (a, b) über. Jede Gerade, die keine Minimalgerade ist, wird um den Winkel α gedreht. Die Minimalgeraden $\bar{x} \pm i\bar{y} = c$ gehen nach (2) in die Minimalgeraden

$$x \pm iy = c(\cos\alpha \pm i\sin\alpha) + a \pm ib$$

über und werden demnach parallel verschoben.

Die Frage, ob ein Punkt (x_0, y_0) bei der Bewegung in sich selbst übergeht, kommt auf die Frage hinaus, ob es ein Wertepaar x_0, y_0 gibt, das in (1) oder (2) für x, y und für $\bar{x}, \bar{y}$ eingesetzt, die Gleichungen befriedigt. Benutzen wir (1), so liegen die Forderungen vor:

$$(4) \qquad \begin{cases} x_0 = x_0 \cos\alpha - y_0 \sin\alpha + a, \\ y_0 = x_0 \sin\alpha + y_0 \cos\alpha + b. \end{cases}$$

Dies sind zwei lineare Gleichungen für x_0, y_0. Durch bestimmte endliche Werte von x_0, y_0 werden sie nur dann befriedigt, wenn ihre Determinante

$$\begin{vmatrix} 1 - \cos\alpha & \sin\alpha \\ -\sin\alpha & 1 - \cos\alpha \end{vmatrix} = 2(1 - \cos\alpha)$$

verschieden von Null ist. Setzen wir daher zunächst $\cos\alpha \neq 1$, d. h. $\alpha \neq 0$ voraus, so ergibt sich aus (4):

$$(5) \qquad x_0 = \tfrac{1}{2}\left(a - b \operatorname{ctg}\frac{\alpha}{2}\right), \qquad y_0 = \tfrac{1}{2}\left(a \operatorname{ctg}\frac{\alpha}{2} + b\right).$$

Dieser Punkt geht demnach bei der Bewegung in sich über. Wir können also die starr gedachte Figur aus ihrer Anfangslage durch eine Drehung um diesen Punkt (x_0, y_0), und zwar mit dem Drehwinkel α, in die neue Lage überführen.

Ist der Winkel α gleich Null, ohne daß a und b beide gleich Null sind, so lassen sich die Gleichungen (4) nicht durch endliche Werte von x_0, y_0 befriedigen. Dann aber gibt (1):

$$x = \bar{x} + a, \quad y = \bar{y} + b.$$

Die Bewegung besteht darin, daß die ganze Figur parallel mit sich verschoben wird, ist also eine Schiebung. Ist mit $\alpha = 0$ auch $a = b = 0$, so lehrt (1), daß $x = \bar{x}$, $y = \bar{y}$ ist, d. h. daß jeder Punkt in sich übergeführt wird, also gar keine Bewegung stattfindet. Wir haben daher den

Satz 4: Jede Bewegung einer starren Figur in der Ebene kann in ihrem Ergebnisse ersetzt werden durch eine Drehung um einen festen Punkt oder durch eine Schiebung.[1]

Die Formeln (5) zeigen, daß

$$(6) \qquad a x_0 + b y_0 = \tfrac{1}{2}(a^2 + b^2)$$

ist. Ist $\alpha = 0$, d. h. liegt eine Schiebung $x = \bar{x} + a$, $y = \bar{y} + b$ vor, so wird die Gerade

$$(7) \qquad a\bar{x} + b\bar{y} = \tfrac{1}{2}(a^2 + b^2)$$

parallel verschoben. Die Formeln (5), aus denen wir (6) ableiteten,

[1] Den Geometern des 17. Jahrhunderts war dieser Satz wohlbekannt, denn aus der Existenz eines Drehungsmittelpunktes im Falle einer unendlich kleinen Bewegung leiteten sie Tangentenkonstruktionen für ebene Kurven ab.

geben in diesem Falle für x_0 und y_0 unendlich große Werte, also nach (6) einen unendlich fern auf der Geraden (7) gelegenen Punkt. Dies veranlaßt uns, die Schiebung $x = \bar{x} + a$, $y = \bar{y} + b$ eine Drehung um einen unendlich fernen Punkt der Geraden (7) zu nennen. Dann können wir einfacher sagen:

Satz 5: Jede Bewegung in der Ebene kann in ihrem Ergebnisse durch eine Drehung ersetzt werden.

1. Beispiel: Sind ABC und $\bar{A}\bar{B}\bar{C}$ zwei kongruente reelle Dreiecke von gleichem Sinne, so gibt es einen Punkt D derart, daß eine Drehung von ABC um D dieses Dreieck in $\bar{A}\bar{B}\bar{C}$ überführt. Der Drehpunkt D ist der allen drei Mittelloten der Strecken $A\bar{A}$, $B\bar{B}$, $C\bar{C}$ gemeinsame Punkt. Unendlich fern liegt er nur dann, wenn die Seiten beider Dreiecke einander parallel sind. Zwei Dreiecke ABC und $\bar{A}\bar{B}\bar{C}$, deren Seiten zwar einander entsprechend gleich sind, die aber verschiedenen Umlaufungssinn haben, sind in der Geometrie der Ebene nicht als kongruent, sondern nur als symmetrisch zu bezeichnen. Man kann sie nämlich nur dann miteinander zur Deckung bringen, wenn man das eine Dreieck zuerst im Raume umlegt, also zunächst aus der Ebene entfernt.

Die Voraussetzung, daß a, b und α reell seien, lassen wir nun fallen. Dadurch werden die Begriffe: Bewegung, Kongruenz, Drehung und Schiebung innerhalb der Ebene verallgemeinert. Dabei wenden wir sie dann (wie schon oben gelegentlich auf die Minimalgeraden) auch auf imaginäre Gebilde an. Insbesondere werden jetzt bei einer Bewegung reelle Punkte in imaginäre und gewisse imaginäre Punkte in reelle übergehen können. Daher kann es vorkommen, daß ein reeller Zweig einer Kurve vermöge einer Bewegung imaginär wird und ein ganz anderer reeller Zweig zutage tritt. Wenn also zwei Kurven miteinander kongruent sind, ist es nicht nötig, daß gerade ihre reellen Zweige einander kongruent seien.

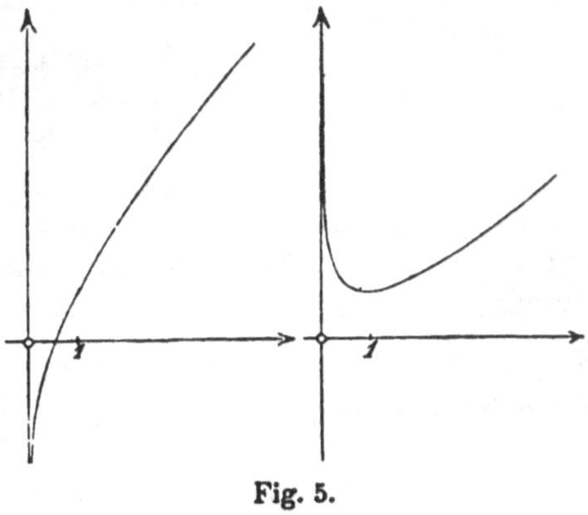

Fig. 5.

2. Beispiel: Die reellen Zweige der beiden Kurven, die gegeben sind durch die Gleichungen:

(8) $\bar{y} = \bar{x} + \log \bar{x}, \quad y = x - \log x,$

haben durchaus verschiedene Gestalt, siehe Fig. 5. Trotzdem sind beide Kurven einander kongruent. Denn wenn man $a = 0$, $b = \log(-1)$ und $\alpha = \pi$ wählt, ergibt sich aus (2) die imaginäre Bewegung:

$$\bar{x} = -x, \quad \bar{y} = \log(-1) - y,$$

vermöge deren die erste Kurve (8) gerade in die zweite Kurve (8) übergeht.

§ 4. Tangenten einer ebenen Kurve.

Zunächst sei eine Kurve mittels einer Gleichung

(1) $$y = f(x)$$

vorgelegt. In der Umgebung eines bestimmten Kurvenpunktes (x_0), dessen Ordinate $y_0 = f(x_0)$ ist, soll $f(x)$ nach den allgemeinen Voraussetzungen (vgl. S. 2) in eine Reihe entwickelbar sein:

$$y = f(x_0) + \frac{1}{1!} f'(x_0) \cdot (x - x_0) + \frac{1}{2!} f''(x_0) \cdot (x - x_0)^2 + \ldots.$$

Wenn die Ableitungen von $f(x)$ oder y mit y' y'', ... bezeichnet werden, können wir auch schreiben:

(2) $$y = y_0 + \frac{1}{1!} y_0'(x - x_0) + \frac{1}{2!} y_0''(x - x_0)^2 + \ldots$$

Mit der Kurve setzen wir eine Gerade in Beziehung, die durch den Punkt (x_0, y_0) geht, deren Gleichung also die Form hat:

$$\mathfrak{y} - y_0 = \varkappa(\mathfrak{x} - x_0),$$

wenn $\mathfrak{x}$, $\mathfrak{y}$ ihre laufenden Koordinaten bedeuten. Diese Gleichung enthält noch eine willkürliche Konstante $\varkappa$, den Richtungskoeffizienten der Geraden. Insbesondere wollen wir $\varkappa$ so wählen, daß die Gerade auch durch einen zweiten Kurvenpunkt (x_1, y_1) geht (siehe Fig. 6); wir setzen nämlich:

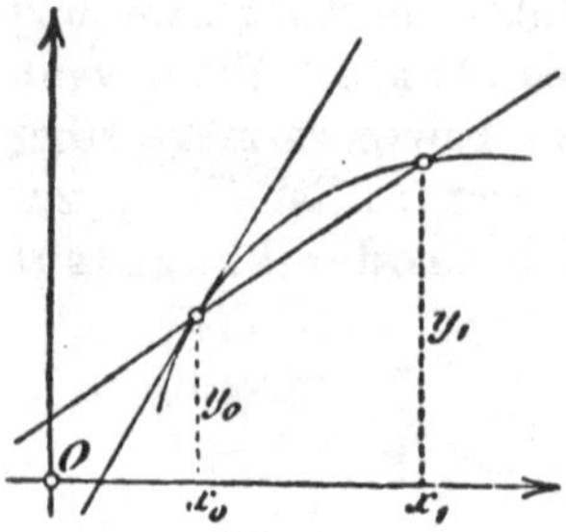

Fig. 6.

$$\varkappa = \frac{y_1 - y_0}{x_1 - x_0}.$$

Die Gerade ist dann eine Sekante der Kurve. Rückt der Punkt (x_1, y_1) dem Punkte (x_0, y_0) auf der Kurve immer näher, nähert sich also x_1 ohne Ende dem x_0 und deshalb $y_1 = f(x_1)$ ohne Ende dem $y_0 = f(x_0)$, so wird der Wert von $\varkappa$ beim Grenzübergange zum Differentialquotienten y_0', und die Gerade nimmt dann die Gleichung an:

(3) $$\mathfrak{y} - y_0 = y_0'(\mathfrak{x} - x_0).$$

Sie heißt bekanntlich die Tangente der Kurve im Punkte (x_0, y_0).[1]

[1] Der allgemeine Tangentenbegriff wurde, während das Altertum nur die Tangenten des Kreises, der Kegelschnitte und der archimedischen Spirale kannte, im 17. Jahrhundert zugleich mit den Grundbegriffen der Differentialrechnung gewonnen. Zu nennen sind zunächst namentlich Fermat, Descartes und

Sie ist von allen Geraden durch den Punkt (x_0, y_0) diejenige, die sich dort der Kurve am meisten anschmiegt. Um diese Behauptung als richtig zu erkennen, gehen wir zunächst zu irgend einer Sekante

$$\mathfrak{y} - y_0 = \varkappa(\mathfrak{x} - x_0)$$

der Kurve zurück und betrachten diejenigen Punkte auf der Kurve und auf der Sekante, die zur selben Abszisse x gehören. Bei der Kurve ist die zugehörige Ordinate y durch (2), bei der Geraden ist die zugehörige Ordinate $\mathfrak{y}$ durch:

$$\mathfrak{y} = y_0 + \varkappa(\mathfrak{x} - x_0)$$

gegeben. Die Differenz beider Ordinaten ist folglich:

$$\eta = y - \mathfrak{y} = (y_0' - \varkappa)(x - x_0) + \frac{1}{2!} y_0''(x - x_0)^2 + \frac{1}{3!} y_0'''(x - x_0)^3 + \dots$$

Mit $x - x_0$ verschwindet auch η beim Grenzübergange $\lim x = x_0$, und zwar im allgemeinen, nämlich wenn $\varkappa \neq y_0'$ ist, in derselben Ordnung wie $x - x_0$, da die Reihe für η mit der ersten Potenz von $x - x_0$ beginnt. Wenn aber $\varkappa = y_0'$ ist, die Sekante also zur Tangente wird, verbleibt von der Reihe für η:

$$\eta = \frac{1}{2!} y_0''(x - x_0)^2 + \frac{1}{3!} y_0'''(x - x_0)^3 + \dots$$

Dann verschwindet η in mindestens zweiter Ordnung. Deshalb eben sagt man, daß die Tangente die Kurve im Punkte (x_0, y_0) **berührt**; daher heißt sie auch: **berührende Gerade**.

Wir können weiter schließen: Wenn an der betrachteten Stelle (x_0, y_0) insbesondere y_0'' gleich Null ist, verschwindet η mit $x - x_0$ in mindestens dritter Ordnung. Allgemein: Wenn an der Stelle (x_0, y_0) alle Differentialquotienten vom zweiten an bis zum n^{ten} gleich Null sind, verschwindet η in gerade $(n+1)^{\text{ter}}$ Ordnung, sobald $y_0^{(n+1)} \neq 0$ ist. Es kommt nämlich:

$$\eta = \frac{1}{(n+1)!} y_0^{(n+1)}(x - x_0)^{n+1} + \dots$$

Noch mehr: Wenn η **reell** ist, hat diese unendliche Reihe bei hinreichend kleinem absolutem Betrage von $x - x_0$ bekanntlich das-

HUYGENS. Jedoch eine klare, vollständige Lösung des Tangentenproblems mit Hilfe der Differentialrechnung gab erst LEIBNIZ in seinem 1677 an OLDENBURG gerichteten Briefe für NEWTON (abgedruckt in GERHARDT, „**Der Briefwechsel von** GOTTFRIED WILHELM LEIBNIZ **mit Mathematikern**", 1. Bd., Berlin 1899, S. 240). Ferner ist noch besonders zu nennen LEIBNIZ' „**Nova Methodus pro maximis et minimis itemque tangentibus etc.**", Acta eruditorum (Leipzig 1684).

selbe Vorzeichen wie ihr erstes Glied. Wenn $x - x_0$ das Vorzeichen wechselt, d. h. wenn einmal $x < x_0$, das andere Mal $x > x_0$ gewählt wird, wechselt $(x - x_0)^{n+1}$ das Vorzeichen nur dann, wenn n gerade ist. Falls also n gerade ist und eine reelle Kurve vorliegt, muß sie im Punkte (x_0, y_0) ihre Tangente durchsetzen, wie in Fig. 7. Falls aber n ungerade ist, hat η einerlei Vorzeichen, ob nun $x > x_0$ oder $< x_0$ ist, d. h. dann bleibt die Kurve in der Umgebung der Stelle (x_0, y_0) auf der einen Seite der Tangente.

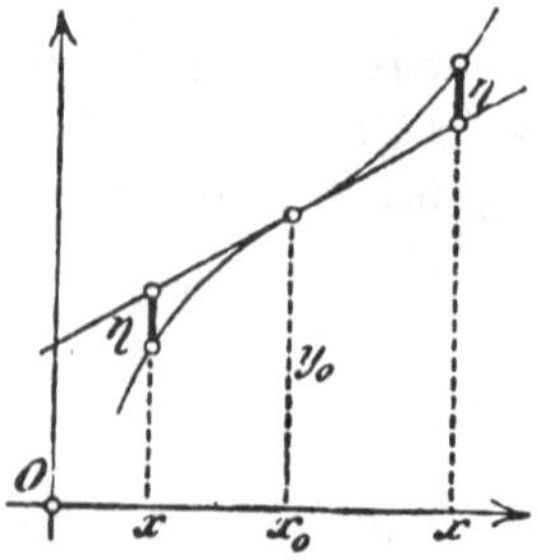

Fig. 7.

Satz 6: Die Tangente der Kurve $y = f(x)$ im Kurvenpunkte (x_0, y_0) hat in den laufenden Koordinaten $\mathfrak{x}$, $\mathfrak{y}$ die Gleichung:

$$\mathfrak{y} - f(x_0) = f'(x_0)(\mathfrak{x} - x_0).$$

Ist die Kurve reell und der erste nicht verschwindende Differentialquotient aus der Reihe

$$f''(x_0), \quad f'''(x_0) \dots$$

von gerader Ordnung, so verläuft die Kurve in der Umgebung der Berührungsstelle (x_0, y_0) auf einer Seite der Tangente; andernfalls dagegen durchsetzt sie dort die Tangente.

Da die Differenz η der Ordinaten in um so höherer Ordnung mit $x - x_0$ verschwindet, je mehr Differentialquotienten von y_0'' an gleich Null sind, schmiegt sich die Kurve der Tangente um so mehr an, je mehr Differentialquotienten von y_0'' an gleich Null sind, und zwar gilt dies auch dann, wenn die Kurve ihre Tangente durchsetzt.

Im allgemeinen wird in einem Kurvenpunkte $y'' \neq 0$ sein, d. h. die Kurve die Tangente nicht durchsetzen.

Kurvenpunkte, in denen der zweite Differentialquotient y'' gleich Null ist, heißen Wendepunkte oder Inflexionspunkte[1], da in solchen Punkten, sobald dort nicht auch $y''' = 0$ ist, also im allgemeinen, die reelle Kurve ihre Tangente durchsetzt und deshalb zuerst nach der einen, dann nach der anderen Seite gekrümmt ist. Die Tangente selbst heißt dann eine Wendetangente oder Inflexionstangente. Es muß aber bemerkt werden, daß diese

[1] Diese Bezeichnung tritt zuerst bei Fermat 1679 auf. Die Bedingung $y'' = 0$ dagegen hat zuerst Leibniz in seiner „Nova methodus etc." 1684 (siehe die Anm. zu S. 18) angegeben.

Bezeichnungen deshalb einen Mangel haben, weil im Falle $y'' = 0$ auch $y''' = 0$ sein kann und dann die Tangente nicht mehr die Kurve zu durchsetzen braucht, die Kurve also vor und nach der betreffenden Stelle in einerlei Art gekrümmt sein kann, daher keinen eigentlichen Wendepunkt hat. Da hiervon aber im Falle einer imaginären Kurve nicht die Rede sein kann, erscheint es trotzdem angebracht, unterschiedslos eine Kurvenstelle einen Wendepunkt zu nennen, sobald für sie y'' verschwindet.

1. Beispiel: Bei der Kurve $y = x^n$, die im Anfangspunkte die x-Achse berührt, sind im Anfangspunkte alle Differentialquotienten bis zum $(n-1)^{\text{ten}}$, dieser eingeschlossen, gleich Null, während der n^{te} von Null verschieden ist. Der Anfangspunkt ist also, wenn $n > 2$ ist, ein Wendepunkt. Doch nur, wenn n ungerade ist, liegt hier ein eigentlicher Wendepunkt vor.

2. Beispiel: Wenn eine Kurve durch Spiegelung an einem ihrer Punkte O in sich übergeht, d. h. also wenn zu jedem Punkte P der Kurve ein zweiter, Q, vorhanden ist derart, daß O die Strecke PQ halbiert, wird der Punkt O im allgemeinen ein Wendepunkt sein. Denn nimmt man ihn zum Anfangspunkte, so muß die Gleichung der Kurve $y = f(x)$ ungeändert bleiben, wenn man x durch $-x$ und y durch $-y$ ersetzt. Also:

$$y = f(x) = -f(-x).$$

Hieraus folgt:

$$y' = f'(x) = +f'(-x)$$

$$y'' = f''(x) = -f''(-x).$$

Für $x = 0$ aber ergibt dies $y'' = f''(0) = -f''(0)$, daher $y'' = 0$.

Die Betrachtungen dieses Paragraphen sind in gewisser Hinsicht unvollständig. Da wir aber im nächsten Paragraphen eine allgemeinere Theorie entwickeln, die diese umfaßt, sehen wir hier von weiteren Auseinandersetzungen ab. Wir wollen aber noch die verschiedenen Darstellungsformen der Tangente angeben: Zunächst fanden wir die Tangente der Kurve $y = f(x)$ im Kurvenpunkte (x_0, y_0) in der Form:

$$\mathfrak{y} - f(x_0) = f'(x_0)(\mathfrak{x} - x_0)$$

oder kürzer:

$$\mathfrak{y} - y_0 = y_0'(\mathfrak{x} - x_0). \tag{3}$$

Liegt die Kurve in der Form vor:

$$F(x, y) = 0,$$

so finden wir, indem wir y als die hierdurch definierte Funktion von x auffassen, durch vollständige Differentiation:

$$F_x + F_y y' = 0,$$

daher:

$$y' = -\frac{F_x}{F_y},$$

so daß die Tangentengleichung lautet:

(4) $$F_x^0(\mathfrak{x} - x_0) + F_y^0(\mathfrak{y} - y_0) = 0.$$

Hierbei bedeuten F_x^0 und F_y^0 die Werte von F_x und F_y für $x = x_0$ und $y = y_0$.

Liegt die Kurve in der Form vor:

$$x = \varphi(t), \qquad y = \psi(t),$$

so definiert die erste Gleichung t als Funktion von x, so daß nach der zweiten auch y eine Funktion von x ist. Dabei wird

$$y' = \frac{dy}{dx} = \frac{dy}{dt} : \frac{dx}{dt} = \frac{\psi'(t)}{\varphi'(t)}.$$

Setzen wir dies in (3) für die Stelle (t_0) der Kurve ein, so finden wir als Gleichung der Tangente in diesem Punkte:

(5) $$\frac{\mathfrak{x} - x_0}{\varphi'(t_0)} = \frac{\mathfrak{y} - y_0}{\psi'(t_0)}$$

oder auch:

(6) $$\frac{\mathfrak{x} - \varphi(t_0)}{\varphi'(t_0)} = \frac{\mathfrak{y} - \psi(t_0)}{\psi'(t_0)}.$$

Bezeichnen wir diese beiden längs der Tangente gleichen Brüche mit $\mathfrak{t}$, so kommt:

(7) $$\mathfrak{x} = \varphi(t_0) + \mathfrak{t}\,\varphi'(t_0), \qquad \mathfrak{y} = \psi(t_0) + \mathfrak{t}\,\psi'(t_0).$$

Hier ist die Tangente mit Hilfe eines Parameters $\mathfrak{t}$ dargestellt, indem zu jedem Punkte $(\mathfrak{x}, \mathfrak{y})$ der Tangente ein gewisser Wert von $\mathfrak{t}$ gehört, und umgekehrt.

Die Tangente bildet mit der x-Achse einen gewissen Winkel, dessen Tangens nach (3) gleich y_0' oder — bei der allgemeinen Parameterdarstellung der Kurve — nach (7) gleich $\psi'(t_0) : \varphi'(t_0)$ ist. Lassen wir den Berührungspunkt (t_0) die Kurve durchlaufen, so sind x_0, y_0, t_0 als Veränderliche besser mit x, y, t zu bezeichnen. Der Winkel τ der Tangente des veränderlichen Kurvenpunktes (t) hat also den Tangens:

(8) $$\operatorname{tg} \tau = \frac{\psi'(t)}{\varphi'(t)}.$$

Hieraus ergibt sich:

(9) $$\cos \tau = \frac{\varphi'(t)}{\sqrt{\varphi'(t)^2 + \psi'(t)^2}}, \qquad \sin \tau = \frac{\psi'(t)}{\sqrt{\varphi'(t)^2 + \psi'(t)^2}}.$$

Die hier auftretende Quadratwurzel kam schon in der Formel (6), S. 10, bei der Bestimmung der Bogenlänge s vor. Deshalb wollen wir ein für allemal festsetzen, daß diese Wurzel auch dem Vorzeichen nach mit der bei der Bogenlänge auftretenden

Wurzel übereinstimmen soll; was dies im reellen Falle bedeutet, wird sich sogleich ergeben. Zunächst ist nun nach (5), S. 9:

$$(10) \qquad \frac{dx}{ds} = \cos \tau, \quad \frac{dy}{ds} = \sin \tau,$$

also der Tangentenwinkel τ derselbe Winkel wie in Satz 2, S. 12.

Wenn die Kurve reell ist und eine reelle Parameterdarstellung $x = \varphi(t)$, $y = \psi(t)$ hat, wollen wir sie orientieren, d. h. ihr einen bestimmten Sinn des Fortschreitens beilegen: Als positiven Fortschreitungssinn auf der Kurve bezeichnen wir denjenigen, der sich ergibt, wenn der Parameter t immer größere Werte als vorher annimmt. Dann braucht durchaus nicht auch die Abszisse x zu wachsen; sie tut es nur so lange, als $dx:dt$ oder $\varphi'(t)$ positiv ist. Daher mögen die beiden Figuren 8 und 9 zur Erläuterung dienen.

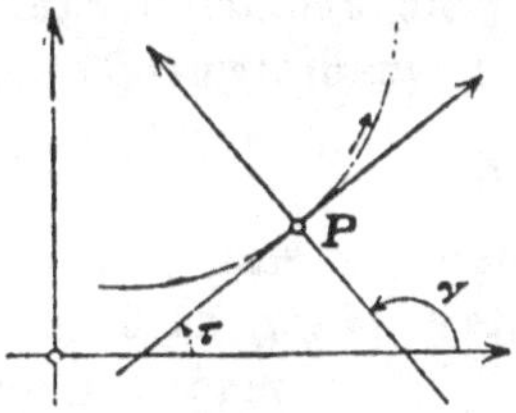

Fig. 8.

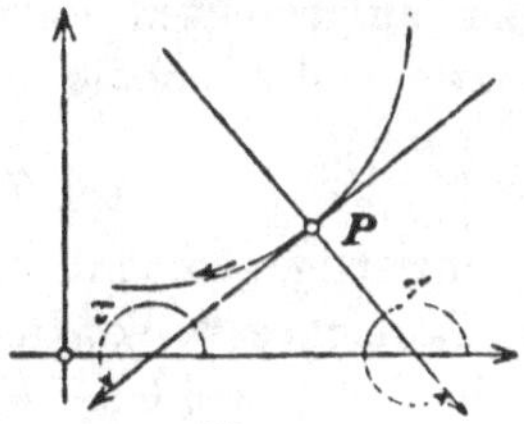

Fig. 9.

Auch die Tangenten orientieren wir und zwar geometrisch, da sie sich der Kurve anschmiegen, in dem Sinne, der dem auf der Kurve entspricht, d. h. analytisch wie folgt: Die Tangente (7) des Kurvenpunktes (t_0) soll positiv gerechnet werden im Sinne wachsender Werte des Parameters t. Unter dem Tangentenwinkel τ wird ferner derjenige Winkel verstanden, um den sich die positive x-Achse drehen muß, um zur positiven Tangente parallel zu werden, wobei daran zu erinnern ist, daß die Winkel im Sinne der Drehung von der positiven x-Achse nach der positiven y-Achse hin positiv gerechnet werden. Nunmehr ist der Winkel τ bis auf ein beliebiges ganzes positives oder negatives Vielfaches von 2π vollkommen festgelegt, und $\cos\tau$ und $\sin\tau$ sind nicht nur proportional $\varphi'(t)$ und $\psi'(t)$, sondern auch mit denselben Vorzeichen wie diese beiden Werte behaftet, so daß die Quadratwurzel in (9) positiv angenommen werden muß. Dasselbe wurde auf S. 10 bei der Definition der Bogenlänge:

$$(11) \qquad s = \int_{t_0}^{t} \sqrt{\varphi'(t)^2 + \psi'(t)^2}\, dt$$

angenommen, so daß also die von der Stelle (t_0) an gerechnete Bogenlänge von Null an wächst, falls ihr Endpunkt (t) vom Punkte (t_0) an die Kurve im positiven Sinne durchläuft.

Die im Berührungspunkte P einer Tangente auf ihr senkrecht stehende Gerade heißt die Normale des Kurvenpunktes P. Durch positive Drehung der positiven Tangente um P herum und zwar um einen rechten Winkel soll, setzen wir fest, die positive Normale hervorgehen. Ihr Winkel ν mit der positiven x-Achse heißt der Normalenwinkel. (Siehe Fig. 8 und 9, S. 23.) Nun kommt:

$$(12)\quad \begin{cases} \nu = \tau + \frac{1}{2}\pi, \quad \cos\nu = -\sin\tau, \quad \sin\nu = \cos\tau, \quad \operatorname{tg}\nu = -\operatorname{ctg}\tau, \\ \cos\nu = \dfrac{-\psi'(t)}{\sqrt{\varphi'(t)^2 + \psi'(t)^2}}, \quad \sin\nu = \dfrac{\varphi'(t)}{\sqrt{\varphi'(t)^2 + \psi'(t)^2}}, \quad \operatorname{tg}\nu = -\dfrac{\varphi'(t)}{\psi'(t)}. \end{cases}$$

Wenn die Kurve $x = \varphi(t)$, $y = \psi(t)$ imaginär ist, behalten wir alle soeben aufgestellten Formeln bei. Sie definieren nämlich τ, s und ν unzweideutig, sobald man nur die Quadratwurzel

$$\sqrt{\varphi'(t)^2 + \psi'(t)^2}$$

dadurch einwertig gemacht hat, daß man für eine Stelle des für t erlaubten Bereiches willkürlich eine Entscheidung darüber getroffen hat, welchen der beiden Werte der Wurzel man benutzen will. Hierbei setzen wir wie auf S. 10 fest, daß der Bereich von t, der ja aus einer Umgebung eines gewissen Wertes besteht, frei von solchen Stellen t sein soll, an denen die Wurzel verschwindet, also eine der beiden Gleichungen:

$$\varphi'(t) \pm i\,\psi'(t) = 0$$

besteht oder beide Gleichungen gelten. Wenn zunächst $t = t_0$ ein Wert ist, der nur eine dieser beiden Gleichungen befriedigt, ergibt sich aus (7) als Gleichung der Tangente des Punktes (t_0):

$$\mathfrak{x} \pm i\,\mathfrak{y} = \varphi(t_0) \pm i\,\psi(t_0)$$

in den laufenden Koordinaten $\mathfrak{x}$ und $\mathfrak{y}$, und dabei gelten entweder die beiden oberen oder die beiden unteren Vorzeichen. Eine derartige Stelle (t_0) hat also nach S. 13 eine Minimalgerade zur Tangente. Fortan wollen wir daher solche Kurvenpunkte (t_0), für die nur eine der beiden Gleichungen:

$$\varphi'(t_0) \pm i\,\psi'(t_0) = 0$$

besteht, Minimalpunkte der Kurve nennen. Wenn ferner (t_0) eine Stelle ist, für die beide Gleichungen gelten, wird $\varphi'(t_0) = 0$ und $\psi'(t_0) = 0$; dann liegt nach S. 4 ein singulärer Punkt vor. In diesem

Falle geben die Gleichungen (7) gar nicht mehr eine Gerade, der Tangentenbegriff verflüchtigt sich also. In der Tat definieren alsdann auch die Gleichungen (8) und (9) für $t = t_0$ gar nicht mehr einen Winkel τ, weil alle Zähler und Nenner verschwinden.

Bei Betrachtungen, in denen die Bogenlänge oder die Tangente eine Rolle spielt, schließen wir somit grundsätzlich stets die Minimalpunkte und singulären Punkte der Kurve aus.

Geht man bei einer reellen Kurve zu einer neuen Parameterdarstellung der Kurve über (siehe S. 16), so stimmt die Orientierung, die sich auf sie bezieht, nur dann mit der alten Orientierung der Kurve überein, wenn der neue Parameter mit dem alten wächst. Ist z. B. $y = f(x)$ dieselbe reelle Kurve wie $x = \varphi(t)$, $y = \psi(t)$, so spielt x die Rolle des neuen Parameters. Die neue Orientierung besteht dann darin, daß die Kurve positiv mit wachsender Abszisse gerechnet wird; sie stimmt daher mit der alten Orientierung nur dann überein, wenn $dx:dt$ oder also $\varphi'(t)$ positiv ist. Außerdem treten an die Stelle der Formeln (8), (9) und (12) diese:

$$
(13)\quad \begin{cases} \cos\tau = \dfrac{1}{\sqrt{1+y'^2}}, \quad \sin\tau = \dfrac{y'}{\sqrt{1+y'^2}}, \quad \operatorname{tg}\tau = y', \\ \nu = \tau + \frac{1}{2}\pi, \quad \cos\nu = -\sin\tau, \quad \sin\nu = \cos\tau, \quad \operatorname{tg}\nu = -\operatorname{ctg}\tau, \\ \cos\nu = \dfrac{-y'}{\sqrt{1+y'^2}}, \quad \sin\nu = \dfrac{1}{\sqrt{1+y'^2}}, \quad \operatorname{tg}\nu = -\dfrac{1}{y'}, \end{cases}
$$

wobei die Wurzel positiv ist.

Nach (8) und (9) ist der Tangentenwinkel τ der Kurve $x = \varphi(t)$, $y = \psi(t)$ eine bis auf ein additives ganzes Vielfaches von 2π einwertige analytische Funktion von t. Da wir aber bei einem Winkel τ wegen der verschiedenen Arten, wie man ihn messen kann, stets solche additive Vielfache zulassen, können wir ihn doch statt t als neuen Parameter einführen. Wegen $dy:dx = \sin\tau:\cos\tau$ müssen alsdann die Ableitungen von x und y nach τ die Formen haben:

$$
(14)\qquad \frac{dx}{d\tau} = F(\tau)\cos\tau, \quad \frac{dy}{d\tau} = F(\tau)\sin\tau.
$$

Hat insbesondere der Punkt (x_0, y_0) der Kurve den Tangentenwinkel τ_0, so folgt:

Satz 7: Längs einer Kurve in der Ebene sind die Punktkoordinaten x und y Funktionen des Tangentenwinkels τ von der Form:

$$x = x_0 + \int_{\tau_0}^{\tau} F(\tau) \cos \tau \, d\tau, \quad y = y_0 + \int_{\tau_0}^{\tau} F(\tau) \sin \tau \, d\tau,$$

falls der Punkt (x_0, y_0) den Tangentenwinkel τ_0 hat.

Wenn insbesondere längs einer Kurve $x = \varphi(t)$, $y = \psi(t)$ die Formel

$$\frac{\psi'(t)}{\varphi'(t)} = \operatorname{tg} t,$$

besteht, können wir daraus nach (8) folgern:

$$\operatorname{tg} \tau = \operatorname{tg} t,$$

d. h. $\tau = t + n\pi$, wo n eine positive oder negative ganze Zahl bedeutet. Ist n gerade, so dürfen wir alsdann direkt t als den Tangentenwinkel bezeichnen; ist aber n ungerade, so bedeutet t denjenigen Winkel der Tangente mit der x-Achse, der sich ergibt, wenn man die bisherige Orientierung der Kurve in die entgegengesetzte verwandelt.

Ferner bedeutet der Parameter t den Winkel, den die positive oder negative Tangente der Kurve mit irgend einer festen Richtung in der Ebene bildet, sobald es eine Konstante α derart gibt, daß

$$\frac{\psi'(t)}{\varphi'(t)} = \operatorname{tg}(t + \alpha)$$

oder:

$$t + \alpha = \operatorname{arc\,tg} \frac{\psi'(t)}{\varphi'(t)}$$

ist, d. h. wenn

$$\operatorname{arc\,tg} \frac{\psi'(t)}{\varphi'(t)} - t$$

eine Konstante vorstellt. Dies aber ist der Fall, wenn die Ableitung des Ausdruckes verschwindet. Somit ergibt sich der

Satz 8: Bei der ebenen Kurve

$$x = \varphi(t), \quad y = \psi(t)$$

bedeutet der Parameter t den Winkel, den die positive oder negative Tangente der Kurve mit einer festen Richtung bildet, wenn für alle Werte von t die Gleichung gilt:

$$\frac{\varphi'(t)\psi''(t) - \psi'(t)\varphi''(t)}{\varphi'(t)^2 + \psi'(t)^2} = 1.$$

Kurz sei schließlich der Begriff der Asymptote erwähnt. Lassen wir einmal die Voraussetzung fallen, daß die auftretenden Funktionen endlich sein sollen, so können wir annehmen, für einen gewissen Wert t_0 von t sei wenigstens eine der beiden Funktionen

$$x = \varphi(t), \quad y = \psi(t)$$

unendlich groß, so daß die durch diese Gleichungen gegebene Kurve einen **unendlich fernen Punkt** (t_0) hat. Wenn dann die Gleichung (6) oder:

(15) $$\psi' \mathfrak{x} - \varphi' \mathfrak{y} = \varphi \psi' - \psi \varphi'$$

für $t = t_0$ einen Sinn behält, d. h. wenn die Verhältnisse:

$$\psi' : - \varphi' : (\varphi \psi' - \psi \varphi')$$

für $t = t_0$ endlich bleiben, stellt die Gleichung (15) die Tangente des unendlich fernen Punktes der Kurve dar, und diese Tangente heißt eine **Asymptote** der Kurve. Bekannt ist das Beispiel der Hyperbel. Ein anderes Beispiel liefert die **hyperbolische Spirale**, die dadurch definiert ist, daß bei ihr der Radiusvektor $\mathfrak{r} = \sqrt{x^2 + y^2}$ gleich ist einer Konstanten a, dividiert mit dem Winkel, den $\mathfrak{r}$ mit der x-Achse bildet. Wird dieser Winkel mit t bezeichnet, so ist also bei der hyperbolischen Spirale:

$$x = \frac{a}{t} \cos t, \quad y = \frac{a}{t} \sin t.$$

Für $t = 0$ wird $x = \infty$ und $y = a$. Hier ist allgemein:

$$\psi' : - \varphi' : (\varphi \psi' - \psi \varphi') = (t \cos t - \sin t) : (t \sin t + \cos t) : a,$$

und für $t = 0$ reduzieren sich diese Verhältnisse auf $0 : 1 : a$, so daß nach (15)

$$\mathfrak{y} = a$$

die Gleichung der Asymptote ist.

Noch sei bemerkt: Je größer t wird, desto kleiner wird hier $\mathfrak{r} = a : t$. Die hyperbolische Spirale windet sich daher unendlich oft um den Anfangspunkt, und die Windungen werden für $\lim t = \infty$ unendlich eng. Einen solchen Punkt wie hier den Anfangspunkt nennt man einen **asymptotischen Punkt** der Kurve.

§ 5. Berührung zwischen Kurven in der Ebene.

Haben zwei Kurven c und $\mathfrak{c}$ in der Ebene einen Punkt P gemein, so sagen wir, daß sie **einander in** P **in gerade** n^{ter} **Ordnung berühren**, sobald folgendes eintritt:

Auf c wird ein veränderlicher Punkt A in der Umgebung von P angenommen; es soll nun möglich sein, ihm einen ebenfalls veränderlichen Punkt $\mathfrak{A}$ auf $\mathfrak{c}$ in der Umgebung von P so zuzuordnen. daß, falls A längs c nach P strebt, auch $\mathfrak{A}$ längs $\mathfrak{c}$ nach P strebt und dabei erstens die Strecken PA und $P\mathfrak{A}$ in gleicher Ordnung verschwinden und zweitens die Strecke $A\mathfrak{A}$, verglichen mit der Strecke PA, in gerade $(n+1)^{\text{ter}}$ Ordnung verschwindet, d. h. daß die beiden Grenzwerte

$$\lim \frac{P\mathfrak{A}}{PA} \quad \text{und} \quad \lim \frac{A\mathfrak{A}}{PA^{n+1}}$$

endlich und von Null verschieden bleiben,[1] siehe Fig. 10.

Unsere Aufgabe wird es sein, dies analytisch zu formulieren, die analytischen Merkmale dafür zu gewinnen und überdies zu zeigen, daß die in dem letzten Paragraphen betrachtete Berührung von Kurve und Tangente auch unter diesen neuen Begriff fällt. Wir setzen dabei ausdrücklich voraus, daß der gemeinsame Punkt P auf keiner der beiden Kurven ein Minimalpunkt oder ein singulärer Punkt sei (wie auf S. 25).

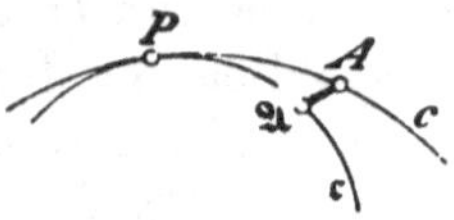

Fig. 10.

Werden die beiden Kurven durch die Gleichungenpaare

(1) $$x = \varphi(t), \quad y = \psi(t) \quad \text{und} \quad \mathfrak{x} = f(\mathfrak{t}), \quad \mathfrak{y} = g(\mathfrak{t})$$

dargestellt und gehört zu den Werten t_0 und $\mathfrak{t}_0$ der Parameter t und $\mathfrak{t}$ ein gemeinsamer Punkt P oder (x_0, y_0) beider Kurven, so ist also:

(2) $$x_0 = \varphi(t_0) = f(\mathfrak{t}_0), \quad y_0 = \psi(t_0) = g(\mathfrak{t}_0)$$

und überdies

(3) $$\varphi'(t_0)^2 + \psi'(t_0)^2 \neq 0, \quad f'(\mathfrak{t}_0)^2 + g'(\mathfrak{t}_0)^2 \neq 0.$$

Der auf c in der Umgebung von P gewählte Punkt A habe die Koordinaten x, y und den Parameter $t_0 + \Delta t$. Dann ist:

(4) $$\begin{cases} x - x_0 = \varphi(t_0 + \Delta t) - \varphi(t_0) = \frac{x_0'}{1!}\Delta t + \frac{x_0''}{2!}\Delta t^2 + \dots, \\ y - y_0 = \psi(t_0 + \Delta t) - \psi(t_0) = \frac{y_0'}{1!}\Delta t + \frac{y_0''}{2!}\Delta t^2 + \dots. \end{cases}$$

Dem Punkte A wird nun ein Punkt $\mathfrak{A}$ oder $(\mathfrak{x}, \mathfrak{y})$ mit einem Parameter $\mathfrak{t}_0 + \Delta\mathfrak{t}$ dadurch zugeordnet, daß man $\Delta\mathfrak{t}$ als eine Funktion von Δt annimmt, die für $\Delta t = 0$ verschwindet, weil ja $\mathfrak{A}$ mit A zugleich nach P wandern soll. Demnach setzen wir eine Reihenentwicklung an:

(5) $$\Delta\mathfrak{t} = \frac{\lambda_1}{1!}\Delta t + \frac{\lambda_2}{2!}\Delta t^2 + \dots.$$

[1] Cauchy verlangt in seinen „Leçons sur les applications du calcul infinitésimal à la géométrie“, 1. Bd., Paris 1826, daß der Winkel $AP\mathfrak{A}$ in der n^{ten} Ordnung, verglichen mit der Strecke PA, verschwinde, und nimmt überdies $PA = P\mathfrak{A}$ an. Man kommt auf Grund dieser Definition zu denselben Bedingungen wie oben.

indem wir an die auf S. 2 über die Funktionen gemachten Voraussetzungen erinnern. Entsprechend den Formeln (4) ergeben sich für die Differenzen der Koordinaten von $\mathfrak{A}$ und P die Entwicklungen:

$$(6) \quad \begin{cases} \mathfrak{x} - x_0 = \frac{\mathfrak{x}_0'}{1!} \Delta \mathfrak{t} + \frac{\mathfrak{x}_0''}{2!} \Delta \mathfrak{t}^2 + \ldots, \\ \mathfrak{y} - y_0 = \frac{\mathfrak{y}_0'}{1!} \Delta \mathfrak{t} + \frac{\mathfrak{y}_0''}{2!} \Delta \mathfrak{t}^2 + \ldots. \end{cases}$$

Es brauchte kaum bemerkt zu werden, daß $x_0', x_0'', \ldots$ und $y_0', y_0'', \ldots$ in (4) und $\mathfrak{x}_0', \mathfrak{x}_0'', \ldots$ und $\mathfrak{y}_0', \mathfrak{y}_0'', \ldots$ in (6) die Ableitungen der Werte (1) von $x, y, \mathfrak{x}, \mathfrak{y}$ für $t = t_0$ bzw. $\mathfrak{t} = \mathfrak{t}_0$ bedeuten. Subtraktion der Gleichungen (6) von den Gleichungen (4) liefert die nachher anzuwendenden Formeln:

$$(7) \quad \begin{cases} x - \mathfrak{x} = \frac{1}{1!}(x_0' \Delta t - \mathfrak{x}_0' \Delta \mathfrak{t}) + \frac{1}{2!}(x_0'' \Delta t^2 - \mathfrak{x}_0'' \Delta \mathfrak{t}^2) + \ldots, \\ y - \mathfrak{y} = \frac{1}{1!}(y_0' \Delta t - \mathfrak{y}_0' \Delta \mathfrak{t}) + \frac{1}{2!}(y_0'' \Delta t^2 - \mathfrak{y}_0'' \Delta \mathfrak{t}^2) + \ldots \end{cases}$$

für die Differenzen der Koordinaten der Punkte A und $\mathfrak{A}$.

Nach (4) ist das Quadrat der Strecke PA:

$$PA^2 = \left(\frac{x_0'}{1!} \Delta t + \frac{x_0''}{2!} \Delta t^2 + \ldots\right)^2 + \left(\frac{y_0'}{1!} \Delta t + \frac{y_0''}{2!} \Delta t^2 + \ldots\right)^2.$$

Wegen der ersten Voraussetzung (3) oder $x_0'^2 + y_0'^2 \neq 0$ bleibt also $PA : \Delta t$ für $\lim \Delta t = 0$ endlich und von Null verschieden. Ebenso bleibt $P\mathfrak{A} : \Delta \mathfrak{t}$ für $\lim \Delta \mathfrak{t} = 0$ endlich und von Null verschieden. Wegen der Beziehung (5) zwischen Δt und $\Delta \mathfrak{t}$ folgt hieraus, daß $P\mathfrak{A} : PA$ für $\lim \Delta t = 0$, d. h. für $\lim PA = 0$ nur dann endlich und von Null verschieden wird, wenn die Zahl $\lambda_1 \neq 0$ ist. Indem wir also $\lambda_1 \neq 0$ anzunehmen haben, wird die erste der beiden aufgestellten Forderungen befriedigt. Da nun PA für $\lim \Delta t = 0$ in derselben Ordnung wie Δt verschwindet, kann die zweite Forderung so gefaßt werden: Es soll

$$\lim_{\Delta t = 0} \frac{A\mathfrak{A}}{\Delta t^{n+1}}$$

einen endlichen und von Null verschiedenen Wert haben.

Da wir auch imaginäre Kurven zulassen, müssen wir aber noch eine Einschränkung machen: Die gesetzmäßige Zuordnung zwischen den Punkten A und $\mathfrak{A}$ der beiden Kurven ließe sich insbesondere so wählen, daß man die Kurven mit einer Schar von Minimalgeraden schnitte und alsdann diejenigen beiden Punkte A und $\mathfrak{A}$ einander zuwiese, in denen eine derartige Gerade beide Kurven trifft. Dann würde aber die Strecke $A\mathfrak{A}$ als Stück einer Minimalgeraden stets gleich Null sein (siehe S. 12), es würde also keine Zahl n geben, für die sich die zweite Forderung erfüllen ließe. In der Definition der Berührung n^{ter} Ordnung liegt also noch die Voraussetzung, daß die Gerade $A\mathfrak{A}$ keine Minimalgerade sei. Unter dieser Voraussetzung gilt ein im reellen allerdings sofort einleuchtender Satz, der jedoch bei imaginären Gebilden noch bewiesen werden muß:

Strebt eine Strecke $A\mathfrak{A}$, ohne auf einer Minimalgeraden zu liegen, nach Null, so sind ihre Projektionen auf die beiden Achsen so beschaffen, daß eine von ihnen in derselben Ordnung wie $A\mathfrak{A}$ nach Null strebt, während die andere in derselben oder in höherer Ordnung nach Null streben kann.

Bildet $A\mathfrak{A}$ nämlich mit der x-Achse den Winkel α, so ist $\operatorname{tg}\alpha \neq i$ und $\neq -i$, weil $A\mathfrak{A}$ nicht auf einer Minimalgeraden liegen soll, so daß aus:

$$\sin\alpha = \frac{\operatorname{tg}\alpha}{\sqrt{1+\operatorname{tg}^2\alpha}}, \quad \cos\alpha = \frac{1}{\sqrt{1+\operatorname{tg}^2\alpha}}$$

folgt, daß $\sin\alpha$ und $\cos\alpha$ endliche Werte haben, und aus

$$\sin^2\alpha + \cos^2\alpha = 1,$$

daß wenigstens eine der beiden Größen $\sin\alpha$ und $\cos\alpha$ von Null verschieden ist. Da sich die Projektionen von $A\mathfrak{A}$ auf die Achsen durch Multiplikation mit $\cos\alpha$ bzw. $\sin\alpha$ ergeben, liegt hierin der Beweis der Behauptung.

Nun sind die Differenzen (7) diese beiden Projektionen. Mithin tritt eine Berührung in gerade n^{ter} Ordnung ein, wenn eine dieser Differenzen mit Δt in der $(n+1)^{\text{ten}}$ Ordnung und die andere in derselben oder in höherer Ordnung für $\lim \Delta t = 0$ verschwindet. Weil aber Δt den Wert (5) hat, gehen die Ausdrücke (7) nach der Substitution des Wertes (5) in Reihenentwicklungen nach ganzen positiven Potenzen von Δt allein über. Demnach ist zu fordern, daß beide Reihen von der ersten bis n^{ten} Potenz von Δt frei werden, aber wenigstens eine ein von Null verschiedenes Glied mit der $(n+1)^{\text{ten}}$ Potenz von Δt habe. Außerdem folgt, daß n notwendig eine ganze positive Zahl sein muß. Somit gilt der

Satz 9: Haben zwei Kurven

$$x = \varphi(t), \quad y = \psi(t) \quad \text{und} \quad \mathfrak{x} = f(\mathfrak{t}), \quad \mathfrak{y} = g(\mathfrak{t})$$

einen Punkt (x_0, y_0) gemein, der für keine der beiden Kurven ein Minimalpunkt oder singulär ist, so berühren sie einander daselbst in gerade n^{ter} Ordnung, wenn man Zahlen $\lambda_1, \lambda_2, \ldots \lambda_{n+1}$, von denen $\lambda_1 \neq 0$ ist, so bestimmen kann, daß die Reihen nach Potenzen von Δt, die aus

$$x - \mathfrak{x} = \frac{1}{1!}(x_0' \Delta t - \mathfrak{x}_0' \Delta \mathfrak{t}) + \frac{1}{2!}(x_0'' \Delta t^2 - \mathfrak{x}_0'' \Delta \mathfrak{t}^2) + \ldots,$$

$$y - \mathfrak{y} = \frac{1}{1!}(y_0' \Delta t - \mathfrak{y}_0' \Delta \mathfrak{t}) + \frac{1}{2!}(y_0'' \Delta t^2 - \mathfrak{y}_0'' \Delta \mathfrak{t}^2) + \ldots$$

durch die Substitution

$$\Delta \mathfrak{t} = \frac{\lambda_1}{1!} \Delta t + \frac{\lambda_2}{2!} \Delta t^2 + \ldots + \frac{\lambda_{n+1}}{(n+1)!} \Delta t^{n+1}$$

hervorgehen, frei von der ersten bis n^{ten} Potenz von Δt werden, aber wenigstens eine von beiden nicht auch von der $(n+1)^{\text{ten}}$ Potenz von Δt frei wird. Dabei bedeuten x_0', y_0' usw. die Ableitungen von x und y nach t und $\mathfrak{x}_0', \mathfrak{y}_0'$ usw. die von $\mathfrak{x}$ und $\mathfrak{y}$ nach $\mathfrak{t}$ für den gemeinsamen Punkt beider Kurven.

Hierbei haben wir $\lambda_{n+2}, \lambda_{n+3}, \ldots$ ohne weiteres gleich Null annehmen dürfen, weil ja diese Zahlen in den Gliedern der Reihen bis zu den $(n+1)^{\text{ten}}$ Potenzen von Δt gar nicht vorkommen.

Weil $\lambda_1 \neq 0$ sein soll, folgt aus (5), daß auch umgekehrt Δt als Potenzreihe von $\Delta \mathfrak{t}$ dargestellt werden kann. Man schließt daraus leicht, daß die für eine Berührung in gerade n^{ter} Ordnung hervorgehenden Merkmale dieselben bleiben müssen, falls man die beiden Kurven miteinander vertauscht. Da die ursprünglich für eine solche Berührung formulierten Bedingungen vom Koordinatensystem und der Parameterdarstellung der beiden Kurven unabhängig sind, schließt man ferner, daß die hervorgehenden analytischen Merkmale ebenfalls eine vom Koordinatensystem und der Parameterdarstellung unabhängige Bedeutung haben müssen.

Folgerichtig wäre es zu sagen, daß zwei Kurven, die einen Punkt gemein haben, dort stets eine Berührung von mindestens nullter Ordnung miteinander eingehen. Man spricht jedoch nur dann von einer Berührung, wenn die Ordnungszahl n mindestens gleich Eins ist, d. h. wenn es Werte t_0 und $\mathfrak{t}_0$ von t und $\mathfrak{t}$ gibt, für die nicht nur

$$(8) \qquad x_0 = \mathfrak{x}_0, \quad y_0 = \mathfrak{y}_0$$

ist, sondern nach Satz 9 für $n = 1$ auch eine Zahl $\lambda_1 \neq 0$ vorhanden ist, derart, daß

$$(9) \qquad x_0' - \lambda_1 \mathfrak{x}_0' = 0, \quad y_0' - \lambda_1 \mathfrak{y}_0' = 0$$

wird, d. h. wenn $y_0' : x_0'$ gleich $\mathfrak{y}_0' : \mathfrak{x}_0'$ ist, anders ausgedrückt: wenn die Kurven im gemeinsamen Punkte dieselbe Tangente haben (vgl. S. 22). Soll die Berührung von mindestens zweiter Ordnung sein, so muß es nach Satz 9 außerdem eine Zahl λ_2 derart geben, daß

$$-\lambda_2 \mathfrak{x}_0' + x_0'' - \lambda_1^2 \mathfrak{x}_0'' = 0, \qquad -\lambda_2 \mathfrak{y}_0' + \mathfrak{y}_0'' - \lambda_1^2 \mathfrak{y}_0'' = 0$$

oder

$$(10) \qquad x_0'' = \lambda_1^2 \mathfrak{x}_0'' + \lambda_2 \mathfrak{x}_0', \qquad y_0'' = \lambda_1^2 \mathfrak{y}_0'' + \lambda_2 \mathfrak{y}_0'$$

wird. Noch umständlicher werden die Bedingungen für eine Berührung in mindestens dritter Ordnung.

Wird als zweite Kurve $\mathfrak{c}$ die Tangente der ersten Kurve c im Punkte (x_0, y_0) angenommen, so hat sie nach (7), S. 22, die Gleichungen:

$$(11) \qquad \mathfrak{x} = x_0 + x_0' \mathfrak{t}, \qquad \mathfrak{y} = y_0 + y_0' \mathfrak{t},$$

so daß $\mathfrak{t}_0 = 0$ wird. Hier ist $\mathfrak{x}_0' = x_0'$, $\mathfrak{y}_0' = y_0'$, also (9) für $\lambda_1 = 1$ erfüllt, was daher besagt, daß die Tangente die Kurve in mindestens erster Ordnung berührt. Auf S. 20 haben wir (vgl. Fig. 7) solche Punkte A und $\mathfrak{A}$ der Kurve c und ihrer Tangente $\mathfrak{c}$ einander zugeordnet, denen dieselbe Abszisse x zukommt, so daß damals die Strecke $A\mathfrak{A}$ nichts anderes als die Ordinatendifferenz war. Die dort angestellte Betrachtung lehrt somit, daß die Kurve $y = f(x)$ an der Stelle (x_0) von ihrer Tangente in gerade n^{ter} Ordnung berührt wird, wenn $y'', \ldots y^{(n)}$ für $x = x_0$ verschwinden, dagegen $y^{(n+1)}$ für $x = x_0$ von Null verschieden ist. Nach S. 20 erhellt ferner, daß man die Wendepunkte der Kurve c als diejenigen Stellen definieren kann, an denen sie ihre Tangente in mindestens zweiter Ordnung berührt. Diese Definition ist sogar umfassender als die frühere, weil sie auch für den Fall anwendbar ist, wo die Tangente zur y-Achse parallel ist. Das allgemeine Kennzeichen der Wendepunkte ergibt sich, weil schon $\lambda_1 = 1$ hervorging und $\mathfrak{x}_0'' = \mathfrak{y}_0'' = 0$ nach (11) wird, aus (10) so:

$$x_0'' = \lambda_2 x_0', \qquad y_0'' = \lambda_2 y_0'.$$

Elimination an λ_2 liefert also den

Satz 10: Die Kurve $x = \varphi(t)$, $y = \psi(t)$ wird von ihren Tangenten an denjenigen Stellen in mindestens zweiter Ordnung berührt, d. h. sie hat an denjenigen Stellen Wendepunkte, wo die Bedingung erfüllt ist:

$$x' y'' - y' x'' = 0.$$

Beispiel: Die Kurve $y = \sqrt[3]{x}$ geht durch den Anfangspunkt und hat dort einen Wendepunkt, dessen Tangente die y-Achse ist, wie man sofort aus $x = y^3$ und dem ersten Beispiele auf S. 21 sieht. In Parameterdarstellung können wir schreiben: $x = t^3$, $y = t$, so daß wir nach Satz 10 die Bedingung

$$3t^2 \cdot 0 - 1 \cdot 6t = 0$$

anzusetzen haben, die für $t = 0$ in der Tat erfüllt ist.

§ 6. Merkmale für die Berührung bei besonderen Darstellungsformen der Kurven.

Liegen die Gleichungen der Kurven c und $\mathfrak{c}$ in der Form vor:

$$y = f(x) \quad \text{und} \quad \mathfrak{y} = g(\mathfrak{x})$$

und haben die Kurven den Punkt mit der Abszisse x_0 gemein, d. h. ist $f(x_0) = g(x_0) = y_0$, so vereinfachen sich die Bedingungen für eine Berührung in mindestens n^{ter} Ordnung bedeutend. Jetzt nämlich sind x und $\mathfrak{x}$ die Parameter t und $\mathfrak{t}$, da sich die Kurven so darstellen lassen:

$$x = t, \quad y = f(t) \quad \text{und} \quad \mathfrak{x} = \mathfrak{t}, \quad \mathfrak{y} = g(\mathfrak{t}).$$

Die Reihen des Satzes 9, S. 30, lauten hiernach in diesem Falle wie folgt:

$$(1) \quad \begin{cases} x - \mathfrak{x} = \Delta t - \Delta \mathfrak{t}, \\ y - \mathfrak{y} = \frac{1}{1!}(y_0' \Delta t - \mathfrak{y}_0' \Delta \mathfrak{t}) + \frac{1}{2!}(y_0'' \Delta t^2 - \mathfrak{y}_0'' \Delta \mathfrak{t}^2) + \cdots \end{cases}$$

Hierin muß

$$\Delta \mathfrak{t} = \frac{\lambda_1}{1!} \Delta t + \frac{\lambda_2}{2!} \Delta t^2 + \cdots$$

eingesetzt werden. Dann aber beginnt $x - \mathfrak{x}$ erst mit der $(n+1)^{\text{ten}}$ Potenz von Δt, wenn $\lambda_1 = 1$, $\lambda_2 = \lambda_3 = \cdots = \lambda_n = 0$ ist, so daß also

$$\Delta \mathfrak{t} = \Delta t + \frac{\lambda_{n+1}}{(n+1)!} \Delta t^{n+1} + \cdots$$

zu setzen ist. Nun nimmt $y - \mathfrak{y}$ nach der Substitution dieser Reihe die Form an:

$$(2) \quad \begin{cases} y - \mathfrak{y} = \frac{1}{1!}(y_0' - \mathfrak{y}_0') \Delta t + \frac{1}{2!}(y_0'' - \mathfrak{y}_0'') \Delta t^2 + \\ \qquad \cdots + \frac{1}{n!}(y_0^{(n)} - \mathfrak{y}_0^{(n)}) \Delta t^n + \cdots, \end{cases}$$

wobei aber die Glieder höherer als n^{ter} Ordnung nicht so einfach gestaltet sind. Wir brauchen sie gar nicht anzugeben, denn wir haben nur noch zu verlangen, daß die Glieder erster, zweiter, . . . n^{ter} Ordnung gleich Null seien, woraus folgt:

$$y_0' = \mathfrak{y}_0', \quad y_0'' = \mathfrak{y}_0'', \ldots \quad y_0^{(n)} = \mathfrak{y}_0^{(n)}.$$

Beachten wir, daß $t = x$, $\mathfrak{t} = \mathfrak{x}$ ist, so können wir demnach sagen:

Satz 11: Haben die beiden ebenen Kurven:

$$y = f(x) \quad \text{und} \quad \mathfrak{y} = g(\mathfrak{x})$$

den Punkt mit der Abszisse x_0 gemein, so berühren sie einander in diesem Punkte in mindestens n^{ter} Ordnung, wenn die Ableitungen von y nach x mit den entsprechenden Ableitungen von $\mathfrak{y}$ nach $\mathfrak{x}$ bis zu denen n^{ter} Ordnung einschließlich für $x = \mathfrak{x} = x_0$ übereinstimmen.

Der Punkt mit der Abszisse $x_0 + \Delta x$ hat bei der ersten Kurve die Ordinate

$$y = y_0 + \frac{y_0'}{1!}\Delta x + \frac{y_0''}{2!}\Delta x^2 + \ldots,$$

bei der zweiten die Ordinate:

$$\mathfrak{y} = y_0 + \frac{\mathfrak{y}_0'}{1!}\Delta x + \frac{\mathfrak{y}_0''}{2!}\Delta x^2 + \ldots.$$

Hierin aber stimmen jetzt die Glieder bis zur n^{ten} Potenz von Δx überein, so daß

$$y - \mathfrak{y} = \frac{1}{(n+1)!}\left(y_0^{(n+1)} - \mathfrak{y}_0^{(n+1)}\right)\Delta x^{n+1} + \ldots$$

ist. Wie wir auf S. 20 zur Ableitung des Satzes 6 schlossen, können wir also auch hier folgern: Liegen reelle Kurven vor und wechselt Δx sein Zeichen, so gilt dasselbe von der Ordinatendifferenz $y - \mathfrak{y}$, wenn n gerade ist, sonst nicht, vorausgesetzt, daß der absolute Betrag von Δx hinreichend klein gewählt wird. Daher ergibt sich der

Satz 12: Wenn zwei reelle ebene Kurven einander in gerade n^{ter} Ordnung berühren, durchsetzen sie einander an der Berührungsstelle, falls n eine gerade Zahl ist, sonst nicht.

Wir sehen hieraus wieder (wie auf S. 32), daß wir in Satz 6 des § 4 tatsächlich die Berührung n^{ter} Ordnung zwischen einer Kurve und einer Geraden vor uns hatten.

Wenn wir von der Annahme ausgehen, daß die Punktkoordinaten der beiden Kurven durch Bogenlängen s und $\mathfrak{s}$ als Parameter ausgedrückt seien:

$$x = \varphi(s), \; y = \psi(s) \quad \text{und} \quad \mathfrak{x} = f(\mathfrak{s}), \; \mathfrak{y} = g(\mathfrak{s}),$$

vereinfachen sich ebenfalls die Bedingungen für die Berührung in höherer Ordnung bedeutend.

Wenn nämlich die Kurven einander in P überhaupt berühren, also dieselbe Tangente haben, sind einerseits

$$x' = \frac{dx}{ds}, \quad y' = \frac{dy}{ds}$$

und andererseits

$$\mathfrak{x}' = \frac{d\mathfrak{x}}{d\mathfrak{s}}, \quad \mathfrak{y}' = \frac{d\mathfrak{y}}{d\mathfrak{s}}$$

Kosinus und Sinus des Tangentenwinkels. Da aber der Winkel für beide Kurven verschiedenartig gemessen sein kann, ist dann an der gemeinsamen Stelle entweder $x' = \mathfrak{x}'$ und $y' = \mathfrak{y}'$ oder $x' = -\mathfrak{x}'$, $y' = -\mathfrak{y}'$. Liegt der zweite Fall vor, so kommt man doch zu dem ersten zurück, wenn man bei der zweiten Kurve den Parameter $-\mathfrak{s}$ einführt, da ja mit $\mathfrak{s}$ auch $-\mathfrak{s}$ die Bogenlänge vorstellt, weil sie von einer Quadratwurzel abhängt. Wir nehmen also vorläufig $x_0' = \mathfrak{x}_0'$, $y_0' = \mathfrak{y}_0'$ an der gemeinsamen Stelle an.

Die Bedingungen (9), S. 31, für die Berührung in mindestens erster Ordnung geben dann $\lambda_1 = 1$. Da nun nach Satz 1, S. 11, für alle Werte von s bzw. $\mathfrak{s}$

$$x'^2 + y'^2 = 1, \quad \mathfrak{x}'^2 + \mathfrak{y}'^2 = 1 \tag{3}$$

ist, folgt hieraus durch Differentiation nach s bzw. $\mathfrak{s}$

$$x'x'' + y'y'' = 0, \quad \mathfrak{x}'\mathfrak{x}'' + \mathfrak{y}'\mathfrak{y}'' = 0. \tag{4}$$

Die Bedingungen (10) auf S. 32, die für die Berührung in mindestens zweiter Ordnung noch hinzutreten, nehmen wegen $\lambda_1 = 1$ die Form an:

$$x_0'' = \mathfrak{x}_0'' + \lambda_2 \mathfrak{x}_0', \quad y_0'' = \mathfrak{y}_0'' + \lambda_2 \mathfrak{y}_0'.$$

Beachten wir aber die Gleichungen (3) und (4), so folgt $\lambda_2 = 0$ und:

$$x_0'' = \mathfrak{x}_0'', \quad y_0'' = \mathfrak{y}_0''.$$

Daß dasselbe einfache Ergebnis auch für Berührung in beliebig hoher Ordnung gilt, können wir durch den Schluß von $n - 1$ auf n dartun: Wir nehmen an, wir hätten bewiesen, daß die beiden Kurven einander in mindestens $(n-1)^{\text{ter}}$ Ordnung berühren, wenn:

$$\left\{\begin{array}{llll} x_0' = \mathfrak{x}_0', & x_0'' = \mathfrak{x}_0'', & \ldots & x_0^{(n-1)} = \mathfrak{x}_0^{(n-1)}, \\ y_0' = \mathfrak{y}_0', & y_0'' = \mathfrak{y}_0'', & \ldots & y_0^{(n-1)} = \mathfrak{y}_0^{(n-1)} \end{array}\right. \tag{5}$$

ist, und es hätte sich außerdem ergeben:

$$\lambda_1 = 1, \quad \lambda_2 = 0, \quad \lambda_3 = 0, \quad \ldots \quad \lambda_{n-1} = 0.$$

Soll nun Berührung in mindestens n^{ter} Ordnung eintreten, so gelten zunächst diese Formeln. Danach ist:

$$x - \mathfrak{x} = \frac{1}{1!}\mathfrak{x}_0'(\Delta s - \Delta \mathfrak{s}) + \ldots + \frac{1}{(n-1)!}\mathfrak{x}_0^{(n-1)}(\Delta s^{n-1} - \Delta \mathfrak{s}^{n-1})$$
$$+ \frac{1}{n!}(x_0^{(n)}\Delta s^n - \mathfrak{x}_0^{(n)}\Delta \mathfrak{s}^n) + \ldots,$$
$$y - \mathfrak{y} = \frac{1}{1!}\mathfrak{y}_0'(\Delta s - \Delta \mathfrak{s}) + \ldots + \frac{1}{(n-1)!}\mathfrak{y}_0^{(n-1)}(\Delta s^{n-1} - \Delta \mathfrak{s}^{n-1})$$
$$+ \frac{1}{n!}(y_0^{(n)}\Delta s^n - \mathfrak{y}_0^{(n)}\Delta \mathfrak{s}^n) + \ldots,$$

worin nun

(6) $$\Delta \mathfrak{s} = \Delta s + \frac{\lambda_n}{n!}\Delta s^n + \ldots .$$

zu setzen ist. Dann aber zeigt sich, daß beide Entwicklungen erst mit Gliedern von n^{ter} Ordnung beginnen. Wir haben deshalb zu fordern, daß diese beiden Glieder verschwinden. Dadurch ergibt sich:

$$-\lambda_n \mathfrak{x}_0' + x_0^{(n)} - \mathfrak{x}_0^{(n)} = 0, \qquad -\lambda_n \mathfrak{y}_0' + y_0^{(n)} - \mathfrak{y}_0^{(n)} = 0,$$

also:

(7) $$x_0^{(n)} = \mathfrak{x}_0^{(n)} + \lambda_n \mathfrak{x}_0', \qquad y_0^{(n)} = \mathfrak{y}_0^{(n)} + \lambda_n \mathfrak{y}_0'.$$

Hieraus folgt weiter wegen (5):

$$x_0' x_0^{(n)} + y_0' y_0^{(n)} = \mathfrak{x}_0' \mathfrak{x}_0^{(n)} + \mathfrak{y}_0' \mathfrak{y}_0^{(n)} + \lambda_n(\mathfrak{x}_0'^2 + \mathfrak{y}_0'^2)$$

oder also nach (3):

(8) $$x_0' x_0^{(n)} + y_0' y_0^{(n)} = \mathfrak{x}_0' \mathfrak{x}_0^{(n)} + \mathfrak{y}_0' \mathfrak{y}_0^{(n)} + \lambda_n.$$

Man erkennt jedoch durch fortgesetzte Differentiation der Formeln (4) nach s bzw $\mathfrak{s}$, daß sich

$$x' x^{(n)} + y' y^{(n)} \quad \text{und} \quad \mathfrak{x}' \mathfrak{x}^{(n)} + \mathfrak{y}' \mathfrak{y}^{(n)}$$

durch die Differentialquotienten niedrigerer als n^{ter} Ordnung ausdrücken lassen. Da diese aber nach (5) für den gemeinsamen Punkt bei beiden Kurven die gleichen Zahlenwerte haben, sind auch die beiden vorstehenden Summen für den gemeinsamen Punkt einander gleich. Aus (8) schließen wir deshalb $\lambda_n = 0$ und aus (7):

$$x_0^{(n)} = \mathfrak{x}_0^{(n)}, \qquad y_0^{(n)} = \mathfrak{y}_0^{(n)}.$$

Hiermit ist der Schluß von $n - 1$ auf n beendet.

Beachten wir nun noch, daß die Ableitungen

$$\mathfrak{x}', \quad \mathfrak{x}'', \quad \mathfrak{x}''', \ldots \quad \text{und} \quad \mathfrak{y}', \quad \mathfrak{y}'', \quad \mathfrak{y}''', \ldots$$

in

$$-\mathfrak{x}', \quad +\mathfrak{x}'', \quad -\mathfrak{x}''', \ldots \quad \text{und} \quad -\mathfrak{y}', \quad +\mathfrak{y}'', \quad -\mathfrak{y}''', \ldots$$

übergehen, sobald $\mathfrak{s}$ durch $-\mathfrak{s}$ ersetzt wird, so ergibt sich der

Satz 13: Haben die beiden Kurven

$$x = \varphi(s), \quad y = \psi(s) \quad \text{und} \quad \mathfrak{x} = f(\mathfrak{s}), \quad \mathfrak{y} = g(\mathfrak{s}),$$

bei denen s und $\mathfrak{s}$ Bogenlängen bedeuten, einen Punkt $(s = s_0, \ \mathfrak{s} = \mathfrak{s}_0)$ gemein, so berühren sie hier einander in mindestens n^{ter} Ordnung, wenn die Bedingungen erfüllt sind:

$$x_0' = \pm \mathfrak{x}_0', \quad x_0'' = \mathfrak{x}_0'', \quad x_0''' = \pm \mathfrak{x}_0''', \ldots \quad x_0^{(n)} = (\pm 1)^n \mathfrak{x}_0^{(n)},$$

$$y_0' = \pm \mathfrak{y}_0', \quad y_0'' = \mathfrak{y}_0'', \quad y_0''' = \pm \mathfrak{y}_0''', \ldots \quad y_0^{(n)} = (\pm 1)^n \mathfrak{y}_0^{(n)},$$

und zwar gilt dabei entweder überall das obere oder überall das untere Vorzeichen.

Da in diesem Falle, wie sich ergab, $\lambda_1 = 1$, dagegen $\lambda_2 = 0, \ldots \lambda_n = 0$ ist und da wir alle übrigen Zahlen λ gleich Null annehmen können (vgl. S. 31), dürfen wir jetzt nach (6) insbesondere

$$\Delta \mathfrak{s} = \Delta s \quad \text{oder} \quad \Delta \mathfrak{s} = -\Delta s$$

wählen. Die Definition der Berührung in mindestens n^{ter} Ordnung in § 5 gibt folglich den

Satz 14: Berühren zwei Kurven c und $\mathfrak{c}$ einander in einem gemeinsamen Punkte P in gerade n^{ter} Ordnung, so haben sie in P zunächst dieselbe Tangente. Trägt man dann auf den Kurven c und $\mathfrak{c}$ von P aus nach derselben Richtung der Tangente hin gleich lange Bogen auf bis zu Punkten A und $\mathfrak{A}$, so verschwindet die Strecke $A\mathfrak{A}$ in der $(n+1)^{\text{ten}}$ Ordnung, sobald der aufgetragene Bogen in der ersten Ordnung verschwindet.

Noch sei ein Satz angegeben, der sofort aus Satz 11 folgt:

Satz 15: Berührt eine Kurve $\mathfrak{c}$ zwei andere Kurven c_1 und c_2 in einem gemeinsamen Punkte P in n^{ter} Ordnung, so berühren auch c_1 und c_2 einander dort in mindestens n^{ter} Ordnung.

Überhaupt gilt der

Satz 16: Wenn drei Kurven ein und denselben Punkt gemein haben und einander dort berühren, so sind von den Ordnungszahlen der drei Berührungen zwei einander gleich, während die dritte entweder auch jenen beiden gleich oder aber größer ist.

Haben zwei Kurven z. B. in P dieselbe Wendetangente, so berühren sie einander dort in mindestens zweiter Ordnung.

Aus der Definition der Berührung n^{ter} Ordnung oder auch aus Satz 14 folgt noch, daß, wenn eine reelle Kurve a zwei andere reelle Kurven b und c in demselben Punkte P in n^{ter} bzw. $(n+m)^{\text{ter}}$ Ordnung berührt, sie alsdann in der Umgebung von P der Kurve c am nächsten ist.

Von zwei Kurven, die einander in höherer als erster Ordnung berühren, sagt man wohl auch, daß sie einander **oskulieren**. Doch steht dieser Sprachgebrauch nicht fest (siehe S. 45).

An einer späteren Stelle, in § 10, werden wir in der Lage sein, dem allgemeinen Satze über die Berührung n^{ter} Ordnung zwischen zwei Kurven noch eine neue Fassung zu geben.

§ 7. Berührung von Kurve und Kreis.

Wir wenden die allgemeine Theorie des § 5 auf eine beliebige Kurve

$$x = \varphi(t), \quad y = \psi(t) \tag{1}$$

und einen **Kreis** an. Der Kreis habe die laufenden Koordinaten $\mathfrak{x}, \mathfrak{y}$, und es seien a, b seine Mittelpunktskoordinaten, r der Radius. Mit Hilfe des Zentriwinkels $\mathfrak{t}$ lauten die Gleichungen des Kreises (vgl. 2. Beispiel, S. 8) so:

$$\mathfrak{x} = a + r\cos\mathfrak{t}, \quad \mathfrak{y} = b + r\sin\mathfrak{t}. \tag{2}$$

Hier ist

$$\mathfrak{x}' = -r\sin\mathfrak{t}, \quad \mathfrak{y}' = r\cos\mathfrak{t}, \quad \mathfrak{x}'' = -r\cos\mathfrak{t}, \quad \mathfrak{y}'' = -r\sin\mathfrak{t}.$$

Verlangen wir, daß der Kreis die Kurve in mindestens zweiter Ordnung berühre, so haben wir nach § 5 zu fordern, daß es ein Wertepaar t, $\mathfrak{t}$ gebe, für das die Werte (1) mit den Werten (2) übereinstimmen und die Gleichungen (9) und (10) auf S. 31, 32 bestehen. Wir haben also die sechs Bedingungen:

$$\begin{aligned}
\varphi &= a + r\cos\mathfrak{t}, & \psi &= b + r\sin\mathfrak{t};\\
\varphi' &= -\lambda_1 r\sin\mathfrak{t}, & \psi' &= \lambda_1 r\cos\mathfrak{t};\\
\varphi'' &= -\lambda_1^2 r\cos\mathfrak{t} - \lambda_2 r\sin\mathfrak{t}, & \psi'' &= -\lambda_1^2 r\sin\mathfrak{t} + \lambda_2 r\cos\mathfrak{t}.
\end{aligned}$$

Ist t irgendwie gewählt, so sind dies sechs Gleichungen zur Bestimmung von $\mathfrak{t}$, a, b, r, λ_1 und λ_2. Die beiden letzten Gleichungen können wir wegen der beiden vorhergehenden so schreiben:

$$\varphi'' = -\lambda_1\psi' + \frac{\lambda_2}{\lambda_1}\varphi', \quad \psi'' = \lambda_1\varphi' + \frac{\lambda_2}{\lambda_1}\psi',$$

denn es ist $\lambda_1 \neq 0$, und hieraus folgt:

$$\lambda_1 = \frac{\varphi'\psi'' - \psi'\varphi''}{\varphi'^2 + \psi'^2}.$$

Also geben die in der zweiten Zeile stehenden Gleichungen:

$$r^2 = \frac{\varphi'^2 + \psi'^2}{\lambda_1^2} = \frac{(\varphi'^2 + \psi'^2)^3}{(\varphi'\psi'' - \psi'\varphi'')^2}.$$

Die beiden ersten Gleichungen endlich geben mit Rücksicht auf die in der zweiten Zeile:

$$a = \varphi - \frac{\psi'}{\lambda_1} = \varphi - \frac{\varphi'^2 + \psi'^2}{\varphi'\psi'' - \psi'\varphi''}\psi',$$

$$b = \psi + \frac{\varphi'}{\lambda_1} = \psi + \frac{\varphi'^2 + \psi'^2}{\varphi'\psi'' - \psi'\varphi''}\varphi'.$$

Auch kann man noch λ_2 und t berechnen. Doch brauchen wir diese Werte nicht. Hiermit gelangen wir zu dem

Satz 17: Der Kreis, der die Kurve

$$x = \varphi(t), \qquad y = \psi(t)$$

in ihrem Punkte (t) in mindestens zweiter Ordnung berührt, hat den Mittelpunkt mit den Koordinaten:

$$a = \varphi - \frac{\varphi'^2 + \psi'^2}{\varphi'\psi'' - \psi'\varphi''}\psi', \quad b = \psi + \frac{\varphi'^2 + \psi'^2}{\varphi'\psi'' - \psi'\varphi''}\varphi',$$

und das Quadrat seines Radius ist:

$$r^2 = \frac{(\varphi'^2 + \psi'^2)^3}{(\varphi'\psi'' - \psi'\varphi'')^2}.$$

Dieser Kreis wird nach Satz 12, S. 34, die Kurve im Berührungspunkte (x, y) im allgemeinen durchsetzen, wenn die Kurve und also auch der Kreis reell ist; er ist aber stets von allen Kreisen derjenige, der sich an dieser Stelle der Kurve am besten anschmiegt. Er heißt der Krümmungskreis, Schmiegungskreis oder Oskulationskreis[1] der Kurve an der Stelle (t).

Ist t die Bogenlänge s der Kurve, so ist nach Satz 1, S. 11:

$$\varphi'^2 + \psi'^2 = 1$$

und daher:

$$\varphi'\varphi'' + \psi'\psi'' = 0,$$

so daß wir erhalten:

Satz 18: Die Kurve

$$x = \varphi(s), \qquad y = \psi(s)$$

mit der Bogenlänge s hat an der Stelle (s) den Krümmungskreis mit dem Mittelpunkte

$$a = \varphi + \frac{\psi'^2}{\varphi''}, \quad b = \psi' + \frac{\varphi'^2}{\psi''},$$

[1] Der Name Oskulationskreis kommt bei Leibniz 1686 vor.

während

$$r^2 = \frac{\psi'^2}{\varphi''^2} = \frac{\varphi'^2}{\psi''^2}$$

das Quadrat des Radius ist.

Ist der Parameter t der Tangentenwinkel τ der Kurve, d. h. ist

$$\operatorname{tg} \tau = \frac{dy}{dx} = \frac{\psi'}{\varphi'},$$

so ist nach Satz 8, S. 26:

$$\frac{\varphi' \psi'' - \psi' \varphi''}{\varphi'^2 + \psi'^2} = 1,$$

so daß der allgemeine Satz 17 ergibt:

Satz 19: Die Kurve

$$x = \varphi(\tau), \qquad y = \psi(\tau)$$

mit dem Tangentenwinkel τ hat an der Stelle (τ) den Krümmungskreis mit dem Mittelpunkte

$$a = \varphi - \psi', \qquad b = \psi + \varphi'.$$

während

$$r^2 = \varphi'^2 + \psi'^2$$

das Quadrat des Radius ist.

Liegt die Kurve in der Form $y = f(x)$ vor, so können wir x als den Parameter t auffassen, also $x = t$, $y = f(t)$ schreiben, so daß der allgemeine Satz 17 ergibt[1]:

$$(3) \qquad a = x - \frac{1 + y'^2}{y''} y', \quad b = y + \frac{1 + y'^2}{y''}, \quad r^2 = \frac{(1 + y'^2)^3}{y''^2}.$$

Da sich der Krümmungskreis im Berührungspunkte an die Kurve besonders eng anschmiegt und da ein Element eines Kreises in der Richtung von der positiven zur negativen y-Achse hin betrachtet — sagen wir kurz: von oben gesehen — konvex oder konkav erscheint, je nachdem es eine größere oder kleinere Ordinate als die Kreismitte hat, so ist die Kurve im Punkte (x, y) konvex oder konkav, je nachdem $y - b \gtreqless 0$ ist, d. h. nach (3), je nachdem $y'' \gtreqless 0$ ist. Natürlich hat dies nur für reelle Kurven einen Sinn.

Satz 20: Eine reelle Kurve $y = f(x)$ ist an einer Stelle (x, y) nach oben hin konvex oder konkav, je nachdem y'' daselbst kleiner oder größer als Null ist.

---

[1] Der in (3) angegebene Wert von r^2 findet sich zuerst bei NEWTON, „Methodus fluxionum", 1736.

Die dritte Formel (3) gibt noch, wenn $\operatorname{tg}\tau = y'$ benutzt wird, die für manche Anwendungen nützliche Formel

$$\frac{1}{r^2} = \left(\frac{d^2 y}{dx^2}\cos^3\tau\right)^2.$$

Liegt die Kurve in der Form $F(x, y) = 0$ vor, so lassen sich y' und y'' aus den Gleichungen berechnen, die durch vollständige Differentiation hervorgehen, nämlich aus:

$$F_x + F_y y' = 0, \qquad F_{xx} + 2F_{xy}y' + F_{yy}y'^2 + F_y y'' = 0,$$

so daß die Formeln (3) liefern:

$$(4)\quad \begin{cases} a = x - \dfrac{(F_x^2 + F_y^2)F_x}{F_{xx}F_y^2 - 2F_{xy}F_xF_y + F_{yy}F_x^2}, \\ b = y - \dfrac{(F_x^2 + F_y^2)F_y}{F_{xx}F_y^2 - 2F_{xy}F_xF_y + F_{yy}F_x^2}, \\ r^2 = \dfrac{(F_x^2 + F_y^2)^3}{(F_{xx}F_y^2 - 2F_{xy}F_xF_y + F_{yy}F_x^2)^2}. \end{cases}$$

Die Normale der Kurve $y = f'(x)$ im Punkte (x) hat, da sie auf der Tangente

$$\mathfrak{y} - y = y'(\mathfrak{x} - x)$$

senkrecht steht, in den laufenden Koordinaten $\mathfrak{x}$, $\mathfrak{y}$ die Gleichung:

$$\mathfrak{y} - y = -\frac{1}{y'}(\mathfrak{x} - x).$$

Setzt man hierin die Werte von a und b aus (3) für $\mathfrak{x}$ und $\mathfrak{y}$ ein, so wird die Gleichung erfüllt, so daß also der Mittelpunkt des Krümmungskreises auf der Normalen liegt.

Die Formeln (3) kann man auch mit Hilfe des Satzes 11, S. 34, finden, indem man von der Kurvengleichung $y = f'(x)$ und der Kreisgleichung:

$$(5)\qquad (\mathfrak{x} - a)^2 + (\mathfrak{y} - b)^2 = r^2$$

ausgeht. Zweimalige vollständige Differenziation von (5) nach $\mathfrak{x}$ gibt nämlich:

$$\mathfrak{x} - a + (\mathfrak{y} - b)\mathfrak{y}' = 0, \qquad 1 + \mathfrak{y}'^2 + (\mathfrak{y} - b)\mathfrak{y}'' = 0.$$

Verlangt man nun, daß der Punkt (x, y) der Kurve und dem Kreise (5) gemein sei und daß daselbst $\mathfrak{y}' = y'$ und $\mathfrak{y}'' = y''$ werde, so gehen die drei Gleichungen

$$(x - a)^2 + (\mathfrak{y} - b)^2 = r^2,$$

$$x - a + (y - b)y' = 0, \qquad 1 + y'^2 + (y - b)y'' = 0$$

hervor, deren Auflösung nach a, b und r^2 in der Tat die Formeln (3) liefert.

Wir untersuchen nun, unter welcher Bedingung der Krümmungskreis die Kurve in noch höherer als zweiter Ordnung berührt. Für eine Berührung in mindestens dritter Ordnung ist zu fordern, daß auch $\mathfrak{y}'''$ an der Stelle $(x = \mathfrak{x})$ mit y''' übereinstimmen. Nun ergibt sich $\mathfrak{y}'''$ aus derjenigen Gleichung, die durch dreimalige vollständige Differentiation von (5) nach $\mathfrak{x}$ hervorgeht, nämlich aus:

$$3\mathfrak{y}'\mathfrak{y}'' + (\mathfrak{y} - b)\mathfrak{y}''' = 0.$$

Mithin müßte an der betrachteten Stelle (x) noch

$$3y'y'' + (y - b)y''' = 0$$

sein, woraus wegen des Wertes (3) von b hervorgeht:

$$(6) \qquad 3y'y''^2 - (1 + y'^2)y''' = 0.$$

Somit gilt der

Satz 21: Die Kurve $y = f(x)$ wird nur an solchen Stellen (x) von ihren Krümmungskreisen in höherer als zweiter Ordnung berührt, an denen:

$$3y'y''^2 - (1 + y'^2)y''' = 0$$

ist.

Weil y', y'', y''' Funktionen von x sind, ist dies eine Bedingung für x, die bei einer beliebigen Kurve, wenn überhaupt, nur für einzelne Stellen (x) erfüllt sein wird. An solchen Stellen — sie heißen Scheitel — wird die Berührung im allgemeinen von nicht höherer als dritter Ordnung sein. Nach Satz 12, S. 34, wird dort also der Krümmungskreis die Kurve im allgemeinen nicht durchsetzen, wenn eine reelle Kurve vorliegt.

1. **Beispiel:** Ist eine Kurve hinsichtlich einer Geraden symmetrisch, so werden ihre Schnittpunkte mit der Geraden, sobald sie nicht singulär sind, Scheitel sein. Denn wenn jene Gerade zur y-Achse gewählt wird, muß die Funktion $y = f(x)$ die Eigenschaft haben, daß für jedes x

$$y = f(x) = f(-x)$$

ist, woraus durch Differentiation folgt:

$$\begin{aligned} y' &= f'(x) = -f'(-x) \\ y'' &= f''(x) = +f''(-x) \\ y''' &= f'''(x) = -f'''(-x). \end{aligned}$$

Für $x = 0$ ergibt sich hieraus $y' = y''' = 0$, so daß (6) erfüllt ist.

Fragen wir, ob es vorkommen kann, daß alle Punkte einer Kurve Scheitel sind. Es müßte für jede Stelle (x) der Kurve die Bedingung (6) erfüllt sein. Nun aber sind die Bestimmungsstücke a, b, r des Krümmungskreises nach (3) Funktionen von x, für die

$$\frac{da}{dx} = \qquad - \frac{y'}{y''^2}[3y'y''^2 - (1+y'^2)y'''],$$

$$\frac{db}{dx} = \qquad \frac{1}{y''^2}[3y'y''^2 - (1+y'^2)y'''],$$

$$\frac{dr^2}{dx} = \frac{2(1+y'^2)^2}{y''^3}[3y'y''^2 - (1+y'^2)y''']$$

ist, so daß aus (6) folgen würde, daß a, b und r^2 für alle Punkte (x der Kurve konstante Werte hätten, d. h. die Kurve hätte überall denselben Krümmungskreis, wäre also mit dem Kreise identisch.

Satz 22: Außer den Kreisen gibt es keine Kurve, die überall von ihren Krümmungskreisen in höherer als zweiter Ordnung berührt wird.

Zu den Kreisen gehören insbesondere natürlich auch alle Geraden, die keine Minimalgeraden sind.

Nach Satz 17 wird der Radius des Krümmungskreises unendlich groß, wenn

$$\varphi'\psi'' - \psi'\varphi'' = 0,$$

also der Berührungspunkt nach Satz 10, S. 32, ein Wendepunkt ist. Der Kreis geht dann in die Wendetangente über. Der Radius kann andererseits nur dann gleich Null werden, wenn $\varphi'^2 + \psi'^2 = 0$ ist. Dies aber tritt nur in singulären und Minimalpunkten ein, für die der Begriff der Berührung nach S. 28 überhaupt versagt.

Die Krümmungskreise und zwar insbesondere diejenigen, die zu den etwa vorhandenen Scheiteln gehören, dienen ebenso wie die Tangenten zum angenäherten Zeichnen einer Kurve. Hierfür zwei Beispiele.

2. Beispiel: Bei der Sinuskurve

$$y = \sin x$$

ergibt sich nach (3):

$$a = x + \operatorname{ctg} x (1 + \cos^2 x), \qquad b = -\frac{2\cos^2 x}{\sin x}, \qquad r^2 = \frac{(1+\cos^2 x)^3}{\sin^2 x}.$$

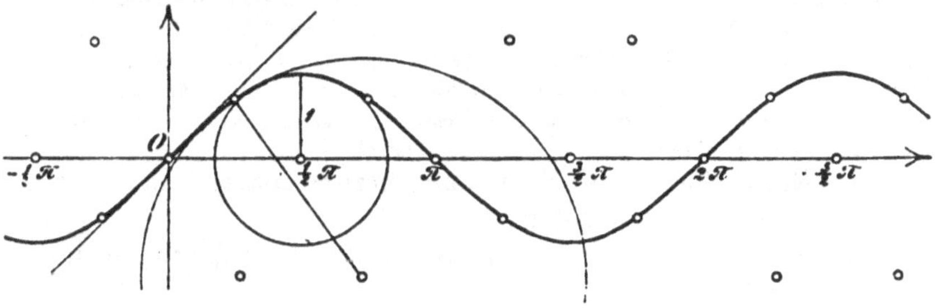

Fig. 11.

Die Stellen $x = 0, \pm\pi, \pm 2\pi \ldots$ auf der x-Achse sind Wendepunkte ($y'' = 0$), deren Tangenten die Winkel $\pm\frac{1}{4}\pi$ mit der x Achse bilden. Die Punkte $x = \pm\frac{1}{2}\pi$, $\pm\frac{3}{2}\pi \ldots$ mit den Ordinaten $y = \pm 1$ sind Scheitel mit dem Krümmungsradius 1, für die der Mittelpunkt des Krümmungskreises auf der x-Achse liegt (siehe Fig. 11). Auch für die Stellen $x = \pm\frac{1}{4}\pi$ und die periodisch wiederkehrenden analogen Stellen ist der Krümmungskreis leicht zu konstruieren. Denn für $x = \frac{1}{4}\pi$ ist $a = x + \frac{3}{2}$, $b = -\sqrt{2}$, $r^2 = \frac{27}{4}$.

3. **Beispiel**: Zuweilen genügt es, nur die Scheitel und ihre Krümmungskreise, die Wendepunkte und ihre Wendetangenten sowie die Asymptoten zu konstruieren, um eine Kurve mit großer Annäherung zeichnen zu können. Dies gilt z. B. bei der sogenannten **Wahrscheinlichkeitskurve**

$$y = e^{-x^2}$$

der Wahrscheinlichkeitsrechnung, einer Kurve, die man ihrer Gestalt wegen auch die **Glockenkurve** nennt. Nach dem 1. Beispiele hat sie, weil die y-Achse eine Symmetriegerade ist, den Scheitel ($x = 0$, $y = 1$), siehe S_0 in

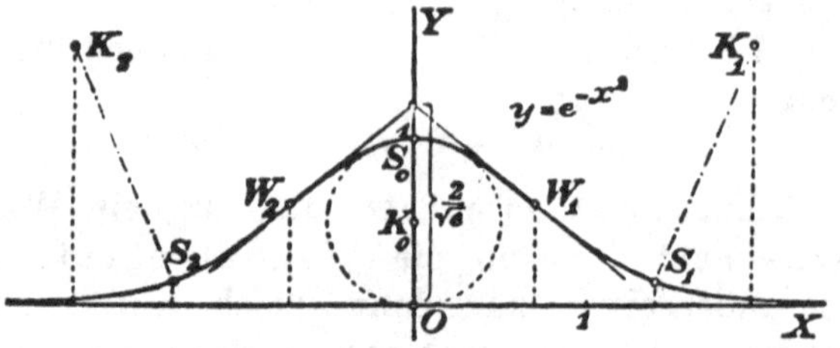

Fig. 12.

Fig. 12, und der Mittelpunkt K_0 des zugehörigen Krümmungskreises liegt auf der y-Achse und hat die Ordinate $\frac{1}{2}$. Aber es gibt noch zwei andere reelle Scheitel S_1 und S_2, denn die Bedingung (6) lautet hier:

$$x e^{-x^2}[(16x^4 - 12x^2 + 6)e^{-2x^2} + 3 - 2x^2] = 0$$

und wird, wie man mittels Fehlerrechnung ermittelt, außer von $x = 0$ noch von $x = \pm 1{,}394$ befriedigt. Zu diesen Abszissen gehört die Ordinate $y = 0{,}143$. Die Krümmungskreise dieser beiden Scheitel S_1 und S_2 haben Mittelpunkte K_1 und K_2 mit den Koordinaten $a = \pm 1{,}954$ und $b = 1{,}545$. Die Bedingung $y'' = 0$ für die Wendepunkte gibt

$$(4x^2 - 2)e^{-x^2} = 0$$

und wird befriedigt durch $x = \pm\frac{1}{2}\sqrt{2}$ oder $\pm 0{,}707$. Daher sind zwei Wendepunkte W_1 und W_2 vorhanden; sie haben die Ordinate 0,607. Man berechnet leicht die Ordinate $2 : \sqrt{e}$ oder 1,213 für den gemeinsamen Schnittpunkt der Wendetangenten mit der y-Achse, so daß sie sich danach zeichnen lassen. Die angegebenen Zahlenwerte sind auf drei Dezimalen abgerundet. Schließlich ist noch zu bemerken, daß die x-Achse eine Asymptote ist.

Die Ermittelung des Krümmungskreises ordnet sich einem **allgemeinen Problem** unter:

Es liege eine Kurve $y = f(x)$ vor. Eine zweite Kurve sei durch eine Gleichung

$$\mathfrak{y} = g(\mathfrak{x}, c_1, c_2, \ldots c_n)$$

gegeben, die noch n Konstanten $c_1, c_2, \ldots c_n$ enthält, über deren Werte wir verfügen können, so daß also eigentlich eine Schar von unendlich vielen Kurven vorliegt. Z. B. enthält die Gleichung eines Kreises drei Konstanten a, b, r, und wir haben oben das Problem gelöst, unter allen Kreisen denjenigen zu bestimmen, der die gegebene Kurve $y = f(x)$ an einer gegebenen Stelle in möglichst hoher (nämlich mindestens zweiter) Ordnung berührt. So stellen wir uns hier das Problem, die Konstanten $c_1, c_2, \ldots c_n$ so zu wählen, daß die Kurve $\mathfrak{y} = g(\mathfrak{x})$ die Kurve $y = f(x)$ an der Stelle (x) in möglichst hoher Ordnung berühre. Nach Satz 11, S. 34, muß man $c_1, c_2, \ldots c_n$ so bestimmen, daß möglichst viele von den Gleichungen:

$$f(x) = g(x), \quad f'(x) = g'(x), \quad f''(x) = g''(x) \ldots$$

erfüllt werden. Da wir über n Konstanten verfügen können, so werden wir n derartige Bedingungen erfüllen können, als letzte diese:

$$f^{(n-1)}(x) = g^{(n-1)}(x).$$

Wir werden also erreichen können, daß eine Berührung in gerade $(n-1)^{\text{ter}}$ Ordnung eintritt. Doch zur exakten Begründung dieser Behauptung wäre noch zu untersuchen, ob die n Bedingungen auch tatsächlich gerade $c_1, c_2, \ldots c_n$ bestimmen. Hierauf gehen wir nicht weiter ein; bei jeder besonderen Anwendung der allgemeinen Idee muß man die Bedingungen in dieser Hinsicht genau untersuchen.

4. Beispiel: Die allgemeine Gleichung eines Kegelschnittes enthält fünf Konstanten. In einem allgemeinen Punkte einer Kurve wird man also einen Kegelschnitt konstruieren können, der die Kurve in vierter Ordnung berührt (vgl. das 2. Beispiel, S. 70).

Wir erwähnten oben, S. 38, daß der Sprachgebrauch bezüglich des Wortes „Oskulation" schwankend ist. So nennt man z. B. diejenige Kurve $\mathfrak{y} = g(\mathfrak{x})$ der betrachteten Schar die oskulierende, die in der höchsten Ordnung berührt.

§ 8. Krümmung ebener Kurven.

Durchläuft ein Punkt eine reelle Kurve c von einer Stelle P nach einer Stelle P_1 hin, so ändert er beständig seine Richtung, die in jedem Augenblicke durch seine Tangente angegeben wird. Je stärker diese Änderung der Richtung für ein und dieselbe Weglänge PP_1 auf der Kurve ist, um so stärker krümmt sich die Kurve (siehe Fig 13). Diese Erwägung legt es nahe, als Maß der Krümmung der Kurve von P bis P_1 das Verhältnis aus dem Drehungswinkel der Tangente und der Länge des auf der Kurve zurückgelegten Bogens zu definieren. Dann ist wohlbemerkt das Maß der Krümmung für einen Teil des Weges nicht notwendig dasselbe wie für den ganzen Weg. Es ist daher besser, den erwähnten Quotienten als die **mittlere Krümmung** des **Kurvenbogens** PP_1 zu bezeichnen. Ist τ der Tangentenwinkel in P, τ_1 der Tangentenwinkel in P_1 und ist der Bogen von P bis P_1 gleich s, so ist die mittlere Krümmung:

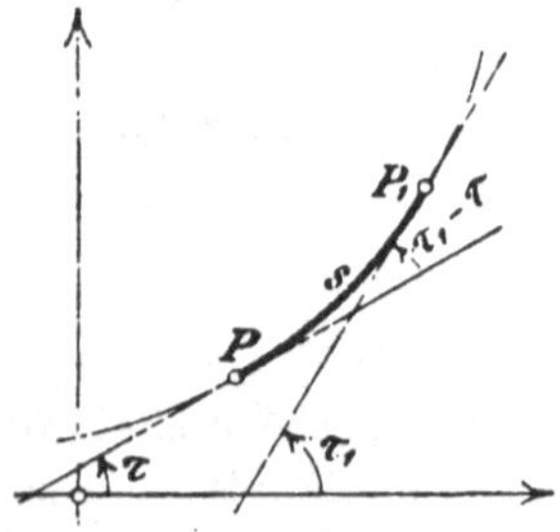

Fig. 13.

$$K_{PP_1} = \frac{\tau_1 - \tau}{s}.$$

Strebt der Punkt P_1 längs der Kurve nach P, so strebt der Bogen s und die Differenz $\tau_1 - \tau$ nach Null. Wenn alsdann ein Grenzwert der mittleren Krümmung vorhanden ist, wird man ihn kurzweg als die **Krümmung der Kurve an der Stelle** P bezeichnen dürfen. Ein solcher Grenzwert ist tatsächlich vorhanden. Denn wenn P_1 nach P strebt, treten an die Stelle von $\tau_1 - \tau$ und s das Differential $d\tau$ des Tangentenwinkels und das Differential ds der Bogenlänge, das sogenannte Bogenelement. **Die Krümmung der Kurve an der Stelle** (x, y) **ist daher der Differentialquotient**

$$(1) \qquad k = \frac{d\tau}{ds}$$

des Tangentenwinkels τ nach der Bogenlänge s. Nebenbei bemerkt heißt das zum Bogenelement ds gehörige Differential $d\tau$ des Tangentenwinkels τ der **Kontingenzwinkel**.

Da die Bogenlänge s und der Tangentenwinkel τ nach S. 23 bestimmt definiert sind, gilt dasselbe nach (1) für das Krümmungsmaß. Liegt insbesondere eine **reelle** Kurve vor, auf der nach der Anweisung auf S. 23 ein positiver Fortschreitungssinn festgestellt worden ist, so nimmt die Bogenlänge s in diesem Sinne zu, so daß dabei $ds > 0$ ist. Wenn nun zugleich der Tangentenwinkel τ wächst, ist auch $d\tau > 0$ und also nach (1) das Krümmungsmaß positiv. Man erkennt hieraus, daß **das Krümmungsmaß positiv oder negativ ist, je nachdem die Kurve beim Fortschreiten im festgesetzten Sinne von ihrer Tangente nach links oder nach rechts abweicht**, vorausgesetzt, daß man das Achsenkreuz in der gewohnten Weise orientiert. Wenn z. B. bei der Kurve in Fig. 14 der Fortschreitungssinn der durch den Pfeil angedeutete ist, hat sie in P ein positives Krümmungsmaß; dasselbe gilt überall längs der stark gezeichneten Bogenstücke, während es an den übrigen Stellen negativ ist. Den Übergang von den einen zu den anderen bilden diejenigen Punkte der Kurve, wo das Krümmungsmaß gleich Null ist. Daß dies die Wendepunkte sind, leuchtet sofort ein; wir werden es aber nachher auch analytisch bestätigt finden.

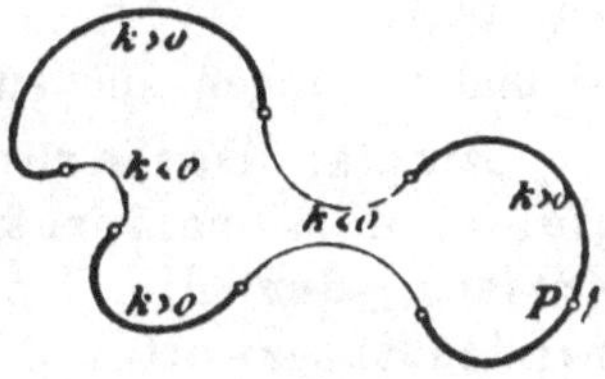

Fig. 14.

Ist die Kurve in allgemeiner Parameterdarstellung

(2) $$x = \varphi(t), \quad y = \psi(t)$$

gegeben, so hat man nach (5), S. 9:

$$\frac{ds}{dt} = \sqrt{\varphi'^2 + \psi'^2}.$$

Ferner ist nach (8), S. 22:

$$\tau = \operatorname{arc\,tg} \frac{\psi'}{\varphi'},$$

daher:

$$\frac{d\tau}{ds} = \frac{\varphi'\psi'' - \psi'\varphi''}{\varphi'^2 + \psi'^2}.$$

Da nun nach (1):

$$k = \frac{d\tau}{dt} : \frac{ds}{dt}$$

ist, ergibt sich mithin:

(3) $$k = \frac{\varphi'\psi'' - \psi'\varphi''}{\sqrt{\varphi'^2 + \psi'^2}^3}.$$

Satz 23: Die Kurve $x = \varphi(t)$, $y = \psi(t)$ hat im Punkte (t) das Krümmungsmaß:

$$k = \frac{\varphi'\psi'' - \psi'\varphi''}{\sqrt{\varphi'^2 + \psi'^2}^3}.$$

Dabei hat man die Quadratwurzel wie auf S. 24 einwertig zu machen. Im reellen Falle wird sie nach S. 23 positiv angenommen.

Nach (3) ist das Krümmungsmaß k nur an solchen Stellen gleich Null, wo $\varphi'\psi'' - \psi'\varphi'' = 0$ ist, d. h. nach Satz 10, S. 32, in den Wendepunkten, womit die vorhin gemachte Bemerkung analytisch bestätigt wird. Der Wert Unendlich dagegen kommt für $\varphi'^2 + \psi'^2 = 0$ vor, also nur für singuläre und Minimalstellen der Kurve (vgl. S. 24).

Aus dem Satze 17, S. 39, folgt noch, daß das Krümmungsmaß eines Kurvenpunktes, abgesehen vom Vorzeichen, gleich dem reziproken Werte des Radius desjenigen Kreises ist, der die Kurve an der betreffenden Stelle in zweiter Ordnung berührt. Deshalb eben heißt jener Kreis der **Krümmungskreis**. Wir wollen dem Radius r des Krümmungskreises dasselbe Vorzeichen wie dem Krümmungsmaße beilegen, so daß also stets:

$$k = \frac{1}{r}$$

ist und wir sagen können:

Satz 24: Das Krümmungsmaß eines Kurvenpunktes ist gleich dem reziproken Werte des Radius desjenigen Kreises, der die Kurve an der betreffenden Stelle in mindestens zweiter Ordnung berührt.

Den Radius r des Krümmungskreises nennt man den Krümmungsradius des Kurvenpunktes P, den Mittelpunkt des Krümmungskreises den Krümmungsmittelpunkt des Kurvenpunktes P.

Zu dem Krümmungsmittelpunkte gelangen wir auch so: Wir sahen schon auf S. 41, daß er auf der Normalen von P oder (x, y) liegt, deren Gleichung in den laufenden Koordinaten $\mathfrak{x}$, $\mathfrak{y}$ ist:

$$\mathfrak{x} + y'\mathfrak{y} = x + y'y, \tag{4}$$

wenn wir uns die Kurve in der Form $y = f(x)$ gegeben denken. Setzt man für den Augenblick

$$N = \mathfrak{x} + y'\mathfrak{y} - (x + y'y),$$

so daß $N = 0$ die Normalengleichung vorstellt, so bedeutet N eine Funktion von $\mathfrak{x}$, $\mathfrak{y}$ und x, weil y und y' längs der Kurve gegebene Funktionen von x sind. Wächst nun x um Δx, so erfährt N eine Zunahme ΔN. Dann ist $N + \Delta N = 0$ die Gleichung der zum Kurvenpunkte $(x + \Delta x)$ gehörigen Normalen. Behalten wir darin die Werte von $\mathfrak{x}$ und $\mathfrak{y}$ unverändert bei, so sind $\mathfrak{x}$, $\mathfrak{y}$ die Koordinaten des Schnittpunktes beider Normalen. Sie erfüllen also die beiden Gleichungen $N = 0$ und $N + \Delta N = 0$, wofür man auch setzen kann:

$$N = 0, \quad \frac{\Delta N}{\Delta x} = 0.\,.$$

Strebt der Kurvenpunkt $(x + \Delta x)$ längs der Kurve nach dem Punkte (x), d. h. wird der Grenzübergang $\lim \Delta x = 0$ gemacht, so strebt der Schnittpunkt beider Normalen nach demjenigen Punkte $(\mathfrak{x}, \mathfrak{y})$, dessen Koordinaten den beiden Gleichungen

$$N = 0, \quad \frac{dN}{dx} = 0$$

genügen. Die erste ist die Gleichung (4), und die zweite geht aus ihr durch vollständige Differentiation nach x bei festgehaltenen Werten von $\mathfrak{x}$ und $\mathfrak{y}$ hervor und lautet daher so:

$$(5)\qquad y''\mathfrak{y} = 1 + y'^2 + yy''.$$

Berechnet man aus (5) und (4) zuerst $\mathfrak{y}$ und dann $\mathfrak{x}$, so ergeben sich die Werte a und b der Koordinaten (3), S. 40, des Mittelpunktes des Krümmungskreises. Daher gilt der

Satz 25: Der Krümmungsmittelpunkt eines Punktes einer ebenen Kurve ist die Grenzlage des Schnittpunktes der Normalen dieses Kurvenpunktes mit der Normalen eines benachbarten Kurvenpunktes.

Zu dem Krümmungsmittelpunkte führt auch die folgende Überlegung: Eine starre Gerade l mit einem auf ihr fest angebrachten Punkte L bewegen sich so, daß L die Kurve beschreibt und l dabei beständig die zugehörige Tangente der Kurve bildet. Insbesondere betrachten wir zwei Lagen der Geraden: einmal sei L der Kurvenpunkt P oder (x, y) und dann ein benachbarter Kurvenpunkt P_1 oder $(x + \Delta x,\ y + \Delta y)$; die Gerade l soll also zuerst die Tangente von P und dann die Tangente von P_1 sein. Der Übergang aus der ersten in die zweite Lage kann nach Satz 5, S. 17, durch eine Drehung um einen gewissen mit der Geraden l starr verbundenen Punkt bewirkt werden, dessen Koordinaten a und b seien. Der Drehungswinkel ist die Zunahme $\Delta\tau$, die der Tangentenwinkel τ von P bis P_1 erfährt, und die Gleichungen der Drehung sind nach (1), S. 14, von der Form:

$$(6)\qquad \mathfrak{x} = \bar{\mathfrak{x}}\cos\Delta\tau - \bar{\mathfrak{y}}\sin\Delta\tau + m, \qquad \mathfrak{y} = \bar{\mathfrak{x}}\sin\Delta\tau + \bar{\mathfrak{y}}\cos\Delta\tau + n.$$

Dabei bedeuten m und n Konstanten, während $\bar{\mathfrak{x}}, \bar{\mathfrak{y}}$ die Koordinaten eines Punktes vor der Drehung und $\mathfrak{x}, \mathfrak{y}$ die Koordinaten desselben Punktes nach der Drehung sind. Weil der Punkt (a, b) in Ruhe bleiben soll, müssen die Gleichungen (6) bei den Annahmen $\bar{\mathfrak{x}} = \mathfrak{x} = a$, $\bar{\mathfrak{y}} = \mathfrak{y} = b$ erfüllt sein. Daher kommt:

$$(7)\qquad a = a\cos\Delta\tau - b\sin\Delta\tau + m, \qquad b = a\sin\Delta\tau + b\cos\Delta\tau + n,$$

Da ferner der Punkt (x, y) in den Punkt $(x + \Delta x,\ y + \Delta y)$ übergehen soll, müssen sie auch bei der Annahme $\bar{\mathfrak{x}} = x$, $\bar{\mathfrak{y}} = y$ und $\mathfrak{x} = x + \Delta x$, $\mathfrak{y} = y + \Delta y$ bestehen. Also ist:

$$x + \Delta x = x\cos\Delta\tau - y\sin\Delta\tau + m, \quad y + \Delta y = x\sin\Delta\tau + y\cos\Delta\tau + n.$$

Subtrahiert man diese Gleichungen von (7), so fallen m und n heraus:

$$a - x - \Delta x = (a - x)\cos\Delta\tau - (b - y)\sin\Delta\tau,$$
$$b - y - \Delta y = (a - x)\sin\Delta\tau + (b - y)\cos\Delta\tau.$$

Beim Grenzübergange $\lim \Delta\tau = 0$ streben auch Δy und $\Delta\tau$ nach Null, so daß Δx, Δy durch die Differentiale dx, dy und $\cos\Delta\tau$ durch Eins und $\sin\Delta\tau$ durch das Differential $d\tau$ ersetzt werden dürfen. Alsdann kommt:

$$-dx = -(b-y)\,d\tau, \qquad -dy = (a-x)\,d\tau$$

oder:

(8)
$$a = x - \frac{dy}{d\tau}, \qquad b = y + \frac{dx}{d\tau}.$$

Nach Satz 19, S. 40, ist der Drehungspunkt folglich der Krümmungsmittelpunkt von P. Daher:

Satz 26: Die Drehung, vermöge deren ein Punkt P einer ebenen Kurve und seine Tangente in einen unendlich benachbarten Punkt der Kurve und seine Tangente übergehen, findet um den Krümmungsmittelpunkt von P statt.

Bezeichnet ν den Normalenwinkel, so kann man die laufenden Koordinaten $\mathfrak{x}$, $\mathfrak{y}$ der Normalen mittels eines Parameters $\mathfrak{t}$ so darstellen:

$$\mathfrak{x} = x + \mathfrak{t}\cos\nu, \qquad \mathfrak{y} = y + \mathfrak{t}\sin\nu.$$

Zu positiven Werten von $\mathfrak{t}$ gehören alsdann nach S. 24 die Punkte $(\mathfrak{x}, \mathfrak{y})$ auf der positiven Normalen. Nach (12), S. 24, kann man hierfür schreiben:

$$\mathfrak{x} = x - \mathfrak{t}\sin\tau, \qquad \mathfrak{y} = y + \mathfrak{t}\cos\tau,$$

Dann läßt sich aufs neue bestätigen, daß der Krümmungsmittelpunkt auf der Normalen liegt. Denn wenn man $\mathfrak{t}$ gleich r oder also gleich $1:k$ wählt, folgt aus (1) nach (10), S. 23:

$$\mathfrak{x} = x - \frac{ds}{d\tau}\sin\tau = x - \frac{dy}{d\tau}, \qquad \mathfrak{y} = y + \frac{ds}{d\tau}\cos\tau = y + \frac{dx}{d\tau},$$

und dies sind die Werte (8). Zugleich hat sich ergeben:

Satz 27: Der Krümmungsmittelpunkt einer reellen ebenen Kurve liegt auf der positiven oder negativen Richtung der Normalen, je nachdem das Krümmungsmaß positiv oder negativ ist.

Wir können das Krümmungsmaß einer Kurve noch in folgender Weise in Beziehung zu einem Kreise setzen: Wir nehmen einen Kreis vom Radius Eins an und ziehen zu jeder Normalen n der Kurve den parallelen Radius und zwar — bei reellen Kurven — im positiven Sinne der Normalen vom Kreispunkte zum Kreismittelpunkte (siehe Fig. 15). Dadurch wird jedem Punkte P der Kurve ein Punkt P' des Kreises zugeordnet, so auch dem Punkt P_1 ein

Punkt P_1'. Nun stehen die Normalen n und n_1 von P und P_1 auf den Tangenten t und t_1 senkrecht. Ihr Winkel und demnach auch der Winkel der Radien von P' und P_1' ist daher gleich $\tau_1 - \tau$. Dieser Winkel ist gleich dem Bogen $P'P_1'$ des Kreises und zwar ist er positiv oder negativ, je nachdem der Bogen $P'P_1'$ den positiven oder negativen Drehsinn in der Ebene hat. Wenn wir also die Bogen auf dem Kreise im positiven Drehsinne positiv rechnen, stimmt der Bogen $P'P_1'$ auch dem Vorzeichen nach mit $\tau_1 - \tau$ überein. Somit ist die mittlere Krümmung des Kurvenbogens PP_1 gleich dem Verhältnisse aus dem Kreisbogen $P'P_1'$ zum zugehörigen Kurvenbogen PP_1. Beim Grenzübergange, der zustande kommt, wenn P_1 längs der Kurve nach P rückt, findet man:

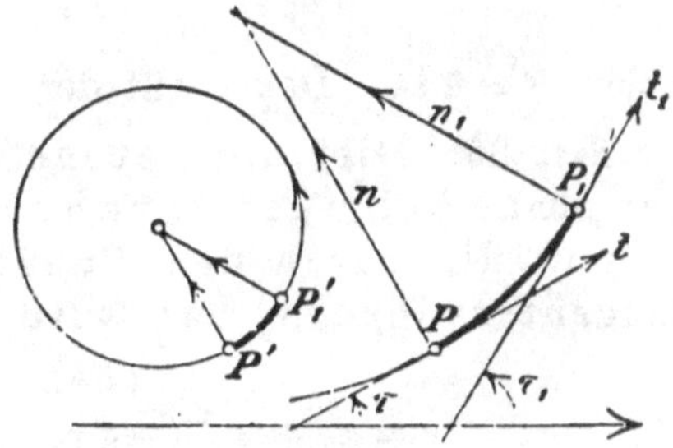

Fig. 15.

Satz 28: Ordnet man jedem Punkte P einer ebenen reellen Kurve einen Punkt P' auf einem Kreise vom Radius Eins in der Weise zu, daß die positive Normale von P dem von P' nach der Kreismitte gezogenen Radius parallel ist, so ist das Krümmungsmaß von P gleich dem Verhältnisse aus dem Bogenelement des Kreises in P' zum zugehörigen Bogenelement der Kurve in P. Den Kreisbogen hat man im Sinne der Drehung von der positiven x-Achse zur positiven y-Achse zu messen.

Wir knüpfen hier noch einige Betrachtungen an: Gibt es außer den Kreisen Kurven konstanter Krümmung? Längs der Kurve müßte die Ableitung von r^2 nach x gleich Null sein. Wie Satz 22, S. 43, folgt hieraus:

Satz 29: Außer den Kreisen gibt es keine Kurven konstanter Krümmung in der Ebene.

Zu den Kreisen gehören die Geraden, die nicht Minimalgeraden sind, als Kurven von der Krümmung Null.

In Satz 7, S. 25, stellten wir eine Kurve vermöge ihres Tangentenwinkels τ so dar:

$$x = x_0 + \int_{\tau_0}^{\tau} F(\tau)\cos\tau\, d\tau, \quad y = y_0 + \int_{\tau_0}^{\tau} F(\tau)\sin\tau\, d\tau.$$

Hier ist:

$$\frac{dx}{d\tau} = F(\tau)\cos\tau, \qquad \frac{dy}{d\tau} = F(\tau)\sin\tau,$$

also wegen $dx = ds\cos\tau$, $dy = ds\sin\tau$:

$$\frac{ds}{d\tau} = F,$$

mithin $F = 1:k$. Daher gilt der

Satz 30: Diejenige ebene Kurve, bei der das Krümmungsmaß k eine gegebene Funktion des Tangentenwinkels τ ist und die durch den Punkt (x_0, y_0) geht und dort den Tangentenwinkel τ_0 hat, wird durch die Gleichungen

$$x = x_0 + \int_{\tau_0}^{\tau} \frac{\cos\tau}{k}\, d\tau, \qquad y = y_0 + \int_{\tau_0}^{\tau} \frac{\sin\tau}{k}\, d\tau$$

mittels des Parameters τ dargestellt.

Wird ihre Bogenlänge s vom Punkte (x_0, y_0) an gerechnet, so folgt aus (1):

$$\tau = \tau_0 + \int_0^s k\, ds.$$

Also können wir auch sagen:

Satz 31: Diejenige ebene Kurve, die durch den Punkt (x_0, y_0) geht, dort den Tangentenwinkel τ_0 hat und längs deren das Krümmungsmaß k eine gegebene Funktion der vom Punkte (x_0, y_0) an gerechneten Bogenlänge s ist, wird mittels des Parameters s durch die Gleichungen dargestellt:

$$x = x_0 + \int_0^s \cos\left(\tau_0 + \int_0^s k\, ds\right) ds, \qquad y = y_0 + \int_0^s \sin\left(\tau_0 + \int_0^s k\, ds\right) ds.$$

Schließlich noch einige einfache Bemerkungen:

Bei einer Kurve, die in der Form $y = f(x)$ gegeben ist, stellt sich die Krümmung so dar:

$$k = \frac{y''}{\sqrt{1 + y'^2}^3}, \tag{9}$$

wie sofort aus Satz 23, S. 47, folgt. Bei dieser Darstellung ist:

$$\frac{dk}{dx} = \frac{1}{\sqrt{1 + y'^2}^5}\left[(1 + y'^2)y''' - 3y'y''^2\right].$$

Da der Inhalt der eckigen Klammer für die Scheitel der Kurve gleich Null wird, vgl. (6), S. 42, folgt: Bei einer reellen Kurve kann die Krümmung nur in den Scheiteln Maximal- oder Minimalwerte erreichen. Diejenigen Scheitel, in denen wirklich ein Extremwert vorkommt, sind für die Gestalt der Kurve besonders charakteristisch. Man kann sie die eigentlichen Scheitel nennen. Aber auch die übrigen, uneigentlichen Scheitel sind von Bedeutung für das Zeichnen der Kurve, weil sich die Kurve in jedem Scheitel dem Krümmungskreise nach S. 42 besonders innig anschmiegt.

§ 9. Einhüllende Kurven in der Ebene.

Es liege eine Schar von Kurven vor vermöge einer Gleichung

$$F(x, y, t) = 0, \tag{1}$$

die außer den Koordinaten x, y noch eine willkürliche Konstante t enthält. Wählt man t bestimmt, so stellt die Gleichung eine bestimmte Kurve dar. Gibt man der Größe nach und nach alle erlaubten konstanten Werte, so erhält man unendlich viele Kurven. Da die Kurven durch Festsetzung des Wertes einer Konstanten t festgelegt werden, so sagen wir, daß sie eine einfach unendliche Kurvenschar oder Schar von ∞^1 Kurven bilden.

Beschränkt man sich auf die Betrachtung reeller Kurven, so werden sie vielleicht nur einen Teil der Ebene überdecken, wie z. B. alle Kreise, die zwei Kreise berühren. Der von den Kurven der Schar überdeckte Teil, der übrigens in einzelne Felder zerfallen kann, wird durch Grenzlinien von demjenigen Teile der Ebene geschieden sein, der keine reellen Kurven der Schar enthält. Es ist dann ein Problem, diese Grenzlinien zu bestimmen. Da die Kurven (1) bis an die Grenzlinien herangehen, sie aber nicht überschreiten, werden sie die Grenzlinien im allgemeinen berühren. Die Grenzlinien werden also reelle Kurven bilden, die die reellen Kurven der Schar (1) berühren.

Diese Überlegung führt uns auch in dem Falle, wo wir uns nicht auf reelle Kurven beschränken, zu der Frage, ob es eine Kurve C gibt, die alle Kurven der Schar (1) berührt.

Zur Vereinfachung des Ausdruckes wollen wir unter den Kurven (t_1), (t_2) ... diejenigen Kurven der Schar (1) verstehen, die den Annahmen $t = t_1$, $t = t_2$, ... entsprechen. Die fragliche Kurve C wird nun die Kurve (t_1) in einem Punkte $(\mathfrak{x}_1, \mathfrak{y}_1)$, die Kurve (t_2) in einem

Punkte $(\mathfrak{x}_2, \mathfrak{y}_2)$ usw. berühren (siehe Fig. 16). Umgekehrt: In irgend einem Punkte $(\mathfrak{x}, \mathfrak{y})$ der fraglichen Kurve C wird eine bestimmte Kurve (t) der Schar (1) die Kurve C berühren. Jedem Punkte $(\mathfrak{x}, \mathfrak{y})$ der Kurve C muß deshalb ein bestimmter Wert t zugeordnet sein. Mit anderen Worten: wir dürfen die Koordinaten $\mathfrak{x}$, $\mathfrak{y}$ der Punkte von C als Funktionen einer Größe t auffassen, die längs der Kurve C alle bestimmten Werte t_1, t_2 . . . durchläuft. Wie aber müssen nun diese Funktionen $\mathfrak{x}$ und $\mathfrak{y}$ von t beschaffen sein?

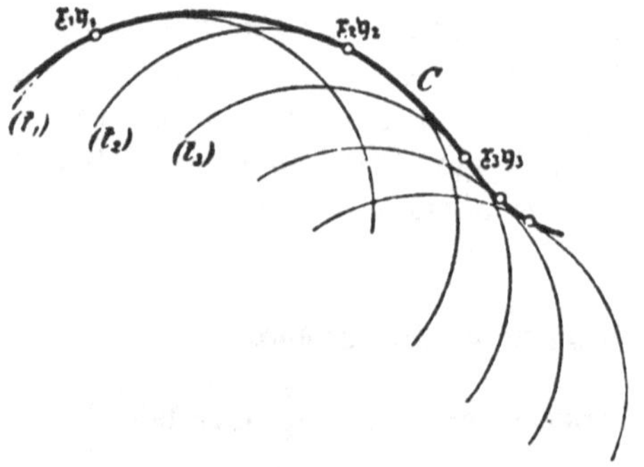

Fig. 16.

Erstens muß der Punkt $(\mathfrak{x}, \mathfrak{y})$ auf der Kurve (t) der Schar (1) liegen:

$$F(\mathfrak{x}, \mathfrak{y}, t) = 0. \tag{2}$$

Zweitens muß die Tangentenrichtung $d\mathfrak{y} : d\mathfrak{x}$ von C mit der Richtung der Tangente im Punkte $(\mathfrak{x}, \mathfrak{y})$ der Kurve (t) übereinstimmen. Es muß mithin für die gesuchten Funktionen $\mathfrak{x}$ und $\mathfrak{y}$ von t auch:

$$F_{\mathfrak{x}} d\mathfrak{x} + F_{\mathfrak{y}} d\mathfrak{y} = 0$$

oder:

$$F_{\mathfrak{x}} \frac{d\mathfrak{x}}{dt} + F_{\mathfrak{y}} \frac{d\mathfrak{y}}{dt} = 0 \tag{3}$$

sein. Es fragt sich also, welche Funktionen $\mathfrak{x}$ und $\mathfrak{y}$ von t die beiden Gleichungen (2) und (3) erfüllen.

Sollen die Funktionen die Gleichung (2) erfüllen, so muß auch die aus (2) durch vollständige Differentiation nach t hervorgehende Gleichung bestehen:

$$F_{\mathfrak{x}} \frac{d\mathfrak{x}}{dt} + F_{\mathfrak{y}} \frac{d\mathfrak{y}}{dt} + F_t = 0, \tag{4}$$

die sich aber wegen (3) einfach auf

$$F_t = 0 \tag{5}$$

reduziert. Wenn umgekehrt $\mathfrak{x}$, $\mathfrak{y}$ solche Funktionen von t sind, die den beiden Gleichungen (2) und (5) genügen, so erfüllen sie auch (4) und daher auch (3). Mithin gilt

Satz 32: Liegt eine einfach unendliche Schar von Kurven in der Ebene vor:

$$F(x, y, t) = 0 \qquad (t = \text{konst.})$$

und gibt es Funktionen $\mathfrak{x}$ und $\mathfrak{y}$ von t:

$$\mathfrak{x} = \varphi(t), \qquad \mathfrak{y} = \psi(t),$$

die den Bedingungen

$$F(\mathfrak{x}, \mathfrak{y}, t) = 0, \qquad \frac{\partial F(\mathfrak{x}, \mathfrak{y}, t)}{\partial t} = 0$$

für alle Werte von t genügen, so geben sie in Parameterdarstellung eine Kurve an, die die Kurven der Schar berührt.

Eine derartige Kurve ist demnach vorhanden, sobald die beiden Gleichungen

$$(6) \qquad F(\mathfrak{x}, \mathfrak{y}, t) = 0, \qquad \frac{\partial F(\mathfrak{x}, \mathfrak{y}, t)}{\partial t} = 0$$

keine Widersprüche enthalten und durch Auflösen nach $\mathfrak{x}$, $\mathfrak{y}$ solche Funktionen von t für diese Größen ergeben, von denen wenigstens eine nicht konstant ist. Sind dagegen $\mathfrak{x}$ und $\mathfrak{y}$ frei von t, so geben sie nur einen oder mehrere Punkte an.

Untersuchen wir diesen Ausnahmefall genauer. Es sei

$$\mathfrak{x} = a, \qquad \mathfrak{y} = b$$

ein konstantes Wertepaar, das die Bedingungen (6) erfüllt. Es möge also zwei Zahlen a und b derart geben, daß für jeden erlaubten Wert von t:

$$F(a, b, t) = 0, \qquad \frac{\partial F(a, b, t)}{\partial t} = 0$$

ist. Alsdann wird jede Kurve (t) der Schar (1) durch den Punkt (a, b) gehen — wegen der ersten dieser beiden Gleichungen. Wenn also die Auflösung der Gleichungen (6) nach $\mathfrak{x}$ und $\mathfrak{y}$ nur ein oder mehrere von t unabhängige Wertepaare liefert, so heißt dies, daß die Kurven der Schar (1) einen oder mehrere Punkte gemein haben und daß es keine Kurve gibt, die alle Kurven der Schar berührt. Alsdann nennt man die Kurvenschar ein **Kurvenbüschel**, jene Punkte ($\mathfrak{x}$, $\mathfrak{y}$) die **Scheitel des Büschels**.

1. Beispiel: Bei der Schar der ∞^1 Kegelschnitte

$$x^2 + t y^2 - 1 - t = 0$$

lauten die Gleichungen (6):

$$\mathfrak{x}^2 + t\mathfrak{y}^2 - 1 - t = 0, \qquad \mathfrak{y}^2 - 1 = 0$$

und liefern vier konstante Wertepaare für $\mathfrak{x}$, $\mathfrak{y}$, nämlich (+ 1, + 1), (+ 1, − 1), (− 1, + 1), (− 1, − 1). Es liegen hier alle ∞^1 Kegelschnitte durch diese vier Punkte vor. Es gibt keine Kurve, die alle diese Kegelschnitte berührt.

Wenn — wie in diesem Beispiele — die Größe t in (1) links nur linear auftritt, liegt stets ein Büschel vor, denn wenn $F = 0$ die Form hat:

$$\varphi(x, y)\,t + \psi(x, y) = 0,$$

ergibt (6):

$$\varphi(\mathfrak{x}, \mathfrak{y})\,t + \psi(\mathfrak{x}, \mathfrak{y}) = 0, \qquad \varphi(\mathfrak{x}, \mathfrak{y}) = 0.$$

d. h. die Werte $\mathfrak{x}, \mathfrak{y}$ erfüllen die Gleichungen

$$\varphi(\mathfrak{x}, \mathfrak{y}) = 0, \qquad \psi(\mathfrak{x}, \mathfrak{y}) = 0$$

zweier Kurven, die nicht zusammenfallen, weil sonst die ursprüngliche Gleichung der Schar nur scheinbar t enthielte. Die Schnittpunkte dieser beiden Kurven sind die Scheitel des vorliegenden Büschels.

2. Beispiel: Gegeben seien zwei Kreise mit den Radien r_1 und r_2 und den Mittelpunktskoordinaten a_1, b_1 bzw. a_2, b_2. Wir wollen alle Kreise

$$(x - u)^2 + (y - v)^2 = R^2$$

betrachten, die diese beiden Kreise senkrecht schneiden. Zwei Kreise schneiden einander senkrecht, wenn das Quadrat ihrer Zentralen gleich der Summe der Quadrate der Radien ist. Also ist zu verlangen:

$$(u - a_1)^2 + (v - b_1)^2 = R^2 + r_1^2,$$
$$(u - a_2)^2 + (v - b_2)^2 = R^2 + r_2^2$$

oder:

$$-2a_1 u - 2b_1 v + (u^2 + v^2 - R^2) = r_1^2 - a_1^2 - b_1^2,$$
$$-2a_2 u - 2b_2 v + (u^2 + v^2 - R^2) = r_2^2 - a_2^2 - b_2^2.$$

Hiernach lassen sich u und v linear durch $u^2 + v^2 - R^2$ ausdrücken. Da nun die Gleichung der gesuchten Kreise so geschrieben werden kann:

$$x^2 + y^2 - 2ux - 2vy + (u^2 + v^2 - R^2) = 0,$$

also linear in u, v und $u^2 + v^2 - R^2$, so folgt, daß sie, wenn wir $u^2 + v^2 - R^2 = t$ setzen, linear in t wird:

$$x^2 + y^2 - 2(\alpha t + \beta)x - 2(\gamma t + \delta)y + t = 0.$$

Hieraus schließen wir: Alle Kreise, die zwei gegebene Kreise senkrecht schneiden, bilden ein Büschel, d. h. sie haben zwei Punkte gemein. Diese beiden Punkte können imaginär sein.

Wir wollen im folgenden voraussetzen, daß die vorgelegte Kurvenschar (1) kein Büschel sei, daß also die Gleichungen (6) nicht nur durch konstante (von t freie) Wertepaare $\mathfrak{x}, \mathfrak{y}$ erfüllt werden.[1] Gibt es dann auf Grund des Satzes 32 eine Kurve C, die

[1] Bei dieser Voraussetzung ist es noch immer möglich, daß die Gleichungen (6) auch konstante Lösungen $\mathfrak{x}, \mathfrak{y}$ haben. Dann gehen alle Kurven (1) zwar durch einige feste Punkte, berühren aber außerdem eine Kurve C. Nur die Kurve wird weiterhin untersucht. Beispiel: Alle Kreise von gleichem Radius mit einem gemeinsamen Punkte.

alle Kurven der Schar (1) berührt, so heißt sie eine **Einhüllende, Umhüllende** oder **Enveloppe** der Schar (1).[1] Man nennt sie auch eine **Hüllkurve**.

Zur derselben Kurve gelangt man durch eine andere Betrachtung: Wir fassen zwei zu benachbarten Werten t und $t + \Delta t$ gehörige Kurven der Schar (1), also zwei benachbarte Kurven (t) und ($t + \Delta t$) der Schar ins Auge. Haben sie Punkte ($\mathfrak{x}$, $\mathfrak{y}$) gemein, so bestehen für $\mathfrak{x}$ und $\mathfrak{y}$ die beiden Bedingungen:

$$F(\mathfrak{x}, \mathfrak{y}, t) = 0, \qquad F(\mathfrak{x}, \mathfrak{y}, t + \Delta t) = 0,$$

die sich durch

$$F(\mathfrak{x}, \mathfrak{y}, t) = 0, \qquad \frac{F(\mathfrak{x}, \mathfrak{y}, t + \Delta t) - F(\mathfrak{x}, \mathfrak{y}, t)}{\Delta t} = 0$$

ersetzen lassen. Machen wir nun den Grenzübergang $\lim \Delta t = 0$, so heißt dies, daß wir die Grenzlagen der Schnittpunkte der Kurve (t) mit der Kurve ($t + \Delta t$) betrachten, die sogenannten **Grenzpunkte** der Kurve (t). Für diese Grenzpunkte ($\mathfrak{x}$, $\mathfrak{y}$) bestehen aber infolge der beiden letzten Gleichungen die Bedingungen:

(7) $$F(\mathfrak{x}, \mathfrak{y}, t) = 0, \qquad \frac{\partial F(\mathfrak{x}, \mathfrak{y}, t)}{\partial t} = 0,$$

die mit den Gleichungen (6) übereinstimmen, d. h.:

Satz 33: Der geometrische Ort der Grenzpunkte der Kurven einer einfach unendlichen Kurvenschar

$$F(\mathfrak{x}, \mathfrak{y}, t) = 0,$$

d. h. der Ort der Grenzlagen der Schnittpunkte jeder Kurve der Schar mit einer benachbarten Kurve der Schar ist identisch mit der Einhüllenden der Kurvenschar.

Der Charakter der Einhüllenden tritt vielleicht durch folgende Darlegung, die aber keinen Anspruch auf Strenge macht, noch etwas klarer zutage: Durch einen **beliebigen** Punkt (x_0, y_0) der Ebene werden im allgemeinen mehrere der Kurven (1) gehen, entsprechend den verschiedenen Werten von t, die der Gleichung:

(8) $$F(x_0, y_0, t) = 0$$

genügen. Zwei dieser Kurven (t) durch den Punkt (x_0, y_0) werden einander unendlich nahe sein, wenn die zugehörigen Werte der Konstanten t einander unendlich benachbart sind, wenn also der vorstehenden Gleichung durch eine **Doppelwurzel** t, d. h. durch einen

---

[1] Die Theorie der einhüllenden Kurven beginnt mit VON TSCHIRNHAUS in den Acta Eruditorum 1682.

gewissen Wert von t und durch einen unendlich benachbarten Wert $t + dt$ genügt wird, wenn also außer (8) auch

$$F(x_0, y_0, t + dt) = 0$$

ist, woraus wegen (8) folgt:

$$\frac{\partial F(x_0, y_0, t)}{dt} = 0. \tag{9}$$

Die Gleichungen (8) und (9) haben aber wieder die Form der Gleichungen (6). **Daher ist die Einhüllende unserer Kurvenschar als der Ort derjenigen Punkte zu bezeichnen, für die die Gleichung $F(x, y, t) = 0$ eine Doppelwurzel t hat.**

Bei der Anwendung der Sätze 32 und 33 darf man nicht außer acht lassen, daß die Betrachtungen dieses Paragraphen auf viel umfänglicheren Voraussetzungen beruhen als unsere früheren Überlegungen. Denn früher betrachteten wir immer auf einer vorgelegten Kurve einen Punkt **allgemeiner Lage**, in dessen Umgebung die Entwickelbarkeit nach Potenzreihen als möglich vorausgesetzt werden durfte. Jetzt dagegen haben wir bei den Kurven

$$F(x, y, t) = 0$$

nicht mehr beliebige, sondern die ganz bestimmten Grenzpunkte, wie wir sie oben nannten, zu betrachten, deren Wahl **nicht** in unserem Belieben steht. Da ist es aber fraglich, ob die Reihenentwicklungen wirklich möglich sind. Hiervon muß man sich also bei den Anwendungen überzeugen.

3. Beispiel: Alle Kreise vom Radius Eins, deren Mittelpunkte auf der Geraden $x = y$ liegen, siehe Fig. 17, bilden die einfach unendliche Schar:

$$(x - t)^2 + (y - t)^2 - 1 = 0. \tag{10}$$

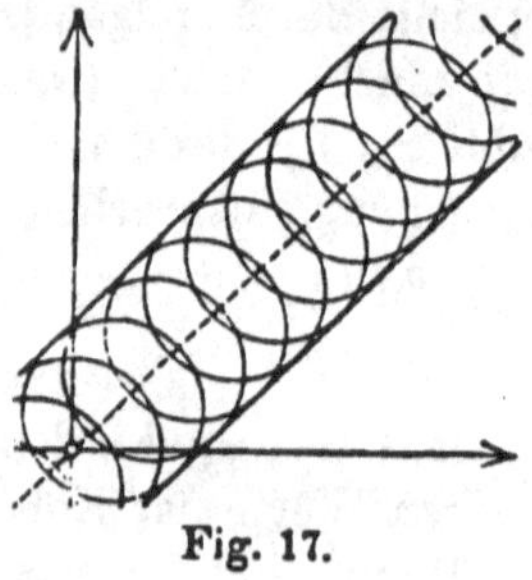

Fig. 17.

Hier liefert Satz 32 als Gleichung $F_t = 0$:

$$x - t + y - t = 0$$

oder $t = \frac{1}{2}(x + y)$. Einsetzen dieses Wertes in (10) ergibt die Einhüllende $(x - y)^2 = 2$, die aus den beiden Geraden

$$x - y = \pm\sqrt{2}$$

besteht, was auch geometrisch einleuchtet. Schreibt man aber die Gleichung (10) in der Form:

$$2t - x - y - \sqrt{2 - (x - y)^2} = 0 \tag{11}$$

und benutzt sie als Gleichung $F = 0$, so gibt $F_t = 0$ die absurde Gleichung $2 = 0$. Der Fehler liegt hier darin, daß die in (11) auftretende Wurzel gerade für die Punkte der beiden einhüllenden Geraden verschwindet und in der Umgebung solcher Punkte nicht entwickelbar ist.

Da die einleitenden Bemerkungen dieses Paragraphen leicht ein Mißverständnis veranlassen können, sei ausdrücklich bemerkt: Im Falle einer reellen Kurvenschar mit einer reellen Einhüllenden können die Kurven der Schar, obgleich sie die Einhüllende berühren, sie sehr wohl durchsetzen. Dies kann allerdings nach Satz 12, S. 34, nur dann vorkommen, wenn sie die Einhüllende in höherer als erster Ordnung berühren.

4. Beispiel: Die Krümmungskreise einer reellen Kurve haben die Kurve selbst zur Einhüllenden, aber im allgemeinen durchsetzen sie die Kurve, vgl. S. 39.

Hat insbesondere eine einfach unendliche Schar von Geraden eine Einhüllende, so ist es diejenige Kurve, deren Tangenten die Schar bilden. Da sich eine Gerade, die mit der x-Achse den Winkel τ bildet, in der Form

$$x \sin\tau - y\cos\tau - \text{konst.} = 0$$

darstellen läßt, liegt eine einfach unendliche Schar von nicht sämtlich parallelen Geraden vor, wenn die Konstante durch eine Funktion $T(\tau)$ ersetzt wird[1]:

(12) $$x \sin\tau - y\cos\tau - T(\tau) = 0.$$

Hier spielt τ die Rolle der willkürlichen Konstanten t in (1). Nach Satz 32 haben wir also die Gleichung (12) nach τ zu differenzieren:

$$x\cos\tau + y\sin\tau - T'(\tau) = 0,$$

und aus den beiden letzten Gleichungen ergeben sich die Koordinaten der Punkte der Einhüllenden in der Form:

(13) $$x = T\sin\tau + T'\cos\tau, \qquad y = -T\cos\tau + T'\sin\tau$$

als Funktionen des Parameters τ. Folglich gilt der

Satz 34: Die Parameterdarstellung einer ebenen Kurve mittels ihres Tangentenwinkels τ hat stets die Form:

$$x = T\sin\tau + T'\cos\tau, \qquad y = -T\cos\tau + T'\sin\tau,$$

wobei T eine Funktion von τ bedeutet.

Auch in Satz 30, S. 52, lag eine Parameterdarstellung mittels des Tangentenwinkels vor. Setzen wir die Werte von $dx:d\tau$, die

[1] Die Gleichung (12) ist für manche Zwecke sehr bequem. Wir kommen darauf später zurück. Sie tritt auf bei FERRERS im Cambridge and Dublin Math. Journ. 1855; HIERN nennt sie im Quarterly Journ. of Math. 1864 die magische Gleichung der Tangente.

aus beiden Darstellungen folgen, (oder auch die von $d\mathfrak{y}:d\mathfrak{x}$) einander gleich, so kommt:

(14) $$\frac{1}{k} = T + T'',$$

d. h. in (13) bedeutet $T + T''$ den reziproken Wert der Krümmung, daher den Krümmungsradius der Kurve.

§ 10. Evolute und Evolventen.

Die Normalen einer Kurve $y = f(x)$ bilden ebenfalls eine einfach unendliche Geradenschar. Auf S. 48 stellten wir die Normale des Kurvenpunktes (x) in den laufenden Koordinaten $\mathfrak{x}$ und $\mathfrak{y}$ so dar:

$$N = \mathfrak{x} + y'\mathfrak{y} - (x + y'y) = 0.$$

Weil hierbei $y = f(x)$ und $y' = f'(x)$ ist, liegt in $N = 0$ eine Gleichung vor, die außer den rechtwinkligen Koordinaten $\mathfrak{x}$, $\mathfrak{y}$ der Punkte der Normalen nur noch eine willkürliche Größe x enthält, d. h. die Gleichung der Normalenschar. Dabei spielen $\mathfrak{x}$, $\mathfrak{y}$ und x die Rollen, die den Größen x, y und t in der Gleichung $F = 0$ des vorigen Paragraphen zukamen. Die auf S. 48 durchgeführte Rechnung ordnet sich somit genau der allgemeinen Betrachtung unter, die auf S. 57 zu Satz 33 führte. Demnach besagt der Satz 25, S. 49:

Satz 35: Die Normalen einer ebenen Kurve haben den geometrischen Ort der Krümmungsmittelpunkte der Kurve zur Einhüllenden.

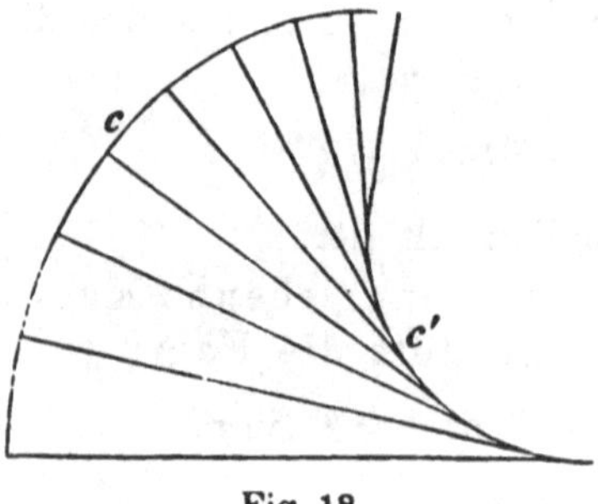

Fig. 18.

Der Ort der Krümmungsmittelpunkte der gegebenen Kurve c sei mit c' bezeichnet (siehe Fig. 18). Die Tangenten von c' sind die Normalen von c, oder auch: die Kurve c durchsetzt die Tangenten der Kurve c' senkrecht. Nun gibt es aber unendlich viele Kurven, die die Tangenten einer Kurve c' senkrecht durchsetzen. Suchen wir sie zu bestimmen:

Die Kurve c' sei gegeben und habe die Gleichungen:

(1) $$\mathfrak{x} = \Phi(\mathfrak{s}), \qquad \mathfrak{y} = \Psi(\mathfrak{s}),$$

in denen $\mathfrak{s}$ ihre Bogenlänge bedeuten soll. Mit x, y bezeichnen wir die Koordinaten eines Punktes P einer solchen Kurve c, von der die Tangenten von c' senkrecht durchschnitten werden. Die

Tangente im Punkte P' oder $(\mathfrak{x}, \mathfrak{y})$ von c' enthalte also den Punkt P oder (x, y) der gesuchten Kurve. Dann muß nach (5), S. 22, sein:

$$\frac{x - \mathfrak{x}}{\mathfrak{x}'} = \frac{y - \mathfrak{y}}{\mathfrak{y}'}$$

oder, wenn dieser Bruch mit n bezeichnet wird:

$$x = \mathfrak{x} + n\mathfrak{x}', \qquad y = \mathfrak{y} + n\mathfrak{y}'. \tag{2}$$

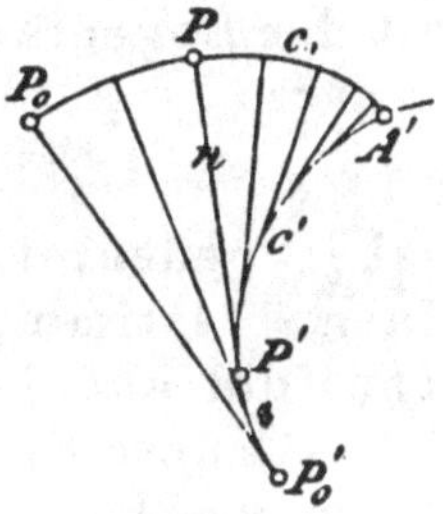

Fig. 19.

Hierin bedeutet die Größe n nichts anderes als die Entfernung des Punktes P oder (x, y) vom Punkte P' oder (x', y'), denn es ist

$$(x - \mathfrak{x})^2 + (y - \mathfrak{y})^2 = n^2(\mathfrak{x}'^2 + \mathfrak{y}'^2),$$

und die rechte Seite ist nach Satz 1, S. 12, gleich n^2 (siehe Fig. 19). Von Tangente zu Tangente wird sich n ändern. Daher ist n eine noch unbekannte Funktion von $\mathfrak{s}$. Wäre sie bekannt, so würden die Gleichungen (2) eine Parameterdarstellung der gesuchten Kurve c geben. Um die Bedingung zu finden, der die Funktion n genügen muß, drücken wir aus, daß die Tangente der gesuchten Kurve in ihrem Punkte (x, y) auf der hindurchgehenden Tangente von c' senkrecht stehen soll:

$$\frac{y'}{x'} = -\frac{\mathfrak{x}'}{\mathfrak{y}'}$$

oder:

$$\mathfrak{x}'x' + \mathfrak{y}'y' = 0, \tag{3}$$

wobei der Strich die Differentiation nach $\mathfrak{s}$ andeutet. Nach (2) aber ist:

$$x' = \mathfrak{x}' + n\mathfrak{x}'' + n'\mathfrak{x}', \qquad y' = \mathfrak{y}' + n\mathfrak{y}'' + n'\mathfrak{y}',$$

so daß die Bedingung (3) des Senkrechtstehens ergibt:

$$(1 + n')(\mathfrak{x}'^2 + \mathfrak{y}'^2) + n(\mathfrak{x}'\mathfrak{x}'' + \mathfrak{y}'\mathfrak{y}'') = 0.$$

Da aber $\mathfrak{s}$ die Bogenlänge von c' bedeutet, ist nach Satz 1, S. 12:

$$\mathfrak{x}'^2 + \mathfrak{y}'^2 = 1$$

und daher auch:

$$\mathfrak{x}'\mathfrak{x}'' + \mathfrak{y}'\mathfrak{y}'' = 0,$$

so daß die Bedingung einfach $n' = -1$ liefert. Hieraus folgt:

$$n = -\mathfrak{s} + a \qquad (a = \text{Konst.}).$$

Setzen wir dies in (2) ein, so kommt:

$$x = \mathfrak{x} - (\mathfrak{s} - a)\mathfrak{x}', \qquad y = \mathfrak{y} - (\mathfrak{s} - a)\mathfrak{y}'. \tag{4}$$

Dies also sind die Gleichungen einer Kurve, die alle Tangenten der gegebenen Kurve c' unter rechten Winkeln schneidet. Solche Kurven heißen orthogonale Trajektorien der Tangentenschar. Daher:

Satz 36: Die orthogonalen Trajektorien der Tangenten einer Kurve

$$\mathfrak{x} = \Phi(\mathfrak{s}), \quad \mathfrak{y} = \Psi(\mathfrak{s})$$

mit der Bogenlänge $\mathfrak{s}$ stellen sich mittels des Parameters $\mathfrak{s}$ so dar:

$$x = \mathfrak{x} - (\mathfrak{s} - a)\mathfrak{x}', \quad y = \mathfrak{y} - (\mathfrak{s} - a)\mathfrak{y}'.$$

Dabei bedeutet a eine willkürliche Konstante. Die zu einem bestimmten Werte von a gehörige Trajektorie schneidet auf der Tangente des Punktes $(\mathfrak{s})$ der ursprünglichen Kurve die Strecke $a - \mathfrak{s}$ ab.

In den Punkten, in denen alle Trajektorien ein und dieselbe Tangente von c' treffen, haben sie lauter parallele Tangenten. Außerdem ist der Abschnitt, den zwei Trajektorien, sagen wir die zu $a = a_1$ und $a = a_2$ gehörigen, auf den Tangenten von c' bestimmen, konstant, da bei der einen $n = n_1 = a_1 - \mathfrak{s}$, bei der anderen $n = n_2 = a_2 - \mathfrak{s}$, also $n_1 - n_2 = a_1 - a_2 =$ konst. ist. Alle ∞^1 Trajektorien haben ferner dieselbe Normalenschar, nämlich die Schar der Tangenten von c'. Wenn wir also irgend eine Trajektorie konstruiert haben und auf allen ihren Normalen eine konstante Strecke auftragen, erhalten wir wieder eine der Trajektorien. Eine Kurve aber, die man erhält, wenn man auf den Normalen einer Kurve konstante Strecken aufträgt, heißt eine Parallelkurve dieser Kurve. Es haben sich also mehrere Sätze ergeben:

Satz 37: Die orthogonalen Trajektorien der Tangenten einer ebenen Kurve liegen so, daß je zwei von ihnen eine konstante Strecke auf allen diesen Tangenten abschneiden.

Satz 38: Die Parallelkurven einer ebenen Kurve c sind die orthogonalen Trajektorien der Tangenten derjenigen Kurve, die von den Normalen der Kurve c eingehüllt wird, also des Ortes der Krümmungsmittelpunkte von c.

Satz 39: Parallelkurven haben denselben Ort von Krümmungsmittelpunkten.

Liegt eine reelle Kurve c' vor und hat man ein Mittel, ihre Bogenlänge $\mathfrak{s}$ (gerechnet von einem gewissen Punkte P_0' aus) zu messen, so kann man die zu irgend einem positiven oder negativen Werte a gehörige orthogonale Trajektorie (4) der Tangenten von c' punktweise so konstruieren: Gehört zu einem Punkte P' von c' die

Bogenlänge $\mathfrak{s}$ (nämlich der Bogen von P_0' bis P'), so trage man auf der Tangente von P' die Strecke $n = a - \mathfrak{s}$ von P' aus ab. Der Endpunkt P gehört der Trajektorie an. Dabei sind die Vorzeichen zu beachten: Wenn die Kurve c positiv im Sinne der wachsenden Bogenlänge $\mathfrak{s}$ gerechnet wird, kommt ihren Tangenten entsprechend ein positiver Sinn zu, und die Strecke $n = a - \mathfrak{s}$ ist in diesem Sinne aufzutragen, falls sie positiv ist, anderenfalls von P' aus in dem entgegengesetzten Sinne. Insbesondere gehört der Trajektorie derjenige Punkt A' von c' an, dessen Bogenlänge $\mathfrak{s} = a$ ist. Wählt man P' auf c' über A' hinaus, so erhält die Strecke $n = a - \mathfrak{s}$ das entgegengesetzte Vorzeichen wie vorher, siehe Fig. 20, so daß man schon hieraus erkennt, daß die Trajektorie zwei von A' ausgehende Zweige hat, die sich in A' zu einer Spitze vereinen. In A' nämlich

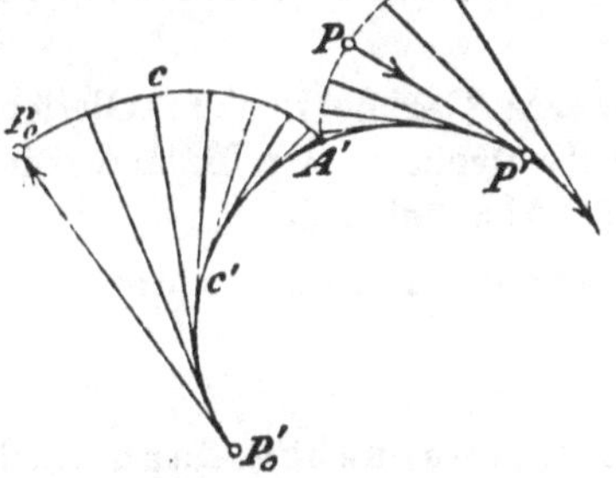

Fig. 20.

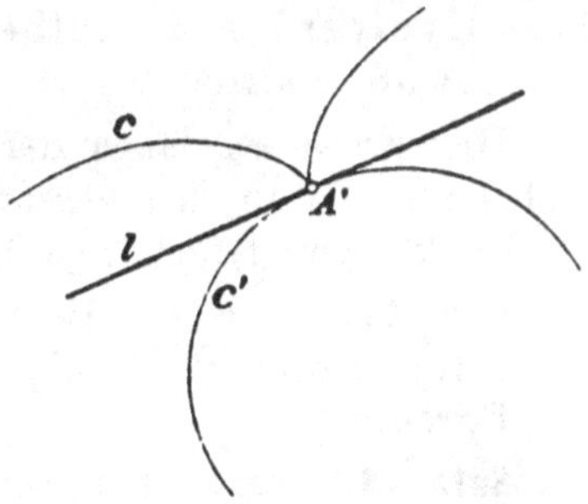

Fig. 21.

ist sie zur Kurve c' selbst senkrecht; es ist dies ein singulärer Punkt der Trajektorie. Denn nach (4) ist:

$$\frac{dx}{d\mathfrak{s}} = -(\mathfrak{s} - a)\mathfrak{x}'', \qquad \frac{dy}{d\mathfrak{s}} = -(\mathfrak{s} - a)\mathfrak{y}'',$$

und diese Werte verschwinden beide für $\mathfrak{s} = a$ (vgl. S. 4).

Die angegebene Konstruktion kann auf zwei Arten mechanisch hergestellt werden. Die erste Art ist folgende: Von P_0' sei längs c' bis A' ein vollkommen biegsamer unausdehnbarer Faden gespannt, der in P_0' befestigt sei und in A' einen Zeichenstift habe. Wird der Faden von der Kurve c' abgewickelt, aber beständig straff gehalten, so beschreibt der Stift den in Fig. 19 (S. 61) dargestellten Teil der Trajektorie von A' bis P_0. Diese Erzeugung ist unvollkommen, weil sie nicht auch den über A' hinaus gelegenen zweiten Zweig der Trajektorie liefert. Besser ist daher folgende mechanische Erzeugung: Man lege in A' tangential an die Kurve c' ein Lineal l und bringe auf ihm an der mit A' zusammenfallenden Stelle einen Zeichenstift an, siehe Fig. 21. Rollt alsdann das Lineal ohne

Gleiten auf der Kurve c' ab, so beschreibt der Zeichenstift den einen oder anderen Zweig der Trajektorie, je nachdem man das Abrollen nach der einen oder anderen Seite hin vornimmt. Wählt man die Stelle A' in verschiedenen Punkten von c', so erhält man die zu verschiedenen Werten der Konstante a gehörigen Trajektorien (4).

Diejenige Kurve, die ein Punkt einer längs einer Kurve c' ohne Gleiten abrollenden starren Geraden l beschreibt, heißt eine Evolvente der Kurve c'. Mit Rücksicht auf die ursprüngliche Problemstellung können wir daher sagen:

Satz 40: Jede ebene Kurve ist eine Evolvente des Ortes ihrer Krümmungsmittelpunkte.

Satz 41: Zwei Kurven in der Ebene sind dann und nur dann Evolventen derselben Kurve, wenn sie Parallelkurven voneinander sind.

Die Kurve c', längs deren die starre Gerade l ohne Gleiten rollt, heißt die zu den hervorgehenden Evolventen (den Bahnkurven der Punkte von l) gehörige Evolute.[1] Also folgt der

Satz 42: Die Evolute einer ebenen Kurve ist der Ort ihrer Krümmungsmittelpunkte.

Ferner:

Satz 43: Zwei Kurven in der Ebene haben dann und nur dann dieselbe Evolute, wenn sie Parallelkurven voneinander sind.

Hierbei ist nur noch zu erwähnen, daß man auch dann, wenn die Kurven imaginär sind, die Namen Evolute und Evolventen gebraucht. Denn die Bahnen, die von den Punkten (x, y) einer starren auf einer Kurve c' ohne Gleiten rollenden Geraden l beschrieben werden, gibt das Formelpaar (4) auch dann wieder, wenn die Kurve c' imaginär ist.

Zu einer gegebenen Evolute c' gehören unendlich viel Evolventen, da die Konstante a in (4) willkürlich ist, und man kann alle diese Evolventen in der Form (4) ausdrücken, sobald man die gegebene Evolute c' in Parameterdarstellung mittels ihrer Bogenlänge $\mathfrak{s}$ zu geben vermag.

[1] Die Theorie der Evolute und Evolventen hat ihren Ursprung bei Huygens, „Horologium oscillatorium" (Paris 1673), Pars III: „De evolutione et dimensione linearum curvarum." Dort kommt auch der Name Evolute vor, dagegen nennt er die Evolvente die Descripta ex evolutione.

Wir kehren zu dem ursprünglichen Problem zurück:

Es liege also eine Kurve c von Punkten P oder (x, y) vor, und c' sei der Ort ihrer Krümmungsmittelpunkte P' oder $(\mathfrak{x}, \mathfrak{y})$, d. h. c sei die Evolute von c. Ist c in der Form $y = f(x)$ gegeben, so wird c' nach (3), S. 40, mittels des Parameters x in der Form:

$$\mathfrak{x} = x - \frac{1 + y'^2}{y''} y', \quad \mathfrak{y} = y + \frac{1 + y'^2}{y''} \tag{5}$$

dargestellt, indem hierin y, y' und y'' durch $f(x)$, $f'(x)$ und $f''(x)$ zu ersetzen sind. Die Kurve $y = f(x)$ ist nur eine Evolvente der Kurve (5). Alle anderen Evolventen derselben Kurve (5) ergeben sich leicht, da sie ja die Parallelkurven der Kurve $y = f(x)$ sind. Um sie zu erhalten, braucht man also nur auf allen Normalen der Kurve $y = f(x)$ ein und dieselbe, aber im übrigen beliebige Strecke m abzutragen. Wenn ν wie auf S. 24 den Normalenwinkel der Kurve $y = f(x)$ bedeutet, sind mithin:

$$X = x + m \cos \nu, \quad Y = y + m \sin \nu,$$

d. h. nach (13), S. 25:

$$X = x - \frac{m y'}{\sqrt{1 + y'^2}}, \quad Y = y + \frac{m}{\sqrt{1 + y'^2}} \tag{6}$$

die Gleichungen einer Parallelkurve der Kurve $y = f(x)$, in den laufenden Koordinaten X, Y ausgedrückt mittels des Parameters x, indem y und y' durch $f(x)$ und $f'(x)$ zu ersetzen sind.

Wir blicken auf Fig. 19, S. 61, zurück, worin die Kurve c die gegebene Evolvente und die Kurve c' ihre Evolute, d. h. den Ort ihrer Krümmungsmittelpunkte, vorstellt. Die dort mit n bezeichnete Strecke bedeutet nun nichts anderes als den Krümmungsradius r von P. Ist τ der Tangentenwinkel von P, gemessen in der auf S. 22 festgesetzten Weise, so hat der Tangentenwinkel von P' den Wert $\tau + \frac{1}{2}\pi$, weil die Tangente von c' in P' die Normale von P ist. Dabei wird vorausgesetzt, daß man die Evolute c' im Sinne der positiven Normalen der Evolvente c durchläuft. Der Kontingenzwinkel $d\tau$ stimmt dann bei der Evolute und Evolvente überein. Das Bogenelement $d\mathfrak{s}$ der Evolute ist, wie die oben gegebenen Deutungen der Gleichungen (4) zeigen, abgesehen vom Vorzeichen gleich dr. Demnach wird der Krümmungsradius ϱ der Evolute, abgesehen vom Vorzeichen, den Wert $d\mathfrak{s} : d\tau$ oder also $dr : d\tau$ haben. Dies wollen wir analytisch bestätigen indem wir zugleich das Vorzeichen feststellen.

Dabei empfiehlt es sich, die gegebene Kurve c mittels ihres

Tangentenwinkels τ auszudrücken. Nach Satz 34, S. 59, haben ihre Gleichungen die Form:

(7) $$x = T\sin\tau + T'\cos\tau, \quad y = -T\cos\tau + T'\sin\tau,$$

wobei T eine gewisse Funktion von τ bedeutet. Nach (14), S. 60, ist dabei

(8) $$r = T + T''$$

der Krümmungsradius der Kurve c. Eine entsprechende Darstellung muß aber auch für die Evolute c' gelten. Bei ihr kommt $\tau + \frac{1}{2}\pi$ an die Stelle von τ, und statt T tritt eine Funktion von $\tau + \frac{1}{2}\pi$ oder also eine gewisse, vorläufig noch unbekannte Funktion S von τ auf, so daß die laufenden Koordinaten von c' entsprechend (7) sind:

$$\mathfrak{x} = S\sin(\tau + \tfrac{1}{2}\pi) + S'\cos(\tau + \tfrac{1}{2}\pi),$$
$$\mathfrak{y} = -S\cos(\tau + \tfrac{1}{2}\pi) + S'\sin(\tau + \tfrac{1}{2}\pi)$$

oder:

(9) $$\mathfrak{x} = S\cos\tau - S'\sin\tau, \quad \mathfrak{y} = S\sin\tau + S'\cos\tau.$$

Entsprechend (8) muß

(10) $$\varrho = S + S''$$

der Krümmungsradius dieser Evolute c' sein. Da aber der Punkt $(\mathfrak{x}, \mathfrak{y})$ der Krümmungsmittelpunkt des Punktes (x, y) der Kurve c ist, ergeben sich seine Koordinaten auf Grund des Satzes 19, S. 40, aus (7) direkt in der Form:

(11) $$\mathfrak{x} = T'\cos\tau - T''\sin\tau, \quad \mathfrak{y} = T'\sin\tau + T''\cos\tau,$$

denn in jenem Satze bedeuten φ und ψ die rechten Seiten der Gleichungen (7). Aus (9) und (11) geht folglich $S = T'$ und $S' = T''$ hervor, also aus (10) und (8):

(12) $$\varrho = T' + T''' = \frac{dr}{d\tau}.$$

Daher gilt der

Satz 44: Der Krümmungsradius der Evolute einer ebenen Kurve ist gleich der Ableitung des Krümmungsradius der Kurve selbst nach ihrem Tangentenwinkel, vorausgesetzt, daß man die Evolute entsprechend dem positiven Sinne der Normalen der Kurve orientiert.

Siehe hierzu Fig. 22.

Die Evolute einer Kurve c hat ihrerseits wieder eine Evolute, diese ebenfalls usw. Die durch fortgesetzte Evolutenbildung hervorgehenden Kurven heißen die höheren Evoluten der Kurve c. Von jetzt an seien mit c', c'', c''' ... der Reihe nach die erste, zweite, dritte usw. Evolute von c bezeichnet. Einem Punkte P oder (x, y) von c müssen dabei die Punkte P^{I}, P^{II}, $P^{\mathrm{III}} \ldots$ oder (x_1, y_1), (x_2, y_2), $(x_3, y_3) \ldots$ von c^{I}, c^{II}, c^{III} usw. entsprechen. Siehe Fig. 23. Allgemein ist dann die Normale eines Punktes $P^{(n)}$ von $c^{(n)}$ die Tangente des Punktes $P^{(n+1)}$ von $c^{(n+1)}$, und $P^{(n+1)}$ bedeutet den

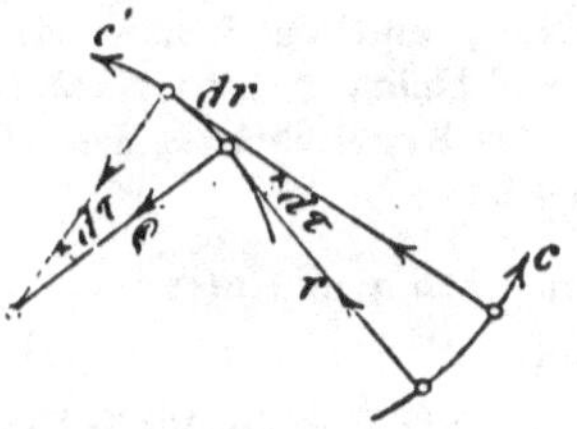

Fig. 22.

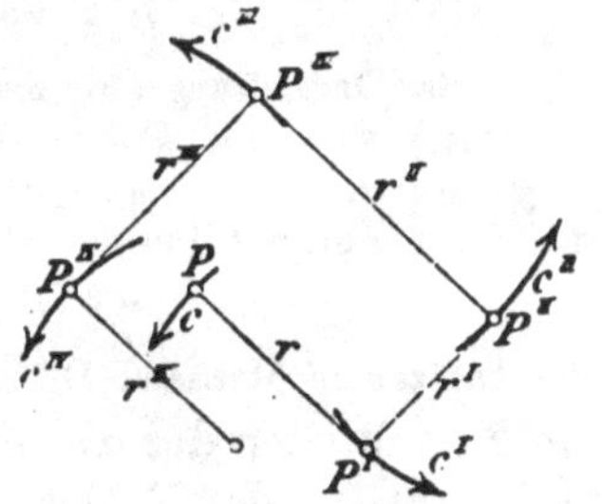

Fig. 23.

Krümmungsmittelpunkt des Punktes $P^{(n)}$ von $c^{(n)}$. Die $(n+1)^{\mathrm{te}}$ Evolute soll ferner entsprechend dem positiven Sinne der Normalen der n^{ten} Evolute orientiert sein. Dann ist $\tau + \frac{1}{2} n \pi$ der Tangentenwinkel der n^{ten} Evolute von c. Da die Koordinaten von P^{I}, die wir jetzt x_1 und y_1 (statt $\mathfrak{x}$ und $\mathfrak{y}$) nennen, nach (11) aus denen von P, nämlich aus den Werten (7) hervorgehen, wenn τ durch $\tau + \frac{1}{2}\pi$ und T durch T' ersetzt wird, kommt allgemein

$$(13)\qquad \left\{\begin{aligned} x_n &= T^{(n)} \sin\left(\tau + \frac{n}{2}\pi\right) + T^{(n+1)} \cos\left(\tau + \frac{n}{2}\pi\right), \\ y_n &= -T^{(n)} \cos\left(\tau + \frac{n}{2}\pi\right) + T^{(n+1)} \sin\left(\tau + \frac{n}{2}\pi\right) \end{aligned}\right.$$

als Darstellung der n^{ten} Evolute $c^{(n)}$ von c mittels des Tangentenwinkels τ von c. Entsprechend (8) und (12) ist überdies

$$(14)\qquad r^{(n)} = T^{(n)} + T^{(n+2)} = \frac{d r^{(n-1)}}{d \tau}$$

der Krümmungsradius der n^{ten} Evolute $c^{(n)}$.[1]

1. Beispiel: Ein auf seine Achsen bezogener Kegelschnitt mit Mittelpunkt hat die Gleichung

$$(15)\qquad \frac{x^2}{\alpha} + \frac{y^2}{\beta} = 1$$

mit zwei Konstanten α und β. Für den Tangentenwinkel τ ergibt sich hier wegen $\operatorname{tg} \tau = dy : dx$ durch Differentiation:

[1] Die oben entwickelte Theorie der höheren Evoluten wurde von Hiern in seiner auf S. 59 erwähnten Abhandlung gegeben.

$$\frac{x}{\alpha}\cos\tau + \frac{y}{\beta}\sin\tau = 0,$$

und aus beiden Gleichungen folgt:

$$(16)\qquad x = \frac{\alpha\sin\tau}{\Delta}, \qquad y = -\frac{\beta\cos\tau}{\Delta},$$

wobei

$$(17)\qquad \Delta = \sqrt{\alpha\sin^2\tau + \beta\cos^2\tau}$$

sein soll. Die Darstellung (16) des Kegelschnittes mittels seines Tangentenwinkels τ muß sich der Form (7) unterordnen, und da T nach (7) gleich $x\sin\tau - y\cos\tau$ ist, findet man sofort, daß hier T gleich Δ ist. Nach (18) hat daher der Krümmungsradius der n^{ten} Evolute des Kegelschnittes den Wert:

$$(18)\qquad r^{(n)} = \Delta^{(n)} + \Delta^{(n+2)},$$

worin die Indizes rechterhand Differentiationen nach τ andeuten.

Die Koordinaten der zu einem Punkte P der Kurve c gehörigen Punkte $P^{\text{I}}, P^{\text{II}}, \ldots$ der Evoluten $c^{\text{I}}, c^{\text{II}}, \ldots$ lassen sich übrigens auch statt in der Form (13) auf Grund des Satzes 19, S. 40, übersichtlich darstellen. Deutet nämlich der Strich die Differentiation nach dem Tangentenwinkel τ an, so gibt jener Satz:

$$x_1 = x - y', \qquad y_1 = y + x'.$$

Da sich nun der Tangentenwinkel $\tau + \frac{1}{2}\pi$ der ersten Evolute c^{I} nur um eine additive, also beim Differenzieren unwesentliche Konstante von τ unterscheidet, sind ganz entsprechend:

$$x_2 = x_1 - y_1', \qquad y_2 = y_1 + x_1'$$

die Koordinaten des Punktes P^{II} der zweiten Evolute c^{II}. Schließt man so weiter und führt man jedesmal die schon vorher berechneten Koordinaten in das folgende Gleichungenpaar ein, so kommt:

$$(19)\qquad \begin{cases} x_1 = x - y', & y_1 = y + x', \\ x_2 = x - 2y' - x'', & y_2 = y + 2x' - y'', \\ x_3 = x - 3y' - 3x'' + y''', & y_3 = y + 3x' - 3y'' - x''', \\ x_4 = x - 4y' - 6x'' + 4y''' + x^{\text{IV}}, & y_4 = y + 4x' - 6y'' - 4x''' + y^{\text{IV}}, \\ \ldots\ldots\ldots & \ldots\ldots\ldots \end{cases}$$

für die Koordinaten der zu P gehörigen Punkte $P^{\text{I}}, P^{\text{II}}, P^{\text{III}}, P^{\text{IV}}$ usw. der Evoluten von c. In diesen Formeln treten die Binomialkoeffizienten auf; die Zeichen x und y wechseln beständig ab, und die Vorzeichen der links stehenden Ausdrücke bestimmen sich nach der Regel:

$$+ - - + + - - + + \text{ usw.},$$

die der rechts stehenden Ausdrücke nach der Regel:

$$+ + - - + + - - + + \text{ usw.}$$

Sobald also die Kurve c mittels ihres Tangentenwinkels τ gegeben ist, stellen sich die Koordinaten x_n und y_n der n^{ten} Evolute $c^{(n)}$ als Funktionen von x und y und ihren Ableitungen bis zur n^{ten} Ordnung einschließlich dar.

Man kann leicht einsehen, daß dies bei beliebiger Parameterdarstellung nicht gilt. Denn wenn die Kurve c in irgend einer Form

$$x = \varphi(t), \quad y = \psi(t)$$

gegeben ist, kommt $\operatorname{tg}\tau = \psi' : \varphi'$ und daher:

$$\frac{d\tau}{dt} = \frac{\varphi'\psi'' - \psi'\varphi''}{\varphi'^2 + \psi'^2}.$$

Für irgend eine Funktion f von t oder τ ist demnach:

$$\frac{df}{d\tau} = \frac{\varphi'^2 + \psi'^2}{\varphi'\psi'' - \psi'\varphi''}\,\frac{df}{dt}.$$

Setzen wir hierin $f = x$ oder $f = y$, so zeigt sich, daß die in (19) vorkommenden ersten Ableitungen x' und y' nach τ Funktionen der ersten und zweiten Ableitungen von x und y nach t sind, so daß x_1 und y_1 außer von x und y noch von den ersten und zweiten Ableitungen von x und y nach t abhängen, wie es ja auch schon die bekannten Formeln für die Koordinaten des Krümmungsmittelpunktes in Satz 17, S. 39, lehren. Wenn man fernerhin f durch eine höhere Ableitung von x nach τ ersetzt, so findet man allgemein, daß sich die Ableitungen n^{ter} Ordnung von x und y nach τ durch x und y und ihre Ableitung erster bis $(n+1)^{\text{ter}}$ Ordnung nach t ausdrücken.

Nach (19) stellen sich somit die Koordinaten x_n und y_n der n^{ten} Evolute $c^{(n)}$ als Funktionen von x und y und ihren Ableitungen nach dem Parameter t bis zur $(n+1)^{\text{ten}}$ Ordnung einschließlich dar. Die Ausdrücke werden aber unübersichtlich, selbst wenn man die Abszisse x als Parameter t benutzt. Wir geben deshalb nur die Werte von x_1, y_1 und x_2, y_2:

$$x_1 = x - \frac{1 + y'^2}{y''}\,y', \qquad y_1 = y + \frac{1 + y'^2}{y''},$$

$$x_2 = x - 4\,\frac{1 + y'^2}{y''}\,y' + \frac{(1 + y'^2)^2}{y''^3}\,y''',$$

$$y_2 = y + \frac{1 + y'^2}{y''}(1 - 3y'^2) + \frac{(1 + y'^2)^2}{y''^3}\,y'\,y'''.$$

Hierbei deuten die Striche die Differentiation nach der Abszisse x an.

Man übersieht, daß die Ableitung $(n+1)^{\text{ter}}$ Ordnung von y nach x in den Werten von x_n und y_n linear auftritt, wenn $n > 1$ ist.

Wenn nun zwei Kurven c und γ etwa in den Darstellungen $y = f(x)$ und $\mathfrak{y} = g(\mathfrak{x})$ vorliegen, wenn sie ferner einen Punkt P und wenn die Evolutenpaare c^{I} und γ^{I}, c^{II} und $\gamma^{\text{II}}, \ldots$ schließlich noch $c^{(n-1)}$ und $\gamma^{(n-1)}$ die zu P zugehörigen Punkte gemein haben, folgt hieraus, daß die Ableitungen von y nach x mit denen von $\mathfrak{y}$ nach $\mathfrak{x}$ bis zur n^{ten} Ordnung einschließlich für P übereinstimmen.

Umgekehrt: Findet diese Übereinstimmung statt, so haben die genannten Evolutenpaare die zu P zugehörigen Stellen gemein.

Hieraus aber ergibt sich mit Rücksicht auf Satz 11, S. 34, der

Satz 45: Wenn zwei Kurven c und γ in der Ebene einander in höherer als erster und zwar in gerade n^{ter} Ordnung berühren, gehen ihre ersten, zweiten usw. Evoluten an den zugehörigen Stellen eine Berührung in gerade $(n-1)^{\text{ter}}$, $(n-2)^{\text{ter}}$ usw. Ordnung miteinander ein, so daß ihre $(n-1)^{\text{ten}}$ Evoluten einander nur in der ersten Ordnung berühren.

Ein Blick auf die Fig. 23, S. 67, wird genügen, um hieraus eine neue Formulierung der Bedingungen für eine Berührung in gerade n^{ter} Ordnung zu gewinnen:

Satz 46: Wenn zwei Kurven c und γ in der Ebene einen Punkt P und die Tangente dieses Punktes gemein haben, so berühren sie einander an dieser Stelle in gerade n^{ter} Ordnung dann und nur dann, wenn dort

$$r = \pm \varrho, \quad r^{\text{I}} = \pm \varrho^{\text{I}}, \ldots r^{(n-2)} = \pm \varrho^{(n-2)}$$

ist. Dabei bedeuten $r, r^{\text{I}}, \ldots r^{(n-2)}$ die Krümmungsradien der Kurve c und ihrer $n-2$ ersten Evoluten an der Stelle P bzw. an den zugehörigen Stellen, und $\varrho, \varrho^{\text{I}}, \ldots \varrho^{(n-2)}$ haben die entsprechende Bedeutung in bezug auf die zweite Kurve γ. Überdies gelten überall die Plus- oder überall die Minuszeichen, je nachdem beide Kurven an der gemeinsamen Stelle P denselben oder entgegengesetzten Fortschreitungsinn haben.

2. Beispiel: Nach dem vierten Beispiele auf S. 45 kann man erwarten, daß eine gegebene Kurve c an einer gegebenen Stelle P von einem gewissen Kegelschnitte γ in gerade vierter und im allgemeinen nicht noch höherer Ordnung berührt wird. Wir stellen uns die Aufgabe, diesen oskulierenden Kegelschnitt zu ermitteln. Dabei seien r, r^{I} und r^{II} die zur Stelle P gehörigen Krümmungsradien der Kurve c selbst und ihrer ersten und zweiten

Evolute. Wir nehmen an, diese Werte seien gegeben, so daß uns dann auch die gegenseitige Lage des Punktes P und der zugehörigen Punkte P^{I}, P^{II} und P^{III} der ersten, zweiten und dritten Evolute von c bekannt sind. Da wir uns den Fortschreitungssinn auf dem gesuchten Kegelschnitte vorbehalten können, handelt es sich nach dem letzten Satze um folgendes: Es soll derjenige Kegelschnitt γ ermittelt werden, der in P dieselbe positive Tangente t und Normale n wie c hat und bei dem P^{I}, P^{II}, P^{III} ebenfalls die zu P gehörigen Stellen der ersten, zweiten und dritten Evolute des Kegelschnittes γ sind. Siehe Fig. 24, bei deren Konstruktion wir die Ergebnisse schon benutzt haben, zu denen wir gelangen werden.[1] Sehen wir vor der Hand von den Parabeln ab, so dürfen wir annehmen, daß die Gleichung des Kegelschnittes, bezogen auf seine Achsen, diese sei:

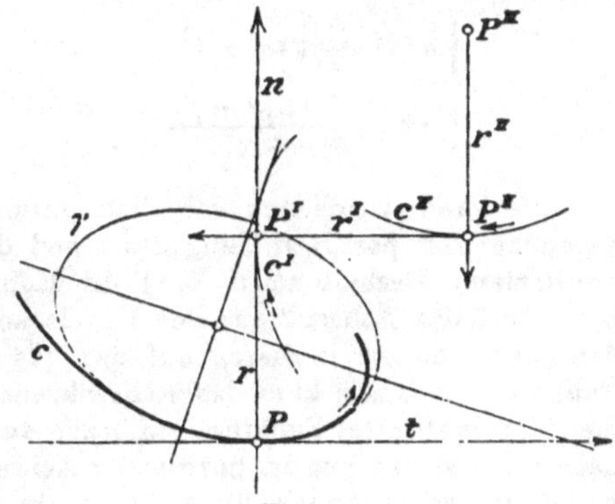

Fig. 24.

$$\frac{x^2}{\alpha} + \frac{y^2}{\beta} = 1\,, \tag{20}$$

wobei α und β Konstanten bedeuten. Setzen wir wie im ersten Beispiele (S. 68):

$$\triangle = \sqrt{\alpha \sin^2 \tau + \beta \cos^2 \tau} = \sqrt{\frac{\alpha + \beta}{2} - \frac{\alpha - \beta}{2} \cos 2\tau}\,, \tag{21}$$

wobei wir uns die Wahl des Vorzeichens vorbehalten, so ergibt sich wie dort die Parameterdarstellung mittels des Tangentenwinkels τ:

$$x = \frac{\alpha \sin \tau}{\triangle}\,, \qquad y = -\frac{\beta \cos \tau}{\triangle}\,, \tag{22}$$

---

[1] In dieser Figur wurde insbesondere $r = 1$, $r^{\mathrm{I}} = -1$ und $r^{\mathrm{II}} = -1$ gewählt. Die Gleichung des Satzes 47, S. 73, liefert dann das Achsenkreuz des Kegelschnittes γ, bezogen auf die Tangente von P und Normale von P als Koordinatenachsen, in der Form:

$$(2\mathfrak{X} + 6\mathfrak{Y} - 3)(24\mathfrak{X} - 8\mathfrak{Y} + 9) = 0\,.$$

Demnach läßt sich das Achsenkreuz des Kegelschnittes leicht einzeichnen. Da der Punkt P von diesen Achsen die Abstände $3 : 2\sqrt{10}$ und $9 : 8\sqrt{10}$ und die Tangente von P gegenüber diesem Achsenkreuze des Kegelschnittes den Richtungskoeffizienten -3 hat, lassen sich aus

$$\frac{x^2}{a^2} + \frac{y^2}{b^2} = 0\,, \qquad \frac{x}{a^2} + \frac{yy'}{b^2} = 0$$

sofort die Halbachsen a und b berechnen, indem man $x = 3 : 2\sqrt{10}$, $y = 9 : 8\sqrt{10}$ und $y' = -3$ substituiert. Es kommt $a = 3 : 4\sqrt{2}$ und $b = 9 : 8\sqrt{2}$.

und aus:

$$r = \Delta + \Delta'', \quad r^{\mathrm{I}} = \frac{d\,r}{d\,\tau}, \quad r^{\mathrm{II}} = \frac{d\,r^{\mathrm{I}}}{d\,\tau}$$

folgt:

$$(23)\quad \left\{ \begin{aligned} r &= \frac{\alpha\beta}{\Delta^3}, \quad r^{\mathrm{I}} = -\frac{3\alpha\beta(\alpha-\beta)\sin 2\tau}{2\Delta^5}, \\ r^{\mathrm{II}} &= \frac{3\alpha\beta(\alpha-\beta)}{4\Delta^7}\left[\begin{aligned} &\alpha(1-\cos 2\tau)(5+3\cos 2\tau) \\ -\,&\beta(1+\cos 2\tau)(5-3\cos 2\tau)\end{aligned}\right]. \end{aligned}\right.$$

Es handelt sich nun vor allem darum, die Lage der Kegelschnittsachsen gegenüber der positiven Tangente t und der positiven Normalen n von P zu bestimmen. Deshalb seien X, Y die Koordinaten eines beliebigen Punktes in bezug auf das Achsenkreuz des Kegelschnittes (20) und $\mathfrak{X}$, $\mathfrak{Y}$ die Koordinaten desselben Punktes in bezug auf das aus t und n gebildete Achsenkreuz des Punktes P, das wir kurz das Achsenkreuz (t, n) nennen. Dagegen sollen x, y die Koordinaten des Punktes P in bezug auf das Achsenkreuz des Kegelschnittes bedeuten. Weil t mit der positiven x-Achse des Kegelschnittes (20) den Winkel τ bildet, gelten nun nach (2), S. 14, worin a, b und α durch x, y und τ zu ersetzen sind, die Gleichungen:

$$\mathfrak{X} = (X - x)\cos\tau + (Y - y)\sin\tau, \quad \mathfrak{Y} = -(X - x)\sin\tau + (Y - y)\cos\tau.$$

Die Achsen des Kegelschnittes werden durch $Y = 0$ und $X = 0$ dargestellt. Demnach ist für die eine Achse:

$$\mathfrak{X} = (X - x)\cos\tau - y\sin\tau, \quad \mathfrak{Y} = -(X - x)\sin\tau - y\cos\tau$$

oder, wie sich durch Elimination von X ergibt:

$$\mathfrak{X}\sin\tau + \mathfrak{Y}\cos\tau = -y,$$

während für die andere Achse:

$$\mathfrak{X} = -x\cos\tau + (Y - y)\sin\tau, \quad \mathfrak{Y} = x\sin\tau + (Y - y)\cos\tau$$

oder nach Elimination von Y:

$$\mathfrak{X}\cos\tau - \mathfrak{Y}\sin\tau = -x$$

hervorgeht. Folglich ist:

$$(\mathfrak{X}\sin\tau + \mathfrak{Y}\cos\tau + y)(\mathfrak{X}\cos\tau - \mathfrak{Y}\sin\tau + x) = 0$$

die Gleichung des Achsenkreuzes des Kegelschnittes, bezogen auf das Achsenkreuz (t, n). Wir können sie wegen (22) so schreiben:

$$\left(\mathfrak{X}\sin\tau + \mathfrak{Y}\cos\tau - \frac{\beta\cos\tau}{\Delta}\right)\left(\mathfrak{X}\cos\tau - \mathfrak{Y}\sin\tau + \frac{\alpha\sin\tau}{\Delta}\right) = 0$$

oder, ausmultipliziert und nach Division mit $\frac{1}{2}\sin 2\tau$:

$$(24)\quad \left\{ \begin{aligned} &\mathfrak{X}^2 - \mathfrak{Y}^2 + 2\operatorname{ctg} 2\tau\cdot\mathfrak{X}\mathfrak{Y} \\ &+ \frac{\alpha - \beta - (\alpha+\beta)\cos 2\tau}{\Delta\sin 2\tau}\cdot\mathfrak{X} + \frac{\alpha+\beta}{\Delta}\cdot\mathfrak{Y} - \frac{\alpha\beta}{\Delta^2} = 0. \end{aligned}\right.$$

Demnach handelt es sich jetzt darum, die Koeffizienten dieser in $\mathfrak{X}$ und $\mathfrak{Y}$ quadratischen Gleichung als Funktionen der gegebenen Größen r, r^{I} und r^{II} darzustellen. Zu diesem Zwecke sind die Formeln (21) und (23) zu benutzen. Aus (23) folgen zunächst, wenn man $r^{\mathrm{I}} : r$ und $r^{\mathrm{II}} : r^{\mathrm{I}}$ bildet, zwei in α und β lineare homogene Gleichungen:

$$(25)\qquad \begin{aligned} &[3r\sin 2\tau + r^{I}(1-\cos 2\tau)]\,\alpha + [-3r\sin 2\tau + r^{I}(1+\cos 2\tau)]\,\beta = 0,\\ &[r^{I}(1-\cos 2\tau)(5+3\cos 2\tau) + r^{II}\sin 2\tau\,(1-\cos 2\tau)]\,\alpha\\ &\quad + [-r^{I}(1+\cos 2\tau)(5-3\cos 2\tau) + r^{II}\sin 2\tau\,(1+\cos 2\tau)]\,\beta = 0, \end{aligned}$$

deren Determinante verschwinden muß. Dies gibt:

$$(26)\qquad \operatorname{tg} 2\tau = \frac{6\,r\,r^{I}}{3\,r\,r^{II} - 5\,r^{I2}},$$

so daß wir, indem wir eine Hilfsgröße

$$(27)\qquad \lambda = \sqrt{36\,r^{2} r^{I2} + (3\,r\,r^{II} - 5\,r^{I2})^{2}}$$

einführen, setzen dürfen:

$$(28)\qquad \sin 2\tau = \frac{6\,r\,r^{I}}{\lambda}, \qquad \cos 2\tau = \frac{3\,r\,r^{II} - 5\,r^{I2}}{\lambda},$$

worauf die Gleichung (25) noch gibt:

$$\frac{\alpha}{\beta} = \frac{18r^{2} - 3\,r\,r^{II} + 5\,r^{I2} - \lambda}{18r^{2} - 3\,r\,r^{II} + 5\,r^{I2} + \lambda}.$$

Mithin ist, wenn auch ϱ eine Hilfsgröße bedeutet:

$$(29)\qquad \begin{cases} \alpha = \varrho\,(18r^{2} - 3\,r\,r^{II} + 5\,r^{I2} - \lambda),\\ \beta = \varrho\,(18r^{2} - 3\,r\,r^{II} + 5\,r^{I2} + \lambda) \end{cases}$$

zu setzen. Führen wir die Werte (28) und (29) in (21) und in die erste Gleichung (23) ein, so kommt mit Rücksicht auf (27):

$$\Delta^{2} = 18r^{2}\varrho, \qquad \Delta^{3} = 36\,r\,\varrho^{2}(9r^{2} - 3\,r\,r^{II} + 4\,r^{I2}).$$

Aus diesen beiden Gleichungen aber folgt:

$$(30)\qquad \varrho = \frac{9r^{4}}{2(9r^{2} - 3\,r\,r^{II} + 4\,r^{I2})^{2}}, \qquad \Delta = \frac{9r^{3}}{9r^{2} - 3\,r\,r^{II} + 4\,r^{I2}}.$$

Jetzt ergibt sich durch Benutzung der Formeln (27) bis (30) sofort, wie sich die in der Gleichung (24) vorkommenden Koeffizienten durch r, r^{I} und r^{II} allein ausdrücken. Entfernt man dann noch alle Nenner, so kommt man zu dem

Satz 47: Die Achsen des Kegelschnittes, der eine gegebene ebene Kurve c an einer gegebenen Stelle P in der vierten Ordnung berührt, werden — bezogen auf das aus der positiven Tangente t und der positiven Normale n von P gebildete Achsenkreuz — durch die in den laufenden Koordinaten $\mathfrak{X}$, $\mathfrak{Y}$ quadratische Gleichung dargestellt:

$$\begin{aligned} &(9r^{2} - 3\,r\,r^{II} + 4\,r^{I2})[3\,r\,r^{I}(\mathfrak{X}^{2} - \mathfrak{Y}^{2}) + (3\,r\,r^{II} - 5\,r^{I2})\,\mathfrak{X}\mathfrak{Y}]\\ &\quad + 27\,r^{3}(r^{I2} - r\,r^{II})\,\mathfrak{X} + 3\,r^{2} r^{I}(18r^{2} - 3\,r\,r^{II} + 5\,r^{I2})\,\mathfrak{Y} - 27\,r^{5} r^{I} = 0. \end{aligned}$$

Darin bedeuten r, r^{I} und r^{II} den Krümmungsradius der Kurve c in P und die Krümmungsradien der ersten und zweiten Evolute von c in den zugehörigen Punkten P^{I} und P^{II}.

Siehe die Fig. 24 auf S. 71.

Man ist hiernach imstande, die beiden Achsen des Kegelschnittes ihrer Lage nach zu konstruieren. Da man außerdem noch den Punkt P des Kegelschnittes und seine Tangente t kennt, ist alsdann auch leicht der Kegelschnitt selbst zu ermitteln. Obgleich wir von den Parabeln absahen, gilt das Ergebnis doch auch für den Fall einer oskulierenden Parabel. In diesem Falle nämlich liegt die eine Kegelschnittsachse unendlich fern, d. h. dann wird die Gleichung des Satzes in $\mathfrak{X}$ und $\mathfrak{Y}$ linear. Folglich tritt dies ein, wenn

$$9r^2 - 3rr^{II} + 4r^{I2} = 0$$

ist. Alsdann können wir den Kurvenpunkt P **parabolisch** nennen. Dagegen soll er **elliptisch** oder **hyperbolisch** heißen, je nachdem der oskulierende Kegelschnitt eine Ellipse oder Hyperbel ist. Dies gilt natürlich nur im **reellen** Falle. Das analytische Kennzeichen hierfür ergibt sich so: Der Kegelschnitt ist eine Ellipse oder Hyperbel, je nachdem die beiden Kegelschnittsachsen die Tangente t von P so schneiden, daß P dazwischen liegt oder nicht. Da sich nun die Schnittpunktsabszissen $\mathfrak{X}$ aus der Gleichung des Satzes 47 für $\mathfrak{Y} = 0$ ergeben, also der quadratischen Gleichung

$$\mathfrak{X}^2 + \frac{9r^2(r^{I2} - rr^{II})}{(9r^2 - 3rr^{II} + 4r^{I2})r^I}\mathfrak{X} - \frac{9r^4}{9r^2 - 3rr^{II} + 4r^{I2}} = 0$$

genügen, ist im Falle der Ellipse zu fordern, daß die beiden Wurzeln $\mathfrak{X}$ dieser Gleichung verschiedenes Vorzeichen haben. Dies liefert den

Satz 48: Ein Punkt P einer reellen ebenen Kurve ist elliptisch, parabolisch oder hyperbolisch, d. h. der in P in der vierten Ordnung berührende Kegelschnitt ist eine Ellipse, Parabel oder Hyperbel, je nachdem

$$9r^2 - 3rr^{II} + 4r^{I2}$$

positiv, gleich Null oder negativ ist. Dabei bedeuten r, r^I und r^{II} den Krümmungsradius der Kurve c in P und die Krümmungsradien ihrer ersten und zweiten Evolute in den zugehörigen Punkten.

Es ist vielleicht nützlich, daran zu erinnern, daß die Evoluten stets in demjenigen Fortschreitungssinne orientiert sein sollen, der dem positiven Sinne der Normale der Kurve selbst (der Evolvente) entspricht, vgl. S. 65. Wenn also die Kurve c orientiert worden ist, haben r, r^I und r^{II} für den betrachteten Kurvenpunkt P ganz bestimmte Werte.

Ferner sei darauf aufmerksam gemacht, daß r, r^I und r^{II} durch die Lage der Punkte P, P^I, P^{II}, P^{III} auf c und auf der ersten bis dritten Evolute von c gegeben sind. Demnach ist es möglich, die Kegelschnittsachsen auf Grund des Satzes 47 mit Zirkel und Lineal zu ermitteln, sobald jene Punkte P, P^I, P^{II} und P^{III} gegeben sind. Wir überlassen dies dem Leser.

§ 11. Differentialinvarianten einer ebenen Kurve.

Eine Kurve in der Ebene hat zweierlei Eigenschaften, solche, die bestehen bleiben, wenn man die starr gedachte Kurve in irgend eine neue Lage gegenüber dem Achsenkreuze bringt, und solche, die in diesem Falle verloren gehen. Die Eigenschaften von der ersten Art, d. h. diejenigen, die unverändert bleiben, wenn man die Kurve irgend welchen Bewegungen in der Ebene (vgl. S. 15) unterwirft, sind allein wesentlich für die Gestalt und die Abmessungen der Kurve. Man nennt sie ihre inneren Eigenschaften.

Um den analytischen Ausdruck der inneren Eigenschaften zu gewinnen, suchen wir Größen, die erstens wohldefiniert sind, sobald die Kurve vorliegt, und zweitens ungeändert bleiben, wenn die Kurve vermöge Bewegungen in der Ebene in beliebige andere Lagen übergeht. Solche Größen heißen Invarianten der Kurve gegenüber allen Bewegungen in der Ebene. Insbesondere beschränken wir uns auf Größen, die nur von einem Kurvenpunkte (x, y) und seiner Umgebung abhängen. Da die Kurve $y = f(x)$ in der Umgebung des Punktes (x, y) in der Form

$$\Delta y = f'(x)\frac{\Delta x}{1!} + f''(x)\frac{\Delta x^2}{2!} + \cdots$$

dargestellt werden kann, wenn Δy den Zuwachs bezeichnet, den y erfährt, sobald x um Δx wächst, soll es sich mithin um Größen handeln, die Funktionen der Koordinaten x und $y = f(x)$ des betrachteten Kurvenpunktes und der Koeffizienten $f'(x)$, $f''(x)$, ... der Reihenentwicklung sind. Weil wir uns nicht auf eine bestimmte Kurve $y = f(x)$ beschränken wollen, ist dabei unter $f(x)$ irgend eine Funktion y von x zu verstehen, während $f'(x)$, $f''(x)$, ... ihre Ableitungen y', y'', ... sein sollen. Demnach betrachten wir Größen, die Funktionen von x, y, y', y'', ... sind, und zwar insbesondere solche, die bei allen Bewegungen in der Ebene ihren Wert behalten. Sie heißen Differentialinvarianten der Kurve gegenüber allen Bewegungen in der Ebene.[1]

Daß nicht jede Funktion von x, y, y', y'', ... eine Differentialinvariante ist, lehrt ein einfaches Beispiel: Die Strecke, die von der Tangente des Kurvenpunktes (x, y) auf der Ordinatenachse abgeschnitten wird, hat die Größe $y - xy'$ (nach (3), S. 21). Aber es erhellt, daß sie sich durchaus ändert, wenn man die starr gedachte Kurve mit dem gerade betrachteten Kurvenpunkte in irgend eine andere Lage gegenüber dem Achsenkreuze bringt. Somit ist $y - xy'$

[1] Der Begriff der Differentialinvarianten ist viel allgemeiner als der oben gegebene und für unsere besonderen Zwecke genügende. Obleich man seit Beginn der Anwendung der Infinitesimalrechnung auf die Geometrie notwendig auf Differentialinvarianten stieß, ist doch ihr allgemeinster Begriff erst in den letzten drei Jahrzehnten des verflossenen Jahrhunderts von Lie entwickelt und seiner vollen Bedeutung nach erkannt worden. Statt auf seine zahlreichen einzelnen Arbeiten verweisen wir auf das 23. Kapitel seiner „Vorlesungen über kontinuierliche Gruppen mit geometrischen und anderen Anwendungen", bearb. vom Verf. (Leipzig 1893).

gewiß keine Differentialinvariante. Anders verhält es sich mit der Krümmung

$$(1) \qquad k = \frac{y''}{\sqrt{1+y'^2}^3}$$

der Kurve, vgl. (9), S. 52. Sie ändert sich bei der starr gedachten Kurve nicht, falls man die Kurve in eine neue Lage bringt. Mithin wäre sie als eine Differentialinvariante zu bezeichnen. Aber dagegen ist ein Einwand zu machen: Das Vorzeichen der Krümmung hängt von der willkürlichen Festsetzung über das der auftretenden Quadratwurzel ab (vgl. S. 47); wenn nun eine Kurve und eine zu ihrer kongruente Kurve vorliegt, kann man also nur das eine sagen, daß beide Kurven in einander homologen Punkten dieselbe Krümmung, abgesehen vom Vorzeichen, haben. Da wir uns stets auf einwertige Funktionen beschränken wollen (vgl. S. 2), betrachten wir mithin k^2 statt k. Das Quadrat der Krümmung ist eine Differentialinvariante gegenüber allen Bewegungen in der Ebene.[1]

Dies wollen wir analytisch bestätigen: Wenn eine Bewegung ausgeübt wird, bei der die Punkte (x, y) in die Punkte $(\bar{x}, \bar{y})$ übergehen[2], ist nach (2), S. 14:

$$(2) \qquad \begin{cases} x = (\bar{x} - a)\cos\alpha + (\bar{y} - b)\sin\alpha \\ y = -(\bar{x} - a)\sin\alpha + (\bar{y} - b)\cos\alpha \end{cases}$$

oder auch:

$$\bar{x} = x\cos\alpha - y\sin\alpha + a, \qquad \bar{y} = x\sin\alpha + y\cos\alpha + b.$$

Die Kurve $y = f(x)$ geht dabei in diejenige Kurve über, deren Gleichung in den laufenden Koordinaten $\bar{x}$, $\bar{y}$ aus $y = f(x)$ gefunden wird, wenn man für x und y ihre Werte (2) einsetzt. Denkt man sich die so entstehende Gleichung nach $\bar{y}$ aufgelöst, so hat man die Gleichung der in die neue Lage gebrachten Kurve vor sich:

$$\bar{y} = g(\bar{x}).$$

---

[1] Es ist das Verdienst von Study, zuerst mit größter Schärfe darauf hingewiesen zu haben, daß die Lieschen Betrachtungen in der ungenügenden Berücksichtigung der beliebigen Vorzeichen Mängel aufweisen. Vgl. seine Aufsätze: „Kritische Betrachtungen über Lies Invariantentheorie der endlichen kontinuierlichen Gruppen", Jahresbericht der Deutschen Mathem.-Vereinigung, 17. Bd. (1908), S. 125—142, und „Zur Differentialgeometrie der analytischen Kurven", Transactions of the American Math. Society, 2. Serie, 15. Bd. (1909), S. 1—49.

[2] Wir haben hier die Bezeichnung der Punkte umgekehrt gewählt wie auf S. 14 u. f.

Auch hier kann man die Differentialquotienten von $\bar{y}$ hinsichtlich $\bar{x}$ bilden, die wir kurz mit $\bar{y}'$, $\bar{y}''$ ... bezeichnen. Da aber zwischen x, y und $\bar{x}$, $\bar{y}$ die Beziehungen (2) bestehen, lassen sich $\bar{y}'$, $\bar{y}''$ ... durch x, y, y', y'' ... ausdrücken und umgekehrt y', y'' ... durch $\bar{x}$, $\bar{y}$, $\bar{y}'$, $\bar{y}''$ .... In der Tat gibt ja (2):

$$y' = \frac{dy}{dx} = \frac{-\sin\alpha\, d\bar{x} + \cos\alpha\, d\bar{y}}{\cos\alpha\, d\bar{x} + \sin\alpha\, d\bar{y}} = \frac{\bar{y}' - \operatorname{tg}\alpha}{\bar{y}' \operatorname{tg}\alpha + 1}\,. \tag{3}$$

Da nun

$$y'' = \frac{dy'}{dx} = \frac{dy'}{d\bar{x}} : \frac{dx}{d\bar{x}}$$

ist, folgt hieraus und aus der ersten Gleichung (2), die

$$\frac{dx}{d\bar{x}} = \cos\alpha + \bar{y}' \sin\alpha$$

liefert, weiter:

$$y'' = \frac{\bar{y}''}{(\bar{y}' \sin\alpha + \cos\alpha)^3} \tag{4}$$

usw. Setzen wir die Werte (3) und (4) von y' und y'' in die Formel (1) für k ein, so finden wir, daß k^2 genau die ursprüngliche Form, aber in $\bar{y}'$ und $\bar{y}''$, bekommt. Aus

$$k^2 = \frac{y''^2}{(1 + y'^2)^3} \tag{5}$$

ergibt sich also vermöge der Ausübung der Bewegung (2):

$$k^2 = \frac{\bar{y}''^2}{(1 + \bar{y}'^2)^3}\,,$$

d. h. die Größe (5) ist eine Differentialinvariante.

Um nun systematisch Differentialinvarianten zu bestimmen, gehen wir so vor: Es sei $J(x, y, x', y'' \ldots)$ eine derartige Funktion. Insbesondere muß dann die Gleichung

$$J(\bar{x}, \bar{y}, \bar{y}', \bar{y}'', \ldots) = J(x, y, y', y'', \ldots) \tag{6}$$

bestehen, sobald man irgend eine Schiebung

$$\bar{x} = x + a, \quad \bar{y} = y + b \tag{7}$$

(vgl. S. 16) ausübt. Bei dieser Schiebung ist aber:

$$\bar{y}' = \frac{d\bar{y}}{d\bar{x}} = \frac{dy}{dx} = y'$$

und weiter:

$$\bar{y}'' = \frac{d\bar{y}'}{d\bar{x}} = \frac{dy'}{dx} = y''$$

usw. Wir verlangen also, daß die Gleichung (6) infolge von (7) und

$$\bar{y}' = y', \quad \bar{y}'' = y'', \quad \bar{y}''' = y''', \ldots \tag{8}$$

für alle Werte der Konstanten a und b bestehe, daß also

$$J(x+a,\, y+b,\, y',\, y'',\ldots) = J(x\ y,\, y',\, y'',\ldots)$$

sei. Dies ist aber nur dann denkbar, wenn die Funktion J von ihren beiden ersten Argumenten frei ist. **Mithin sind die Differentialinvarianten Funktionen $J(y', y'', \ldots)$ von den Ableitungen allein.**

Da jede Bewegung durch eine Schiebung und eine daraufolgende Drehung um den neuen Anfangspunkt hergestellt werden kann, haben wir weiterhin noch zu verlangen, daß die Funktion $J(y', y'' \ldots)$ bei allen Drehungen um den Anfangspunkt:

$$\bar{x} = x\cos\alpha - y\sin\alpha, \quad \bar{y} = x\sin\alpha + y\cos\alpha$$

ungeändert bleibe. Die direkte Erfüllung dieser Forderung ist nicht einfach, weil sich $\bar{y}', \bar{y}'' \ldots$ ziemlich umständlich durch $y', y'' \ldots$ ausdrücken. Siehe die Formeln (3) und (4). Wir schlagen deshalb einen anderen Weg ein, indem wir den folgenden Umstand verwerten:

Wenn u und v zwei Funktionen von $y', y'', \ldots$ sind, die sich bei beliebigen Bewegungen in der Ebene nur um additive Konstanten ändern, so daß stets

$$(9) \quad \begin{cases} u(\bar{y}'\ \bar{y}'', \ldots) = u(y', y'', \ldots) + \text{konst.}, \\ v(\bar{y}'\ \bar{y}'', \ldots) = v(y', y'', \ldots) + \text{konst.} \end{cases}$$

wird, muß die Funktion

$$\frac{du}{dv}$$

eine Differentialinvariante sein. Aus (9) folgt nämlich, wenn $u(\bar{y}'\ \bar{y}'', \ldots)$ und $v(\bar{y}', \bar{y}'', \ldots)$ mit $\bar{u}$ und $\bar{v}$ bezeichnet werden, sofort, daß $d\bar{u} = du$ und $d\bar{v} = dv$, also in der Tat auch

$$\frac{d\bar{u}}{d\bar{v}} = \frac{du}{dv}$$

ist.

Diese Bemerkung wenden wir nun wiederholt an, um mit Leichtigkeit eine unbegrenzte Anzahl von Differentialinvarianten zu gewinnen. Als Funktion u können wir nämlich eine schon bekannte Differentialinvariante J und als Funktion v den Tangentenwinkel τ wählen, sobald er überhaupt längs der Kurve veränderlich ist. Daß er wirklich bei Bewegungen nur um additive Konstanten geändert wird, sieht man sowohl geometrisch als auch rechnerisch ein: Bei einer Bewegung werden ja alle Richtungen um ein und denselben Winkel α geändert (vgl. S. 15), so daß der Tangentenwinkel $\bar{\tau}$ bei der in eine neue Lage gebrachten Kurve gleich $\tau + \alpha$ ist, wozu ein beliebiges ganzes Vielfaches von 2π addiert werden darf (nach S. 23). Dies gilt nur, wenn die neue Kurve ebenso wie die ursprüngliche orientiert worden ist. Im entgegengesetzten Falle wird $\bar{\tau} = \tau + \alpha + \pi$, und hier kann wieder ein beliebiges ganzes Vielfaches von 2π addiert werden. Die Figuren 25 und 26 sollen beide Fälle

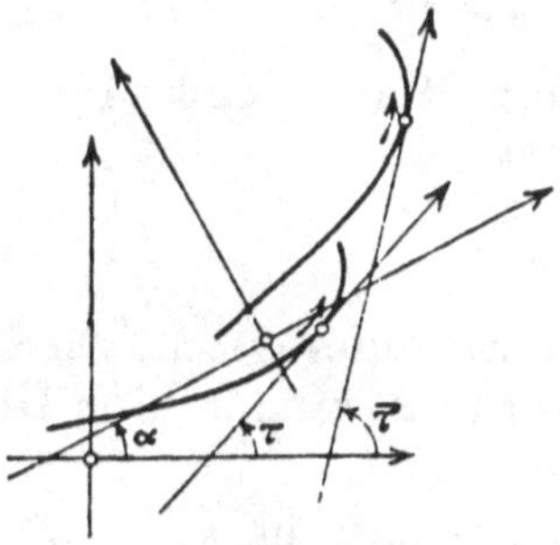

Fig. 25.

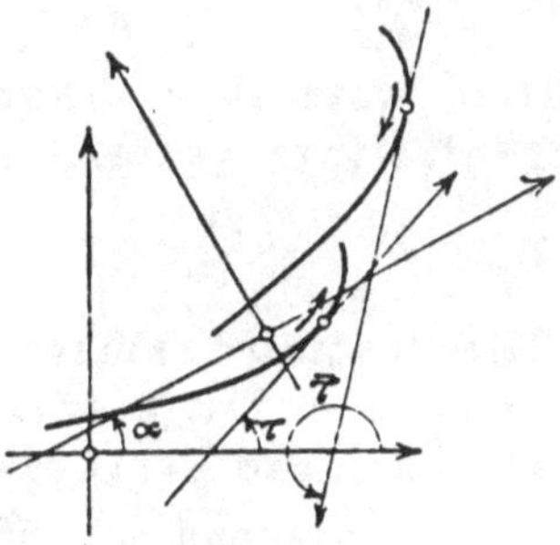

Fig. 26.

erläutern. Analytisch folgt dasselbe sofort aus (3), da $\operatorname{tg}\tau = y'$, $\operatorname{tg}\bar{\tau} = \bar{y}'$ ist, denn danach wird:

$$\operatorname{tg}\tau = \frac{\operatorname{tg}\bar{\tau} - \operatorname{tg}\alpha}{\operatorname{tg}\bar{\tau}\operatorname{tg}\alpha + 1} = \operatorname{tg}(\bar{\tau} - \alpha),$$

folglich in der Tat $\bar{\tau} - \alpha = \tau + n\pi$, wo n irgend eine ganze Zahl bedeutet. Wir haben also allgemein $\bar{\tau} = \tau + \alpha + n\pi$, so daß τ als die Funktion v benutzt werden darf. Somit folgt:

Ist J eine Differentialinvariante gegenüber allen Bewegungen, so ist auch

$$\frac{dJ}{d\tau}$$

eine Differentialinvariante. Hiermit haben wir eine Operation gewonnen, mittels derer man aus jeder schon bekannten Differentialinvariante J eine neue gewinnt; man sagt, um dies auszudrücken, daß $dJ : d\tau$ ein Differentialparameter gegenüber allen Bewegungen der Ebene ist.

Da nun k^2 eine schon bekannte Differentialinvariante ist, kann insbesondere $J = k^2$ angenommen werden. Daraus folgt, daß auch die Ableitung von k^2 nach τ eine Differentialinvariante ist. Wird jetzt J als diese Funktion angenommen, so ergibt sich ferner, daß auch die zweite Ableitung von k^2 nach τ eine Differentialinvariante ist, usw. Somit gilt der

Satz 49: Unterwirft man irgend eine solche Kurve $y = f(x)$ der Ebene, die keine Gerade ist, allen Bewegungen in der Ebene, so ändern sich zwar $x, y, y'\ y''$ usw., aber das Quadrat der Krümmung k sowie alle Ableitungen dieses Quadrates nach dem Tangentenwinkel τ, d. h. die Funktionen

$$k^2, \quad \frac{d(k^2)}{d\tau}, \quad \frac{d^2(k^2)}{d\tau^2}, \quad \frac{d^3(k^2)}{d\tau^3}, \ldots$$

behalten stets ihre ursprünglichen Werte und sind also Differentialinvarianten. Ferner ist

$$\frac{dJ}{d\tau}$$

ein Differentialparameter, d. h. eine Operation, vermöge derer aus jeder Differentialinvariante J wieder eine Differentialinvariante hervorgeht.

Um die gewonnenen Differentialinvarianten in $y', y'', y''', \ldots$ auszudrücken, beachte man, daß $\tau = \operatorname{arc\,tg} y'$, also

$$\frac{d\tau}{dx} = \frac{y''}{1 + y'^2},$$

folglich der Differentialparameter

$$\frac{dJ}{d\tau} = \frac{dJ : dx}{d\tau \cdot dx} = \frac{1 + y'^2}{y''} \frac{dJ}{dx}$$

ist. Wenn man nun $J = k^2$, siehe (1), setzt, ergibt sich:

$$\frac{d(k^2)}{d\tau} = 2\left[\frac{1}{(1 + y'^2)^2} y''' - \frac{3y'y''^2}{(1 + y'^2)^3}\right] \tag{10}$$

ferner entsprechend:

$$\frac{d^2(k^2)}{d\tau^2} = 2\left[\frac{1}{(1 + y'^2) y''} y^{IV} - \frac{10y'y''' + 3y''^2}{(1 + y'^2)^2} + \frac{18y'^2y''^2}{(1 + y'^2)^4}\right]$$

usw. Hieraus erkennt man leicht:

Die Differentialinvariante, die sich durch $(n - 2)$malige Differentiation von k^2 nach τ ergibt, ist eine rationale gebrochene Funktion von $y', y'', \ldots y^{(n)}$ allein. Sie wird deshalb eine Differentialinvariante n^{ter} Ordnung genannt, und wir wollen sie mit J_n bezeichnen:

$$J_n = \frac{d^{n-2}(k^2)}{d\tau^{n-2}}. \tag{11}$$

Der Nenner dieser rationalen gebrochenen Funktion enthält bloß Faktoren von der Form $1 + y'^2$ und y'', die nicht überall längs der Kurve verschwinden. Denn wir setzten voraus, daß der Tangentenwinkel τ längs der Kurve veränderlich sei, d. h. daß die Kurve keine Gerade, insbes. keine Minimalgerade sei. Ferner enthält die Funktion die n^{te} Ableitung von y nur linear im Zähler, mit konstanten Faktoren oder Faktoren von der Form $1 + y'^2$ behaftet.

Dies gilt aber nicht mehr für $n = 2$, denn die Differentialinvariante zweiter Ordnung k^2, die wir J_2 nennen wollen:

$$J_2 = k^2, \tag{12}$$

ist in y'' nach (5) quadratisch.

Offenbar ist jede Funktion der schon gefundenen Differentialinvarianten $J_2, J_3, J_4, \ldots$ ebenfalls eine Differentialinvariante. Man kann sogar beweisen, daß es sonst keine gibt, doch bedürfen wir dieses Satzes nicht.

Der Beweis wird so geführt: Wegen der beschriebenen Form von J_n läßt sich $y^{(n)}$ als rationale gebrochene Funktion von $y', y'', \ldots y^{(n-1)}$ und J_n darstellen. Da das entsprechende für $y''', y^{\text{IV}}, \ldots y^{(n-1)}$ gilt, kann man schließlich $y^{(n)}$ auch als rationale gebrochene Funktion von $y', J_3, J_4, \ldots J_n$ ausdrücken, und zwar gilt dies für alle Ordnungen $n > 2$. Soll nun $J(y', y'', \ldots y^{(n)})$ irgendeine Differentialinvariante n^{ter} Ordnung sein, und denken wir uns darin für $y''', y^{\text{IV}}, \ldots y^{(n)}$ diese rational gebrochenen Funktionen substituiert, so geht aus J eine Funktion Ω von y', y'' und $J_3, J_4, \ldots J_n$ hervor. Weil sie eine Differentialinvariante sein soll und weil andererseits $J_3, J_4, \ldots J_n$ Differentialinvarianten sind, muß dann infolge von (3) und (4) für jeden Drehwinkel α:

$$\Omega(y', y'', J_3, J_4, \ldots J_n) = \Omega(\bar{y}', \bar{y}'', J_3, J_4, \ldots J_n),$$

also auch:

$$\frac{\Omega(y', y'', J_3, J_4, \ldots J_n) - \Omega(\bar{y}', \bar{y}'', J_3, J_4, \ldots J_n)}{\alpha} = 0$$

sein. Nach (3) aber werden y' und y'' für $\alpha = 0$ gleich $\bar{y}', \bar{y}''$; also verschwinden Zähler und Nenner auf der linken Seite dieser Gleichung für $\alpha = 0$. Demnach ergibt sich beim Grenzübergange $\lim \alpha = 0$ (was bedeutet, daß man eine Bewegung mit einem nach Null strebenden Drehwinkel ausübt):

$$\lim_{\alpha=0} \frac{\partial\, \Omega(y', y'', J_3, J_4, \ldots J_n)}{\partial \alpha} = 0.$$

Hierfür kann man schreiben:

$$\lim_{\alpha=0} \left(\frac{\partial \Omega}{\partial y'} \frac{\partial y'}{\partial \alpha} + \frac{\partial \Omega}{\partial y''} \frac{\partial y''}{\partial \alpha} \right) = 0.$$

Differenziert man aber die Werte (3) und (4) nach α, so gibt der Grenzübergang $\lim \alpha = 0$ die Werte $-(1 + \bar{y}'^2)$ und $-3\bar{y}'\bar{y}''$ oder, weil dann $\bar{y}', \bar{y}''$ mit y', y'' übereinstimmen, die Werte $-(1 + y'^2)$ und $-3y'y''$. Daher muß gefordert werden:

$$\frac{\partial \Omega}{\partial y'}(1 + y'^2) + \frac{\partial \Omega}{\partial y''} 3y'y'' = 0.$$

Weil $J_2 = k^2$ eine Differentialinvariante zweiter Ordnung ist, gilt diese Formel insbesondere für $\Omega = k^2$, was man auch leicht direkt mittels Substitution des Wertes (5) bestätigt. Da somit auch:

$$\frac{\partial J_2}{\partial y'}(1 + y'^2) + \frac{\partial J_2}{\partial y''} 3 y' y'' = 0$$

ist und da $1 + y'^2$ und $y' y''$ nicht beide längs der betrachteten Kurve überall gleich Null sind, folgt aus den beiden letzten Gleichungen, daß

$$\begin{vmatrix} \frac{\partial \Omega}{\partial y'} & \frac{\partial \Omega}{\partial y''} \\ \frac{\partial J_2}{\partial y'} & \frac{\partial J_2}{\partial y''} \end{vmatrix} = 0$$

sein muß. Hier aber steht die Funktionaldeterminante von Ω und J_2 hinsichtlich y' und y'', deren Verschwinden bekanntlich bedeutet, daß Ω als Funktion von y' und y'' von J_2 abhängig sein muß. Deshalb hat Ω notwendig die Form einer Funktion von J_2 und von den übrigen in Ω schon vorher aufgetretenen Argumenten $J_3, J_4, \ldots J_n$, was zu beweisen war. Wir formulieren daher den

Satz 50: Diejenigen Kurven $y = f(x)$ der Ebene, die keine Geraden sind, haben hinsichtlich aller Bewegungen der Ebene nur solche Differentialinvarianten, die bloß Funktionen der in Satz 49 angegebenen Differentialinvarianten

$$k^2, \quad \frac{d(k^2)}{d\tau}, \quad \frac{d^2(k^2)}{d\tau^2}, \ldots$$

sind, d. h. mit Hilfe des Differentialparameters $dJ : d\tau$ gewinnt man aus der Differentialinvariante niedrigster Ordnung k^2 nach und nach jede wesentliche Differentialinvariante.

Natürlich nennen wir $J_2, J_3, J_4, \ldots$ deshalb alle wesentlichen Differentialinvarianten, weil jede andere bloß eine Funktion von ihnen ist.

Die Reihe der Differentialinvarianten

$$(13) \qquad k^2, \quad \frac{d(k^2)}{d\tau}, \quad \frac{d^2(k^2)}{d\tau^2}, \quad \frac{d^3(k^2)}{d\tau^3}, \ldots$$

läßt sich durch manche andere Systeme von Differentialinvarianten ersetzen. Man erkennt nämlich leicht, daß sie sich rational durch

$$(14) \qquad k^2, \quad k\frac{dk}{d\tau}, \quad k\frac{d^2k}{d\tau^2}, \quad k\frac{d^3k}{d\tau^3}, \ldots$$

ausdrücken lassen. Da ferner der Krümmungsradius r der reziproke Wert von k ist, lassen sich diese rational durch

$$(15) \qquad r^2, \quad r\frac{dr}{d\tau}, \quad r\frac{d^2r}{d\tau^2}, \quad r\frac{d^3r}{d\tau^3}, \ldots$$

ausdrücken. Ferner ist, wenn s die Bogenlänge bedeutet, nach (1), S. 46:

$$\frac{ds}{d\tau} = \frac{1}{k} = r,$$

mithin für jede Funktion f:

$$\frac{df}{d\tau} = \frac{1}{k}\frac{df}{ds} = r\frac{df}{ds}.$$

Demnach lassen sich die Differentialinvarianten (14) auch als rationale Funktionen von

$$(16) \qquad k^2, \quad \frac{dk}{ds}, \quad k\frac{d^2k}{ds^2}, \quad \frac{d^3k}{ds^3}, \ldots$$

darstellen, indem also der Faktor k nur bei den geradzahligen Ableitungen von k auftritt. Ebenso lassen sie sich als rationale Funktionen von

$$(17) \qquad r^2, \quad \frac{dr}{ds}, \quad r\frac{d^2r}{ds^2}, \quad \frac{d^3r}{ds^3}, \ldots$$

schreiben, indem ebenfalls der Faktor r nur bei den geradzahligen Ableitungen von r vorkommt.

Aus (15) folgt noch eine andere Darstellung, die uns gestattet, die gefundenen Differentialinvarianten geometrisch zu deuten: Wir bilden von der Kurve, die allen Bewegungen unterworfen wird, die erste, zweite usw. Evolute (vgl. S. 66) und bezeichnen mit $r^{\mathrm{I}}, r^{\mathrm{II}}, \ldots$ die Krümmungsradien dieser Evoluten in denjenigen Punkten, die dem gerade betrachteten Punkte der Urkurve entsprechen. Nach (14), S. 67, ist dann allgemein $r^{(n)} = dr^{(n-1)} : d\tau$. Mithin sind die Funktionen (15) identisch mit diesen:

$$(18) \qquad r^2, \quad r r^{\mathrm{I}}, \quad r r^{\mathrm{II}}, \quad r r^{\mathrm{III}}, \ldots$$

und lassen sich daher rational durch

$$(19) \qquad r^2, \quad \frac{r^{\mathrm{I}}}{r}, \quad \frac{r^{\mathrm{II}}}{r}, \quad \frac{r^{\mathrm{III}}}{r}, \ldots$$

ausdrücken. Demnach gilt der

Satz 51: Die in Satz 49 aufgestellten Differentialinvarianten und alle Funktionen von ihnen sind Funktionen des Quadrates des Krümmungsradius r und der Verhältnisse, in denen die Krümmungsradien $r^{\mathrm{I}}, r^{\mathrm{II}}, \ldots$ der ersten, zweiten usw. Evolute der Kurve zu r stehen.

Wir nahmen bisher an, diejenige Kurve, die allen Bewegungen in der Ebene unterworfen wird, sei in der Form $y = f(x)$ gegeben. Wenn sie in einer allgemeinen Parameterdarstellung:

$$x = \varphi(t), \quad y = \psi(t)$$

vorliegt, kann man natürlich auch die Differentialinvarianten als Funktionen von t darstellen. Denn nach (3), S. 47, ist

(20) $$k^2 = \frac{(\varphi'\psi'' - \psi'\varphi'')^2}{(\varphi'^2 + \psi'^2)^3},$$

und wegen

$$\tau = \operatorname{arc\,tg}\frac{dy}{dx} = \operatorname{arc\,tg}\frac{\psi'}{\varphi'}$$

wird der neue Ausdruck für den Differentialparameter:

(21) $$\frac{dJ}{d\tau} = \frac{dJ:dt}{d\tau:dt} = \frac{\varphi'^2 + \psi'^2}{\varphi'\psi'' - \psi'\varphi''}\,\frac{dJ}{dt}.$$

Setzt man hierin den Wert (20) von k^2 statt J ein, so ergibt sich für die Differentialinvariante dritter Ordnung J_3 die Funktion:

(22) $$\frac{d(k^2)}{d\tau} = 2\left[\frac{\varphi'\psi''' - \psi'\varphi'''}{(\varphi'^2 + \psi'^2)^2} - 3\,\frac{(\varphi'\psi'' - \psi'\varphi'')(\varphi'\varphi'' + \psi'\psi'')}{(\varphi'^2 + \psi'^2)^3}\right].$$

Wird diese Funktion statt J in (21) substituiert, so geht weiterhin auch die Differentialinvariante vierter Ordnung J_4 hervor usw.

§ 12. Die natürliche Gleichung einer ebenen Kurve.

Mit Hilfe der Ergebnisse des vorigen Paragraphen ist es leicht, eine wichtige Frage zu entscheiden:

Vorgelegt seien zwei Kurven in der Ebene. Wie erkennt man, ob sie einander kongruent sind? Anders ausgesprochen: Wie erkennt man, ob die eine Kurve vermöge einer Bewegung in der Ebene in die andere Kurve überführbar ist?[1]

Sehen wir vorerst von den Geraden ab. Alsdann wird längs der ersten Kurve, die wir uns in irgend einer Darstellung mit Hilfe eines Parameters t gegeben denken, das Quadrat der Krümmung k und ebenso die Ableitung von k^2 nach dem Tangentenwinkel τ eine Funktion von t sein, siehe (20) und (22) oben. Wenn die Krümmung nicht konstant, also, wie wir annehmen wollen, die Kurve kein Kreis ist (vgl. Satz 29, S. 51), definiert die Gleichung (20) umgekehrt den Parameter t als eine Funktion von k^2. Wird sie in die Gleichung (22) eingesetzt, so ergibt sich eine Beziehung von der Form:

(1) $$\frac{d(k^2)}{d\tau} = \omega(k^2),$$

[1] Dies Äquivalenzproblem (sowie das entsprechende für Raumkurven und Flächen, von denen später die Rede sein wird) ist Gegenstand der Untersuchung in dem auf S. 75 erwähnten Werke von Lie. Wir behandeln es mit Berücksichtigung der von Study erhobenen und schon auf S. 76 erwähnten Einwände.

deren rechte Seite eine gewisse Funktion von k^2 ist. Entsprechendes gilt bei der zweiten gegebenen Kurve. Sollen nun beide Kurven einander kongruent sein, so muß k^2 an homologen Stellen beider Kurven denselben Wert haben, denn k^2 ist eine Differentialinvariante. Aber auch von $d(k^2):d\tau$ gilt dies. Mithin muß bei beiden Kurven ein und dieselbe Gleichung (1) zwischen den beiden Differentialinvarianten bestehen.

Wir behaupten aber auch umgekehrt: Alle Kurven, bei denen dieselbe Gleichung (1) gilt, sind einander kongruent. Zum Beweise greifen wir aus demjenigen Bereiche von k^2, innerhalb dessen $\omega(k^2)$ eine einwertige analytische Funktion ist, einen solchen bestimmten Wert k_0^2 heraus, der selbst nicht gleich Null ist und für den auch ω nicht verschwindet. Alsdann wählen wir den Kurvenpunkt, für den k^2 den Wert k_0^2 hat, als Anfangspunkt und seine positive Tangente als positive x-Achse. Die Anwendung des Satzes 30, S. 52, in dem jetzt $x_0 = y_0 = \tau_0 = 0$ zu setzen ist, gibt als Koordinaten der Kurve, bezogen auf das spezielle Achsensystem:

$$x = \int_0^\tau \frac{\cos\tau}{k}\, d\tau, \quad y = \int_0^\tau \frac{\sin\tau}{k}\, d\tau. \tag{2}$$

Nun ist unter k^2 eine Funktion von τ zu verstehen, die der Bedingung (1) genügt und für $\tau = 0$ den Wert k_0^2 annimmt. Die besondere Wahl des Achsenkreuzes ist, nebenbei bemerkt, ohne Einfluß auf die Gleichung (1), weil hierin nur Differentialinvarianten vorkommen. Aus (1) geht durch eine Quadratur

$$\int_{k_0^2}^{k^2} \frac{d(k^2)}{\omega(k^2)} = \tau$$

hervor. Weil $\omega(k_0^2) \neq 0$ ist, gibt es für k^2 eine Umgebung von k_0^2, in der $\omega(k^2)$ nirgends verschwindet, so daß das Integral dort eine einwertige analytische Funktion von k^2 wird, die für $k^2 = k_0^2$ den Wert Null hat, so daß wir eine Formel von der Form

$$\Omega(k^2) - \Omega(k_0^2) = \tau$$

bekommen. Nach dem Satze über das Vorhandensein einer unentwickelten Funktion (vgl. S. 3) definiert diese Gleichung umgekehrt k^2 als eine einwertige analytische Funktion von τ, die für $\tau = 0$ den Wert k_0^2 annimmt, also einen nach Voraussetzung nicht verschwindenden Wert. Mithin ergeben sich durch Ausziehen der Quadratwurzel schließlich zwei einander entgegengesetzt gleiche

Funktionen k von τ, von denen jede in einer hinreichend beschränkten Umgebung von $\tau = 0$ überall einwertig und analytisch ist. Insbesondere nehmen sie für $\tau = 0$ die Anfangswerte k_0 und $-k_0$ an. Diese Funktionen sind nun in (2) für k zu substituieren.

Infolge davon also, daß wir von vornherein ein sehr spezielles Achsenkreuz benutzt haben, gehen nur zwei Kurven (2) hervor, die der Bedingung (1) genügen. Aber auch diese beiden Kurven sind einander kongruent. Denn die eine geht in die andere über, wenn k durch $-k$ ersetzt wird; statt dessen können wir jedoch, wie (2) zeigt, x durch $-x$ und zugleich y durch $-y$ ersetzen, d. h. die eine Kurve geht durch eine Drehung um den Anfangspunkt in die andere über, wenn insgesamt zwei rechte Winkel beschrieben werden.

Wenn man also bei allen Kurven, die der Gleichung (1) genüge leisten, als Anfangspunkt diejenige Stelle wählt, wo k^2 den bestimmten Wert k_0^2 hat, und als x-Achse die Tangente dieser Stelle benutzt, so geht für alle Kurven dieselbe Parameterdarstellung mittels des Tangentenwinkels τ hervor, vorausgesetzt, daß man den positiven Sinn der x-Achse richtig wählt. Dies aber besagt, daß alle der Gleichung (1) genügenden Kurven einander kongruent sind.

Mithin gilt der

Satz 52: Schließt man Geraden und Kreise aus, so sind zwei Kurven in der Ebene einander dann und nur dann kongruent, wenn längs beider die Ableitung des Quadrates der Krümmung k nach dem Tangentenwinkel τ dieselbe Funktion von k^2 ist, also bei beiden dieselbe Gleichung

$$\frac{d(k^2)}{d\tau} = \omega(k^2)$$

besteht.

Diejenigen Eigenschaften einer Kurve also, die sich bloß auf ihre Gestalt und Größenmaße beziehen, d. h. von der Lage zum Koordinatensystem unabhängig sind, finden ihren vollständigen Ausdruck in der Gleichung

$$\frac{d(k^2)}{d\tau} = \omega(k^2) \tag{3}$$

zwischen ihrer Differentialinvariante zweiter und dritter Ordnung. Zu jeder Funktion ω von k^2 gehört eine Schar von kongruenten Kurven; zu verschiedenen Funktionen ω gehören Kurven, die einander nicht kongruent sind. Deshalb heißt die Gleichung (3) die natürliche Gleichung der ebenen Kurve.[1] Nach (10), S. 80, enthält

[1] Nach Ansätzen bei Euler findet sich die natürliche Gleichung (intrinsic equation) bei Whewell im 8. u. 9. Bd. der Transactions of the Cambridge Phil.

sie, wenn man sich die Kurve in der Form $y = f(x)$ dargestellt denkt, die Veränderlichen x und y und die Ableitungen von y nach x bis zur dritten Ordnung. Sie ist also eine gewöhnliche Differentialgleichung dritter Ordnung. Wir zeigten, wie man bei vorgelegter natürlicher Gleichung (3) mittels Quadraturen und Eliminationen eine ihr genüge leistende Kurve findet. Aus dieser Kurve gehen alle anderen Kurven, die derselben natürlichen Gleichung genügen, dadurch hervor, daß man die Kurve beliebigen Bewegungen innerhalb der Ebene unterwirft.

Entsprechend den Bemerkungen auf S. 82, 83 kann man die natürliche Gleichung (3) in mancher anderen Weise schreiben, z. B. wenn r den Krümmungsradius und s die Bogenlänge bedeutet, in den Formen:

$$\frac{d(r^2)}{d\tau} = -r^4\omega\left(\frac{1}{r^2}\right) \quad \text{oder} \quad \frac{dk}{ds} = \tfrac{1}{2}\omega(k^2) \tag{4}$$

oder auch so:

$$\frac{dr}{ds} = -\tfrac{1}{2}r^2\omega\left(\frac{1}{r^2}\right). \tag{5}$$

Bezeichnet man $-\frac{1}{2}r^2\omega$ als Funktion von r^2 mit $\Omega(r^2)$, so kann man die natürliche Gleichung in der Form:

$$\frac{dr}{ds} = \Omega(r^2) \tag{6}$$

annehmen. Bedeutet r^1 den Krümmungsradius der ersten Evolute der Kurve, so daß $r^1 = dr : d\tau$ ist, so kommt die neue Form der natürlichen Gleichung:

$$\frac{r^1}{r} = \Omega(r^2). \tag{7}$$

Liegt eine Kurve in Parameterdarstellung vor:

$$x = \varphi(t), \qquad y = \psi(t),$$

so kann man J_2 und J_3 nach (20) und (22), S. 84, leicht als Funktionen von t berechnen; um aber zur natürlichen Gleichung $J_3 = \omega(J_2)$ zu kommen, muß man t eliminieren, was meistens nicht durchführbar

Soc. 1849, 51 (übersetzt von WALTER, Jahresbericht der 1. Staatsrealschule in Graz 1907). Auch PETERS versuchte in seiner „Neuen Kurvenlehre", Dresden 1855, die Kurven auf natürliche Bestimmungsstücke zu beziehen. Besonders sind aber die Arbeiten von CESÀRO seit 1884 zu erwähnen (siehe Fußnote S. 92). Viele Literaturangaben in WÖLFFING's „Berichte", Bibl. math. 3. Folge, 1. Bd. 1900. Man sehe auch ONNEN, „Notes concernant la théorie des équations essentielles etc.", Archives Néerl. des Sciences ex. et nat. 14. Bd. 1879.

ist. Daher wird man sich damit begnügen, die natürliche Gleichung durch die beiden Formeln

(8) $$J_2 = \lambda(t), \quad J_3 = \mu(t)$$

zu ersetzen, die besagen, wie sich J_2 und J_3 durch t ausdrücken.

Wenn außerdem eine zweite Kurve, dargestellt mittels eines anderen Parameters $\bar{t}$, vorliegt:

$$\bar{x} = \bar{\varphi}(\bar{t}), \quad \bar{y} = \bar{\psi}(\bar{t}),$$

kann man auch hier die beiden Differentialinvarianten, die bei ihr $\bar{J}_2$ und $\bar{J}_3$ heißen mögen, als Funktionen von $\bar{t}$ berechnen:

(9) $$\bar{J}_2 = \bar{\lambda}(\bar{t}), \quad \bar{J}_3 = \bar{\mu}(\bar{t}).$$

Beide Kurven sind nun kongruent, falls es zu jedem Werte t einen Wert $\bar{t}$ derart gibt, daß infolge von (8) und (9)

$$J_2 = \bar{J}_2, \quad J_3 = \bar{J}_3$$

wird. Die Beziehung zwischen t und $\bar{t}$ muß dabei eine einwertige analytische sein, d. h. t muß sich als einwertige analytische Funktion von $\bar{t}$ und auch umgekehrt $\bar{t}$ als einwertige analytische Funktion von t darstellen. Demnach kann man das Kennzeichen der Kongruenz so fassen:

Satz 53: Schließt man Geraden und Kreise aus, so sind zwei mittels je eines Parameters t bzw. $\bar{t}$ dargestellte Kurven in der Ebene einander dann und nur dann kongruent, wenn es eine einwertige analytische Beziehung zwischen t und $\bar{t}$ gibt, infolge deren die beiden Gleichungen

$$k^2 = \bar{k}^2, \quad \frac{d(k^2)}{d\tau} = \frac{d(\bar{k}^2)}{d\bar{\tau}}$$

bestehen, worin k und $\bar{k}$ die Krümmungen und τ und $\bar{\tau}$ die Tangentenwinkel der beiden Kurven bedeuten.

1. **Beispiel:** Im 2. Beispiele, S. 17, wurde direkt gezeigt, daß die beiden im Reellen durchaus verschiedenartigen Kurven

$$y = x - \log x \quad \text{und} \quad \bar{y} = \bar{x} + \log \bar{x}$$

einander kongruent sind. Nach Satz 53 wird der Beweis dafür methodisch so geführt: Im vorliegenden Falle sind x und $\bar{x}$ die Parameter t und $\bar{t}$. Wie die Formeln (5), S. 77, und (10), S. 80, zeigen, ist nun bei der Kurve

$$y = x + \varepsilon \log x,$$

wo ε gleich $+1$ oder gleich -1 sei:

$$k^2 = \frac{x^2}{(2x^2 + 2\varepsilon x + 1)^3}$$

und:

$$\frac{d(k^2)}{d\tau} = 2x\left[\frac{2\varepsilon}{(2x^2+2\varepsilon x+1)^2} - \frac{3(x+\varepsilon)}{(2x^2+2\varepsilon x+1)^3}\right]$$

Wird jetzt $\varepsilon = -1$ gewählt, so sind dies die Differentialinvarianten J_2 und J_3 der ersten gegebenen Kurve; wird dagegen $\varepsilon = +1$ gewählt und $\bar{x}$ statt x geschrieben, so sind es die Differentialinvarianten $\bar{J}_2$ und $\bar{J}_3$ der zweiten Kurve. Die Gleichung $J_2 = \bar{J}_2$ oder

$$\frac{x^2}{(2x^2-2x+1)^3} = \frac{\bar{x}^2}{(2\bar{x}^2+2\bar{x}+1)^3}$$

wird in allgemeinster Weise befriedigt, wenn man:

$$x = \varrho^3\bar{x}, \quad 2x^2 - 2x + 1 = \varrho^2(2\bar{x}^2 + 2\bar{x} + 1)$$

setzt, woraus durch Substitution des ersten Wertes in die zweite Gleichung sofort $\varrho = -1$ folgt, weil $\bar{x}$ beliebig sein soll und ϱ nicht verschwinden darf. Demnach wird die Bedingung $J_2 = \bar{J}_2$ einzig und allein durch die Annahme $x = -\bar{x}$ befriedigt. Wenn aber $x = -\bar{x}$ gewählt wird, nimmt J_3 genau den Wert $\bar{J}_3$ an, so daß auch die zweite Bedingung erfüllt ist. Mithin sind die beiden vorgelegten Kurven in der Weise einander kongruent, daß homologe Punkte entgegengesetzt gleiche Abszissen haben.

Geraden und Kreise wurden bisher ausgeschlossen. Hierüber ist zu sagen, daß sich zwei Geraden, die keine Minimalgeraden sind, stets durch eine Bewegung ineinander überführen lassen, während eine Minimalgerade bei allen Bewegungen immer nur in solche Minimalgeraden verwandelt wird, die denselben Richtungskoeffizienten, nämlich i oder $-i$, haben (vgl. S. 15). Demnach zerfällt die Gesamtheit aller Minimalgeraden in zwei Scharen untereinander kongruenter Linien $x - iy =$ konst. und $x + iy =$ konst., so daß keine Gerade der einen Schar einer der anderen Schar oder überhaupt irgend einer anderen Geraden der Ebene kongruent ist. Die Differentialinvariante k^2 hat für eine Gerade, die keine Minimalgerade ist, den Wert Null, während sie für eine Minimalgerade jede Bedeutung verliert. Die Gleichung $k^2 = 0$ ist die natürliche Gleichung aller derjenigen Geraden, die keine Minimalgeraden sind. Was die Kreise betrifft, so ist zu sagen, daß ein Kreis, dessen Radius nicht gleich Null ist (vgl. S. 13), jedem anderen Kreise kongruent ist, bei dem das Quadrat des Radius oder also k^2 denselben Wert hat, und $k^2 =$ konst. ist folglich die natürliche Gleichung eines Kreises, der kein Nullkreis ist. Vgl. hierzu auch Satz 29, S. 51. Dagegen hat k^2 für einen Nullkreis keinerlei Bedeutung; ein Nullkreis besteht aus den beiden durch seinen Mittelpunkt gehenden Minimalgeraden, nach S. 13, so daß alle Nullkreise einander kongruent sind.

Als Beispiel zur Ermittelung der natürlichen Gleichung einer gegebenen ebenen Kurve nehmen wir das eines Kegelschnittes.

2. Beispiel: Zunächst betrachten wir die Ellipse:

$$\frac{x^2}{a^2} + \frac{y^2}{b^2} = 1 . \tag{10}$$

Setzt man

$$\triangle^2 = a^2 \sin^2 \tau + b^2 \cos^2 \tau = \frac{a^2 + b^2}{2} - \frac{a^2 - b^2}{2} \cos 2\tau ,$$

so ergibt sich mit Rücksicht auf (23), S. 72, wo a^2 und b^2 mit α und β bezeichnet waren:

$$r = \frac{a^2 b^2}{\triangle^3}, \qquad r^{\mathrm{I}} = - \frac{3 a^2 b^2 (a^2 - b^2) \sin 2\tau}{2 \triangle^5} .$$

Wenn man τ mit Hilfe der ersten Gleichung aus der zweiten eliminiert, kommt:

$$\frac{r^{\mathrm{I}}}{r} = 3 \sqrt{\left(1 - \frac{\sqrt[3]{a^2 b^2 r^2}}{a^2}\right) \left(\frac{\sqrt[3]{a^2 b^2 r^2}}{b^2} - 1\right)} . \tag{11}$$

Dies ist die natürliche Gleichung der Ellipse (10) in derjenigen Form, die sich der Gestalt (7):

$$\frac{r^{\mathrm{I}}}{r} = \Omega(r^2)$$

unterordnet. Wie man sieht, wird hier Ω eine sechswertige Funktion. Selbst wenn man sich auf reelle Kurven beschränkt, ist Ω noch zweiwertig, indem dann zwar die dritte Wurzel einwertig wird, aber immer noch eine Quadratwurzel mit beiden Vorzeichen auftritt. Dies findet seine geometrische Erklärung in Fig. 27, worin auf der Ellipse vier symmetrisch gelegene Punkte P_1, P_2, P_3, P_4 markiert sind, für die sowohl der Krümmungsradius r der Ellipse denselben absoluten Wert hat als auch der zugehörige Krümmungsradius r^{I} der eingezeichneten Evolute. Durchläuft man die Ellipse in dem angegebenen Sinne und beachtet man, daß die positive Normale zur positiven Tangente gerade so liegen soll wie die positive y-Achse zur positiven x-Achse, und ferner, daß die Evolute überall den Sinn haben soll, der aus dem der Normale der Ellipse hervorgeht, so erkennt man, daß die Normalen der Ellipse und der Evolute die in der Figur angegebenen positiven Richtungen haben. Daraus ergeben sich für die Krümmungsradien r und r^{I} diejenigen Vorzeichen, die in der Figur für r an den vier Stellen P_1, P_2, P_3, P_4 der Ellipse und für r^{I} an den vier zugehörigen Stellen P_1^{I}, P_2^{I}, P_3^{I}, P_4^{I} der Evolute angegeben sind. Folglich haben r und r^{I} längs der Bogen AB und CD dasselbe, dagegen längs der Bogen BC und DA verschiedenes Vorzeichen. Ersetzt man den Sinn, in dem die Ellipse durchlaufen wird, durch den umgekehrten, so ändern r und r^{I} überall ihr Vorzeichen, so daß sich doch wieder ergibt, daß sie längs AB und CD dasselbe, dagegen längs BC und DA verschiedenes Vorzeichen haben. Mithin gilt die Gleichung (11), falls die Quadrat-

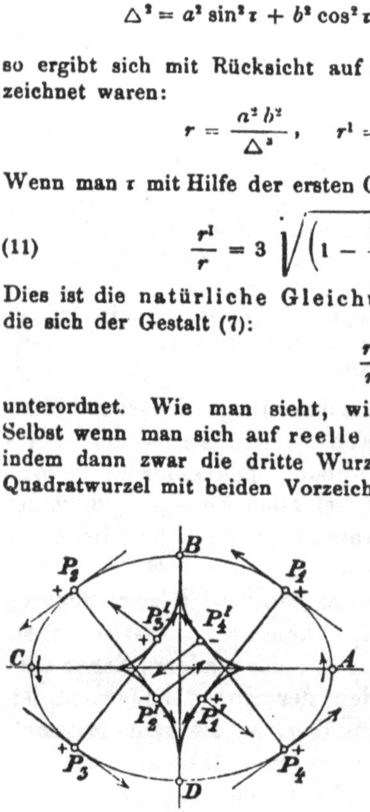

Fig. 27.

wurzel positiv angenommen wird, für die Bogen AB und CD, andernfalls für die Bogen BC und DA. Dabei ist $a^2 > b^2$ vorausgesetzt. Bei der Quadratwurzel in (11) gilt somit das Pluszeichen für diejenigen beiden Ellipsenviertel, die man von den Hauptscheiteln aus in dem in der Ebene festgesetzten positiven Drehsinne bis zu den Nebenscheiteln durchläuft. Die beiden anderen Bogen sind nur zu ihnen symmetrisch. Ist ε die Exzentrizität der Ellipse und p die Länge der halben im Brennpunkte auf der Hauptachse senkrecht stehenden Sehne, so hat man

$$a^2 = \frac{p^2}{(1-\varepsilon^2)^2}, \qquad b^2 = \frac{p^2}{1-\varepsilon^2}$$

zu setzen. Dann geht die Gleichung (11) über in:

$$(12) \qquad \frac{r'}{r} = 3\sqrt{\left(1 - \frac{1-\varepsilon^2}{p}\sqrt[3]{p\,r^2}\right)\left(\frac{1}{p}\sqrt[3]{p\,r^2} - 1\right)}.$$

In dieser Form gilt sie auch für die Hyperbeln ($\varepsilon^2 > 1$) und für die Parabeln ($\varepsilon^2 = 1$). Dies ist die natürliche Gleichung aller Kegelschnitte.

§ 13. Begleitende Kurven.[1]

Wenn eine orientierte ebene Kurve c vorliegt, kann man sich vorstellen, daß der Scheitel P eines rechten Winkels die Kurve c durchläuft, während seine beiden Schenkel dabei beständig mit der jeweiligen positiven Tangente t und positiven Normale n des Kurvenpunktes P zusammenfallen. Nebenbei bemerkt, kann man übrigens auf Grund derjenigen Überlegungen, die zu dem Satze 26, S. 50, führten, diese Bewegung dadurch herstellen, daß man den zweiten Schenkel des rechten Winkels auf der Evolute von c ohne Gleiten abrollen läßt. Die beiden Geraden t und n bilden in jeder Lage ein rechtwinkliges Achsenkreuz; man nennt es das die Kurve c oder den Kurvenpunkt P begleitende Achsenkreuz (t, n).

Nun werde angenommen, daß die Kurve c nur durch ihre natürliche Gleichung gegeben sei. Nach Satz 52, S. 86, hat sie dann eine ganz bestimmte Form, dagegen eine willkürliche Lage innerhalb der Ebene. Dem Kurvenpunkte P sei ferner ein Punkt $\bar{P}$ dadurch gesetzmäßig zugeordnet, daß man die Koordinaten ξ und η, die $\bar{P}$ in bezug auf das den Punkt P begleitende Achsenkreuz (t, n) hat, siehe Fig. 28, als Funktionen der Differentialinvariante zweiter Ordnung J_2 oder k^2 gibt. Beschreibt P die Kurve c, so wird der begleitende Punkt $\bar{P}$ eine neue Kurve $\bar{c}$ zurücklegen, die man eine die Kurve c begleitende Kurve nennt. Abgesehen von

[1] Dieser Paragraph kann später gelesen werden.

einem Umstande, auf den wir sogleich zurückkommen, wird diese Kurve $\bar{c}$, weil ξ und η Funktionen der Differentialinvariante k^2 sind, die sich ja bei beliebigen Bewegungen innerhalb der Ebene nicht ändert, immer dieselbe Form haben, wie auch die Kurve c in der Ebene liegen mag, so daß sich die Aufgabe ergibt, die natürliche Gleichung der begleitenden Kurve $\bar{c}$ zu berechnen.[1]

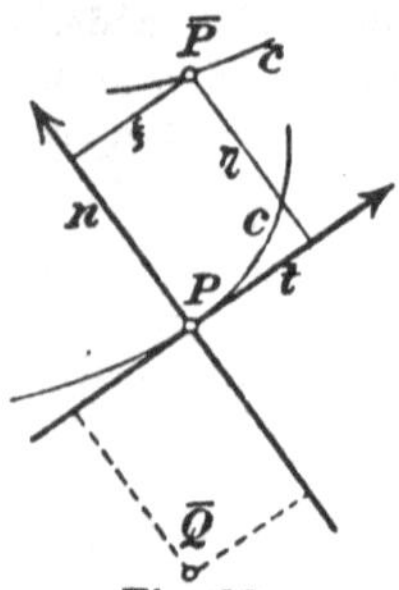

Fig. 28.

Der störende Umstand ist folgender: Wenn die Kurve c nur durch ihre natürliche Gleichung gegeben ist, hat sie zwar eine ganz bestimmte Form, wie sie auch immer innerhalb der Ebene liegen mag, aber ihre Orientierung ist noch willkürlich. Das begleitende Achsenkreuz ist nun erst dann völlig bestimmt, wenn die Kurve c orientiert ist. Wird der Fortschreitungssinn längs c durch den umgekehrten ersetzt, so tritt an die Stelle des begleitenden Punktes $\bar{P}$ ein anderer Punkt $\bar{Q}$ (siehe Fig. 28), weil dann die beiden Koordinatenachsen t und n ihren Sinn ändern. Demnach ergeben sich zwei verschiedene begleitende Kurven.

Dies läßt sich vermeiden, wenn man ξ und η nicht als Funktionen von k^2, sondern als solche Funktionen der Krümmung k selbst wählt, die mit k ihr Zeichen wechseln, denn wenn man dann die Orientierung ändert, geht zwar das Achsenkreuz (t, n) in das entgegengesetzte über, aber auch k in $-k$ und daher ξ in $-\xi$ und η in $-\eta$, so daß der Punkt $\bar{P}$ auch im neuen Achsenkreuze die alte Lage in der Ebene behält, daher nur eine begleitende Kurve entsteht. Wenn man z. B. $\xi = 0$ und $\eta = 1 : k$ annimmt, ist der begleitende Punkt $\bar{P}$ auf der Normalen n von P gelegen und zwar der zu P gehörige Krümmungsmittelpunkt, also die begleitende Kurve einzig und allein die Evolute von c.

Dennoch wollen wir die Annahme, daß ξ und η Funktionen von k seien, die mit k ihr Zeichen wechseln, also sogenannte ungerade Funktionen von k seien, im folgenden nicht ausschließlich

---

[1] Diese Aufgabe löste Cesàro in den „Lezioni di geometria intrinseca" (Neapel 1896). Wir zitieren bequemer die deutsche Ausgabe „Vorlesungen über natürliche Geometrie" von Kowalewski (Leipzig 1901), insbes. S. 21—25. Statt eines begleitenden Punktes kann man auch z. B. eine begleitende Gerade und ihre Einhüllende betrachten. Näheres darüber an der angegebenen Stelle. Das Werk von Cesàro enthält ebenso wie die große Zahl seiner früheren Abhandlungen in Zeitschriften überaus viele Untersuchungen aus dem Gebiete der natürlichen Geometrie.

machen, weil sonst manche interessante begleitende Kurven unmöglich würden. So z. B. die Parallelkurven, denn wenn man $\xi = 0$ und $\eta = a$ (= konst.) annimmt, ist η keine ungerade Funktion von k; in diesem Falle liegt $\bar{P}$ auf der Normalen n von P in dem konstanten Abstande a, so daß $\bar{P}$ eine Parallelkurve von c beschreibt.

Nach allem diesen erscheint es angebracht, vorauszusetzen, daß ξ und η irgendwelche gegebene Funktionen der Krümmung k oder des Krümmungsradius r seien. Sind dann ξ und η nicht beide ungerade Funktionen, so gehen zwei verschiedene begleitende Kurven hervor; andernfalls ergibt sich nur eine.

Um die natürlichen Gleichungen der begleitenden Kurven zu berechnen, denken wir uns die Kurve c, deren Form ja durch die als gegeben angenommene natürliche Gleichung vollständig bestimmt ist, in irgend eine bestimmte Lage gebracht und in irgend einer Weise orientiert. Wie immer bezeichnen wir dabei mit τ den Tangentenwinkel des Kurvenpunktes P gegenüber irgend einer bestimmten Abszissenachse. Wenn τ um $\Delta\tau$ wächst, wandert P auf der Urkurve c nach P_1, und es sei (t_1, n_1) das zu P_1 gehörige begleitende Achsenkreuz, siehe Fig. 29. Da k als Funktion von τ zu betrachten ist und dasselbe also auch von ξ und η gilt, mögen dabei ξ und η um $\Delta\xi$ und $\Delta\eta$ wachsen.

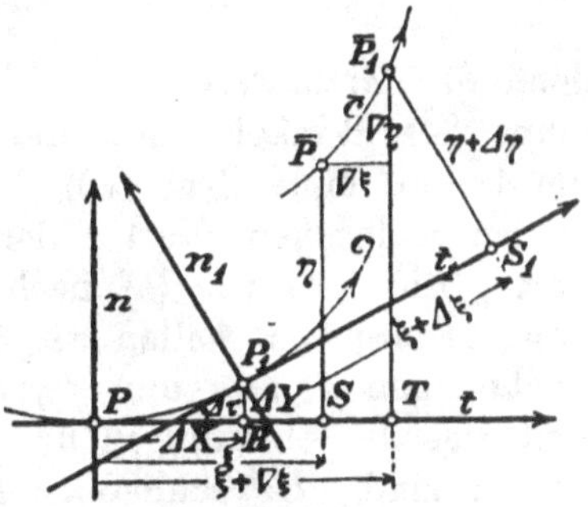

Fig. 29.

Dann sind $\xi + \Delta\xi$ und $\eta + \Delta\eta$ die Koordinaten des zu P_1 gehörigen begleitenden Punktes $\bar{P}_1$, bezogen auf das neue Achsenkreuz (t_1, n_1). Dem Bogenstücke PP_1 der Urkurve c gehört ein Bogenstück $\bar{P}\bar{P}_1$ der begleitenden Kurve $\bar{c}$ zu. Der Punkt P_1 hat in bezug auf das alte Achsenkreuz (t, n) gewisse Koordinaten, die für $\Delta\tau = 0$ verschwinden und deshalb mit ΔX und ΔY bezeichnet sein mögen. Schließlich hat auch der Punkt $\bar{P}_1$ in bezug auf das alte Achsenkreuz (t, n) gewisse Koordinaten, die für $\Delta\tau = 0$ mit ξ und η zusammenfallen und daher mit $\xi + \nabla\xi$, $\eta + \nabla\eta$ bezeichnet sein mögen. Wir müssen nämlich hier ein anderes Zeichen ∇ für die Inkremente benutzen als das schon verwertete Zeichen Δ. Wenn nun R, S, S_1 und T die Fußpunkte der Ordinaten ΔY, η, $\eta + \Delta\eta$ und $\eta + \nabla\eta$ sind, ist $PRP_1S_1\bar{P}_1TP$ ein geschlossenes Polygon, dessen Projektion auf die Tangente t oder auf die Normale n den Wert Null hat (vgl. S. 13, 14). Hieraus folgt:

$$\Delta X + (\xi + \Delta \xi)\cos \Delta \tau - (\eta + \Delta \eta)\sin \Delta \tau - (\xi + \nabla \xi) = 0,$$
$$\Delta Y + (\xi + \Delta \xi)\sin \Delta \tau + (\eta + \Delta \eta)\cos \Delta \tau - (\eta + \nabla \eta) = 0,$$

daher:

$$(1)\left\{\begin{aligned} \nabla \xi &= \Delta X + \xi(\cos \Delta\tau - 1) - \eta \sin \Delta\tau + \Delta\xi \cos \Delta\tau - \Delta\eta \sin \Delta\tau, \\ \nabla \eta &= \Delta Y + \xi \sin \Delta\tau + \eta(\cos \Delta\tau - 1) + \Delta\xi \sin \Delta\tau + \Delta\eta \cos \Delta\tau. \end{aligned}\right.$$

Nun wollen wir diese Formeln mit $\Delta\tau$ dividieren und dann den Grenzübergang $\lim \Delta\tau = 0$ ausführen. Dabei ist zu beachten, daß

$$(2) \qquad \lim \frac{\Delta\xi}{\Delta\tau} = \frac{d\xi}{d\tau}, \qquad \lim \frac{\Delta\eta}{\Delta\tau} = \frac{d\eta}{d\tau}$$

wird. Bezeichnet man überdies den Bogen PP_1 der Urkurve c mit Δs, so ist außerdem:

$$\lim \frac{\Delta X}{\Delta\tau} = \lim \frac{\Delta X}{\Delta s} \cdot \frac{\Delta s}{\Delta\tau} = \frac{1}{k} = r,$$
$$\lim \frac{\Delta Y}{\Delta\tau} = \lim \frac{\Delta Y}{\Delta s} \cdot \frac{\Delta s}{\Delta\tau} = 0,$$

denn die Grenzwerte von $\Delta X : \Delta s$ und $\Delta Y : \Delta s$ sind Kosinus und Sinus des Winkels, den die Tangente t_1 mit der Tangente t für $\lim \Delta\tau = 0$ bildet (vgl. (10), S. 23), während $\Delta s : \Delta\tau$ nach (1), S. 46, in den reziproken Wert r der Krümmung k übergeht. Die Grenzwerte, die sich aus (1) nach Division mit $\Delta\tau$ für $\nabla\xi : \Delta\tau$ und $\nabla\eta : \Delta\tau$ ergeben, wollen wir $\delta\xi : d\tau$ und $\delta\eta : d\tau$ nennen. Die Bezeichnungen $d\xi : d\tau$ und $d\eta : d\tau$ dürfen wir ja hier nicht anwenden, weil dies die Ableitungen der beiden gegebenen Funktionen ξ und η nach τ sind. Da schließlich bekanntlich noch

$$\lim \frac{\cos \Delta\tau - 1}{\Delta\tau} = 0, \qquad \lim \frac{\sin \Delta\tau}{\Delta\tau} = 1$$

ist, liefert der Grenzübergang die Formeln[1]:

$$(3) \qquad \frac{\delta\xi}{d\tau} = r - \eta + \frac{d\xi}{d\tau}, \qquad \frac{\delta\eta}{d\tau} = \xi + \frac{d\eta}{d\tau}.$$

Diese Formeln bedeuten: Die Koordinaten eines **veränderlichen Punktes** P von $\bar{c}$, genommen in bezug auf das Achsenkreuz (t, n) des **bestimmten Punktes** P von c, sind solche Funktionen von $\Delta\tau$, die für $\lim \Delta\tau = 0$ die Ableitungen (3) haben. Es empfiehlt sich, zur Abkürzung der kommenden Formeln die Bezeichnungen:

$$(4) \qquad u = r - \eta + \frac{d\xi}{d\tau}, \qquad v = \xi + \frac{d\eta}{d\tau}$$

[1] Diese Gleichungen nennt Cesàro a. a. O. S. 21 (siehe die Anm. zu S. 92) die **Fundamentalformeln** für die natürliche Analysis der ebenen Kurven.

einzuführen, so daß

(5) $$\frac{\delta \xi}{d \tau} = u, \quad \frac{\delta \eta}{d \tau} = v$$

wird.

Die begleitende Kurve $\bar{c}$ orientieren wir so, wie sie von $\bar{P}$ durchlaufen wird, wenn P die gegebene Kurve c in dem einmal festgesetzten Sinne zurücklegt. Die Gerade $\bar{P}\bar{P}_1$ geht nun beim Grenzübergange $\lim \Delta\tau = 0$ in die Tangente der begleitenden Kurve $\bar{c}$ an der Stelle $\bar{P}$ über, und wenn die positive Tangente von $\bar{P}$ mit der positiven Tangente t von P den Winkel θ bildet, so ist:

$$\operatorname{tg}\theta = \lim \frac{\nabla \eta}{\nabla \xi} = \lim \frac{\nabla \eta : \Delta \tau}{\nabla \xi : \Delta \tau},$$

also nach (5):

(6) $$\operatorname{tg}\theta = \frac{\delta \eta}{\delta \xi} = \frac{v}{u}.$$

Differentiation nach τ gibt, falls die Striche diese Differentiation andeuten:

(7) $$\frac{d\theta}{d\tau} = \frac{u v' - v u'}{u^2 + v^2}.$$

Wächst τ um $\Delta\tau$, so liefert (6) den Wert von $\operatorname{tg}(\theta + \Delta\theta)$. Dabei bedeutet $\theta + \Delta\theta$ wohlverstanden den Winkel der Tangente von $\bar{c}$ in $\bar{P}_1$ mit der Tangente t_1 von c in P_1. Weil die Tangente t_1 von c in P_1 mit t den Winkel $\Delta\tau$ einschließt, ist mithin $\theta + \Delta\theta + \Delta\tau$ der Winkel, den die Tangente von $\bar{P}_1$ mit t bildet. Beim Durchwandern der begleitenden Kurve von $\bar{P}$ bis $\bar{P}_1$ dreht sich demnach ihre Tangente um den Winkel

$$(\theta + \Delta\theta + \Delta\tau) - \theta \quad \text{oder} \quad \Delta\theta + \Delta\tau.$$

Bedeutet nun $d\bar{\tau}$ den zu dem Differential $d\tau$ gehörigen Kontingenzwinkel (vgl. S. 46) und $d\mathfrak{s}$ das zugehörige Bogenelement der begleitenden Kurve $\bar{c}$, so ist zunächst:

$$\frac{d\bar{\tau}}{d\tau} = \lim \frac{\Delta\theta + \Delta\tau}{\Delta\tau} = \lim \frac{\Delta\theta}{\Delta\tau} + 1,$$

also nach (7):

(8) $$\frac{d\bar{\tau}}{d\tau} = \frac{u v' - v u' + u^2 + v^2}{u^2 + v^2}.$$

Ferner wird:

$$\left(\frac{d\mathfrak{s}}{d\tau}\right)^2 = \lim \frac{\nabla \xi^2 + \nabla \eta^2}{\Delta \tau^2} = \lim \left[\left(\frac{\nabla \xi}{\Delta\tau}\right)^2 + \left(\frac{\nabla \eta}{\Delta\tau}\right)^2\right],$$

mithin nach (5):

(9) $$\left(\frac{d\mathfrak{s}}{d\tau}\right)^2 = u^2 + v^2.$$

Bedeutet schließlich noch $\bar{r}$ den Krümmungsradius der begleitenden Kurve $\bar{c}$ in $\bar{P}$, so ist $\bar{r} = d\bar{s} : d\bar{\tau}$, also nach (8) und (9):

$$(10) \qquad \bar{r}^2 = \frac{(u^2 + v^2)^3}{(uv' - vu' + u^2 + v^2)^2}.$$

Weiterhin ist

$$\frac{d(\bar{r})^2}{d\bar{\tau}} = \frac{d(\bar{r})^2 : d\tau}{d\bar{\tau} : d\tau},$$

so daß aus (10) und (8) folgt:

$$(11) \quad \frac{d(\bar{r}^2)}{d\bar{\tau}} = \frac{2\bar{r}^4\,[(uu' + vv')(3uv' - 3vu' + u^2 + v^2) - (u^2 + v^2)(uv'' - vu'')]}{(u^2 + v^2)^3}.$$

Nach diesen Vorbereitungen nehmen wir an, daß die natürliche Gleichung der Kurve c gegeben sei. Nach (4), S. 87, dürfen wir sie in der Form wählen:

$$(12) \qquad \frac{d(r^2)}{d\tau} = \Phi(r^2),$$

so daß also Φ eine gegebene Funktion von r^2 bedeutet. Wie schon gesagt wurde, setzen wir voraus, daß außerdem die Koordinaten ξ und η des den Punkt P begleitenden Punktes $\bar{P}$, bezogen auf das begleitende Achsenkreuz (t, n) von P, als Funktionen der Krümmung k gegeben seien. Statt k benutzen wir der geometrischen Anwendungen halber den reziproken Wert, nämlich den Krümmungsradius r. Es seien also ξ und η gegebene Funktionen von r. Obgleich nun in den gefundenen Formeln Differentiationen nach τ, statt nach r, vorkommen, ist es doch leicht, sie in Differentiationen nach r zu verwandeln, und zwar auf Grund der gegebenen Gleichung (12). Danach ist nämlich

$$d\tau = \frac{2r\,dr}{\Phi},$$

folglich für jede beliebige Funktion f von τ oder r:

$$\frac{df}{d\tau} = \frac{\Phi}{2r}\,\frac{df}{dr}.$$

So z. B. ist

$$\frac{d\xi}{d\tau} = \frac{\Phi}{2r}\,\frac{d\xi}{dr}, \qquad \frac{d\eta}{d\tau} = \frac{\Phi}{2r}\,\frac{d\eta}{dr},$$

so daß die Formeln (4), die u und v definieren, jetzt die folgende Form annehmen, falls von nun an der Strich die Differentiation nach r (nicht mehr die nach τ) andeutet:

$$(13) \qquad u = r - \eta + \frac{\Phi}{2r}\xi', \qquad v = \xi + \frac{\Phi}{2r}\eta'.$$

An Stelle von (10) ist entsprechend zu schreiben:

$$(14) \qquad \bar{r}^2 = \frac{4r^2(u^2+v^2)^3}{[\Phi(uv'-vu')+2r(u^2+v^2)]^2}.$$

In (11) tritt $uv''-vu''$ auf; als Ableitung von $uv'-vu'$ nach τ hat dieser Ausdruck den Wert

$$\frac{\Phi}{2r}\frac{d}{dr}\left[\frac{\Phi}{2r}(uv'-vu')\right],$$

wenn hier die Striche die Differentiation nach r andeuten. Demnach tritt an die Stelle von (11) die Formel:

$$(15)\ \frac{d(\bar{r}^2)}{d\bar{\tau}} = \frac{\bar{r}^4\Phi\left[3\Phi(uu'+vv')(uv'-vu')+r(u^2+v^2)\frac{d\left\{u^2+v^2-\frac{\Phi}{r}(uv'-vu')\right\}}{dr}\right]}{2r^2(u^2+v^2)^3}.$$

Weil nun u und v nach (13) bekannte Funktionen von r sind, demnach auch $\bar{r}^2$ und $d(\bar{r}^2):d\bar{\tau}$ infolge von (14) und (15), so ergibt sich die natürliche Gleichung der begleitenden Kurve $\bar{c}$ so, wie es der folgende Satz besagt:[1]

Satz 54: Eine ebene Kurve c, die nur durch ihre natürliche Gleichung

$$\frac{d(r^2)}{d\tau} = \Phi(r^2)$$

gegeben ist, worin τ den Tangentenwinkel und r den Krümmungsradius bedeutet, werde von einer Kurve $\bar{c}$ begleitet, und zwar seien die Koordinaten ξ und η des den Punkt P von c begleitenden Punktes $\bar{P}$, bezogen auf das begleitende Achsenkreuz, als Funktionen von r gegeben. Die natürliche Gleichung von $\bar{c}$ findet man alsdann so: Wenn der Strich die Differentiation nach r andeutet, berechnet man

$$u = r - \eta + \frac{\Phi}{2r}\xi', \qquad v = \xi + \frac{\Phi}{2r}\eta'$$

als Funktionen von r und bildet mit ihrer Hilfe das Quadrat des Krümmungsradius $\bar{r}$:

$$\bar{r}^2 = \frac{4r^2(u^2+v^2)^3}{[\Phi(uv'-vu')+2r(u^2+v^2)]^2}$$

von $\bar{c}$ sowie die Ableitung dieses Ausdruckes nach dem Tangentenwinkel $\bar{\tau}$ von $\bar{c}$, nämlich:

---

[1] Dieser Satz findet sich im wesentlichen bei CESÀRO a. a. O S. 24 (siehe die Anm. zu S. 92).

$$\frac{d(\bar r^2)}{d\bar\tau} = \frac{\bar r^4 \Phi \left[3\,\Phi(uu'+vv')(uv'-vu') + r(u^2+v^2)\dfrac{d\left\{u^2+v^2-\dfrac{\Phi}{r}(uv'-vu')\right\}}{dr}\right]}{2r^2(u^2+v^2)^3}$$

Indem man nun umgekehrt r als Funktion von $\bar r^2$ bestimmt und sie in den letzten Ausdruck einsetzt, gelangt man zu der gesuchten natürlichen Gleichung:

$$\frac{d(\bar r^2)}{d\bar\tau} = \Psi(\bar r^2)$$

der begleitenden Kurve $\bar c$. Falls ξ und η keine ungeraden Funktionen von r sind, ergeben sich übrigens zwei verschiedene begleitende Kurven $\bar c$ je nach der Orientierung der Urkurve c, indem das Vorzeichen von r geändert werden darf.

Wir wollen diese Ergebnisse auf eine Reihe von einfachen Beispielen anwenden. Dabei ist es nützlich, auch die früheren Formeln (6) und (8) zur Hand zu haben. Die zweite erfährt, weil jetzt der Strich die Differentiation nach r andeuten soll, eine kleine Abänderung, weshalb wir die Formeln hier von neuem angeben:

$$(16) \qquad \operatorname{tg}\theta = \frac{v}{u}, \qquad \frac{d\bar\tau}{d\tau} = \frac{\Phi}{2r}\,\frac{uv'-vu'}{u^2+v^2} + 1.$$

Wir erinnern hierbei daran, daß θ der Winkel zwischen den Tangenten einander entsprechender Punkte P und $\bar P$ ist.

1. Beispiel: Wie auf S. 92 bemerkt wurde, liefert die Annahme

$$\xi = 0, \qquad \eta = r$$

als begleitende Kurve $\bar c$ die Evolute der Urkurve c. Nach (13) ist hier

$$u = 0, \qquad v = \frac{\Phi}{2r}.$$

Das demnach aus (14) und (15) folgende Ergebnis formulieren wir als Satz, wobei wir jedoch so, wie es in § 10 geschah, die Evolute von c mit c' bezeichnen und dementsprechend statt $\bar r$ und $\bar\tau$ die Zeichen r' und τ' anwenden wollen. Es kommt:

Satz 55: Die natürliche Gleichung der Evolute c' einer ebenen Kurve c, die selbst durch ihre natürliche Gleichung

$$\frac{d(r^2)}{d\tau} = \Phi(r^2)$$

gegeben ist, geht durch Elimination von r^2 aus

$$\frac{d(r'^2)}{d\tau'} = 2r'^2\left[\frac{d\Phi}{d(r^2)} - \frac{\Phi}{2r^2}\right]$$

vermöge

$$r'^2 = \frac{\Phi^2}{4r^2}$$

hervor. Dabei bedeuten τ und τ' die Tangentenwinkel und r und r' die Krümmungsradien von c und c'.

Die aus (16) folgenden Gleichungen $\operatorname{tg}\theta = \infty$ und $d\tau' : d\tau = 1$ drücken schon bekannte Eigenschaften der Evolute c' aus, da ihre Tangente die Normale der Urkurve c ist.

2. **Beispiel:** Wie ebenfalls schon auf S. 93 bemerkt wurde, liefert die Annahme

$$\xi = 0, \quad \eta = a \ (= \text{konst.})$$

als begleitende Kurve $\bar c$ der Urkurve c eine **Parallelkurve** von c (vgl. S. 62). Nach (13) ist hier

$$u = r - a, \quad v = 0,$$

so daß aus (14) und (15) folgt:

$$\bar r^2 = (r-a)^2, \qquad \frac{d(\bar r^2)}{d\bar\tau} = \frac{\bar r^2 \Phi(r^2)}{r(r-a)}.$$

Die erste Gleichung gibt $r = a \pm \bar r$, also die zweite die **natürliche Gleichung der Parallelkurve:**

$$\frac{d(\bar r^2)}{d\bar\tau} = \frac{\pm \bar r}{a \pm \bar r}\,\Phi(a^2 \pm 2a\bar r + \bar r^2). \tag{17}$$

Wie nach S. 92 vorauszusehen war, ergeben sich **zwei** Gleichungen, da $\eta = a$ keine ungerade Funktion von r ist. Übrigens kann man die zweite Gleichung aus der ersten auch dadurch erhalten, daß man a durch $-a$ ersetzt. Es ergeben sich nämlich als begleitende Kurven die beiden Parallelkurven in den Abständen $+a$ und $-a$ von der Urkurve. Aus (16) folgt $\operatorname{tg}\theta = 0$ und $d\bar\tau : d\tau = 1$. Die erste Gleichung besagt, daß die Tangente einer Parallelkurve zur entsprechenden Tangente der Urkurve parallel ist, so daß beide dieselben Normalen haben (vgl. Satz 38, S. 62); dasselbe besagt übrigens auch die zweite Gleichung.

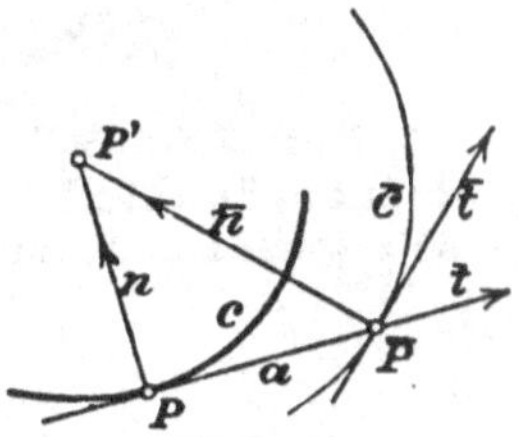

Fig. 30.

3. **Beispiel:** Wird

$$\xi = a \ (= \text{konst.}), \quad \eta = 0$$

gewählt, d. h. als begleitender Punkt $\bar P$ ein Punkt auf der Tangente der Urkurve c in konstantem Abstande a vom Berührungspunkte P angenommen, so heiße die hervorgehende begleitende Kurve eine **Tangentiale der Urkurve,** siehe Fig. 30. Nach (13) ist hier $u = r$ und $v = a$, daher nach (14) und (15):

$$\left\{\begin{aligned} \bar r^2 &= \frac{4r^2(r^2+a^2)^3}{[a\Phi - 2r(r^2+a^2)]^2}, \\ \frac{d(\bar r^2)}{d\bar\tau} &= \frac{\bar r^4\Phi\left[2r^3(r^2+a^2) - a(4r^2+a^2)\Phi + 2ar^2(r^2+a^2)\dfrac{d\Phi}{d(r^2)}\right]}{2r^3(r^2+a^2)^3}. \end{aligned}\right. \tag{18}$$

Die natürliche Gleichung der Tangentiale geht somit, falls die natürliche Gleichung der Urkurve in der Form (12) vorliegt, durch Elimination von r aus (18) hervor. Die erste Formel (16) gibt $\operatorname{tg}\theta = a : r$. Die Normale von $\bar c$ in $\bar P$ enthält demnach denjenigen Krümmungsmittelpunkt P' der Kurve c, der zu P gehört.

4. **Beispiel:** Wie hat man den begleitenden Punkt $\bar{P}$ zu definieren, damit seine Tangente stets zur Tangente der Urkurve in P **parallel** wird? Hier fordert man $\operatorname{tg}\theta = 0$, also $v = 0$ nach (16). Da die Urkurve und somit auch Φ beliebig sein soll, gibt (13) alsdann $\xi = 0$, $\eta' = 0$, d. h. $\eta =$ konst. Somit kommen wir auf das zweite Beispiel, das der **Parallelkurven**, zurück.

5. **Beispiel:** Soll die Tangente von $\bar{P}$ stets zur Tangente von P **senkrecht** sein, so wird $\operatorname{tg}\theta = \infty$, also $u = 0$ nach (16) gefordert, d. h. nach (13)

$$\xi = \text{konst.}, \qquad \eta = r.$$

Demnach muß man den begleitenden Punkt auf derjenigen Geraden, die man im Krümmungsmittelpunkte P' von P auf die Normale als Lot errichten kann, in einem konstanten Abstande von P' annehmen, siehe Fig. 31. Daher ist die begleitende Kurve eine **Parallelkurve der Evolute** c' der Urkurve c.

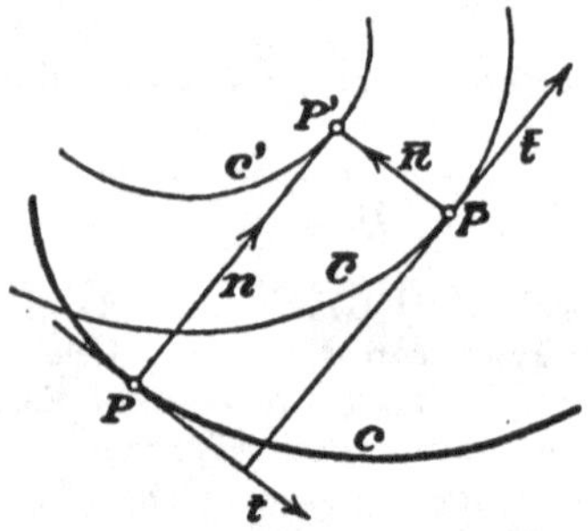

Fig. 31.

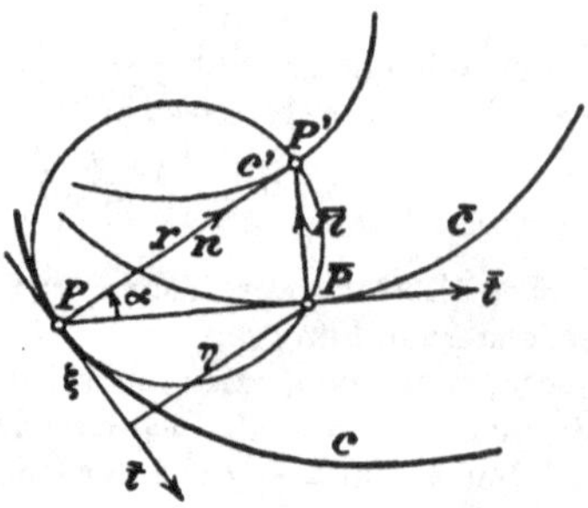

Fig. 32.

6. **Beispiel:** Soll die **Tangente** von $\bar{P}$ **beständig durch den zugehörigen Punkt** P **der Urkurve** gehen, so folgt aus (16), daß $v : u = \eta : \xi$ gewählt werden muß, also nach (13):

$$\xi^2 + \eta^2 - r\eta + \frac{\Phi}{2r}(\xi\eta' - \xi'\eta) = 0,$$

daher, weil Φ irgendwie angenommen werden darf, einzeln:

$$\xi^2 + \eta^2 - r\eta = 0, \qquad \xi\eta' - \xi'\eta = 0 \quad \text{oder} \quad \frac{\eta'}{\eta} = \frac{\xi'}{\xi}\,.$$

Die erste Gleichung besagt, daß $\bar{P}$ auf dem Kreise zu wählen ist, dessen Durchmesser der Krümmungsradius r oder PP' von P ist, siehe Fig. 32. Nach der zweiten Gleichung muß $\eta : \xi =$ konst. sein. Mithin ist $\bar{P}$ auf dem Kreise so zu wählen, daß die Gerade $P\bar{P}$ mit PP' einen konstanten Winkel α bildet. Man hat also die Annahme

$$\xi = r \sin\alpha \cos\alpha, \qquad \eta = r\cos^2\alpha$$

zu machen.

7. **Beispiel:** Soll die **Tangente von** P' **mit der Tangente von** P **einen konstanten Winkel** bilden, so muß $u : v$ nach (16) konstant sein. Setzt man also, unter α einen konstanten Winkel verstehend:

$$u\cos\alpha - v\sin\alpha = 0,$$

so gibt die Substitution der Werte (13), weil Φ beliebig gewählt werden kann:

$$(r - \eta)\cos\alpha - \xi\sin\alpha = 0, \qquad \xi'\cos\alpha - \eta'\sin\alpha = 0.$$

Nach der zweiten Gleichung ist:

$$\xi\cos\alpha - \eta\sin\alpha = a\,(= \text{konst.}).$$

Daher hat man nach der ersten zu setzen:

$$\xi = r\sin\alpha\cos\alpha + a\cos\alpha,$$
$$\eta = r\cos^2\alpha - a\sin\alpha.$$

Die Fig. 33 zeigt deutlich genug an, wo $\bar{P}$ gewählt werden muß. Der Ort $\bar{c}$ von $\bar{P}$ ist eine Parallelkurve der im vorigen Beispiele betrachteten begleitenden Kurve.

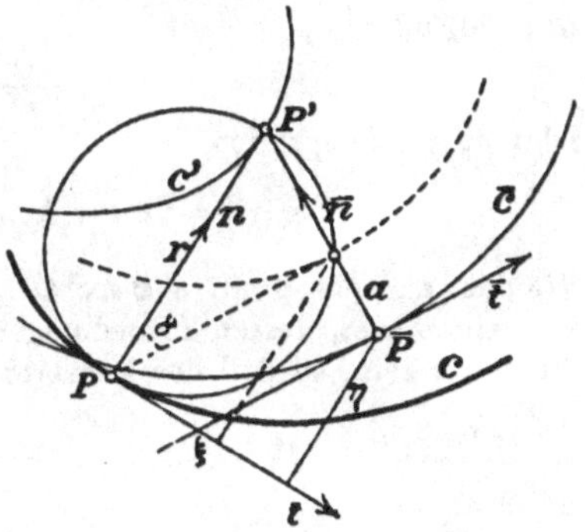

Fig. 33.

Anhangsweise wollen wir, indem wir damit die Beispiele aus der natürlichen Geometrie der ebenen Kurven abschließen, in zwei Beispielen zeigen, wie man aus der natürlichen Gleichung einer Kurve ihre geometrischen Eigenschaften zu erkennen vermag.

8. Beispiel: Eine Kurve c habe die natürliche Gleichung:

$$\frac{d(r^2)}{d\tau} = 2ar \qquad (a = \text{konst.}). \tag{19}$$

Da die rechte Seite, aufgefaßt als Funktion Φ von r^2, zweiwertig ist, handelt es sich um die Ermittelung zweier nicht kongruenter, sondern symmetrischer Kurven. Dies wird sogleich seine geometrische Bestätigung finden. Anstatt die Kurven nach der allgemeinen auf S. 85 entwickelten Methode zu bestimmen, wenden wir den Satz 55 an. Danach ergibt sich wegen $\Phi = 2a\sqrt{r^2}$ für die Evolute:

$$r'^2 = a^2, \qquad \frac{d(r'^2)}{d\tau'} = 0,$$

d. h. die Evolute ist ein Kreis vom Radius a, die gesuchten Kurven sind demnach alle Kreisevolventen von lauter kongruenten Kreisen. Jede Kreisevolvente hat aber zwei von einer Stelle des Kreises ausgehende, sich spiralig um den Kreis herumwindende Zweige, wie man aus der mechanischen Konstruktion auf S. 63 sofort sieht. Beide Zweige laufen in verschiedenem Drehsinne um den Kreis herum und sind daher nicht kongruent, sondern symmetrisch.

9. Beispiel: Die Kurve c habe die natürliche Gleichung:

$$\frac{d(r^2)}{d\tau} = 2ar^2 \qquad (a = \text{konst.}). \tag{20}$$

Nach Satz 55 ergibt sich wegen $\Phi = 2ar^2$ für die Evolute c' von c:

$$r'^2 = a^2 r^2, \qquad \frac{d(r'^2)}{d\tau'} = 2ar'^2.$$

Die zweite Gleichung ist schon die natürliche Gleichung der Evolute. Da sie genau die Form (20) hat, lehrt Satz 52, S. 86, **daß die Kurve c mit ihrer Evolute c' kongruent ist.** Homologe Punkte sind dabei aber nicht gerade solche Punkte, die bei der Evolute c' und der Evolvente c einander entsprechen. Aus (20) oder:

$$\frac{d(r^2)}{r^2} = 2a\,d\tau$$

folgt durch Integration:

$$\log(r^2) = 2a\tau + \text{konst.} \quad \text{oder} \quad r^2 = \text{konst.}\, e^{2a\tau}.$$

Wählen wir die positive x-Achse parallel der positiven Tangente desjenigen Kurvenpunktes, dessen Krümmungsradius r gleich der Einheit ist, so muß $r^2 = 1$ für $\tau = 0$ sein, so daß der konstante Faktor gleich Eins und

$$r = \frac{1}{k} = e^{a\tau}$$

gesetzt werden kann. Nach (2), S. 85, ergibt sich nun:

$$x = \int_0^\tau \cos\tau\, e^{a\tau}\, d\tau, \qquad y = \int_0^\tau \sin\tau\, e^{a\tau}\, d\tau$$

oder bei einer passenden Verschiebung der Kurve c:

$$(21) \qquad x = \frac{a\cos\tau + \sin\tau}{a^2+1}\, e^{a\tau}, \quad y = \frac{a\sin\tau - \cos\tau}{a^2+1}\, e^{a\tau}.$$

Führen wir die Bezeichnung $\operatorname{tg}\alpha = 1 : a$ ein, so ist der Winkel ϑ, den die Strecke $\mathfrak{r}$ vom Anfangspunkte nach dem Punkte (x, y), d. h. der sogenannte Radiusvektor, mit der x-Achse bildet, bestimmt durch:

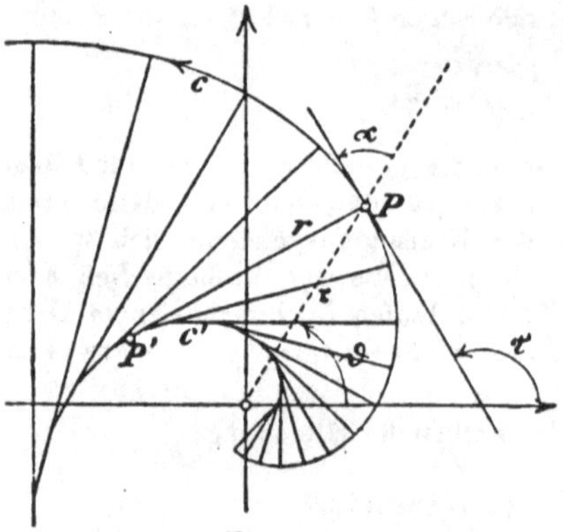

Fig. 34.

$$\operatorname{tg}\vartheta = \frac{y}{x} = \frac{a\operatorname{tg}\tau - 1}{a + \operatorname{tg}\tau} = \operatorname{tg}(\tau - \alpha),$$

weshalb wir

$$\vartheta = \tau - \alpha$$

setzen. **Die Kurve schneidet also alle vom Anfangspunkte ausgehenden Strahlen unter konstantem Winkel** α (siehe Fig. 34). Ferner ist das Quadrat des Radiusvektors:

$$\mathfrak{r}^2 = x^2 + y^2 = \frac{e^{2a\tau}}{a^2+1},$$

also:

$$\mathfrak{r} = \frac{e^{a(\vartheta+\alpha)}}{\sqrt{a^2+1}} = \frac{e^{a\alpha}}{\sqrt{a^2+1}}\, e^{a\vartheta},$$

woraus folgt, das $\log\mathfrak{r}$ die Form Konst. ϑ hat. **Der Logarithmus des Radiusvektors ist proportional dem Winkel des Strahles mit der**

x-**Achse.** Die Kurve heißt deshalb **logarithmische Spirale.**[1] Nach Satz 19, S. 40, ergeben sich aus (21) sofort als Koordinaten des Krümmungsmittelpunktes der Stelle P oder (x, y) der Kurve die Werte:

$$\mathfrak{x} = \frac{a(\cos\tau - a\sin\tau)}{a^2+1}\, e^{a\tau}, \qquad \mathfrak{y} = \frac{a(\sin\tau + a\cos\tau)}{a^2+1}\, e^{a\tau}.$$

Aber der Tangentenwinkel τ' der Evolute ist nach S. 65 gleich $\tau + \frac{1}{2}\pi$. Wir führen daher hier statt τ den Parameter τ' ein, indem wir $\tau = \tau' - \frac{1}{2}\pi$ setzen, und erhalten für die Evolute:

$$(22) \qquad \mathfrak{x} = a e^{-\frac{a\pi}{2}} \cdot \frac{a\cos\tau' + \sin\tau'}{a^2+1}\, e^{a\tau'}, \qquad \mathfrak{y} = a e^{-\frac{a\pi}{2}} \cdot \frac{a\sin\tau' - \cos\tau'}{a^2+1}\, e^{a\tau'}.$$

Es gibt reelle logarithmische Spiralen, die ihre eigenen Evoluten sind. Wann dies vorkommt, erkennt man durch Vergleichung von (21) mit (22), indem man auch in (22) die Bezeichnungen x, y und τ benutzt. Da aber der Tangentenwinkel τ nur bis auf additive ganze Vielfache von 2π bestimmt ist, setzt man in (22) für $\mathfrak{x}$, $\mathfrak{y}$ und τ die Zeichen x, y und $\tau + 2n\pi$, wo n eine ganze Zahl bedeutet. Alsdann liefert die Vergleichung mit (21) die Bedingung:

$$a e^{a(2n - 1/2)\pi} = 1$$

oder:

$$\frac{\log a}{a} = \frac{1-4n}{2}\pi.$$

Ist $a > 1$, so liegt der Wert der linken Seite zwischen 0 und $1 : e$, und man sieht, daß es keine ganze Zahl n gibt, für die man von der rechten Seite dasselbe sagen könnte. Daher sei $a < 1$. Wegen $1 : a = \operatorname{tg}\alpha$ muß dann der Winkel α, unter dem die Kurve die Radienvektoren schneidet, größer als ein halber rechter sein. Führen wir $\operatorname{tg}\alpha$ ein, so kommt:

$$\operatorname{tg}\alpha \,.\, \log\operatorname{tg}\alpha = (2n - \tfrac{1}{2})\pi.$$

Da nun die linke Seite positiv ist, muß mithin n eine **positive** ganze Zahl sein. Die vorstehende Gleichung hat in der Tat, wie man durch Fehlerrechnung erkennt, für jeden der Werte $n = 1, 2, 3$ usw. eine reelle Lösung $\operatorname{tg}\alpha$. Für $n = 1$ ergibt sich für α ein Winkel von ungefähr 75°.

Diese logarithmischen Spiralen, die ihre eigenen Evoluten sind, fallen natürlich auch mit ihren höheren Evoluten zusammen.

---

[1] Descartes hat in einem an Mersenne 1638 gerichteten Briefe („Oeuvres de Descartes", herausg. von Cousin, 7. Bd. Paris 1824, S. 336, 337) zuerst eine Eigenschaft der Kurve angegeben. Der Name logarithmische Spirale wurde ihr von Varignon 1704 beigelegt. Diese Zitate entnehmen wir dem Werke von Loria, „Spezielle algebraische und transzendente ebene Kurven" (Leipzig 1902), einer sehr reichhaltigen Sammlung von bemerkenswerten ebenen Kurven mit außerordentlich vielen geschichtlichen Nachweisen und zahlreichen Figuren.

§ 14. Singuläre Stellen ebener Kurven.

Bei der Untersuchung der Eigenschaften einer Kurve in der Umgebung einer Stelle (x_0, y_0) wurde stets vorausgesetzt, daß die vorkommenden Funktionen dort einwertig und analytisch seien (vgl. S. 2). Verlieren sie diese Eigenschaft für einen Kurvenpunkt (x_0, y_0), so können dort sehr verschiedenartige Ausnahmen zutage treten. Beispielsweise kann die Kurve dann ein Ende oder eine Ecke aufweisen. Aber die Untersuchung solcher Fälle ist Sache der Funktionentheorie, weil sie auf die Betrachtung von Funktionen an den Grenzen ihrer Variabilitätsbereiche hinauskommt. Wir gehen mithin darauf nicht ein.

Anders verhält es sich mit den singulären Stellen einer Kurve, an denen sich ja die Funktionen ganz regulär verhalten und doch die Definition der Tangente versagt (nach S. 25). Im ersten Paragraphen wurden je nach der Art der Darstellung der Kurve zwei verschiedene Definitionen für die singulären Punkte aufgestellt. Wir beginnen mit der zweiten (siehe S. 4).

Danach heißt ein Punkt (t_0) oder (x_0, y_0) der Kurve

$$(1) \qquad x = \varphi(t), \qquad y = \psi(t)$$

singulär, wenn $\varphi'(t)$ und $\psi'(t)$ beide für $t = t_0$ verschwinden. Daß diese Definition vom Koordinatensystem unabhängig ist, sieht man leicht ein. Denn wenn man nach (2), S. 14, die neuen Koordinaten

$$(2) \qquad \begin{cases} \bar{x} = \quad (x - a)\cos\alpha + (y - b)\sin\alpha, \\ \bar{y} = -(x - a)\sin\alpha + (y - b)\cos\alpha \end{cases}$$

einführt, wird:

$$(3) \qquad \frac{d\bar{x}}{dt} = \varphi'(t)\cos\alpha + \psi'(t)\sin\alpha, \quad \frac{d\bar{y}}{dt} = -\varphi'(t)\sin\alpha + \psi'(t)\cos\alpha.$$

Mithin verschwinden auch die Ableitungen von $\bar{x}$ und $\bar{y}$ nach t für $t = t_0$. Die Definition der singulären Stelle (t_0) ist aber auch unabhängig von der Wahl des Parameters. Denn nach S. 6, 7 dürfen wir einen neuen Parameter $\mathfrak{t}$ vermöge einer Gleichung $t = \omega(\mathfrak{t})$ einführen, vorausgesetzt, daß diese Gleichung $\mathfrak{t}$ als Funktion von t in der Umgebung von $t = t_0$ bestimmt. Nun ist

$$\frac{dx}{d\mathfrak{t}} = \varphi'(t)\,\omega'(\mathfrak{t}), \qquad \frac{dy}{d\mathfrak{t}} = \psi'(t)\,\omega'(\mathfrak{t}),$$

d. h. die Ableitungen von x und y nach $\mathfrak{t}$ verschwinden ebenfalls für denjenigen Wert $\mathfrak{t}_0$ von $\mathfrak{t}$, der sich aus $t_0 = \omega(\mathfrak{t}_0)$ ergibt.

Zunächst sind nun gewisse Fälle bloß **scheinbarer Singularitäten** abzuweisen. Beispielsweise stellen die Gleichungen

$$x = t^2, \quad y = t^4$$

die Parabel $y = x^2$ dar, die sich auch durch die beiden Gleichungen $x = t$, $y = t^2$ ausdrücken ließe und dann augenscheinlich nirgends eine singuläre Stelle hätte. Aber bei der anderen Darstellung $x = t^2$, $y = t^4$ haben x und y die Ableitungen $2t$ und $4t^3$, so daß beide Ableitungen für $t = 0$ verschwinden. Die Erklärung dafür, daß demnach der Parabelscheitel scheinbar singulär wird, liegt darin, daß die vorliegenden Gleichungen die Parabel doppelt darstellen, denn zu zwei entgegengesetzt gleichen Werten des Parameters t gehört ein und derselbe Kurvenpunkt. Nur für $t = 0$ fallen die beiden Werte von t zusammen, und dazu gehört gerade der Scheitel.

Um solche Fälle scheinbarer Singularitäten zu vermeiden, setzen wir fest: Wenn eine Kurve in Parameterdarstellung (1) vorliegt, wobei $\varphi(t)$ und $\psi(t)$ in der Umgebung eines bestimmten Parameterwertes t_0 einwertige analytische Funktionen von t sind, sollen φ und ψ so beschaffen sei, daß zu zwei verschiedenen Werten von t in der Umgebung von t_0 niemals ein und dasselbe Wertepaar φ, ψ gehört. Würde dagegen etwa zu n verschiedenen Werten von t ein und dasselbe Wertepaar φ, ψ hervorgehen, so würde das Gleichungenpaar (1) eine n-fach zählende Kurve darstellen.

Ist nun (t_0) ein singulärer Punkt der Kurve (1) und hat er die Koordinaten x_0 und y_0, so können wir eine Schiebung des Achsenkreuzes vornehmen, indem wir $x - x_0$ und $y - y_0$ als neue Koordinaten $\bar{x}$ und $\bar{y}$ benutzen; gleichzeitig können wir den neuen Parameter $\mathfrak{t} = t - t_0$ einführen. Dann sind:

$$\bar{x} = \varphi(\mathfrak{t} + t_0) - \varphi(t_0), \quad \bar{y} = \psi(\mathfrak{t} + t_0) - \psi(t_0)$$

die neuen Kurvengleichungen; und hierbei ist der Punkt $(\mathfrak{t} = 0)$, nämlich der neue Anfangspunkt, singulär.

Indem wir annehmen, diese Transformation der Koordinaten und des Parameters sei schon vorweg geleistet worden, beschränken wir uns demnach auf den Fall, wo die vorgelegte Kurve

$$(4) \qquad x = \varphi(t), \quad y = \psi(t)$$

für $t = 0$ den Anfangspunkt als singulären Punkt aufweist. Es sei also:

$$\varphi(0) = \psi(0) = \varphi'(0) = \psi'(0) = 0.$$

Die Reihenentwicklungen von φ und ψ nach ganzen positiven Potenzen von t sind dann von den absoluten und den in t linearen Gliedern frei, d. h. von der Form:

$$x = a_2 t^2 + a_3 t^3 + \ldots, \qquad y = b_2 t^2 + b_3 t^3 + \ldots.$$

Nach einem bekannten Satze weichen die Werte der Reihen, falls der absolute Betrag von t hinreichend klein ist, beliebig wenig von den Werten ihrer ersten Glieder ab. Hiervon wollen wir nachher Gebrauch machen; deshalb ist wohl zu beachten, daß $a_2 t^2$ und $b_2 t^2$ nicht notwendig die ersten Glieder zu sein brauchen, da a_2 und b_2 gleich Null sein können. Der allgemeinste Fall ist vielmehr dieser:

$$(5) \qquad x = \alpha t^n + a_{n+1} t^{n+1} + \ldots, \qquad y = \beta t^m + b_{m+1} t^{m+1} + \ldots,$$

wobei n und m gewisse ganze positive Zahlen größer als Eins sind und α und β nicht verschwinden. Alsdann weicht die Kurve (5) in der Umgebung des singulären Anfangspunktes von der Hilfskurve

$$(6) \qquad \mathfrak{x} = \alpha t^n, \qquad \mathfrak{y} = \beta t^m$$

um so weniger ab, je enger diese Umgebung ist. Die Sekante der Kurve (5), die vom Anfangspunkte nach dem Kurvenpunkte (t) geht, bildet mit der positiven x-Achse einen Winkel σ, für den

$$\operatorname{tg} \sigma = \frac{\beta t^m + b_{m+1} t^{m+1} + \ldots}{\alpha t^n + a_{n+1} t^{n+1} + \ldots}$$

ist. Die Grenzlage der Sekante für $\lim t = 0$ heiße im Einklange mit der Betrachtung auf S. 18 die Tangente des singulären Anfangspunktes. Bildet sie mit der positiven x-Achse den Winkel τ_0, so ist also $\operatorname{tg} \tau_0$ gleich 0 oder $\beta : \alpha$ oder ∞, je nachdem $m > n$ oder $m = n$ oder $m < n$ ist. Sie ist daher entweder die Abszissenachse oder der Strahl mit dem Richtungskoeffizienten $\beta : \alpha$ oder die Ordinatenachse. Alle Fälle lassen sich durch eine zweckmäßige Drehung des Achsenkreuzes um den singulären Anfangspunkt auf den ersten Fall zurückführen, wie man aus den Formeln (2) für $a = b = 0$ sofort erkennt.

Es genügt daher die Betrachtung des Falles $m > n$. Wenn wir ferner nur reelle Kurven mit reellen Parameterdarstellungen ins Auge fassen wollen, dürfen wir uns auch auf die Annahme $\alpha > 0$ und $\beta > 0$ beschränken. Die anderen Möglichkeiten gehen nämlich sofort aus dieser durch Vertauschen der positiven und negativen Achsenrichtungen hervor. Das Verhalten der Kurve (5) in der Umgebung des singulären Anfangspunktes erhellt nun aus dem der Hilfskurve (6). Wenn *n* bzw. *m* ungerade ist, wird $\mathfrak{x}$ bzw. $\mathfrak{y}$ mit *t* positiv oder negativ. Wenn dagegen *n* bzw. *m* gerade ist, wird $\mathfrak{x}$ bzw. $\mathfrak{y}$ stets positiv. Deshalb ergeben sich die vier Gestalten in Fig. 35. Wenn *n* ungerade ist, bieten sie nichts Anderes dar als diejenigen Eigentümlichkeiten, die bei einer Berührung höherer Ordnung zwischen einer Kurve und der Abszissenachse im Anfangspunkte vorkommen (siehe S. 20, 21). Daß trotzdem etwas Besonderes auftritt, sieht man erst, falls man auch das Imaginäre berücksichtigt: Zu einem reellen Werte von $\mathfrak{x}$ gehören nach der ersten Gleichung (6) insgesamt *n* verschiedene Werte von *t*, von denen allerdings bei ungeradem *n* nur einer reell ist, und zu diesen *n* Werten von *t* gehören nach der zweiten Gleichung (6)

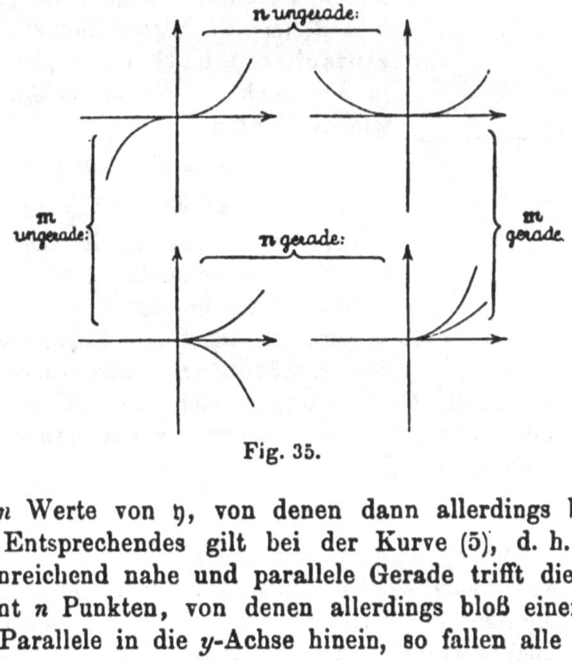

Fig. 35.

insgesamt *n* Werte von $\mathfrak{y}$, von denen dann allerdings bloß einer reell ist. Entsprechendes gilt bei der Kurve (5), d. h. eine der *y*-Achse hinreichend nahe und parallele Gerade trifft die Kurve (5) in insgesamt *n* Punkten, von denen allerdings bloß einer reell ist. Rückt die Parallele in die *y*-Achse hinein, so fallen alle *n* Schnittpunkte in dem singulären Anfangspunkte zusammen. Neue Formen bieten sich dagegen nach Fig. 35 dar, falls *n* gerade ist. Wenn *m* dabei ungerade ist, weist die Kurve im Anfangspunkte eine sogenannte Spitze auf, indem sich zwei reelle Kurvenzweige der positiven *x*-Achse im Anfangspunkte von oben und unten her anschmiegen. Ist *m* gerade, so ergibt sich eine sogenannte Schnabelspitze, indem dann die beiden Zweige von derselben Seite her an die *x*-Achse herankommen. Man nennt die Spitzen und Schnabelspitzen auch Rückkehrpunkte[1]; durchläuft nämlich ein Punkt die Kurve, indem er zunächst längs des einen Zweiges bis zum Anfangspunkte eilt und darauf den anderen Zweig zurücklegt, so kehrt sich seine Bewegungsrichtung im singulären Punkte um.

Wir machten vorhin der Bequemlichkeit halber die Annahme $m > n$. Sehen wir davon ab, so wird man es als den einfachsten Fall oder als den am meisten vorkommenden Fall zu betrachten haben, wenn n und m die kleinsten erlaubten Werte haben, also $m = n = 2$ ist. Dann hat der singuläre Anfangspunkt denjenigen Strahl zur Tangente, dessen Richtungskoeffizient $\beta : \alpha$ ist. Macht man aber diesen Strahl durch eine geeignete Drehung des Achsenkreuzes zur neuen x-Achse, so geht der Fall $n = 2$, $m = 3$ hervor. Mithin können wir als den einfachsten Fall denjenigen bezeichnen, in dem sich die Kurve im Anfangspunkte wie die Kurve

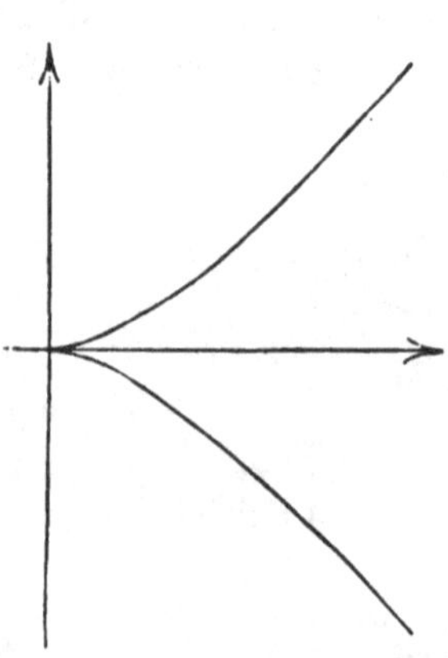

Fig. 36.

$$x = t^2, \quad y = t^3$$

verhält. Diese ist in Fig. 36 dargestellt, worin die Längeneinheit nicht angegeben ist, weil sie einen zu großen Wert hat, nämlich 5 cm beträgt.

Schon auf S. 63 begegneten uns bei den Evolventen einer Kurve Rückkehrpunkte da, wo sie die Evolute treffen, siehe Fig. 20 und 21.

Wir wenden uns jetzt zur Betrachtung der singulären Stellen einer Kurve, die in der Form

$$F(x, y) = 0$$

gegeben ist. Für Funktionen von mehr als einer Veränderlichen haben wir nun keine so bequemen Sätze wie den oben bei den Reihenentwicklungen von $\varphi(t)$ und $\psi(t)$ benutzten, wonach der Wert einer Reihe bei geeigneter Einschränkung des Bereiches beliebig wenig von dem ihres ersten Gliedes abweicht. Deshalb sehen wir uns hier genötigt, um auf sicherem Grunde aufbauen zu können, über die Funktion F speziellere Annahmen zu machen. Wir wollen

---

[1] Die französische Bezeichnung points de rebroussement kommt vielleicht zuerst in einem Briefe von Joh. Bernoulli an Leibniz aus dem Jahre 1695 vor, siehe „Leibnizens mathematische Schriften", herausg. von Gerhardt (Halle 1849—63), 3. Bd. S. 185.

uns damit begnügen, die **Singularitäten algebraischer Kurven** zu besprechen. Wenn nämlich $F(x, y)$ eine **ganze rationale Funktion** r^{ten} **Grades** von x und y, d. h. eine Summe von Gliedern von der Form konst. $x^n y^m$ ist, wobei n und m ganze positive Zahlen bedeuten, deren Summe $n + m$ höchstens und wenigstens einmal den Wert r hat, heißt $F = 0$ eine **algebraische Kurve** r^{ter} **Ordnung**. Es kann vorkommen, daß sich F als ein Produkt $\varphi(x, y)\,\psi(x, y)$ von zwei ganzen rationalen Funktionen von niedrigeren Graden darstellt. Dann zerfällt die Kurve in zwei algebraische Kurven niedrigerer Ordnungen $\varphi = 0$ und $\psi = 0$, die man einzeln untersuchen kann. Deshalb setzen wir voraus, daß sich F nicht in dieser Weise zerlegen lasse, d. h. daß F **irreduzibel** sei. Die Kurve $F = 0$ heißt alsdann eine **irreduzible algebraische Kurve** r^{ter} **Ordnung**.

Nach der **ersten** Definition in § 1, auf S. 4, heißt ein Punkt (x_0, y_0) eine singuläre Stelle der Kurve $F = 0$, wenn er der Kurve angehört, also $F(x_0, y_0) = 0$ ist, und wenn überdies die beiden partiellen Ableitungen erster Ordnung F_x und F_y für ihn verschwinden. Man kann auch bei dieser Definition leicht zeigen, daß sie nicht zerstört wird, falls man ein neues Achsenkreuz einführt. Setzt man nämlich nach (1), S. 14:

$$x = \bar{x}\cos\alpha - \bar{y}\sin\alpha + a, \qquad y = \bar{x}\sin\alpha + \bar{y}\cos\alpha + b, \tag{7}$$

so wird F eine Funktion Φ von $\bar{x}$ und $\bar{y}$. Dabei ist:

$$\Phi_{\bar{x}} = F_x\cos\alpha + F_y\sin\alpha, \qquad \Phi_{\bar{y}} = -F_x\sin\alpha + F_y\cos\alpha. \tag{8}$$

Wenn also entsprechend (7) insbesondere noch

$$x_0 = \bar{x}_0\cos\alpha - \bar{y}_0\sin\alpha + a, \qquad y_0 = \bar{x}_0\sin\alpha + \bar{y}_0\cos\alpha + b$$

oder, was dasselbe besagt,

$$\bar{x} = (x_0 - a)\cos\alpha + (y_0 - b)\sin\alpha, \quad \bar{y}_0 = -(x_0 - a)\sin\alpha + (y_0 - b)\cos\alpha$$

gesetzt wird, folgt, daß nicht nur $\Phi(\bar{x}_0, \bar{y}_0) = 0$ ist, sondern auch $\Phi_{\bar{x}}$ und $\Phi_{\bar{y}}$ für $\bar{x} = \bar{x}_0$, $\bar{y} = \bar{y}_0$ verschwinden. Insbesondere ergibt sich aus (7) für $\alpha = 0$, $a = x_0$, $b = y_0$ eine solche Schiebung des Achsenkreuzes, vermöge deren der singuläre Punkt zum neuen Anfangspunkte wird:

$$x = \bar{x} + x_0, \qquad y = \bar{y} + y_0.$$

Dann kommt statt (8) einfacher:

$$\Phi_{\bar{x}} = F_x, \qquad \Phi_{\bar{y}} = F_y.$$

Außerdem sei darauf hingewiesen, daß, falls F eine irreduzible Funktion r^{ten} Grades von x und y ist, dasselbe bei jeder Einführung eines neuen Achsenkreuzes von der neuen Funktion Φ in bezug auf die neuen Koordinaten $\bar{x}$ und $\bar{y}$ gilt.

Hiernach dürfen wir uns auf die Betrachtung des Falles beschränken, wo die gegebene irreduzible algebraische Kurve r^{ter} Ordnung $F(x, y) = 0$ den Anfangspunkt selbst als singulären Punkt hat, also F, F_x und F_y für $x = y = 0$ verschwinden. Die Summe $F(x, y)$ enthält dann weder ein absolutes Glied noch die in x und y linearen Glieder. Ausführlich kann man also die Kurvengleichung so schreiben:

$$(9)\quad \begin{cases} \frac{1}{2!}(A_{20}x^2 + 2A_{11}xy + A_{02}y^2) \\ + \frac{1}{3!}(A_{30}x^3 + 3A_{21}x^2y + 3A_{12}xy^2 + A_{03}y^3) \\ \dots\dots\dots\dots\dots\dots\dots \\ + \frac{1}{r!}(A_{r0}x^r + rA_{r-1,1}x^{r-1}y + \dots + rA_{1,r-1}xy^{r-1} + A_{0r}y^r) = 0, \end{cases}$$

Es ist nämlich bequemer, zur Vermeidung unangenehmer Brüche so, wie es hier geschehen ist, die Binomialkoeffizienten und Fakultäten als Zahlenfaktoren einzuführen.

Es handelt sich jetzt darum, diejenigen Wertepaare x, y zu ermitteln, die in einer hinreichend kleinen Umgebung von $x = y = 0$ die Gleichung (9) befriedigen. Dabei müssen wir uns auf einen Satz der Funktionentheorie[1] stützen, der besagt, daß alle diese Wertepaare durch eine Anzahl von Funktionenpaaren

$$(10)\qquad x = \varphi(t), \qquad y = \psi(t)$$

mittels einer Hilfsveränderlichen dargestellt werden können. Dabei sind φ und ψ in der Umgebung von $t = 0$ einwertige analytische Funktionen von t, die für $t = 0$ verschwinden. Wie man diese Funktionenpaare findet, soll jetzt noch nicht erörtert werden, vielmehr begnügen wir uns vorerst damit, daß sie überhaupt existieren. Der angezogene Satz lehrt, wie noch besonders betont werden muß, daß es mehrere solche Funktionenpaare, aber nur eine endliche Anzahl von Paaren gibt. Wenn ferner die Koeffizienten A_{ik} in (9) sämtlich reell sind, so lehrt er überdies, daß diejenigen Funktionenpaare (10), die die reellen Wertepaare x, y liefern, auch eine reelle Parameterdarstellung haben, d. h. zu den reellen Werten von t gehören.

[1] Dieser Satz beruht auf Puiseux' „Mémoire sur les fonctions algébriques", Journal de Mathém. 15. Bd. 1850.

Wir kommen hiermit von der durch eine Gleichung $F(x, y) = 0$ gegebenen Kurve zu denjenigen Kurven zurück, die in Parameterdarstellung vorliegen, also zu denen von der Form (4), bei denen wir die Singularitäten schon untersucht haben. In der Umgebung des singulären Anfangspunktes ist somit die Kurve $F = 0$ als eine Gesamtheit von mehreren mittels Parameter darstellbaren Kurven (10) zu betrachten. Diese Kurven (10) brauchen wohlbemerkt nicht auch für $t = 0$ singuläre Stellen zu haben, d. h. es kann sehr wohl sein, daß $\varphi'(t)$ und $\psi'(t)$ nicht beide für $t = 0$ verschwinden; dies wird sich im folgenden in den Beispielen zeigen.

Wenn man sich nun nur um die reellen Kurvenzweige (10) der Kurve (9) in der Umgebung des singulären Anfangspunktes kümmern will, so sieht man also, daß es sehr viele verschiedene Möglichkeiten gibt. Insbesondere heben wir zwei Fälle hervor: Es kann vorkommen, daß keiner der Kurvenzweige (10) für $t \neq 0$ einen reellen Punkt in der Umgebung des Anfangspunktes aufweist. Alsdann gehört der Anfangspunkt zwar zur Kurve $F = 0$, aber er ist von allen anderen etwa vorhandenen reellen Teilen der Kurve getrennt und heißt daher ein isolierter oder Einsiedlerpunkt. Ferner kann es vorkommen, daß sich mehrere reelle Kurvenzweige (10) ergeben, die im Anfangspunkte keine Singularität aufweisen. In diesem Falle schneidet sich dort die Kurve $F = 0$ selbst, und zwar gehen durch diesen Punkt zwei oder mehrere Zweige, so daß man ihn einen Doppelpunkt oder mehrfachen Punkt nennt. Dabei können die Zweige einander im Anfangspunkte berühren. Er heißt alsdann ein Selbstberührungspunkt der Kurve $F = 0$. Noch mannigfaltiger wird die Zahl der denkbaren und wirklich vorkommenden Fälle durch den Umstand, daß die singulären Kurvenzweige (10) im Anfangspunkte singulär sein und Spitzen haben können, vgl. die frühere Fig. 35, S. 107. Jedenfalls erkennt man hieraus, daß es unmöglich ist, alle Arten von singulären Punkten durch treffende Namen zu charakterisieren.

Wir erörtern nunmehr noch kurz, wie man imstande ist, die verschiedenen Funktionenpaare (10) zu berechnen, die der Gleichung (9) genügen. Da φ und ψ als Reihen darstellbar sein müssen, die für $t = 0$ verschwinden, also so:

$$(11) \qquad x = a_1 t + a_2 t^2 + \ldots, \qquad y = b_1 t + b_2 t^2 + \ldots,$$

setze man diese Entwicklungen in (9) ein und ordne die Gleichung alsdann nach den Potenzen von t. Die niedrigste, überhaupt mögliche Potenz von t ist dabei die zweite. Weil nun die Funktionen (11) der Gleichung (9) überall in einer gewissen Umgebung von $t = 0$ genügen sollen, muß der Koeffizient einer jeden einzelnen Potenz von t gleich Null sein. Durch Nullsetzen aller Koeffizienten ergibt sich also eine endlose Reihe von Bedingungen für die Koeffizienten $a_1, b_1, a_2, b_2, a_3, b_3, \ldots$ der Entwicklungen (11). Wir gehen nicht näher auf ihre Form ein und begnügen uns mit der Bemerkung, daß man aus ihnen nach und nach beliebig viele der Koeffizienten, angefangen von a_1 und b_1, berechnen kann, wobei es unter Umständen allerdings noch darauf ankommt, die Wurzeln einer algebraischen Gleichung höheren Grades zu bestimmen, was man bekanntlich durch ein Nährungsverfahren genügend genau leisten kann. Jedenfalls lehrt die Funktionentheorie, daß die Reihen (11), die zu einem auf diesem Wege ermittelten Systeme von Koeffizienten $a_1, b_1, a_2, b_2, \ldots$ gehören, für hinreichend kleine absolute Beträge von t konvergieren.

Von allem diesen wollen wir nur den ersten Schritt genauer besprechen: Den Verlauf einer Kurve (11) wird man in der Umgebung von $t = 0$ mit Hilfe des Satzes feststellen, daß die Werte der Reihen (11) bei hinreichend kleinem absoluten Betrage von t beliebig wenig von ihren ersten Gliedern abweichen. Da aber sehr wohl a_1 und b_1 und auch darauf folgende Koeffizienten den Wert Null haben könnten, weiß man vorerst noch gar nicht, welches die ersten Glieder sind. Deshalb wird man unter n und m zwei noch unbekannte ganze positive Zahlen verstehen und statt (11) ansetzen:

$$(12) \qquad x = \alpha t^n + a_{n+1} t^{n+1} + \ldots, \qquad y = \beta t^m + b_{m+1} t^{m+1} + \ldots,$$

und dabei wird man die Bedingungen $\alpha \neq 0$ und $\beta \neq 0$ machen. Für den Fall, daß man zwei derartige Entwicklungen (12), die der Gleichung (9) genügen, schon kennte, würde man weiterhin schließen, daß sich der Kurvenzweig (12) der Hilfskurve

$$(13) \qquad \mathfrak{x} = \alpha t^n, \qquad \mathfrak{y} = \beta t^m$$

um so mehr anschmiegt, je kleiner die Umgebung von $t = 0$ gewählt wird. Um die Hilfskurve zu kennen, braucht man aber die Werte von n, m, α und β. Da nun x und y mit t infolge von (12) in der n^{ten} bzw. m^{ten} Ordnung nach Null streben, darf man, falls man nur die niedrigste vorkommende Potenz von t berücksichtigt, in die gegebene Kurvengleichung (9) statt der Reihen (12) die bequemeren Werte (13) für x und y einsetzen. Die hervorgehende Gleichung enthält links lauter Glieder von der Form

$$A_{kl}\, \alpha^k \beta^l t^{kn + lm},$$

multipliziert mit Zahlenkoeffizienten; natürlich ist es möglich, daß mehrere A_{kl} den Wert Null haben, also gar keine Glieder liefern. Wenn uns jetzt bekannt wäre, welches die in der hervorgehenden Gleichung wirklich vorkommende niedrigste Potenz von t ist, würde sich durch Nullsetzen des Gesamtkoeffizienten dieser niedrigsten Potenz diejenige Bedingung ergeben, die zwischen α und β bestehen muß. Zu beachten ist, daß sich dieser Gesamtkoeffizient deshalb aus mindestens zwei Gliedern zusammensetzen muß, weil sonst die sich für α und β ergebende Bedingung die Form $\alpha^k \beta^l = 0$ hätte, also α oder β entgegen der Voraussetzung verschwinden müßte. Außerdem ist zu beachten, daß wir n und m als teilerfremd annehmen dürfen. Denn wenn n und m als größten gemeinsamen Teiler die Zahl s hätten und demnach etwa $n = sp$, $m = sq$ wäre, könnte t^s als Parameter in (13) benutzt, d. h. die Hilfskurve in der Form

$$\mathfrak{x} = \alpha t^p, \quad \mathfrak{y} = \beta t^q$$

dargestellt werden, worin p und q teilerfremd sind.

Wir suchen somit zwei ganze positive und teilerfremde Zahlen n und m derart, daß von allen Exponenten

$$kn + lm,$$

die sich für die Potenzen von t bei der Substitution von αt^n und βt^m statt x und y in die Kurvengleichung (9) ergeben, zwei einander gleich werden und keiner kleiner als diese beiden wird. Die Anzahl dieser Exponenten ist endlich, weil ja die Summe $k + l \leqq r$ ist. Beispielsweise ergeben sich bei der Kurvengleichung

$$x^3 + y^3 - 3xy = 0$$

nur die drei Exponenten $3n$, $3m$ und $n + m$. Das algebraische Verfahren zur Bestimmung von n und m besteht darin, daß man zwei der Exponenten einander gleich setzt, daraus n und m ermittelt und zusieht, ob auch keiner der übrigen Exponenten für die gefundenen Werte von n und m kleiner ausfällt. Man kann so alle Möglichkeiten durchprüfen; gewisse Möglichkeiten lassen sich übrigens von vornherein abweisen. Bequemer ist jedoch das folgende graphische Verfahren:

Man benutzt eine Bildebene mit einem rechtwinkligen Achsenkreuze, worin man das Gitter derjenigen Parallelen zu den Achsen herstellt, denen die Abszissen 1, 2, 3, ... bzw. Ordinaten 1, 2, 3, ...

zukommen, siehe Fig. 37. Jeder wirklich vorkommende Exponent $kn + lm$ wird nun durch denjenigen Punkt dargestellt, dessen Koordinaten k und l sind, also dadurch, daß man den zugehörigen Gitterpunkt (k, l) markiert. So ergibt sich eine Anzahl markierter Gitterpunkte. Denken wir uns n und m zunächst irgend wie als ganze positive Zahlen gewählt, so folgt leicht, daß diejenigen Gitterpunkte (k, l), die zu solchen Exponenten $kn + lm$ gehören, denen der gleiche Zahlenwert z zukommt, notwendig auf einer Geraden liegen. Ist nämlich z. B.

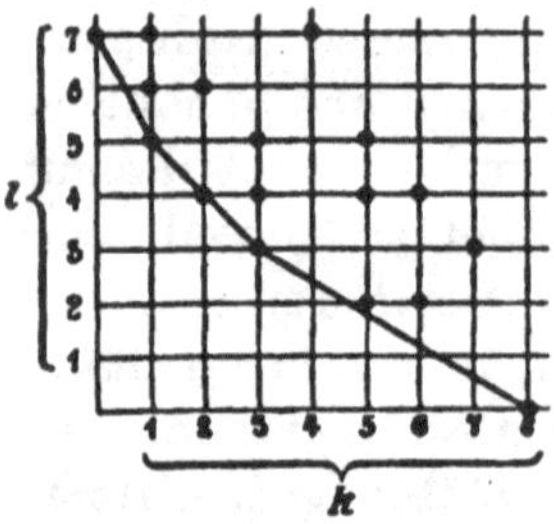

Fig. 37.

$$k_1 n + l_1 m = z, \quad k_2 n + l_2 m = z, \quad k_3 n + l_3 m = z,$$

so ergibt sich ja sofort

$$\begin{vmatrix} k_1 & l_1 & 1 \\ k_2 & l_2 & 1 \\ k_3 & l_3 & 1 \end{vmatrix} = 0,$$

d. h. die bekannte Bedingung dafür, daß die drei Punkte (k_1, l_1), (k_2, l_2), (k_3, l_3) auf einer Geraden liegen. Der Richtungskoeffizient der Geraden ist $-n:m$, also negativ und für alle Geraden, die Gitterpunkte mit gleichem Zahlenwerte der zugehörigen Exponenten verbinden, derselbe, weil er nur von n und m abhängt, so daß also alle diese Geraden einander parallel sind. Man beweist leicht: Je näher die Gerade dem Anfangspunkte liegt, um so kleiner ist der zugehörige Exponentenwert. Da n und m so gewählt werden sollen, daß wenigstens zwei Exponenten einander gleich werden und keiner kleiner ausfällt, muß man daher, um diese kleinsten Exponenten zu ermitteln, eine Gerade g ziehen, die **erstens** von links nach rechts fällt, **zweitens** durch mindestens zwei markierte Gitterpunkte geht und **drittens** alle nicht auf ihr gelegenen markierten Gitterpunkte vom Anfangspunkte trennt. In unserer Fig. 37 gibt es drei Geraden, die diesen Bedingungen genügen. Eine dieser Geraden g faßt man ins Auge, indem man die zu ihren markierten Punkten gehörigen Exponenten $kn + lm$ einander gleich setzt. Daraus ergibt sich eine und nur eine Bedingung, aus der sich die teilerfremden ganzen positiven Zahlen n und m bestimmen lassen. Denn die Bedingung hat die Form

$$k_1 n + l_1 m = k_2 n + l_2 m \quad \text{oder} \quad (k_1 - k_2) n = (l_2 - l_1) m,$$

der ein und nur ein Paar von teilerfremden ganzen positiven Zahlen

n und m genügt. Nunmehr hat man von der Gleichung, die aus der vorgelegten Kurvengleichung (9) hervorgeht, wenn man darin x und y durch αt^n und βt^m ersetzt, nur diejenigen Glieder zu berücksichtigen, die die niedrigste Potenz von t aufweisen. Sie gehören zu denjenigen markierten Punkten (k, l), die auf der benutzten Geraden g gelegen sind. Indem man den Gesamtkoeffizienten dieser niedrigsten Potenz von t gleich Null setzt, geht die Bedingung für α und β hervor in der Form:

$$\text{konst.}\,\alpha^{k_1}\beta^{l_1} + \text{konst.}\,\alpha^{k_2}\beta^{l_2} + \ldots + \text{konst.}\,\alpha^{k_s}\beta^{l_s} = 0,$$

wobei:

$$k_1 n + l_1 m = k_2 n + l_2 m = \ldots = k_s n + l_s m,$$

nämlich gleich dem niedrigsten Exponenten von t, ist. Wenn dabei etwa $k_1 > k_2 > \ldots > k_s$ ist, muß also $l_1 < l_2 < \ldots < l_s$ sein, so daß sich die Bedingung nach Division mit $\alpha^{k_1}\beta^{l_1}$ in der Form

$$\text{konst.} + \text{konst.}\,\frac{\beta^{l_2 - l_1}}{\alpha^{k_1 - k_2}} + \ldots + \text{konst.}\,\frac{\beta^{l_s - l_1}}{\alpha^{k_1 - k_s}} = 0$$

darstellt, wobei

$$\frac{l_2 - l_1}{k_1 - k_2} = \ldots = \frac{l_s - l_1}{k_1 - k_s} = \frac{n}{m}$$

ist. Mithin ist die Bedingung für α und β eine algebraische Gleichung für die Unbekannte $\beta^n : \alpha^m$. Daß einer der beiden Koeffizienten α und β beliebig bleibt, liegt in der Natur der Gleichungen der Hilfskurve

(14) $$\mathfrak{x} = \alpha t^n, \qquad \mathfrak{y} = \beta t^m,$$

da man ja ein konstantes Vielfaches von t als neuen Parameter anwenden kann. Man kann auch so sagen: Weil nach (14)

$$\frac{\beta^n}{\alpha^m} = \frac{\mathfrak{y}^n}{\mathfrak{x}^m}$$

ist, stellt sich die Hilfskurve in der Form einer algebraischen Gleichung für $\mathfrak{y}^n : \mathfrak{x}^m$ dar.

Die markierten Gitterpunkte, die zu den vorkommenden Exponenten $kn + lm$ gehören, liegen wegen $k + l \leqq r$ auf der Fläche des rechtwinklig gleichschenkligen Dreiecks, dessen Katheten die Strecken r auf den Koordinatenachsen in der Bildebene sind. Deshalb heißt das erörterte graphische Verfahren die Methode des analytischen Dreiecks.[1]

[1] Natürlich kann man die Hilfsfigur in der Bildebene auch in irgend einem schiefwinkligen Achsenkreuze einzeichnen. Die Methode wurde zuerst von Newton in einem Briefe vom Jahre 1676 (abgedruckt in Wallis „Treatise

1. **Beispiel:** Die Gleichung des sogenannten CARTESIschen **Blattes**, einer gewissen algebraischen Kurve dritter Ordnung, lautet:

(15) $$F = x^3 + y^3 - 3xy = 0.$$

Weil F, F_x und F_y alle drei nur für $x = y = 0$ verschwinden, ist hier der Anfangspunkt die einzige singuläre Stelle. Ersetzt man x und y durch αt^n und βt^m, so bekommt t die drei Exponenten

$$3n, \quad 3m, \quad n + m.$$

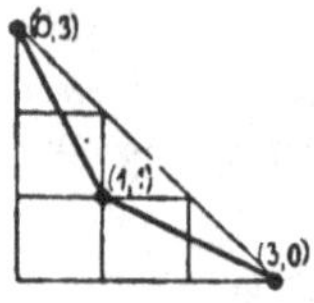

Fig. 38.

Zu ihnen gehören die in Fig. 38 markierten drei Gitterpunkte (3, 0), (0, 3) und (1, 1), und es gibt zwei Geraden g von den auf S. 114 angegebenen Eigenschaften; die eine enthält den ersten und dritten, die andere den zweiten und dritten Punkt. Also ist entweder

$$3n = n + m \quad \text{oder} \quad 3m = n + m,$$

d. h. entweder $m = 2n$ oder $n = 2m$ zu setzen. Weil n und m teilerfremd sind, ist daher entweder $n = 1$, $m = 2$ oder $n = 2$, $m = 1$. Im ersten Falle kommt nur das erste und dritte, im zweiten nur das zweite und dritte Glied der Gleichung $F = 0$ in Betracht. Sie liefern die Bedingung

$$\alpha^3 - 3\alpha\beta = 0 \quad \text{bzw.} \quad \beta^3 - 3\alpha\beta = 0$$

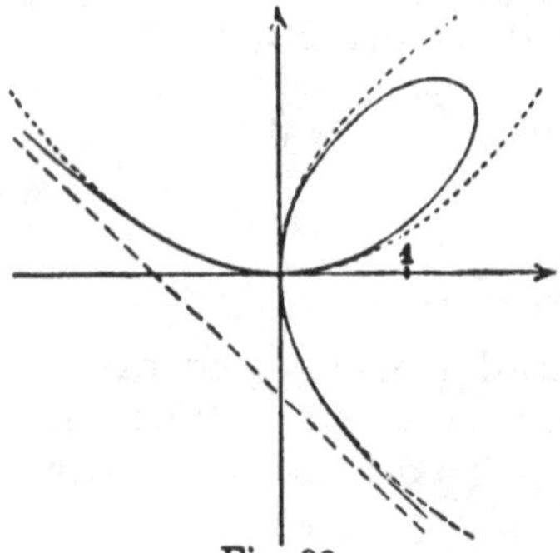
Fig. 39.

für α und β oder, da $\alpha \neq 0$ und $\beta \neq 0$ ist, entweder $\beta = \frac{1}{3}\alpha^2$ bzw. $\alpha = \frac{1}{3}\beta^2$. Daher sind nach (14)

$$\mathfrak{x} = \alpha t, \quad \mathfrak{y} = \tfrac{1}{3}\alpha^2 t^2 \quad \text{und} \quad \mathfrak{x} = \tfrac{1}{3}\beta^2 t^2, \quad \mathfrak{y} = \beta t$$

oder

$$\mathfrak{y} = \tfrac{1}{3}\mathfrak{x}^2 \quad \text{und} \quad \mathfrak{x} = \tfrac{1}{3}\mathfrak{y}^2$$

die Hilfskurven. Diese beide Parabeln sind in Fig. 39 zusammen mit dem CARTESIschen Blatte eingezeichnet. Die Kurve muß sich den Parabeln im Anfangspunkte anschmiegen, der daher ein **Doppelpunkt** ist. Die eingezeichnete Gerade $x + y = -1$ ist eine Asymptote.

---

of algebra etc", London 1685) und auch in seiner „Methodus fluxionum et serierum infinitarum" (NEWTONS Opuscula, 1. Bd., London 1736, S. 31—199) gelehrt und nach ihm die des NEWTONschen Parallelogramms genannt. Alsdann hat DE GUA in seinem „Usage de l'analyse de Descartes etc." (1740) statt einer wagerechten und einer senkrechten Achse Geraden gewählt, die unter 45° geneigt sind. CRAMER macht in der „Introduction à l'analyse des lignes courbes algébriques" (Genf 1750) ausgiebig Gebrauch davon. Das Lob, das er DE GUA in der Vorrede erteilte, veranlaßte KÄSTNER in seinen „Anfangsgründen der Analysis endlicher Größen" (Göttingen 1760) zu der launigen Bemerkung (S. 356), daß CRAMER den Einfall DE GUAS einen sehr glücklichen nenne, weil er ein Ding auf die Spitze gestellt habe, das bisher auf einer Seite gestanden hatte. Man sollte aber nicht, wie es REUSCHLE in der „Praxis der Kurvendiskussion" (Stuttgart 1886) auf S. 6 tat, von dem analytischen Dreiecke von CRAMER sprechen. Im übrigen erwähnen wir das Buch REUSCHLES, weil es sehr viele lehrreiche Beispiele enthält und auch noch weiter den Nutzen des analytischen Dreiecks auseinandersetzt. Das dritte Beispiel des Textes ist ihm entnommen.

2. **Beispiel**: Eine Strecke von der (positiven) Länge a bewege sich so, daß ihr einer Endpunkt die x-Achse durchläuft, während ihre Gerade beständig durch den Punkt ($y = b$) der y-Achse geht. Dabei sei b positiv. Der zweite Endpunkt der Strecke beschreibt alsdann die sogenannte **Konchoide** mit der Gleichung:

$$F = x^2 y^2 + (y^2 - a^2)(y - b)^2 = 0. \tag{16}$$

Man erkennt leicht, daß F, F_x und F_y nur für $x = 0$, $y = b$ alle drei verschwinden. Danach ist der gegebene Punkt ($y = b$) der y-Achse die einzige singuläre Stelle. Um die Theorie anwenden zu können, müssen wir ihn in den Anfangspunkt verlegen, indem wir das Achsenkreuz verschieben, nämlich $y - b$ als Ordinate y benutzen. Dann hat die Kurve die Gleichung, die aus (16) hervorgeht, wenn darin $y + b$ statt y geschrieben wird:

$$x^2 y^2 + 2b x^2 y + b^2 x^2 + y^4 + 2b y^3 + (b^2 - a^2) y^2 = 0. \tag{17}$$

Die zugehörigen Exponenten sind:

$$2n + 2m, \quad 2n + m, \quad 2n, \quad 4m, \quad 3m, \quad 2m,$$

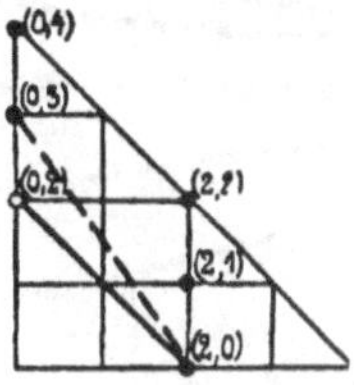

Fig. 40.

also die zugehörigen Gitterpunkte die in Fig. 40. Der letzte Punkt ist dabei anders markiert, weil der Koeffizient $b^2 - a^2$ des letzten Gliedes in (17) für $b = a$ verschwindet und **der Punkt daher nur für $b \neq a$ in Betracht kommt**. Ist also zunächst $b \neq a$, so gibt es hier nur die eine Gerade g, auf der die Punkte (2,0) und (0,2) liegen. Daher wird $2n = 2m$, also $n = m = 1$, und die beiden zugehörigen Glieder der Gleichung (17), nämlich das dritte und letzte, ergeben:

$$b^2 \alpha^2 + (b^2 - a^2) \beta^2 = 0 \quad \text{oder} \quad \frac{\beta}{\alpha} = \pm \frac{b}{\sqrt{a^2 - b^2}}.$$

Die Hilfskurven (14) sind daher die beiden **Geraden**:

$$\frac{\mathfrak{y}}{\mathfrak{x}} = \pm \frac{b}{\sqrt{a^2 - b^2}}.$$

Aber es muß noch die vorhin angewandte Schiebung des Achsenkreuzes rückwärts ausgeführt werden. Dem singulären Punkte ($x = 0$, $y = b$) der Konchoide (16) gehören also im Falle $a \neq b$ die beiden Hilfsgeraden

$$\frac{\mathfrak{y} - b}{\mathfrak{x}} = \pm \frac{b}{\sqrt{a^2 - b^2}}$$

zu. Ist $a > b$, so sind sie reell; dann ist der singuläre Punkt also ein **Doppelpunkt**, siehe Fig. 41. Ist dagegen $a < b$, so sind sie imaginär; dann ist der singuläre Punkt also ein **isolierter Punkt**. Erläuternd ist noch bei der Fig. 41 zu bemerken, daß die Konchoide auch einen unterhalb der x-Achse verlaufenden Ast hat, der uns hier allerdings nicht interessiert. Im Falle $a = b$ zählt, wie gesagt, der zum letzten Gliede der Gleichung (17) gehörige Gitterpunkt nicht mit, so daß als Gerade g die in Fig. 40 gestrichelte dient. Hier kommt $2n = 3m$, also $n = 3$, $m = 2$, und die zugehörigen Glieder von (17), nämlich das dritte und fünfte, geben:

$$b^2 \alpha^2 + 2b \beta^3 = 0$$

oder, da jetzt $b = a$ ist:

$$a \alpha^2 + 2 \beta^3 = 0.$$

Da es nur auf das Verhältnis von α^2 zu β^3 ankommt und da $\mathfrak{x}$ in den Gleichungen der Hilfskurve

$$\mathfrak{x} = \alpha t^3, \quad \mathfrak{y} = \beta t^2$$

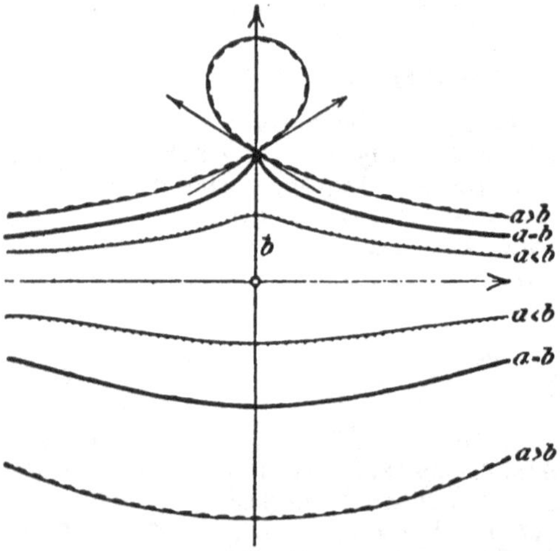

Fig. 41.

mit t das Zeichen wechselt, darf α positiv und etwa gleich $4a$ gewählt werden. Dann wird $\beta = -2a$, so daß

$$\mathfrak{x} = 4at^3, \quad \mathfrak{y} = -2at^2$$

die Hilfskurve ist. Ihre Gleichungen erinnern an die Gleichungen $x = t^2$, $y = t^3$ der in Fig. 36, S. 108, dargestellten Kurve. Man erkennt daher leicht, daß die Hilfskurve an der Stelle $(t = 0)$ einen Rückkehrpunkt hat, dessen beide Zweige sich der negativen y-Achse von verschiedenen Seiten her anschmiegen. Schließlich ist auch hier noch die vorhin ausgeübte Achsenverschiebung wieder rückgängig zu machen. Im Falle $a = b$ schmiegt sich demnach die Konchoide (16) im singulären Punkte $(x = 0, y = b)$ der Hilfskurve

$$\mathfrak{x} = 4at^3, \quad \mathfrak{y} = a(1 - 2t^2)$$

an und hat somit dort eine gewöhnliche **Spitze**, wie es Fig. 41 zeigt. Nebenbei bemerkt, tritt in der Figur nicht deutlich genug hervor, daß die Zweige der Kurve im singulären Punkte die y-Achse berühren. Diese Berührung macht sich nämlich erst in so großer Nähe des singulären Punktes bemerklich, daß sie wegen der Dicke der eingezeichneten Kurve nicht mehr zu sehen ist.

3. **Beispiel:** Bei der Kurve fünfter Ordnung

$$x^5 - 2x^4 + 8x^2y - 6y^3 = 0 \tag{18}$$

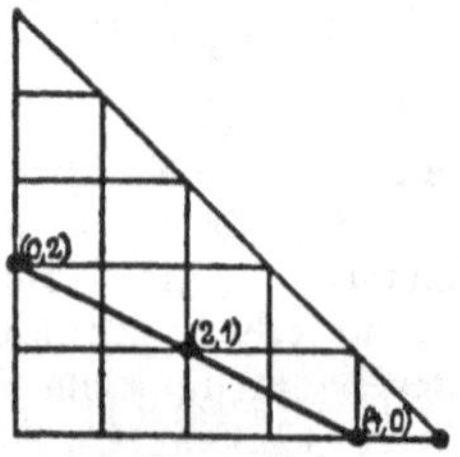

Fig. 42.

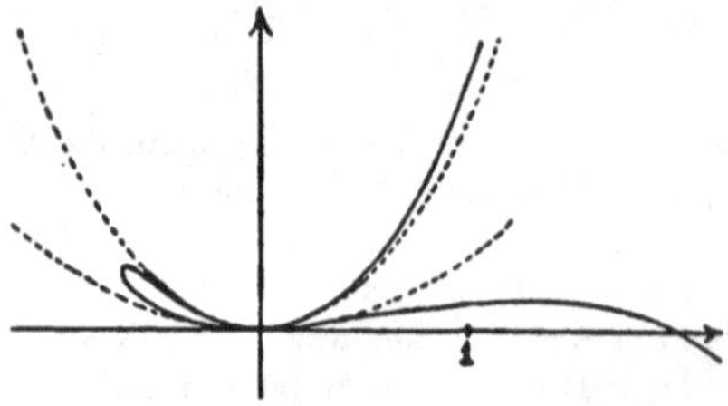

Fig. 43.

ist, wie man ohne Mühe erkennt, nur der Anfangspunkt singulär. Das Gitter des analytischen Dreiecks enthält die vier Punkte in Fig. 42; demnach gibt es nur eine Gerade g, nämlich die der drei letzten Punkte. Folglich wird

$$4n = 2n + m = 2m,$$

d. h. $n = 1$, $m = 2$, und außerdem

$$-2\alpha^4 + 8\alpha^2\beta - 6\beta^2 = 0,$$

woraus sich $\alpha^2 : \beta = 3$ bzw. 1 ergibt. Demnach sind

$$\mathfrak{x} = \alpha t, \quad \mathfrak{y} = \tfrac{1}{3}\alpha^2 t^2 \quad \text{und} \quad \mathfrak{x} = \alpha t, \quad \mathfrak{y} = \alpha^2 t^2$$

oder also die beiden Parabeln $\mathfrak{y} = \frac{1}{3}\mathfrak{x}^2$ und $\mathfrak{y} = \mathfrak{x}^2$ die Hilfskurven. Da sie einander im Anfangspunkte berühren, ist der singuläre Punkt der Kurve (18) ein Selbstberührungspunkt. Siehe Fig. 43.

§ 15. Funktionen des Ortes in der Ebene.

Bisher haben wir Kurven in der Ebene oder, analytisch ausgesprochen, Gleichungen zwischen x und y betrachtet. Jetzt wollen wir eine Funktion $f(x, y)$ ins Auge fassen.

Liegt eine innerhalb eines Bereiches von Wertepaaren x, y einwertige analytische Funktion f von x und y vor, so bedeutet dies, daß jedem Punkte (x, y) innerhalb eines gewissen Bereiches in der Ebene ein Wert, nämlich der Wert von $f(x, y)$, zugeordnet wird. Daher heißt $f(x, y)$ eine Funktion des Ortes in der Ebene. Wo im folgenden kurzweg von beliebigen Punkten in der Ebene die Rede ist, sind darunter immer nur solche Punkte zu verstehen, die in jenem Bereiche gelegen sind.

Hat die Funktion $f(x, y)$ an einer Stelle einen gewissen Wert a, so gibt es im allgemeinen unendlich viele Stellen, an denen sie denselben Wert a hat. Das sind nämlich alle die Punkte (x, y), für die

$$f(x, y) = a$$

ist, d. h. die Punkte einer Kurve $f =$ konst. So ergibt sich eine Schar von ∞^1 Kurven oder eine einfach unendliche Kurvenschar (siehe S. 53), die die ganze Ebene überdeckt. Wandert der Punkt auf einer der Kurven entlang, so ändert sich der zugehörige Wert der Funktion f nicht. Durchquert der Punkt dagegen die Schar, so ändert sich der ihm zugeordnete Wert von f.

Durch die Angabe der Funktion $f(x, y)$ ist eine Schar von ∞^1 Kurven $f =$ konst. definiert. Die Frage liegt nahe, ob umgekehrt, wenn eine Schar von ∞^1 Kurven gegeben wird, dadurch eine Funktion f definiert ist. Sie kommt auf die Frage hinaus, unter welchen Umständen zwei Gleichungen $f(x, y) =$ konst. und $\varphi(x, y) =$ konst. dieselbe Schar von Kurven definieren.

Soll jede einzelne Kurve $f = a$ mit einer Kurve $\varphi = b$ identisch sein, so muß zu jedem Werte der Konstanten a ein Wert der Konstanten b gesetzmäßig zugeordnet sein, es muß also b eine

Funktion von a sein: $b = \Omega(a)$, so daß für jeden Wert der Konstanten a die Kurve

$$f(x, y) = a$$

mit der Kurve

$$\varphi(x, y) = \Omega(a)$$

übereinstimmt. Durch Elimination von a folgt hieraus:

$$\varphi(x, y) = \Omega(f(x, y)).$$

Zwei Scharen $f =$ konst. und $\varphi =$ konst. sind also dann und nur dann miteinander identisch, wenn die Funktion φ eine Funktion von f allein und umgekehrt f eine Funktion von φ allein ist.

Wir können die Frage auch so beantworten:

In einem beliebigen Punkte (x, y) der Ebene muß zunächst die Richtung der hindurchgehenden Kurve $f =$ konst. mit der Richtung der hindurchgehenden Kurve $\varphi =$ konst. übereinstimmen, d. h. der aus

$$f_x + f_y \frac{dy}{dx} = 0$$

hervorgehende Wert von $\frac{dy}{dx}$ muß mit dem aus

$$\varphi_x + \varphi_y \frac{dy}{dx} = 0$$

hervorgehenden Werte für jedes Wertepaar x, y übereinstimmen. Dies ist der Fall, wenn die sogenannte Funktionaldeterminante[1] von f und φ, nämlich

$$\begin{vmatrix} f_x & f_y \\ \varphi_x & \varphi_y \end{vmatrix}$$

für alle Wertepare x, y gleich Null ist. — Wenn umgekehrt diese Determinante identisch gleich Null ist, wird also zunächst in jedem Punkte (x, y) die Richtung der hindurchgehenden Kurve $f =$ konst. mit der Richtung der hindurchgehenden Kurve $\varphi =$ konst. übereinstimmen. Wenn alsdann nicht jede Kurve $f =$ konst. mit einer Kurve $\varphi =$ konst. zusammenfällt, ist dies nur so denkbar, daß jede Kurve $f =$ konst. in allen ihren Punkten lauter Kurven $\varphi =$ konst. berührt, d. h. eine Einhüllende der Schar $\varphi =$ konst. ist. Aber eine

[1] Nach Jacobi, „De determinantibus functionalibus", Crelles Journal, 22. Bd., 1841, auch Gesammelte Werke, 3. Bd., und übersetzt in Ostwalds Klassikern Nr. 78. Euler und Lagrange sind als Vorläufer Jacobis in der Theorie der Funktionaldeterminanten, die Jacobi in beliebig vielen Veränderlichen entwickelt hat, zu erwähnen. Gelegentlich haben wir schon auf S. 82 eine Funktionaldeterminante benutzt.

Kurvenschar φ = konst. hat nach § 9 nur eine oder einige und jedenfalls nicht unendlich viele Einhüllende, die die ganze Ebene überdecken. Diese Annahme ist daher undenkbar, und es bleibt die erste übrig, mit anderen Worten: Jede Kurve f = konst. ist mit einer Kurve φ = konst. identisch. Dies gibt den

Satz 56: Die beiden Gleichungen $f(x, y)$ = konst. und $\varphi(x, y)$ = konst. stellen dann und nur dann dieselbe Schar von ∞^1 Kurven in der Ebene dar, d. h. f ist dann und nur dann eine Funktion von φ allein und umgekehrt φ dann und nur dann eine Funktion von f allein, wenn die Funktionaldeterminante

$$\begin{vmatrix} \frac{\partial f}{\partial x} & \frac{\partial f}{\partial y} \\ \frac{\partial \varphi}{\partial x} & \frac{\partial \varphi}{\partial y} \end{vmatrix}$$

für alle Werte von x und y gleich Null ist.

Man sagt bekanntlich, daß die Funktionen f und φ voneinander abhängig sind, sobald ihre Funktionaldeterminante identisch verschwindet. Andernfalls dagegen heißen sie voneinander unabhängig.

Wenn nun $f(x, y)$ und $\varphi(x, y)$ zwei voneinander unabhängige Funktionen des Ortes sind, die einen Bereich gemein haben, so gehört zu den Punkten (x, y) dieses Bereiches sowohl ein Bereich von Werten von f als auch ein Bereich von Werten von φ. Wenn keiner der Werte, die f annehmen kann, mit einem der Werte, die φ annehmen kann, übereinstimmt, hat keine Kurve $f(x, y)$ = konst. Punkte mit irgend einer Kurve $\varphi(x, y)$ = konst. gemein, weder reelle noch imaginäre. Wenn wir aber annehmen, daß es einen Bereich von Punkten (x, y) derart gebe, daß wenigstens ein Teil der Werte, die der Funktion f darin zukommen, mit einem Teile der Werte übereinstimmt, die die Funktion φ darin erreicht, können wir folgern, daß die Kurven der Schar f = konst. wenigstens zum Teil die Kurven der Schar φ = konst. treffen. Wenn wir also gelegentlich von den Schnittpunkten von Kurven f = konst. und φ = konst. sprechen, machen wir immer stillschweigend diese Annahme. Im übrigen ist dabei stets vorauszusetzen, daß die Funktionaldeterminante von f und φ nicht identisch verschwinde. —

Das Vorhergehende zeigt, daß die analytische Voraussetzung, eine Funktion $f(x, y)$ des Ortes sei gegeben, mehr besagt, als die geometrische Voraussetzung, eine einfach unendliche Kurvenschar in der Ebene sei gegeben. Denn eine derartige Schar wird zwar durch eine Gleichung $f(x, y) =$ konst. dargestellt, aber auch durch eine Gleichung $\Omega(f(x, y)) =$ konst., worin Ω eine Funktion von f ist; d. h. durch die Schar selbst ist die Funktion f noch nicht vollkommen bestimmt. Vielmehr kann ihre Stelle von jeder Funktion eingenommen werden, die von f abhängig ist. In diesen Paragraphen setzen wir, wie anfangs bemerkt wurde, stets das Vorhandensein einer bestimmten Funktion $f(x, y)$ des Ortes voraus.

Aber diese Ortsfunktion $f(x, y)$ soll hier mehr von geometrischen Gesichtspunkten aus untersucht werden. Insbesondere läßt sich die bekannte Formel für ihr vollständiges Differential geometrisch einkleiden:

Ist ein Punkt P oder (x, y) irgendwie gewählt worden, für den die Funktion einen gewissen bestimmten Wert f hat, so lassen wir P nach einer benachbarten Stelle P_1 wandern, indem wir die Zunahmen seiner Koordinaten mit

$$\Delta x = \Delta s . \cos \alpha, \qquad \Delta y = \Delta s . \sin \alpha \tag{1}$$

bezeichnen. Unter Δs sei also die Strecke von P bis P_1 und unter α ihr Winkel mit der positiven x-Achse verstanden. Als Maß für die Stärke der Zunahme des Wertes der Funktion f auf diesem Wege wird man nun den Quotienten

$$\frac{\Delta f}{\Delta s} = \frac{f(x + \Delta x, y + \Delta y) - f(x, y)}{\Delta s} \tag{2}$$

benutzen. Ist der absolute Betrag von Δs hinreichend klein, so läßt sich der Zähler nach dem Mittelwertsatze in der Form

$$\frac{\partial f(x + \theta \Delta x, y + \theta \Delta y)}{\partial x} \Delta x + \frac{\partial f(x + \theta \Delta x, y + \theta \Delta y)}{\partial y} \Delta y$$

schreiben, wobei θ einen gewissen positiven echten Bruch bedeutet. Führt man hierin die Werte (1) ein und substituiert man den Ausdruck in (2), so ergibt sich für $\lim \Delta s = 0$:

$$\frac{df}{ds} = \frac{\partial f(x, y)}{\partial x} \cos \alpha + \frac{\partial f(x, y)}{\partial y} \sin \alpha .$$

Um hervorzuheben, daß der unendlich kleine Weg, den man sich hier von der Stelle P aus zurückgelegt zu denken hat, völlig willkürlich ist, ziehen wir es vor, statt der Differentiationszeichen die sogenannten **Variationszeichen** zu benutzen, also zu schreiben:

$$\frac{\delta f}{\delta s} = f_x \cos \alpha + f_y \sin \alpha . \tag{3}$$

Dieser Ausdruck ist der Grenzwert des Quotienten $\Delta f : \Delta s$ für $\lim \Delta s = 0$ und bedeutet deshalb die **Geschwindigkeit**, mit der sich der Wert der Funktion f des Ortes P in dem Momente ändert, wo P die Richtung einschlägt, die mit der x-Achse den Winkel α bildet.[1]

Sie läßt sich für reelle Werte graphisch darstellen: Von P aus ziehen wir die Strecke PA parallel der positiven x-Achse und gleich dem Werte von f_x (siehe Fig. 44) — insbesondere rückwärts, wenn f_x negativ ist —, ebenso die Strecke PB parallel der positiven y-Achse und gleich dem Werte von f_y. Alsdann ist der Wert (3) graphisch dargestellt durch die Summe der Projektionen von PA und PB auf die durch P gezogene Richtung von δs, die mit der x-Achse den Winkel α bildet. Oder kürzer: Wir konstruieren die vierte Ecke Q des von PA und PB bestimmten Rechtecks und projizieren PQ auf die gewählte Richtung. Ist R die Projektion von Q, so ist dann PR gleich dem Werte (3). Liegt R auf der Richtung von δs rückwärts hinter P, so ist die Geschwindigkeit (2) negativ, d. h. die Funktion f nimmt dann auf dem Wege δs ab.

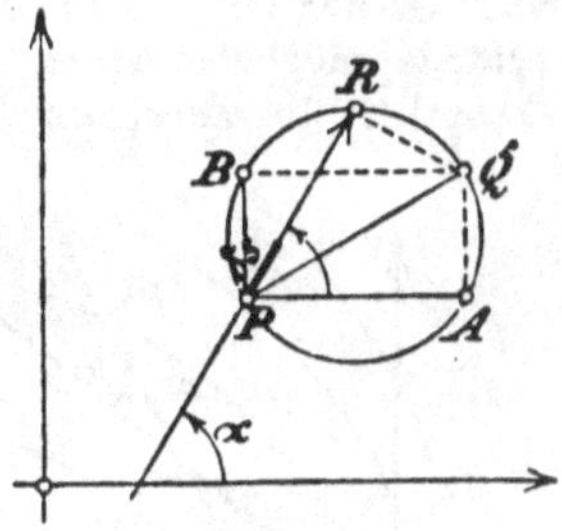

Fig. 44.

Für verschiedene Richtungen von δs ergeben sich verschiedene Endpunkte R der Geschwindigkeit. Der Ort von R ist der Kreis mit dem Durchmesser PQ. Somit haben wir den

Satz 57: Die Geschwindigkeit, mit der sich eine Funktion $f(x, y)$ des Ortes P oder (x, y) in der Ebene beim Fortschreiten längs irgend einer Richtung von P aus ändert, ist gleich der von P aus in dieser Richtung gezogenen Sehne desjenigen Kreises durch P, der insbesondere die beiden von P ausgehenden Sehnen parallel der x-Achse und y-Achse von den Längen f_x bzw. f_y enthält.

Die Kreistangente in P gibt die Richtung an, längs derer sich f nicht, oder, wenn man will, nur um ein Unendlichkleines zweiter Ordnung, verglichen mit dem Wege δs, ändert. Sie ist also die Tangente der durch P gehenden Kurve $f =$ konst. In der dazu senkrechten Richtung PQ dagegen ändert sich f am stärksten. Daher gilt der

[1] Sonst versteht man unter der Geschwindigkeit bekanntlich den Grenzwert des Verhältnisses der Änderung einer Größe zur zugehörigen Änderung der Zeit. Statt der Zeit benutzen wir hier jedoch den Weg, so daß also der Begriff der Geschwindigkeit, der oben eingeführt wird, rein geometrischer Natur ist.

Satz 58: Soll sich ein Punkt (x, y) in der Ebene so bewegen, daß sich eine reelle Funktion $f(x, y)$ seines Ortes möglichst stark ändert, so muß er eine Kurve beschreiben, die alle Kurven $f =$ konst. senkrecht durchschneidet.

Beispiel: Sind zwei feste Punkte F_1 und F_2 gegeben, so ist der Ort des Punktes, für den die Summe (bzw. Differenz) der Abstände von F_1 und F_2 konstant ist, eine der Ellipsen (bzw. Hyperbeln) mit den Brennpunkten F_1 und F_2. Daher ist der Ort des Punktes, für den sich die Differenz (bzw. Summe) dieser Abstände möglichst stark ändert, eine der zu den Ellipsen (bzw. Hyperbeln) bekanntlich überall senkrechten konfokalen Hyperbeln (bzw. Ellipsen).

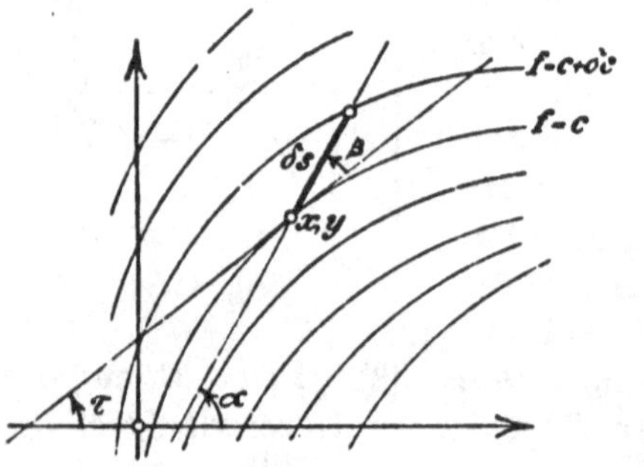

Fig. 45.

Statt des Winkels α, den die eingeschlagene Richtung mit der positiven x-Achse bildet, wollen wir in der Formel (3) den Winkel β einführen, den sie mit der Tangente derjenigen Kurve $f =$ konst. bildet, die durch den betrachteten Punkt (x, y) geht, siehe Fig. 45. Wenn τ der Winkel dieser Tangente mit der x-Achse ist, hat man die Formel $\operatorname{tg} \tau = -f_x : f_y$ (nach S. 21), so daß man jedenfalls setzen darf:

$$(4) \qquad \sin \tau = \frac{-f_x}{\sqrt{f_x^2 + f_y^2}}, \qquad \cos \tau = \frac{f_y}{\sqrt{f_x^2 + f_y^2}}.$$

Hierbei tritt naturgemäß noch die zweiwertige Wurzelfunktion auf, weil ja auf den Kurven $f =$ konst. noch kein positiver Fortschreitungssinn festgesetzt worden ist. Deshalb beschränken wir uns auf einen Bereich von Punkten (x, y), innerhalb dessen der Radikand $f_x^2 + f_y^2$ nirgends verschwindet. Alsdann ist die Wurzel einwertig, sobald ihre Bedeutung für eine bestimmte Stelle des Bereiches festgesetzt worden ist. Wenn insbesondere $f(x, y)$ eine reelle Funktion ist, wollen wir die Wurzel in (4) positiv annehmen. Es wird sich bald zeigen, welcher positive Fortschreitungssinn auf den Kurven $f =$ konst. dieser Annahme entspricht. Dividiert man nämlich die Formel (3) mit der Wurzel, so ergibt sich nach (4) einfacher:

$$\frac{\delta f}{\delta s} = \sin(\alpha - \tau) \sqrt{f_x^2 + f_y^2}$$

oder, da $\alpha - \tau = \beta$ ist:

$$(5) \qquad \frac{\delta f}{\delta s} = \sin \beta \sqrt{f_x^2 + f_y^2}.$$

Der Winkel β wird dabei gewonnen, indem man die positive Tangente derjenigen Kurve $f(x, y) =$ konst., die von dem Punkte (x, y) ausgeht, in positivem Sinne so weit dreht, bis sie in die Richtung übergeht, die mit der positiven x-Achse den beliebig gewählten Winkel α bildet. Diese Richtung ist die des Wegdifferentials δs, das wir positiv annehmen können. Dann ist die Geschwindigkeit $\delta f : \delta s$ positiv oder negativ, je nachdem die Ortsfunktion f in der eingeschlagenen Richtung wächst oder abnimmt. Also folgt aus (5): Die Funktion $f(x, y)$ wächst auf denjenigen Wegen von dem Punkte (x, y) aus, die mit der erwähnten positiven Tangentenrichtung solche Winkel β bilden, deren Sinus > 0 ist, also auf denjenigen Wegen, die linkerhand von einem Beobachter liegen, der längs der positiven Tangente hinblickt. Nach S. 24 wird aber, nachdem einmal die positive Tangente der Kurve $f =$ konst. festliegt, ihre positive Normale ebenfalls linkerhand von der Tangente angenommen. Die Wahl des Pluszeichens bei der Quadratwurzel in (4) bedeutet daher im reellen Falle, daß die positive Normale der durch den Punkt (x, y) gehenden Kurve $f(x, y) =$ konst. nach derjenigen Seite der Kurve hin gerichtet ist, auf der die Funktion $f(x, y)$ größere Werte hat.

Nehmen wir an, daß $f(x, y)$ an der betrachteten Stelle (x, y) den Wert c habe und daß die Funktion um Δc wachse, wenn der Punkt den Weg Δs zurücklegt, so können wir beim Grenzübergange zu $\lim \Delta s = 0$ statt des Differentials δf das Differential δc setzen. Daher gilt nach (5) der

Satz 59: Liegt in der Ebene eine Ortsfunktion $f(x, y)$ und somit auch eine Kurvenschar $f(x, y) =$ konst. vor und geht ein Punkt (x, y) einer Kurve $f = c$ beim Fortschreiten um einen positiv angenommenen geradlinigen Weg Δs in einen Punkt einer Kurve $f = c + \Delta c$ über, so gilt für $\lim \Delta s = 0$ die Formel:

$$\lim \frac{\Delta c}{\Delta s} = \frac{\delta c}{\delta s} = \sin \beta \sqrt{f_x^2 + f_y^2}.$$

Hierin bedeutet β den Winkel, den die positive Tangente der Kurve $f = c$ im Punkte (x, y) bei einer positiven Drehung zurücklegen muß, um die Richtung des Weges anzunehmen. Wird die Quadratwurzel im reellen Falle positiv gewählt, so hat man den Sinn der Kurve $f = c$ derart festgesetzt, daß ihre positive Normale nach derjenigen Seite der Kurve weist, auf der die Kurven $f =$ konst. mit größeren Werten der Konstanten liegen.

Wir schlossen oben solche Punkte (x, y) aus, für die der Radikand $f_x^2 + f_y^2$ verschwindet. Wegen

$$f_x^2 + f_y^2 = (f_x + i f_y)(f_x - i f_y)$$

ist an einer derartigen Stelle entweder nur einer der beiden Ausdrücke $f_x \pm i f_y$ gleich Null, oder es verschwinden dort beide. Der erste Fall kommt bei reellen Ortsfunktionen an reellen Stellen nie vor und tritt ein, wenn die Kurve $f =$ konst. einen Minimalpunkt hat, während die Kurve im zweiten Falle eine singuläre Stelle aufweist (vgl. S. 24).

Die Fig. 44 enthält insbesondere die graphische Bestimmung der Normale PQ der durch den Punkt P gehenden Kurve $f =$ konst. Dies läßt sich in einer Weise verallgemeinern, die manchmal zur Konstruktion von Kurventangenten bequem ist und hier in aller Kürze angedeutet werden soll:

Sind in der Ebene n feste Punkte $A_1, A_2, \ldots A_n$ gegeben und bedeuten $r_1, r_2, \ldots r_n$ die Abstände eines veränderlichen Punktes von ihnen, so ist — falls man über die Vorzeichen der Abstände eine Vereinbarung getroffen hat — eine Funktion $f(r_1, r_2, \ldots r_n)$ als Funktion der Koordinaten x, y dieses Punktes darstellbar und daher eine Ortsfunktion. Legt der Punkt eine Strecke Δs zurück, so mögen sich $r_1, r_2, \ldots r_n$ und f um $\Delta r_1, \Delta r_2, \ldots \Delta r_n$ und Δf ändern. Für $\lim \Delta s = 0$ ergibt sich dann, indem die Differenzen durch Differentiale zu ersetzen sind, für die Geschwindigkeit der Änderung von f der Wert:

$$\frac{\delta f}{\delta s} = f_{r_1} \frac{\delta r_1}{\delta s} + f_{r_2} \frac{\delta r_2}{\delta s} + \ldots + f_{r_n} \frac{\delta r_n}{\delta s}.$$

Die Quotienten $\delta r_1 : \delta s$, $\delta r_2 : \delta s$, $\ldots$ $\delta r_n : \delta s$ sind dabei die Kosinus derjenigen Winkel $\varphi_1, \varphi_2, \ldots \varphi_n$, die von der eingeschlagenen Richtung mit den Strahlen von $A_1, A_2, \ldots A_n$ nach dem betrachteten Punkte gebildet werden, siehe Fig. 46. Also kommt als Verallgemeinerung der Formel (3):

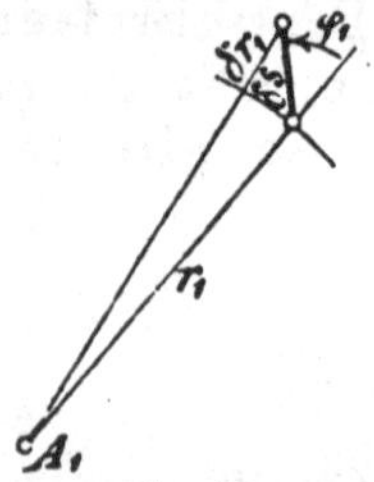

Fig. 46

$$\frac{\delta f}{\delta s} = f_{r_1} \cos \varphi_1 + f_{r_2} \cos \varphi_2 + \ldots + f_{r_n} \cos \varphi_n.$$

Hieraus läßt sich die Geschwindigkeit graphisch wie folgt konstruieren: Auf den Verlängerungen von $r_1, r_2, \ldots r_n$ über den betrachteten Punkt hinaus werden Strecken gleich $f_{r_1}, f_{r_2}, \ldots f_{r_n}$ abgetragen; aus ihnen bildet man gerade so, wie es in der Mechanik mit Kräften geschieht, die in einem Punkte angreifen, die Resultante. Die Projektion der Resultante auf die gewählte Richtung δs ist alsdann gleich der Geschwindigkeit $\delta f : \delta s$. Die Resultante ist demnach die Normale derjenigen Kurve $f =$ konst., die durch den betrachteten Punkt geht, denn längs dieser Kurve muß die Geschwindigkeit gleich Null sein.

Anwendungen auf die Tangentenkonstruktion der **Ellipse** und **Hyperbel** ($r_1 \pm r_2 =$ konst.), der **Cassinischen Kurven** ($r_1 r_2 =$ konst.), des **Kreises** ($r_1 : r_2 =$ konst. oder $r_1^2 + r_2^2 + \ldots + r_n^2 =$ konst.) usw. liegen auf der Hand.[1]

§ 16. Gewöhnliche Differentialgleichungen erster Ordnung in der Ebene.[2]

Eine einfach unendliche Kurvenschar

$$f(x, y) = \text{konst.}$$

bedeckt die ganze Ebene[3], so daß durch jeden Punkt P oder (x, y) eine Kurve der Schar geht. Sie hat in P eine durch ihre Tangente angegebene Richtung. Den Inbegriff eines Punktes und einer Richtung durch ihn nennen wir ein **Linienelement**. Die Kurven der Schar $f =$ konst. bestimmen also überall in der Ebene Linienelemente und haben in jedem Punkte die Richtung des dort liegenden Linienelements zur Tangentenrichtung.

Umgekehrt sei nun in jedem Punkt (x, y) der Ebene ein Linienelement gegeben. Dies geschieht analytisch dadurch, daß man dem Punkte (x, y) einen Richtungskoeffizienten $\operatorname{tg} \tau$ zuordnet, der von x und y abhängt:

(1) $$\operatorname{tg} \tau = \lambda(x, y).$$

[1] Man kann das Problem durch speziellere Wahl der Funktion $f(r_1, r_2, \ldots r_n)$ vereinfachen und andererseits dadurch verallgemeinern, daß man unter $r_1, r_2, \ldots r_n$ die Abstände von festen Kurven versteht. Auch dies läßt sich noch verallgemeinern, indem man schiefe Abstände einführt, d. h. solche, die mit den festen Kurven gegebene Winkel bilden. Mit speziellen Fällen beschäftigte sich zuerst von Tschirnhaus („Medicina mentis", 1686) und Fatio de Duillier (Bibliothèque universelle, 5. Bd., 1688), wobei zu vermuten ist, daß Huygens auch darüber unterrichtet war. Ferner ist dann de l'Hospital zu nennen („Analyse des infiniment petits", Paris 1716, z. B. S. 30) und — mit der Verallgemeinerung auf den Raum — Poinsot („Théorie générale de l'équilibre et du mouvement des systèmes", Journ. de l'école polyt., 13. Heft, 1806). Außerdem seien von neueren Arbeiten Noten von d'Ocagne, Comptes Rendus, 109. Bd., 1889, S. 959, 960, Nouv. Annales, 3. Serie 9. Bd., 1890, S. 289 bis 293, und 13. Bd., 1894, S. 501—502, erwähnt. In einer Arbeit des Verf. „Funktionen der Abstände von festen Punkten" (Math.-naturw. Mitteilungen in Württemberg, 2. Serie 2. Bd., 1900), wird gezeigt, wie sich die Tangentenkonstruktion ändert, wenn der bewegliche Punkt in einen der festen Punkte $A_1, A_2, \ldots A_n$ rückt oder die Resultante die Länge Null hat.

[2] Die Rücksicht auf solche Leser, die noch nicht mit der Theorie der Differentialgleichungen vertraut sind, veranlaßt uns zur Einschaltung dieses Paragraphen, der nur allgemein und kurz orientieren soll.

[3] Wie auf S. 119 ist mit dieser kurzen Ausdrucksweise ein solcher Bereich gemeint, innerhalb dessen $f(x, y)$ eine einwertige analytische Funktion vorstellt.

Wegen der Stetigkeit der Funktion λ haben die Linienelemente, die zu benachbarten Punkten gehören, auch benachbarte Richtungen. Sie bilden also eine stetige Schar. Ein anschauliches Bild macht man sich von ihnen, wenn man sich die Ebene mit einem Fluidum überdeckt denkt, das in Bewegung begriffen ist derart, daß das an der Stelle (x, y) befindliche Teilchen des Fluidums gerade die durch (1) gegebene Fortschreitungsrichtung hat. Man nennt diese Bewegung eine **stationäre Strömung**, weil die Richtung der Bewegung an einer Stelle (x, y) immer dieselbe bleibt (siehe Fig. 47). Bei dieser anschaulichen Auffassung ist es sofort klar, was man unter **Stromlinien** versteht. Wir definieren sie analytisch als diejenigen Kurven, die in jedem ihrer Punkte (x, y) die durch (1) angegebene Richtung haben, für die also:

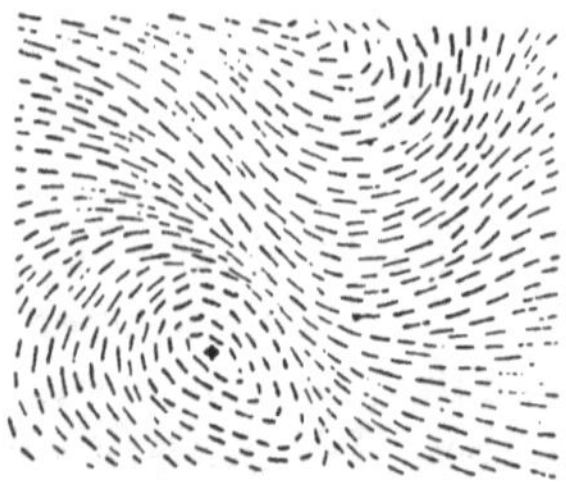

Fig. 47.

$$\frac{dy}{dx} = \lambda(x, y) \tag{2}$$

ist.

Dies ist eine **gewöhnliche Differentialgleichung erster Ordnung** zwischen der unabhängigen Veränderlichen x und der abhängigen Veränderlichen y. Sie **integrieren** heißt, alle diejenigen Funktionen $y = \varphi(x)$ finden, die mit ihren Differentialquotienten $dy : dx$ die Gleichung (2) für jeden Wert von x erfüllen, Jede solche Funktion $y = \varphi(x)$, die man auch eine **Lösung** von (2) nennt, stellt geometrisch eine jener Stromlinien dar, die man als eine **Integralkurve** der Differentialgleichung (2) bezeichnet. Es ist hier nicht der Ort zu dem Nachweise, daß die Differentialgleichung (2) Integralkurven hat; doch macht die anschauliche Deutung durch eine Strömung die Existenz von Integralkurven solchen Lesern, die noch nicht in der Theorie der Differentialgleichungen bewandert sind, wenigstens plausibel.

Wollen wir x und y in (2) gleichartig berücksichtigen, indem wir uns vorbehalten, welche Veränderliche wir als die unabhängige auffassen, so werden wir (2) in dieser Art schreiben:

$$\lambda(x, y)\,dx - dy = 0$$

oder symmetrischer:

$$X(x, y)\,dy - Y(x, y)\,dx = 0, \tag{3}$$

indem wir λ in einen Bruch $X:Y$ zerlegen.[1] Diese Differentialgleichung kann natürlich sofort wieder in der Form (2) geschrieben werden:

$$y' = \frac{dy}{dx} = \frac{Y(x, y)}{X(x, y)}.$$

Den Nachweis, daß es Integralkurven gibt, führen wir, wie gesagt, hier nicht. Wohl aber soll er angedeutet werden: Betrachtet man y als eine noch unbekannte Funktion von x, die der Bedingung (2) genügt, so ergibt sich aus (2) durch vollständige Differentiation nach x:

$$y'' = \lambda_x + \lambda_y y'$$

oder wegen $y' = \lambda$:

$$y'' = \lambda_x + \lambda_y \lambda.$$

Demnach ist auch die zweite Ableitung y'' von y nach x als Funktion von x und y bekannt. Dasselbe gilt, wie wiederholte vollständige Differentiation nach x und Substitution $y' = \lambda$ zeigt, von den höheren Ableitungen y''', y^{IV}, ... Es sei nun x_0, y_0 ein beliebig gewähltes Wertepaar, das dem Bereiche der einwertigen analytischen Funktion $\lambda(x, y)$ angehört. Nach dem MACLAURINschen Satze muß sich alsdann jede durch den Punkt (x_0, y_0) gehende Integralkurve in der Form

$$(4) \qquad y = y_0 + \frac{y_0'}{1!}(x - x_0) + \frac{y_0''}{2!}(x - x_0)^2 + \dots$$

darstellen lassen, und hierin sind y_0', y_0'', ... nach dem vorhergehenden solche Funktionen von x_0 und y_0, die man nacheinander berechnen kann. Man beweist nun in der Theorie der Differentialgleichungen, daß diese Entwicklung in der Tat eine einwertige analytische Funktion y von x definiert, sobald der absolute Betrag von $x - x_0$ hinreichend klein ist, und daß diese Funktion der vorgelegten Differentialgleichung (2) genügt. Außerdem zeigt unsere Betrachtung, daß durch den angenommenen Punkt (x_0, y_0) **nicht mehr als eine** Integralkurve gehen kann.

Da sich y', y'', y''', ... als Funktionen von x und y berechnen lassen, kann man auch alle Differentialinvarianten der Integralkurven gegenüber den Bewegungen in der Ebene (vgl. S. 80) als Funktionen

[1] Wenn X und Y einwertige analytische Funktionen sind, kann es vorkommen, daß die Funktion λ gelegentlich den unbestimmten Wert 0:0 annimmt. Dies kann Stellen liefern, in denen eine reelle Stromlinie auf einen Punkt reduziert ist — eine solche Stelle ist in Fig. 47 markiert —, oder Stellen, durch die unendlich viele Stromlinien gehen, wie in dem Beispiele $\lambda = y:x$ den Anfangspunkt.

von x und y finden. Ebenso ist es leicht, z. B. den Krümmungsmittelpunkt zu bestimmen, der zu einem gegebenen Punkte (x, y) einer noch unbekannten Integralkurve gehört.

In der Theorie der Differentialgleichungen werden Methoden gelehrt, mittels derer man die Integralkurven auf anderen Wegen als vermöge der Entwicklung (4) berechnen kann, falls die gegebene Funktion $\lambda(x, y)$ gewisse besondere Formen hat. Darauf näher einzugehen, ist hier jedoch nicht der Platz. Ferner entnehmen wir jener Theorie ohne Beweis, daß sich alle diejenigen Integralkurven, die in der Umgebung einer bestimmt gewählten Stelle verlaufen, durch eine Gleichung von der Form

$$f(x, y) = \text{konst.} \tag{5}$$

darstellen lassen, worin die Konstante willkürlich, wenn auch auf einen gewissen Bereich beschränkt, ist, so daß also die Integralkurven eine einfach unendliche Kurvenschar bilden. Die Konstante heißt **Integrationskonstante**, die Funktion f **Integral** der Differentialgleichung (2). Diese Gleichung hat aber unendlich viele Integrale, denn dieselbe Kurvenschar wird durch $\Omega(f) = \text{konst.}$ dargestellt, wenn Ω eine Funktion von f allein ist. **Jede Funktion eines Integrals ist also wieder ein Integral.** Man kann leicht die analytische Bedingung für ein Integral f aufstellen. Denn bei der Kurvenschar $f = \text{konst.}$ ist längs jeder einzelnen Kurve der Schar

$$f_x dx + f_y dy = 0. \tag{6}$$

Nach (3) sollen aber dx und dy proportional $X(x, y)$ und $Y(x, y)$ sein, also ist zu fordern:

$$X(x, y) f_x + Y(x, y) f_y = 0. \tag{7}$$

Umgekehrt: Wenn die Funktion $f(x, y)$ in einem Bereiche, in dem sie ebenso wie X und Y einwertig analytisch ist, der Bedingung (7) genügt, stellt $f = \text{konst.}$ dort die Schar der Integralkurven dar, d. h. dann ist f ein Integral der Differentialgleichung (3). Weil die Funktion f der Gleichung (7) für alle Werte der beiden Veränderlichen x, y innerhalb eines Bereiches genügen soll, ist (7) eine Bedingung für die partiellen Ableitungen einer Funktion f von zwei unabhängigen Veränderlichen, eine sogenannte **partielle Differentialgleichung** für f. Insbesondere treten nur die partiellen Ableitungen erster Ordnung f_x und f_y und zwar linear und homogen auf, deshalb heißt (7) eine **lineare homogene** oder auch eine **lineare verkürzte partielle Differentialgleichung erster Ordnung** für f. Nichthomogen oder unverkürzt würde sie heißen, wenn rechts statt Null eine Funktion von x und y stände. Außerdem hat diese partielle Differentialgleichung die Eigentümlichkeit, von f selbst frei zu sein.

Sind f und φ zwei Lösungen der partiellen Differentialgleichung (7), d. h. bestehen die beiden Gleichungen:

$$Xf_x + Yf_y = 0, \quad X\varphi_x + Y\varphi_y = 0,$$

so folgt aus ihnen

$$\begin{vmatrix} f_x & f_y \\ \varphi_x & \varphi_y \end{vmatrix} = 0;$$

nach Satz 56, S. 121, muß somit φ eine Funktion von f allein sein. Alle Integrale der vorgelegten Differentialgleichung (3) oder (2) sind demnach voneinander abhängig.

Wenn $f(x, y)$ ein Integral der Differentialgleichung (3) ist, also $f(x, y) =$ konst. die Schar der Integralkurven darstellt, gilt längs jeder einzelnen Kurve, wie gesagt, die Gleichung (6), und da f_x und f_y nach (7) proportional $-Y$ und X sind, gibt es eine Funktion $\mu(x, y)$ derart, daß

$$f_x = -\mu Y, \quad f_y = \mu X$$

wird, also nach (6) das vollständige Differential von f die Form hat:

$$df = \mu(X dy - Y dx). \tag{8}$$

Diese Funktion μ heißt der zu dem Integral f gehörige Multiplikator oder Integrabilitätsfaktor der vorgelegten gewöhnlichen Differentialgleichung (3). Die Aufgabe, die Differentialgleichung (3) zu integrieren, kann man hiernach so zu lösen versuchen: Man sucht eine Funktion $\mu(x, y)$ derart, daß die mit μ multiplizierte linke Seite der Differentialgleichung (3) ein vollständiges Differential in zwei unabhängigen Veränderlichen x und y wird. Gelingt dies, so ergibt sich aus (8) das zugehörige Integral f bekanntlich durch zwei Quadraturen. Da ein Differentialausdruck

$$U(x, y)\, dx + V(x, y)\, dy,$$

wie man weiß, dann und nur dann ein vollständiges Differential ist, wenn die partielle Ableitung U_y von U gleich der partiellen Ableitung V_x von V wird, folgt aus (8), daß die Funktion $\mu(x, y)$ dann und nur dann einen Multiplikator der Differentialgleichung (3) bedeutet, wenn

$$\frac{\partial - \mu Y}{\partial y} = \frac{\partial \mu X}{\partial x} \quad \text{oder also} \quad \frac{\partial \mu X}{\partial x} + \frac{\partial \mu Y}{\partial y} = 0,$$

d. h.

(9) $$X\frac{\partial \log \mu}{\partial x} + Y\frac{\partial \log \mu}{\partial y} + X_x + Y_y = 0$$

ist und zwar für alle Werte von x und y innerhalb eines Bereiches, in dem $\log \mu$ zugleich mit X und Y einwertig analytisch ist.

Dies sind die notwendigsten Begriffe und Sätze aus der Theorie der gewöhnlichen Differentialgleichungen erster Ordnung, die wir in der Folge anwenden müssen.

§ 17. Trajektorien einer Kurvenschar in der Ebene.

Liegt eine einfach unendliche Kurvenschar

$$f(x, y) = \text{konst.}$$

vor, so kann man solche Linien betrachten, die alle diese Kurven unter dem konstanten Winkel α durchschneiden. Wir nennen sie Trajektorien der gegebenen Schar. Ist (x, y) ein beliebiger Punkt, so kennen wir von der durch ihn gehenden Trajektorie die Richtung, da sie den Winkel α mit der Tangente der durch den Punkt gehenden Kurve $f =$ konst. bildet. Von den Trajektorien sind uns demnach die Linienelemente (vgl. S. 127) bekannt; ihre Bestimmung erfordert mithin die Integration einer gewöhnlichen Differentialgleichung erster Ordnung zwischen x und y.

Wenn die Kurvenschar $f =$ konst., von der wir ausgingen, nicht vorliegt, sondern nur durch eine Differentialgleichung

(1) $$\frac{dy}{dx} = \lambda(x, y)$$

gegeben ist, kann man auch noch die Differentialgleichung der Trajektorien mit den Winkel α angeben. Denn die Differentialgleichung (1) ordnet jedem Punkte (x, y) eine Richtung

$$\operatorname{tg} \tau = \frac{dy}{dx} = \lambda(x, y)$$

zu; sie bestimmt eben die Linienelemente der ursprünglichen Schar $f =$ konst. Wenn wir nun diese Linienelemente um den Winkel α drehen, liegen die Elemente der Trajektorien vor.

Also ist hier τ durch $\tau - \alpha$ zu ersetzen, und daher wird jetzt

$$\operatorname{tg} \tau = \frac{\lambda + \operatorname{tg} \alpha}{1 - \lambda \operatorname{tg} \alpha} = \frac{\lambda \cos \alpha + \sin \alpha}{\cos \alpha - \lambda \sin}$$

Mithin stellt

(2) $$\frac{dy}{dx} = \frac{\lambda \cos \alpha + \sin \alpha}{\cos \alpha - \lambda \sin \alpha}$$

die Differentialgleichung der Trajektorien mit dem Winkel α dar. Für $\alpha = 0$ ergibt sich, wie es sein muß, wieder die Differentialgleichung (1) der ursprünglichen Kurvenschar, dagegen für $\alpha = \frac{1}{2}\pi$ oder, was übrigens auf dasselbe hinauskommt, für $\alpha = -\frac{1}{2}\pi$ die Differentialgleichung der orthogonalen Trajektorien:

$$\frac{dy}{dx} = -\frac{1}{\lambda}.$$

Hat man in einem Punkte P oder (x, y) der hindurchgehenden Kurve der ursprünglichen Schar eine bestimmte Fortschreitungsrichtung gegeben und damit auch ihre positive Normale festgelegt, so möge die Fortschreitungsrichtung der durch denselben Punkt gehenden Trajektorie mit dem Winkel α aus ihr durch die Drehung um P mit dem Winkel α hervorgehen. Die positive Normale der Trajektorie wird dann durch dieselbe Drehung aus jener positiven Normalen gewonnen. Der Mittelpunkt des Krümmungskreises, der dieser Trajektorie im Punkte P zukommt, heiße M_α und der zugehörige Krümmungsradius r_α. Nach (3), S. 40, ist

$$r_\alpha = \frac{\sqrt{1 + y'^2}^3}{y''}.$$

Dabei bedeutet y' die durch (2) gegebene erste Ableitung von y nach x, während man die zweite Ableitung y'' leicht durch vollständige Differentiation nach x berechnen kann. Es kommt nämlich zunächst:

$$y'' = \frac{d}{d\lambda}\frac{\lambda \cos\alpha + \sin\alpha}{\cos\alpha - \lambda \sin\alpha} \cdot \frac{d\lambda}{dx} = \frac{\lambda_x + \lambda_y y'}{(\cos\alpha - \lambda\sin\alpha)^2},$$

und hierin ist der Wert (2) von y' einzusetzen. Man findet schließlich:

$$(3) \qquad r_\alpha = \frac{\sqrt{1 + \lambda^2}^3}{(\lambda_x + \lambda\lambda_y)\cos\alpha + (\lambda_y - \lambda\lambda_x)\sin\alpha}.$$

Insbesondere ergeben sich für $\alpha = 0$ und $\alpha = \frac{1}{2}\pi$ die Krümmungsradien r_0 und $r_{1/2\pi}$ der durch P gehenden ursprünglichen Kurve und orthogonalen Trajektorie:

$$r_0 = \frac{\sqrt{1 + \lambda^2}^3}{\lambda_x + \lambda\lambda_y}, \qquad r_{1/2\pi} = \frac{\sqrt{1 + \lambda^2}^3}{\lambda_y - \lambda\lambda_x}.$$

Folglich ist:

$$(4) \qquad \frac{1}{r_\alpha} = \frac{\cos\alpha}{r_0} + \frac{\sin\alpha}{r_{1/2\pi}}.$$

Bezeichnen wir mit M_0 und $M_{1/2\pi}$ die zum Punkte P gehörigen Krümmungsmittelpunkte der ursprünglichen Kurve und der orthogonalen Trajektorie, so hat der Punkt M_α in dem durch die Normalen PM_0 und $PM_{\frac{1}{2}\pi}$ beider Kurven bestimmten Achsenkreuze die Koordinaten

$$\mathfrak{x} = r_\alpha \cos\alpha\,, \quad \mathfrak{y} = r_\alpha \sin\alpha\,,$$

und daher folgt aus (4) für $\mathfrak{x}$ und $\mathfrak{y}$ die lineare Gleichung:

$$\frac{\mathfrak{x}}{r_0} + \frac{\mathfrak{y}}{r_{\frac{1}{2}\pi}} = 1\,. \tag{5}$$

Sie besagt, daß M_α auf der Geraden $M_0 M_{\frac{1}{2}\pi}$ liegt, siehe Fig. 48. Die drei Krümmungskreise, die den betrachteten drei Kurven durch P in P zukommen, sind nun die Kreise um M_0, M_α und $M_{\frac{1}{2}\pi}$. Weil sie alle drei durch P gehen, haben sie folglich noch denjenigen Punkt Q gemein, der durch Spiegelung des Punktes P an der Geraden $M_0 M_{\frac{1}{2}\pi}$ hervorgeht.

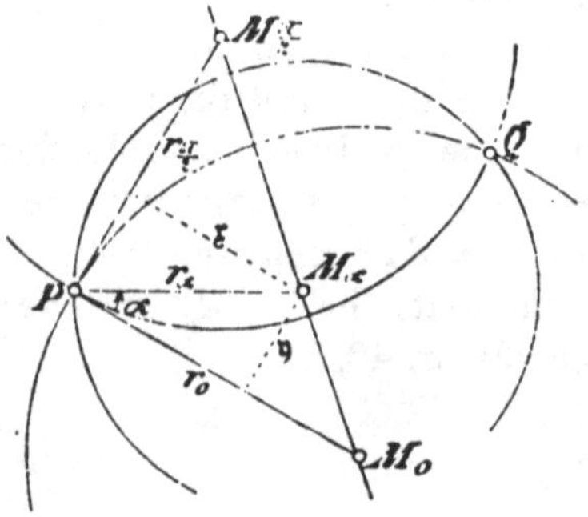

Fig. 48.

Erteilt man α alle möglichen Werte, so ergibt sich demnach, daß die Krümmungskreise aller durch P gehenden Trajektorien ein Kreisbüschel bilden, indem sie außer P noch einen Punkt Q gemein haben, d. h.:

Satz 60:[1] Ist eine einfach unendliche Schar von Kurven in der Ebene so beschaffen, daß durch jeden Punkt gerade eine Kurve der Schar geht, und legt man durch irgend einen Punkt P alle diejenigen Trajektorien, von denen jede alle Kurven der Schar unter einem konstanten Winkel schneidet, so bilden die Krümmungskreise dieser Trajektorien in P ein Kreisbüschel.

Wir wollen dies Ergebnis auf ein Beispiel anwenden, das später, in der Flächentheorie, wichtig wird.

---

[1] Dieser Satz findet sich in CESÀROS auf S. 92 genannten „Lezioni", 1896, S. 116 (deutsche Ausgabe 1901, S. 148). Infolge des Satzes ist jedem Punkte P der Ebene ein Punkt Q zugeordnet; es gibt nun eine zweite einfach unendliche Kurvenschar mit ihren Trajektorien derart, daß bei ihr die Punkte P und Q die Rollen vertauschen. Dies zeigte der Verf. in den Leipziger Berichten 1898, S. 247 ff. Vgl. auch ebenda 1904, S. 105 ff., ferner die Verhandlungen des 3. internationalen Mathematiker-Kongresses in Heidelberg 1904 (Leipzig 1905), S. 349 ff., sowie Mathem. Annalen 60. Bd. (1905), S. 491 ff.

Zunächst sei eine Gerade g und eine Kurve c gegeben. Denken wir uns die Kurve c starr, aber längs g verschiebbar, so können wir nach einer Linie $\mathfrak{c}$ fragen, die alle Kurven senkrecht schneidet. Verschieben wir eine solche Linie $\mathfrak{c}$ ebenfalls längs g, so bleibt sie offenbar orthogonale Trajektorie der aus c hervorgegangenen Kurvenschar. Wir haben also zwei Scharen orthogonaler Trajektorien vor uns, von denen jede aus ∞^1 kongruenten Kurven besteht.

Nun sei P ein Schnittpunkt von c und $\mathfrak{c}$. Die zu g parallele Gerade h durch P schneidet alle aus c durch jene Schiebungen hervorgegangenen Kurven unter einem konstanten Winkel, ist also auch eine Trajektorie der Schar. Nach Satz 60 müssen also c, $\mathfrak{c}$ und h in P Krümmungskreise haben, die außer P noch einen Punkt gemein haben. Da aber die Gerade h ihr eigener Krümmungskreis ist, folgt, daß dieser zweite Punkt auch auf h liegt. Die Krümmungskreise von c und $\mathfrak{c}$ in P haben daher solche Mittelpunkte, die auf einem gemeinsamen Lote zur Geraden g liegen (siehe Fig. 49). Sie seien mit M und $\mathfrak{M}$ bezeichnet. PM, die Normale von c in P, treffe g in N, und $P\mathfrak{M}$, die Normale von $\mathfrak{c}$ in P, treffe g in $\mathfrak{N}$. Dann ist

$$\triangle PM\mathfrak{M} \sim \triangle P\mathfrak{N}N,$$

woraus folgt:

$$PM.PN = P\mathfrak{M}.P\mathfrak{N}.$$

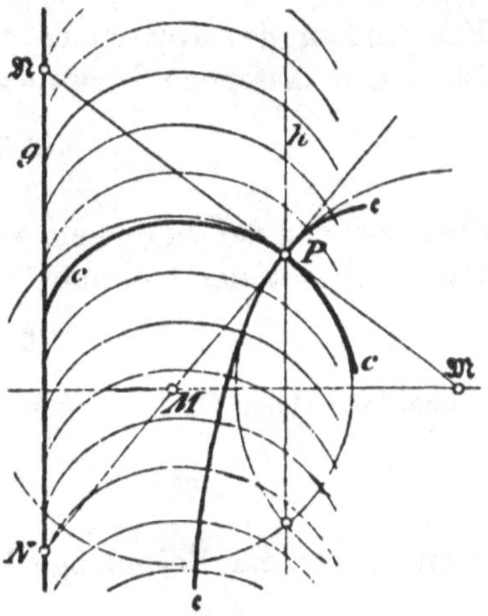

Fig. 49.

Handelt es sich um reelle Kurven, so liegt bei der einen, sagen wir bei $\mathfrak{c}$, der Punkt P zwischen $\mathfrak{M}$ und $\mathfrak{N}$, bei der anderen, also bei c, dagegen nicht zwischen M und N. Rechnen wir die Streckenprodukte positiv oder negativ, je nachdem beide Faktoren nach derselben oder nach verschiedenen Seiten von P liegen, so ist das erste Produkt positiv, das zweite negativ. Setzen wir $PN = n$, $P\mathfrak{N} = \mathfrak{n}$, $PM = r$, $P\mathfrak{M} = \mathfrak{r}$, so schreiben wir daher:

$$rn = -\mathfrak{r}\mathfrak{n}.$$

Hieraus folgt,[1] wenn rn konstant ist:

Satz 61: Hat eine ebene Kurve c die Eigenschaft, daß

[1] Siehe die Abh. des Verf., Leipziger Berichte 1900, S. 3 ff.

längs ihrer das Produkt aus dem Krümmungsradius und der Normalen — diese gemessen bis zu ihrem Schnittpunkte mit einer Geraden g — beständig denselben Wert hat, so kommt diese Eigenschaft auch den orthogonalen Trajektorien $\mathfrak{c}$ derjenigen Kurven zu, die durch Schieben der Kurve c längs g hervorgehen. Dabei ist das konstante Produkt für die Kurven $\mathfrak{c}$ entgegengesetzt gleich dem konstanten Produkte für die Kurve c, wenn man festsetzt, daß das Produkt positiv oder negativ gerechnet werden soll, je nachdem Krümmungsradius und Normale auf derselben oder auf verschiedenen Seiten des Kurvenpunktes liegen.

Wählen wir die Gerade g als y-Achse, die Bogenlänge s einer Kurve c als Parameter, so daß x', x'', y', y'' die Ableitungen der Koordinaten des Kurvenpunktes (x, y) oder P nach s bedeuten, so ist in den laufenden Koordinaten $\mathfrak{x}$, $\mathfrak{y}$:

$$\frac{\mathfrak{y} - y}{\mathfrak{x} - x} = -\frac{x'}{y'}$$

die Gleichung der Normalen, so daß die Normale die y-Achse in dem Punkte N mit der Ordinate:

$$\mathfrak{y} = y + \frac{x x'}{y'}$$

schneidet. Das Quadrat der Normalen PN ist also:

$$n^2 = x^2 + (\mathfrak{y} - y)^2 = \frac{x^2}{y'^2}(x'^2 + y'^2).$$

Weil aber s die Bogenlänge bedeutet, kommt nach Satz 1, S. 11:

$$n^2 = \frac{x^2}{y'^2}.$$

Außerdem ist das Quadrat des Krümmungsradius nach Satz 18, S. 40:

$$r^2 = \frac{y'^2}{x''^2}.$$

Ferner ist $a = x + y'^2 : x''$ die Abszisse des Krümmungsmittelpunktes. Nun soll $r n \gtreqless 0$ sein, je nachdem x und $a - x$ verschiedene oder gleiche Vorzeichen haben. Daher ist

$$r n = -\frac{x}{x''}$$

zu setzen. Bezeichnen wir dies Produkt, das konstant sein soll, mit $1 : K$, so haben wir die Bedingung:

(6) $$x'' = -K x.$$

Um die Kurven zu finden, für die rn konstant ist, müssen wir zunächst in allgemeinster Weise x so als Funktion von s bestimmen, daß die Forderung (6) erfüllt wird. Man erkennt, daß insbesondere die Funktion $\sin\sqrt{K}s$ der Bedingung genügt. Es ist nun leicht, vorerst das Verhältnis

$$u = \frac{x}{\sin\sqrt{K}s}$$

zu berechnen. Denn aus

$$x = u\sin\sqrt{K}s \tag{7}$$

folgt durch zweimalige Differentiation:

$$x'' = u''\sin\sqrt{K}s + 2\sqrt{K}u'\cos\sqrt{K}s - Ku\sin\sqrt{K}s.$$

Nach (6) und (7) hebt sich x'' links gegen das letzte Glied rechts fort, so daß bleibt

$$\frac{u''}{u'} = -2\sqrt{K}\operatorname{ctg}\sqrt{K}s.$$

Eine Quadratur liefert $\log u'$ und darauf

$$u' = \frac{\text{konst.}}{\sin^2\sqrt{K}s}.$$

Nochmalige Integration ergibt:

$$u = \text{konst.}\operatorname{ctg}\sqrt{K}s + \text{konst.},$$

so daß nach (7) als allgemeinste Lösung x der Bedingung (6) der Wert

$$x = a\cos\sqrt{K}s + b\sin\sqrt{K}s \tag{8}$$

hervorgeht, in dem a und b beliebige Konstanten sind. Da s die Bogenlänge bedeutet, ist nach Satz 1, S. 11:

$$\frac{dy}{ds} = \sqrt{1 - \left(\frac{dx}{ds}\right)^2}. \tag{9}$$

Nach (8) kann man folglich auch y vermöge eines Integrals durch s bestimmen. Aber dies Integral läßt sich nicht durch die elementaren Funktionen ausdrücken. Wir werden sehen, daß sich y mit Hilfe der beiden sogenannten elliptischen Integrale

$$\left\{\begin{aligned} E(c,\varphi) &= \int_0^\varphi \sqrt{1 - c^2\sin^2\varphi}\,d\varphi, \\ F(c,\varphi) &= \int_0^\varphi \frac{d\varphi}{\sqrt{1 - c^2\sin^2\varphi}} \qquad (c^2 < 1) \end{aligned}\right. \tag{10}$$

ausdrücken läßt. Wir wollen dies für alle verschiedenen **reellen** Gestalten der gesuchten Kurven einzeln zeigen und bemerken dabei vorweg: Wenn wir eine Kurve, bei der rn konstant ist, vom Anfangspunkte aus ähnlich vergrößern oder verkleinern, behält sie die Eigenschaft: $rn =$ konst.; nur der absolute Wert der Konstanten wird ein anderer. Wir können daher durch ähnliche Vergrößerung oder Verkleinerung erreichen, daß rn gleich $+1$ oder -1, d. h. $K = \pm 1$ wird. Daher beschränken wir uns auf diese beiden Annahmen. Auch machen wir öfters davon Gebrauch, daß die Kurven durch Schiebung längs der y-Achse ihre charakteristische Eigenschaft nicht ändern, ebenso nicht durch Spiegelung an der y-Achse.

I. Fall: $K = +1$.

Nach (8) setzen wir:

$$x = a\cos s + b\sin s.$$

Damit die Kurve reell sei, ist zunächst notwendig, daß a und b reell sind. Dann ist x für jedes reelle s auch reell. Nach (9) kommt:

$$\left(\frac{dy}{ds}\right)^2 = 1 - (-a\sin s + b\cos s)^2.$$

Daher ist y nur so lange reell, als $x' = -a\sin s + b\cos s$ zwischen $+1$ und -1 liegt. Weil der Maximalwert von x'^2 gleich $a^2 + b^2$ ist, folgt:

Ist $a^2 + b^2 < 1$, so wird x'^2 überall kleiner als Eins. Ist $a^2 + b^2 = 1$, so gilt dasselbe, aber an gewissen Stellen wird x'^2 gerade gleich Eins. Ist $a^2 + b^2 > 1$, so wird x'^2 nur in einem gewissen Intervalle für s kleiner als Eins. In jedem Falle liegt eine Stelle, an der $x' = 0$ ist, im erlaubten Intervalle. Diese Stelle bringen wir durch Verschieben der Kurve längs der y-Achse auf die x-Achse, und von ihr aus rechnen wir s. Dann muß x' für $s = 0$ verschwinden, d. h. b darf gleich Null angenommen werden, so daß $x = a\cos s$ ist. Ist a negativ, so wird die Spiegelung der Kurve an der y-Achse eine Kurve geben, bei der a positiv ist. Wir setzen daher $a > 0$ voraus. Daher liegen drei Fälle vor:

Ist $0 < a < 1$, so kommt:

$$x = a\cos s, \qquad y = \int_0^s \sqrt{1 - a^2\sin^2 s}\,ds.$$

Setzen wir $a < 1$ gleich c, $s = \varphi$, so kommen nach (10) die Kurvengleichungen mit dem Parameter φ:

$$x = c\cos\varphi, \quad y = E(c, \varphi).$$

Ist $a = 1$, so kommt $x = \cos s$, $y = \pm \sin s$, d. h. es liegt ein Kreis um den Anfangspunkt mit dem Radius Eins vor. Er wird durch die vorstehenden Gleichungen für $c = 1$ dargestellt.

Ist $a > 1$, so setzen wir

$$\sin s = \frac{1}{a} \sin \varphi$$

und führen hierdurch φ als Parameter ein. Dann kommt:

$$x = a \cos s = a \sqrt{1 - \frac{1}{a^2} \sin^2 \varphi},$$

$$\cos s \cdot \frac{ds}{d\varphi} = \frac{1}{a} \cos \varphi,$$

so daß

$$y = \int_0^s \sqrt{1 - a^2 \sin^2 s}\, ds = \int_0^\varphi \frac{\cos^2 \varphi}{a \sqrt{1 - \frac{1}{a^2} \sin^2 \varphi}}\, d\varphi$$

wird. Wenn wir unter dem Integralzeichen den Zähler in der Form

$$a^2 \left(1 - \frac{1}{a^2} \sin^2 \varphi\right) + 1 - a^2$$

schreiben, kommt nach (10), sobald noch $1 : a$ mit c bezeichnet wird:

$$x = \frac{1}{c} \sqrt{1 - c^2 \sin^2 \varphi}, \qquad y = \frac{1}{c} E(c, \varphi) - \frac{1 - c^2}{c} F(c, \varphi).$$

Die Annahme $c = 1$ gibt wieder den erwähnten Kreis.

II. Fall: $K = -1$.

Nach (8) ist hier:

$$x = a \cos is + b \sin is.$$

Ersetzen wir $\cos is$ und $\sin is$ durch Exponentialfunktionen, so kommt:

$$x = \alpha e^s + \beta e^{-s}, \tag{11}$$

wobei nun α, β die willkürlichen Konstanten sind. Nach unserem Satze 61, S. 135, ist die jetzt in Betrachtung zu ziehende Kurve zu einer der unter I betrachteten Kurven orthogonal, so daß also die beiden einander entsprechenden Kurven für gleiches x zueinander senkrechte Tangenten haben. Bei den früheren Kurven war $x = a \cos s$, also der Kosinus des Tangentenwinkels $\cos \tau = -a \sin s$ oder $-\sqrt{a^2 - x^2}$. Bei der jetzigen Kurve muß daher

$$\cos^2 \tau = 1 - \sin^2 \tau = 1 - a^2 + x^2$$

sein, somit nach (11):

$$(\alpha e^s - \beta e^{-s})^2 = 1 - a^2 + (\alpha e^s + \beta e^{-s})^2$$

oder:

$$4\alpha\beta = a^2 - 1.$$

Wir können die Kurve als orthogonale Trajektorie der früheren Kurve an der Stelle ($x = a$, $y = 0$) beginnen lassen, so daß wir s von dort an rechnen. Dann ist nach (11) noch:

$$\alpha + \beta = a,$$

so daß

$$\alpha = \frac{a \pm 1}{2}, \quad \beta = \frac{a \mp 1}{2}$$

wird. Vertauschung von α mit β kommt nach (11) einfach auf Vertauschung von s mit $-s$ hinaus. Wir dürfen uns daher auf die Werte beschränken:

$$\alpha = \frac{a+1}{2}, \quad \beta = \frac{a-1}{2}.$$

Ist nun $0 < a < 1$, so führen wir einen Parameter φ ein vermöge:

$$x = \frac{a+1}{2} e^s + \frac{a-1}{2} e^{-s} = a \cos \varphi.$$

Daraus ergibt sich:

$$\left(\frac{dx}{ds}\right)^2 = \left(\frac{a+1}{2} e^s - \frac{a-1}{2} e^{-s}\right)^2 = 1 - a^2 \sin^2 \varphi$$

und:

$$(1 - a^2 \sin^2 \varphi) \left(\frac{ds}{d\varphi}\right)^2 = a^2 \sin^2 \varphi,$$

so daß (9) liefert:

$$\frac{dy}{d\varphi} = \sqrt{1 - \left(\frac{dx}{ds}\right)^2}\, \frac{ds}{d\varphi} = \frac{a^2 \sin^2 \varphi}{\sqrt{1 - a^2 \sin^2 \varphi}}.$$

Bezeichnen wir $a < 1$ mit c, so kommt daher nach (10):

$$x = c \cos \varphi, \quad y = F(c, \varphi) - E(c, \varphi).$$

Ist zweitens $a = 1$, so ergibt sich dieselbe Kurve, natürlich für $c = 1$. Sie hat eine wesentlich andere Gestalt als die Kurven für $c < 1$, und wir kommen auf sie zurück.

Ist drittens $a > 1$, so setzen wir:

$$x = \frac{a+1}{2} e^s + \frac{a-1}{2} e^{-s} = a \sqrt{1 - \frac{1}{a^2} \sin^2 \varphi}.$$

Alsdann ist:

$$\left(\frac{dx}{ds}\right)^2 = \left(\frac{a+1}{2} e^s - \frac{a-1}{2} e^{-s}\right)^2 = \cos^2 \varphi$$

und:

$$\left(\frac{ds}{d\varphi}\right)^2 = \frac{1}{a^2}\,\frac{\sin^2\varphi}{1-\frac{1}{a^2}\sin^2\varphi},$$

so daß (9) liefert:

$$\frac{dy}{d\varphi} = \frac{1}{a}\,\frac{\sin^2\varphi}{\sqrt{1-\frac{1}{a^2}\sin^2\varphi}}.$$

Bezeichnen wir $1 : a < 1$ mit c, so kommt folglich nach (10):

$$x = \frac{1}{c}\sqrt{1-c^2\sin^2\varphi}, \quad y = \frac{1}{c}F(c,\varphi) - \frac{1}{c}E(c,\varphi).$$

Für $c = 1$ ergibt sich wieder die Kurve im Falle $a = 1$.

Demnach haben wir gefunden:

Satz 62:[1] Jede reelle Kurve in der Ebene, für die das Produkt des Krümmungsradius mit der Normale — diese gerechnet bis zu ihrem Schnittpunkte mit einer festen Geraden, etwa der y-Achse, — einen konstanten Wert hat, läßt sich durch geeignete ähnliche Vergrößerung oder Verkleinerung und eventuelle Spiegelung an der festen Geraden überführen in eine der folgenden Kurven:

(Ia) $$x = c\cos\varphi, \quad y = E(c,\varphi),$$

(Ib) $$x = \frac{1}{c}\Delta\varphi, \quad y = \frac{1}{c}E(c,\varphi) - \frac{1-c^2}{c}F(c,\varphi).$$

(IIa) $$x = c\cos\varphi, \quad y = F(c,\varphi) - E(c,\varphi),$$

(IIb) $$x = \frac{1}{c}\Delta\varphi, \quad y = \frac{1}{c}F(c,\varphi) - \frac{1}{c}E(c,\varphi).$$

Dabei bedeutet φ den Parameter, c eine positive Konstante kleiner oder gleich Eins; ferner ist

$$\Delta\varphi = \sqrt{1-c^2\sin^2\varphi},$$

$$E(c,\varphi) = \int_0^\varphi \Delta\varphi\, d\varphi, \quad F(c,\varphi) = \int_0^\varphi \frac{d\varphi}{\Delta\varphi}.$$

---

[1] Die Kurven des Satzes wurden mit der Beschränkung auf negative Werte des konstanten Produktes von MINDING im Journal für d. r. u. a. Math. 19. Bd. (1839), S. 379, 380, bestimmt, alsdann für alle Fälle von LIOUVILLE in der 4. Note zur 5. Auflage von MONGE, „Application de l'analyse à la géométrie", Paris 1850.

Bei allen vier Kurven ist jenes konstante Produkt absolut genommen gleich Eins; bei den beiden ersten liegt der Krümmungsradius nach derselben Seite wie die Normale, bei den beiden letzten nach der entgegengesetzten Seite.

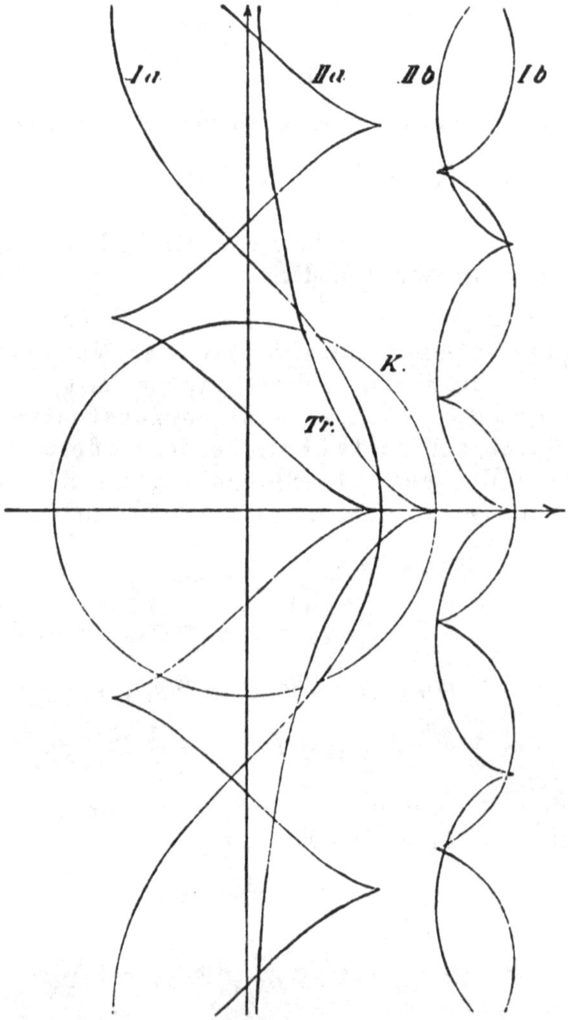

Fig. 50.

Die Kurven, die durch Verschieben einer der Kurven (Ia) oder (Ib) längs der y-Achse hervorgehen, sind die orthogonalen Trajektorien derjenigen Kurven, die in derselben Weise aus der Kurve (IIa) bzw. (IIb) hervorgehen.

Zum Zeichnen der Kurven bedient man sich der für die elliptischen Integrale berechneten Tafeln. Doch ist es leicht, gewisse besondere Eigenschaften der Kurven ohne dies zu erkennen, so ihre Symmetrie hinsichtlich der x-Achse, ihre Periodizität längs der y-Achse im Falle $c \neq 1$, die daraus folgt, daß unter den Integralzeichen die periodische Funktion $\sin \varphi$ auftritt, ferner ihre Spitzen usw. In Fig. 50 sind die Kurven für $c = \frac{1}{2}\sqrt{2} = 0{,}707\ldots$ dargestellt.[1] Dabei ist die Längeneinheit der Radius des eingezeichneten Kreises.

Dieser Kreis ergibt sich in den Fällen (Ia) und (Ib) bei der Annahme $c = 1$. Entsprechend liefern die Fälle (IIa) und (IIb) eine Kurve für $c = 1$, die eine orthogonale Trajektorie aller derjenigen Kreise vom Radius Eins ist, deren Mitten auf der y-Achse liegen. Diese Kurve hat also Radien der Kreise zu Tangenten, d. h. für diese Kurve ist die Länge der Tangente, gemessen vom Berührungspunkte bis zur y-Achse, konstant. Sie heißt eine Traktrix.[2] Ihre Gleichungen

$$x = \cos\varphi, \quad y = \int_0^\varphi \frac{d\varphi}{\cos\varphi} - \int_0^\varphi \cos\varphi\, d\varphi$$

können in endlicher Form so geschrieben werden:

$$x = \cos\varphi, \quad y = \log \operatorname{tg}\left(\frac{\pi}{4} + \frac{\varphi}{2}\right) - \sin\varphi.$$

Diese Kurve hat im Punkte ($x = 1$, $y = 0$) eine Spitze, deren Tangente die x-Achse ist. Die y-Achse ist eine Asymptote der Traktrix.

§ 18. Parameterlinien in der Ebene.

Zwei verschiedene einfach unendliche Scharen von Kurven in der Ebene bilden ein Kurvennetz. Wenn

$$\Phi(x, y) = \text{konst.}, \quad \Psi(x, y) = \text{konst.}$$

---

[1] Man kann die Kurven mit großer Annäherung mittels einiger Krümmungskreise konstruieren, sobald man nur von den vier Zahlenwerten Gebrauch macht:

$$E\left(\frac{1}{2}\sqrt{2}, \frac{\pi}{4}\right) = 0{,}748, \quad E\left(\frac{1}{2}\sqrt{2}, \frac{\pi}{2}\right) = 1{,}351,$$

$$F\left(\frac{1}{2}\sqrt{2}, \frac{\pi}{4}\right) = 0{,}826, \quad F\left(\frac{1}{2}\sqrt{2}, \frac{\pi}{2}\right) = 1{,}854,$$

die sich übrigens leicht durch Annäherung berechnen lassen.

[2] Daß die Traktrix als Kurve von konstanter Tangentenlänge auch als orthogonale Trajektorie einer Schar von kongruenten Kreisen definierbar ist, bemerkte Liouville a. a. O. Sie wurde zuerst von Leibniz 1693 betrachtet.

die Gleichungen der beiden Scharen sind, ist nach Satz 56, S. 121, vorauszusetzen, daß die Funktionaldeterminante

$$\Phi_x \Psi_y - \Psi_x \Phi_y$$

für beliebige Werte von x, y von Null verschieden sei, weil sonst beide Scharen zusammenfallen. Wählen wir einen beliebigen Punkt (x, y) bestimmt aus, so werden für ihn Φ und Ψ gewisse Werte u und v haben:

$$(1) \qquad \Phi(x, y) = u, \quad \Psi(x, y) = v.$$

Alsdann ist in den laufenden Koordinaten $\mathfrak{x}, \mathfrak{y}$

$$\Phi(\mathfrak{x}, \mathfrak{y}) = u$$

die Gleichung der Kurve der einen Schar, die durch den gewählten Punkt (x, y) geht, und

$$\Psi(\mathfrak{x}, \mathfrak{y}) = v$$

die Gleichung der Kurve der anderen Schar durch diesen Punkt (x, y).

Zu jedem Punkte (x, y) gehört also ein Wertepaar u, v.

Auf Grund eines Satzes der Funktionentheorie, nämlich der Verallgemeinerung des auf S. 3 erwähnten Satzes über das Vorhandensein einer unentwickelten Funktion, läßt sich erkennen, daß auch umgekehrt zu jedem Wertepaare u, v ein Punkt (x, y) gehört. Es sei nämlich x_0, y_0 ein Wertepaar von x, y, in dessen Umgebung die Funktionen Φ und Ψ einwertig analytisch sind und für das ihre Funktionaldeterminate nicht verschwindet. Die Funktionen Φ und Ψ mögen für $x = x_0$ und $y = y_0$ die Werte u_0 und v_0 annehmen. Alsdann gibt es nach jenem Satze ein und nur ein Paar von Funktionen $x = \varphi(u, v)$, $y = \psi(u, v)$, die für $u = u_0$, $v = v_0$ die Werte x_0 und y_0 haben, ferner in einer Umgebung des Wertepaares u_0, v_0 einwertig analytisch sind und in dieser Umgebung den Gleichungen (1) für alle Werte von u und v genügen. Es existiert also, kurz gesagt, eine Auflösung

$$(2) \qquad \varphi(u, v) = x, \quad \psi(u, v) = y$$

der Gleichungen (1) nach u und v. Zu jedem Wertepaare u, v gehört demnach ein Punkt (x, y). Daraus folgt weiter, daß auch die Funktionaldeterminate

$$\varphi_u \psi_v - \psi_u \varphi_v$$

für ein beliebiges Wertepaar u, v von Null verschieden ist.

1. Beispiel: Wir erläutern dies an dem Beispiele:

$$\sqrt{x^2 + y^2} = u, \quad \operatorname{arc\,tg} \frac{y}{x} = v.$$

Durch geeignete Beschränkung des Bereiches lassen sich beide Funktionen einwertig machen. Wenn man z. B. x und y reell annimmt, aber alle diejenigen Wertepaare x, y ausschließt, bei denen $y = 0$ und zugleich $x \leqq 0$ ist, kann man der Wurzel das Pluszeichen und dem Arkus denjenigen Wert zwischen $-\pi$ und $+\pi$ vorschreiben, dessen Sinus und Kosinus bzw. dasselbe Vorzeichen wie y und x haben. Dann gehört zu jedem erlaubten Punkte (x, y) ein und nur ein Wertepaar u, v. Der Bereich dieser Wertepaare ist durch $u > 0$, $-\pi < v < \pi$ bestimmt. Die Funktionaldeterminante verschwindet nicht. Demnach gehört zu jedem Wertepaare u, v des Bereiches $u > 0$, $-\pi < v < \pi$ ein und nur ein Punkt (x, y). Die Auflösung der Gleichungen nach x und y gibt in der Tat:

$$u \cos v = x, \quad u \sin v = y.$$

Die Größen u und v sind bekanntlich nichts anderes als die Polarkoordinaten des Punktes (x, y).

Daraus, daß zu jedem Punkte (x, y) ein Wertepaar u, v und zu jedem Wertepaare u, v ein Punkt (x, y) gehört, schließen wir, daß wir auch u und v an Stelle von x und y als Bestimmungsstücke der Punkte benutzen können. Wenn wir einen Punkt durch seine rechtwinkligen Koordinaten x und y festlegen, kommt dies darauf hinaus, daß wir angeben, der Punkt soll auf einer gewissen Parallelen zur y-Achse und auf einer gewissen Parallelen zur x-Achse liegen. Wenn wir nun u und v statt x und y geben, so heißt dies geometrisch: der fragliche Punkt soll auf der Kurve $\Phi(x, y) = u$ und auf der Kurve $\Psi(x, y) = v$ liegen, d. h. wir bestimmen den Punkt als Schnittpunkt zweier Kurven. Daher heißen u und v auch krummlinige Koordinaten oder Parameter des Punktes.

Dies Verfahren liefert die allgemeinste Art von Punktkoordinaten, die überhaupt in der Ebene möglich sind. Die dabei zugrunde liegenden Kurven $\Phi =$ konst. und $\Psi =$ konst. heißen die Parameterlinien.[1]

2. Beispiel: Im gewöhnlichen rechtwinkligen Koordinatensystem sind die Parameterlinien zwei zueinander senkrechte Scharen von Parallelgeraden. Im schiefwinkligen System treten an ihre Stellen zwei beliebige Scharen von Parallelgeraden. Bei Benutzung von Polarkoordinaten sind die Parameterlinien konzentrische Kreise und Geraden durch ihre gemeinsame Mitte. Bei dipolaren Koordinaten, d. h. wenn wir den Punkt durch seine Abstände u, v von zwei festen Punkten, Polen, geben, sind die Parameterlinien konzentrische Kreise um den einen und konzentrische Kreise um den anderen Pol.

[1] Die systematische Anwendung krummliniger Koordinaten in der Ebene und auf Flächen verdanken wir Gauss, „Disquisitiones generales circa superficies curvas", Commentationes Soc. Scient. Gottingensis recentiores Vol. VI (ad a. 1823—1827), Göttingen 1828. Siehe auch Gauss' Werke, 4. Bd., und die Übersetzung in Ostwalds Klassikern Nr. 5.

Um die allgemeinen krummlinigen Koordinaten zu untersuchen, gehen wir im folgenden von den beiden Gleichungen

$$(3) \qquad x = \varphi(u, v), \quad y = \psi(u, v)$$

aus. Wir nehmen dabei an, daß es einen Bereich gebe, in dem φ und ψ einwertige analytische Funktionen sind und die Funktionaldeterminante nicht verschwindet:

$$(4) \qquad \varphi_u \psi_v - \psi_u \varphi_v \neq 0,$$

so daß den Funktionen φ und ψ in diesem Bereiche Werte x und y derart zukommen, daß auch ein Bereich von Wertepaaren x, y vorliegt, innerhalb dessen die Gleichungen (3) Auflösungen

$$(5) \qquad u = \Phi(x, y), \quad v = \Psi(x, y)$$

haben, die einwertige analytische Funktionen von x und y sind. Die beiden Bereiche der Veränderlichen x, y und der Veränderlichen u, v sind alsdann, wie man sagt, ein-eindeutig aufeinander bezogen.

Im gewöhnlichen, d. h. rechtwinkligen Koordinatensystem gibt das Konstantsetzen einer Koordinate alle Punkte einer Parallelen zur y- oder x-Achse, im krummlinigen System gibt es entsprechend alle Punkte einer Parameterlinie, denn $u =$ konst. bedeutet nach (5) eine Kurve $\Phi(x, y) =$ konst. und $v =$ konst. eine Kurve $\Psi(x, y) =$ konst.

Wählen wir u bestimmt, etwa gleich u_0, so soll die damit ausgewählte Parameterlinie

$$\Phi(x, y) = u_0$$

die Parameterlinie (u_0) heißen. Entsprechend heiße Parameterlinie (v_0) diejenige Kurve, längs deren v den festen Wert v_0 hat, d. h. die Kurve

$$\Psi(x, y) = v_0.$$

Längs einer Parameterlinie (u_0) ist v veränderlich, längs einer Parameterlinie (v_0) ist u veränderlich. Als Punkt (u_0, v_0) bezeichnen wir im krummlinigen Koordinatensystem den Schnittpunkt der beiden erwähnten Parameterlinien, d. h. denjenigen Punkt, dessen rechtwinklige Koordinaten x_0, y_0 nach (3) die Werte $\varphi(u_0, v_0)$ und $\psi(u_0, v_0)$ haben. Man möge sich diese Begriffe am Beispiele der Polarkoordinaten klar machen (siehe 1. Beispiel).

Der in der Geometrie wichtigste Differentialausdruck ist der des Quadrates des Bogenelements

$$ds^2 = dx^2 + dy^2.$$

In dem neuen, krummlinigen Koordinatensysteme wird er viel umständlicher. Um ihn zu berechnen, stellen wir uns vor, der Punkt (u, v) gehe in einen benachbarten Punkt $(u + \Delta u,\ v + \Delta v)$ über. Sind x, y und $x + \Delta x,\ y + \Delta y$ die gewöhnlichen Koordinaten beider Punkte, so ist nach (3):

$$(6)\quad \Delta x = \varphi(u+\Delta u, v+\Delta v) - \varphi(u, v), \quad \Delta y = \psi(u+\Delta u, v+\Delta v) - \psi(u, v).$$

Die Strecke vom Punkte (u, v) nach dem Punkte $(u + \Delta u,\ v + \Delta v)$, d. h. vom Schnittpunkte der Parameterlinien (u) und (v) nach dem Schnittpunkte der Parameterlinien $(u + \Delta u,\ v + \Delta v)$ hat das Quadrat

$$\Delta s^2 = \Delta x^2 + \Delta y^2.$$

Es handelt sich darum, den Wert dieses Ausdruckes zu ermitteln, falls Δx und Δy oder, was dasselbe bedeutet, Δu und Δv zu Differentialen werden, siehe Fig. 51. An die Stelle von (6) treten dann die Formeln

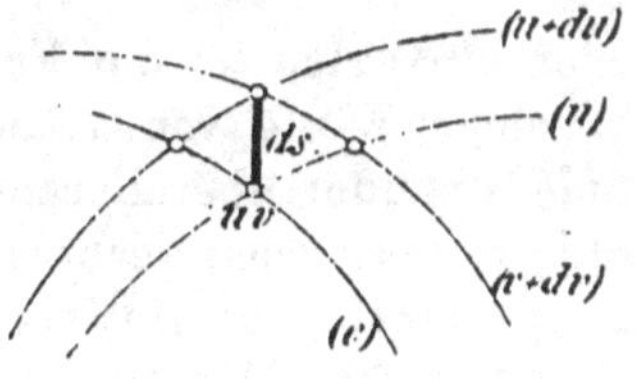

Fig. 51.

$$dx = \varphi_u du + \varphi_v dv,$$
$$dy = \psi_u du + \psi_v dv,$$

worin φ und ψ die Funktionen $\varphi(u, v)$ und $\psi(u, v)$ bedeuten, so daß sich als Quadrat des Bogenelements der Ausdruck ergibt:

$$(7)\quad ds^2 = (\varphi_u^2 + \psi_u^2)\,du^2 + 2(\varphi_u \varphi_v + \psi_u \psi_v)\,du\,dv + (\varphi_v^2 + \psi_v^2)\,dv^2.$$

Die drei Funktionen von u und v:

$$(8)\quad E = \varphi_u^2 + \psi_u^2, \quad F = \varphi_u \varphi_v + \psi_u \psi_v, \quad G = \varphi_v^2 + \psi_v^2$$

bezeichnen wir als die Fundamentalgrößen im krummlinigen Koordinatensysteme. Das Quadrat des Bogenelements stellt sich, ausgedrückt in den Fundamentalgrößen, so dar:

$$(9)\quad ds^2 = E\,du^2 + 2F\,du\,dv + G\,dv^2.$$

3. Beispiel: Nach dem 1. Beispiele ist, falls u und v die Polarkoordinaten bedeuten:

$$x = u\cos v = \varphi, \quad y = u\sin v = \psi,$$

also $\varphi_u = \cos v$, $\psi_u = \sin v$ und $\varphi_v = -u\sin v$, $\psi_v = u\cos v$, daher nach (8):

$$E = 1, \quad F = 0, \quad G = u^2,$$

folglich nach (9):

$$ds^2 = du^2 + u^2 dv^2.$$

Durch einen Punkt, dessen krummlinige Koordinaten u und v bestimmt gewählt sind, geht eine Parameterlinie (v) und eine Parameterlinie (u); längs der ersten ist nur u und längs der zweiten nur v veränderlich, daher nach (3)

$$dx = \varphi_u du, \; dy = \psi_u du \quad \text{bzw.} \quad dx = \varphi_v dv, \; dy = \psi_v dv.$$

Der Tangens des Winkels τ also, den die Tangente der einen bzw. anderen Parameterlinie mit der positiven x-Achse bildet, hat den Wert

$$\operatorname{tg} \tau = \frac{\psi_u}{\varphi_u} \quad \text{bzw.} \quad \operatorname{tg} \tau = \frac{\psi_v}{\varphi_v},$$

und diese Werte sind unabhängig davon, wie man die Parameterlinien orientiert. Beide Tangenten stehen dann und nur dann aufeinander senkrecht, wenn

$$\frac{\psi_u}{\varphi_u} = -\frac{\varphi_v}{\psi_v}, \quad \text{d. h.} \quad \varphi_u \varphi_v + \psi_u \psi_v = 0$$

oder also nach (9) die Fundamentalgröße $F = 0$ ist. Tritt dies für beliebige Werte von u und v ein, so durchsetzen die Parameterlinie einander überall senkrecht. Dann liegt also ein zwar krummliniges, aber doch rechtwinkliges Koordinatensystem vor. Man nennt es ein Orthogonalsystem. Wir haben also den

Satz 63: Die Gleichungen

$$x = \varphi(u, v), \quad y = \psi(u, v)$$

definieren ein Orthogonalsystem von krummlinigen Koordinaten u und v nur dann, wenn für beliebige Werte von u und v

$$\varphi_u \varphi_v + \psi_u \psi_v = 0$$

oder also die Fundamentalgröße $F = 0$ ist.

4. **Beispiel:** Im Falle der Polarkoordinaten ergab sich im dritten Beispiele $F = 0$. In der Tat bilden die Polarkoordinaten ein Orthogonalsystem, weil hier die Parameterlinien aus allen konzentrischen Kreisen um den Anfangspunkt und allen Strahlen vom Anfangspunkte aus bestehen.

5. **Beispiel:** Für gewisse Probleme erweisen sich die sogenannten elliptischen Koordinaten[1] als besonders bequem. Zu ihnen gelangt man so: Es seien a^2 und $b^2 < a^2$ zwei gegebene positive Zahlen. Alsdann stellt die Gleichung

$$\frac{x^2}{a^2 - \lambda} + \frac{y^2}{b^2 - \lambda} = 1 \tag{10}$$

einen Kegelschnitt dar, dessen Achsen die Koordinatenachsen sind, und zwar eine reelle Ellipse, falls $\lambda < b^2$ ist, dagegen eine reelle Hyperbel, falls $b^2 < \lambda < a^2$

[1] Die elliptischen Koordinaten traten zuerst auf bei LAMÉ, „Mémoire sur les surfaces isothermes dans les corps solides homogènes en équilibre de température“, prés. à l'Acad. de Paris 1833, Journal de Mathém. T. II, 1837.

ist. Beide Kegelschnitte haben als Brennpunkte diejenigen Punkte der x-Achse, deren Abszissen $\pm\sqrt{a^2-b^2}$ sind. Ist $\lambda > a^2$, so stellt (10) einen imaginären Kegelschnitt dar. Nun weiß man aus der analytischen Geometrie, daß durch einen beliebigen reellen Punkt (x, y) gerade eine Ellipse und gerade eine Hyperbel geht, deren Brennpunkte die bezeichneten beiden Stellen sind. Dies bedeutet: Hat man x und y irgendwie reell gewählt, so hat die Gleichung (10), die hinsichtlich λ quadratisch ist, eine reelle Wurzel $\lambda < b^2$ und eine reelle Wurzel λ zwischen a^2 und b^2. Dies läßt sich leicht analytisch bestätigen. Bezeichnet man jetzt diese beiden Wurzeln mit u und v, so gehört also zu jedem reellen Wertepaare x, y infolge von (10) ein reeller Wert $u < b^2$ und ein reeller Wert v zwischen a^2 und b^2. Die beiden **konfokalen** Kegelschnitte haben aber insgesamt vier Schnittpunkte. Um also zu einer ein-eindeutigen Beziehung zwischen x, y und u, v zu kommen, beschränken wir uns etwa auf positive Werte von x und y. Alsdann gehört zu jedem Wertepaare $x > 0$, $y > 0$ gerade ein reelles Wertepaar u, v, wobei $u < b^2$, $b^2 < v < a^2$ ist, und umgekehrt zu jedem derartigen Wertepaare u, v gerade ein reelles Wertepaar $x > 0$, $y > 0$. Man kann daher u und v als krummlinige Koordinaten einführen. Dies sind die sogenannten elliptischen Koordinaten. Bekanntlich sind konfokale Ellipsen und Hyperbeln zueinander senkrecht. Daher bilden die elliptischen Koordinaten ein Orthogonalsystem. Dies wollen wir analytisch bestätigen, indem wir das Quadrat des Bogenelements (9) berechnen und zeigen, daß in der Tat die Fundamentalgröße $F = 0$ wird. Indem wir $u < b^2$ und $b^2 < v < a^2$ wählen, setzen wir nach (10) die beiden Gleichungen an:

$$\frac{x^2}{a^2-u} + \frac{y^2}{b^2-u} = 1, \qquad \frac{x^2}{a^2-v} + \frac{y^2}{b^2-v} = 1,$$

aus denen sich ergibt

$$x = \sqrt{\frac{(a^2-u)(a^2-v)}{a^2-b^2}}, \qquad y = \sqrt{\frac{(b^2-u)(b^2-v)}{b^2-a^2}},$$

wobei die Wurzeln positiv zu wählen sind. Dies sind hier die Gleichungen (3). Also kommt:

$$x_u = \varphi_u = -\frac{a^2-v}{2x(a^2-b^2)}, \qquad x_v = \varphi_v = -\frac{a^2-u}{2x(a^2-b^2)},$$

$$y_u = \psi_u = -\frac{b^2-v}{2y(b^2-a^2)}, \qquad y_v = \psi_v = -\frac{b^2-u}{2y(b^2-a^2)},$$

daher nach (8):

$$E = \frac{v-u}{4(a^2-u)(b^2-u)}, \qquad F = 0, \qquad G = \frac{u-v}{4(a^2-v)(b^2-v)}.$$

In der Tat ist also $F = 0$, und das Quadrat des Bogenelements lautet in elliptischen Koordinaten nach (9) so:

$$ds^2 = \frac{v-u}{4}\left\{\frac{du^2}{(a^2-u)(b^2-u)} - \frac{dv^2}{(a^2-v)(b^2-v)}\right\}.$$

In den gewöhnlichen Koordinaten x, y stellt eine Gleichung zwischen beiden eine Kurve dar; **dasselbe gilt in den krummlinigen Koordinaten**, denn eine Gleichung

(11) $$f(u, v) = 0$$

sagt nach (5) dasselbe aus wie die Gleichung

$$f(\Phi(x, y), \Psi(x, y)) = 0$$

zwischen x und y. Man kann die Bedingung (11) geometrisch so auffassen: Es soll eine Gesamtheit von solchen Punkten (u, v) betrachtet werden, deren Bestimmungsstücke u und v einer einzigen Gleichung genüge leisten. Läßt sie sich also etwa nach v auflösen:

$$v = \lambda(u),$$

so hat man jede Parameterlinie (u) mit derjenigen Parameterlinie (v) zum Schnitte zu bringen, bei der v den zugehörigen Wert $\lambda(u)$ hat. So ergibt sich auf jeder Parameterlinie (u) ein Punkt, und die Gesamtheit der Punkte ist die durch (11) definierte Kurve.

Schließlich ist noch eine Frage zu erörtern: Zu jedem System krummliniger Koordinaten u, v in der Ebene gehören zwei Scharen von je ∞^1 Parameterlinien. Es fragt sich, ob umgekehrt zu jedem Paare von Kurvenscharen ganz bestimmt definierte krummlinige Koordinaten gehören. Dies ist nicht der Fall. Denn die Parameterlinien sind in gewöhnlichen Koordinaten die Kurvenscharen:

$$\Phi(x, y) = \text{konst.} \quad \text{und} \quad \Psi(x, y) = \text{konst.},$$

und diese Scharen lassen sich auch so schreiben:

$$A(\Phi) = \text{konst.} \quad \text{und} \quad B(\Psi) = \text{konst.},$$

wenn A und B beliebige Funktionen von Φ bzw. Ψ bedeuten. Zu demselben System von Parameterlinien gehören daher auch die durch

$$A(\Phi) = \bar{u}, \quad B(\Psi) = \bar{v}$$

definierten krummlinigen Koordinaten $\bar{u}$, $\bar{v}$, die nach (5) mit den ursprünglichen krummlinigen Koordinaten u, v so zusammenhängen:

$$\bar{u} = A(u), \quad \bar{v} = B(v).$$

Die Scharen der Parameterlinien werden also nicht geändert, wenn man als Bestimmungsstücke der Punkte an Stelle der Koordinaten u, v irgend zwei Funktionen $\bar{u}$ und $\bar{v}$ von u bzw. v allein einführt. Es ist diese Bemerkung öfters nützlich, wenn man den Wunsch hat, bestimmte Kurvenscharen als Parameterlinien zu benutzen. Das Mittel, statt der Parameter u und v Funktionen von u bzw. v allein als neue Parameter einzuführen, kann dann dazu beitragen, die Formeln zu vereinfachen.

§ 19. Die Fundamentalgleichung der Ebene in krummlinigen Koordinaten.

Wenn die Gleichungen

(1) $$x = \varphi(u, v), \quad y = \psi(u, v)$$

wie im vorhergehenden Paragraphen krummlinige Koordinaten u und v in der Ebene definieren, nimmt des Quadrat des Bogenelements ds nach (9), S. 147, die Form an:

(2) $$ds^2 = E du^2 + 2F du\, dv + G dv^2,$$

wobei die drei Fundamentalgrößen E, F, G nach (8) ebenda die drei Funktionen von u und v bedeuten:

(3) $$E = \varphi_u^2 + \psi_u^2, \quad F = \varphi_u \varphi_v + \psi_u \psi_v, \quad G = \varphi_v^2 + \psi_v^2.$$

Wir wollen nun annehmen: Gegeben seien nicht die Gleichungen (1), sondern die drei Fundamentalgrößen E, F, G als Funktionen von u und v. Alsdann erhebt sich die Frage, ob es ein krummliniges Koordinatensystem u, v gibt, zu dem das gegebene Bogenelement-Quadrat (2) gehört, d. h. ob es zwei voneinander unabhängige Funktionen φ und ψ von u und v gibt, die den Gleichungen (3) genügen. Weil nach (3):

$$EG - F^2 = (\varphi_u \psi_v - \varphi_v \psi_u)^2$$

ist, erfordert die gewünschte Unabhängigkeit von φ und ψ, d. h. das verlangte Nicht-Verschwinden der Funktionaldeterminante von φ und ψ, daß $EG - F^2 \neq 0$ sei. Wir werden aber sehen, daß E, F, G außerdem noch eine Bedingung erfüllen müssen, wenn es Funktionen φ und ψ geben soll, die den Gleichungen (3) genügen.

Bei der Beantwortung der Frage nehmen wir zunächst E und G von Null verschieden an, und $\sqrt{E}$ und $\sqrt{G}$ seien durch passende Beschränkung des Bereiches einwertig gemacht worden. Alsdann lassen sich φ_u, φ_v, ψ_u, ψ_v nach der ersten und dritten Bedingung (3) mittels zweier noch unbekannter Funktionen λ und μ von u und v so darstellen:

$$\varphi_u = \sqrt{E} \cos\lambda, \quad \psi_u = \sqrt{E} \sin\lambda, \quad \varphi_v = \sqrt{G} \cos\mu, \quad \psi_v = \sqrt{G} \sin\mu,$$

so daß die vollständige Differentiale von φ und ψ die Formen bekommen:

(4) $$\begin{cases} d\varphi = \sqrt{E} \cos\lambda\, du + \sqrt{G} \cos\mu\, dv, \\ d\psi = \sqrt{E} \sin\lambda\, du + \sqrt{G} \sin\mu\, dv. \end{cases}$$

Aber dies sind nur dann vollständige Differentiale, wenn λ und μ den beiden Bedingungen:

(5) $$\frac{\partial \sqrt{E}\cos\lambda}{\partial v} = \frac{\partial \sqrt{G}\cos\mu}{\partial u}, \qquad \frac{\partial \sqrt{E}\sin\lambda}{\partial v} = \frac{\partial \sqrt{G}\sin\mu}{\partial u}$$

genüge leisten. Ferner geht die zweite Gleichung (3) über in:

$$\sqrt{E}\sqrt{G}\cos(\lambda-\mu) = F.$$

Hieraus folgt

$$\sqrt{E}\sqrt{G}\sin(\lambda-\mu) = \sqrt{EG-F^2},$$

wobei jedoch die Wurzel auf der rechten Seite zweiwertig ist. Man kommt infolgedessen, wie sogleich vorweg bemerkt sein möge, zu zwei wesentlich verschiedenen Lösungen des Problems. Vorläufig denken wir uns diese Wurzel auf eine der beiden möglichen Arten einwertig gemacht, so daß die Gleichungen

(6) $$\cos(\lambda-\mu) = \frac{F}{\sqrt{E}\sqrt{G}}, \qquad \sin(\lambda-\mu) = \frac{\sqrt{EG-F^2}}{\sqrt{E}\sqrt{G}}$$

die Größe $\lambda-\mu$ bis auf eine additive Konstante, nämlich ein beliebiges ganzes Vielfaches von 2π, vollkommen als bekannte Funktion von u und v bestimmen.

Die Bedingungen (5) lauten ausführlich geschrieben so:

$$\frac{E_v}{2\sqrt{E}}\cos\lambda - \lambda_v\sqrt{E}\sin\lambda = \frac{G_u}{2\sqrt{G}}\cos\mu - \mu_u\sqrt{G}\sin\mu,$$

$$\frac{E_v}{2\sqrt{E}}\sin\lambda + \lambda_v\sqrt{E}\cos\lambda = \frac{G_u}{2\sqrt{G}}\sin\mu + \mu_u\sqrt{G}\cos\mu.$$

Da nun infolge von $EG - F^2 \neq 0$ nach der zweiten Gleichung (6)

$$\sin\lambda\cos\mu - \cos\lambda\sin\mu \neq 0$$

ist, können wir die beiden letzten Bedingungen durch diejenigen ersetzen, die aus ihnen hervorgehen, wenn man sie mit $\cos\lambda$ und $\sin\lambda$ oder $\cos\mu$ und $\sin\mu$ multipliziert und jedesmal addiert. Dann aber kommt:

$$\frac{E_v}{2\sqrt{E}} = \frac{G_u}{2\sqrt{G}}\cos(\lambda-\mu) + \mu_u\sqrt{G}\sin(\lambda-\mu),$$

$$\frac{E_v}{2\sqrt{E}}\cos(\lambda-\mu) - \lambda_v\sqrt{E}\sin(\lambda-\mu) = \frac{G_u}{2\sqrt{G}}.$$

Hierin setzen wir die schon berechneten Werte (6) ein und erhalten:

(7) $$\mu_u = \frac{E_v G - G_u F}{2G\sqrt{EG-F^2}}, \qquad \lambda_v = -\frac{G_u E - E_v F}{2E\sqrt{EG-F^2}}.$$

Die aufgeworfene Frage ist demnach zu bejahen, falls es zwei Funktionen λ und μ von u und v gibt, die den vier Bedingungen (6) und (7) genügen. Ist dies der Fall, so sind die Differentialausdrücke (4) vollständige Differentiale, so daß man φ und ψ aus (4) durch Quadraturen berechnen kann.

Da sich $\lambda - \mu$ aus (6) berechnen läßt, brauchen wir nur noch zu untersuchen, ob sich auch $\lambda + \mu$ auf Grund von (6) und (7) widerspruchslos bestimmen läßt. Demnach empfiehlt es sich, die neuen Bezeichnungen einzuführen:

$$\tfrac{1}{2}(\lambda + \mu) = \varrho, \quad \tfrac{1}{2}(\lambda - \mu) = \sigma,$$

so daß wir

$$\lambda = \varrho + \sigma, \quad \mu = \varrho - \sigma \tag{8}$$

setzen. Infolge hiervon gehen die Bedingungen (6) und (7) über in:

$$\cos 2\sigma = \frac{F}{\sqrt{E}\sqrt{G}}, \quad \sin 2\sigma = \frac{\sqrt{EG - F^2}}{\sqrt{E}\sqrt{G}}, \tag{9}$$

$$\varrho_u = \sigma_u + \frac{E_v G - G_u F}{2G\sqrt{EG - F^2}}, \quad \varrho_v = -\sigma_v - \frac{G_u E - E_v F}{2E\sqrt{EG - F^2}}. \tag{10}$$

Die beiden ersten Gleichungen (9) bestimmen 2σ vollständig bis auf ein beliebiges additives ganzes Vielfaches von 2π. Dabei ist nach (9):

$$\sigma_u = \frac{E_u FG + G_u FE - 2F_u EG}{4EG\sqrt{EG - F^2}},$$

$$\sigma_v = \frac{G_v FE + E_v FG - 2F_v GE}{4EG\sqrt{EG - F^2}}.$$

Werden diese Werte in (10) eingesetzt, so kommt:

$$\varrho_u = \frac{E_u FG - G_u FE + 2EG(E_v - F_u)}{4EG\sqrt{EG - F^2}},$$

$$\varrho_v = -\frac{G_v FE - E_v FG + 2EG(G_u - F_v)}{4EG\sqrt{EG - F^2}},$$

d. h.

$$d\varrho = \frac{[E_u FG - G_u FE + 2EG(E_v - F_u)]du - [G_v FE - E_v FG + 2EG(G_u - F_v)]dv}{4EG\sqrt{EG - F^2}}. \tag{11}$$

Hiernach gibt es die Funktion ϱ dann und nur dann, wenn der Ausdruck (11) ein vollständiges Differential ist, d. h. wenn E, F, G die Bedingung erfüllen:

$$\frac{\partial}{\partial v}\frac{E_u FG - G_u FE + 2EG(E_v - F_u)}{EG\sqrt{EG - F^2}} + \frac{\partial}{\partial u}\frac{G_v FE - E_v FG + 2EG(G_u - F_v)}{EG\sqrt{EG - F^2}} = 0.$$

Sie lautet, ausführlich geschrieben, so:

$$(12)\quad \begin{cases} 2(EG-F^2)(2F_{uv}-E_{vv}-G_{uu}) \\ \quad + E(G_u^2+E_vG_v-2G_vF_u)+G(E_v^2+E_uG_u-2E_uF_v) \\ \quad + F(E_uG_v-E_vG_u-2F_uG_u-2F_vE_v+4F_uF_v)=0 \end{cases}$$

Ist (12) erfüllt, so sind ϱ und σ vorhanden, nach (8) auch λ und μ und nach (4) auch φ und ψ. Man beweist leicht, daß sich dieselbe Bedingung (12) ergibt, wenn E oder G gleich Null oder sowohl E als auch G gleich Null ist. Demnach gilt der

Satz 64: Zu einem gegebenen Quadrate des Bogenelements von der Form

$$ds^2 = E(u,v)\,du^2 + 2F(u,v)\,du\,dv + G(u,v)\,dv^2$$

gibt es dann und nur dann krummlinige Koordinaten u und v in der Ebene, wenn die Fundamentalgrößen E, F, G die Bedingung

$$\begin{aligned} &2(EG-F^2)(2F_{uv}-E_{vv}-G_{uu}) \\ &\quad + E(G_u^2+E_vG_v-2G_vF_u)+G(E_v^2+E_uG_u-2E_uF_v) \\ &\quad + F(E_uG_v-E_vG_u-2F_uG_u-2F_vE_v+4F_uF_v)=0 \end{aligned}$$

identisch erfüllen und dabei $EG-F^2$ nicht identisch gleich Null ist.

Die Gleichung (12), deren Bestehen also erforderlich ist, damit E, F, G wirklich Fundamentalgrößen sein können, soll die Fundamentalgleichung der Ebene genannt werden.

Es erübrigt nun noch zu zeigen, wie alle verschiedenen krummlinigen Koordinatensysteme, die zu den gegebenen Fundamentalgrößen E, F, G gehören, miteinander zusammenhängen. Zu diesem Zwecke ist zu untersuchen, in welcher Weise die Integrationskonstanten bei der sukzessiven Bestimmung von ϱ und σ, von λ und μ und von φ und ψ auftreten. Nach (9) geht für σ eine Funktion von u und v hervor, die, abgesehen von einem additiven willkürlichen ganzen Vielfachen von π, etwa von $n\pi$, völlig bestimmt ist. Aus dem vollständigen Differentiale (11) ferner ergibt sich durch Quadraturen für ϱ ein Wert, der nur bis auf eine additive willkürliche Konstante α bestimmt ist. Somit haben λ und μ nach (8) die Formen:

$$\lambda = \bar{\lambda}(u,v) + \alpha + n\pi, \qquad \mu = \bar{\mu}(u,v) + \alpha - n\pi,$$

worin $\bar{\lambda}$ und $\bar{\mu}$ bestimmte Funktionen von u und v vorstellen. Diese Werte sind in (4) einzuführen. Dabei zerlegen wir $\cos\lambda$, $\sin\lambda$,

$\cos\mu$ und $\sin\mu$ nach den bekannten Formeln der Trigonometrie, so daß Kosinus und Sinus von $\alpha + n\pi$ und $\alpha - n\pi$ vorkommen. Weil aber diese goniometrischen Funktionen für $\alpha + n\pi$ dieselben Werte wie für $\alpha - n\pi$ haben, dürfen wir einfacher setzen:

$$\lambda = \bar{\lambda}(u, v) + \alpha, \quad \mu = \bar{\mu}(u, v) + \alpha,$$

indem wir wie bisher unter α eine willkürliche Konstante verstehen. Nun gibt (4):

$$(13)\begin{cases} d\varphi = \sqrt{E}(\cos\bar{\lambda}\cos\alpha - \sin\bar{\lambda}\sin\alpha)du + \sqrt{G}(\cos\bar{\mu}\cos\alpha - \sin\bar{\mu}\sin\alpha)dv, \\ d\psi = \sqrt{E}(\sin\bar{\lambda}\cos\alpha + \cos\bar{\lambda}\sin\alpha)du + \sqrt{G}(\sin\bar{\mu}\cos\alpha + \cos\bar{\mu}\sin\alpha)dv, \end{cases}$$

und da wir wissen, daß dies vollständige Differentiale sind, wie auch die Konstante α gewählt sein mag, sind insbesondere auch die für $\alpha = 0$ und $\alpha = \frac{1}{2}\pi$ hervorgehenden Ausdrücke

$$(14) \qquad \sqrt{E}\cos\bar{\lambda}\,du + \sqrt{G}\cos\bar{\mu}\,dv, \quad \sqrt{E}\sin\bar{\lambda}\,du + \sqrt{G}\sin\bar{\mu}\,dv$$

vollständige Differentiale. Sind sie etwa die der beiden Funktionen $\bar{\varphi}(u, v)$ und $\bar{\psi}(u, v)$, die man durch Quadraturen findet, so gibt (13)

$$d\varphi = d\bar{\varphi}\cos\alpha - d\bar{\psi}\sin\alpha, \quad d\psi = d\bar{\varphi}\sin\alpha + d\bar{\psi}\cos\alpha,$$

d. h. es kommt:

$$\varphi = \bar{\varphi}\cos\alpha - \bar{\psi}\sin\alpha + a, \quad \psi = \bar{\varphi}\sin\alpha + \bar{\psi}\cos\alpha + b,$$

wobei a und b willkürliche Konstante bedeuten. Demnach definieren die Gleichungen:

$$(15) \qquad \begin{cases} x = \bar{\varphi}(u, v)\cos\alpha - \bar{\psi}(u, v)\sin\alpha + a, \\ y = \bar{\varphi}(u, v)\sin\alpha + \bar{\psi}(u, v)\cos\alpha + b \end{cases}$$

das allgemeinste System von krummlinigen Koordinaten u, v, das zu den gegebenen Fundamentalgrößen E, F, G gehört. Dabei sind α, a und b willkürliche Konstanten. Aber hierbei ist noch ein Einwand zu machen: Wir betonten oben die Zweiwertigkeit der Funktion $\sqrt{EG - F^2}$; da wir uns bisher auf einen der beiden Werte beschränkten und der andere aus ihm durch Multiplikation mit -1 hervorgeht, zeigen die Formeln (9) und (11), daß auch $-\sigma$ und $-\varrho$ statt σ und ϱ benutzt werden dürfen.

Nach (8) darf man also auch $-\lambda$ und $-\mu$ statt λ und μ anwenden. Dann aber bleibt das erste vollständige Differential (14) ungeändert, während das zweite mit -1 zu multiplizieren ist. Daher kommt jetzt statt (15), da auch α durch $-\alpha$ ersetzt wird:

$$(16) \qquad \begin{cases} x = \bar{\varphi}(u, v)\cos\alpha - \bar{\psi}(u, v)\sin\alpha + a, \\ y = -\bar{\varphi}(u, v)\sin\alpha - \bar{\psi}(u, v)\cos\alpha - b. \end{cases}$$

Wir durften hier die Konstante b durch $-b$ ersetzen, weil sie willkürlich ist.

Die Formelpaare (15) und (16) definieren also alle zu den gegebenen Fundamentalgrößen E, F, G gehörigen krummlinigen Koordinatenpaare u, v. Aus ihrer Gestalt kann man einen Schluß ziehen. Führt man nämlich eine Bewegung in der Ebene aus, so sind nach (1), S. 14:

$$(17)\qquad x = \bar{x}\cos\alpha - \bar{y}\sin\alpha + a, \qquad y = \bar{x}\sin\alpha + \bar{y}\cos\alpha + b$$

ihre Gleichungen. Dabei bedeuten $\bar{x}, \bar{y}$ die alten und x, y die neuen rechtwinkligen Koordinaten. Aus (15) und (17) folgt aber:

$$(18)\qquad \bar{x} = \bar{\varphi}(u, v), \qquad \bar{y} = \bar{\psi}(u, v),$$

d. h.: Die Gleichungen (18) definieren ein gewisses spezielles System von krummlinigen Koordinaten u, v, in denen das Bogenelement-Quadrat die vorgeschriebene Form hat, und das durch (15) definierte allgemeine System von krummlinigen Koordinaten, das zu demselben Bogenelement-Quadrat gehört, ergibt sich aus dem speziellen, wenn man die Ebene vermöge einer Bewegung in irgend eine andere Lage bringt. Die Gleichungen (16) ferner unterscheiden sich von den Gleichungen (15) nur durch das Vorzeichen von y. Aus den soeben gefundenen krummlinigen Koordinatensystemen gehen daher die durch (16) definierten hervor, wenn man die Ebene um die x-Achse um zwei Rechte herumdreht oder, wie man zu sagen pflegt, wenn man die Ebene umlegt. Während bei einer Bewegung jede Figur in eine kongruente verwandelt wird, führt eine Umlegung jede Figur in eine symmetrische über. Man kann also sagen, daß alle durch (15) definierten krummlinigen Koordinatensysteme einander kongruent sind, dagegen alle durch (16) definierten zu jenen symmetrisch sind. Wir haben somit den

Satz 65: Wenn die drei Fundamentalgrößen E, F, G der Fundamentalgleichung genüge leisten und dabei $EG - F^2$ nicht identisch verschwindet, gehören zu den Fundamentalgrößen unendlich viele Systeme von krummlinigen Koordinaten in der Ebene, aber alle diese Systeme sind zueinander kongruent oder symmetrisch; sie gehen nämlich aus irgend einem solchen Systeme hervor, wenn man die Ebene beliebigen Bewegungen unterwirft, zu denen auch eine Umlegung der Ebene hinzutreten darf.

Abgesehen von der besonderen Wahl des rechtwinkligen Achsenkreuzes in der Ebene und von der Art seiner Orientierung gibt es demnach im wesentlichen nur ein zu den gegebenen Fundamentalgrößen E, F, G gehöriges System von krummlinigen Koordinaten.

Beispiel: Vorgelegt sei das Quadrat des Bogenelements in der Form:

$$ds^2 = (v^2 + 1)\,du^2 + 2(uv + 1)\,du\,dv + (u^2 + 1)\,dv^2, \tag{19}$$

so daß die drei Fundamentalgrößen

$$E = v^2 + 1, \quad F = uv + 1, \quad G = u^2 + 1$$

gegeben sind, bei denen

$$EG - F^2 = (u - v)^2$$

ist. Man erkennt leicht, daß diese Fundamentalgrößen der Fundamentalgleichung (12) genüge leisten. Um alle demnach vorhandenen zugehörigen Systeme von krummlinigen Koordinaten zu finden, genügt es nach dem vorhergehenden, nur eines von ihnen zu bestimmen. Wir wählen $\sqrt{EG - F^2}$ gleich $-(u - v)$. Dann gibt (9):

$$\cos 2\sigma = \frac{uv + 1}{\sqrt{u^2+1}\sqrt{v^2+1}}, \quad \sin 2\sigma = -\frac{u - v}{\sqrt{u^2+1}\sqrt{v^2+1}}.$$

Folglich können wir

$$2\sigma = -\operatorname{arc\,tg} u + \operatorname{arc\,tg} v$$

annehmen. Aus (11) folgt ferner:

$$d\varrho = \frac{du}{2(u^2+1)} + \frac{dv}{2(v^2+1)},$$

so daß wir

$$\varrho = \tfrac{1}{2}\operatorname{arc\,tg} u + \tfrac{1}{2}\operatorname{arc\,tg} v$$

setzen dürfen. Nach (8) kommt nun:

$$\lambda = \operatorname{arc\,tg} v, \quad \mu = \operatorname{arc\,tg} u,$$

mithin nach (4):

$$d\varphi = du + dv, \quad d\psi = v\,du + u\,dv.$$

Folglich dürfen wir $\varphi = u + v$ und $\psi = uv$ annehmen. Die Gleichungen

$$x = u + v, \quad y = uv \tag{20}$$

definieren demnach ein krummliniges Koordinatensystem von der gewünschten Art. Das allgemeinste, das zu der vorgeschriebenen Form des Bogenelement-Quadrates gehört, wird gegeben durch:

$$\left\{\begin{aligned} x &= (u + v)\cos\alpha - uv\sin\alpha + a, \\ y &= \pm\,[(u + v)\sin\alpha + uv\cos\alpha + b], \end{aligned}\right. \tag{21}$$

wobei α, a und b willkürliche Konstanten bedeuten.

§ 20. Kurvennetze in der Ebene.

Die Gleichungen

$$x = \varphi(u, v), \quad y = \psi(u, v) \tag{1}$$

mögen ein krummliniges Koordinatensystem u, v in der Ebene mit den rechtwinkligen Koordinaten x, y definieren, und es sei

$$ds^2 = E du^2 + 2F du\, dv + G dv^2 \tag{2}$$

das zugehörige Quadrat des Bogenelements, also nach (8), S. 147:

$$E = \varphi_u^2 + \psi_u^2, \quad F = \varphi_u \varphi_v + \psi_u \psi_v, \quad G = \varphi_v^2 + \psi_v^2. \tag{3}$$

Die Parameterlinien (u) und (v), d. h. diejenigen Kurven, die durch (1) dargestellt werden, wenn man entweder u einen bestimmten Wert erteilt und v als veränderlichen Parameter auffaßt oder umgekehrt, überdecken die Ebene (soweit sie in Betracht kommt) doppelt, indem nämlich durch jeden Punkt eine Kurve der einen und eine Kurve der anderen Art geht. Wir sagen daher, daß die Parameterlinien ein Kurvennetz bilden. Im gegenwärtigen Paragraphen wollen wir solche geometrische Eigenschaften des Netzes untersuchen, die von der zufälligen Lage in der Ebene unabhängig sind und im Unendlichkleinen gelten, d. h. Eigenschaften, die sich auf eine nach Null strebende Umgebung eines beliebigen Punktes beziehen. Da alle Kurvennetze, die mit dem betrachteten kongruent sind, nach dem Satze 65, S. 156, zu solchen krummlinigen Koordinatensystemen gehören, bei denen das Bogenelement-Quadrat dieselbe Form (2) hat, steht es von vornherein fest, daß sich die zu untersuchenden Eigenschaften durch Formeln ausdrücken lassen, die nur die drei Fundamentalgrößen E, F, G und ihre Ableitungen enthalten.

Dabei bedient man sich einiger leicht aufzustellender Formeln. Aus (3) ergibt sich nämlich:

$$\left\{\begin{aligned} \varphi_u \varphi_{uu} + \psi_u \psi_{uu} &= \tfrac{1}{2} E_u, & \varphi_v \varphi_{uu} + \psi_v \psi_{uu} &= F_u - \tfrac{1}{2} E_v, \\ \varphi_u \varphi_{uv} + \psi_u \psi_{uv} &= \tfrac{1}{2} E_v, & \varphi_v \varphi_{uv} + \psi_v \psi_{uv} &= \tfrac{1}{2} G_u, \\ \varphi_u \varphi_{vv} + \psi_u \psi_{vv} &= F_v - \tfrac{1}{2} G_u, & \varphi_v \varphi_{vv} + \psi_v \psi_{vv} &= \tfrac{1}{2} G_v. \end{aligned}\right. \tag{4}$$

Außerdem ist, wie wir schon auf S. 151 bemerkten:

$$(\varphi_u \psi_v - \psi_u \varphi_v)^2 = EG - F^2$$

Unter $\sqrt{EG - F^2}$ wollen wir im folgenden denjenigen Wert der Wurzel verstehen, für den gerade

$$\varphi_u \psi_v - \psi_u \varphi_v = \sqrt{EG - F^2} \tag{5}$$

ist. Löst man die in jeder einzeln Zeile von (4) stehenden Gleichungen nach den darin vorkommenden Ableitungen zweiter Ordnung auf, so ergibt sich:

$$(6)\quad \begin{cases} \varphi_{uu} = \dfrac{E_u\psi_v - (2F_u - E_v)\psi_u}{2\sqrt{EG-F^2}}, & \psi_{uu} = \dfrac{(2F_u - E_v)\varphi_u - E_u\varphi_v}{2\sqrt{EG-F^2}}, \\ \varphi_{uv} = \dfrac{E_v\psi_v - G_u\psi_u}{2\sqrt{EG-F^2}}, & \psi_{uv} = \dfrac{G_u\varphi_u - E_v\varphi_v}{2\sqrt{EG-F^2}}, \\ \varphi_{vv} = \dfrac{(2F_v - G_u)\psi_v - G_v\psi_u}{2\sqrt{EG-F^2}}, & \psi_{vv} = \dfrac{G_v\varphi_u - (2F_v - G_u)\varphi_v}{2\sqrt{EG-F^2}}. \end{cases}$$

Außerdem müssen wir zunächst noch die Kurven des Netzes orientieren. Da längs einer Parameterlinie (v) nur u und längs einer Parameterlinie (u) nur v veränderlich ist, ergeben sich aus (2) als die Bogenelemente längs dieser Kurven:

$$(7)\qquad d_u s = \sqrt{E}\,du, \quad d_v s = \sqrt{G}\,dv.$$

Durch den angehängten Index u bzw. v deuten wir hier und im folgenden an, welcher Parameter längs der Kurve veränderlich ist. Beschränken wir uns auf einen Bereich, innerhalb dessen E und G nicht verschwinden, so können wir $\sqrt{E}$ und $\sqrt{G}$ daselbst einwertig machen und dadurch die Kurven nach S. 24 orientieren. Wenn insbesondere ein reelles krummliniges Koordinatensystem vorliegt, wird man $\sqrt{E}$ und $\sqrt{G}$ in (7) nach S. 23 positiv wählen, um zu erreichen, daß die Kurven (v) im Sinne wachsender Werte von u und die Kurven (u) im Sinne wachsender Werte von v orientiert werden.

Mit τ_u und τ_v bezeichnen wir die Winkel, die von den positiven Tangenten der Kurven (v) und (u) mit der positiven x-Achse gebildet werden. Nach (9), S. 22, und nach (3) ist:

$$(8)\qquad \sin\tau_u = \frac{\psi_u}{\sqrt{E}}, \quad \cos\tau_u = \frac{\varphi_u}{\sqrt{E}}, \quad \sin\tau_v = \frac{\psi_v}{\sqrt{G}}, \quad \cos\tau_v = \frac{\varphi_v}{\sqrt{G}}.$$

Bedeutet ω den Winkel $\tau_v - \tau_u$, den die beiden durch einen Punkt (u, v) gehenden Tangenten der Parameterlinien miteinander bilden, so kommt:

$$\sin\omega = \frac{\varphi_u\psi_v - \psi_u\varphi_v}{\sqrt{E}\sqrt{G}}, \qquad \cos\omega = \frac{\varphi_u\varphi_v + \psi_u\psi_v}{\sqrt{E}\sqrt{G}}$$

oder also nach (3) und (5):

$$(9)\qquad \sin\omega = \frac{\sqrt{EG-F^2}}{\sqrt{E}\sqrt{G}}, \qquad \cos\omega = \frac{F}{\sqrt{E}\sqrt{G}}.$$

Wie vorauszusehen war, drücken sich also Sinus und Kosinus des Winkels ω der beiden durch den Punkt (u, v) gehenden Netzkurven durch die Fundamentalgrößen aus. Eine andere Größe, die sich durch die Fundamentalgrößen und ihre Ableitungen darstellen lassen muß, liefert die folgende Überlegung:

In allen Punkten einer Kurve (v) werden die Tangenten an die hindurchgehenden Kurven (u) konstruiert, siehe Fig. 52. Diese Tangentenschar hat eine Einhüllende, und zu jedem Punkte P der Kurve (v) gehört ein Punkt $\mathfrak{P}_1$ der Einhüllenden. Nach Satz 33, S. 57, ergibt sich $\mathfrak{P}_1$ als Grenzpunkt so: Man wählt auf der Kurve (v) einen P benachbarten Punkt P_1 und konstruiert in P und P_1 an die hindurchgehenden Kurven (u) die Tangenten. Ihr Schnittpunkt strebt nach $\mathfrak{P}_1$, wenn P_1 längs der Kurve (v) nach P strebt. Die Länge der Strecke $P\mathfrak{P}_1$ ist nun diejenige Größe, die wir berechnen wollen und von der sich von vornherein sagen läßt, daß sie sich allein durch die Fundamentalgrößen und ihre Ableitungen ausdrücken wird.

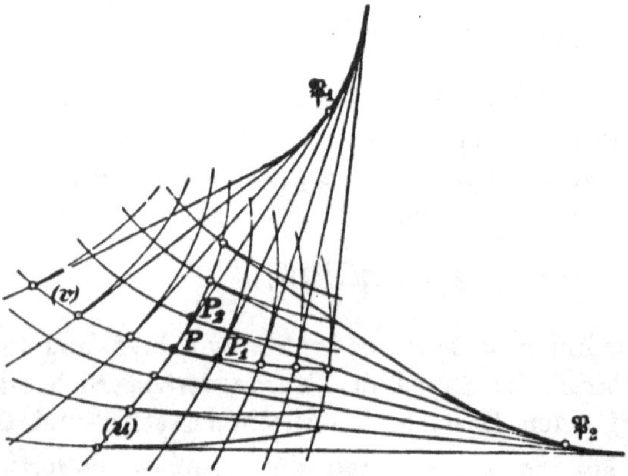

Fig. 52.

Wenn P die rechtwinkligen Koordinaten x, y und die von P ausgehende Tangente an die durch P gelegte Kurve (u) die laufenden rechtwinkligen Koordinaten $\mathfrak{x}, \mathfrak{y}$ hat, ist

$$\frac{\mathfrak{y} - y}{\mathfrak{x} - x} = \operatorname{tg} \tau_v$$

oder nach (1) und (8):

$$\psi'_v \mathfrak{x} - \varphi_v \mathfrak{y} = \psi'_v \varphi - \varphi_v \psi.$$

Die oben erwähnte Schar von Tangenten wird durch diese Gleichung dargestellt, wenn man v festhält und u variieren läßt. Der gesuchte Punkt $\mathfrak{P}_1$ der Einhüllenden der Tangenten hat demnach rechtwinklige Koordinaten $\mathfrak{x}_1, \mathfrak{y}_1$, die erstens der Gleichung

$$\psi_v \mathfrak{x}_1 - \varphi_v \mathfrak{y}_1 = \psi_v \varphi - \varphi_v \psi$$

und zweitens derjenigen Gleichung genügen, die sich hieraus durch Differentiation nach u ergibt:

$$\psi_{uv}\mathfrak{x}_1 - \varphi_{uv}\mathfrak{y}_1 = \psi_{uv}\varphi - \varphi_{uv}\psi + \varphi_u\psi_v - \psi_u\varphi_v.$$

Aus beiden Gleichungen folgt:

$$\mathfrak{x}_1 = \varphi + \varphi_v \frac{\varphi_u\psi_v - \psi_u\varphi_v}{\varphi_v\psi_{uv} - \psi_v\varphi_{uv}}, \qquad \mathfrak{y}_1 = \psi + \psi_v \frac{\varphi_u\psi_v - \psi_u\varphi_v}{\varphi_v\psi_{uv} - \psi_v\varphi_{uv}}.$$

Wird die Strecke $P\mathfrak{P}_1$ mit Rücksicht auf den Sinn gemessen, der infolge der Orientierung der Tangente der durch P gehenden Kurve (u) zukommt, so ist andererseits:

$$\mathfrak{x}_1 = x + P\mathfrak{P}_1 \cos\tau_v, \qquad \mathfrak{y}_1 = y + P\mathfrak{P}_1 \sin\tau_v$$

d. h. nach (1) und (8):

$$\mathfrak{x}_1 = \varphi + P\mathfrak{P}_1 \frac{\varphi_v}{\sqrt{G}}, \qquad \mathfrak{y}_1 = y + P\mathfrak{P}_1 \frac{\psi_v}{\sqrt{G}}.$$

Die Vergleichung mit den vorhin für $\mathfrak{x}_1$ und $\mathfrak{y}_1$ gefundenen Werten lehrt, daß

$$P\mathfrak{P}_1 = \sqrt{G}\,\frac{\varphi_u\psi_v - \psi_u\varphi_v}{\varphi_v\psi_{uv} - \psi_v\varphi_{uv}}$$

wird. Nach (5), (6) und (3) läßt sich dieser Wert wirklich, wie vorauszusehen war, durch die Fundamentalgrößen und ihre Ableitungen ausdrücken, nämlich so:

$$(10) \qquad P\mathfrak{P}_1 = \frac{2\sqrt{G}(EG - F^2)}{FG_u - GE_v}.$$

Man kann beide Parameterlinienscharen vertauschen und dann dieselbe Betrachtung anstellen. Es wird dabei der Hinweis auf die Fig. 52 und die Angabe der Formel genügen, die aus (10) durch Vertauschen von u und v und von E und G hervorgeht:

$$(11) \qquad P\mathfrak{P}_2 = \frac{2\sqrt{E}(EG - F^2)}{FE_v - EG_u}.$$

Ferner ist es leicht, die Krümmungsradien r_u und r_v der durch einen Punkt P oder (u, v) gehenden beiden Parameterlinien (v) und (u) durch E, F, G und ihre Ableitungen auszudrücken. Da nämlich längs der Kurve (v) die Größe u die Veränderliche ist, kommt nach Satz 23, S. 47:

$$r_u = \frac{\sqrt{\varphi_u^2 + \psi_u^2}^3}{\varphi_u\psi_{uu} - \psi_u\varphi_{uu}},$$

Mit Rücksicht auf (3) und (6) ergeben sich daher für r_u und entsprechend für r_v die Werte

$$(12) \qquad r_u = \frac{2E\sqrt{E}\sqrt{EG - F^2}}{E(2F_u - E_v) - FE_u}, \qquad r_v = \frac{2G\sqrt{G}\sqrt{EG - F^2}}{G(2F_v - G_u) - FG_v}.$$

In bezug auf das Kurvennetz wollen wir nunmehr Betrachtungen anstellen, die wesentlich von der in gewissem Maße noch willkürlichen Anordnung der Netzkurven abhängen. Gibt man nämlich dem Parameter u eine Reihe von Werten, von denen jeder folgende dem vorhergehenden benachbart ist, so bilden die zugehörigen Parameterlinien (u) eine Schar von paarweise benachbarten Kurven. Analytisch wird eine derartige Schar dadurch festgelegt, daß man von einem bestimmten Werte u_0 von u ausgeht und alsdann u beständig um

$$\Delta u = \alpha(u)\,\varepsilon$$

wachsen läßt, wo $\alpha(u)$ eine irgendwie gewählte, aber von Null verschiedene Funktion von u und ε eine bestimmte Zahl bedeutet. Alsdann handelt es sich um diejenigen Kurven (u), die zu der Wertereihe

$$u_0, \quad u_1 = u_0 + \alpha(u_0)\,\varepsilon, \quad u_2 = u_1 + \alpha(u_1)\,\varepsilon, \quad u_3 = u_2 + \alpha(u_2)\,\varepsilon, \ldots$$

gehören. Für $\lim \varepsilon = 0$ geht die Schar aller Parameterlinien (u) hervor, aber in einer durch die gewählte Funktion $\alpha(u)$ bedingten Dichtigkeit. Entsprechendes gilt von den Parameterlinien (v), wenn man von einer Zuwachsformel

$$\Delta v = \beta(v)\,\varepsilon$$

ausgeht, worin $\beta(v)$ eine irgendwie gewählte, aber von Null verschiedene Funktion von v bedeutet.

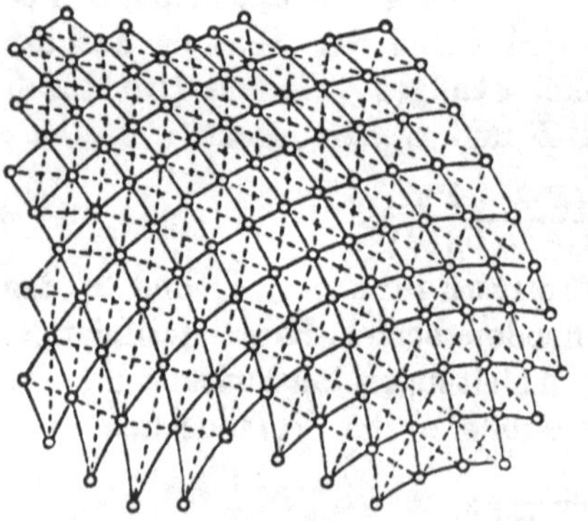

Fig. 53.

Vorerst lassen wir ε noch nicht bis zur Grenze Null gehen, so daß infolge der Vorschriften:

$$(13) \qquad \Delta u = \alpha(u)\,\varepsilon, \quad \Delta v = \beta(v)\,\varepsilon$$

ein Netz mit Maschen von endlichen Ausdehnungen hervorgeht, siehe Fig. 53. Zieht man alle Diagonalen der Maschen etwa geradlinig, so bilden sie in ihrer Gesamtheit die Diagonalen des Netzes. Für $\lim \varepsilon = 0$ gehen aus ihnen die Diagonalkurven des unendlichen dichten Netzes hervor. Nach den letzten Bemerkungen des § 18 werden sie wie jede Kurve durch Gleichungen zwischen u und v darstellbar sein, und zwar ist die Beziehung zwischen u und v so beschaffen, daß, falls u um $du = \alpha(u)\lim\varepsilon$ wächst, v das Differential $dv = \beta(v)\lim\varepsilon$ oder das Differential $dv = -\beta(v)\lim\varepsilon$ bekommt, d. h. die beiden Scharen der Diagonalkurven des unendlich dichten Netzes werden durch die Forderungen

$$(14)\qquad \frac{du}{\alpha(u)} - \frac{dv}{\beta(v)} = 0, \qquad \frac{du}{\alpha(u)} + \frac{dv}{\beta(v)} = 0$$

bestimmt. Längs jeder Diagonalkurve der einen bzw. der anderen Schar ist demnach

$$(15)\qquad \int\frac{du}{\alpha(u)} - \int\frac{dv}{\beta(v)} = \text{konst.} \quad \text{bzw.} \quad \int\frac{du}{\alpha(u)} + \int\frac{dv}{\beta(v)} = \text{konst.},$$

falls man die Integrale jedesmal von einem bestimmten Punkte (u_0, v_0) der betreffenden Kurve an rechnet.

Da die Annahme der Funktionen $\alpha(u)$ und $\beta(v)$ zur Bestimmung der Diagonalkurven wesentlich ist, gibt es bei einem durch zwei Gleichungen (1) gegebenen Kurvennetze (u), (v) nicht nur ein Netz von Diagonalkurven; vielmehr gibt es unendlich viele Netze von Diagonalkurven, die wesentlich von der durch die Wahl der Funktionen $\alpha(u)$ und $\beta(v)$ bedingten Dichtigkeit der Kurven (u) und (v) des gegebenen Netzes abhängen. In jedem Falle aber hat das Netz der Diagonalkurven wieder die Kurven des ursprünglichen Netzes zu Diagonalkurven. Um diese Gegenseitigkeit analytisch vollkommen darzustellen, fragen wir daher nach solchen krummlinigen Koordinaten, bei denen die Diagonalkurven (15) die Parameterlinien sind. Das sind offenbar die Größen:

$$(16)\qquad U = \int\frac{du}{\alpha(u)} - \int\frac{dv}{\beta(v)}, \qquad V = \int\frac{du}{\alpha(u)} + \int\frac{dv}{\beta(v)},$$

denn $U =$ konst. und $V =$ konst. stellen die Kurven (15) dar. Da u und v nach (1) Funktionen von x und y sind, gilt dasselbe von U und V. Ferner sind U und V nach (16) voneinander unabhängige Funktionen von u und v, denn ihre Funktionaldeterminante ist:

$$U_u V_v - U_v V_u = \frac{2}{\alpha(u)\beta(v)}.$$

Nach Satz 63, S. 148, bilden die ursprünglichen Kurven (u), (v) dann und nur dann ein Orthogonalsystem, wenn $\varphi_u\varphi_v + \psi_u\psi_v$ gleich Null oder also

$$(17)\qquad \frac{\partial x}{\partial u}\frac{\partial x}{\partial v} + \frac{\partial y}{\partial u}\frac{\partial y}{\partial v} = 0$$

ist. Demnach bilden die Diagonalkurven dann und nur dann ein Orthogonalsystem, wenn

$$(18)\qquad \frac{\partial x}{\partial U}\frac{\partial x}{\partial V}+\frac{\partial y}{\partial U}\frac{\partial y}{\partial V}=0$$

ist. Diese Bedingung läßt sich in u und v statt U und V ausdrücken. Da nämlich

$$dx = x_u du + x_v dv = x_U dU + x_V dV$$

und nach (16)

$$dU = \frac{du}{\alpha} - \frac{dv}{\beta}, \qquad dV = \frac{du}{\alpha} + \frac{dv}{\beta}$$

ist, kommt:

$$x_u du + x_v dv = x_U\left(\frac{du}{\alpha} - \frac{dv}{\beta}\right) + x_V\left(\frac{du}{\alpha} + \frac{dv}{\beta}\right)$$

oder einzeln, weil dies für alle Differentiale du und dv gilt:

$$x_u = \frac{1}{\alpha}(x_U + x_V), \qquad x_v = \frac{1}{\beta}(-x_U + x_V),$$

woraus durch Auflösung nach x_U und x_V folgt:

$$x_U = \tfrac{1}{2}(\alpha x_u - \beta x_v), \qquad x_V = \tfrac{1}{2}(\alpha x_u + \beta x_v).$$

Ebenso ist:

$$y_U = \tfrac{1}{2}(\alpha y_u - \beta y_v), \qquad y_V = \tfrac{1}{2}(\alpha y_u + \beta y_v).$$

Werden diese Werte in (18) eingesetzt, so kommt als **Bedingung der Orthogonalität der Diagonalkurven**:

$$(19)\qquad \alpha^2(x_u^2 + y_u^2) = \beta^2(x_v^2 + y_v^2)$$

oder nach (3):

$$(20)\qquad \alpha^2 E = \beta^2 G.$$

Dies Ergebnis läßt sich geometrisch ausdrücken: In dem in Fig. 53, S. 162, dargestellten Netze sind die Maschen noch von endlichen Ausdehnungen. Beim Grenzübergange $\lim \varepsilon = 0$ streben sie nach unendlich kleinen Maschen, in denen der Richtungsunterschied zweier einander gegenüberliegender Maschenseiten auch gleich Null wird. Deshalb darf man sie **unendlich kleine Parallelogramme** nennen. Wenn nun insbesondere die Diagonalen eines Parallelogrammes zueinander senkrecht sind, handelt es sich um einen **Rhombus**. Wir sagen also:

Satz 66: **Damit sich die Kurven** (u) **und** (v), **die durch**

$$x = \varphi(u, v), \qquad y = \psi(u, v)$$

in der xy-**Ebene definiert werden, so anordnen lassen, daß sie ein Netz von unendlich kleinen Rhomben bilden, ist notwendig und hinreichend, daß es eine von Null verschiedene Funktion** α **von** u **allein und eine von Null ver-**

schiedene Funktion β von v allein gibt, derart, daß für beliebige Wertepaare u, v

$$\alpha^2(u)(\varphi_u^2 + \psi_u^2) = \beta^2(v)(\varphi_v^2 + \psi_v^2)$$

wird. Diese Anordnung ist also dann und nur dann möglich, wenn sich die Fundamentalgrößen E und G zueinander wie eine Funktion von u allein zu einer Funktion von v allein verhalten.

Wenn die Kurven (u) und (v) selbst ein Orthogonalsystem bilden, darf man die unendlich kleinen Maschen des Kurvennetzes Rechtecke nennen. Sind sie zugleich Rhomben, so werden sie als Quadrate zu bezeichnen sein. Die Sätze 63, S. 148, und 66 geben also zusammen den

Satz 67: Damit sich die durch

$$x = \varphi(u, v), \qquad y = \psi(u, v)$$

definierten Kurven (u) und (v) in der xy-Ebene so anordnen lassen, daß sie ein Netz von unendlich kleinen Quadraten bilden, ist notwendig und hinreichend, daß einerseits

$$\varphi_u \varphi_v + \psi_u \psi_v = 0$$

wird und es andererseits eine von Null verschiedene Funktion α von u allein und eine von Null verschiedene Funktion β von v allein derart gibt, daß

$$\alpha^2(u)(\varphi_u^2 + \psi_u^2) = \beta^2(v)(\varphi_v^2 + \psi_v^2)$$

wird. Diese Anordnung ist also dann und nur dann möglich, wenn die Fundamentalgröße $F = 0$ ist und sich die Fundamentalgrößen E und G zueinander wie eine Funktion von u allein zu einer Funktion von v allein verhalten.

Schließlich kehren wir zu allgemeinen Kurvennetzen (u) und (v) zurück und bestimmen noch den Inhalt einer Masche. Da die Maschen bei der mittels der Annahme zweier Funktionen $\alpha(u)$ und $\beta(v)$ bewirkten unendlich dichten Anordnung des Netzes unendlich kleine Parallelogramme werden, definieren wir als den Inhalt dJ der Masche den Inhalt desjenigen Parallelogramms, dessen Seiten nach (7)

$$d_u s = \sqrt{E}\,du, \qquad d_v s = \sqrt{G}\,dv$$

sind und miteinander den Winkel ω bilden, für den nach (9)

$$\sin\omega = \frac{\sqrt{EG - F^2}}{\sqrt{E}\sqrt{G}}$$

ist. Daher ergibt sich:

(21) $$dJ = d_u s\, d_v s \sin\omega = \sqrt{EG - F^2}\, du\, dv.$$

Hiermit ist der Inhalt als eine einwertige Funktion dargestellt, weil wir die auftretende Quadratwurzel oben (auf S. 158) einwertig gemacht haben. Wenn wir nun entsprechend (13):

$$du = \alpha(u) \lim \varepsilon, \qquad dv = \beta(v) \lim \varepsilon$$

setzen, folgt noch:

(22) $$dJ = \alpha(u)\, \beta(v) \sqrt{EG - F^2} (\lim \varepsilon)^2.$$

§ 21. Flächentreue Abbildung der Ebene.

Wir machen eine Anwendung von den Ergebnissen des vorigen Paragraphen, indem wir die Frage nach allen flächentreuen Abbildungen der Ebene beantworten. Wir stellen uns vor, daß zwei Ebenen gegeben seien. In der einen sollen x, y, in der anderen u, v rechtwinklige Punktkoordinaten sein. Eine punktweise Abbildung der einen Ebene auf die andere ergibt sich dann, sobald wir x und y als zwei beliebige, aber voneinander unabhängige Funktionen von u und v geben:

(1) $$x = \varphi(u, v), \qquad y = \psi(u, v).$$

Denn dann entspricht einem beliebigen Punkte (u, v) der uv-Ebene ein bestimmter Punkt (x, y) der xy-Ebene; und da die Gleichungen umgekehrt u und v als Funktionen von x und y definieren, entspricht auch einem beliebigen Punkte (x, y) der xy-Ebene ein bestimmter Punkt (u, v) der uv-Ebene.

Den Geraden $u =$ konst. der uv-Ebene entsprechen bei dieser Abbildung in der xy-Ebene diejenigen Kurven, die durch (1) dargestellt werden, wenn darin u festgehalten und v variiert wird. Ebenso entsprechen den Geraden $v =$ konst. der uv-Ebene in der xy-Ebene diejenigen Kurven, die durch (1) bei festem v und variierendem u dargestellt werden. Die beiden Geradenscharen $u =$ konst., $v =$ konst. bilden sich also in der xy-Ebene als ein Kurvennetz ab.

Das in der uv-Ebene von den vier Punkten (u, v), $(u + du, v)$, $(u, v + dv)$ und $(u + du, v + dv)$ gebildete unendliche kleine Rechteck hat den Inhalt $du\, dv$. Ihm entspricht in der xy-Ebene ein unendlich kleines Parallelogramm, dessen Inhalt nach (21) oben und nach (5), S. 158, gleich

$$(\varphi_u \psi_v - \psi_u \varphi_v)\, du\, dv$$

ist. Die beiden einander entsprechenden Flächenstücke sind mithin gleich groß, wenn

$$\varphi_u \psi_v - \psi_u \varphi_v = \pm 1$$

ist. Wir können uns auf das obere Vorzeichen beschränken, denn der Inhalt eines ebenen Flächenstückes ändert sein Vorzeichen, wenn die Ebene von der anderen Seite her betrachtet wird. Wir setzen also:

$$\varphi_u \psi_v - \psi_u \varphi_v = 1. \tag{2}$$

Ist diese Bedingung für alle Werte von u und v erfüllt, so entspricht jedem der unendlich kleinen Rechtecke der uv-Ebene ein gleich großes Parallelogramm in der xy-Ebene. Da nun jede Fläche von endlicher Ausdehnung als Summe (Doppelintegral) solcher Flächenelemente aufgefaßt werden kann, wird also auch jeder Fläche der einen Ebene eine gleich große Fläche der anderen Ebene entsprechen. Daher:

Satz 68: Bei der durch die Gleichungen:

$$x = \varphi(u, v), \quad y = \psi(u, v)$$

vermittelten Abbildung einer Ebene mit den rechtwinkligen Koordinaten u, v auf eine andere Ebene mit den rechtwinkligen Koordinaten x, y wird jedes Flächenstück der einen Ebene als ein abgesehen vom Vorzeichen gleich großes Flächenstück in der anderen Ebene abgebildet, sobald die Funktionen φ und ψ der Bedingung genügen:

$$\varphi_u \psi_v - \psi_u \varphi_v = 1.$$

Eine derartige Abbildung heißt flächentreu.

Es gibt unendlich viele flächentreue Abbildungen, denn der Bedingung (2) kann auf unendlich viele Weisen genügt werden. Wenn man z. B. die Funktion $\varphi(u, v)$ ganz beliebig wählt, ist (2) eine partielle Differentialgleichung erster Ordnung für die noch unbekannte Funktion ψ der beiden Veränderlichen u und v, und in der Theorie dieser Gleichungen wird das Vorhandensein von Lösungen ψ bewiesen. Aber wir brauchen die Theorie nicht anzuwenden, da wir alle flächentreuen Abbildungen auf einem anderen Wege finden können.

Dies geschieht dadurch,[1] daß wir nicht direkt φ und ψ zu

[1] Wir benutzen hier, um die Auswertung der Bedingung für flächentreue Abbildung durch sogenannte ausführbare Operationen zu leisten, einen Kunstgriff von Grave, „Sur la construction des cartes géographiques", Journ. de Math. 5. Reihe 1. Bd. (1896).

bestimmen suchen, sondern uns vorstellen, die Gleichungen (1) seien nach y und v aufgelöst, wodurch sich y und v als Funktionen von x und u ergeben. Diese Funktionen zu bestimmen, ist nämlich einfacher. Denn wenn wir unter y und v eben diejenigen Funktionen von x und u verstehen, die sich durch Auflösung der Gleichungen (1) nach y und v ergeben, erfüllen die partiellen Ableitungen von y und v nach den beiden Größen x und u, die nunmehr die unabhängigen Veränderlichen sind, diejenigen vier Gleichungen, die sich durch vollständige Differentiation von (1) nach x und nach u ergeben. Differentiation von (1) nach x gibt:

$$1 = \varphi_v \frac{\partial v}{\partial x}, \qquad \frac{\partial y}{\partial x} = \psi_v \frac{\partial v}{\partial x}$$

und Differentiation von (1) nach u gibt:

$$0 = \varphi_u + \varphi_v \frac{\partial v}{\partial u}, \qquad \frac{\partial y}{\partial u} = \psi_u + \psi_v \frac{\partial v}{\partial u},$$

so daß aus diesen vier Gleichungen folgt:

$$\varphi_v = \frac{1}{\dfrac{\partial v}{\partial x}}, \qquad \psi_v = \frac{\dfrac{\partial y}{\partial x}}{\dfrac{\partial v}{\partial x}},$$

$$\varphi_u = -\frac{\dfrac{\partial v}{\partial u}}{\dfrac{\partial v}{\partial x}}, \qquad \psi_u = \frac{\partial y}{\partial u} - \frac{\dfrac{\partial y}{\partial x}\dfrac{\partial v}{\partial u}}{\dfrac{\partial v}{\partial x}}.$$

Setzen wir diese Werte in (2) ein, so kommt einfach:

$$(3) \qquad -\frac{\dfrac{\partial y}{\partial u}}{\dfrac{\partial v}{\partial x}} = 1.$$

Es handelt sich also darum, v und y so als Funktionen von x und u zu bestimmen, daß sie dieser Forderung genügen. Sie kann auch so geschrieben werden:

$$\frac{\partial v}{\partial x} = \frac{\partial(-y)}{\partial u}$$

und zeigt, daß v und $-y$ die partiellen Ableitungen erster Ordnung einer gewissen Funktion ω von x und u nach u bzw. x sind:

$$(4) \qquad v = \frac{\partial \omega}{\partial u}, \qquad -y = \frac{\partial \omega}{\partial x}.$$

Verstehen wir unter ω irgend eine Funktion von u und x, so geben die Gleichungen (4) für v und y Werte, die der Bedingung (3) genügen. Die Gleichung (3) aber ist nur eine andere Form der Bedingung (2). Wenn wir also schließlich die Gleichungen (4), in denen links v und y, rechts u und x auftreten, nach x und y auflösen, finden wir die flächentreuen Abbildungen (1).

Beispiel: Wir wählen $\omega = u x^2$. Dann kommt nach (4):

$$v = x^2, \quad y = -2ux,$$

und Auflösung nach x und y gibt:

$$x = \sqrt{v}, \quad y = -2u\sqrt{v},$$

und dies ist eine flächentreue Abbildung der uv-Ebene auf die xy-Ebene. Die Geraden $u =$ konst. bilden sich als die Geraden $y:x =$ konst. durch den Anfangspunkt und die Geraden $v =$ konst. als die Geraden $x =$ konst. ab.

Die Funktion ω muß wohlbemerkt so gewählt werden, daß die Gleichungen (4) auch x und y als Funktionen von u und v bestimmen. Die zweite ist schon nach y aufgelöst. Es ist also zu verlangen, daß die erste rechts auch x enthalte, d. h:

$$\frac{\partial^2 \omega}{\partial u \partial x} \neq 0.$$

Noch ein Einwand ist zu machen: Wir nahmen an, daß die Gleichungen (1) nach y und v auflösbar seien. Da die zweite schon in einer nach y aufgelösten Form vorliegt, kommt diese Annahme auf die hinaus, daß die Funktion φ auch wirklich v enthalte. Ist dies nicht der Fall, so ist x eine Funktion von u allein, d. h. die Geraden $u =$ konst. bilden sich als die Geraden $x =$ konst. ab. Man kann dies natürlich vermeiden, wenn man in einer der beiden Ebenen ein anderes Achsenkreuz einführt. Man kann diesen Spezialfall aber auch direkt erledigen. Ist nämlich φ frei von v, so reduziert sich (2) auf

$$\psi_v \frac{d\varphi}{du} = 1.$$

Wir setzen demnach für φ irgend eine Funktion von u und bilden darauf:

$$\psi = \frac{v}{\frac{d\varphi}{du}} + \omega(u),$$

wobei ω irgend eine Funktion von u allein bedeuten soll.

Daher haben wir den

Satz 69: Um alle flächentreuen Abbildungen einer Ebene mit den rechtwinkligen Koordinaten x, y auf eine

Ebene mit den rechtwinkligen Koordinaten u, v zu finden, verfährt man so:

Erstens: Man versteht unter ω eine Funktion von u und x, für die $\omega_{ux} \neq 0$ ist, und löst die Gleichungen

$$v = \omega_u, \quad y = -\omega_x$$

nach x und y auf.

Zweitens: Man versteht unter φ und ω zwei Funktionen von u allein, doch so, daß φ nicht konstant ist, und setzt

$$x = \varphi, \quad y = \frac{v}{\varphi'} + \omega.$$

Durch diese beiden Verfahren zusammen erhält man alle flächentreuen Abbildungen. Die des zweiten Verfahrens sind diejenigen, bei denen die Geraden x = konst. als die Geraden u = konst. abgebildet werden.[1]

§ 22. Isothermen in der Ebene.

Liegt ein krummliniges Koordinatensystem u, v vor, das durch die Gleichungen

(1) $$x = \varphi(u, v), \quad y = \psi(u, v)$$

mit den rechtwinkligen Koordinaten x, y verknüpft ist, so kann man die Kurven (u) und (v) so anordnen, daß sie ein Netz von unendlich kleinen Quadraten bilden, d. h. daß sie selbst und ebenso ihre Diagonalkurven je ein Orthogonalsystem darstellen, sobald nach Satz 67, S. 165, erstens

(2) $$F = \varphi_u \varphi_v + \psi_u \psi_v = 0$$

ist und zweitens eine Funktion α von u allein und eine Funktion β von v allein existiert derart, daß

(3) $$\alpha^2(u)\, E = \beta^2(v)\, G$$

oder also

(4) $$\alpha^2(u)(\varphi_u^2 + \psi_u^2) = \beta^2(v)(\varphi_v^2 + \psi_v^2)$$

[1] Eine mehr symmetrische Art der Darstellung der flächentreuen Abbildungen ist diese: Unter ω wurde eine Funktion von zwei Parametern p und q verstanden. Dann wird gesetzt:

$$x = p + \omega_q, \quad y = q - \omega_p, \quad u = p - \omega_q, \quad v = q + \omega_p.$$

Siehe des Verf. Abh. „Flächentreue Abbildungen in der Ebene", Mathem. Zeitschrift 2. Bd. 1918. Dabei muß ω so gewählt werden, daß

$$\omega_{pp}\omega_{qq} - \omega_{pq}^2 + 1 \neq 0$$

ist.

wird. Dabei darf weder α noch β verschwinden. Aus physikalischen Gründen nennt man ein derartiges Netz ein **Isothermennetz** oder auch ein **Isothermensystem**. Die Kurven selbst nennt man **Isothermen**.[1]

Im gegenwärtigen Paragraphen wollen wir die Isothermennetze, von denen das einfachste übrigens das der Geraden $x =$ konst., $y =$ konst. ist, genauer betrachten. Wir setzen also voraus: die Bedingung (2) der Orthogonalität sei erfüllt; außerdem gebe es zwei nicht verschwindende Funktionen $\alpha(u)$ und $\beta(v)$, die die Bedingung (3) oder (4) der Orthogonalität der Diagonalkurven erfüllen. Dann sind keine wesentlich anderen Funktionen $\bar{\alpha}(u)$ und $\bar{\beta}(v)$ vorhanden, die der Bedingung

$$\bar{\alpha}^2(u)\,(\varphi_u^2 + \psi_u^2) = \bar{\beta}^2(v)\,(\varphi_v^2 + \psi_v^2)$$

genügen. Denn hieraus und aus (4) folgt:

$$\alpha^2 : \bar{\alpha}^2 = \beta^2 : \bar{\beta}^2,$$

mithin, weil die linke Seite nur u und die rechte nur v enthält:

$$\bar{\alpha} = c\,\alpha, \qquad \bar{\beta} = \pm\, c\,\beta \quad (c = \text{konst.}).$$

Nun wird die Anordnung des Netzes nach (13), S. 162, durch

$$du = \alpha(u) \lim \varepsilon, \qquad dv = \beta(v) \lim \varepsilon$$

bedingt. Benutzt man $\bar{\alpha}$ und $\bar{\beta}$ statt α und β, so ergibt sich also die durch

$$du = c\,\alpha(u) \lim \varepsilon, \qquad dv = \pm\, c\,\beta(v) \lim \varepsilon$$

bedingte Anordnung. Weil man $c \lim \varepsilon = \lim c\,\varepsilon$ setzen kann, ist sie die alte. Das bei dv vorkommende Minuszeichen bedeutet nur, daß man die Kurven (v) rückwärts aufeinander folgen lassen kann. Wir sehen somit, daß zwei Scharen von Kurven, die Isothermen sind,

---

[1] Die Theorie der Isothermennetze für beliebige Flächen, nicht nur für die Ebene, geht zurück bis auf Gauss, „Allgemeine Auflösung der Aufgabe: Die Teile einer gegebenen Fläche auf einer anderen gegebenen Fläche so abzubilden, daß die Abbildung dem Abgebildeten in den kleinsten Teilen ähnlich wird", Preisschrift 1822, Astron. Abhandl. von Schumacher, 3. Heft 1825, wiederabgedruckt in den Werken, Bd. IV, und in Ostwalds Klassikern Nr. 55. Mit dem von Gauss gelösten Problem werden wir uns später, in der Flächentheorie, beschäftigen. Der Name: Isothermen rührt von Lamé her, den Probleme der Wärmetheorie zu diesem Begriffe führten. Siehe Fußnote S. 148 sowie „Mémoire sur les coordonnées curvilignes", prés. à l'Acad. de Paris 1838, Journ. de Mathém. T. V, 1840, und „Leçons sur les coordonnées curvilignes et leurs divers applications", Paris 1859.

nur auf eine Art so angeordnet werden können, daß sie unendlich kleine Quadrate bilden.

Da die Diagonalkurven des Netzes ihrerseits ein Netz bilden, in dem die ursprünglichen Kurven die Diagonalkurven sind, folgt sofort, daß die Diagonalkurven eines Isothermennetzes ebenfalls ein Isothermennetz bestimmen.

Wir wollen jetzt davon Gebrauch machen, daß wir irgend eine Funktion von u als neues $\bar{u}$ und irgend eine Funktion von v als neues $\bar{v}$ einführen können, ohne die Parameterlinien (u), (v) in geometrischer Hinsicht zu ändern (siehe S. 150). Wir setzen nämlich:

$$\int \frac{du}{\alpha(u)} = \bar{u}, \quad \int \frac{dv}{\beta(v)} = \bar{v}. \tag{5}$$

Umgekehrt ist dann u eine Funktion von $\bar{u}$, v eine Funktion von $\bar{v}$; also sind nach (1) auch x und y Funktionen von $\bar{u}$, $\bar{v}$. Dabei wird:

$$\frac{\partial x}{\partial u} = \frac{1}{\alpha}\frac{\partial x}{\partial \bar{u}}, \quad \frac{\partial x}{\partial v} = \frac{1}{\beta}\frac{\partial x}{\partial \bar{v}}, \quad \frac{\partial y}{\partial u} = \frac{1}{\alpha}\frac{\partial y}{\partial \bar{u}}, \quad \frac{\partial y}{\partial v} = \frac{1}{\beta}\frac{\partial y}{\partial \bar{v}}.$$

Die Bedingung (2) oder:

$$\frac{\partial x}{\partial u}\frac{\partial x}{\partial v} + \frac{\partial y}{\partial u}\frac{\partial y}{\partial v} = 0,$$

für die Orthogonalität der Kurven (u), (v) kann mithin so geschrieben werden:

$$\frac{\partial x}{\partial \bar{u}}\frac{\partial x}{\partial \bar{v}} + \frac{\partial y}{\partial \bar{u}}\frac{\partial y}{\partial \bar{v}} = 0, \tag{6}$$

was nach Satz 63, S. 148, vorherzusehen war, während die Bedingung (4) oder:

$$\alpha^2\left[\left(\frac{\partial x}{\partial u}\right)^2 + \left(\frac{\partial y}{\partial u}\right)^2\right] = \beta^2\left[\left(\frac{\partial x}{\partial v}\right)^2 + \left(\frac{\partial y}{\partial v}\right)^2\right]$$

für die Orthogonalität der Diagonalkurven jetzt so lautet:

$$\left(\frac{\partial x}{\partial \bar{u}}\right)^2 + \left(\frac{\partial y}{\partial \bar{u}}\right)^2 = \left(\frac{\partial x}{\partial \bar{v}}\right)^2 + \left(\frac{\partial y}{\partial \bar{v}}\right)^2. \tag{7}$$

Das auf S. 147 unter (9) berechnete Quadrat des Bogenelements ds drückt sich, da nach (5):

$$du = \alpha\, d\bar{u}, \quad dv = \beta\, d\bar{v}$$

ist, jetzt wegen (6) und (7) so aus:

$$ds^2 = \Omega(\bar{u}, \bar{v})\,(d\bar{u}^2 + d\bar{v}^2), \tag{8}$$

wenn $\Omega(\bar{u}, \bar{v})$ die beiden in (7) einander gleichgesetzten Ausdrücke bezeichnet. Also können wir sagen:

Satz 70: Ein System von Parameterlinien (u), (v) in der Ebene, das durch

$$x = \varphi(u, v), \quad y = \psi(u, v)$$

definiert wird, ist dann und nur dann ein Isothermensystem, wenn sich neue Parameter $\bar{u}$ und $\bar{v}$ als Funktionen von u bzw. v allein einführen lassen, derart, daß x und y die Bedingungen erfüllen:

$$\left(\frac{\partial x}{\partial \bar{u}}\right)^2 + \left(\frac{\partial y}{\partial \bar{u}}\right)^2 = \left(\frac{\partial x}{\partial \bar{v}}\right)^2 + \left(\frac{\partial y}{\partial \bar{v}}\right)^2,$$

$$\frac{\partial x}{\partial \bar{u}}\frac{\partial x}{\partial \bar{v}} + \frac{\partial y}{\partial \bar{u}}\frac{\partial y}{\partial \bar{v}} = 0.$$

Das Quadrat des Bogenelements nimmt alsdann die Form an:

$$dx^2 + dy^2 = \Omega(\bar{u}, \bar{v})(d\bar{u}^2 + d\bar{v}^2),$$

und die Diagonalkurven sind die Kurven $\bar{u} + \bar{v} = \text{konst.}$, $\bar{u} - \bar{v} = \text{konst.}$

Die neuen Parameter $\bar{u}$ und $\bar{v}$ heißen thermische Parameter.[1]

Wollen wir alle zu dem Isothermensystem gehörigen thermischen Parameterpaare finden, so verfahren wir so: Sind u' und v' Funktionen von u und v derart, daß auch $u' = \text{konst.}$ und $v' = \text{konst.}$ die Kurven $\bar{u} = \text{konst.}$ und $\bar{v} = \text{konst.}$ darstellen, so hängt u' nur von einer der beiden Größen $\bar{u}$ und $\bar{v}$ und ebenfalls v' nur von einer von beiden ab (siehe S. 150). Entweder ist also:

$$u' = \lambda(\bar{u}), \quad v' = \mu(\bar{v})$$

oder:

$$u' = \mu(\bar{v}), \quad v' = \lambda(\bar{u}).$$

Dann aber wird:

$$du'^2 + dv'^2 = \lambda'^2 d\bar{u}^2 + \mu'^2 d\bar{v}^2.$$

Damit nun u' und v' auch thermische Parameter seien, muß ds^2, geschrieben in u' und v', die Form haben:

$$ds^2 = \Theta(u', v')(du'^2 + dv'^2).$$

Aber die Vergleichung dieser Form mit der des Satzes gibt wegen der soeben aufgestellten Gleichung:

$$\Theta . (\lambda'^2 d\bar{u}^2 + \mu'^2 d\bar{v}^2) = \Omega . (d\bar{u}^2 + d\bar{v}^2),$$

---

[1] Man nennt sie auch isometrische Parameter. Diese Bezeichnung bringt aber nicht alle Eigenschaften dieser Parameter zum Ausdrucke; wir ziehen den Namen: thermische Parameter vor, der wenigstens an die geschichtliche Entwicklung des Begriffes erinnert.

also einzeln:

$$\Theta \lambda'^2 = \Theta \mu'^2 = \Omega,$$

so daß $\lambda'^2 : \mu'^2 = 1$ sein muß. Da λ nur von u' und μ nur von v' abhängt, muß also $\lambda'^2 = \mu'^2 =$ konst. sein. Hieraus folgt der

Satz 71: Sind $\bar{u}$, $\bar{v}$ thermische Parameter, so geben die Gleichungen

$$\left.\begin{array}{l} u' = \pm a\bar{u} + \text{konst.}, \quad v' = \pm a\bar{v} + \text{konst.} \\ \text{und} \\ u' = \pm a\bar{v} + \text{konst.}, \quad v' = \pm a\bar{u} + \text{konst.} \end{array}\right\} (a = \text{konst.})$$

die allgemeinsten Paare von thermischen Parametern an, die zu demselben Isothermensystem gehören. Die Vorzeichen können dabei überall beliebig gewählt werden.

Die Bedingungen $du = \alpha(u) \lim \varepsilon$ und $dv = \beta(v) \lim \varepsilon$ für die Anordnung des Netzes sind jetzt diese:

(9) $$d\bar{u} = \lim \varepsilon, \quad d\bar{v} = \lim \varepsilon$$

und für die allgemeineren zugehörigen thermischen Parameterpaare:

$$du' = \pm a \lim \varepsilon, \quad dv' = \pm a \lim \varepsilon.$$

1. **Beispiel:** Ist $x = u \cos v$, $y = u \sin v$, so sind die Kurven (u) die Kreise um den Anfangspunkt, die Kurven (v) ihre Radien. Sie bilden ein Orthogonalsystem. Die Bedingung (3) für die Orthogonalität der Diagonalkurven lautet

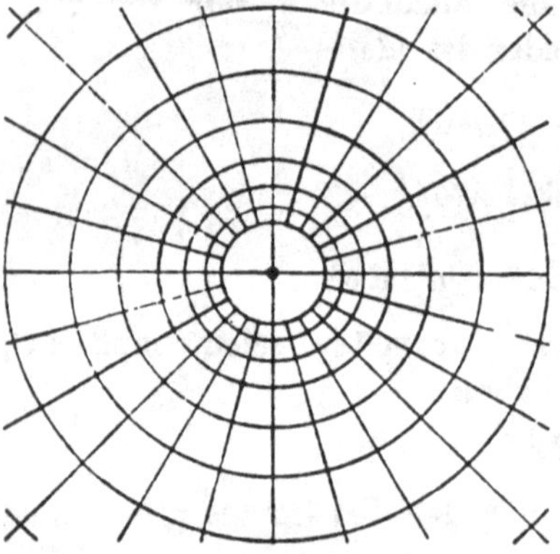

Fig. 54.

$$\alpha^2(u) = \beta^2(v) . u^2$$

und wird z. B. durch $\alpha = u$, $\beta = 1$ erfüllt. Es liegt daher ein Isothermensystem vor. Nach (5) sind $\bar{u} = \log u$, $\bar{v} = v$ thermische Parameter. Nun ist $u = e^{\bar{u}}$ und also

$$x = e^{\bar{u}} \cos \bar{v}, \quad y = e^{\bar{u}} \sin \bar{v}.$$

Ferner wird

$$ds^2 = e^{2\bar{u}} (d\bar{u}^2 + d\bar{v}^2).$$

Nach (9) geht die quadratische Einteilung der Ebene hervor, wenn wir $\bar{u}$ und $\bar{v}$ in derselben arithmetischen Reihe wachsen lassen. $\bar{u}$ ist der Logarithmus des Kreisradius u und $\bar{v}$ die Amplitude v. Wir ziehen mithin durch den Anfangspunkt Strahlen, die aufeinander folgend immer denselben Winkel ε miteinander bilden. Ferner konstruieren wir die Kreise mit Radien, deren natürliche Logarithmen beständig um ε wachsen. Wählen wir dann ε endlich, aber klein, so erhalten wir ein angenähertes Bild dieser Einteilung in Fig. 54.[1] Die Diagonalkurven, die man in dieser Figur leicht verfolgen kann, sind nach S. 103 logarithmische Spiralen, die unter 45° gegen die Radienvektoren geneigt sind.

2. Beispiel: Sind u und v elliptische Koordinaten (siehe 5. Beispiel, S. 148), so ist:

$$E = \frac{v - u}{4(a^2 - u)(b^2 - u)}, \quad F = 0, \quad G = \frac{u - v}{4(a^2 - v)(b^2 - v)},$$

so daß, wie wir übrigens schon auf S. 149 bemerkten, die Bedingung (2) der Orthogonalität erfüllt ist. Die zweite Bedingung (3) für das Isothermensystem ist erfüllbar durch die Annahme:

$$\alpha = \sqrt{(a^2 - u)(b^2 - u)}, \qquad \beta = \sqrt{-(a^2 - v)(b^2 - v)}.$$

Daher bilden die konfokalen Ellipsen und Hyperbeln ein Isothermensystem. Nach (5) sind dabei

$$\bar{u} = \int \frac{du}{\sqrt{(a^2 - u)(b^2 - u)}}, \quad \bar{v} = \int \frac{dv}{\sqrt{-(a^2 - v)(b^2 - v)}}$$

thermische Parameter.

Die Bedingungen (6) und (7) lassen sich auf eine wichtige andere Form bringen. Wenn wir nämlich (6) mit $\mp 2i$ multiplizieren und dann zu (7) addieren, ergeben sich die beiden Gleichungen:

$$\left(\frac{\partial x}{\partial \bar{u}} \mp i \frac{\partial x}{\partial \bar{v}}\right)^2 + \left(\frac{\partial y}{\partial \bar{u}} \mp i \frac{\partial y}{\partial \bar{v}}\right)^2 = 0, \tag{10}$$

die (6) und (7) völlig ersetzen. Schreiben wir für den Augenblick

$$\bar{u} + i\bar{v} = \mathfrak{u}, \qquad \bar{u} - i\bar{v} = \mathfrak{v}, \tag{11}$$

so werden $\bar{u}$ und $\bar{v}$ und daher auch x und y Funktionen von $\mathfrak{u}$ und $\mathfrak{v}$, und zwar ist:

$$\frac{\partial x}{\partial \bar{u}} = \frac{\partial x}{\partial \mathfrak{u}} + \frac{\partial x}{\partial \mathfrak{v}}, \qquad \frac{\partial x}{\partial \bar{v}} = i\left(\frac{\partial x}{\partial \mathfrak{u}} - \frac{\partial x}{\partial \mathfrak{v}}\right).$$

Diese Formeln bleiben richtig, wenn x durch y ersetzt wird. Daher kommt statt (10):

$$\left(\frac{\partial x}{\partial \mathfrak{u}}\right)^2 + \left(\frac{\partial y}{\partial \mathfrak{u}}\right)^2 = 0, \qquad \left(\frac{\partial x}{\partial \mathfrak{v}}\right)^2 + \left(\frac{\partial y}{\partial \mathfrak{v}}\right)^2 = 0.$$

Die erste Gleichung läßt sich zerlegen in:

$$\frac{\partial (x + iy)}{\partial \mathfrak{u}} \cdot \frac{\partial (x - iy)}{\partial \mathfrak{u}} = 0, \tag{12}$$

[1] Da die Kreise in der Nähe des Anfangspunktes zu eng zusammenrücken, ist die Umgebung dieser Stelle in Fig. 54 freigelassen.

die zweite in:

$$(13)\qquad \frac{\partial(x+iy)}{\partial\mathfrak{v}}\cdot\frac{\partial(x-iy)}{\partial\mathfrak{v}}=0.$$

Wenn in (12) etwa der zweite Faktor gleich Null ist, hängt $x-iy$ nur von $\mathfrak{v}$ ab, und daher kann dann, weil sonst $x-iy$ konstant wäre, der zweite Faktor in (13) nicht gleich Null sein, so daß der erste verschwinden und folglich $x+iy$ eine Funktion von $\mathfrak{u}$ allein sein muß. Ähnlich schließen wir, wenn der erste Faktor in (12) gleich Null ist. Mithin wird wegen (11) entweder:

$$(14)\qquad x+iy=A(\bar{\mathfrak{u}}+i\bar{\mathfrak{v}}),\qquad x-iy=B(\bar{\mathfrak{u}}-i\bar{\mathfrak{v}})$$

oder:

$$x+iy=A(\bar{\mathfrak{u}}-i\bar{\mathfrak{v}}),\qquad x-iy=B(\bar{\mathfrak{u}}+i\bar{\mathfrak{v}}),$$

wobei A und B jedesmal Funktionen der angegebenen Argumente bedeuten sollen.

Da die zweite Annahme durch Vertauschen der thermischen Parameter $\bar{\mathfrak{u}}$, $\bar{\mathfrak{v}}$ mit den ebenfalls thermischen Parametern $\bar{\mathfrak{u}}$, $-\bar{\mathfrak{v}}$ aus der ersten hervorgeht, also dasselbe Isothermensystem liefert, folgt der

Satz 72: Man erhält alle Isothermensysteme der Ebene auf diese Art: Man setzt $x+iy$ gleich einer Funktion einer komplexen Veränderlichen und $x-iy$ gleich einer Funktion der konjugiert komplexen Veränderlichen. Setzt man dann den reellen Teil der komplexen Veränderlichen gleich konstans, so ergibt sich die eine Kurvenschar des Systems, setzt man den rein imaginären Teil von ihr gleich konstans, so geht die andere Kurvenschar des Systems hervor.

Die Gleichungen (14) haben nach $\bar{\mathfrak{u}}+i\bar{\mathfrak{v}}$ und $\bar{\mathfrak{u}}-i\bar{\mathfrak{v}}$ aufgelöst die Form:

$$\bar{\mathfrak{u}}+i\bar{\mathfrak{v}}=f(x+iy),\qquad \bar{\mathfrak{u}}-i\bar{\mathfrak{v}}=g(x-iy),$$

so daß:

$$f(x+iy)+g(x-iy)=\text{konst.},$$
$$f(x+iy)-g(x-iy)=\text{konst.}$$

die beiden Kurvenscharen des Systems sind. Sie sind reell, wenn f und g konjugiert imaginär sind, d. h. wenn

$$g(x-iy)=\bar{f}(x-iy)$$

ist. Dann stellen

$$f(x+iy)+\bar{f}(x-iy)=\text{konst.},$$
$$f(x+iy)-\bar{f}(x-iy)=\text{konst.}$$

die beiden Kurvenscharen dar. Die Funktion, die in der ersten Gleichung links steht, ist nichts anderes als der doppelte reelle Teil von $f(x+iy)$, wie man sofort sieht, wenn man $f(x+iy)$ in den reellen und rein imaginären Teil zerlegt. Die Funktion, die in der zweiten Gleichung links steht, ist der doppelte rein imaginäre Teil von $f(x+iy)$. Also:

Satz 73: Man erhält alle reellen Isothermensysteme in der Ebene, wenn man einerseits den reellen, andererseits den rein imaginären Teil einer Funktion $f(x+iy)$ gleich konstans setzt. Die beiden hervorgehenden Gleichungen stellen die beiden Kurvenscharen des Systems dar.

Wir geben jetzt einige Beispiele, in denen wir die thermischen Koordinaten mit u und v bezeichnen.

3. Beispiel: Es sei

$$f(x+iy) = \log(x+iy),$$

d. h. wir setzen:

$$x+iy = e^{u+iv}, \quad x-iy = e^{u-iv}$$

und erhalten, da

$$e^{iv} = \cos v + i \sin v$$

ist:

$$x = e^u \cos v, \quad y = e^u \sin v.$$

Siehe das 1. Beispiel.

4. Beispiel: Es sei

$$f(x+iy) = \frac{1}{x+iy},$$

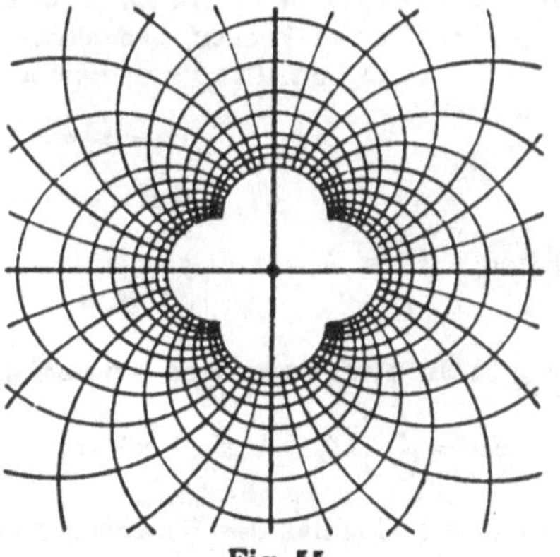

Fig. 55.

also

$$x+iy = \frac{1}{u+iv}, \quad x-iy = \frac{1}{u-iv},$$

so daß

$$x = \frac{u}{u^2+v^2}, \quad y = \frac{-v}{u^2+v^2}$$

wird. Elimination von v gibt die Schar der Kurven (u):

$$\frac{x}{x^2+y^2} = u,$$

also alle Kreise, die im Anfangspunkte die y-Achse berühren. Elimination von u gibt die Schar der Kurven (v):

$$\frac{-y}{x^2+y^2} = v,$$

also alle Kreise, die im Anfangspunkte die x-Achse berühren. Siehe Fig. 55.[1]

[1] In der Fig. 55 sind Kreise gezeichnet, deren thermische Koordinaten u und v nach arithmetischen Reihen zunehmen. Dabei rücken die Kreise in

5. **Beispiel:** Wir fragen nach allen Isothermensystemen, die aus Kreisen bestehen. Wenn zwei Scharen von je ∞^1 Kreisen zueinander orthogonal sein sollen, müssen die Kreise jeder Schar nach dem 2. Beispiele, S. 56, ein Büschel bilden. Wird die y-Achse durch die Scheitel des einen Büschels gelegt und der Anfangspunkt in der Mitte zwischen diesen Scheiteln gewählt, so daß $x = 0$, $y = \pm n$ die Koordinaten der Scheitel sind, so ist

(15) $$(x-u)^2 + y^2 = u^2 + n^2$$

die Gleichung der Kreise dieser Schar mit dem Parameter u. Zu den Kreisen der zweiten Schar gehört die x-Achse, und die Scheitel des zweiten Büschels müssen natürlich symmetrisch, d. h. mit Abszissen $\pm m$ auf der x-Achse liegen, so daß

(16) $$x^2 + (y-v)^2 = v^2 + m^2$$

die Gleichung der zweiten Schar ist. Aber wir wissen noch nicht, welche Beziehung zwischen den Konstanten m und n besteht.

Um dies zu erkennen, bedenken wir, daß die beiden Gleichungen x und y als Funktionen von u und v definieren, so daß vollständige Differentiation gibt:

$$(x-u)\,dx + y\,dy = x\,du,$$

$$x\,dx + (y-v)\,dy = y\,dv.$$

Setzen wir zur Abkürzung:

$$\triangle = uv - uy - vx,$$

so gibt die Auflösung nach dx und dy:

$$dx = \frac{1}{\triangle}\left\{x(y-v)\,du - y^2\,dv\right\}, \qquad dy = \frac{1}{\triangle}\left\{-x^2\,du + y(x-u)\,dv\right\},$$

so daß das Quadrat des Bogenelements die Form hat:

$$ds^2 = dx^2 + dy^2 = \frac{1}{\triangle^2}\left\{x^2[x^2 + (y-v)^2]\,du^2 - 2xy[x(x-u) + \right.$$

$$\left. + y(y-v)]\,du\,dv + y^2[(x-u)^2 + y^2]\,dv^2\right\}$$

Die Bedingung der Orthogonalität gibt nach (2):

$$x(x-u) + y(y-v) = 0.$$

Aber durch Addition von (15) und (16) geht hervor:

$$x(x-u) + y(y-v) = \tfrac{1}{2}(m^2 + n^2).$$

Die Constanten m und n müssen also so gewählt werden, daß $m^2 = -n^2$ ist, so daß wir statt (16) haben:

(17) $$x^2 + (y-v)^2 = v^2 - n^2.$$

---

der Nähe des Anfangspunktes so eng zusammen, daß sie nicht mehr zu zeichnen sind. Daher ist die Umgebung dieser Stelle frei gelassen worden.

Das Quadrat des Bogenelements ist jetzt wegen (15) und (17) auf die Form zu bringen:

$$ds^2 = \frac{1}{\triangle^2}\left\{x^2(v^2 - n^2)\,du^2 + y^2(u^2 + n^2)\,dv^2\right\}$$

Von den beiden Bedingungen (2) und (3) oder (4) für ein Isothermensystem ist jetzt die erste, die der Orthogonalität, für die Kreisscharen (15) und (17) erfüllt. Die zweite wird erfüllt sein, wenn das Verhältnis

$$\frac{x^2(v^2 - n^2)}{y^2(u^2 + n^2)}$$

gleich dem Verhältnisse aus einer Funktion von u allein zu einer Funktion von v allein wird. Dabei ist natürlich zu beachten, daß x und y die durch (15) und (17) definierten Funktionen von u und v sind. Wenn wir nun (15) und (17) so schreiben:

$$x^2 + y^2 - n^2 = 2ux, \qquad x^2 + y^2 + n^2 = 2vy$$

und diese Gleichungen quadrieren und voneinander subtrahieren, kommt:

$$\frac{x^2}{y^2} = \frac{v^2 - n^2}{u^2 + n^2},$$

so daß also jenes Verhältnis wird:

$$\frac{x^2}{y^2}\,\frac{(v^2 - n^2)}{(u^2 + n^2)} = \left(\frac{v^2 - n^2}{u^2 + n^2}\right)^2 = \frac{1}{(u^2 + n^2)^2} : \frac{1}{(v^2 - n^2)^2}.$$

Die Bedingung ist demnach erfüllt. Mithin gilt der

Satz 74: Jedes Orthogonalsystem von Kreisen in der Ebene ist ein Isothermensystem.

Die Funktionen α und β sind hier (siehe (4)):

$$\alpha = u^2 + n^2, \qquad \beta = v^2 - n^2,$$

so daß nach (5)

$$(18) \qquad \bar{u} = \int \frac{du}{u^2 + n^2} = \frac{1}{n}\operatorname{arc\,tg}\frac{u}{n}, \qquad \bar{v} = \int \frac{dv}{v^2 - n^2} = \frac{1}{2n}\log\frac{v - n}{v + n}$$

thermische Parameter sind.

Die Kreisscharen (15) und (17) sind reell, wenn u und v reell sind und n entweder reell oder rein imaginär ist. Ist n reell, so hat das erste Büschel (15) die reellen Scheitel ($x = 0$, $y = \pm n$), ist n rein imaginär, so hat das zweite Büschel (17) die reellen Scheitel ($x = \pm in$, $y = 0$). Wird statt eines reellen Wertes von n derselbe Wert, multipliziert mit i, gesetzt, so kommt dies nur auf eine Vertauschung der Achsen hinaus. Daher:

Satz 75: Das allgemeinste Orthogonalsystem von Kreisen in der Ebene ist ein Isothermensystem und kann durch geeignete Wahl der Achsen auf die Form

$$x^2 + y^2 - 2ux = n^2, \qquad x^2 + y^2 - 2vy = -n^2$$

gebracht werden. Ist es reell, so darf die Konstante n reell angenommen werden. Es besteht aus allen Kreisen, von denen die eine Schar durch die beiden reellen Punkte ($x = 0$, $y = \pm n$) und die andere durch die beiden imaginären Punkte ($x = \pm in$, $y = 0$) geht (siehe Fig. 56).[1]

Ein besonderer Fall ergibt sich, wenn $n = 0$ ist, denn dann berühren beide Kreisscharen im Anfangspunkte die x- bzw. y-Achse, so daß sich die Fig. 55 auf S. 177 ergibt.

Stillschweigend haben wir vorausgesetzt, daß die Scheitel der Büschel im Endlichen liegen. Liegt ein Scheitel unendlich fern, so artet das zugehörige Büschel in eine Schar von Geraden aus. Wenn dann der andere Scheitel im

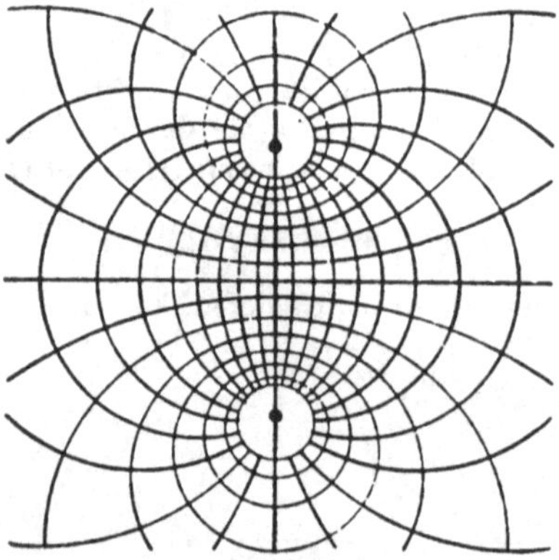

Fig. 56.

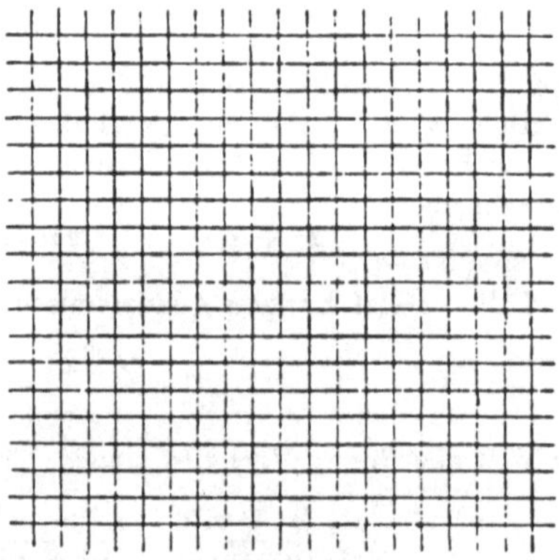

Fig. 57.

Endlichen liegt, kommen wir zu einem Strahlenbüschel und den dazu orthogonalen Kreisen, d. h. zur Fig. 54 auf S. 174. Wenn aber dieser andere Scheitel auch unendlich fern liegt, kommen wir zu parallelen Geraden und den zu ihnen senkrechten Geraden, also zu dem Isothermennetze $x =$ konst., $y =$ konst. (siehe Fig. 57).

Es gibt demnach vier Typen von reellen Orthogonalsystemen von Kreisen, und alle sind Isothermensysteme, dargestellt durch die Figuren 54, 55, 56, 57. Jedes reelle Orthogonalsystem von Kreisen ist mit einer von diesen vier Figuren ähnlich.

§ 23. Ebene Kurvennetze ohne Umwege.

Wenn die Kurven eines Netzes wie auf S. 159 orientiert worden sind und P und Q irgend zwei Punkte in der Ebene bedeuten, kann man, **beständig Kurvenstücke des Netzes durchlaufend**, auf unendlich vielen Wegen von P nach Q gelangen, siehe Fig. 58. Zu jedem Wegstücke gehört eine wegen der erfolgten Orientierung ein-

[1] In Fig. 56 mußte wieder die Umgebung der Stellen ($x = 0$, $y = \pm n$) frei bleiben, da sich die Kreise dort zu sehr häufen. Auch in dieser Figur sind solche Kreise konstruiert worden, deren thermische Parameter (18) nach arithmetischer Reihe zunehmen.

wertige Bogenlänge und demnach zu jedem Wege von P nach Q längs Kurvenstücken des Netzes ein Wert der Gesamtbogenlänge als Summe der Bogenlängen der einzelnen Teile. Hat nun das Netz die Eigenschaft, daß alle möglichen Wege von P nach Q die gleiche Gesamtbogenlänge haben, und trifft dies für jedes Punktepaar P, Q zu, d. h. wohlverstanden: hängt die Gesamtbogenlänge nur von der Wahl der Punkte P und Q selbst, dagegen nicht von der besonderen Wahl des Weges von P nach Q ab, so soll das Netz ein Kurvennetz ohne Umwege[1] heißen. Ist das Netz reell und wie in Fig. 58 orientiert, so sind einige Wegstücke negativ, nämlich die durch Doppellinien gekennzeichneten; alle Wegstücke sind mit ihren Vorzeichen in Rechnung zu stellen.

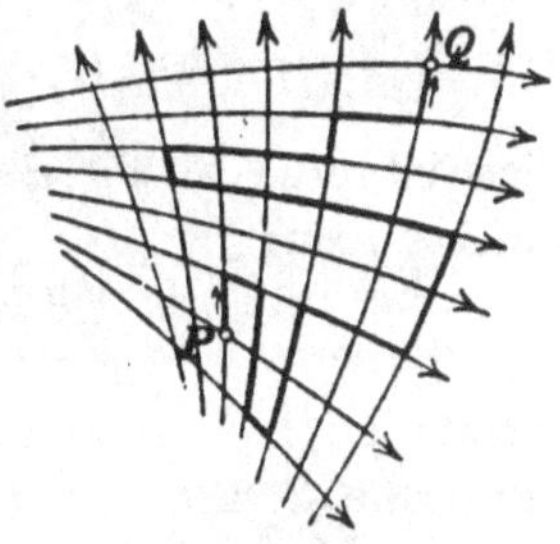

Fig. 58.

Zu Kurvennetzen ohne Umwege gelangt man auf folgende Weise:

Es sei $f(x, y)$ eine Funktion des Ortes in der Ebene, vgl. § 15. Die Geschwindigkeit, mit der sich f auf einem Wegelemente ds von der Stelle (x, y) aus ändert, ist nach (3), S. 122, gleich der Summe $f_x \cos\alpha + f_y \sin\alpha$, wenn die Wegrichtung mit der positiven x-Achse den Winkel α bildet. Wählt man α so, daß stets

$$(f_x \cos\alpha + f_y \sin\alpha)^2 = 1$$

---

[1] Siehe die Abhandlung des Verf.: „Ebene Kurvennetze ohne Umwege", Leipziger Berichte 1905. Zur Literatur über diese Netze sind außerdem neben der kurzen Note des Verf.: „Bemerkungen zu den ebenen Kurvennetzen ohne Umwege", Jahresbericht der D. Math.-Vereinigung 16. Bd. (1907), noch die folgenden Abhandlungen von Rothe zu nennen: „Bemerkungen über ein spezielles krummliniges Koordinatensystem", Sitzungsberichte der Berliner math. Gesellschaft 1. Jahrg. (1902), „Über die Bekleidung einer Oberfläche mit einem biegsamen unausdehnbaren Netz", ebenda 5. Jahrg. (1906), „Über die Bekleidung einer Fläche mit einem Gewebe", ebenda 7. Jahrg. (1907). Ferner die Arbeiten von v. Lilienthal: „Über ebene Kurvennetze ohne Umwege", Jahresbericht der D. Math.-Vereinigung 16. Bd. (1907), „Vorlesungen über Differentialgeometrie", erster Band, Leipzig 1908, S. 120—137, „Über Kurvennetze ohne Umwege", Jahresbericht der D. Math.-Vereinigung 18. Bd. (1909). Tatsächlich hat sich Rothe früher als der Verf. mit den Kurvennetzen ohne Umwege beschäftigt, jedoch ohne die oben zum Ausgangspunkte genommene charakteristische Definition und ohne die in Satz 78, S. 186, ausgedrückte zweite charakteristische Eigenschaft. Die Gleichung (1) des Textes kommt ferner, wie v. Lilienthal bemerkte, schon bei d'Ocagne im Bulletin de la société math. de France, 13. Bd. (1885), vor. Zum Teil beziehen sich die erwähnten Arbeiten jedoch in der Hauptsache auf Kurvennetze auf krummen Flächen.

wird, so ist dies eine Bedingung für eine Funktion α von x und y. Oder auch: Wenn das Wegelement ds die Projektionen dx und dy auf den beiden Achsen hat, wird ds^2 gleich $dx^2 + dy^2$, $\cos\alpha = dx:ds$ und $\sin\alpha = dy:ds$, so daß die Bedingung lautet:

$$(1) \qquad (f_x dx + f_y dy)^2 = dx^2 + dy^2.$$

Dies ist eine in $dy:dx$ quadratische Gleichung, und sie hat zwei Auflösungen:

$$\frac{dy}{dx} = \lambda(x, y), \quad \frac{dy}{dx} = \mu(x, y).$$

Sie stellen zwei gewöhnliche Differentialgleichungen erster Ordnung dar (siehe S. 128), und ihre Integralkurven sind zwei einfach unendliche Kurvenscharen, die zusammen ein Kurvennetz bilden. An jeder Stelle (x, y) sind die Richtungen der hindurchgehenden Kurven dieses Netzes diejenigen, auf denen der absolute Betrag der Geschwindigkeit der Änderung der Ortsfunktion f gerade gleich Eins ist. Wenn man also von einem Punkte (x_0, y_0) aus längs einer Kurve des Netzes nach einem anderen Punkte (x_1, y_1) geht, ist der G e s a m t z u w a c h s $f(x_1, y_1) - f(x_0, y_0)$ der O r t s f u n k t i o n g e r a d e g l e i c h d e r L ä n g e d e s W e g e s o d e r i h r e n t g e g e n g e s e t z t g l e i c h. Das Vorzeichen hängt dabei von der Art der Orientierung ab. Bedeuten (x_0, y_0) und (x_1, y_1) zwei Punkte, die nicht auf einer gemeinsamen Netzkurve liegen, und verfolgt man einen Weg vom einen zum anderen Punkte wie den Weg von P nach Q in Fig. 58, so ergibt sich also, daß die Gesamtlänge des Weges bei gehöriger Betrachtung der Orientierung gleich der Differenz $f(x_1, y_1) - f(x_0, y_0)$ oder ihr entgegengesetzt gleich ist. Die Gesamtlänge hängt somit nur von dem Anfangs- und Endpunkte des Weges ab, d. h. es liegt ein Kurvennetz ohne Umwege vor.

Diese Betrachtung läßt sich umkehren: Es liege in der Ebene ein orientiertes Kurvennetz ohne Umwege vor. Wählt man dann irgend einen Punkt (x_0, y_0) in bestimmter Weise, so kann man einem beliebigen Punkte (x, y) eine bestimmte und zwar nur von ihm abhängige Zahl zuordnen. Denn alle Wege, die man, beständig Kurven des Netzes durchlaufend, vom Punkte (x_0, y_0) bis zum Punkte (x, y) einschlagen kann, haben infolge der charakteristischen Eigenschaft des Netzes dieselbe Gesamtbogenlänge s, und diese Gesamtlänge sei die dem Punkte (x, y) zugeordnete Zahl. Sie ist eine Funktion f von x und y allein, also eine Ortsfunktion; insbesondere hat sie an der Stelle (x_0, y_0) den Wert Null. Diese Ortsfunktion ändert sich, weil sie immer die Gesamtlänge des Weges vom

Punkte (x_0, y_0) nach dem beliebigen Punkte (x, y) — gemessen auf Kurven des Netzes — vorstellt, längs der Kurven des Netzes so, daß ihr Differential, abgesehen vom Vorzeichen, gleich dem zugehörigen Bogenelement ist. d. h. sie ändert sich auf den Netzkurven mit der Geschwindigkeit $+1$ oder -1. Demnach kommen wir zur ersten Betrachtung zurück. Hiernach gilt der

Satz 76: Jedes Kurvennetz ohne Umwege in der Ebene wird von den Integralkurven zweier in einer Gleichung

$$(f_x dx + f_y dy)^2 = dx^2 + dy^2$$

enthaltenen gewöhnlichen Differentialgleichungen erster Ordnung gebildet. Dabei bedeutet $f(x, y)$ irgend eine Funktion des Ortes (x, y) in der Ebene. Die Gesamtbogenlänge von einem Punkte (x_0, y_0) bis zu einem anderen Punkte (x_1, y_1), gemessen auf irgend einem Wege, der aus lauter Stücken von Kurven des Netzes besteht, ist bei gehöriger Orientierung der Kurven gleich der Differenz $f(x_1, y_1) - f(x_0, y_0)$.

Es bleibt zu wünschen übrig, die Kurvennetze ohne Umwege durch eine Eigenschaft zu kennzeichnen, die dem Netze in einer unendlich kleinen Umgebung eines beliebigen Punktes P zukommt. Welche Eigenschaft das sein wird, ergibt die folgende vorbereitende Überlegung:

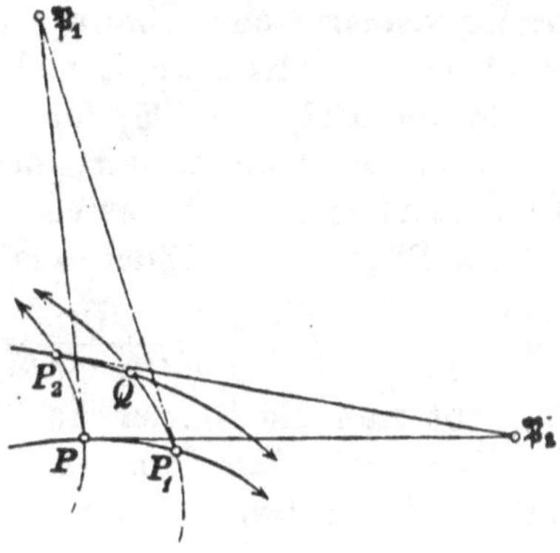

Eig. 59.

Wählt man die Kurven des Netzes so dicht aus, daß wie auf S. 162 lauter kleine Maschen entstehen, so mögen P, P_1, Q und P_2 die Ecken irgend einer Masche bedeuten, siehe Fig. 59. Dabei sollen P und P_1 benachbarte Punkte einer Kurve der einen Schar und P und P_2 benachbarte Punkte einer Kurve der anderen Schar sein. Geht man wie auf S. 162 zu einem unendlich dichten Netze über, so streben die Sekanten PP_2 und P_1Q nach den Tangenten, die den durch P und P_1 gehenden Kurven der einen Schar in P und P_1 zukommen. Ebenso streben die Sekanten PP_1 und P_2Q nach den Tangenten, die den durch P und P_2 gehenden Kurven der anderen Schar in P und P_2 zukommen. Wenn $\mathfrak{P}_1$ der Schnittpunkt der beiden ersten Tangenten und $\mathfrak{P}_2$ der Schnittpunkt der beiden letzten

Tangenten ist, haben $\mathfrak{P}_1$ und $\mathfrak{P}_2$ dieselbe Bedeutung wie in Fig. 52, S. 160. Die Sehnen PP_1, PP_2, P_1Q und P_2Q werden beim Grenzübergange Bogenelemente der vier die Masche einschließenden Netzkurven. Insbesondere kann man annehmen, daß P_1 und P_2 so zu P benachbart gewählt seien, daß der Bogen PP_1 dem Bogen PP_2 gleich ist. Da nun ein Kurvennetz ohne Umwege vorliegt, muß die Summe der Bogenstücke PP_1 und P_1Q gleich der Summe der Bogenstücke PP_2 und P_2Q sein, mithin ist dann auch der Bogen P_1Q dem Bogen P_2Q gleich. Die Netzmasche strebt somit nach einem solchen unendlich kleinen Vierecke, das einem geradlinigen Vierecke ähnlich ist, in dem zwei aneinander stoßende Seiten gleich lang sind und ebenso die beiden übrigen aneinander stoßenden Seiten. Aber in einem Vierecke von dieser Art liegt der Schnittpunkt der Gegenseiten PP_2 und P_1Q gerade so weit von P entfernt wie der Schnittpunkt der Gegenseiten PP_1 und P_2Q. Wir schließen hieraus, daß sich beim Grenzübergange $P\mathfrak{P}_1 = P\mathfrak{P}_2$ ergeben muß.

Es wird im folgenden analytisch bewiesen werden, daß diese hier zunächst nur auf geometrischem Wege gefundene Eigenschaft für die Kurvennetze ohne Umwege charakteristisch ist. Zunächst ist es leicht, sie analytisch zu formulieren. Denn auf S. 161 wurden die Werte von $P\mathfrak{P}_1$ und $P\mathfrak{P}_2$ für ein beliebiges Kurvennetz in (10) und (11) bestimmt, vorausgesetzt, daß E, F, G die zum Netze gehörigen Fundamentalgrößen bedeuten. Daraus folgt, daß die Bedingung $P\mathfrak{P}_1 = P\mathfrak{P}_2$ den folgenden analytischen Ausdruck hat:

$$\frac{\sqrt{G}}{FG_u - GE_v} = \frac{\sqrt{E}}{FE_v - EG_u}.$$

Entfernt man die Nenner, so läßt sich der Faktor $F + \sqrt{E}\sqrt{G}$ aus der Gleichung absondern. Er ist von Null verschieden, weil sonst $EG - F^2$ verschwände, was nicht sein darf (nach S. 151). Nunmehr bleibt übrig:

$$\frac{E_v}{\sqrt{E}} = \frac{G_u}{\sqrt{G}}$$

oder auch:

$$\frac{\partial\sqrt{E}}{\partial v} = \frac{\partial\sqrt{G}}{\partial u}. \tag{2}$$

Wir behaupten nun, daß der folgende Satz gilt:

Satz 77:[1] Definieren die Gleichungen

$$x = \varphi(u, v), \quad y = \psi(u, v)$$

[1] Diese Form wurde der vom Verf. nachgewiesenen charakteristischen Eigenschaft $P\mathfrak{P}_1 = P\mathfrak{P}_2$ der Kurvennetze ohne Umwege durch v. Lilienthal gegeben, vgl. die auf S. 181 genannte Abhandlung von 1907.

in der xy-Ebene ein krummliniges Koordinatensystem u, v mit dem Bogenelement-Quadrate

$$ds^2 = E\,du^2 + 2F\,du\,dv + G\,dv^2,$$

so bilden die Parameterlinien (u) und (v) dann und nur dann ein Kurvennetz ohne Umwege, wenn die Fundamentalgrößen E und G einer der beiden in der Form

$$\frac{\partial\sqrt{E}}{\partial v} = \frac{\partial\sqrt{G}}{\partial u}$$

gegebenen Bedingungen genügen.

Weil $\sqrt{E}$ und $\sqrt{G}$ zweiwertig sind, wird die Orientierung der Netzkurven durch diejenigen Werte festgelegt, die für $\sqrt{E}$ und $\sqrt{G}$ in der gefundenen Bedingung auftreten (vgl. S. 159). Der Beweis des Satzes ist so zu führen:

Es seien die vier Punkte ausgewählt, deren krummlinige Koordinatenpaare sind:

$$u,\ v; \quad u + \Delta u,\ v; \quad u,\ v + \Delta v; \quad u + \Delta u,\ v + \Delta v.$$

Sie sind die Ecken einer Masche des Netzes, nämlich der Masche der vier Parameterlinien (u), $(u + \Delta u)$, (v) und $(v + \Delta v)$. Zu fordern ist nun, daß die Bogenlänge auf der Linie (v) von (u, v) bis $(u + \Delta u, v)$ und die Bogenlänge auf der Linie $(u + \Delta u)$ von $(u + \Delta u, v)$ bis $(u + \Delta u, v + \Delta v)$ dieselbe Summe haben wie die Bogenlänge auf der Linie (u) von (u, v) bis $(u, v + \Delta v)$ und die Bogenlänge auf der Linie $(v + \Delta v)$ von $(u, v + \Delta v)$ bis $(u + \Delta u, v + \Delta v)$. Nach (7), S. 159, lautet diese Forderung analytisch so:

$$\int_u^{u+\Delta u} \sqrt{E(u, v)}\,du + \int_v^{v+\Delta v} \sqrt{G(u + \Delta u, v)}\,dv$$
$$= \int_v^{v+\Delta v} \sqrt{G(u, v)}\,dv + \int_u^{u+\Delta u} \sqrt{E(u, v + \Delta v)}\,du.$$

Faßt man diejenigen Integrale zusammen, die sich auf dieselbe Veränderliche beziehen, so kommt:

$$(3)\quad \begin{cases} \displaystyle\int_u^{u+\Delta u} \left[\sqrt{E(u, v + \Delta v)} - \sqrt{E(u, v)}\right] du \\ \displaystyle\qquad = \int_v^{v+\Delta v} \left[\sqrt{G(u + \Delta u, v)} - \sqrt{G(u, v)}\right] dv. \end{cases}$$

Division mit Δv gibt:

$$\int_u^{u+\Delta u} \frac{\sqrt{E(u, v+\Delta v)} - \sqrt{E(u,v)}}{\Delta v} du = \frac{1}{\Delta v} \int_v^{v+\Delta v} [\sqrt{G(u+\Delta u, v)} - \sqrt{G(u,v)}]\, dv.$$

Insbesondere muß diese Formel für $\lim \Delta v = 0$ gelten. Dann wird der linke Integrand die partielle Ableitung von $\sqrt{E(u, v)}$ nach v. Das Integral rechts strebt dabei nach seinem Differential, so daß hervorgeht:

$$\int_u^{u+\Delta u} \frac{\partial \sqrt{E(u,v)}}{\partial v} du = \sqrt{G(u+\Delta u, v)} - \sqrt{G(u, v)}.$$

Dividieren wir mit Δu, so gibt der Grenzübergang zu $\lim \Delta u = 0$ links den Integranden und rechts die partielle Ableitung von $\sqrt{G(u, v)}$ nach u, so daß in der Tat die Bedingung (2) entsteht.

Nun muß noch umgekehrt gezeigt werden, daß die Gleichung (3) infolge von (2) besteht: Nach (2) sind $\sqrt{E}$ und $\sqrt{G}$ die partiellen Ableitungen einer Funktion $\Omega(u, v)$ nach u bzw. v. Mithin läßt sich (3) so schreiben:

$$\int_u^{u+\Delta u} \frac{\partial [\Omega(u, v+\Delta v) - \Omega(u,v)]}{\partial u} du = \int_v^{v+\Delta v} \frac{\partial [\Omega(u+\Delta u, v) - \Omega(u,v)]}{\partial v} dv.$$

Hier aber ist die linke Seite gleich

$$[\Omega(u+\Delta u, v+\Delta v) - \Omega(u+\Delta u, v)] - [\Omega(u, v+\Delta v) - \Omega(u, v)]$$

oder also gleich

$$\Omega(u+\Delta u, v+\Delta v) - \Omega(u+\Delta u, v) - \Omega(u, v+\Delta v) + \Omega(u, v).$$

Dasselbe aber ergibt sich rechts. Jede Masche des Netzes hat demnach infolge von (2) die charakteristische Eigenschaft eines Kurvennetzes ohne Umwege. Da man die Masche durch Einschaltung anderer Parameterlinien in kleinere Maschen zerlegen kann, für die dasselbe gilt, folgert man hieraus ohne Mühe die Richtigkeit des zu beweisenden Satzes 77.

Die Formel (2) war der analytische Ausdruck einer Eigenschaft, die einem Kurvennetze ohne Umwege in der Umgebung eines Punktes zukommt. Soeben haben wir gesehen, daß diese Eigenschaft zur Charakterisierung solcher Netze ausreicht. Daher gilt der

Satz 78:[1] Ein Kurvennetz in der Ebene ist dann und

[1] Dieser Satz wurde vom Verf. in seiner auf S. 181 genannten Abhandlung von 1905 auf anderem Wege bewiesen, als es hier geschehen ist.

nur dann ein Netz ohne Umwege, wenn ihm die im folgenden angegebene Eigenschaft zukommt: Man konstruiere außer den durch einen beliebigen Punkt P gehenden beiden Kurven c_1 und c_2 des Netzes zwei zu ihnen benachbarte Kurven c_1' und c_2' des Netzes; alsdann sei $\mathfrak{P}_1$ der gemeinsame Punkt derjenigen Tangenten, die c_1 und c_1' in ihren Schnittpunkten mit c_2 zukommen, und $\mathfrak{P}_2$ der gemeinsame Punkt derjenigen Tangenten, die c_2 und c_2' in ihren Schnittpunkten mit c_1 zukommen. Die Grenzlagen von $\mathfrak{P}_1$ und $\mathfrak{P}_2$ für den Fall, wo sich die Kurve c_1' der Kurve c_1 und die Kurve c_2' der Kurve c_2 unendlich nähert, müssen von P gleiche Entfernungen haben.

Siehe Fig. 60. Man kann diese charakteristische Eigenschaft auch so aussprechen: Die unendlich kleinen Maschen des Netzes müssen Vierecke sein, bei denen die Schnittpunkte der beiden Paare von Gegenseiten gleich weit vom Orte des Vierecks entfernt sind.

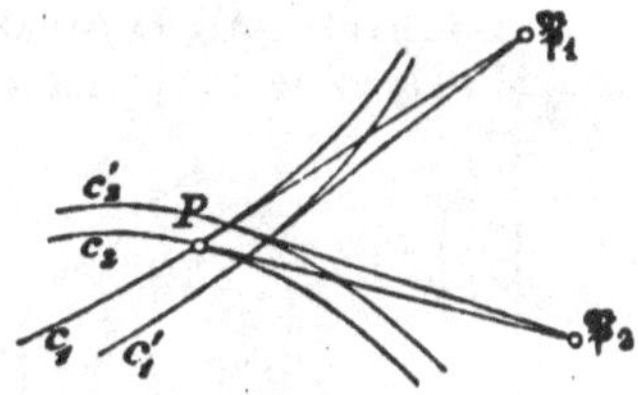

Fig. 60.

Der Gleichung

$$(4)\qquad (f_x\,dx + f_y\,dy)^2 = dx^2 + dy^2,$$

die nach Satz 76 ein allgemeines Kurvennetz ohne Umwegen definiert, kann man, wie schließlich noch gezeigt werden soll, eine rein geometrische Deutung geben: Wir betrachten die Gesamtheit derjenigen Kreise in der Ebene, deren Mittelpunkte (x, y) beliebig liegen, während ihre Radien r gleich der gegebenen Ortsfunktion $f(x, y)$ sind. Dies ist eine zweifach unendliche Schar von Kreisen. Die beiden zu den Mittelpunkten (x, y) und $(x + \Delta x,\ y + \Delta y)$ gehörigen Kreise der Schar mit den Radien $f(x, y)$ und $f(x + \Delta x,\ y + \Delta y)$ berühren einander dann und nur dann, wenn

$$[f(x + \Delta x,\ y + \Delta y) - f(x, y)]^2 = \Delta x^2 + \Delta y^2$$

ist. Hieraus aber geht die Bedingung (4) hervor, wenn der zweite Mittelpunkt unendlich nahe an den ersten heranrückt. Deshalb sind die Kurven des Netzes ohne Umwege so zu charakterisieren: Die Kreise, deren Mittelpunkte auf einer derartigen Kurve c liegen, haben die Eigenschaft, daß je zwei unendlich benachbarte einander berühren. Wenn aber zwei Kreise einander berühren, also eine gemeinsame Tangente haben, enthält die gemeinsame Normale beide Mittelpunkte. Da nun die Kreise, die zu den Punkten einer derartigen Kurve c gehören, eine Einhüllende γ haben und diese Einhüllende nach Satz 33, S. 57, der Ort der gemeinsamen Punkte unendlich benachbarter Kreise ist, müssen also die Normalen von γ die Tangenten von c sein, d. h. die Kurve c muß die Evolute von γ sein, nach Satz 35, S. 60. Dieser Schluß läßt sich leicht umkehren. Daher gilt der

Satz 79:[1] Alle ebenen Kurvennetze ohne Umwege ergeben sich aus allen zweifach unendlichen Scharen von Kreisen in der Ebene so: Man bestimmt alle Kurven γ, die zu Krümmungskreisen lauter Kreise der Schar haben. Die Evoluten c dieser Kurven γ überdecken die Ebene doppelt und bilden ein Kurvennetz ohne Umwege.

Beispiel: Als Ortsfunktion $f(x, y)$, d. h. als Radius r des Kreises mit dem Mittelpunkte (x, y) sei eine Funktion von $x^2 + y^2$ gewählt. Dann gehören zu allen Mittelpunkten, die gleiche Entfernung vom Anfangspunkte haben, gleich große Kreise. Die gesamte zweifach unendliche Kreisschar hat daher die Eigentümlichkeit, durch Drehungen um den Anfangspunkt immer in sich selbst überzugehen. Außerdem sieht man, daß sie auch dann in sich selbst übergeht, wenn man die Ebene um die x-Achse umlegt, also y mit $-y$ vertauscht. Hieraus folgert man ohne weiteres: Wenn eine Kurve c_0 so beschaffen ist, daß die zu ihren Punkten (x, y) als Mittelpunkten gehörigen Kreise der Schar die Krümmungskreise einer Kurve γ_0 vorstellen, gilt dasselbe von jeder Kurve, die aus c_0 durch Drehung um den Anfangspunkt hervorgeht, und ebenso von derjenigen Kurve c_0', die aus c_0 durch Umlegung um die x-Achse entsteht. Umgekehrt: Wählt man c_0 beliebig und ist γ_0 irgend eine ihrer Evolventen, so lasse man alle Krümmungskreise von γ_0 um den Anfangspunkt O rotieren. Dadurch entsteht eine zweifach unendliche Kreisschar von der zuerst angenommenen Art. Demnach ergibt sich aus einer beliebig gewählten Kurve c_0 ein spezielles Kurvennetz ohne Umwege, wenn man die Kurve c_0' konstruiert, die aus c_0 durch Umlegung um die x-Achse hervorgeht, und sowohl c_0 als auch c_0' um O rotieren läßt, siehe Fig. 61.

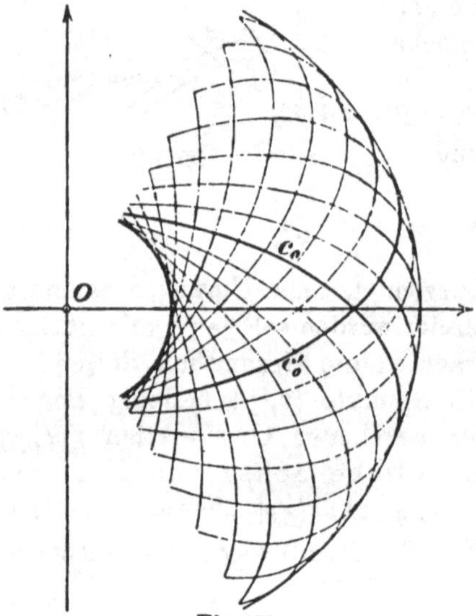

Fig. 61.

[1] Vgl. die auf S. 181 erwähnte Abhandlung des Verf. von 1905.

Zweiter Abschnitt.

Kurven im Raume.

§ 1. Einleitung, insbesondere Geraden im Raume.

In der Geometrie der Ebene sind die Kurven der vornehmste Gegenstand unserer Betrachtungen gewesen. Eine Kurve kann als Ort einer stetigen Schar von ∞^1 Punkten definiert werden. Aber auch eine stetige Schar von ∞^1 Geraden in der Ebene definiert eine Kurve, nämlich ihre Einhüllende. In der Ebene ist also das von ∞^1 Punkten erzeugte Gebilde mit dem von ∞^1 Geraden erzeugten Gebilde im wesentlichen identisch.

Anders im Raume. Hier haben wir drei Elementargebilde: Punkte, Geraden und Ebenen. Eine stetige Schar von ∞^1 Punkten ist eine Kurve. Wir werden sehen, daß auch eine stetige Schar von ∞^1 Ebenen eine Kurve erzeugt. Eine stetige Schar von ∞^2 Punkten ist eine Fläche. Wir werden sehen, daß eine stetige Schar von ∞^2 Ebenen auch eine Fläche einhüllt.

Aber auch stetige Scharen von Geraden erzeugen wichtige räumliche Gebilde. Während der Raum ∞^3 Punkte und ∞^3 Ebenen enthält, da jeder Punkt durch drei Koordinaten x, y, z und jede Ebene durch eine Gleichung mit drei wesentlichen Konstanten dargestellt wird, gibt es ∞^4 Geraden. In der Tat wird ja eine Gerade allgemeiner Lage im gewöhnlichen recktwinkligen Koordinatensystem (x, y, z) etwa durch zwei Gleichungen von der Form

$$x = rz + \varrho, \quad y = sz + \sigma \tag{1}$$

definiert, die vier wesentliche Konstanten r, s, ϱ, σ enthalten. Im Raume sind demnach stetige Scharen von ∞^1, von ∞^2 und von ∞^3 Geraden vorhanden. Eine stetige Schar von ∞^1 Geraden erzeugt eine Fläche von besonderer Art, eine geradlinige Fläche oder Regelfläche. Die einfachsten Beispiele hierzu sind der Zylinder, der Kegel, das hyperbolische Paraboloid und das einschalige Hyperboloid. Eine stetige Schar von ∞^2 oder ∞^3 Geraden erzeugt im allgemeinen weder eine Kurve noch eine Fläche, wenn sie auch mit solchen Gebilden in engen Beziehungen steht. Man nennt eine stetige Schar von ∞^2 Geraden ein Strahlensystem (eine Strahlenkongruenz). Hierzu gehören z. B. alle Geraden, die ein Ellipsoid senkrecht schneiden. Eine stetige Schar von ∞^3 Geraden heißt ein Strahlenkomplex. Hierzu gehören z. B. alle Geraden, die dieselbe Neigung zu einer Ebene haben.

Aus diesen flüchtigen Andeutungen sieht man schon, daß der Stoff, den wir im Raume vor uns haben, viel mannigfaltiger als der in der Ebene ist. Wir werden daher eine Auswahl zu treffen haben, um nicht zu weit geführt zu werden. Im wesentlichen beschränken wir uns auf die Betrachtung von Kurven und Flächen im Raume, und zwar beschäftigen wir uns zunächst eingehend mit den Raumkurven.

Die einfachste Kurve im Raume ist die Gerade. Sind x, y, z rechtwinklige Punktkoordinaten im Raume, so können wir eine Gerade von allgemeiner Lage als den Schnitt zweier Ebenen definieren:

$$(2) \qquad A_1 x + B_1 y + C_1 z = D_1, \qquad A_2 x + B_2 y + C_2 z = D_2.$$

Diese Darstellung leidet aber an dem Mangel, daß unter allen Ebenen, die eine Gerade enthalten, zwei bevorzugt worden sind. Auch wenn wir die Gleichungen nach x und y auflösen, wie es oben in (1) geschehen ist, sind zwei besondere Ebenen durch die Gerade bevorzugt; die erste Gleichung (1) stellt nämlich eine Ebene parallel zur y-Achse, die zweite eine Ebene parallel zur x-Achse dar.

Besser und häufig bequemer ist eine andere Darstellung der Geraden: Ist (a, b, c) ein Punkt im Raume, sind ferner A, B, C drei Konstanten und ist t eine beliebig veränderliche Größe, so stellen die drei Gleichungen

$$(3) \qquad x = a + At, \qquad y = b + Bt, \qquad z = c + Ct$$

die Punkte (x, y, z) einer Geraden dar, nämlich derjenigen Geraden, die durch den Punkt (a, b, c) geht und außerdem den Punkt mit den Koordinaten $a + A, b + B, c + C$ enthält. In (3) liegt eine Parameterdarstellung einer Geraden vor. Zu jedem Werte des Parameters t gehört ein bestimmter Punkt (x, y, z) der Geraden. Die Strecke vom Punkte (a, b, c) bis zu diesem Punkte ist gleich

$$\sqrt{(x-a)^2 + (y-b)^2 + (z-c)^2}$$

oder:

$$t\sqrt{A^2 + B^2 + C^2}.$$

Bei reellen Geraden ist diese Strecke nur dann gleich Null, wenn $t = 0$ ist, mit anderen Worten, wenn der Punkt (x, y, z) mit dem Punkte (a, b, c) zusammenfällt. Aber bei imaginären Geraden kann auch $A^2 + B^2 + C^2 = 0$ sein. Es sind dies die Geraden von der Länge Null, die Minimalgeraden, denen wir ja schon in der Ebene auf S. 13 begegnet waren. Die Minimalgeraden des Raumes werden wir später genauer untersuchen.

Wir wollen annehmen, daß die Gerade (3) keine Minimalgerade, also $A^2 + B^2 + C^2 \neq 0$ sei. Ist die Gerade reell und sind A, B, C reelle Konstanten, so können wir die Gerade positiv rechnen im Sinne wachsender Werte des Parameters t. Dementsprechend ist dann die Strecke

$$t\sqrt{A^2 + B^2 + C^2}$$

vom Punkte $(t = 0)$ bis zum Punkte (t) mit t positiv oder negativ anzunehmen, d. h. der Wurzel das Pluszeichen zu geben. Ist die Gerade imaginär, so wählen wir, um sie zu orientieren, einen der beiden Werte aus, die der Wurzel zukommen. Der Anfang $(t = 0)$ und das Ende (t) der betrachteten Strecke haben Projektionen auf der x-Achse mit den Abszissen $x = a$ und $x = a + At$, so daß At die Projektion der Strecke auf die x-Achse bedeutet. Ebenso sind Bt und Ct die Projektionen der Strecke auf die y-Achse und z-Achse. Die Verhältnisse aus diesen Projektionen zur Strecke selbst, d. h. die drei Brüche

$$(4) \qquad \frac{A}{\sqrt{A^2 + B^2 + C^2}}, \quad \frac{B}{\sqrt{A^2 + B^2 + C^2}}, \quad \frac{C}{\sqrt{A^2 + B^2 + C^2}}$$

heißen die Richtungskosinus der Geraden und zwar deshalb, weil sie die Kosinus der Winkel sind, die von der Geraden mit den drei positiven Achsen gebildet werden. Obgleich nämlich die Gerade (3) die Achsen im allgemeinen nicht treffen wird, bildet sie doch mit ihnen gewisse Winkel. Diese Winkel sind diejenigen, die von der zur Geraden parallelen Geraden durch den Anfangspunkt mit den Achsen gebildet werden. Diese parallele Gerade hat die Gleichungen, die aus (3) hervorgehen, wenn $a = b = c = 0$ gesetzt wird:

$$(5) \qquad x = At, \quad y = Bt, \quad z = Ct.$$

Die Werte (4) sind auch hier die Verhältnisse aus den Projektionen der vom Punkte ($t = 0$) bis zum Punkte (t) gehenden Strecke der Geraden (5) zur Länge der Strecke selbst und also in der Tat die Kosinus der Winkel der Geraden (4) mit den drei Achsen. Diese Winkel selbst sind jedoch trotz der Orientierung der Geraden und der Achsen nicht einwertig, auch wenn man von dem bei Winkeln stets zulässigen additiven ganzen Vielfachen von 2π absieht. Denn wenn φ einer der Winkel ist, kann man ihn durch $2\pi - \varphi$ oder auch durch $-\varphi$ ersetzen, weil in den Ebenen des Raumes kein bestimmter positiver Drehsinn vorgeschrieben werden kann. Die Kosinus ist die einzige unter den vier goniometrischen Funktionen, die für φ und $-\varphi$ denselben Wert hat. So ergibt sich aufs neue, daß die Richtungskosinus einwertig definierbare Größen (4) sind, und man sieht daraus überdies, weshalb man in der Geometrie des Raumes gerade die Kosinus der Winkel benutzt. Dementsprechend werden wir nicht für die Winkel selbst, sondern für ihre Kosinus Bezeichnungen α, β, γ einführen, also setzen:

$$(6) \qquad \alpha = \frac{A}{\sqrt{A^2 + B^2 + C^2}}, \quad \beta = \frac{B}{\sqrt{A^2 + B^2 + C^2}}, \quad \gamma = \frac{C}{\sqrt{A^2 + B^2 + C^2}}.$$

Zwischen den drei Richtungskosinus besteht die bekannte Gleichung:

$$(7) \qquad \alpha^2 + \beta^2 + \gamma^2 = 1.$$

Umgekehrt: Sind α, β, γ drei Größen, die der Gleichung (7) genügen, so stellen die Gleichungen

$$(8) \qquad x = a + \alpha t, \quad y = b + \beta t, \quad z = c + \gamma t$$

diejenige Gerade durch den Punkt (a, b, c) dar, deren Richtungskosinus α, β, γ sind, und zwar ist sie richtig orientiert, sobald man die Quadratwurzel aus $\alpha^2 + \beta^2 + \gamma^2$ gleich $+1$ wählt. Ist die Summe der Quadrate von α, β, γ in (8) nicht gleich Eins, so sind α, β, γ nur proportional der Richtungskosinus. Zuweilen sagen wir, die Gerade habe die Richtung ($\alpha : \beta : \gamma$).

Zwei beliebige orientierte Geraden im Raume, deren Richtungskosinus α_1, β_1, γ_1 und α_2, β_2, γ_2 sind, bilden, auch wenn sie sich nicht schneiden, miteinander gewisse Winkel ω, nämlich diejenigen, deren Schenkel OP_1 und OP_2 die Parallelen zu beiden Geraden durch den Anfangspunkt O sind. Macht man $OP_1 = OP_2 = 1$, so haben P_1 und P_2 als rechtwinklige Koordinaten die Richtungskosinus α_1, β_1, γ_1 und α_2, β_2, γ_2. Wieder kann man bemerken, daß zwar ω durch $-\omega$ ersetzbar, aber doch $\cos\omega = \cos(-\omega)$ ist. Um $\cos\omega$

zu berechnen, projiziert man die Strecke OP_1 auf die Gerade OP_2. Die Projektion OQ ist bekanntlich identisch mit der Summe der Projektionen der drei Koordinaten α_1, β_1, γ_1 von P_1 auf die Geraden OP_2. Daraus ergibt sich für $\cos\omega = OQ : OP_2 = OQ$ der aus der analytischen Geometrie bekannte Wert:

$$\cos\omega = \alpha_1\alpha_2 + \beta_1\beta_2 + \gamma_1\gamma_2. \tag{9}$$

Gelegentlich brauchen wir den Winkel zweier benachbarter Richtungen, die in der Grenzlage zusammen zu fallen streben. Daher mögen α, β, γ die Kosinus einer Richtung und $\alpha + \Delta\alpha$, $\beta + \Delta\beta$, $\gamma + \Delta\gamma$ die einer benachbarten Richtung sein. Der Kosinus des Winkels beider Richtungen ist nach (9) gleich

$$\alpha^2 + \beta^2 + \gamma^2 + \alpha\,\Delta\alpha + \beta\,\Delta\beta + \gamma\,\Delta\gamma$$

oder also nach (7) gleich

$$1 + \alpha\,\Delta\alpha + \beta\,\Delta\beta + \gamma\,\Delta\gamma;$$

er strebt nach Eins, falls $\Delta\alpha$, $\Delta\beta$, $\Delta\gamma$ nach Null streben. Sein Sinus und er selbst wird daher nach Null streben, und deshalb bezeichnen wir ihn mit $\Delta\omega$. Nun ist:

$$\sin^2\tfrac{1}{2}\Delta\omega = \frac{1-\cos\Delta\omega}{2} = -\frac{\alpha\,\Delta\alpha + \beta\,\Delta\beta + \gamma\,\Delta\gamma}{2}.$$

Aber wegen (7) haben wir noch:

$$(\alpha + \Delta\alpha)^2 + (\beta + \Delta\beta)^2 + (\gamma + \Delta\gamma)^2 = 1$$

und daher:

$$\alpha\,\Delta\alpha + \beta\,\Delta\beta + \gamma\,\Delta\gamma = -\frac{\Delta\alpha^2 + \Delta\beta^2 + \Delta\gamma^2}{2}.$$

Folglich kommt:

$$\sin^2\tfrac{1}{2}\Delta\omega = \frac{\Delta\alpha^2 + \Delta\beta^2 + \Delta\gamma^2}{4}.$$

Da $\Delta\omega$ mit $\Delta\alpha$, $\Delta\beta$, $\Delta\gamma$ nach Null strebt und dann bekanntlich auch $\sin\frac{1}{2}\Delta\omega : \frac{1}{2}\Delta\omega$ nach Eins strebt, folgt hieraus: Beim Grenzübergange gilt für den Winkel $\Delta\omega$ beider Richtungen die Formel

$$\lim\frac{\Delta\omega^2}{\Delta\alpha^2 + \Delta\beta^2 + \Delta\gamma^2} = 1. \tag{10}$$

Dieses Ergebnis werden wir später benutzen.

Ist die Gerade (3) eine **Minimalgerade**, so verschwindet die Summe $A^2 + B^2 + C^2$. Demnach kommen den Minimalgeraden gar keine Richtungskosinus zu. Man kann deshalb auch nicht von dem Winkel sprechen, den eine Minimalgerade mit irgend einer anderen Geraden bildet.

Zum Schlusse dieses einleitenden Paragraphen erwähnen wir noch eine einfache und in der Geometrie des Raumes oft nützliche identische Umformung: Sind α_1, β_1, γ_1 und α_2, β_2, γ_2 irgend welche sechs Größen, so ist stets

$$(11)\quad \begin{cases} (\beta_1\gamma_2 - \beta_2\gamma_1)^2 + (\gamma_1\alpha_2 - \gamma_2\alpha_1)^2 + (\alpha_1\beta_2 - \alpha_2\beta_1)^2 = \\ (\alpha_1^2 + \beta_1^2 + \gamma_1^2)(\alpha_2^2 + \beta_2^2 + \gamma_2^2) - (\alpha_1\alpha_2 + \beta_1\beta_2 + \gamma_1\gamma_2)^2. \end{cases}$$

§ 2. Die Bewegungen im Raume.

Die Bemerkungen zu Beginn des § 3, S. 13, über die Relativität von Lagenänderungen oder Bewegungen gelten auch im Raume. Daher betrachten wir wie dort auch hier zunächst die Änderung des Koordinatensystems:

Das dreifach rechtwinklige Achsenkreuz $(Oxyz)$ sei aus seiner ursprünglichen Lage in eine neue Lage übergeführt worden, so daß der Anfangspunkt alsdann an der Stelle $\bar{O}$ liegt. Die Achsen seien in ihrer neuen Lage als die $\bar{x}$-, $\bar{y}$- und $\bar{z}$-Achse bezeichnet. Die Richtungen der neuen positiven Achsen bilden mit den Richtungen der alten positiven Achsen Winkel, deren Kosinus α_1, β_1, γ_1; α_2, β_2, γ_2; α_3, β_3, γ_3 seien, so daß aus der Tafel

	x	y	z
$\bar{x}$	α_1	β_1	γ_1
$\bar{y}$	α_2	β_2	γ_2
$\bar{z}$	α_3	β_3	γ_3

zu entnehmen ist, welche Kosinus mit α_i, β_i, γ_i bezeichnet werden sollen. Ferner habe der neue Anfangspunkt $\bar{O}$ im ursprünglichen System die Koordinaten a, b, c.

Ein Punkt P des Raumes kann auf beide Koordinatensysteme bezogen werden. Es fragt sich, wie sich seine Koordinaten x, y, z und $\bar{x}, \bar{y}, \bar{z}$ vermöge einander ausdrücken. Dies ergibt sich leicht, wenn man davon Gebrauch macht, daß die Summe der Projektionen der Seiten eines räumlichen geschlossenen Polygons auf eine beliebige Gerade gleich Null ist. Ein solches Polygon stellen wir so her (Fig. 62)[1]: Das Lot von P auf die $\bar{x}\bar{y}$-Ebene treffe diese in A, das Lot von A auf die $\bar{x}$-Achse diese in B. Ferner sei C der Fußpunkt des Lotes von P auf die yz-Ebene, D der Fußpunkt des Lotes von C auf die z-Achse. Endlich treffe das Lot von $\bar{O}$ auf die xy-Ebene diese in E und das Lot von E auf die x-Achse diese in F. Jetzt ist

$$OFE\bar{O}BAPCDO$$

ein geschlossenes räumliches Vieleck. Seine Seiten haben die Längen:

$$a, \quad b, \quad c, \quad \bar{x}, \quad \bar{y}, \quad \bar{z}, \quad -x, \quad -y, \quad -z,$$

bei gehöriger Beachtung der Richtung des Umlaufes, die bei den drei letzten Seiten den Richtungen der positiven Achsen entgegen sind. Aus der Tafel entnehmen wir die Kosinus der Winkel, die von den Seiten des Vielecks mit den alten und neuen Achsen gebildet werden. Projizieren wir das Polygon nacheinander auf die drei alten und auf die drei neuen Achsen, so gehen die sechs Gleichungen hervor:

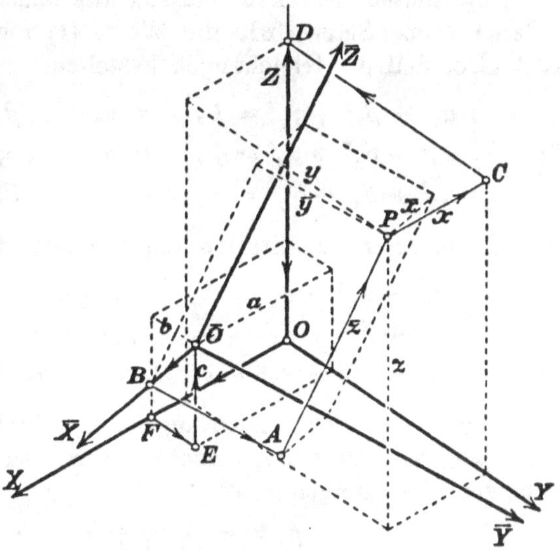

Fig. 62.

$$a + \alpha_1 \bar{x} + \alpha_2 \bar{y} + \alpha_3 \bar{z} - x = 0,$$
$$b + \beta_1 \bar{x} + \beta_2 \bar{y} + \beta_3 \bar{z} - y = 0,$$
$$c + \gamma_1 \bar{x} + \gamma_2 \bar{y} + \gamma_3 \bar{z} - z = 0;$$

$$\alpha_1 a + \beta_1 b + \gamma_1 c + \bar{x} - \alpha_1 x - \beta_1 y - \gamma_1 z = 0,$$
$$\alpha_2 a + \beta_2 b + \gamma_2 c + \bar{y} - \alpha_2 x - \beta_2 y - \gamma_2 z = 0,$$
$$\alpha_3 a + \beta_3 b + \gamma_3 c + \bar{z} - \alpha_3 x - \beta_3 y - \gamma_3 z = 0.$$

[1] Will man das Achsenkreuz in der Ebene folgerichtig zu einem Achsenkreuze im Raume erweitern, so hat man die positive z-Achse nach derjenigen Seite der xy-Ebene hin zu ziehen, von der aus die positive Drehung in der Ebene, d. h. von der positiven x-Achse zur positiven y-Achse hin, in der gewohnten Weise als Linksdrehung erscheint. Deshalb ziehen wir die x-Achse nach links, die y-Achse nach rechts und die z-Achse nach oben.

Oder:

$$
(1)\qquad \begin{cases} x = \alpha_1 \bar{x} + \alpha_2 \bar{y} + \alpha_3 \bar{z} + a, \\ y = \beta_1 \bar{x} + \beta_2 \bar{y} + \beta_3 \bar{z} + b, \\ z = \gamma_1 \bar{x} + \gamma_2 \bar{y} + \gamma_3 \bar{z} + c \end{cases}
$$

und

$$
(2)\qquad \begin{cases} \bar{x} = \alpha_1 (x - a) + \beta_1 (y - b) + \gamma_1 (z - c), \\ \bar{y} = \alpha_2 (x - a) + \beta_2 (y - b) + \gamma_2 (z - c), \\ \bar{z} = \alpha_3 (x - a) + \beta_3 (y - b) + \gamma_3 (z - c). \end{cases}
$$

Von diesen Formeln müssen die einen die Auflösungen der anderen sein. Setzen wir die Werte (1) von x, y, z in (2) ein, so folgt also, daß die Gleichungen bestehen:

$$
(3)\qquad \begin{cases} \alpha_1^2 + \beta_1^2 + \gamma_1^2 = 1, & \alpha_2 \alpha_3 + \beta_2 \beta_3 + \gamma_2 \gamma_3 = 0, \\ \alpha_2^2 + \beta_2^2 + \gamma_2^2 = 1, & \alpha_3 \alpha_1 + \beta_3 \beta_1 + \gamma_3 \gamma_1 = 0, \\ \alpha_3^2 + \beta_3^2 + \gamma_3^2 = 1; & \alpha_1 \alpha_2 + \beta_1 \beta_2 + \gamma_1 \gamma_2 = 0. \end{cases}
$$

Bei umgekehrter Substitution ergeben sich diese Gleichungen:

$$
(4)\qquad \begin{cases} \alpha_1^2 + \alpha_2^2 + \alpha_3^2 = 1, & \beta_1 \gamma_1 + \beta_2 \gamma_2 + \beta_3 \gamma_3 = 0, \\ \beta_1^2 + \beta_2^2 + \beta_3^2 = 1, & \gamma_1 \alpha_1 + \gamma_2 \alpha_2 + \gamma_3 \alpha_3 = 0, \\ \gamma_1^2 + \gamma_2^2 + \gamma_3^2 = 1; & \alpha_1 \beta_1 + \alpha_2 \beta_2 + \alpha_3 \beta_3 = 0. \end{cases}
$$

Zwischen den neun Richtungskosinus bestehen somit diese zwölf Bedingungen. Aber noch mehr: Aus den beiden unter (4) auftretenden Gleichungen:

$$
\begin{aligned} \beta_1 \alpha_1 + \beta_2 \alpha_2 + \beta_3 \alpha_3 &= 0, \\ \gamma_1 \alpha_1 + \gamma_2 \alpha_2 + \gamma_3 \alpha_3 &= 0 \end{aligned}
$$

folgt, da sie linear und homogen in α_1, α_2, α_3 sind:

$$
(5)\qquad \alpha_1 = \lambda(\beta_2 \gamma_3 - \beta_3 \gamma_2), \quad \alpha_2 = \lambda(\beta_3 \gamma_1 - \beta_1 \gamma_3), \quad \alpha_3 = \lambda(\beta_1 \gamma_2 - \beta_2 \gamma_1),
$$

wobei λ ein noch unbekannter Faktor ist. Setzen wir diese Werte in die erste Gleichung (4) ein, so kommt:

$$
\lambda^2 \{(\beta_2 \gamma_3 - \beta_3 \gamma_2)^2 + (\beta_3 \gamma_1 - \beta_1 \gamma_3)^2 + (\beta_1 \gamma_2 - \beta_2 \gamma_1)^2\} = 1
$$

oder nach der Identität (11), S. 194:

$$
\lambda^2 \{(\beta_1^2 + \beta_2^2 + \beta_3^2)(\gamma_1^2 + \gamma_2^2 + \gamma_3^2) - (\beta_1 \gamma_1 + \beta_2 \gamma_2 + \beta_3 \gamma_3)^2\} = 1.
$$

Nach (4) aber reduziert sich diese Gleichung auf:

$$
(6)\qquad \lambda^2 = 1.
$$

Der Faktor λ ist also gleich $+1$ oder -1. Ehe wir zwischen beiden Werten entscheiden, beachten wir noch, daß

$$(7) \qquad \begin{vmatrix} \alpha_1 & \beta_1 & \gamma_1 \\ \alpha_2 & \beta_2 & \gamma_2 \\ \alpha_3 & \beta_3 & \gamma_3 \end{vmatrix} = \lambda$$

ist, wie man sofort findet, wenn man die Determinante nach der ersten Reihe entwickelt und die Werte (5) einsetzt. Nach (6) ist mithin die Determinante der Richtungskosinus gleich $+1$ oder -1.

Nun soll das neue Achsenkreuz durch stetige Bewegung aus dem alten hervorgehen. Während der Ausführung der Bewegung werden sich die Richtungskosinus der neuen Achsen gegen die alten stetig ändern. Die Determinante muß also in jeder Lage des Systems gleich $+1$ oder in jeder Lage gleich -1 sein. Es genügt daher zu entscheiden, welchen Wert sie zu Beginn der Bewegung hat. Zu Anfang fallen die neuen positiven Achsen mit den alten positiven Achsen zusammen, so daß $\alpha_1 = \beta_2 = \gamma_3 = 1$ und alle anderen Richtungskosinus gleich Null sind, mithin die Determinante den Wert $+1$ hat. Demnach ist $\lambda = +1$ zu setzen, so daß die Formeln (5), denen sich sofort sechs analoge durch zyklische Vertauschung von α, β, γ anschließen, ergeben:

$$(8) \quad \begin{cases} \alpha_1 = \beta_2\gamma_3 - \beta_3\gamma_2, & \beta_1 = \gamma_2\alpha_3 - \gamma_3\alpha_2, & \gamma_1 = \alpha_2\beta_3 - \alpha_3\beta_2, \\ \alpha_2 = \beta_3\gamma_1 - \beta_1\gamma_3, & \beta_2 = \gamma_3\alpha_1 - \gamma_1\alpha_3, & \gamma_2 = \alpha_3\beta_1 - \alpha_1\beta_3, \\ \alpha_3 = \beta_1\gamma_2 - \beta_2\gamma_1; & \beta_3 = \gamma_1\alpha_2 - \gamma_2\alpha_1; & \gamma_3 = \alpha_1\beta_2 - \alpha_2\beta_1, \end{cases}$$

während aus (7) folgt:

$$(9) \qquad \begin{vmatrix} \alpha_1 & \beta_1 & \gamma_1 \\ \alpha_2 & \beta_2 & \gamma_2 \\ \alpha_3 & \beta_3 & \gamma_3 \end{vmatrix} = 1.$$

Natürlich sind unter den 22 Formeln (3), (4), (8) und (9), die zwischen den neun Richtungskosinus bestehen, eine große Anzahl Folgen der übrigen.

Da wir einen Teil dieser Formeln häufig gebrauchen werden, sind sie des bequemen Nachschlagens halber am Schlusse dieses Bandes im Anhange in der Tafel I unter (A) bis (F) zusammengestellt. Wir zitieren sie künftig einfach als I (A) bis I (F).

Die Formeln für die Einführung eines neuen rechtwinkligen Achsenkreuzes ($O\bar{x}\bar{y}\bar{z}$) gestatten nun eine zweite Deutung: Liegt eine starre Figur vor. so können wir uns vorstellen, ein mit ihr fest verknüpftes Achsenkreuz $(O\bar{x}\bar{y}\bar{z})$ falle ursprünglich mit dem im Raume fest gewählten Achsenkreuze $(Oxyz)$ zusammen. Vermöge einer Bewegung gehe die starre Figur in eine neue Lage über, so daß das mit ihr verbundene Achsenkreuz $(O\bar{x}\bar{y}\bar{z})$ dann irgendwo im Raume ist. Alsdann liegt gerade die Beziehung zwischen beiden Achsenkreuzen vor, die wir soeben betrachteten. Dabei bedeuten $\bar{x}$, $\bar{y}$, $\bar{z}$ die Koordinaten eines Punktes der Figur in ihrer ursprünglichen Lage, bezogen auf das im Raume feste Achsenkreuz, und x, y, z die Koordinaten desselben Punktes der Figur nach der Bewegung, bezogen auf dasselbe im Raume feste Achsenkreuz. Vgl. hierzu S. 15.

Mithin drücken die Gleichungen (1) oder (2) das Ergebnis einer allgemeinen Bewegung im Raume aus, bei der ein Punkt $(\bar{x}, \bar{y}, \bar{z})$ der in Bewegung gesetzten Figur in einen Punkt (x, y, z) übergeht, und zwar sind beide Punkte auf ein und dasselbe Achsenkreuz bezogen. Dabei bedeuten z. B. α_1, β_1, γ_1 die Richtungskosinus derjenigen Geraden, die zuerst in der x-Achse lag, nach der ausgeführten Bewegung.

Man sieht leicht, daß bei einer Bewegung im Allgemeinen kein im Endlichen gelegener Punkt in sich übergeht, denn sonst müßten die Gleichungen (1), sobald man darin statt $\bar{x}$, $\bar{y}$, $\bar{z}$ auch x, y, z schreibt, durch drei Werte x, y, z erfüllbar sein; und dies ist im allgemeinen unmöglich, weil dann drei in x, y, z lineare, aber nicht homogene Gleichungen vorliegen, deren Determinante

$$\begin{vmatrix} \alpha_1 - 1 & \alpha_2 & \alpha_3 \\ \beta_1 & \beta_2 - 1 & \beta_3 \\ \gamma_1 & \gamma_2 & \gamma_3 - 1 \end{vmatrix} = 0 \tag{10}$$

ist. Dies nämlich erkennt man, wenn man die Determinante entsprechend den in ihr auftretenden Differenzen zerlegt und die Formel (9) sowie die unter (8) in der Diagonale stehenden Formeln anwendet.

Wohl aber lehrt das Verschwinden der Determinante (10), daß es drei endliche und nicht sämtlich verschwindende Konstanten u, v, w gibt, für die:

$$\left\{\begin{aligned} &(\alpha_1 - 1)u + \alpha_2 v + \alpha_3 w = 0, \\ &\beta_1 u + (\beta_2 - 1)v + \beta_3 w = 0, \\ &\gamma_1 u + \gamma_2 v + (\gamma_3 - 1)w = 0 \end{aligned}\right. \tag{11}$$

ist. Wenn wir diese drei Gleichungen mit α_1, β_1, γ_1 multiplizieren und dann addieren, geht eine Gleichung hervor, die sich wegen (3) sehr vereinfacht. Ebenso, wenn wir sie mit $\alpha_2, \beta_2, \gamma_2$ oder $\alpha_3, \beta_3, \gamma_3$ multiplizieren. Es kommt nämlich:

$$(12)\quad \begin{cases} (\alpha_1 - 1)u + \beta_1 v + \gamma_1 w = 0, \\ \alpha_2 u + (\beta_2 - 1)v + \gamma_2 w = 0, \\ \alpha_3 u + \beta_3 v + (\gamma_3 - 1)w = 0. \end{cases}$$

Umgekehrt folgen hieraus rückwärts leicht wieder die Formeln (11).

Das Vorhandensein der drei Konstanten u, v, w hat eine wichtige geometrische Bedeutung. Ehe wir sie geben, machen wir noch einige rein rechnerische Beobachtungen: Die Gleichungen (11) bestimmen die Verhältnisse $u:v:w$ eindeutig, sobald nicht alle zweireihigen Unterdeterminanten der Determinante (10) gleich Null sind. Diese sind nur dann sämtlich gleich Null, wenn $\alpha_1 = \beta_2 = \gamma_3 = 1$ und $\alpha_3 + \gamma_1 = \beta_1 + \alpha_2 = \gamma_2 + \beta_3 = 0$ ist. Hieraus folgt mit Rücksicht auf die in der Diagonale von (8) stehenden Formeln, daß $\alpha_1 = \beta_2 = \gamma_3 = 1$ und alle anderen α, β, γ gleich Null sind, daß mithin die Punkte $(\bar{x}, \bar{y}, \bar{z})$ nur die Schiebung $\bar{x} = x - a$, $\bar{y} = y - b$, $\bar{z} = z - c$ erfahren, bei der alle Richtungen ungeändert bleiben.

Sobald mithin die Bewegung nicht bloß eine Schiebung ist, bestimmen die Gleichungen (11) oder (12) die Verhältnisse $u:v:w$ eindeutig. Aus je zwei Gleichungen (11) oder (12) folgen nach (8) verschiedene Ausdrucksformen für die Verhältnisse, nämlich diese:

$$(13)\quad \begin{cases} u:v:w = (1 + \alpha_1 - \beta_2 - \gamma_3) : (\alpha_2 + \beta_1) : (\alpha_3 + \gamma_1) \\ \qquad = (\beta_1 + \alpha_2) : (1 - \alpha_1 + \beta_2 - \gamma_3) : (\beta_3 + \gamma_2) \\ \qquad = (\gamma_1 + \alpha_3) : (\gamma_2 + \beta_3) : (1 - \alpha_1 - \beta_2 + \gamma_3), \end{cases}$$

die natürlich wegen der zwischen den Richtungskosinus bestehenden Beziehungen miteinander gleichwertig sind. Wenn man entsprechende Gleichungen (11) und (12) voneinander subtrahiert, so kommen drei Gleichungen, aus denen noch folgt:

$$(14)\quad u:v:w = (\gamma_2 - \beta_3) : (\alpha_3 - \gamma_1) : (\beta_1 - \alpha_2).$$

In besonderen Fällen kann es eintreten, daß die eine oder andere Ausdrucksform versagt, indem sie $0:0:0$ liefert. Eine ist aber stets vorhanden, die nicht versagt, denn alle in (13) und (14) rechts stehenden Ausdrücke verschwinden nur im Falle einer Schiebung.

Jetzt kommen wir zur geometrischen Deutung: Eine **Gerade**, deren Richtungskosinus proportional u, v, w sind, hat die Gleichungen (nach S. 190):

$$(15)\qquad \bar{x} = \bar{\mathfrak{x}} + ut, \quad \bar{y} = \bar{\mathfrak{y}} + vt, \quad \bar{z} = \bar{\mathfrak{z}} + wt.$$

Vermöge der Bewegung geht der Punkt $(\bar{\mathfrak{x}}, \bar{\mathfrak{y}}, \bar{\mathfrak{z}})$ der Geraden nach (1) in den Punkt mit den Koordinaten

$$(16)\qquad \begin{cases} \mathfrak{x} = \alpha_1 \bar{\mathfrak{x}} + \alpha_2 \bar{\mathfrak{y}} + \alpha_3 \bar{\mathfrak{z}} + a, \\ \mathfrak{y} = \beta_1 \bar{\mathfrak{x}} + \beta_2 \bar{\mathfrak{y}} + \beta_3 \bar{\mathfrak{z}} + b, \\ \mathfrak{z} = \gamma_1 \bar{\mathfrak{x}} + \gamma_2 \bar{\mathfrak{y}} + \gamma_3 \bar{\mathfrak{z}} + c \end{cases}$$

über und mithin der allgemeine Punkt $(\bar{x}, \bar{y}, \bar{z})$ der Geraden (15) in den Punkt mit den Koordinaten:

$$\begin{aligned} x &= \mathfrak{x} + (\alpha_1 u + \alpha_2 v + \alpha_3 w)t, \\ y &= \mathfrak{y} + (\beta_1 u + \beta_2 v + \beta_3 w)t, \\ z &= \mathfrak{z} + (\gamma_1 u + \gamma_2 v + \gamma_3 w)t, \end{aligned}$$

die wegen (11) die Werte haben:

$$(17)\qquad x = \mathfrak{x} + ut, \quad y = \mathfrak{y} + vt, \quad z = \mathfrak{z} + wt.$$

Vergleichen wir dies mit (15), so folgt: Die Gerade (15) wird bei der Bewegung in eine mit ihr parallele Gerade verwandelt. Wenn man umgekehrt die Bedingungen dafür aufstellt, daß eine Gerade (15) vermöge der Bewegung in eine zu ihr parallele Gerade (17) übergeht, kommt man auf die Bedingungen (11) für u, v, w.

Mithin hat sich ergeben: **Sobald die Bewegung keine Schiebung ist, gibt es eine und nur eine Richtung** $(u:v:w)$ **im Raume, die nach der Bewegung die alte ist.**

Weil es unendlich viele Geraden von dieser Richtung gibt, liegt die Frage nahe, ob nicht eine unter diesen Geraden in sich selbst übergeführt wird. Ist $(\bar{\mathfrak{x}}, \bar{\mathfrak{y}}, \bar{\mathfrak{z}})$ ein Punkt auf ihr, so wird er vermöge der Bewegung in den durch (16) bestimmten Punkt $(\mathfrak{x}, \mathfrak{y}, \mathfrak{z})$ verwandelt, von dem wir verlangen müßten, daß er auf der Geraden liege, anders ausgedrückt: Es müßten $\mathfrak{x} - \bar{\mathfrak{x}}$, $\mathfrak{y} - \bar{\mathfrak{y}}$, $\mathfrak{z} - \bar{\mathfrak{z}}$ proportional u, v, w sein; es müßte also einen Faktor t geben, derart, daß:

$$(18)\qquad \begin{cases} (\alpha_1 - 1)\bar{\mathfrak{x}} + \alpha_2 \bar{\mathfrak{y}} + \alpha_3 \bar{\mathfrak{z}} + a = tu, \\ \beta_1 \bar{\mathfrak{x}} + (\beta_2 - 1)\bar{\mathfrak{y}} + \beta_3 \bar{\mathfrak{z}} + b = tv, \\ \gamma_1 \bar{\mathfrak{x}} + \gamma_2 \bar{\mathfrak{y}} + (\gamma_3 - 1)\bar{\mathfrak{z}} + c = tw \end{cases}$$

wäre. Die Determinante dieser drei Gleichungen hinsichtlich $\bar{\mathfrak{x}}$, $\bar{\mathfrak{y}}$, $\bar{\mathfrak{z}}$ ist nach (10) gleich Null. Für beliebiges t haben sie also keine

Lösungen $\bar{\mathfrak{x}}, \bar{\mathfrak{y}}, \bar{\mathfrak{z}}$, da auch u, v, w nicht sämtlich gleich Null sind. Dagegen gibt es einen Wert von t, für den eine der drei Gleichungen eine Folge der beiden anderen ist. Multiplizieren wir nämlich die drei Gleichungen (18) mit u, v, w und addieren sie, so kommt nach (12):

$$au + bv + cw = t(u^2 + v^2 + w^2).$$

Sobald also

(19) $$t = \frac{au + bv + cw}{u^2 + v^2 + w^2}$$

ist, wird eine der drei in $\bar{\mathfrak{x}}, \bar{\mathfrak{y}}, \bar{\mathfrak{z}}$ linearen Gleichungen (18) eine Folge der beiden anderen. Dann wird den Gleichungen (18) durch die Punkte $(\bar{\mathfrak{x}}, \bar{\mathfrak{y}}\ \bar{\mathfrak{z}})$ einer Geraden genügt, aber nicht etwa durch die einer Ebene, denn alle drei Gleichungen (18) können sich nicht auf nur eine Gleichung reduzieren, weil sonst die Größen

$$\alpha_1 - 1, \quad \alpha_2, \quad \alpha_3$$

den Größen

$$\beta_1, \quad \beta_2 - 1, \quad \beta_3$$

und den Größen

$$\gamma_1, \quad \gamma_2, \quad \gamma_3 - 1$$

proportional sein müßten, was wegen der zwischen den α, β, γ aufgestellten Beziehungen wieder zu dem beiseite gestellten Falle einer Schiebung führen würde.

Es gibt folglich nur eine Gerade im Raume, die bei der Bewegung in sich übergeführt wird. Das ist die den drei Ebenen (18) für den Wert (19) von t gemeinsame Gerade. Ihre Richtungskosinus sind proportional u, v, w. Bringt man die Gerade in starre Verbindung mit der in Bewegung gesetzten Figur, so wird sie nach der Bewegung wieder dieselbe Lage haben und nur in sich verschoben sein. Daher läßt sich das Ergebnis der Bewegung dadurch erreichen, daß man diese Gerade der Figur festhält, d. h. die Figur längs der Geraden verschiebt und um die Gerade dreht. Eine solche Bewegung heißt eine Schraubung.

Wir könnten also sagen, daß jede Bewegung im Raume entweder durch eine Schiebung oder durch eine Schraubung hinsichtlich ihres Ergebnisses ersetzbar sei, wenn nicht noch eine Ausnahme vorkommen könnte. Der Wert (19) von t wird unbrauchbar, wenn

(20) $$u^2 + v^2 + w^2 = 0$$

ist. Dann ist die Gerade (15) eine Minimalgerade (siehe S. 191). Bei einer reellen Bewegung im Raume sind die α, β, γ und also auch die Verhältnisse $u:v:w$ reell, so daß diese Ausnahme nicht möglich ist, wohl aber bei einer imaginären Bewegung. Auf diesen Ausnahmefall gehen wir nicht näher ein.

Wenn man beachtet, daß sich eine Schraubung, da sie aus einer Schiebung und aus einer Drehung um eine Gerade zusammengesetzt ist, insbesondere auf eine Schiebung — ebenso wie auf eine Drehung — reduzieren kann, so findet man:

Satz 1: Jede reelle Bewegung im Raume läßt sich hinsichtlich ihres Ergebnisses stets durch eine Schraubung ersetzen. Nur wenn die Schraubung bloß eine Schiebung ist, wird ihre Achse unbestimmt.[1]

Außerdem:

Satz 2: Die Bewegung, bei der die Punkte $(\bar{x}, \bar{y}, \bar{z})$ des Raumes in die Punkte (x, y, z) übergehen, für die

$$\begin{aligned} x &= \alpha_1 \bar{x} + \alpha_2 \bar{y} + \alpha_3 \bar{z} + a, \\ y &= \beta_1 \bar{x} + \beta_2 \bar{y} + \beta_3 \bar{z} + b, \\ z &= \gamma_1 \bar{x} + \gamma_2 \bar{y} + \gamma_3 \bar{z} + c \end{aligned}$$

ist, läßt sich durch eine Schraubung ersetzen, sobald die Summe der Quadrate dreier Größen u, v, w, deren Verhältnisse durch

$$\begin{aligned} (\alpha_1 - 1) u + \alpha_2 v + \alpha_3 w &= 0, \\ \beta_1 u + (\beta_2 - 1) v + \beta_3 w &= 0, \\ \gamma_1 u + \gamma_2 v + (\gamma_3 - 1) w &= 0 \end{aligned}$$

bestimmt sind, nicht gleich Null ist. Und zwar ist die Achse der Schraubung die den drei Ebenen

[1] Dieser Satz rührt her von Mozzi, „Discorso matematico sopra il rotamento momentaneo dei corpi", Neapel 1763. Doch blieb Mozzis Entdeckung unbeachtet. Euler („Formulae generales pro translatione quacunque corporum rigidorum", Novi Commentarii Acad. Petropolitanae, a. 1775, T. XX, Petersburg 1776) stellte den Satz auf, daß ein starrer Körper auf unendlich viele Weisen durch eine Drehung und eine Schiebung in eine beliebige andere Lage übergeführt werden kann, wobei aber wohlbemerkt die Richtung der Schiebung nicht mit der Richtung der Drehachse zusammenfiel. Er bemerkte nicht, daß unter diesen Möglichkeiten eine ist, die den Satz von Mozzi geliefert hätte. Erst Chasles fand diesen Satz von neuem in seiner „Note sur les propriétés générales du système de deux corps semblables placés d'une manière quelconque dans l'espace, et sur le déplacement fini ou infiniment petit d'un corps solide libre", Bulletin de Férussac, T. XIV (1830).

$$(\alpha_1 - 1)\mathfrak{x} + \alpha_2 \mathfrak{y} + \alpha_3 \mathfrak{z} + a - tu = 0,$$
$$\beta_1 \mathfrak{x} + (\beta_2 - 1)\mathfrak{y} + \beta_3 \mathfrak{z} + b - tv = 0,$$
$$\gamma_1 \mathfrak{x} + \gamma_2 \mathfrak{y} + (\gamma_3 - 1)\mathfrak{z} + c - tw = 0$$

bei der Annahme

$$t = \frac{au + bv + cw}{u^2 + v^2 + w^2}$$

gemeinsame Gerade.

§ 3. Analytische Darstellung von Raumkurven.

Bezeichnet t eine beliebig veränderliche Größe und werden die Punktkoordinaten x, y, z als Funktionen von t gegeben:

(1) $$x = \varphi(t), \quad y = \chi(t), \quad z = \psi(t),$$

so durchwandert der Punkt (x, y, z) eine Kurve im Raume, sobald — wie immer — vorausgesetzt wird, daß die Funktionen wenigstens in einem gewissen Bereiche einwertig analytisch sind (vgl. S. 2). Unter dem Kurvenpunkte (t_0) ist dann derjenige Punkt zu verstehen, dessen Koordinaten sich aus (1) ergeben, wenn darin für t der Wert t_0 gesetzt wird. Die längs der Kurve veränderliche Größe t heißt ein Parameter (Hilfsveränderliche) und die Form (1) eine Parameterdarstellung der Raumkurve.[1] Man vergleiche die Betrachtungen in § 1 des ersten Abschnittes.

Wie in der Ebene hat auch im Raume ein und dieselbe Kurve

---

[1] Die wichtigsten älteren Arbeiten, in denen die Theorie der Raumkurven geschaffen wurde, sind die folgenden:

Clairaut, „Recherches sur les courbes à double courbure", Paris 1731.

Tinseau, „Solution de quelques problèmes relatifs à la théorie des surfaces et des courbes à double courbure", prés. en 1774, Mémoires des Savans étraugers, T. IX, 1780.

Euler, „Methodus facilis omnia symptomata linearum curvarum non in eodem plano sitarum investigandi", Acta Academiae Petropolitanae, T. I, 1782.

Monge in einer Reihe von Abhandlungen seit 1771, die später Aufnahme fanden in seinem großen Werke: „Application de l'analyse à la géométrie" (1. Auflage unter dem Titel: „Feuilles d'analyse appliquée à la géométrie", Paris 1795, 5. Auflage Paris 1850 mit Noten von Liouville).

Lancret, „Mémoire sur les courbes à double courbure", prés. en 1802, Mémoires des Savans étrangers, T. I, 1805.

De Saint-Venant, „Mémoire sur les lignes courbes non planes", prés. en 1844, Journal de l'École polyt., 30. cah., 1845.

unendlich viele Parameterdarstellungen, da wir wie dort (siehe S. 6, 7) eine neue Veränderliche τ vermöge einer Formel

$$t = \omega(\tau)$$

einführen können, so daß die Funktionen (1) von t in Funktionen von τ übergehen. Umgekehrt: Ist ein und dieselbe Kurve außer in der Form (1) noch in einer anderen Form mittels eines Parameters τ gegeben:

(2) $$x = \Phi(\tau), \quad y = X(\tau), \quad z = \Psi(\tau),$$

so muß zu jedem Werte von t ein Wert von τ vorhanden sein derart, daß die Gleichungen (1) und (2) für diese beiden Werte denselben Punkt (x, y, z) ergeben. Mit anderen Worten: τ muß eine einwertige analytische Funktion von t und umgekehrt t eine einwertige analytische Funktion von τ sein. —

1. **Beispiel:** Eine Parameterdarstellung der Geraden im Raume ist nach S. 190:

$$x = a + At, \quad y = b + Bt, \quad z = c + Ct.$$

Dabei bedeutet

$$t\sqrt{A^2 + B^2 + C^2}$$

die Strecke s auf der Geraden vom Punkte (a, b, c) bis zum Punkte (x, y, z) ist. Setzen wir also

$$s = t\sqrt{A^2 + B^2 + C^2}$$

oder:

$$t = \frac{s}{\sqrt{A^2 + B^2 + C^2}},$$

so stellt sich die Gerade mittels des neuen Parameters s so dar:

$$x = a + \frac{A}{\sqrt{A^2 + B^2 + C^2}}\,s, \quad y = b + \frac{B}{\sqrt{A^2 + B^2 + C^2}}\,s,$$

$$z = c + \frac{C}{\sqrt{A^2 + B^2 + C^2}}\,s.$$

Die Faktoren von s hierin sind nach S. 191 die Richtungskosinus α, β, γ der Geraden, so daß wir die Gleichungen auch so schreiben können:

$$x = a + \alpha s, \quad y = b + \beta s, \quad z = c + \gamma s.$$

Dabei wird die Gerade durch die Wahl des Wertes der Quadratwurzel aus $A^2 + B^2 + C^2$ orientiert.

In der Umgebung einer Stelle (t_0) läßt sich die Kurve (1) insbesondere auch in der Form

(3) $$y = f(x), \quad z = g(x)$$

darstellen, **vorausgesetzt**, daß $\varphi'(t_0) \neq 0$ ist. Denn dann gibt es nach dem Satze über das Vorhandensein einer unentwickelten Funktion (siehe S. 3) in jener Umgebung eine (und nur eine) Funktion t von x, die der ersten Gleichung (1) genügt. Wird sie in die beiden anderen Gleichungen (1) eingesetzt, so geht die gewünschte neue Darstellungsform (3) hervor, die also als das Ergebnis der Elimination der Hilfsveränderlichen t aus den beiden letzten Gleichungen (1) vermöge der ersten Gleichung (1) aufzufassen ist.

Man muß sich darüber klar werden, was die beiden Gleichungen (3) einzeln bedeuten: Ist $y = f(x)$, so erfüllen zunächst die Koordinaten (x, y) der Punkte Q einer Kurve in der xy-Ebene diese Gleichung. Da sie frei von z ist, wird die Gleichung $y = f(x)$ aber auch von den Koordinaten aller derjenigen Punkte (x, y, z) des Raumes erfüllt, deren Projektionen auf die xy-Ebene auf dieser Kurve liegen. Anders ausgesprochen: Die Gleichung $y = f(x)$ wird von allen Punkten des **Zylinders** befriedigt, der diejenigen zur z-Achse parallelen Geraden enthält, die von jener Kurve in der xy-Ebene ausgehen. Außer diesen Punkten gibt es dagegen keine Punkte, die der Gleichung $y = f(x)$ genügen (siehe Fig. 63). Analog definiert die Gleichung $z = g(x)$ zunächst eine Kurve von Punkten R in der xz-Ebene und fernerhin den **Zylinder**, dessen Geraden diese Kurve schneiden und mit der y-Achse parallel sind. **Beide** Gleichungen (3) werden mithin von den Punkten P derjenigen Kurve c erfüllt, in der die beiden Zylinder einander schneiden. Die Raumkurve (3) ist folglich durch ihre beiden Projektionen auf die xy- und die xz-Ebene definiert.

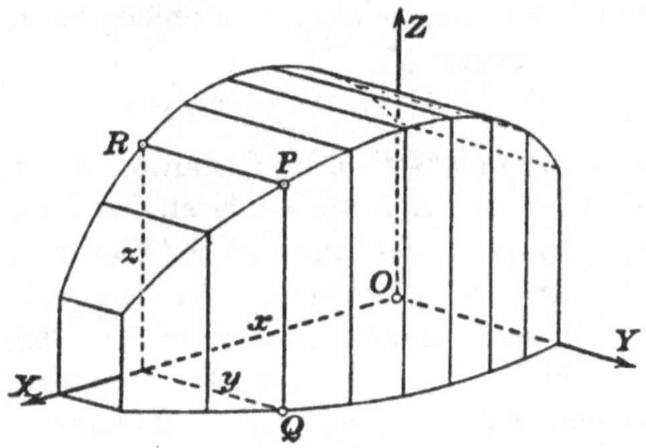

Fig. 63.

Die Raumkurve (3) hängt in ihrer Gestalt von ihren beiden Projektionen auf die xy-Ebene und auf die xz-Ebene ab, die beide ebene krumme Linien sind. Aus diesem Grunde nannte man früher die Raumkurven **Kurven doppelter Krümmung**.[1] Heutzutage

[1] DESCARTES hatte in seiner „Géométrie", 1637, darauf hingewiesen, daß man mit Hilfe seiner Koordinatenmethode auch die Raumkurven untersuchen könne. Doch hat erst EULER in seiner Arbeit: „De linea brevissima in

wird dieser Name zwar auch gebraucht, aber aus einem anderen Grunde, auf den wir in § 6, S. 236, zurückkommen werden.

Wenn $\varphi'(t_0) = 0$, aber $\chi'(t_0) \neq 0$ ist, kann man t in der Umgebung des Kurvenpunktes (t_0) mittels der zweiten Gleichung (1) als Funktion von y definieren und diese Funktion in die beiden anderen Gleichungen (2) einsetzen. Dadurch geht eine Darstellung der Kurve (1) in der Form

$$x = f(y), \quad z = g(y)$$

hervor, die geometrisch bedeutet, daß die Raumkurve durch ihre beiden Projektionen auf die xy-Ebene und auf die yz-Ebene definiert wird. Wenn schließlich $\varphi'(t_0)$ und $\chi'(t_0)$ gleich Null sind, aber $\psi'(t_0) \neq 0$ ist, gelangt man analog zu einer Darstellung der Kurve (1) in der Form:

$$x = f(z), \quad y = g(z),$$

also zur geometrischen Definition der Raumkurve durch ihre beiden Projektionen auf die xz-Ebene und auf die yz-Ebene.

In der Umgebung solcher Stellen (t_0), wo $\varphi'(t_0)$, $\chi'(t_0)$ und $\psi'(t_0)$ alle drei verschwinden, läßt uns jedoch der Satz über das Vorhandensein einer unentwickelten Funktion im Stiche. Derartige Stellen sollen auch im Raume **singuläre Punkte** der Kurve heißen (vgl. S. 4) und **immer ausgeschlossen** sein, wenn von **Kurvenpunkten schlechthin** die Rede ist.

Zu den Raumkurven gehören insbesondere auch die ebenen Kurven. Da eine Ebene durch eine Gleichung von der Form

$$Ax + By + Cz = D$$

dargestellt wird, ist die Raumkurve

$$x = \varphi(t), \quad y = \chi(t), \quad z = \psi(t)$$

dann und nur dann eine ebene Kurve, wenn es vier nicht sämtlich verschwindende Konstanten A, B, C, D gibt, derart, daß für alle Werte von t

$$A\varphi(t) + B\chi(t) + C\psi(t) = D \tag{4}$$

---

superficie quacunque duo quaelibet puncta jungente," Commentarii Acad. Petropolitanae, T. III, Petersburg 1732, ausführlich auseinandergesetzt, daß man jede Fläche durch eine und jede Raumkurve durch zwei Gleichungen zwischen den rechtwinkligen Punktkoordinaten darstellen könne. Clairauts „Recherches", die auf S. 203 genannt wurden, machten die Bezeichnung: Kurven doppelter Krümmung gebräuchlich.

ist. Ein anderes Kennzeichen für ebene Kurven werden wir später (in § 7, S. 240) aufstellen.

2. **Beispiel:** Um einen Kreis allgemeiner Lage im Raume analytisch darzustellen, betrachten wir zuerst den speziellen Kreis, der in der xy-Ebene liegt, den Anfangspunkt zur Mitte und die Strecke r zum Radius hat. Seine laufenden Koordinaten sind:

$$\bar{x} = r\cos t, \quad \bar{y} = r\sin t, \quad \bar{z} = 0. \tag{5}$$

Dieser Kreis wird nun durch eine Bewegung in eine allgemeine Lage gebracht, so daß die drei mit dem Kreise fest verknüpften Geraden, die zunächst längs der drei Achsen liegen (also die $\bar{x}$-Achse, $\bar{y}$-Achse und $\bar{z}$-Achse) mit der x-, y- und z-Achse diejenigen Winkel bilden, deren Kosinus aus der Tabelle

	x	y	z
$\bar{x}$	α_1	β_1	γ_1
$\bar{y}$	α_2	β_2	γ_2
$\bar{z}$	α_3	β_3	γ_3

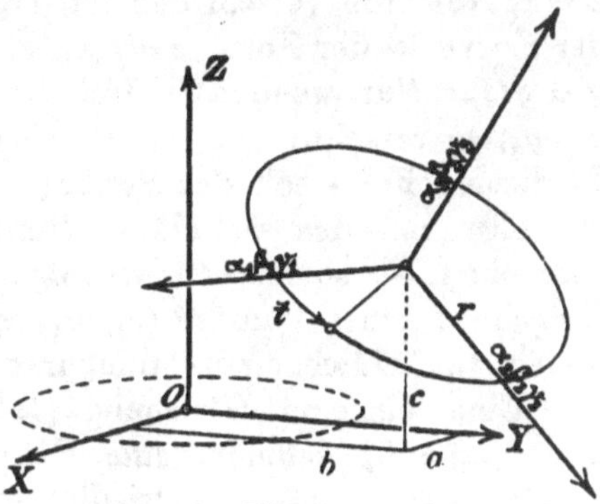

Fig. 64.

ersichtlich sind. Z. B. soll die Gerade, die in der Kreismitte auf der Kreisebene senkrecht steht (die $\bar{z}$-Achse), nach der vollendeten Bewegung die Richtungskosinus $\alpha_3, \beta_3, \gamma_3$ haben. Nach I (A) und nach (5) sind

$$\begin{cases} x = r(\alpha_1 \cos t + \alpha_2 \sin t) + a, \\ y = r(\beta_1 \cos t + \beta_2 \sin t) + b, \\ z = r(\gamma_1 \cos t + \gamma_2 \sin t) + c \end{cases} \tag{6}$$

die Gleichungen des Kreises in der allgemeinen Lage, wenn der Mittelpunkt die Koordinaten a, b, c hat, siehe Fig. 64. Insbesondere folgt mit Rücksicht auf I (C):

$$\alpha_3 x + \beta_3 y + \gamma_3 z = \alpha_3 a + \beta_3 b + \gamma_3 c,$$

so daß diese Gleichung die Ebene des Kreises (6) vorstellt, also im vorliegenden speziellen Falle die Gleichung (4) ist.

Nur kurz erwähnen wir schließlich noch die analytische Darstellung einer Raumkurve mittels zweier Gleichungen in x, y, z:

$$F(x, y, z) = 0, \qquad G(x, y, z) = 0, \tag{7}$$

die nicht gerade wie die Gleichungen (3) nach y und z aufgelöst sind. Daß in der Tat durch (7) eine Kurve dargestellt wird, folgt so: Es sei x_0, y_0, z_0 ein Wertsystem, das den Gleichungen (7) genügt; ferner seien nicht alle drei Determinanten:

$$(8)\qquad \begin{vmatrix} F_y & F_z \\ G_y & G_z \end{vmatrix}, \quad \begin{vmatrix} F_z & F_x \\ G_z & G_x \end{vmatrix}, \quad \begin{vmatrix} F_x & F_y \\ G_x & G_y \end{vmatrix}$$

für $x = x_0$, $y = y_0$, $z = z_0$ gleich Null. Ist z. B. die erste nicht gleich Null, so haben die Gleichungen (7) in der Umgebung des Wertsystems x_0, y_0, z_0 Auflösungen nach y und z (vgl. S. 144), so daß alle Punkte (x, y, z), die dem System (7) in der Umgebung des Punktes (x_0, y_0, z_0) genügen, in der Tat durch zwei Gleichungen von der Form (3) darstellbar sind. Wenn nicht gerade die erste jener drei Determinanten, sondern die zweite oder dritte für $x = x_0$, $y = y_0$, $z = z_0$ von Null verschieden ist, ergibt sich analog eine Darstellung der Kurve in der Form $x = f(y)$, $z = g(y)$ oder in der Form $x = f(z)$, $y = g(z)$. Nur wenn alle drei Determinanten für das Wertsystem x_0, y_0, z_0 verschwinden, lassen sich derartige Schlüsse nicht ziehen. In diesem Falle soll der Punkt (x_0, y_0, z_0) singulär heißen. Sehen wir also von den singulären Punkten ab — und das soll immer geschehen —, so können wir folgern, daß die Gleichungen (7) in der Umgebung eines Punktes (x_0, y_0, z_0), dessen Koordinaten ihnen genügen, tatsächlich eine Raumkurve definieren.

Eine einzelne Gleichung (7) dagegen, z. B. die Gleichung $F(x, y, z) = 0$, definiert eine Fläche. Denn wenn sie etwa von $x = x_0$, $y = y_0$, $z = z_0$ befriedigt wird und F_z für dies Wertsystem nicht verschwindet, hat sie in der Umgebung des Punktes (x_0, y_0, z_0) eine Auflösung $z = \omega(x, y)$, die zeigt, daß zu jeder Stelle (x, y) der xy-Ebene in der Umgebung des Punktes (x_0, y_0) eine Ordinate z gehört, so daß die Punkte (x, y, z), die der Gleichung $F = 0$ genügen, eine Fläche erfüllen. In der Form (7) wird also eine Raumkurve als Schnittlinie zweier Flächen $F = 0$ und $G = 0$ definiert, vorausgesetzt, daß beiden Gleichungen durch ein Wertsystem x_0, y_0, z_0 genügt werden kann, für das nicht alle drei Determinanten (8) gleich Null sind.

Wir werden die Raumkurven jedoch meistens in der allgemeinen Parameterdarstellung (2) betrachten. Nur da, wo gewisse Flächen mit Kurven in Beziehung gebracht werden, sind wir zuweilen genötigt, die weniger bequeme Darstellungsform (7) anzuwenden.

Bezüglich des Begriffes der Bogenlänge s und des Bogenelements ds genügt es, auf die Betrachtungen in § 2 des ersten Abschnittes, S. 8 bis 12, zu verweisen, die man sofort auf Raumkurven ausdehnen kann. Wie dort ergibt sich das Bogenelement:

$$(9)\qquad ds = \sqrt{\varphi'(t)^2 + \chi'(t)^2 + \psi'(t)^2}\,dt$$

und die Bogenlänge s vom Punkte (t_0) bis zum Punkte (t):

$$s = \int_{t_0}^{t} \sqrt{\varphi'(t)^2 + \chi'(t)^2 + \psi'(t)^2}\, dt. \tag{10}$$

Wenn man die Umgebung des Wertes t_0 so weit beschränkt, daß der Radikand

$$\varphi'(t)^2 + \chi'(t)^2 + \psi'(t)^2 \tag{11}$$

darin nirgends verschwindet, kann man die Quadratwurzel dadurch einwertig machen, daß man einen der beiden Werte auswählt, die sie für $t = t_0$ hat. Im Falle einer reellen Kurve mit reeller Parameterdarstellung z. B. wird man die Wurzel positiv annehmen, wodurch erreicht wird, daß die Bogenlänge s für $t > t_0$ positiv und für $t < t_0$ negativ wird. Auch hier gilt der Satz, daß das Verhältnis der Bogenlänge zur zugehörigen Sehne nach Eins strebt, wenn der Endpunkt längs der Kurve nach dem Anfangspunkte strebt (vgl. S. 11), und entsprechend dem Satze 1, S. 11, ergibt sich der

Satz 3: In den Gleichungen einer Raumkurve

$$x = \varphi(t), \quad y = \chi(t), \quad z = \psi(t)$$

bedeutet der Parameter t dann und nur dann die vom Punkte $(t = 0)$ an gemessene Bogenlänge der Kurve, wenn für jeden Wert von t die Gleichung besteht:

$$\varphi'(t)^2 + \chi'(t)^2 + \psi'(t)^2 = 1.$$

Die Definition (10) der Bogenlänge gilt nur so weit, d. h. nur für solche Werte von t in der Umgebung von t_0, für die der Radikand (11) nicht verschwindet. Bei reellen Kurven in reeller Parameterdarstellung kann dieser Radikand nur dann verschwinden, wenn einzeln $\varphi'(t)$, $\chi'(t)$ und $\psi'(t)$ gleich Null werden, d. h. für singuläre Punkte, die wir, wie gesagt, ausschließen. Bei einer imaginären Kurve aber kann der Radikand für einzelne Werte von t auch dann verschwinden, wenn nicht alle drei Ableitungen $\varphi'(t)$, $\chi'(t)$ und $\psi'(t)$ daselbst gleich Null sind. Diese Punkte müssen wir folglich auch ausschließen. Wir nennen sie **Minimalpunkte** der Kurve (2) indem wir die Bezeichnung auf S. 24 verallgemeinern. Schließlich, gibt es auch noch imaginäre Raumkurven, bei denen jener Radikand für alle Werte von t gleich Null ist. Sie heißen **Minimalkurven.** Ein spezieller Fall von ihnen sind die auf S. 12 zuerst betrachteten **Minimalgeraden.** Während in der xy-Ebene jede **Minimalkurve** eine **Minimalgerade** ist, gilt dies durchaus nicht mehr im Raume. Demnach haben wir die Minimalkurven einer besonderen Betrachtung zu unterziehen. Doch soll dies erst später geschehen. Bis auf weiteres wird überall da, wo wir die Bogenlänge s einer Kurve benutzen, von den Minimalkurven abgesehen. Außerdem wird dabei, wie gesagt, von singulären Punkten und Minimalpunkten der Kurve Abstand genommen.

3. Beispiel. Beim Kreise (6) im 2. Beispiele ist

$$\left(\frac{ds}{dt}\right)^2 = \left(\frac{dx}{dt}\right)^2 + \left(\frac{dy}{dt}\right)^2 + \left(\frac{dz}{dt}\right)^2 =$$

$$= r^2 \{(\alpha_1^2 + \beta_1^2 + \gamma_1^2)\sin^2 t - 2(\alpha_1\alpha_2 + \beta_1\beta_2 + \gamma_1\gamma_2)\sin t\cos t + \\ + (\alpha_2^2 + \beta_2^2 + \gamma_2^2)\cos^2 t\}$$

oder wegen I (*C*):

$$\left(\frac{ds}{dt}\right)^2 = r^2.$$

Demnach können wir annehmen:

$$\frac{ds}{dt} = r.$$

Im Falle eines reellen Kreises wächst dann die Bogenlänge s mit dem Parameter t, sobald der Radius r positiv ist. Der Parameter t bedeutet nach dem 2. Beispiele den Zentriwinkel, den der in der Richtung $(\alpha_1 : \beta_1 : \gamma_1)$ gelegene Radius beschreiben muß, um in den Radius des Punktes (t) überzugehen. Dabei ist der Winkel im Sinne der Drehung von der Richtung $(\alpha_1 : \beta_1 : \gamma_1)$ nach der Richtung $(\alpha_2 : \beta_2 : \gamma_2)$ hin zu messen. Wird $s = 0$ für $t = 0$ gewählt, so kommt:

$$s = rt \quad \text{oder} \quad t = \frac{s}{r},$$

so daß wir statt (6) schreiben können:

$$(12) \quad \begin{cases} x = r\left(\alpha_1 \cos\frac{s}{r} + \alpha_2 \sin\frac{s}{r}\right) + a, \\ y = r\left(\beta_1 \cos\frac{s}{r} + \beta_2 \sin\frac{s}{r}\right) + b, \\ z = r\left(\gamma_1 \cos\frac{s}{r} + \gamma_2 \sin\frac{s}{r}\right) + c. \end{cases}$$

4. Beispiel: Eines der einfachsten Beispiele von nicht ebenen Raumkurven bilden die sogenannten gemeinen Schraubenlinien.[1] Man definiert sie geometrisch so: Gegeben sei eine feste Gerade g, die Achse der Schraubenlinie, und ein Punkt A. Das Lot von A auf die Achse habe den Fußpunkt B.

[1] Sie waren schon den Mathematikern des Altertums bekannt. Nach Proklus hat Geminus gesagt, daß es nur drei Linien gibt, die in allen ihren Teilen gleich und ähnlich sind, nämlich die Geraden, die Kreise und die gemeinen Schraubenlinien. Man weiß aber nicht, wann Geminus gelebt hat. Vgl. Cantor, „Vorlesungen über Geschichte der Mathematik", 1. Bd. 3. Aufl., Leipzig 1907, S. 411.

Nun bewege sich ein Punkt P von A aus so, daß das Lot PR von ihm auf die Achse g beständig die Länge AB behält und der Winkel t, den PR mit der Anfangslage AB bildet, der Strecke BR proportional ist, die der Fußpunkt R auf der Achse zurücklegt. Die konstante Länge AB oder PR sei mit $\mathfrak{r}$ bezeichnet; der Punkt P bleibt beständig auf dem Rotationszylinder mit der Achse g und dem Radius $\mathfrak{r}$. Es wird am bequemsten sein, die Achse g als eine der Koordinatenachsen, etwa als die z-Achse, zu benutzen. Ferner kann man dann den Anfangspunkt O in B annehmen und die positive x-Achse in der Richtung von O (oder B) nach A wählen, siehe Fig. 65. Ist nun Q der Fußpunkt des Lotes von P auf die xy-Ebene, so daß QP eine Mantellinie jenes Zylinders vorstellt, so beschreibt Q, während P die Schraubenlinie durchläuft, beständig den Kreis in der xy-Ebene mit dem Mittelpunkte O und Radius $\mathfrak{r}$. Dabei ist t der Winkel, den OQ mit dem Anfangsradius OA bildet. Mithin hat Q in der xy-Ebene die Koordinaten $x = \mathfrak{r}\cos t$ und $y = \mathfrak{r}\sin t$. Diese Koordinaten kommen auch dem Kurvenpunkte P zu. Seine z-Koordinate QP ist gleich BR und soll proportional t sein. Demnach sind

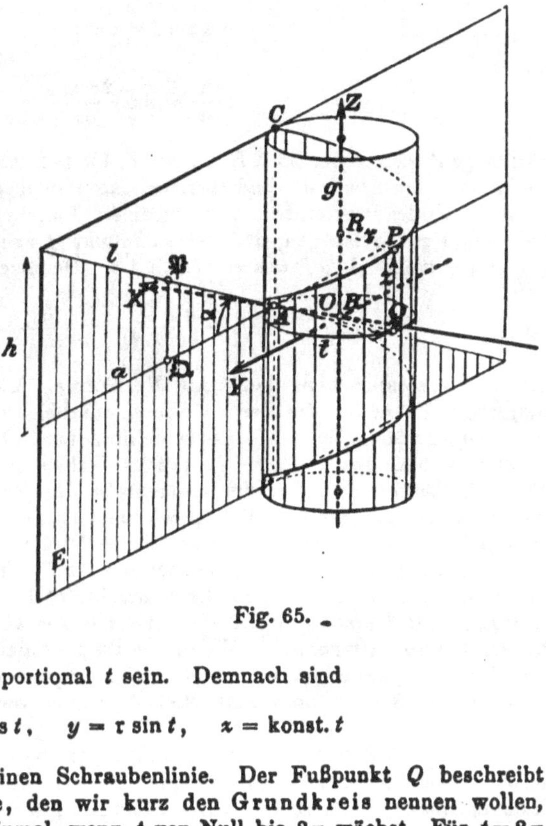

Fig. 65.

$$(13) \qquad x = \mathfrak{r}\cos t, \quad y = \mathfrak{r}\sin t, \quad z = \text{konst.}\, t$$

die Gleichungen der gemeinen Schraubenlinie. Der Fußpunkt Q beschreibt den Kreis in der xy-Ebene, den wir kurz den **Grundkreis** nennen wollen, von A ausgehend gerade einmal, wenn t von Null bis 2π wächst. Für $t = 2\pi$ liegt daher P wieder senkrecht über der Anfangsstelle A der Kurve, d. h. auf der Anfangs-Mantellinie des Zylinders in C. Wenn t weiterhin von 2π bis 4π wächst, durchlaufen x und y wieder dieselben Werte wie im ersten Intervalle, während z ebenfalls die vorherigen Werte, aber vermehrt um konst. 2π, annimmt. Dies läßt sich weiter verfolgen, so daß man erkennt: Die gemeine Schraubenlinie (13) ist **periodisch**, d. h. sie besteht aus lauter Teilen, die dem Stücke von $t = 0$ bis $t = 2\pi$ kongruent sind und aus ihm durch Schiebungen längs der Schraubenachse hervorgehen. Die zu diesem Stücke gehörige Länge der Achse, d. h. der Wert AC von z für $t = 2\pi$, heißt die **Schraubenhöhe** h oder auch die **Höhe eines Schraubenumganges**. Die Konstante in (13) kann durch $h : 2\pi$ ersetzt werden, so daß also

(14) $$x = \mathfrak{r}\cos t, \quad y = \mathfrak{r}\sin t, \quad z = \frac{h}{2\pi}t$$

die Gleichungen der gemeinen Schraubenlinie mit der z-Achse als Schraubenachse, mit dem Zylinderradius $\mathfrak{r}$ und mit der Schraubenhöhe h sind, und zwar gerade derjenigen Schraubenlinie, die durch den Punkt A der x-Achse geht. Die Projektion der Kurve auf die yz-Ebene hat die Gleichung:

$$y = \mathfrak{r}\sin t = \mathfrak{r}\sin\frac{2\pi z}{h}$$

oder

$$\frac{y}{\mathfrak{r}} = \sin\frac{2\pi z}{h}.$$

Mithin geht sie aus der im 2. Beispiele, S. 43, betrachteten **Sinuskurve** hervor, wenn man ihre Abszissen und ihre Ordinaten in je einem konstanten Maßstabe vergrößert oder verkleinert. Der zu einem Punkte (t) oder P der Schraubenlinie gehörige Kreisbogen, den der Fußpunkt Q von A aus zurücklegt, hat die Länge $\mathfrak{r}t$, während $QP = z = ht : 2\pi$ ist. Demnach ergibt sich

$$\frac{\text{Strecke } QP}{\text{Bogen } AQ} = \frac{h}{2\pi\mathfrak{r}}$$

als das vorgeschriebene konstante Verhältnis. Läßt man den Zylinder auf derjenigen Ebene E, die der yz-Ebene parallel ist und durch A geht, d. h. den Zylinder längs der Anfangs-Mantellinie berührt, ohne Gleiten **abrollen**, so entsprechen den Punkten P und Q Stellen $\mathfrak{P}$ und $\mathfrak{Q}$ der Ebene.[1] Der Punkt $\mathfrak{Q}$ beschreibt dabei die Tangente a des Punktes A des Grundkreises, und zwar ist die Strecke $A\mathfrak{Q}$ gleich dem Bogen AQ. Der Mantellinie QP entspricht die in $\mathfrak{Q}$ auf a senkrecht stehende gleichlange Strecke $\mathfrak{Q}\mathfrak{P}$. Nach der soeben aufgestellten Proportion ist nun $\mathfrak{Q}\mathfrak{P} : A\mathfrak{Q} = h : 2\pi\mathfrak{r}$, d. h. konstant, mit anderen Worten: Der Punkt $\mathfrak{P}$ beschreibt in der Ebene E diejenige von A ausgehende Gerade l, deren Winkel α mit der Geraden a durch $\operatorname{tg}\alpha = h : 2\pi\mathfrak{r}$ bestimmt wird. Umgekehrt: Wenn die Tangentialebene E, in der die Gerade l von A aus eingezeichnet worden ist, völlig biegsam und unausdehnbar ist, kann man sie auf den Zylinder aufwickeln.[2] Dabei verwandelt sich die Gerade l in die gemeine Schraubenlinie.

In Fig. 65 haben wir unter $\mathfrak{r}$ und h positive Konstanten verstanden. Um einen in O auf der xy-Ebene stehenden Beobachter windet sich die Schraubenlinie in diesem Falle so herum, daß sie für ihn von rechts nach links steigt. Die Kurve ist natürlich über A hinaus fortzusetzen, indem t auch negative Werte haben kann. Man bemerkt, daß ein Beobachter, der in O auf der

[1] Man denke sich etwa den Grundkreis und die Schraubenlinie auf dem massiven Zylinder mit Druckerschwärze versehen und benutze als jene Ebene eine weiße Tafel. Dann druckt sich die Schraubenlinie und der Grundkreis beim Abrollen auf der Tafel ab.

[2] Später erst sprechen wir ausführlich von der Aufwicklung einer völlig biegsamen, aber unausdehnbaren Ebene auf einer Fläche. Der hier vorliegende Fall ist aber sehr einfach, überdies kann man ihn mit sehr großer Annäherung praktisch verwirklichen, wenn man als Ebene ein Blatt Papier nimmt.

anderen Seite der xy-Ebene steht, also seinen Kopf in der Richtung der negativen z-Achse hat, dieselbe Erscheinung feststellen wird wie jener erste Beobachter. Man sagt: Die in Fig. 65 dargestellte Schraubenlinie ist **rechtsgewunden**. Wird der Radius $\mathfrak{r}$ nach wie vor positiv, dagegen die Schraubenhöhe h negativ gewählt oder wird, was auf dasselbe hinauskommt, der Radius $\mathfrak{r}$ negativ und die Schraubenhöhe h positiv gewählt, so ergibt sich eine **linksgewundene** Schraubenlinie, siehe Fig. 66. Bei ihr ist $\operatorname{tg}\alpha = h : 2\pi\mathfrak{r}$ negativ. Der Winkel α heißt übrigens der **Steigwinkel** der gemeinen Schraubenlinie.

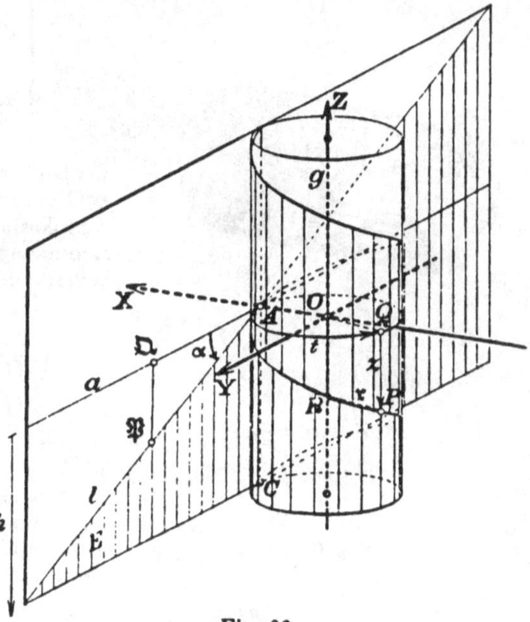

Fig. 66.

Führt man

$$h = 2\pi\mathfrak{r}\operatorname{tg}\alpha$$

in (14) ein, so kommt:

$$(15)\quad \begin{cases} x = \mathfrak{r}\cos t, \\ y = \mathfrak{r}\sin t, \\ z = \mathfrak{r}\, t \operatorname{tg}\alpha. \end{cases}$$

Da hiernach

$$\frac{dx}{dt} = -\mathfrak{r}\sin t,$$

$$\frac{dy}{dt} = \mathfrak{r}\cos t,$$

$$\frac{dz}{dt} = \mathfrak{r}\operatorname{tg}\alpha$$

wird, gibt (10) als Bogenlänge s der gemeinen Schraubenlinie von $t = 0$ oder also vom Punkte A an:

$$(16)\qquad s = \int_0^t \frac{\mathfrak{r}}{\cos\alpha}\, dt = \frac{\mathfrak{r}\, t}{\cos\alpha}\,.$$

Wenn $\mathfrak{r}$ wie vorhin positiv angenommen worden ist, hat jetzt s für $t > 0$ stets positive Werte, ob nun der Steigwinkel α positiv oder negativ gewählt wird. Wird die Bogenlänge s statt t als Parameter in (15) eingeführt, so kommt:

$$(17)\qquad x = \mathfrak{r}\cos\frac{s\cos\alpha}{\mathfrak{r}}, \quad y = \mathfrak{r}\sin\frac{s\cos\alpha}{\mathfrak{r}}, \quad z = s\sin\alpha.$$

Ebenso wie wir im 2. Beispiele den Kreis $x = \mathfrak{r}\cos t$, $y = \mathfrak{r}\sin t$, $z = 0$ durch eine Bewegung in eine allgemeine Lage brachten, können wir auch die gemeine Schraubenlinie (15) einer derartigen Bewegung unterwerfen. Dabei gehe der Punkt B, der bisher im Anfangspunkte O lag, in den Punkt mit den Koordinaten a, b, c über, ferner die Gerade BA in die Gerade mit den Richtungskosinus α_1, β_1, γ_1 über, weiterhin die zu ihr senkrechte Gerade, die zunächst die Richtung der positiven y-Achse hatte, in die Gerade mit den Richtungskosinus $\alpha_2, \beta_2, \gamma_2$ und schließlich die Schraubenachse g in die Gerade mit den Richtungskosinus $\alpha_3, \beta_3, \gamma_3$ über, siehe Fig. 67. Dann sind:

$$(18)\quad \begin{cases} x = \mathfrak{r}(\alpha_1 \cos t + \alpha_2 \sin t) \\ \qquad + \alpha_3 \mathfrak{r} t \operatorname{tg} \alpha + a, \\ y = \mathfrak{r}(\beta_1 \cos t + \beta_2 \sin t) \\ \qquad + \beta_3 \mathfrak{r} t \operatorname{tg} \alpha + b, \\ z = \mathfrak{r}(\gamma_1 \cos t + \gamma_2 \sin t) \\ \qquad + \gamma_3 \mathfrak{r} t \operatorname{tg} \alpha + c \end{cases}$$

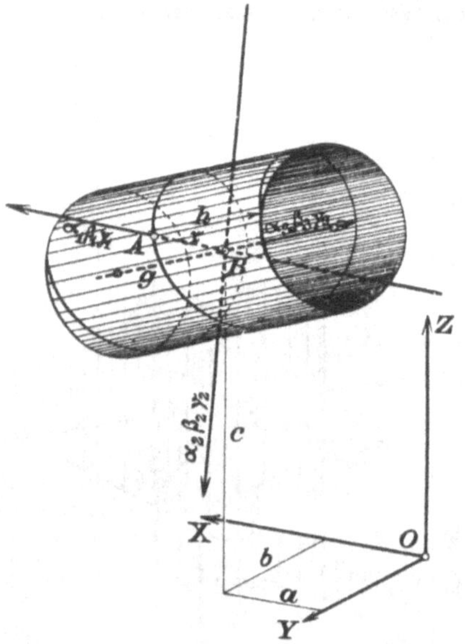

Fig. 67.

die Gleichungen der gemeinen Schraubenlinie. Dabei sind die neun Richtungskosinus $\alpha_i, \beta_i, \gamma_i$ ($i = 1, 2, 3$) den Bedingungen I(C) unterworfen. Sie zeigen, daß auch jetzt, wie übrigens vorauszusehen war,

$$\left(\frac{ds}{dt}\right)^2 = \left(\frac{dx}{dt}\right)^2 + \left(\frac{dy}{dt}\right)^2 + \left(\frac{dz}{dt}\right)^2 = \frac{\mathfrak{r}^2}{\cos^2 \alpha}$$

wird. Indem wir also wieder die Vorzeichenbestimmung wie in (16) machen und dann die Bogenlänge s als Parameter einführen, erhalten wir die Darstellung:

$$(19)\quad \begin{cases} x = \mathfrak{r}\left(\alpha_1 \cos \frac{s \cos \alpha}{\mathfrak{r}} + \alpha_2 \sin \frac{s \cos \alpha}{\mathfrak{r}}\right) + \alpha_3 s \sin \alpha + a, \\ y = \mathfrak{r}\left(\beta_1 \cos \frac{s \cos \alpha}{\mathfrak{r}} + \beta_2 \sin \frac{s \cos \alpha}{\mathfrak{r}}\right) + \beta_3 s \sin \alpha + b, \\ z = \mathfrak{r}\left(\gamma_1 \cos \frac{s \cos \alpha}{\mathfrak{r}} + \gamma_2 \sin \frac{s \cos \alpha}{\mathfrak{r}}\right) + \gamma_3 s \sin \alpha + c. \end{cases}$$

§ 4. Berührung zwischen Raumkurven.

Was die Theorie der Berührung zwischen Raumkurven betrifft, so ist zu bemerken, daß die Definition der Berührung in bestimmter Ordnung sowie die Merkmale dafür sofort durch eine ganz naheliegende Verallgemeinerung der Betrachtungen in § 5 des ersten Abschnittes hervorgehen. Der einzige Unterschied besteht darin, daß jetzt an Stelle der dort paarweis auftretenden Formeln je drei treten, entsprechend den drei Koordinaten im Raume. Wir dürfen also auf jene Auseinandersetzung zurückverweisen und können sofort den dem Satze 9, S. 30, entsprechenden Satz formulieren:

Satz 4: Haben zwei Kurven

$$x = \varphi(t), \quad y = \chi(t), \quad z = \psi(t)$$

und

$$\mathfrak{x} = f(\mathfrak{t}), \quad \mathfrak{y} = g(\mathfrak{t}), \quad \mathfrak{z} = h(\mathfrak{t})$$

einen Punkt (x_0, y_0, z_0) gemein, der für keine der beiden Kurven ein Minimalpunkt oder singulär ist, so berühren sie einander daselbst in mindestens n^{ter} Ordnung, wenn Zahlen $\lambda_1, \lambda_2, \ldots \lambda_{n+1}$, von denen $\lambda_1 \neq 0$ ist, derart vorhanden sind, daß die Reihen nach Potenzen von Δt, die aus

$$x - \mathfrak{x} = \frac{1}{1!}(x_0' \Delta t - \mathfrak{x}_0' \Delta \mathfrak{t}) + \frac{1}{2!}(x_0'' \Delta t^2 - \mathfrak{x}_0'' \Delta \mathfrak{t}^2) + \ldots,$$

$$y - \mathfrak{y} = \frac{1}{1!}(y_0' \Delta t - \mathfrak{y}_0' \Delta \mathfrak{t}) + \frac{1}{2!}(y_0'' \Delta t^2 - \mathfrak{y}_0'' \Delta \mathfrak{t}^2) + \ldots,$$

$$z - \mathfrak{z} = \frac{1}{1!}(z_0' \Delta t - \mathfrak{z}_0' \Delta \mathfrak{t}) + \frac{1}{2!}(z_0'' \Delta t^2 - \mathfrak{z}_0'' \Delta \mathfrak{t}^2) + \ldots$$

durch die Substitution

$$\Delta \mathfrak{t} = \frac{\lambda_1}{1!} \Delta t + \frac{\lambda_2}{2!} \Delta t^2 + \ldots + \frac{\lambda_{n+1}}{(n+1)!} \Delta t^{n+1}$$

hervorgehen, frei von der ersten bis n^{ten} Potenz von Δt sind. Dabei bedeuten x_0', y_0', z_0' usw. die Ableitungen von x, y, z nach t und $\mathfrak{x}_0', \mathfrak{y}_0', \mathfrak{z}_0'$ usw. die Ableitungen von $\mathfrak{x}, \mathfrak{y}, \mathfrak{z}$ nach $\mathfrak{t}$ für den gemeinsamen Punkt beider Kurven.

Die einfachste Anwendung ist die auf eine Kurve

(1) $$x = \varphi(t), \quad y = \chi(t), \quad z = \psi(t)$$

und eine Gerade. Die Gerade soll vom Punkte (x_0, y_0, z_0) oder (t_0) der Kurve ausgehen. In Parameterdarstellung erscheint sie daher so (siehe S. 190):

$$\mathfrak{x} = x_0 + A\mathfrak{t}, \quad \mathfrak{y} = y_0 + B\mathfrak{t}, \quad \mathfrak{z} = z_0 + C\mathfrak{t}.$$

Hier ist

$$\mathfrak{x}' = A, \quad \mathfrak{y}' = B, \quad \mathfrak{z}' = C,$$

während die höheren Differentialquotienten von $\mathfrak{x}, \mathfrak{y}, \mathfrak{z}$ nach $\mathfrak{t}$ überhaupt gleich Null sind. Die erste Reihenentwicklung des Satzes 4 lautet daher:

$$x - \mathfrak{x} = (x_0' \Delta t - A \Delta \mathfrak{t}) + \tfrac{1}{2} x_0'' \Delta t^2 + \ldots$$

oder nach Substitution der Reihe für $\Delta \mathfrak{t}$:

(2) $$x - \mathfrak{x} = (x_0' - A\lambda_1) \Delta t + \tfrac{1}{2}(x_0'' - A\lambda_2) \Delta t^2 + \ldots.$$

Soll Berührung von mindestens erster Ordnung eintreten, so muß also

$$x_0' - A\lambda_1 = y_0' - B\lambda_1 = z_0' - C\lambda_1 = 0$$

sein, daher:

$$(3) \qquad A = \frac{1}{\lambda_1} x_0', \quad B = \frac{1}{\lambda_1} y_0', \quad C = \frac{1}{\lambda_1} z_0'.$$

Da sich A, B, C wie die Richtungskosinus der Geraden verhalten (nach S. 191), sind folglich die Richtungskosinus derjenigen Geraden, die im Punkte (x_0, y_0, z_0) die Kurve (1) in erster Ordnung berührt, proportional x_0', y_0', z_0' oder $\varphi'(t_0), \chi'(t_0), \psi'(t_0)$. Diese Gerade heißt die Tangente der Kurve im Punkte (x_0, y_0, z_0). Sind α, β, γ ihre Richtungskosinus, so ist:

$$(4) \qquad \begin{cases} \alpha = \dfrac{x_0'}{\sqrt{x_0'^2 + y_0'^2 + z_0'^2}}, \quad \beta = \dfrac{y_0'}{\sqrt{x_0'^2 + y_0'^2 + z_0'^2}}, \\ \gamma = \dfrac{z_0'}{\sqrt{x_0'^2 + y_0'^2 + z_0'^2}}. \end{cases}$$

Die hier auftretende Quadratwurzel kam auch bei der Definition der Bogenlänge auf S. 209 vor. Wir setzen daher fest, daß ihr Wert so wie dort genommen werden soll. Im Falle einer reellen Kurve mit reeller Parameterdarstellung soll die Wurzel also positiv sein. Alsdann wird die Kurve im Sinne wachsender Werte von t durchlaufen, und die Tangente wird in dem entsprechenden Sinne positiv gerechnet (vgl. auch S. 23).

Soll die Tangente die Kurve (1) in mindestens zweiter Ordnung berühren, so muß außerdem nach (2)

$$x_0'' - A\lambda_2 = y_0'' - B\lambda_2 = z_0'' - C\lambda_2 = 0$$

oder also

$$A = \frac{x_0''}{\lambda_2}, \quad B = \frac{y_0''}{\lambda_2}, \quad C = \frac{z_0''}{\lambda_2}$$

sein, was wegen (3) nur da angeht, wo die Proportionen gelten:

$$(5) \qquad \frac{x_0''}{x_0'} = \frac{y_0''}{y_0'} = \frac{z_0''}{z_0'}.$$

Diese Bedingungen können nicht für **alle** Punkte einer krummen Kurve erfüllt sein, weil sonst x', y', z' konstante Verhältnisse $\alpha : \beta : \gamma$ hätten, mit anderen Worten x, y, z von der Form wären:

$$x = a + \alpha\,\omega(t), \quad y = b + \beta\,\omega(t), \quad z = c + \gamma\,\omega(t),$$

woraus durch Einführung von $\tau = \omega(t)$ als neuem Parameter folgen würde:

$$x = a + \alpha\tau, \quad y = b + \beta\tau, \quad z = c + \gamma\tau,$$

d. h. daß es sich um eine Gerade handelte. Bei einer krummen Kurve wird also nur in vereinzelten Punkten eine Berührung in höherer als erster Ordnung mit der Tangente eintreten können.

Da die Richtungskosinus der Tangente proportional x_0', y_0', z_0' sind und (x_0, y_0, z_0) ein Punkt der Tangente ist, können wir die Gleichungen der Tangente mittels eines Parameters τ so schreiben

(6) $$\mathfrak{x} = x_0 + x_0'\tau, \quad \mathfrak{y} = y_0 + y_0'\tau, \quad \mathfrak{z} = z_0 + z_0'\tau.$$

Wir haben somit gefunden:

Satz 5: Die Kurve

$$x = \varphi(t), \quad y = \chi(t), \quad z = \psi(t)$$

wird in dem Punkte (t) oder (x, y, z) von der Geraden

$$\mathfrak{x} = x + x'\tau, \quad \mathfrak{y} = y + y'\tau, \quad \mathfrak{z} = z + z'\tau$$

in mindestens erster Ordnung berührt. Die Berührung ist nur an solchen Stellen der Kurve von höherer als erster Ordnung, an denen

$$\frac{x''}{x'} = \frac{y''}{y'} = \frac{z''}{z'}$$

ist. Bei einer Kurve, die nicht selbst eine Gerade ist, kann dies nur für vereinzelte Punkte eintreten.

Die Punkte (t_0), die den Bedingungen (5) genügen, sind die naturgemäße Verallgemeinerung der Wendepunkte der ebenen Kurven im Raume (siehe Satz 10, S. 32).

Beispiel: Bei der gemeinen Schraubenlinie im 4. Beispiele, S. 213:

$$x = \mathfrak{r}\cos t, \quad y = \mathfrak{r}\sin t, \quad z = \mathfrak{r}\, t \operatorname{tg}\alpha$$

ist $x' = -\mathfrak{r}\sin t$, $y' = \mathfrak{r}\cos t$, $z' = \mathfrak{r}\operatorname{tg}\alpha$; also lauten hier die Gleichungen der Tangente des Punktes (x, y, z), wie folgt:

$$\mathfrak{x} = \mathfrak{r}(\cos t - \tau\sin t), \quad \mathfrak{y} = \mathfrak{r}(\sin t + \tau\cos t) \quad \mathfrak{z} = \mathfrak{r}(t + \tau)\operatorname{tg}\alpha.$$

Dabei ist τ der Parameter längs der Tangente. Der Richtungskosinus der Tangente mit der z-Achse hat, da $x'^2 + y'^2 + z'^2 = \mathfrak{r}^2 : \cos^2\alpha$ ist, den Wert $\sin\alpha$ und ist somit konstant. Die Tangenten der Schraubenlinie bilden also mit der Ebene des Grundkreises ihres Zylinders oder auch mit der Achse ihres Zylinders einen konstanten Winkel. Dies war nach S. 212 vorauszusehen.

Ebenso wie im § 6 des ersten Abschnittes können wir auch hier im Raume einsehen, daß sich die Bedingungen für die Berührung n^{ter} Ordnung zwischen zwei Kurven erheblich vereinfachen, wenn die Parameter t und $\mathfrak{t}$ in den Gleichungen der Kurven die

Bogenlängen s und $\mathfrak{s}$ bedeuten. Der Nachweis ist geradeso wie damals. An die Stelle der Gleichungen (3), S. 35, treten hier nach Satz 3, S. 209, die folgenden:

$$x'^2 + y'^2 + z'^2 = 1, \quad \mathfrak{x}'^2 + \mathfrak{y}'^2 + \mathfrak{z}'^2 = 1.$$

Wir dürfen uns auf die einfache Angabe des Satzes selbst beschränken:

Satz 6: Haben die beiden Kurven

$$x = \varphi(s), \quad y = \chi(s), \quad z = \psi(s)$$

und

$$\mathfrak{x} = f(\mathfrak{s}), \quad \mathfrak{y} = g(\mathfrak{s}), \quad \mathfrak{z} = h(\mathfrak{s}),$$

bei denen s und $\mathfrak{s}$ Bogenlängen bedeuten, einen Punkt $(s = s_0,\ \mathfrak{s} = \mathfrak{s}_0)$ gemein, so berühren sie einander in diesem Punkte in mindestens n^{ter} Ordnung, wenn die Bedingungen erfüllt sind:

$$x_0' = \pm \mathfrak{x}_0', \quad x_0'' = \mathfrak{x}_0'', \quad x_0''' = \pm \mathfrak{x}_0''', \ \ldots\ x_0^{(n)} = (\pm 1)^n \mathfrak{x}_0^{(n)},$$

$$y_0' = \pm \mathfrak{y}_0', \quad y_0'' = \mathfrak{y}_0'', \quad y_0''' = \pm \mathfrak{y}_0''', \ \ldots\ y_0^{(n)} = (\pm 1)^n \mathfrak{y}_0^{(n)},$$

$$z_0' = \pm \mathfrak{z}_0', \quad z_0'' = \mathfrak{z}_0'', \quad z_0''' = \pm \mathfrak{z}_0''', \ \ldots\ z_0^{(n)} = (\pm 1)^n \mathfrak{z}_0^{(n)},$$

und zwar gilt dabei entweder überall das obere oder überall das untere Vorzeichen. Im ersten Falle wird auf beiden Kurven die Bogenlänge im selben Sinne gemessen, im zweiten in verschiedenen Sinnen.

Auch können wir sagen:

Satz 7: Die Sätze 14, 15 und 16, S. 37, gelten auch für Raumkurven.

Nach der an die Spitze von § 5 des ersten Abschnittes, S. 27, 28, gestellten Definition der Berührung in gerade n^{ter} Ordnung folgt unmittelbar, da die Projektion einer Strecke in mindestens derselben Ordnung wie die Strecke selbst nach Null strebt (siehe S. 30):

Satz 8: Wenn zwei Kurven einander in gerade n^{ter} Ordnung berühren, so berühren ihre Projektionen auf eine Ebene einander in mindestens n^{ter} Ordnung

Daß die Berührung in der Projektion tatsächlich auch von höherer Ordnung sein kann, werden wir bald an einem Beispiele erkennen (siehe S. 227).

Auf S. 209 wurde eine Stelle einer Kurve

$$x = \varphi(t), \quad y = \chi(t), \quad z = \psi(t)$$

ein Minimalpunkt genannt, wenn dort $x'^2 + y'^2 + z'^2 = 0$ wird. Die in Satz 5 angegebene Tangente eines derartigen Punktes, nämlich

$$\mathfrak{x} = x + x'\tau, \quad \mathfrak{y} = y + y'\tau, \quad \mathfrak{z} = z + z'\tau,$$

hat in diesem Falle eine Darstellung mittels eines Parameters τ, wobei für alle Werte von τ

$$\left(\frac{d\mathfrak{x}}{d\tau}\right)^2 + \left(\frac{d\mathfrak{y}}{d\tau}\right)^2 + \left(\frac{d\mathfrak{z}}{d\tau}\right)^2 = x'^2 + y'^2 + z'^2 = 0$$

ist, d. h. sie ist eine Minimalgerade (nach S. 191). Die Minimalpunkte einer Raumkurve kann man somit als diejenigen Punkte der Kurve bezeichnen, deren Tangenten Minimalgeraden sind. Dagegen sind die singulären Stellen der Kurve, für die $x' = y' = z' = 0$ nach S. 208 ist, solche, denen überhaupt gar keine Tangente zukommt (vgl. S. 24, 25).

Die naheliegenden Anwendungen unserer Theorie auf die Berührung von Kurve und Kreis sowie auf die von Kurve und gemeiner Schraubenlinie wollen wir erst später machen. — Der Ausdruck: oskulierende Kurve wird im Raume wie in der Ebene für in höherer Ordnung berührende Kurven gebraucht. Es gilt darüber auch für den Raum das auf S. 38 und S. 45 Gesagte.

§ 5. Das begleitende Dreikant bei einer Raumkurve.

Bei einer ebenen Kurve ist mit der Tangente die Normale eng verknüpft. Bei einer Raumkurve kann man unendlich viele Senkrechte zur Tangente durch den Berührungspunkt legen. Alle heißen Normalen, und ihre Ebene wird die Normalenebene oder Normalebene des betreffenden Kurvenpunktes genannt.[1] Wir werden sehen, daß es unter den Normalen zwei gibt, die besondere Eigenschaften haben. Sie stehen aufeinander senkrecht und bilden daher mit der Tangente ein dreifach rechtwinkliges Geradenkreuz, das wir kurz das Dreikant des betreffenden Kurvenpunktes nennen werden.

Bevor wir diese ausgezeichneten Normalen bestimmen, ist es nützlich, einige andere Bemerkungen vorauszuschicken:

Eine Kurve ist im allgemeinen keine Gerade. Hat man aber auf der Kurve zwei benachbarte Punkte P und P_1 gewählt, so wird

[1] Monge gab in seinem „Mémoire sur les développées et les points singuliers des courbes à double courbure", présenté en 1771, Mémoires des Savants étrangers de l'Inst., T. X, Paris 1785, den analytischen Ausdruck der Normalebene.

das Kurvenstück PP_1 mit um so größerer Annäherung durch eine Strecke zu ersetzen sein, je näher die beiden Punkte P und P_1 beieinander liegen. Wir werden uns daher fragen, was aus der Geraden, die durch P und P_1 geht, in dem Grenzfalle wird, in dem P_1 unendlich nahe bei P auf der Kurve liegt. Man wird von vornherein vermuten, daß man dadurch — wie in der Ebene, siehe S. 18, — auf die Tangente geführt wird. Ja, es bedarf dies eigentlich keines Beweises, wenn man bedenkt, daß aus dem Satze 8, S. 218, folgt, daß die Projektion der Tangente in einer beliebigen Ebene die Tangente der Projektion der Kurve in dieser Ebene ist. Dennoch wollen wir kurz den Grenzübergang analytisch durchführen.

Es liege also die Kurve

$$(1) \qquad x = \varphi(t), \quad y = \chi(t), \quad z = \psi(t)$$

vor. Auf ihr wählen wir den Punkt P mit dem Parameter t und den Punkt P_1 mit dem Parameter t_1. Es seien x, y, z und x_1, y_1, z_1 die Koordinaten dieser Punkte. Sind $\mathfrak{x}, \mathfrak{y}, \mathfrak{z}$ die laufenden Koordinaten der Geraden PP_1, so hat sie die Gleichungen:

$$\frac{\mathfrak{x} - x}{x_1 - x} = \frac{\mathfrak{y} - y}{y_1 - y} = \frac{\mathfrak{z} - z}{z_1 - z}.$$

Die drei Brüche sind längs der Geraden zwar einander beständig gleich, ändern sich aber doch. Wir benutzen ihren gemeinsamen Wert als Parameter $\mathfrak{t}$ auf der Geraden PP_1, die demnach auch so dargestellt werden kann:

$$\mathfrak{x} = x + (x_1 - x)\mathfrak{t}, \quad \mathfrak{y} = y + (y_1 - y)\mathfrak{t}, \quad \mathfrak{z} = z + (z_1 - z)\mathfrak{t}.$$

Wir können auch

$$\mathfrak{t}(t_1 - t) = \tau$$

als Parameter einführen, wodurch sich ergibt:

$$\mathfrak{x} = x + \frac{x_1 - x}{t_1 - t}\tau, \quad \mathfrak{y} = y + \frac{y_1 - y}{t_1 - t}\tau, \quad \mathfrak{z} = z + \frac{z_1 - z}{t_1 - t}\tau.$$

Machen wir nun den Grenzübergang $\lim t_1 = t$, so kommt

$$(2) \qquad \mathfrak{x} = x + x'\tau, \quad \mathfrak{y} = y + y'\tau, \quad \mathfrak{z} = z + z'\tau$$

wie in Satz 5, S. 217.

Die Kurve ist im allgemeinen nicht eben. Wählen wir aber auf ihr drei benachbarte Punkte P, P_1, P_2, so liegen diese in einer Ebene, und die Kurve wird sich dieser Ebene um so mehr anschmiegen, je näher die drei Punkte beieinander liegen. Daher fragen wir uns, ob die Ebene durch P, P_1 und P_2 eine bestimmte Grenzlage hat, wenn P_1 und P_2 längs der Kurve nach P streben. Sind x, y, z; x_1, y_1, z_1; x_2, y_2, z_2 die Koordinaten von P, P_1 und P_2 und $\mathfrak{x}, \mathfrak{y}, \mathfrak{z}$ die laufenden Koordinaten der Ebene, so ist

$$\begin{vmatrix} \mathfrak{x} - x & x_1 - x & x_2 - x \\ \mathfrak{y} - y & y_1 - y & y_2 - y \\ \mathfrak{z} - z & z_1 - z & z_2 - z \end{vmatrix} = 0$$

die Gleichung der Ebene. Zu den Punkten P, P_1 und P_2 mögen die Parameterwerte t, $t + \varepsilon_1$, $t + \varepsilon_2$ gehören. Sind die absoluten Beträge von ε_1 und ε_2 hinreichend klein, so kann man

$$x_1 - x = x' \varepsilon_1 + \frac{x''}{1.2} \varepsilon_1^2 + \dots,$$

$$x_2 - x = x' \varepsilon_2 + \frac{x''}{1.2} \varepsilon_2^2 + \dots$$

setzen; entsprechendes gilt für $y_1 - y$, $y_2 - y$ und $z_1 - z$, $z_2 - z$. Da sich dann in der zweiten und dritten Reihe der Determinante der Faktor ε_1 bzw. ε_2 absondern läßt, nimmt die Gleichung der Ebene die Form an:

$$\begin{vmatrix} \mathfrak{x} - x & x' + \frac{x''}{1.2}\varepsilon_1 + \dots & x' + \frac{x''}{1.2}\varepsilon_2 + \dots \\ \mathfrak{y} - y & y' + \frac{y''}{1.2}\varepsilon_1 + \dots & y' + \frac{y''}{1.2}\varepsilon_2 + \dots \\ \mathfrak{z} - z & z' + \frac{z''}{1.2}\varepsilon_1 + \dots & z' + \frac{z''}{1.2}\varepsilon_2 + \dots \end{vmatrix} = 0.$$

Subtrahieren wir die zweite Reihe von der dritten, so kommt:

$$\begin{vmatrix} \mathfrak{x} - x & x' + \frac{x''}{1.2}\varepsilon_1 + \dots & \frac{x''}{1.2}(\varepsilon_2 - \varepsilon_1) + \frac{x'''}{1.2.3}(\varepsilon_2^2 - \varepsilon_1^2) + \dots \\ \mathfrak{y} - y & y' + \frac{y''}{1.2}\varepsilon_1 + \dots & \frac{y''}{1.2}(\varepsilon_2 - \varepsilon_1) + \frac{y'''}{1.2.3}(\varepsilon_2^2 - \varepsilon_1^2) + \dots \\ \mathfrak{z} - z & z' + \frac{z''}{1.2}\varepsilon_1 + \dots & \frac{z''}{1.2}(\varepsilon_2 - \varepsilon_1) + \frac{z'''}{1.2.3}(\varepsilon_2^2 - \varepsilon_1^2) + \dots \end{vmatrix} = 0.$$

In der letzten Reihe läßt sich überall $\frac{1}{2}(\varepsilon_2 - \varepsilon_1)$ absondern und daher aus der Gleichung fortstreichen. Nachdem dies geschehen ist, machen wir den Grenzübergang $\lim \varepsilon_1 = 0$ und $\lim \varepsilon_2 = 0$. Alsdann bleibt übrig:

(3)
$$\begin{vmatrix} \mathfrak{x}-x & x' & x'' \\ \mathfrak{y}-y & y' & y'' \\ \mathfrak{z}-z & z' & z'' \end{vmatrix} = 0.$$

Aber hier ist zunächst noch zu erörtern, ob diese Gleichung nicht etwa für **alle** Werte von $\mathfrak{x}, \mathfrak{y}, \mathfrak{z}$ gelten kann. Weil sie in der Form

(4) $$(y'z''-z'y'')(\mathfrak{x}-x)+(z'x''-x'z'')(\mathfrak{y}-y)+(x'y''-y'x'')(\mathfrak{z}-z)=0$$

geschrieben werden kann, wird sie für alle Werte von $\mathfrak{x}, \mathfrak{y}, \mathfrak{z}$ nur dann erfüllt, wenn

$$y'z''-z'y''=z'x''-x'z''=x'y''-y'x''=0$$

ist. Dies tritt nach Satz 5, S. 217, nur da ein, wo **die Tangente die Kurve in zweiter Ordnung berührt.** Von solchen **Stellen sehen wir hier ab.**

Tritt es **überall** längs der Kurve ein, so ist sie übrigens nach S. 216, 217 eine gerade Linie. Die Geraden sind demnach die einzigen Kurven, bei denen die Ebene (3) oder (4) nirgends eine bestimmte Lage hat.

Diese Ebene heißt die **Schmiegungsebene** oder **Oskulationsebene** des Punktes (t).[1] Da sie als die Grenzlage der Ebene dreier benachbarter Kurvenpunkte P, P_1, P_2 bezeichnet werden kann und die Geraden PP_1 und P_1P_2 zwei benachbarte Tangenten der Kurve sind, kann man die Schmiegungsebene auch als die **Grenzlage der Ebene zweier benachbarter Tangenten** auffassen. Nach dem Vorhergehenden gibt es längs der Kurve nur dann nirgends bestimmte Schmiegungsebenen, falls sie eine Gerade ist, und ferner gibt es in einem Kurvenpunkte nur dann keine bestimmte Schmiegungsebene, falls die Tangente die Kurve dort in höherer als erster Ordnung berührt.

Oben sprachen wir von der **Normalebene** des Punktes (t). Sie geht durch den Punkt (t) oder (x, y, z) und steht auf der Tangente dieses Punktes senkrecht. Da die Tangente Richtungskosinus proportional x', y', z' hat, ist

(5) $$x'(\mathfrak{x}-x)+y'(\mathfrak{y}-y)+z'(\mathfrak{z}-z)=0$$

die Gleichung der Normalebene in den laufenden Koordinaten $\mathfrak{x}, \mathfrak{y}, \mathfrak{z}$. Jede Gerade in der Normalebene, die durch den Kurvenpunkt (t)

---

[1] Die Schmiegungsebene wurde wohl zuerst von Tinseau in der auf S. 203 genannten Arbeit betrachtet.

geht, heißt, wie schon erwähnt, eine Normale des Punktes (t), so insbesondere die Schnittlinie der Normalebene und Schmiegungsebene. Diese Gerade heißt die Hauptnormale des Punktes (t). Die Koordinaten $\mathfrak{x}$, $\mathfrak{y}$, $\mathfrak{z}$ ihrer Punkte erfüllen die beiden Gleichungen (4) und (5).

Die Gerade, die im Punkte (t) auf der Schmiegungsebene — demnach auch auf der Tangente und auf der Hauptnormale — senkrecht steht, wird die Binormale[1] genannt. Ihre Richtungskosinus sind nach (4) proportional:

$$y'z'' - z'y'', \quad z'x'' - x'z'', \quad x'y'' - y'x'',$$

so daß ihre Gleichungen in Parameterdarstellung so lauten:

$$(6) \quad \begin{cases} \mathfrak{x} = x + (y'z'' - z'y'')\tau, \quad \mathfrak{y} = y + (z'x'' - x'z'')\tau, \\ \mathfrak{z} = z + (x'y'' - y'x'')\tau. \end{cases}$$

Die drei Geraden: Tangente, Haupt- und Binormale bilden ein dreifach rechtwinkliges Geradenkreuz; dies ist das den Kurvenpunkt (t) begleitende Dreikant[2]. Wir werden erst auf S. 230, 231 erörtern, wann einem Kurvenpunkte kein Dreikant zukommt.

In § 3, S. 209, haben wir die Kurve und in § 4, S. 216, ihre Tangente orientiert. Bis auf weiteres wollen wir uns die Hauptnormale in irgend einem Sinne orientiert denken. Die späteren Betrachtungen nämlich werden uns erst zu einer bestimmten zweckmäßigen Festsetzung darüber Anlaß geben. Aber schon jetzt treffen wir eine Vorkehrung: Der positive Sinn auf der Binormale soll so angenommen werden, daß die positive Tangente, Haupt- und Binormale geradeso gegeneinander liegen wie die positive x-, y- und z-Achse, so daß das Dreikant vermöge einer Bewegung in dies Achsenkreuz übergeführt werden kann. Die Kosinus der Winkel, die von den drei positiven Richtungen des Dreikants mit den drei positiven Richtungen der Koordinatenachsen gebildet werden, sollen hier und, soweit möglich, später auch immer so bezeichnet werden, wie es folgende Tabelle zeigt:

---

[1] Der Name Binormale rührt von DE SAINT-VENANT her. Siehe die Anmerkung auf S. 203.

[2] Der kurze Name Dreikant wurde von SCHELL eingeführt in seiner „Allgemeinen Theorie der Kurven doppelter Krümmung“, Leipzig 1859, 2. Aufl. 1898, 3. Aufl. bearb. von SALKOWSKI 1914.

	x	y	z
Tangente	α	β	γ
Hauptnormale	l	m	n
Binormale	λ	μ	ν

Zwischen ihnen bestehen dann Beziehungen wie die in Tafel I, und wir können sie sofort hinschreiben, wenn wir die vorstehende Tabelle mit der in Tafel I vergleichen. So kommen wir zu den Formeln, die in Tafel II des Anhanges unter (A) bis (D) angegeben sind. Wir werden diese Formeln häufig anwenden.

Wir haben gefunden:

Satz 9: Die Richtungskosinus α, β, γ und λ, μ, ν der Tangente und der Binormale des Punktes (t) oder (x, y, z) der Kurve

$$x = \varphi(t), \quad y = \chi(t), \quad z = \psi(t)$$

erfüllen die Proportionen:

$$\alpha : \beta : \gamma = x' : y' : z',$$

$$\lambda : \mu : \nu = (y'z'' - z'y'') : (z'x'' - x'z'') : (x'y'' - y'x'').$$

Es ist nützlich, sich ein ungefähres Bild von der Lagerung der Schmiegungsebenen usw. dadurch zu machen, daß man statt der Raumkurve ein räumliches Polygon $P_1 P_2 P_3 \ldots$ betrachtet, das möglichst wenig von einer Kurve abweicht, also ein Polygon, dessen geradlinige Seiten $P_1 P_2$, $P_2 P_3 \ldots$ recht kurz sind und von dem je zwei aufeinanderfolgende Seiten, wie $P_1 P_2$ und $P_2 P_3$, fast gestreckte Winkel miteinander bilden (siehe Fig. 68). Die Geraden, auf denen die Strecken $P_1 P_2$, $P_2 P_3 \ldots$ liegen, ersetzen uns dabei die Tangenten der Kurve, die Ebenen je dreier Punkte $P_1 P_2 P_3$, $P_2 P_3 P_4 \ldots$ die Schmiegungsebenen. Das Lot in P_1 zur Ebene $P_1 P_2 P_3$ wird die Binormale des Punktes P_1 darstellen, usw.[1]

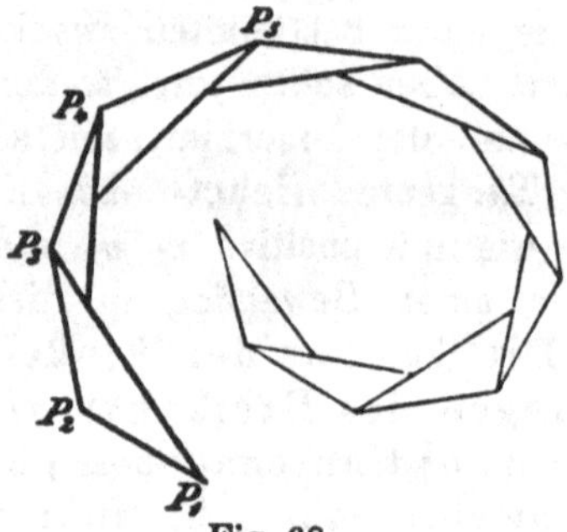

Fig. 68.

[1] Ein Modell hiervon kann man sich leicht aus einem Streifen nicht zu dünnen Papiers herstellen, indem man ihn im Zickzack immer nach derselben Seite hin (von der ursprünglichen Ebene des Streifens aus) umknickt.

Wir wollen nun die besondere Bedeutung des Dreikants für den Verlauf der Kurve in der Umgebung der betreffenden Stelle erläutern.

Zu diesem Zwecke denken wir uns z. B. das Dreikant des Punktes ($t = 0$) als Achsenkreuz gewählt. Für Punkte der Kurve, die dem Anfangspunkte ($t = 0$) hinreichend nahe sind, lassen sich dann die Koordinaten als Potenzreihen nach t entwickeln:

$$x = a_1 t + b_1 t^2 + c_1 t^3 + \dots,$$
$$y = a_2 t + b_2 t^2 + c_2 t^3 + \dots,$$
$$z = a_3 t + b_3 t^2 + c_3 t^3 + \dots.$$

Nach Satz 9 sind die Richtungskosinus der Tangente des Anfangspunktes proportional a_1, a_2, a_3. Da sie jetzt, weil diese Tangente die x-Achse selbst sein soll, gleich 1, 0, 0 sind, ist $a_1 \neq 0$, $a_2 = a_3 = 0$ anzunehmen. Die Richtungskosinus der Binormale des Anfangspunktes sind nach demselben Satze proportional

$$0, \quad -2a_1 b_3, \quad 2a_1 b_2.$$

Weil die z-Achse die Binormale sein soll, sind sie andererseits gleich 0, 0, 1. Also ist wegen $a_1 \neq 0$ notwendig $b_3 = 0$, $b_2 \neq 0$. Wir haben somit die Reihen:

$$(7) \quad \begin{cases} x = a_1 t + b_1 t^2 + c_1 t^3 + \dots & (a_1 \neq 0), \\ y = \phantom{a_1 t +{}} b_2 t^2 + c_2 t^3 + \dots & (b_2 \neq 0), \\ z = \phantom{a_1 t + b_1 t^2 +{}} c_3 t^3 + \dots \end{cases}$$

Die Projektion der Kurve auf die Schmiegungsebene des Punktes ($t = 0$), also auf die xy-Ebene, wird durch die beiden ersten Gleichungen dargestellt. In unmittelbarer Nähe des Punktes ($t = 0$) verläuft die Projektion mithin wie die Kurve:

$$x = a_1 t, \quad y = b_2 t^2,$$

d. h. wie eine Parabel, die den Anfangspunkt zum Scheitel und die x-Achse zur Tangente hat. Bei der Projektion auf die Normalebene, also auf die yz-Ebene, kommt dagegen die zweite und dritte Gleichung (7) in Betracht, so daß die Projektion der Kurve hinreichend nahe beim Punkte ($t = 0$) wie die Kurve

$$y = b_2 t^2, \quad z = c_3 t^3$$

verläuft, denn im allgemeinen wird c_3 von Null verschieden sein, und dann hat diese Kurve im Anfangspunkte nach S. 108 eine Spitze, deren Tangente die y-Achse ist. Endlich wird die Projektion auf die xz-Ebene in der nächsten Nähe des Punktes ($t = 0$) durch

$$x = a_1 t, \qquad z = c_3 t^3$$

gegeben, wenn $c_3 \neq 0$ ist, d. h. durch eine Kurve, die im Anfangspunkte einen Wendepunkt hat, dessen Tangente die x-Achse ist.[1] Was wir hier für die Umgebung des Punktes ($t = 0$) gefunden haben, gilt auch für die irgend eines Kurvenpunktes (t_0). Dann nämlich tritt in den vorhergehenden Formeln einfach $t - t_0$ an die Stelle von t.

Diese Ergebnisse sollen durch Fig. 69 erläutert werden. Noch klarer wird die Anschauung, wenn man so, wie es in der dar-

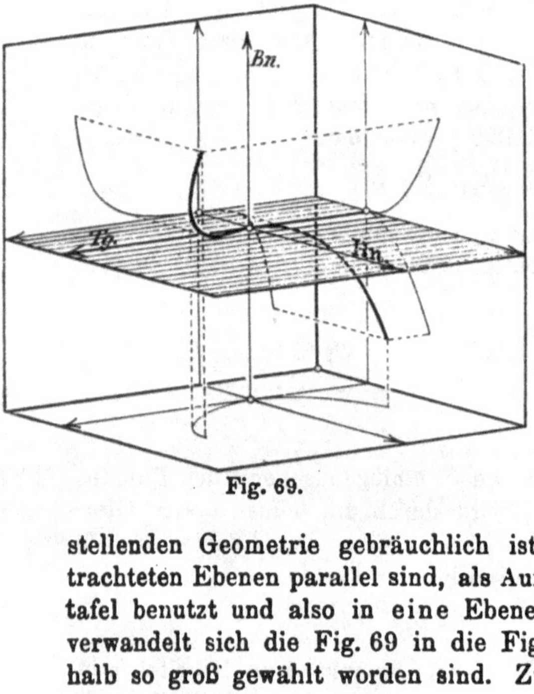

Fig. 69.

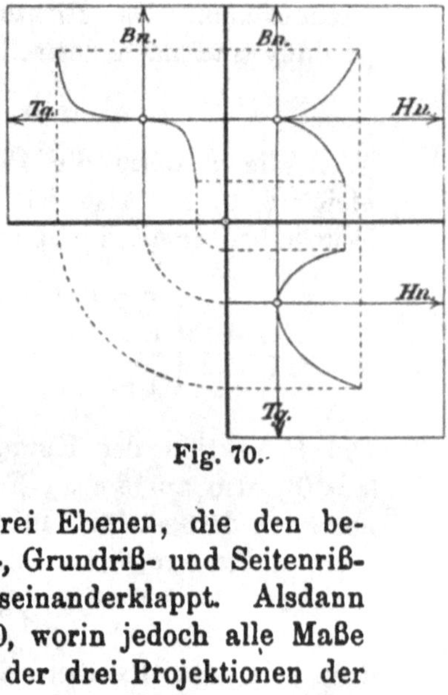

Fig. 70.

stellenden Geometrie gebräuchlich ist, drei Ebenen, die den betrachteten Ebenen parallel sind, als Aufriß-, Grundriß- und Seitenrißtafel benutzt und also in eine Ebene auseinanderklappt. Alsdann verwandelt sich die Fig. 69 in die Fig. 70, worin jedoch alle Maße halb so groß gewählt worden sind. Zwei der drei Projektionen der Raumkurve bedingen die dritte, wie es aus den Hilfslinien ersichtlich ist, und aus dem Verhalten der Projektionen schließt man leicht rückwärts auf den Verlauf der Raumkurve. Man erkennt, daß eine

[1] Bei Tinseau (vgl. die Anm. zu S. 203) findet sich wohl zuerst der Satz, daß die senkrechte Projektion einer Kurve auf eine Ebene einen Wendepunkt hat, wenn die Ebene zur Schmiegungsebene senkrecht ist. Dies gilt für einen Punkt allgemeiner Art nur dann nicht mehr, wenn die Ebene zur Hauptnormale parallel ist.

reelle Kurve im allgemeinen ihre Schmiegungsebene, sich ihr anschmiegend, durchsetzt. Dagegen verbleibt die Kurve in der Nähe des betrachteten Punktes auf einer Seite der Ebene durch die Tangente und Binormale, während sie natürlich die Normalebene senkrecht schneidet.

Die Projektion der Kurve auf die Ebene der Binormale und Tangente berührt die Projektion der Tangente selbst in mindestens zweiter Ordnung. Hier liegt also ein solches Beispiel zu Satz 8, S. 218, vor, in dem das dort gebrauchte Wort „mindestens" zur Geltung kommt.

§ 6. Formeln für die Richtungskosinus des Dreikants.

Nach Satz 9, S. 224, und auf Grund der Formeln der Tafel II des Anhanges sind wir in der Lage, die Richtungskosinus der Tangente, Haupt- und Binormale zu berechnen. Zwischen diesen Größen besteht außerdem eine Reihe von wichtigen Beziehungen, die klarer hervortreten, wenn wir die Bogenlänge s der Kurve als Parameter einführen.[1]

Da die Bogenlänge nach (10), S. 209, durch ein bestimmtes Integral dargestellt wird, dessen Auswertung im allgemeinen unmöglich ist, erscheint es angebracht, zu betonen, daß man trotzdem die Ableitungen erster oder höherer Ordnung der Koordinaten der Punkte

$$x = \varphi(t), \quad y = \chi(t), \quad z = \psi(t) \tag{1}$$

einer Kurve hinsichtlich der Bogenlänge s bloß durch Differentiationen als Funktionen des Parameters t zu berechnen imstande ist.

Deutet nämlich der Strich die Differentiation nach dem Parameter t an, so daß $x' = \varphi'(t)$, $x'' = \varphi''(t)$ usw. ist, so haben wir zunächst nach (9), S. 208:

$$\frac{ds}{dt} = \sqrt{x'^2 + y'^2 + z'^2}, \tag{2}$$

wobei wir wie damals einen bestimmten Wert der Wurzel annehmen (insbesondere den positiven im Falle einer reellen Kurve mit reeller Parameterdarstellung). Da nun für irgend eine Funktion f von t die Formel

$$\frac{df}{ds} = \frac{df}{dt}\frac{dt}{ds} = \frac{df}{dt} : \frac{ds}{dt} \tag{3}$$

[1] Wie es schon Euler in seiner auf S. 203 erwähnten Abhandlung tat.

gilt, ist man auf Grund von (1) und (2) imstande, alle Ableitungen von x, y, z nach s als Funktionen von t zu berechnen. Zunächst kommt nämlich

$$(4)\quad \frac{dx}{ds} = \frac{x'}{\sqrt{x'^2 + y'^2 + z'^2}}, \quad \frac{dy}{ds} = \frac{y'}{\sqrt{x'^2 + y'^2 + z'^2}}, \quad \frac{dz}{ds} = \frac{z'}{\sqrt{x'^2 + y'^2 + z'^2}}.$$

Wegen (3) und (2) ist nun:

$$\frac{d^2 x}{ds^2} = \frac{d\frac{dx}{ds}}{dt} : \sqrt{x'^2 + y'^2 + z'^2},$$

also nach (4):

$$(5)\qquad \frac{d^2 x}{ds^2} = \frac{x''(x'^2 + y'^2 + z'^2) - x'(x'x'' + y'y'' + z'z'')}{(x'^2 + y'^2 + z'^2)^2}.$$

Entsprechende Werte gehen für die Ableitungen zweiter Ordnung von y und z nach s hervor. Da weiterhin nach (3) und (2)

$$\frac{d^3 x}{ds^3} = \frac{d\frac{d^2 x}{ds^2}}{dt} : \sqrt{x'^2 + y'^2 + z'^2}$$

wird, kann man nach (5) auch die Ableitung dritter Ordnung von x nach s berechnen, usw.

Liegt also eine Kurve in irgend einer Parameterdarstellung (1) vor, so ist man imstande, die Ableitungen der Koordinaten nach der Bogenlänge bis zu beliebig hohen Ordnungen als Funktionen des Parameters t zu berechnen. Bei unseren theoretischen Erörterungen werden wir, wie angedeutet, sehr häufig annehmen, daß die Bogenlänge s als Parameter eingeführt worden sei. Praktisch ist dies nun zwar meistens nicht möglich, weil eben dabei die Auswertung eines Integrals nötig wird, dennoch aber kann man die Ergebnisse, zu denen wir gelangen werden, in jedem speziellen Falle bei der Anwendung auf irgend eine Kurve trotzdem verwerten. Denn diese Ergebnisse werden die Ableitungen von x, y, z nach s enthalten, und sie lassen sich, wie soeben gezeigt wurde, ohne Schwierigkeiten als Funktionen des Parameters t berechnen. Man ist also in der Lage, die Ergebnisse auch auf Grund einer beliebigen Parameterdarstellung der Kurven in Formeln ausdrücken zu können.

Nachdem wir diesen Umstand hier ein für allemal grundsätzlich erörtert haben, werden wir künftig nicht wieder darauf zurückkommen.

Bei dieser Gelegenheit soll aber noch ein die Rechnungen erleichterndes Symbol, das Summenzeichen **S**, eingeführt werden.

Es treten nämlich häufig Summen von drei Gliedern auf, derart, daß das zweite Glied aus dem ersten und das dritte Glied aus dem zweiten dadurch hervorgeht, daß man die x-, y- und z-Achse zyklisch vertauscht und zugleich auch alle Größen, die sich auf die drei Achsen beziehen, also z. B. x', y', z', ferner α, β, γ, ebenso l, m, n und λ, μ, ν usw. In diesem Falle genügt es, das erste Glied allein mit dem davorgesetzten Summenzeichen **S** hinzuschreiben. So z. B. können wir statt (2), (4) und (5) schreiben:

$$(6)\quad \left\{\begin{array}{c} \dfrac{ds}{dt} = \sqrt{\mathbf{S}\, x'^2}, \\ \dfrac{dx}{ds} = \dfrac{x'}{\sqrt{\mathbf{S}\, x'^2}}, \quad \dfrac{dy}{ds} = \dfrac{y'}{\sqrt{\mathbf{S}\, x'^2}}, \quad \dfrac{dz}{ds} = \dfrac{z'}{\sqrt{\mathbf{S}\, x'^2}}, \\ \dfrac{d^2 x}{ds^2} = \dfrac{x'' \,\mathbf{S}\, x'^2 - x' \,\mathbf{S}\, x' x''}{(\mathbf{S}\, x'^2)^2}. \end{array}\right.$$

Wir wollen nun, wie gesagt, annehmen, daß der Parameter einer zu betrachtenden Kurve ihre Bogenlänge s sei. Damit werden von vornherein alle Minimalkurven (vgl. S. 209) ausgeschlossen, ebenso alle Stellen der Kurve, die Minimalpunkte oder singuläre Punkte sind.

Wenn im folgenden der Strich die Differentiation nach der Bogenlänge s andeutet, haben wir nach Satz 3, S. 209, anzunehmen:

$$x'^2 + y'^2 + z'^2 = 1$$

oder also:

$$(7)\quad \mathbf{S}\, x'^2 = 1.$$

Dann muß

$$(8)\quad \sqrt{\mathbf{S}\, x'^2} = 1$$

gesetzt werden, denn die Kurve ist ja orientiert worden. Weil wir die Tangente auf S. 216 in entsprechender Weise orientiert haben, ist somit nach (4) ebenda:

$$(9)\quad \alpha = x', \quad \beta = y', \quad \gamma = z'.$$

Nach Satz 9, S. 224, kommt ferner, da $\lambda^2 + \mu^2 + \nu^2 = 1$ sein muß:

$$\lambda = \frac{y' z'' - z' y''}{\sqrt{\mathbf{S}\,(y' z'' - z' y'')^2}}.$$

Es ist aber nach der Identität (11), S. 194:

$$(10)\quad \mathbf{S}\,(y' z'' - z' y'')^2 = \mathbf{S}\, x'^2 \cdot \mathbf{S}\, x''^2 - (\mathbf{S}\, x' x'')^2.$$

Nach (7), woraus noch durch Differentiation

$$(11)\qquad \mathbf{S}\, x' x'' = 0$$

folgt, reduziert sich dieser Wert einfach auf $\mathbf{S}\, x''^2$. Demnach wird:

$$(12)\qquad \lambda = \frac{y' z'' - z' y''}{\sqrt{\mathbf{S}\, x''^2}}, \qquad \mu = \frac{z' x'' - x' z''}{\sqrt{\mathbf{S}\, x''^2}}, \qquad \nu = \frac{x' y'' - y' x''}{\sqrt{\mathbf{S}\, x''^2}}.$$

Nach den mittleren Zeilen der Formeln II (C) folgt hieraus und aus (9):

$$l = \frac{(z' x'' - x' z'')\, z' - (x' y'' - y' x'')\, y'}{\sqrt{x''^2 + y''^2 + z''^2}}.$$

Der Zähler läßt sich so schreiben:

$$x''(x'^2 + y'^2 + z'^2) - x'(x' x'' + y' y'' + z' z'')$$

und ist also nach (7) und (11) gleich x''. Daher kommt:

$$(13)\qquad l = \frac{x''}{\sqrt{\mathbf{S}\, x''^2}}, \qquad m = \frac{y''}{\sqrt{\mathbf{S}\, x''^2}}, \qquad n = \frac{z''}{\sqrt{\mathbf{S}\, x''^2}}.$$

In den Formeln (9), (12) und (13) liegen die Werte der Richtungskosinus der Tangente, Bi- und Hauptnormale eines Kurvenpunktes vor. Dabei tritt in (11) und (12) noch die zweiwertige Quadratwurzel aus $\mathbf{S}\, x''^2$ auf. Welchen der beiden Werte wir auch wählen, stets ist das begleitende Dreikant der Raumkurve so orientiert wie das Achsenkreuz.

Aber es kann vorkommen, daß der Radikand der Wurzel verschwindet, und dann hat weder die Bi- noch die Hauptnormale bestimmte Richtungskosinus. Daraus folgt, daß diese beiden Geraden alsdann Minimalgeraden sein müssen, denn nach S. 193, 194 sind die Minimalgeraden des Raumes die einzigen Geraden, denen keine Richtungskosinus zukommen. In der Tat enthält die Normalebene eines Kurvenpunktes ebenso wie die xy-Ebene (siehe S. 12), falls sie aus dieser Ebene durch eine Bewegung hervorgeht, zwei Scharen von Minimalgeraden, und es kann bei imaginären Kurven sehr wohl vorkommen, daß die Normalebene eines ihrer Punkte von der Schmiegungsebene in einer Minimalgeraden geschnitten wird, so daß alsdann die Hauptnormale eine Minimalgerade wird. Auch wenn wir zunächst die Binormale und nicht die Hauptnormale suchen, stoßen wir auf diesen Ausnahmefall. Die Binormale wurde nämlich auf S. 223 als diejenige Gerade definiert, die im Kurvenpunkte auf der Schmiegungsebene senkrecht steht. Die Gleichung (4) der Schmiegungsebene, S. 222, zeigt aber, daß ihre Normalen solche Richtungskosinus haben, die zu

$$(14)\qquad y' z'' - z' y'', \qquad z' x'' - x' z'', \qquad x' y'' - y' x''$$

proportional sind. Die Richtungskosinus selbst gehen daher aus diesen Werten durch Division mit der Quadratwurzel aus der Summe ihrer Quadrate hervor, und diese Summe hat nach (10), wie oben bemerkt wurde, den Wert $\mathbf{S}\,x''^2$, so daß sich gar keine Richtungskosinus ergeben, also keine Hauptnormale vorhanden ist. Eine Ebene

$$Ax + By + Cz = D$$

wird nun eine Minimalebene genannt, wenn $A^2 + B^2 + C^2 = 0$ ist. Alle Minimalebenen sind imaginär.

Nachdem wir auf S. 209 schon die Minimalpunkte der Kurve ausgeschlossen haben, deren Tangenten nach S. 219 Minimalgeraden sind, sehen wir uns daher hier genötigt, auch diejenigen Kurvenpunkte auszuschließen, deren Schmiegungsebenen Minimalebenen sind. Wir wollen sie Minimalpunkte zweiter Ordnung der Kurve nennen, indem wir die bisher schlechtweg als Minimalpunkte bezeichneten Stellen von jetzt an Minimalpunkte erster Ordnung nennen. Liegt eine Kurve in irgend einer Parameterdarstellung $x = \varphi(t)$, $y = \chi(t)$, $z = \psi(t)$ vor, so sind also die Minimalpunkte erster Ordnung diejenigen, für die

$$\varphi'^2 + \chi'^2 + \psi'^2 = 0$$

ist, und die Minimalpunkte zweiter Ordnung diejenigen, für die

$$\mathbf{S}\,\varphi'^2 \neq 0 \quad \text{und} \quad \mathbf{S}\,(\chi'\psi'' - \psi'\chi'')^2 = 0$$

ist.

Sehen wir also auch von den Minimalpunkten zweiter Ordnung ab, so sind die Richtungskosinus der Haupt- und Binormale nach (13) und (12) vollkommen definiert, sobald wir festgesetzt haben, welcher der beiden Werte der Quadratwurzel aus $\mathbf{S}\,x''^2$ genommen werden soll. Im reellen Falle wollen wir diese Wurzel stets positiv wählen; was dies geometrisch bedeutet, wird sich erst später zeigen. Im imaginären Falle denken wir uns irgend einen bestimmten der beiden Wurzelwerte ausgewählt. Wir werden weiter unten erkennen, daß der reziproke Wert der Wurzel eine geometrische Bedeutung hat, die uns veranlaßt, ihn mit r zu bezeichnen:[1]

(15) $$r = \frac{1}{\sqrt{\mathbf{S}\,x''^2}}.$$

[1] Die Formel (15), die den Wert derjenigen Größe r angibt, die man aus später zu erörternden Gründen den Krümmungsradius der Kurve nennt, findet sich in Eulers auf S. 203 erwähnter Abhandlung.

Die Formeln (9), (13) und (12) für die Richtungskosinus des Dreikants können wir alsdann so zusammenstellen:

$$(16)\qquad \alpha = x', \quad \beta = y', \quad \gamma = z'.$$

$$(17)\qquad l = rx'', \quad m = ry'', \quad n = rz''.$$

$$(18)\qquad \lambda = r(y'z'' - z'y''), \quad \mu = r(z'x'' - x'z''), \quad \nu = r(x'y'' - y'x'').$$

Jetzt wollen wir die **Ableitungen dieser Richtungskosinus nach** s berechnen. Aus (16) folgt $\alpha' = x''$, also mit Rücksicht auf (17):

$$(19)\qquad \alpha' = \frac{l}{r}, \quad \beta' = \frac{m}{r}, \quad \gamma' = \frac{n}{r}.$$

Nach II (A) ist ferner:

$$\alpha\lambda + \beta\mu + \gamma\nu = 0, \qquad \lambda^2 + \mu^2 + \nu^2 = 1.$$

Hieraus folgt durch Differentiation nach s:

$$\alpha\lambda' + \beta\mu' + \gamma\nu' = -(\alpha'\lambda + \beta'\mu + \gamma'\nu),$$
$$\lambda\lambda' + \mu\mu' + \nu\nu' = 0.$$

Nach (19) ist aber die rechte Seite der ersten Gleichung gleich

$$-\frac{1}{r}(l\lambda + m\mu + n\nu)$$

und daher nach II (A) gleich Null. Aus den beiden Gleichungen folgt somit:

$$\lambda' : \mu' : \nu' = (\mu\gamma - \nu\beta) : (\nu\alpha - \lambda\gamma) : (\lambda\beta - \mu\alpha)$$

oder nach II (C):

$$\lambda' : \mu' : \nu' = l : m : n.$$

Wir können deshalb einen vorläufig noch unbekannten Faktor ϱ einführen und setzen:

$$(20)\qquad \lambda' = \frac{l}{\varrho}, \quad \mu' = \frac{m}{\varrho}, \quad \nu' = \frac{n}{\varrho}.$$

Nach II (C) ist nun weiterhin $l = \mu\gamma - \nu\beta$ und daher

$$l' = \mu'\gamma - \nu'\beta + \mu\gamma' - \nu\beta'$$

oder nach (19) und (20)

$$l' = \frac{m\gamma - n\beta}{\varrho} + \frac{\mu n - \nu m}{r},$$

woraus wiederum nach II (C) folgt:

$$l' = -\frac{\alpha}{r} - \frac{\lambda}{\varrho}.$$

Wir haben daher noch:

$$(21) \qquad l' = -\frac{\alpha}{r} - \frac{\lambda}{\varrho}, \quad m' = -\frac{\beta}{r} - \frac{\mu}{\varrho}, \quad n' = -\frac{\gamma}{r} - \frac{\nu}{\varrho}.$$

In (19), (20) und (21) liegen nun die Ableitungen der Richtungskosinus nach s vollständig bekannt vor — bis auf die Funktion ϱ. Um diese zu berechnen, differenzieren wir die erste Gleichung (18). Dies gibt wegen (20):

$$\frac{l}{\varrho} = r'(y'z'' - z'y'') + r(y'z''' - z'y''')$$

oder also wieder wegen der ersten Gleichung (18):

$$\frac{l}{\varrho} = \frac{r'}{r}\lambda + r(y'z''' - z'y''').$$

Eine entsprechende Formel besteht für $m:\varrho$ und für $n:\varrho$. Wir multiplizieren sie der Reihe nach mit l, m, n und addieren sie darauf. Nach II (A) folgt dann:

$$\frac{1}{\varrho} = r\,\mathbf{S}\,l(y'z''' - z'y''')$$

oder nach (17):

$$\frac{1}{\varrho} = r^2\,\mathbf{S}\,x''(y'z''' - z'y'''),$$

wofür wir auch wegen (15) schreiben können:

$$(22) \qquad \frac{1}{\varrho} = -\frac{\begin{vmatrix} x' & x'' & x''' \\ y' & y'' & y''' \\ z' & z'' & z''' \end{vmatrix}}{x''^2 + y''^2 + z''^2}.$$

Hiermit ist auch ϱ bestimmt, und zwar hat ϱ, wie man sieht, einen von allen willkürlichen Festsetzungen unabhängigen Wert.

Wir können noch eine Reihe von Formeln aufstellen, die wir gelegentlich gebrauchen werden. So folgt aus (19), (21) und (20) wegen der Formeln II (A):

$$(23) \qquad \left\{ \begin{aligned} &\alpha'^2 + \beta'^2 + \gamma'^2 = \frac{1}{r^2}, \\ &l'^2 + m'^2 + n'^2 = \frac{1}{r^2} + \frac{1}{\varrho^2}, \\ &\lambda'^2 + \mu'^2 + \nu'^2 = \frac{1}{\varrho^2}. \end{aligned} \right.$$

Ferner ist nach (17)

$$x'' = \frac{l}{r},$$

daher:

$$x''' = \frac{l'}{r} - \frac{r' l}{r^2}$$

oder nach (21):

$$x''' = -\frac{\alpha}{r^2} - \frac{\lambda}{r\varrho} - \frac{r' l}{r^2}, \tag{24}$$

wofür wir auch wegen (16), (18) und (17) schreiben können:

$$x''' = -\frac{x'}{r^2} - \frac{1}{\varrho}(y'z'' - z'y'') - \frac{r'}{r}x''.$$

Analoge Formeln gelten für y''' und z'''. Man kann dann (24) abermals differenzieren und so fortfahren. Dadurch erkennt man:

Satz 10: Die Ableitungen der Koordinaten x, y, z eines Kurvenpunktes nach der Bogenlänge s lassen sich sämtlich durch die Richtungskosinus der Tangente, Haupt- und Binormale, die Funktionen $1:r$ und $1:\varrho$ und die Ableitungen dieser beiden Größen nach s ausdrücken.

Infolge von (23) haben die beiden Funktionen $1:r$ und $1:\varrho$ eine geometrische Bedeutung. Wir betrachten außer dem Kurvenpunkte (s) einen benachbarten Kurvenpunkt ($s + \Delta s$) mit den Richtungskosinus $\alpha + \Delta\alpha$, $\beta + \Delta\beta$, $\gamma + \Delta\gamma$ der Tangente und den Richtungskosinus $\lambda + \Delta\lambda$, $\mu + \Delta\mu$, $\nu + \Delta\nu$ der Binormalen. Ist ferner ΔT der Winkel, den die Richtungen der Tangenten beider Punkte (s) und ($s + \Delta s$) miteinander bilden, und ΔB der Winkel, den die Richtungen ihrer Binormalen miteinander bilden, so ergibt sich für $\lim \Delta s = 0$ nach (10), S. 193:

$$\lim \frac{\Delta T^2}{\Delta\alpha^2 + \Delta\beta^2 + \Delta\gamma^2} = 1, \qquad \lim \frac{\Delta B^2}{\Delta\lambda^2 + \Delta\mu^2 + \Delta\nu^2} = 1.$$

Dividieren wir in den Zählern und Nennern mit Δs^2, so folgt also

$$\lim \left(\frac{\Delta T}{\Delta s}\right)^2 = \alpha'^2 + \beta'^2 + \gamma'^2, \qquad \lim \left(\frac{\Delta B}{\Delta s}\right)^2 = \lambda'^2 + \mu'^2 + \nu'^2$$

oder nach der ersten und dritten Formel (23):

$$\lim \left(\frac{\Delta T}{\Delta s}\right)^2 = \frac{1}{r^2}, \qquad \lim \left(\frac{\Delta B}{\Delta s}\right)^2 = \frac{1}{\varrho^2}. \tag{25}$$

Wir können nun Funktionen T und B von s bilden, die so beschaffen sind, daß die Quadrate ihrer Ableitungen diese Werte haben, nämlich die Funktionen

$$T = \int_0^s \frac{ds}{r}, \qquad B = \int_0^s \frac{ds}{\varrho}. \tag{26}$$

Für sie gelten die Formeln:

$$\frac{dT}{ds} = \frac{1}{r}, \quad \frac{dB}{ds} = \frac{1}{\varrho}, \tag{27}$$

deren Vergleichung mit (25) zeigt: Die Funktionen T und B von s, die durch (26) definiert werden, erfahren, falls s um Δs wächst, solche Zunahmen ΔT und ΔB, die für $\lim \Delta s = 0$ als die unendlich kleinen Winkel (Winkeldifferentiale) dT und dB zu bezeichnen sind, die einerseits von den Richtungen der beiden unendlich benachbarten Tangenten und andererseits von den Richtungen der beiden unendlich benachbarten Binormalen in den unendlich benachbarten Kurvenpunkten (s) und ($s + ds$) miteinander gebildet werden. Indem wir statt (25) die Formeln (27) aufgestellt haben, in denen keine Quadrate mehr vorkommen, haben wir zugleich über die Orientierung dieser Winkel verfügt. Das darf deshalb geschehen, weil es im Raume keine Vorschrift über den Sinn gibt, in dem man den Winkel zweier Richtungen zu messen hat (vgl. S. 192). Zu dem Bogenelement ds gehören also nach (27) gewisse Winkelelemente dT und dB, die man den Kontingenzwinkel und Torsionswinkel nennt.[1]

Die Größe $dT:ds$ gibt ein Maß dafür ab, wie stark sich die Richtung der Kurventangente momentan beim Fortschreiten längs der Kurve ändert, und deshalb heißt sie die Krümmung der Raumkurve an der betrachteten Stelle. Die Größe $dB:ds$ andererseits gibt ein Maß dafür ab, wie stark sich die Richtung der Binormale oder, was dasselbe besagt, die Stellung der Schmiegungsebene momentan beim Fortschreiten längs der Kurve ändert, und wird die Torsion der Raumkurve an der betrachteten Stelle genannt. Nach (27) sind also $1:r$ und $1:\varrho$ die Krümmung und die Torsion der Raumkurve.[2]

---

[1] Der Kontingenz- und der Torsionswinkel treten bei Lancret (siehe Anm. S. 203) unter den Namen der ersten und zweiten Flexion auf.

[2] Die Torsion wurde vielleicht zuerst von Lancret in der auf S. 203 genannten Abhandlung berechnet. Man bezeichnet sie auch als Windung. Überhaupt werden für die oben eingeführten Begriffe sehr verschiedene Namen gebraucht. So z. B. heißt die Krümmung auch Biegung oder Flexion und die Torsion anderwärts auch Schmiegung oder Flexion. Peterson nennt in seiner Abhandlung „Über Kurven und Flächen", Moskau und Leipzig 1868, den Kontingenzwinkel die Krümmung und den Torsionswinkel die Windung oder Torsion. Bei Hoppe, „Lehrbuch der analytischen Geometrie", 1. Teil, Leipzig 1880, heißen die oben mit T und B bezeichneten Größen der Krümmungs- und der Torsionswinkel.

Der Begriff der Krümmung trat schon im ersten Abschnitte bei den ebenen Kurven auf. Da die ebenen Kurven als ein Speziallfall der Raumkurven zu betrachten sind, hat man also zu erörtern, inwieweit sich beide Definitionen im Falle ebener Kurven wirklich decken. Ebenso hat man zu untersuchen, was die Torsion bei ebenen Kurven bedeutet. Dies wird im nächsten Paragraphen geschehen.

Die Torsion $1:\varrho$ wird auch im Gegensatze zu $1:r$ als die zweite Krümmung der Kurve an der betrachteten Stelle bezeichnet. Daraus entspringt diejenige Deutung des Namens: Kurve doppelter Krümmung für eine Raumkurve, die wir auf S. 206 zu geben versprachen.

Die wichtigsten Formeln des gegenwärtigen Paragraphen sind im Anhange in der Tafel III unter (*A*) bis (*H*) zusammengestellt. Sie gelten nach dem Vorhergehenden für solche Kurvenpunkte, die weder singulär noch Minimalpunkte erster oder zweiter Ordnung sind und in denen die Kurve von ihrer Tangente nicht in höherer als erster Ordnung berührt wird. Man wird sehen, daß diese Formeln die eigentliche Grundlage der ganzen Kurventheorie ausmachen, und wir werden sie fortwährend benutzen.[1]

Beispiel: Bei der gemeinen Schraubenlinie, vgl. (17), S. 213, ist

$$x = \mathfrak{r}\cos\frac{s\cos\alpha}{\mathfrak{r}}, \qquad y = \mathfrak{r}\sin\frac{s\cos\alpha}{\mathfrak{r}}, \qquad z = s\sin\alpha, \tag{28}$$

also nach (15) und (22):

$$r = \frac{\mathfrak{r}}{\cos^2\alpha}, \qquad \frac{1}{\varrho} = -\frac{\sin 2\alpha}{2\mathfrak{r}}. \tag{29}$$

Dabei ist $\mathfrak{r}$ im reellen Falle wie auf S. 212, 213 positiv angenommen. Bei der gemeinen Schraubenlinie ist also sowohl die Krümmung als auch die Torsion konstant. Wir überlassen es dem Leser, dies durch die Ausrechnung auch für die gemeine Schraubenlinie in ihrer allgemeinen Lage, d. h. auf Grund der Gleichungen (19), S. 214, zu beweisen, wobei die Formeln der Tafel I heranzuziehen sind. Es ergeben sich auch dann die Werte (29). Der Wert der Torsion zeigt, daß eine reelle gemeine Schraubenlinie rechts- oder linksgewunden ist, je nachdem ihre Torsion einen

[1] Die Formeln für die Richtungskosinus der Tangente, Haupt- und Binormale und ihre Differentialquotienten wurden fast zu gleicher Zeit von Frenet, „Sur les courbes à double courbure“, Thèse, Toulouse 1847, auch im Journal de Mathém. T. XVII (1852), und von J. A. Serret, „Mémoire sur quelques formules relatives à la théorie des courbes à double courbure“, Journal de Mathém. T. XVI (1851), aufgestellt. Man nennt daher insbesondere die Formeln (*C*) der Tafel III die Frenetschen oder Serretschen Formeln. Bei Serret findet sich auch der Satz 10.

negativen oder positiven Wert hat. Bei der Kurve (28) ergeben sich für die Richtungskosinus des begleitenden Dreikants die Werte:

$$(30)\quad \begin{cases} \alpha = -\cos\alpha\sin\dfrac{s\cos\alpha}{\mathfrak{r}}, & \beta = \cos\alpha\cos\dfrac{s\cos\alpha}{\mathfrak{r}}, & \gamma = \sin\alpha, \\ l = -\cos\dfrac{s\cos\alpha}{\mathfrak{r}}, & m = -\sin\dfrac{s\cos\alpha}{\mathfrak{r}}, & n = 0, \\ \lambda = \sin\alpha\sin\dfrac{s\cos\alpha}{\mathfrak{r}}, & \mu = -\sin\alpha\cos\dfrac{s\cos\alpha}{\mathfrak{r}}, & \nu = \cos\alpha, \end{cases}$$

wobei allerdings α in der ersten Formel links etwas anderes als rechts bedeutet.

Schließlich wollen wir noch entwickeln, wie man alle Ableitungen höherer Ordnung der Koordinaten x, y, z hinsichtlich der Bogenlänge s mit Hilfe von Rekursionsformeln zu berechnen vermag. Nach (16), (17) und (24) haben wir zunächst:

$$(31)\qquad x' = \alpha, \quad x'' = \frac{l}{r}, \quad x''' = -\frac{\alpha}{r^2} - \frac{\lambda}{r\varrho} - \frac{r' l}{r^2},$$

und die entsprechenden Formeln für y', y'', y''' und z', z'', z''' gehen hieraus durch zyklische Vertauschung der Bezeichnungen hervor. Wie schon in Satz 10 gesagt wurde, kann man auf Grund der Gleichungen (19), (20) und (21) auch die Ableitungen höherer Ordnung ausdrücken. Man übersieht, daß sich allgemein Werte von der Form ergeben:

$$(32)\qquad \begin{cases} x^{(k)} = U_k\alpha + V_k l + W_k\lambda, \\ y^{(k)} = U_k\beta + V_k m + W_k\mu, \\ z^{(k)} = U_k\gamma + V_k n + W_k\nu, \end{cases}$$

wobei U_k, V_k, W_k Funktionen von r, ϱ und den Ableitungen von r nach s bis zur $(k-2)^{\text{ten}}$ und den Ableitungen von ϱ nach s bis zur $(k-3)^{\text{ten}}$ Ordnung sind. Durch Differentiation der ersten Gleichung (32) nach s geht infolge von (19), (21) und (20) hervor:

$$\begin{aligned} x^{(k+1)} &= U_k'\alpha + V_k' l + W_k'\lambda \\ &\quad + U_k\frac{l}{r} + V_k\left(-\frac{\alpha}{r} - \frac{\lambda}{\varrho}\right) + W_k\frac{l}{\varrho} \\ &= \left(U_k' - \frac{1}{r}V_k\right)\alpha + \left(V_k' + \frac{1}{r}U_k + \frac{1}{\varrho}W_k\right)l + \left(W_k' - \frac{1}{\varrho}V_k\right)\lambda. \end{aligned}$$

Analog (32) haben wir aber zu setzen:

$$x^{(k+1)} = U_{k+1}\alpha + V_{k+1} l + W_{k+1}\lambda.$$

Entsprechendes gilt von den Ableitungen $(k+1)^{\text{ter}}$ Ordnung von y und z. Daraus folgt:

$$(33)\qquad \begin{cases} U_{k+1} = U_k' - \frac{1}{r} V_k, \\ V_{k+1} = V_k' + \frac{1}{r} U_k + \frac{1}{\varrho} W_k, \\ W_{k+1} = W_k' - \frac{1}{\varrho} V_k. \end{cases}$$

Dies sind die Rekursionsformeln, vermöge derer man nacheinander durch wiederholte Differentiationen nach s die Koeffizienten in den Werten (32) berechnen kann, wenn man noch bemerkt, daß für $k = 0$ nach der ersten Formel (31) insbesondere:

$$(34)\qquad U_1 = 1\,, \quad V_1 = 0\,, \quad W_1 = 0$$

ist. Hiernach läßt sich der Satz 10 in folgender Weise präzisieren, wenn wir k in (33) durch $k - 1$ ersetzen:

Satz 11: Die Ableitungen k^{ter} Ordnung der rechtwinkligen Koordinaten x, y, z der Punkte einer Raumkurve hinsichtlich der Bogenlänge sind lineare homogene Funktionen der Richtungskosinus α, l, λ bzw. β, m, μ bzw. γ, n, ν, die von dem begleitenden Dreikante mit der x-Achse bzw. y-Achse bzw. z-Achse bestimmt werden:

$$x^{(k)} = U_k \alpha + V_k l + W_k \lambda,$$
$$y^{(k)} = U_k \beta + V_k m + W_k \mu,$$
$$z^{(k)} = U_k \gamma + V_k n + W_k \nu.$$

Dabei sind die drei Koeffizienten U_k, V_k, W_k Funktionen der Krümmung $1:r$ und der Torsion $1:\varrho$ und der Ableitungen dieser Größen hinsichtlich der Bogenlänge. Die Werte der Koeffizienten ergeben sich mittels der Rekursionsformeln:

$$U_k = U_{k-1}' - \frac{1}{r} V_{k-1},$$
$$V_k = V_{k-1}' + \frac{1}{r} U_{k-1} + \frac{1}{\varrho} W_{k-1},$$
$$W_k = W_{k-1}' - \frac{1}{\varrho} V_{k-1}$$

aus den Werten für $k = 1$:

$$U_1 = 1, \quad V_1 = 0, \quad W_1 = 0.$$

§ 7. Die ebenen Kurven als Raumkurven.

Eine Kurve c in einer Ebene E, die keine Minimalebene ist, hat diese Ebene nach der Definition auf S. 222 an allen Stellen zur Schmiegungsebene. Folglich sind die Binormalen der Kurve die Lote, die man in den Punkten P von c auf die Ebene E errichten kann, also die Hauptnormalen diejenigen Geraden, die im ersten Abschnitte, wo die ebenen Kurven innerhalb ihrer Ebene selbst betrachtet wurden, schlechtweg die Normalen hießen (S. 24). Vgl. Fig. 71. Mithin sind die Richtungskosinus λ, μ, ν der Binormalen konstant, daher λ', μ', ν' gleich Null, woraus nach III(C) folgt, daß die Torsion $1:\varrho$ verschwindet. Nach III(E) ist daher

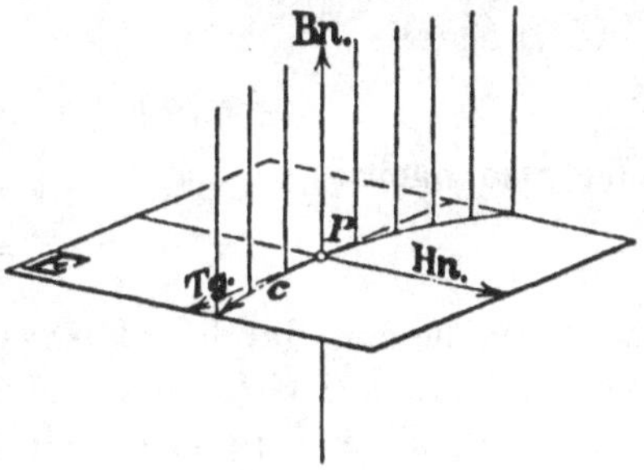

Fig. 71.

$$\begin{vmatrix} x' & x'' & x''' \\ y' & y'' & y''' \\ z' & z'' & z''' \end{vmatrix} = 0, \tag{1}$$

wobei die Striche die Differentiation nach der Bogenlänge s andeuten. Wenn man nun annimmt, dieselbe ebene Kurve sei in irgend einer Parameterdarstellung

$$x = \varphi(t), \quad y = \chi(t), \quad z = \psi(t) \tag{2}$$

gegeben, so kann man die in (1) auftretenden Ableitungen nach der auf S. 227, 228 entwickelten Methode durch Ableitungen nach dem Parameter t ersetzen. Dabei gelangt man zu genau derselben Bedingung (1), worin also dann die Differentialquotienten nach t vorkommen. Statt dies ausführlich zu zeigen, schlagen wir einen etwas anderen Weg ein: Die Bedingung (1) ging aus der Forderung hervor, daß λ, μ, ν konstant sein sollen. Deshalb fragen wir, unter welcher Bedingung eine Raumkurve (2) lauter parallele Binormalen hat. Nach S. 230, 231 stellen wir jedoch noch besser die Frage nach denjenigen Kurven (2), die **lauter parallele Schmiegungsebenen haben.**

Nach (4), S. 222, ist

$$u(\mathfrak{x} - x) + v(\mathfrak{y} - y) + w(\mathfrak{z} - z) = 0 \tag{3}$$

in den laufenden Koordinaten $\mathfrak{x}$, $\mathfrak{y}$, $\mathfrak{z}$ die Gleichung der Schmiegungsebene des Punktes (x, y, z) der Kurve (2), wenn dabei u, v, w die Größen vorstellen:

$$u = y'z'' - z'y'', \quad v = z'x'' - x'z'', \quad w = x'y'' - y'x''. \tag{4}$$

Die Striche deuten hier die Differentiation nach dem Parameter t an. Alle Schmiegungsebenen sind parallel, wenn u, v, w konstante Verhältnisse haben, d. h. wenn sich die Ableitungen u', v', w' gerade so zueinander verhalten wie u, v, w. Der Fall, daß u, v, w alle drei verschwinden, ist ausgeschlossen, wenn wir voraussetzen, daß die Kurve (2) keine Gerade sei, vgl. S. 216, 217. Da also etwa $u \neq 0$ ist, können wir $u' : u = \sigma$ setzen. Dann aber geben die Forderungen:

$$u' = \sigma u, \quad v' = \sigma v, \quad w' = \sigma w \tag{5}$$

oder also nach (4):

$$y'z''' - z'y''' = \sigma(y'z'' - z'y'')$$

sowie die beiden durch zyklische Vertauschung von x, y, z hieraus hervorgehenden Gleichungen. Multiplizieren wir sie der Reihe nach mit x'', y'', z'' und addieren wir sie dann, so wird die rechte Seite gleich Null, die linke dagegen entgegengesetzt gleich der Determinante in (1). Mithin ergibt sich die Bedingung (1).

Daß sie hinreicht, zeigen wir nun dadurch, daß wir umgekehrt beweisen:

Satz 12: Die Kurve

$$x = \varphi(t), \quad y = \chi(t), \quad z = \psi(t)$$

ist dann und nur dann eben, wenn die Determinante

$$\begin{vmatrix} x' & x'' & x''' \\ y' & y'' & y''' \\ z' & z'' & z'' \end{vmatrix}$$

identisch verschwindet.

Es braucht nur noch bewiesen zu werden, daß die Kurve (2) unter der Bedingung (1) eben ist. Gelten nach wie vor die Bezeichnungen (4), so ist nach (1) infolge eines bekannten Determinantensatzes:

$$\begin{cases} u x' + v y' + w z' = 0, \\ u x'' + v y'' + w z'' = 0, \\ u x''' + v y''' + w z''' = 0. \end{cases} \tag{6}$$

Differenziert man die beiden ersten Gleichungen, so kommt mit Rücksicht auf die beiden letzten:

$$(7)\qquad \begin{cases} u'x' + v'y' + w'z' = 0, \\ u'x'' + v'y'' + w'z'' = 0. \end{cases}$$

Wenn die drei Unterdeterminanten (4) nicht sämtlich gleich Null sind, zeigen die beiden ersten Bedingungen (6) und die Bedingungen (7), daß sich u', v', w' wie u, v, w zueinander verhalten. Da wir dann z. B. $u \neq 0$ annehmen können, wird also:

$$\frac{v'}{v} = \frac{u'}{u}, \qquad \frac{w'}{w} = \frac{u'}{u},$$

d. h. $\log v - \log u =$ konst. und $\log w - \log u =$ konst., so daß wir setzen dürfen:

$$v = b\,u, \qquad w = c\,u,$$

indem b und c Konstanten bedeuten. Nun gibt die erste Gleichung (6):

$$x' + b\,y' + c\,z' = 0,$$

also:

$$x + b\,y + c\,z = \text{konst.},$$

d. h. die Kurve (1) liegt in dieser Ebene. Der Fall $u = v = w = 0$, der vorhin ausgeschlossen wurde, gibt, wie gesagt, als Kurve (2) eine Gerade. Da die Geraden zu den ebenen Kurven gehören, ist der Satz 12 vollständig bewiesen. Dieser Satz ist das auf S. 207 versprochene Kennzeichen für ebene Kurven.

Erinnern wir uns daran, daß sich die Bedingung des Satzes auch schon aus der Forderung lauter paralleler Schmiegungsebenen ergab, so können wir sagen:

Satz 13: Eine Kurve hat dann und nur dann lauter parallele Schmiegungsebenen, wenn sie eben und keine Gerade ist, und zwar fallen alle ihre Schmiegungsebenen in eine zusammen.

Man muß sich nämlich daran erinnern, daß nur die Geraden keine Schmiegungsebenen haben, nach S. 222.

Ferner können wir nach S. 239 auch sagen:

Satz 14: Hat eine Kurve überall die Torsion Null, so ist sie eben.

Aber dieser Satz darf nicht umgekehrt werden, weil nicht bei jeder ebenen Kurve das begleitende Dreikant existiert. In der Tat gibt es diesen Begriff außer bei den Geraden auch bei denjenigen Kurven nicht, die entweder lauter singuläre Punkte oder lauter

Minimalpunkte erster Ordnung oder lauter Minimalpunkte zweiter Ordnung enthalten. Sind zunächst alle Kurvenpunkte singulär, d. h. ist überall $x' = y' = z' = 0$, so werden x, y, z Konstanten, so daß sich die Kurve auf einen Punkt reduziert. Diesen Fall schließen wir als absurd aus. Enthält die Kurve lauter Minimalpunkte erster Ordnung, d. h. ist überall

$$x'^2 + y'^2 + z'^2 = 0,$$

so soll sie von jetzt an eine Minimalkurve erster Ordnung heißen. Bisher wurde sie eine Minimalkurve schlechtweg genannt (vgl. S. 209). Sind schließlich alle Punkte der Kurve Minimalpunkte zweiter Ordnung, d. h. ist nach S. 231 überall

$$(y'z'' - z'y'')^2 + (z'x'' - x'z'')^2 + (x'y'' - y'x'')^2 = 0$$

oder wegen (4)

$$u^2 + v^2 + w^2 = 0, \tag{8}$$

so sollen natürlich nicht einzeln u, v und w gleich Null sein, denn das tritt ja bei jeder beliebigen Geraden ein (vgl. S. 222). Wenn nun überdies $\mathbf{S}\, x'^2 \neq 0$ ist, heiße die Kurve eine Minimalkurve zweiter Ordnung.[1] Aus dieser Definition folgt, daß eine derartige Kurve nie geradlinig ist.

Nach (8) ist hier

$$uu' + vv' + ww' = 0. \tag{9}$$

Wegen der Bedeutung (4) von u, v, w haben wir ferner:

$$ux' + vy' + wz' = 0, \quad ux'' + vy'' + wz'' = 0. \tag{10}$$

Setzt man nun

$$\Delta = \begin{vmatrix} x' & x'' & x''' \\ y' & y'' & y''' \\ z' & z'' & z''' \end{vmatrix} \tag{11}$$

und entwickelt man die Determinante nach den Elementen der letzten Reihe, so kommt nach (4):

$$\Delta = ux''' + vy''' + wz'''. \tag{12}$$

[1] Diese Kurven sind bisher übersehen worden, so auch in der ersten Auflage dieses Buches. Auf diese Lücke wies Study in den auf S. 76 genannten Abhandlungen hin, wobei er auch hervorhob, daß man die Geraden nicht zu den Kurven von der Torsion Null rechnen darf, weil bei ihnen der Begriff der Torsion überhaupt nicht vorhanden ist.

Durch Differentiation der ersten Gleichung (10) ergibt sich mit Rücksicht auf die zweite und durch Differentiation der zweiten Gleichung (10) mit Rücksicht auf (12):

$$u'x' + v'y' + w'z' = 0, \tag{13}$$

$$u'x'' + v'y'' + w'z'' = -\triangle. \tag{14}$$

In (9), (13) und (14) liegen drei in u', v', w' lineare Gleichungen vor, deren Determinante nach (4) und (8) gleich Null ist. Dabei ist die zweite Gleichung keine bloße Folge der ersten, weil sonst x', y', z' zu u, v, w proportional wären, also auch $\mathbf{S}\, x'^2 = 0$ infolge von (8) wäre, was ausgeschlossen wurde. Die drei Gleichungen sind also nur dann miteinander verträglich, wenn auch die rechte Seite der dritten verschwindet, daher $\triangle = 0$ ist. Dies besagt nach Satz 12, daß die Kurve in einer bestimmten Ebene

$$Ax + By + Cz = D \tag{15}$$

liegt, weil sie ja keine Gerade ist. Weil nun $\mathbf{S}\, Ax' = 0$ und $\mathbf{S}\, Ax'' = 0$ wird, zeigt (4), daß A, B, C zu u, v, w proportional sind, so daß $\mathbf{S}\, A^2$ wegen (8) ebenfalls verschwindet. Die Ebene (15) ist mithin nach S. 231 eine Minimalebene.

Umgekehrt: Liegt eine nicht geradlinige Kurve in einer Minimalebene (15) vor, so folgt aus $\mathbf{S}\, Ax' = 0$ und $\mathbf{S}\, Ax'' = 0$ wieder, daß u, v, w zu A, B, C proportional sind, so daß wegen $\mathbf{S}\, A^2 = 0$ auch (8) besteht. Dabei ist aber $\mathbf{S}\, x'^2 \neq 0$, denn aus $\mathbf{S}\, x'^2 = 0$ und $\mathbf{S}\, Ax' = 0$ würden sich ja für x', y', z' konstante Verhältnisse ergeben, so daß gegen die Voraussetzung eine Gerade vorläge.

Demnach gilt der

Satz 15: Die Minimalkurven zweiter Ordnung sind identisch mit allen nicht geradlinigen Kurven in Minimalebenen.

Wir heben noch hervor:

Bei jeder Minimalkurve erster Ordnung besteht infolge von $\mathbf{S}\, x'^2 = 0$ auch die Gleichung (8), denn nach der Identität (11), S. 194, und nach (4) läßt sich (8) so schreiben:

$$\mathbf{S}\, x'^2\, \mathbf{S}\, x''^2 - (\mathbf{S}\, x'x'')^2 = 0,$$

und da mit $\mathbf{S}\, x'^2 = 0$ auch $\mathbf{S}\, x'x'' = 0$ ist, gilt sie in der Tat.

Ist eine Minimalkurve erster Ordnung eben, d. h. ist $\mathbf{S}\, x'^2 = 0$ und besteht eine Gleichung $\mathbf{S}\, Ax = D$ mit konstanten Koeffizienten, so folgt aus $\mathbf{S}\, x'^2 = 0$ und $\mathbf{S}\, A x' = 0$, daß sich x', y', z' wie Konstanten zueinander verhalten und mithin eine Gerade vorliegt.

Daher gilt der

Satz 16: Eine Minimalkurve erster Ordnung ist dann und nur dann eben, wenn sie eine Gerade ist.

Nunmehr können wir den Satz 14 in folgender Weise umkehren:

Satz 17: Eine Kurve, die sich nicht auf einen Punkt reduziert, ist dann und nur dann eben, wenn sie entweder überall die Torsion Null hat oder eine Gerade oder eine Minimalkurve zweiter Ordnung ist.

Der Satz 15 veranlaßt uns noch zu einigen erläuternden Bemerkungen: Eine Minimalkurve zweiter Ordnung ist nach Definition nicht geradlinig. Da sie aber nach Satz 15 stets eben ist, erhebt sich die Frage, warum uns die Minimalkurven zweiter Ordnung noch nicht im ersten Abschnitte, in der Theorie der Kurven in der Ebene, begegnet sind. Der Grund liegt einfach darin, daß sie in Minimalebenen liegen, d. h. in solchen Ebenen

$$A x + B y + C z = D,$$

bei denen $A^2 + B^2 + C^2$ den Wert Null hat. Zu diesen Ebenen gehört aber die xy-Ebene nicht, weil sie die Gleichung $z = 0$ hat, so daß bei ihr $A = B = 0$, aber $C = 1$ ist. Bei der Ausführung einer Bewegung im Raume (vgl. § 2 dieses Abschnittes) geht zwar jede Ebene in eine Ebene über, aber es ist unmöglich, z. B. die xy-Ebene in eine Minimalebene zu verwandeln. Um dies zu beweisen, brauchen wir nur zu zeigen, daß jede Minimalebene vermöge einer Bewegung wieder in eine Minimalebene übergeht. Dies ergibt sich einfach so: Sind $\bar{x}$, $\bar{y}$, $\bar{z}$ die ursprünglichen Koordinaten eines Punktes, der vermöge einer Bewegung in den Punkt (x, y, z) übergeht, so gelten die Gleichungen der Tafel I. Nach I (B) geht daher die Ebene

$$A\bar{x} + B\bar{y} + C\bar{z} = D$$

in eine Ebene

$$\begin{gathered}(A\alpha_1 + B\alpha_2 + C\alpha_3)x + (A\beta_1 + B\beta_2 + C\beta_3)y \\ + (A\alpha_3 + B\beta_3 + C\beta_3)z = \text{konst.}\end{gathered}$$

über, wobei es für uns auf den Wert der rechten Seite nicht ankommt. Schreiben wir die Gleichung der neuen Ebene in der Form

$$\mathfrak{A} x + \mathfrak{B} y + \mathfrak{C} z = \mathfrak{D}.$$

so ist also:

$$\mathfrak{A} = A\alpha_1 + B\alpha_2 + C\alpha_3,$$
$$\mathfrak{B} = A\beta_1 + B\beta_2 + C\beta_3,$$
$$\mathfrak{C} = A\gamma_1 + B\gamma_2 + C\gamma_3$$

und daher infolge von I (C):

$$\mathfrak{A}^2 + \mathfrak{B}^2 + \mathfrak{C}^2 = A^2 + B^2 + C^2.$$

Mithin wird $\mathfrak{A}^2 + \mathfrak{B}^2 + \mathfrak{C}^2$ nur dann gleich Null sein, wenn $A^2 + B^2 + C^2$ verschwindet. Dies aber heißt, daß jede Minimalebene bei der Bewegung wieder in eine Minimalebene übergeht, folglich keine andere Ebene in eine Minimalebene verwandelt wird.

Wir beweisen dasselbe analytisch für die Minimalkurven erster Ordnung und für die Minimalkurven zweiter Ordnung. Wenn $\bar{x}, \bar{y}, \bar{z}$ als laufende Koordinaten einer Kurve von einem Parameter t abhängen, haben die Koordinaten x, y, z der Punkte der Kurve, die durch eine Bewegung hervorgeht, die Werte I (A) und sind daher ebenfalls Funktionen von t. Für ihre Ableitungen ergibt sich:

$$(16)\quad \begin{cases} x' = \alpha_1\bar{x}' + \alpha_2\bar{y}' + \alpha_3\bar{z}', & x'' = \alpha_1\bar{x}'' + \alpha_2\bar{y}'' + \alpha_3\bar{z}'', \\ y' = \beta_1\bar{x}' + \beta_2\bar{y}' + \beta_3\bar{z}', & y'' = \beta_1\bar{x}'' + \beta_2\bar{y}'' + \beta_3\bar{z}'', \\ z' = \gamma_1\bar{x}' + \gamma_2\bar{y}' + \gamma_3\bar{z}', & z'' = \gamma_1\bar{x}'' + \gamma_2\bar{y}'' + \gamma_3\bar{z}'', \end{cases}$$

mithin infolge von I (C):

$$(17)\quad x'^2 + y'^2 + z'^2 = \bar{x}'^2 + \bar{y}'^2 + \bar{z}'^2.$$

Wenn entsprechend (4)

$$\bar{u} = \bar{y}'\bar{z}'' - \bar{z}'\bar{y}'', \quad \bar{v} = \bar{z}'\bar{x}'' - \bar{x}'\bar{z}'', \quad \bar{w} = \bar{x}'\bar{y}'' - \bar{y}'\bar{x}''$$

gesetzt wird, ist ferner nach der Identität (11), S. 194:

$$u^2 + v^2 + w^2 = \mathbf{S}\,x'^2 \cdot \mathbf{S}\,x''^2 - (\mathbf{S}\,x'x'')^2,$$
$$\bar{u}^2 + \bar{v}^2 + \bar{w}^2 = \mathbf{S}\,\bar{x}'^2 \cdot \mathbf{S}\,\bar{x}''^2 - (\mathbf{S}\,\bar{x}'\bar{x}'')^2.$$

Nun hat sich nach (17) schon $\mathbf{S}\,x'^2 = \mathbf{S}\,\bar{x}'^2$ ergeben. Aus (16) folgt nach I (C) ferner $\mathbf{S}\,x''^2 = \mathbf{S}\,\bar{x}''^2$ und $\mathbf{S}\,x'x'' = \mathbf{S}\,\bar{x}'\bar{x}''$; mithin kommt:

$$(18)\quad u^2 + v^2 + w^2 = \bar{u}^2 + \bar{v}^2 + \bar{w}^2.$$

Da das Verschwinden von $x'^2 + y'^2 + z'^2$ bzw. von $u^2 + v^2 + w^2$ die charakteristische Eigenschaft einer Minimalkurve erster bzw. zweiter Ordnung ist, liegt der Beweis der Behauptung in den Formeln (17) und (18). Somit gilt der

Satz 18: Vermöge einer Bewegung geht jede Minimalebene und jede Minimalkurve erster oder zweiter Ordnung in ein ebensolches Gebilde über.

Was für Bewegungen man also auch ausführen mag, niemals wird dabei eine Kurve, die keine Minimalkurve ist, in eine Minimalkurve übergehen können, denn die umgekehrte Bewegung würde ja die Minimalkurve nach dem Satze 18 in eine Minimalkurve verwandeln, so daß die ursprüngliche Kurve entgegen der Annahme eine Minimalkurve sein müßte.

In einer Ebene, die keine Minimalebene ist, sich also vermöge einer Bewegung in die xy-Ebene überführen läßt, gibt es nach S. 12 nur geradlinige Minimalkurven.

Daß die Minimalkurven zweiter Ordnung ebenso wie die von der ersten Ordnung samt und sonders imaginär sind, sei der Vollständigkeit halber doch noch ausdrücklich bemerkt.

Bei dieser Gelegenheit machen wir auch auf diejenigen besonderen ebenen Kurven aufmerksam, die vom analytischen Standpunkte aus sowohl Kreise als auch Minimalkurven sind. Nach (11), S. 13, sind dies insbesondere in der xy-Ebene die Kurven

$$(x-a)^2+(y-b)^2=0,$$

nämlich die Nullkreise, die in je zwei Minimalgeraden zerfallen. Durch die Parameterdarstellung

$$x=a+r\cos t, \qquad y=b+r\sin t,$$

vgl. (9) im 2. Beispiele, S. 8, werden nur diejenigen Kreise der xy-Ebene gegeben, die keine Nullkreise sind, denn für $r=0$ würden ja x und y Konstanten werden. Dasselbe gilt von der Parameterdarstellung (6) im 2. Beispiele, S. 207, für einen Kreis in allgemeiner Lage. Wenn man die xy-Ebene irgend einer Bewegung unterwirft, gehen ihre Nullkreise als Paare von Minimalgeraden nach Satz 18 immer wieder in Nullkreise über. In allen Fällen, wo wir die Minimalkurven ausschließen, sind natürlich auch von den Kreisen die Nullkreise auszuschließen.

Nachdem hiermit, soweit es zunächst nötig ist, die imaginären Ausnahmegebilde erörtert worden sind, wenden wir uns zu dem Hauptthema dieses Paragraphen zurück, nämlich zu den ebenen Kurven, die keine Minimalkurven sind.

Im vorigen Paragraphen definierten wir nicht nur die Torsion (die bei ebenen Kurven gleich Null ist), sondern auch die Krümmung der Raumkurven. Da die ebenen Kurven zu den Raumkurven gehören und für sie schon auf S. 46 eine Definition der Krümmung gegeben wurde, muß jetzt der auf S. 236 aufgeworfenen Frage näher getreten werden, ob sich beide Definitionen im Falle einer ebenen Kurve miteinander decken. Auf S. 46 und auf S. 235 wurde nun die Krümmung als die Ableitung $d\tau : ds$ bzw. $dT : ds$ definiert, und beide Male hatten $d\tau$ und dT als Kontingenzwinkel dieselbe Bedeutung, abgesehen davon, daß sie nach den beide Male gemachten Vorschriften im Falle reeller Kurven mit gewissen Vorzeichen gemessen wurden. Deshalb können wir nur behaupten, daß die beiden Definitionen für die Krümmung im Falle reeller ebener Kurven **abgesehen vom Vorzeichen** übereinstimmen. Liegt in einer reellen Ebene

$$(19) \qquad Ax + By + Cz = D$$

eine reelle Kurve

$$x = \varphi(s), \quad y = \chi(s), \quad z = \psi(s)$$

mit der Bogenlänge s vor, so daß wir die Kurve positiv im Sinne wachsender Werte von s rechnen, so ist die Krümmung nach (15), S. 231:

$$(20) \qquad \frac{1}{r} = \sqrt{\mathbf{S}\, x''^2},$$

und zwar wurde damals festgesetzt, daß die Wurzel das Pluszeichen haben solle. Dagegen wurden auf S. 46 bei Kurven in der xy-Ebene solche Stellen unterschieden, wo die Kurve positive oder negative Krümmung hat. Diese Differenz in der Auffassung hat ihren Grund darin, daß wir im ersten Abschnitte immer Kurven innerhalb der xy-Ebene untersuchten und in dieser Ebene einen bestimmten positiven Drehsinn bei der Messung der Winkel festgesetzt hatten. Dies konnte geschehen, weil man dort die Ebene stets von einerlei Seite her betrachtete. Wenn aber eine beliebige reelle Ebene (19) im Raume vorliegt, **sind wir gar nicht in der Lage, die eine Seite der Ebene von der anderen Seite durch ein solches analytisches Kennzeichen zu trennen, das ungestört bleibt, wenn man die Ebene vermöge einer Bewegung in irgend eine andere Lage bringt.** Denn man kann ja die Ebene vermöge einer geeigneten Bewegung direkt **umlegen**, so daß ihre beiden Seiten vertauscht werden. Infolgedessen kann man bei einer starr gedachten reellen ebenen Kurve im Raume, der man gestattet, verschiedene Lagen einzunehmen, gar keine Unterscheidung zwischen Punkten mit positiver oder negativer Krümmung treffen.

Eine reelle ebene Kurve soll deshalb, als Raumkurve betrachtet, stets positive Krümmung haben.

Zum Schlusse dieses Paragraphen kommen wir noch einmal auf den Satz 12 zurück. Er läßt sich rein analytisch aussprechen, denn er besagt, daß zwischen drei Funktionen φ, χ, ψ von t eine Gleichung von der Form

$$\text{konst.}\,\varphi + \text{konst.}\,\chi + \text{konst.}\,\psi = \text{konst.},$$

in der nicht alle Konstanten gleich Null sind, dann und nur dann besteht, wenn die Determinante

$$\begin{vmatrix} \varphi' & \varphi'' & \varphi''' \\ \chi' & \chi'' & \chi''' \\ \psi' & \psi'' & \psi''' \end{vmatrix}$$

verschwindet. Bezeichnen wir die Ableitungen erster Ordnung φ', χ', ψ' mit u, v, w, so ist also das Verschwinden der Determinante

$$\begin{vmatrix} u & u' & u'' \\ v & v' & v'' \\ w & w' & w'' \end{vmatrix}$$

die notwendige und hinreichende Bedingung dafür, daß zwischen den drei Funktionen u, v, w von t eine Gleichung von der Form

$$\text{konst.}\,u + \text{konst.}\,v + \text{konst.}\,w = 0$$

mit nicht sämtlich verschwindenden Koeffizienten besteht oder daß, wie man auch sagt, die drei Funktionen u, v, w voneinander linear abhängig sind. Ein entsprechendes Kennzeichen gibt es für mehr als drei Funktionen, und es läßt sich leicht durch den Schluß von $n-1$ auf n nachweisen, so daß wir uns damit begnügen wollen, den Satz darüber bloß zu formulieren:

Satz 19: n Funktionen u_1, u_2, ... u_n von einer Veränderlichen t sind dann und nur dann voneinander linear abhängig, d. h. es besteht zwischen ihnen dann und nur dann eine Gleichung

$$\text{konst.}\,u_1 + \text{konst}\,u_2 + \ldots + \text{konst.}\,u_n = 0$$

mit nicht sämtlich verschwindenden Koeffizienten, wenn die Determinante[1] aus den Funktionen und ihren Ableitungen bis zur $(n-1)^{\text{ten}}$ Ordnung identisch gleich Null ist:

[1] Die Determinante des Satzes pflegt man neuerdings als Wronskische zu bezeichnen. Sie kommt nämlich vor in Wronskis der Pariser Akademie 1810 vorgelegter, aber nicht gedruckter Abhandlung „Premier principe des méthodes algorithmiques comme base de la technie algorithmique". Beweise des Satzes gaben viele, z. B. Brioschi in seiner „Theorica dei

$$\begin{vmatrix} u_1 & u_1' & u_1'' & \cdot\cdot & u_1^{(n-1)} \\ u_2 & u_2' & u_2'' & \cdot\cdot & u_2^{(n-1)} \\ u_3 & u_3' & u_3'' & \cdot\cdot & u_3^{(n-1)} \\ \vdots & \vdots & \vdots & \vdots\,\vdots & \vdots \\ u_n & u_n' & u_n'' & \cdot\cdot & u_n^{(n-1)} \end{vmatrix} = 0.$$

§ 8. Die Krümmungskreise einer Raumkurve.

Die zum Schlusse des § 4 angekündigte Betrachtung der Berührung zwischen Kurve und Kreis soll jetzt stattfinden.

Es liege die auf ihre Bogenlänge s bezogene Raumkurve vor:

(1) $$x = \varphi(s), \quad y = \chi(s), \quad z = \psi(s).$$

Berührt ein Kreis die Kurve im Punkte P oder (s), so berührt er dort auch die Kurventangente. Einer seiner Durchmesser ist also der Tangente parallel, ein zweiter zu ihr senkrecht. Dieser zweite geht durch den Kurvenpunkt P. Wir geben dem ersten Durchmesser als positiven Sinn den der Tangente, so daß α, β, γ seine Richtungskosinus sind. Dem zweiten geben wir als positiven Sinn im reellen Falle den der Richtung von P zum Kreismittelpunkte, und es seien u, v, w die zugehörigen Richtungskosinus. Nach dem 3. Beispiele, S. 210, haben die Gleichungen des Kreises die Form:

$$\mathfrak{x} = r\left(\alpha \cos\frac{\sigma}{r} + u \sin\frac{\sigma}{r}\right) + a,$$

$$\mathfrak{y} = r\left(\beta \cos\frac{\sigma}{r} + v \sin\frac{\sigma}{r}\right) + b,$$

$$\mathfrak{z} = r\left(\gamma \cos\frac{\sigma}{r} + w \sin\frac{\sigma}{r}\right) + c.$$

Im Falle eines reellen Kreises müssen wir dann den Radius r positiv annehmen. Es bedeutet (a, b, c) den Mittelpunkt und σ die Bogenlänge, gemessen vom Schnittpunkte des ersten positiven Radius aus im Sinne der Drehung nach dem zweiten hin (siehe Fig. 72). Daher

---

determinanti", Pavia 1854. Wenn die Ableitungen $(n-1)^{\text{ter}}$ Ordnung von $u_1, u_2, \ldots u_n$ nicht als stetig vorausgesetzt werden, reicht das Verschwinden der Determinante nicht aus, die lineare Abhängigkeit zu verbürgen, siehe G. Kowalewski, „Einführung in die Determinantentheorie", Leipzig 1909, S. 327 u. f.

muß $\sigma = -\frac{1}{2}\pi r$ den Kurvenpunkt P oder (x, y, z) geben, woraus folgt:

$$x = -ru + a, \quad y = -rv + b, \quad z = -rw + c$$

oder:

$$(2) \qquad a = x + ru, \quad b = y + rv, \quad c = z + rw,$$

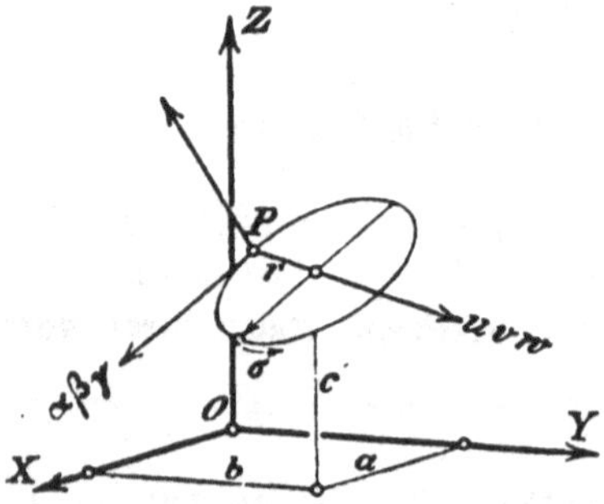

Fig. 72.

was man auch geometrisch leicht erkennt (vgl. 1. Beispiel, S. 204). Wir führen die Werte von a, b, c in die Gleichungen des Kreises ein. Außerdem wollen wir von jetzt an die Bogenlänge auf dem Kreise vom Kurvenpunkte (x, y, z) aus im Sinne der positiven Tangente rechnen. Wir führen deshalb statt σ die Bogenlänge $\sigma + \frac{1}{2}\pi r$ ein, die mit $\mathfrak{s}$ bezeichnet sei. Nun sind die Gleichungen des Kreises:

$$(3) \qquad \left\{ \begin{aligned} \mathfrak{x} &= r\left(\alpha \sin\frac{\mathfrak{s}}{r} - u\cos\frac{\mathfrak{s}}{r} + u\right) + x, \\ \mathfrak{y} &= r\left(\beta \sin\frac{\mathfrak{s}}{r} - v\cos\frac{\mathfrak{s}}{r} + v\right) + y, \\ \mathfrak{z} &= r\left(\gamma \sin\frac{\mathfrak{s}}{r} - w\cos\frac{\mathfrak{s}}{r} + w\right) + z. \end{aligned} \right.$$

Nach Satz 6, S. 218, ist dafür, daß der Kreis an der Stelle $(\mathfrak{s} = 0)$ die Kurve (1) in mindestens erster Ordnung berühre, notwendig und hinreichend, daß die ersten Ableitungen von $\mathfrak{x}$, $\mathfrak{y}$, $\mathfrak{z}$ nach $\mathfrak{s}$ für $\mathfrak{s} = 0$ mit x', y', z' übereinstimmen. Dies ist der Fall. Um Berührung in mindestens zweiter Ordnung zu erzielen, verlangen wir auch Übereinstimmung in den zweiten Ableitungen. Dies gibt:

$$(4) \qquad \frac{u}{r} = x'', \quad \frac{v}{r} = y'', \quad \frac{w}{r} = z''.$$

Da u, v, w Richtungskosinus sind, also $\mathbf{S}\, u^2 = 1$ ist, folgt hieraus durch Quadrieren und Addieren:

$$(5) \qquad \frac{1}{r^2} = x''^2 + y''^2 + z''^2.$$

Nach III (D) kann mithin unter r die schon früher mit r bezeichnete Größe, nämlich der reziproke Wert der Krümmung der Kurve in P verstanden werden, vgl. S. 235. Aus (4) folgt dann nach III (B), daß

$$(6) \qquad u = l, \quad v = m, \quad w = n$$

ist. Der Mittelpunkt des in zweiter Ordnung berührenden Kreises liegt daher auf der Hauptnormalen des Kurvenpunktes, der Kreis selbst also in der Schmiegungsebene. Sein Mittelpunkt hat nach (2) und (6) die Koordinaten:

$$a = x + rl, \quad b = y + rm, \quad c = z + rn. \tag{7}$$

Hierfür können wir nach III(*B*) und III(*D*) auch schreiben:

$$\left\{\begin{aligned} a &= x + \frac{x''}{x''^2 + y''^2 + z''^2}, \quad b = y + \frac{y''}{x''^2 + y''^2 + z''^2}, \\ c &= z + \frac{z''}{x''^2 + y''^2 + z''^2}. \end{aligned}\right. \tag{8}$$

Aus dieser Form (8) erkennt man analytisch, daß der Mittelpunkt (a, b, c) des Kreises von der Wahl der positiven Richtung der Hauptnormalen vollständig unabhängig ist, eine Tatsache, die ja geometrisch einleuchtet, aber hier daraus folgt, daß die Gleichungen (8) kein Wurzelzeichen enthalten. Da wir im reellen Falle den positiven Sinn der Hauptnormalen auf S. 231 dadurch festgesetzt haben, daß wir r positiv annahmen, lehren die Formeln (7), daß diese Feststellung auch so ausgesprochen werden kann: *Wir haben diejenige Richtung der Hauptnormalen vom Punkte (x, y, z) aus als positiv bezeichnet, auf der der Mittelpunkt (a, b, c) des in mindestens zweiter Ordnung berührenden Kreises liegt.* Im Falle einer reellen Kurve werden also die Strecken auf der Hauptnormalen vom Kurvenpunkte an in der Richtung nach dem Kreismittelpunkte hin positiv gerechnet. Im Falle einer imaginären Kurve dagegen haben wir vorhin die Festsetzung getroffen, daß die Strecke

$$\sqrt{(a-x)^2 + (b-y)^2 + (c-z)^2}$$

vom Kurvenpunkte nach dem Kreismittelpunkte, also nach (7) und wegen $\mathbf{S}\, l^2 = 1$ die Strecke $\sqrt{r^2}$, mit r auf S. 231 identisch sein soll. Die Werte (8) sind auch unabhängig von dem Sinne, in dem die Kurve durchlaufen wird, denn wenn man s durch $-s$ ersetzt, ändern sich die zweiten Ableitungen von x, y, z nach s nicht.

Die Gleichungen des Kreises lauten nun, wenn man die Werte (6) von u, v, w in (3) einsetzt, so:

$$\left\{\begin{aligned} \mathfrak{x} &= r\left(\alpha \sin\frac{\mathfrak{s}}{r} - l\cos\frac{\mathfrak{s}}{r} + l\right) + x, \\ \mathfrak{y} &= r\left(\beta \sin\frac{\mathfrak{s}}{r} - m\cos\frac{\mathfrak{s}}{r} + m\right) + y, \\ \mathfrak{z} &= r\left(\gamma \sin\frac{\mathfrak{s}}{r} - n\cos\frac{\mathfrak{s}}{r} + n\right) + z. \end{aligned}\right. \tag{9}$$

Der Kreis heißt der Krümmungskreis des Punktes (x, y, z) der Kurve (1), gelegentlich auch der Schmiegungskreis oder Oskulationskreis. Ist die Kurve (1) eben, z. B. in der xy-Ebene gelegen, so erkennt man leicht, daß der Krümmungskreis ebenderselbe ist, der im 1. Abschnitte, S. 39, eingeführt wurde.[1] Der Mittelpunkt (a, b, c) des Krümmungskreises heißt der Krümmungsmittelpunkt des Punktes (x, y, z) der Raumkurve. Der reziproke Wert von r wurde schon auf S. 235 die Krümmung genannt.

Man nennt r den Krümmungsradius der Kurve und ϱ den Torsionsradius oder Radius der zweiten Krümmung (vgl. S. 236). Doch ist zu beachten, daß es kein geometrisches Gebilde gibt, bei dem ϱ einen Radius vorstellt wie r beim Krümmungskreise.

Es hat sich ergeben:

Satz 20: Unter allen Kreisen, die eine Kurve an einer Stelle von allgemeiner Lage[2] berühren, gibt es einen, der daselbst die Kurve in mindestens zweiter Ordnung berührt. Er liegt in der Schmiegungsebene der Stelle, sein Mittelpunkt auf der Hauptnormalen. Sind die Koordinaten x, y, z des Kurvenpunktes als Funktionen der Bogenlänge gegeben, so sind

$$a = x + \frac{x''}{x''^2 + y''^2 + z''^2}, \quad b = y + \frac{y''}{x''^2 + y''^2 + z''^2},$$

$$c = z + \frac{z''}{x''^2 + y''^2 + z''^2}$$

die Koordinaten des Mittelpunktes dieses Kreises, wobei der Strich die Differentiation nach der Bogenlänge andeutet.

Fragen wir uns, wann die Berührung von höherer als zweiter Ordnung ist. Nach (9) wird für $s = 0$:

$$\mathfrak{x}_0''' = -\frac{\alpha}{r^2}, \quad \mathfrak{y}_0''' = -\frac{\beta}{r^2}, \quad \mathfrak{z}_0''' = -\frac{\gamma}{r^2}.$$

Also ist nach Satz 6, S. 218, zu fordern:

$$x''' = -\frac{\alpha}{r^2}, \quad y''' = -\frac{\beta}{r^2}, \quad z''' = -\frac{\gamma}{r^2},$$

[1] Bei einer reellen Kurve in der xy-Ebene stimmt jedoch das Vorzeichen von r, das ja im Raume positiv angenommen wird, nur dann mit dem auf S. 48 festgesetzten Vorzeichen von r überein, wenn der Mittelpunkt des Krümmungskreises auf derjenigen Seite der Kurve liegt, nach der ihre positive Normale (vgl. S. 24) gerichtet ist. Vgl. die Erläuterungen auf S. 247.

[2] D. h. an einer Stelle, die nicht singulär oder ein Minimalpunkt ist.

d. h. nach III (*G*):

$$\frac{r'\varrho l + r\lambda}{r\varrho} = 0, \quad \frac{r'\varrho m + r\mu}{r\varrho} = 0, \quad \frac{r'\varrho n + r\nu}{r\varrho} = 0.$$

Multiplizieren wir diese Formeln der Reihe nach mit l, m, n oder mit λ, μ, ν und addieren sie nachher, so kommt nach II (*A*):

$$\frac{r'}{r} = 0, \quad \frac{1}{\varrho} = 0.$$

Umgekehrt, sind diese Bedingungen erfüllt, so sind es auch die drei vorhergehenden, so daß aus III (*G*) rückwärts die Bedingungen für die Berührung in mindestens dritter Ordnung folgen.

Sollten alle Krümmungskreise die Kurve in dritter Ordnung berühren, so müßte längs der Kurve $r' = 0$ oder $1 : r = 0$ und $1 : \varrho = 0$ sein. Nach Satz 14, S. 241, wäre die Kurve eben und wegen $r' = 0$ oder $1 : r = 0$ ein Kreis oder eine Gerade, nach Satz 29, S. 51. Dieser Satz gilt daher auch im Raume.

Beispiel: Bei einer gemeinen Schraubenlinie, vgl. (17) im 4. Beispiele, S. 213, wobei wir den Steigwinkel jetzt ϑ statt α nennen wollen:

$$x = \mathfrak{r} \cos \frac{s \cos \vartheta}{\mathfrak{r}}, \quad y = \mathfrak{r} \sin \frac{s \cos \vartheta}{\mathfrak{r}},$$
$$z = s \sin \vartheta$$

sind die Koordinaten des Krümmungsmittelpunktes:

$$a = -\mathfrak{r}\,\mathrm{tg}^2\,\vartheta \cos \frac{s \cos \vartheta}{\mathfrak{r}},$$
$$b = -\mathfrak{r}\,\mathrm{tg}^2\,\vartheta \sin \frac{s \cos \vartheta}{\mathfrak{r}}, \quad c = s \sin \vartheta.$$

Also ergibt sich für den Punkt ($s = 0$) oder ($\mathfrak{r}$, 0, 0):

$$a = -\mathfrak{r}\,\mathrm{tg}^2\,\vartheta, \quad b = 0, \quad c = 0.$$

Die zugehörige Schmiegungsebene

$$\lambda x + \mu y + \nu z = \lambda \mathfrak{r}$$

hat nach (30), S. 237, die Gleichung

$$\mathfrak{y} \sin \vartheta - \mathfrak{z} \cos \vartheta = 0$$

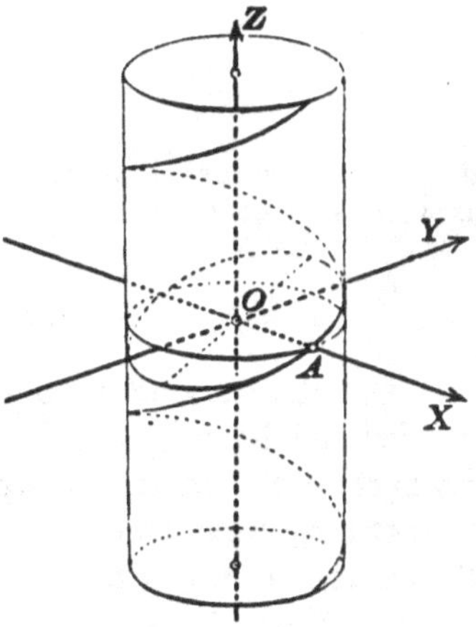

Fig. 73.

und enthält daher die x-Achse. Diese Ebene schneidet den Zylinder der Schraubenlinie in einer Ellipse, deren Halbachsen $\mathfrak{r} : \cos \vartheta$ und $\mathfrak{r}$ sind. Der Krümmungskreis der Ellipse in dem Nebenscheitel A, der mit dem betrachteten

Punkte ($s = 0$) zusammenfällt — siehe Fig. 73[1] —, hat den Wert $\mathfrak{r} : \cos^2 \vartheta$. Derselbe Wert ergab sich bei der Schraubenlinie, siehe (29), S. 236; dies ist nicht überraschend. Fig. 74 gibt in der Verkleinerung auf die Hälfte die Projek-

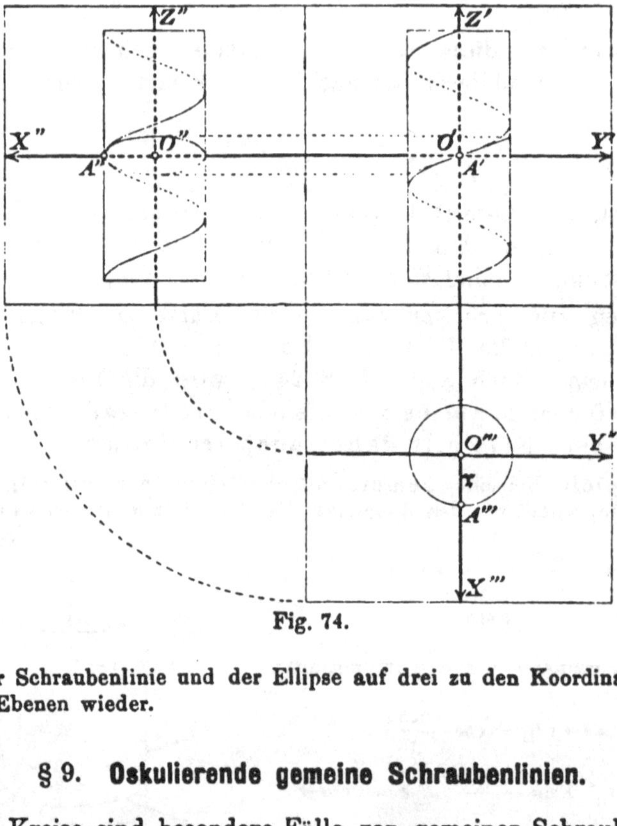

Fig. 74.

tionen der Schraubenlinie und der Ellipse auf drei zu den Koordinatenebenen parallele Ebenen wieder.

§ 9. Oskulierende gemeine Schraubenlinien.

Die Kreise sind besondere Fälle von gemeinen Schraubenlinien, nämlich solche mit dem Steigwinkel Null. Das Problem des vorigen Paragraphen wird also naturgemäß verallgemeinert, wenn man diejenigen gemeinen Schraubenlinien sucht, die eine gegebene Raumkurve an einer gegebenen Stelle in möglichst hoher Ordnung berühren. Dies soll jetzt geschehen.

---

[1] Die Figuren 65 (S. 211), 67 (S. 214) und 73 stellen ein und dieselbe gemeine Schraubenlinie dar, in verschiedenen Lagen senkrecht auf die Bildebene projiziert. Absichtlich sind die Lagen so gewählt worden, daß sie die drei für die Projektionen möglichen Formen zeigen: In Fig. 65 hat das Bild der Schraubenlinie weder Schleifen noch Spitzen, in Fig. 67 dagegen Schleifen und in Fig. 73 Spitzen. In Fig. 74 liegen Kurven vor, die aus der Sinuskurve in der auf S. 212 angegebenen Art hervorgehen.

Zur Vereinfachung der Formeln benutzen wir als Achsenkreuz zweckmäßig das begleitende Dreikant des angenommenen Punktes der Raumkurve, so daß für ihn $\alpha = m = \nu = 1$ wird und alle anderen Richtungskosinus der Tangente, Haupt- und Binormale gleich Null sind. Nach III(B) und III(G) ist also für ihn:

$$(1)\qquad \begin{cases} x_0' = 1, & x_0'' = 0, & x_0''' = -\dfrac{1}{r^2}, \\ y_0' = 0, & y_0'' = \dfrac{1}{r}, & y_0''' = -\dfrac{r'}{r^2}, \\ z_0' = 0, & z_0'' = 0, & z_0''' = -\dfrac{1}{r\varrho}. \end{cases}$$

Der Index Null deutet an, daß die Formeln für den Anfangspunkt gelten, der Strich bezeichnet die Differentiation nach der Bogenlänge, und $1:r$ und $1:\varrho$ sind die Krümmung und Torsion der Raumkurve im Anfangspunkte. Nach (19), S. 214, lauten nun die Gleichungen irgend einer gemeinen Schraubenlinie so:

$$(2)\qquad \begin{cases} \mathfrak{x} = \mathfrak{r}\left(\alpha_1 \cos\dfrac{\mathfrak{s}\cos\vartheta}{\mathfrak{r}} + \alpha_2 \sin\dfrac{\mathfrak{s}\cos\vartheta}{\mathfrak{r}}\right) + \alpha_3\,\mathfrak{s}\sin\vartheta + a, \\ \mathfrak{y} = \mathfrak{r}\left(\beta_1 \cos\dfrac{\mathfrak{s}\cos\vartheta}{\mathfrak{r}} + \beta_2 \sin\dfrac{\mathfrak{s}\cos\vartheta}{\mathfrak{r}}\right) + \beta_3\,\mathfrak{s}\sin\vartheta + b, \\ \mathfrak{z} = \mathfrak{r}\left(\gamma_1 \cos\dfrac{\mathfrak{s}\cos\vartheta}{\mathfrak{r}} + \gamma_2 \sin\dfrac{\mathfrak{s}\cos\vartheta}{\mathfrak{r}}\right) + \gamma_3\,\mathfrak{s}\sin\vartheta + c. \end{cases}$$

Darin ist ϑ der Steigwinkel, $\mathfrak{r}$ der Zylinderradius und (a, b, c) der Fußpunkt des Lotes vom Punkte $(\mathfrak{s} = 0)$ der Schraubenlinie auf die Zylinderachse. Der Parameter $\mathfrak{s}$ bezeichnet die Bogenlänge, ferner sind die $\alpha_i, \beta_i, \gamma_i$ $(i = 1, 2, 3)$ die auf S. 213, 214 angegebenen Richtungskosinus. Die Schraubenlinie ist überall mit sich selbst kongruent; deshalb ist es keine Beschränkung der Allgemeinheit, wenn wir nunmehr verlangen, daß sie die Raumkurve im Anfangspunkte mit ihrer Stelle $(\mathfrak{s} = 0)$ in möglichst hoher Ordnung berühre. Zunächst ist zu fordern, daß $\mathfrak{x}, \mathfrak{y}, \mathfrak{z}$ für $\mathfrak{s} = 0$ verschwinden, d. h.:

$$(3)\qquad a = -\mathfrak{r}\alpha_1, \quad b = -\mathfrak{r}\beta_1, \quad c = -\mathfrak{r}\gamma_1.$$

Die Schraubenlinie berührt nun nach Satz 6, S. 218, die Raumkurve in dem gemeinsamen Anfangspunkte $(s = \mathfrak{s} = 0)$ in mindestens zweiter Ordnung, wenn erstens

$$\mathfrak{x}_0' = \varepsilon x_0', \quad \mathfrak{y}_0' = \varepsilon y_0', \quad \mathfrak{z}_0' = \varepsilon z_0'$$

ist, wo $\varepsilon = \pm 1$ sein darf, und zweitens

$$\mathfrak{x}_0'' = x_0'', \quad \mathfrak{y}_0'' = y_0'', \quad \mathfrak{z}_0'' = z_0''$$

ist. Der Index Null deutet dabei an, daß die Ableitungen nach $\mathfrak{s}$ bzw. s für $\mathfrak{s} = 0$ bzw. $s = 0$ zu bilden sind. Nach (2) und (1) gehen daher die Forderungen hervor:

$$(4)\qquad \begin{cases} \alpha_2 \cos\vartheta + \alpha_3 \sin\vartheta = \varepsilon, \quad \beta_2 \cos\vartheta + \beta_3 \sin\vartheta = 0, \\ \gamma_2 \cos\vartheta + \gamma_3 \sin\vartheta = 0, \end{cases}$$

$$(5)\qquad \alpha_1 = 0, \quad \beta_1 = -\frac{\mathfrak{r}}{r\cos^2\vartheta}, \quad \gamma_1 = 0.$$

Weil die Summe der Quadrate von α_1, β_1 und γ_1 gleich Eins sein muß, folgt aus (5), daß $\beta_1 = +1$ oder -1 ist. Wir verstehen daher unter η (wie vorhin unter ε) eine der beiden Zahlen ± 1 und setzen $\beta_1 = -\eta$, also

$$\mathfrak{r} = \eta r \cos^2\vartheta.$$

Die beiden letzten in I(C) rechtsstehenden Formeln liefern $\beta_2 = \beta_3 = 0$, und es bleiben von den Formeln I(C) nur noch die folgenden übrig:

$$\alpha_2^2 + \gamma_2^2 = 1, \quad \alpha_3^2 + \gamma_3^2 = 1, \quad \alpha_2\alpha_3 + \gamma_2\gamma_3 = 0,$$

während I(F) ergibt:

$$\alpha_2\gamma_3 - \alpha_3\gamma_2 = \eta.$$

Diese Bedingungen aber werden in allgemeinster Weise erfüllt, wenn man setzt:

$$\alpha_2 = \cos\omega, \quad \gamma_2 = \sin\omega, \quad \alpha_3 = -\eta\sin\omega, \quad \gamma_3 = \eta\cos\omega.$$

Nun lehrt (4), daß $\sin\omega = -\varepsilon\eta\sin\vartheta$, $\cos\omega = \varepsilon\cos\vartheta$ wird. Mithin haben sich die Werte ergeben:

$$\begin{aligned} &\alpha_1 = 0, && \beta_1 = -\eta, && \gamma_1 = 0, \\ &\alpha_2 = \varepsilon\cos\vartheta, && \beta_2 = 0, && \gamma_2 = -\varepsilon\eta\sin\vartheta, \\ &\alpha_3 = \varepsilon\sin\vartheta, && \beta_3 = 0, && \gamma_3 = \varepsilon\eta\cos\vartheta, \end{aligned}$$
$$\mathfrak{r} = \eta r\cos^2\vartheta.$$

Außerdem folgt aus (3):

$$a = 0, \quad b = r\cos^2\vartheta, \quad c = 0.$$

Wir erinnern daran, daß ε eine der Zahlen $+1$ und -1 ist und dasselbe von η gilt. Wenn wir alle Werte in (2) einsetzen, kommt:

$$\mathfrak{x} = \varepsilon\left[r\cos^3\vartheta \sin\frac{\mathfrak{s}}{r\cos\vartheta} + \mathfrak{s}\sin^2\vartheta\right],$$

$$\mathfrak{y} = -r\cos^2\vartheta\cos\frac{\mathfrak{s}}{r\cos\vartheta} + r\cos^2\vartheta,$$

$$\mathfrak{z} = \varepsilon\eta\left[-r\cos^2\vartheta\sin\vartheta\sin\frac{\mathfrak{s}}{r\cos\vartheta} + \mathfrak{s}\sin\vartheta\cos\vartheta\right].$$

Man kann nun leicht einsehen, daß man sich auf die Annahme $\varepsilon = 1$, $\eta = 1$ beschränken darf. Denn statt $\mathfrak{s}$ darf ja auch $-\mathfrak{s}$ als Bogenlänge auf der Schraubenlinie eingeführt werden. Tut man dies, so ändern $\mathfrak{x}$ und $\mathfrak{z}$ das Vorzeichen. Daher dürfen wir den bei $\mathfrak{x}$ und $\mathfrak{z}$ vorkommenden Faktor $\varepsilon = +1$ annehmen. Ist dann zunächst $\eta = +1$, so kommt:

$$
(6)\qquad \left\{
\begin{aligned}
\mathfrak{x} &= r\cos^3\vartheta\sin\frac{\mathfrak{s}}{r\cos\vartheta} + \mathfrak{s}\sin^2\vartheta,\\
\mathfrak{y} &= -r\cos^2\vartheta\cos\frac{\mathfrak{s}}{r\cos\vartheta} + r\cos^2\vartheta,\\
\mathfrak{z} &= -r\cos^2\vartheta\sin\vartheta\sin\frac{\mathfrak{s}}{r\cos\vartheta} + \mathfrak{s}\sin\vartheta\cos\vartheta.
\end{aligned}
\right.
$$

Wenn dagegen $\eta = -1$ ist, gelangt man doch wieder zu den Formeln (6), falls man darin ϑ durch $\pi - \vartheta$ ersetzt, weil alsdann $\cos\vartheta$ das Zeichen wechselt, aber $\sin\vartheta$ ungeändert bleibt.

Mithin stellen die Formeln (6), worin ϑ eine willkürliche Konstante bedeutet, alle diejenigen gemeinen Schraubenlinien dar, die im Anfangspunkte mit der Raumkurve eine Berührung von mindestens zweiter Ordnung eingehen, und zwar sind diese Schraubenlinien auf das begleitende Dreikant des betrachteten Punktes der Raumkurve als Achsenkreuz bezogen. Weil sich ergab, daß $\eta = +1$ gewählt werden darf, ist ferner

$$
(7)\qquad \mathfrak{r} = r\cos^2\vartheta
$$

der Radius des Zylinders der Schraubenlinie. Dabei bedeutet r den Krümmungsradius der Raumkurve an der betrachteten Stelle.

Weil der Steigwinkel ϑ beliebig gewählt werden kann, stellt (6) eine einfach unendliche Schar von gemeinen Schraubenlinien dar. Man könnte nun versuchen, den Steigwinkel ϑ insbesondere so zu wählen, daß die Berührung von mindestens dritter Ordnung würde. Nach Satz 6, S. 218, wäre zu fordern:

$$
\mathfrak{x}_0''' = x_0''', \quad \mathfrak{y}_0''' = y_0''', \quad \mathfrak{z}_0''' = z_0'''.
$$

(Hier stehen rechts keine Minuszeichen, da wir nach dem Vorhergehenden jetzt $\varepsilon = +1$ anzunehmen haben). Diese Forderungen liefern aber mit Rücksicht auf (1) die beiden Bedingungen:

$$
\frac{r'}{r^2} = 0, \qquad \frac{\operatorname{tg}\vartheta}{r^2} = -\frac{1}{r\varrho},
$$

von denen sich zwar die zweite durch geeignete Wahl von ϑ befriedigen läßt, die erste jedoch nur dann, wenn an der betrachteten Stelle der Kurve $r' = 0$ oder $1 : r = 0$ ist. Also gilt der

Satz 21:[1] Es gibt eine einfach unendliche Schar von gemeinen Schraubenlinien, die eine Kurve in einem Punkte von allgemeiner Lage in zweiter Ordnung berühren. Unter ihnen ist nur dann eine vorhanden, die eine Berührung in dritter Ordnung mit der Kurve eingeht, falls die Krümmung oder die Ableitung der Krümmung der Kurve nach der Bogenlänge an der betrachteten Stelle verschwindet.

Vom Anfangspunkte, den wir als Punkt der Raumkurve mit P bezeichnen wollen, werde das Lot auf die Achse einer der Schraubenlinien (6) gefällt. Wie schon oben erwähnt wurde, hat der Fußpunkt Q die Koordinaten a, b, c, von denen $a = c = 0$ und $b = r\cos^2\vartheta$ ist. Demnach liegt Q auf der Hauptnormalen des Kurvenpunktes P. Ist die Kurve reell und wird auch ϑ, d. h. auch die Schraubenlinie reell gewählt, so liegt Q irgendwo zwischen dem Kurvenpunkte P und dem zugehörigen Krümmungsmittelpunkte K. Die Richtungskosinus der Schraubenachse sind

$$\alpha_3 = \sin\vartheta, \quad \beta_3 = 0, \quad \gamma_3 = \cos\vartheta.$$

Wegen $\beta_3 = 0$ ist die Schraubenachse zur Hauptnormalen von P (zur y-Achse) senkrecht und liegt also in einer zur Ebene der Tangente und Binormalen parallelen Ebene. Sie läßt sich mittels eines Parameters t in den laufenden Koordinaten X, Y, Z so darstellen:

$$X = a + \alpha_3 t, \quad Y = b + \beta_3 t, \quad Z = c + \gamma_3 t,$$

also so:

$$X = t\sin\vartheta, \quad Y = r\cos^2\vartheta, \quad Z = t\cos\vartheta. \tag{8}$$

Dabei bedeutet t die Strecke von Q bis zum Punkte (X, Y, Z) der Achse. Wählt man $t = r$, so bestimmen die Koordinaten

$$X = r\sin\vartheta, \quad Y = r\cos^2\vartheta, \quad Z = r\cos\vartheta \tag{9}$$

einen der Schnittpunkte $\mathfrak{P}$ der Schraubenachse mit dem geraden Kreiszylinder, dessen Achse die Hauptnormale von P und dessen Radius der Krümmungsradius r ist. Da der Steigwinkel ϑ variieren kann, ist (9) eine Parameterdarstellung der Kurve $\mathfrak{c}$, in der alle Schraubenachsen diesen Zylinder treffen, und zwar mittels des Parameters α. Die Gestalt von $\mathfrak{c}$ erkennt man leichter, wenn man den Anfangspunkt in die Mitte $\mathfrak{M}$ zwischen dem Punkte P und dem Krümmungs-

---

[1] Diese Schar von oskulierenden gemeinen Schraubenlinien wurde wohl zuerst von Schell betrachtet, und zwar synthetisch. Siehe sein auf S. 223 genanntes Buch, in der 3. Aufl. auf S. 135, 136.

mittelpunkte K verlegt, siehe Fig. 75. Im neuen Achsenkreuze hat die Kurve $\mathfrak{c}$ die Gleichungen:

$$\mathfrak{X} = r\sin\vartheta, \quad \mathfrak{Y} = \tfrac{1}{2} r\cos 2\vartheta, \quad \mathfrak{Z} = r\cos\vartheta. \tag{10}$$

Die $\mathfrak{X}\mathfrak{Z}$-Ebene schneidet den Zylinder in einem Kreise $\mathfrak{k}$, und auf $\mathfrak{k}$ sei $\mathfrak{A}$ der Punkt der Halbierenden des Winkels der positiven $\mathfrak{X}$-Achse und $\mathfrak{Z}$-Achse. Nun treffe die Mantellinie eines Punktes $\mathfrak{P}$ oder $(\mathfrak{X}, \mathfrak{Y}, \mathfrak{Z})$ der Kurve $\mathfrak{c}$ den Kreis $\mathfrak{k}$ in $\mathfrak{Q}$. Dann wird

$$\frac{\text{Strecke } \mathfrak{Q}\mathfrak{P}}{\text{Bogen } \mathfrak{A}\mathfrak{Q}} = \frac{\mathfrak{Y}}{(\frac{1}{4}\pi - \vartheta)\, r} = \frac{\frac{1}{2}\cos 2\vartheta}{\frac{1}{4}\pi - \vartheta} = \frac{\sin(\frac{1}{2}\pi - 2\vartheta)}{\frac{1}{2}\pi - 2\vartheta}.$$

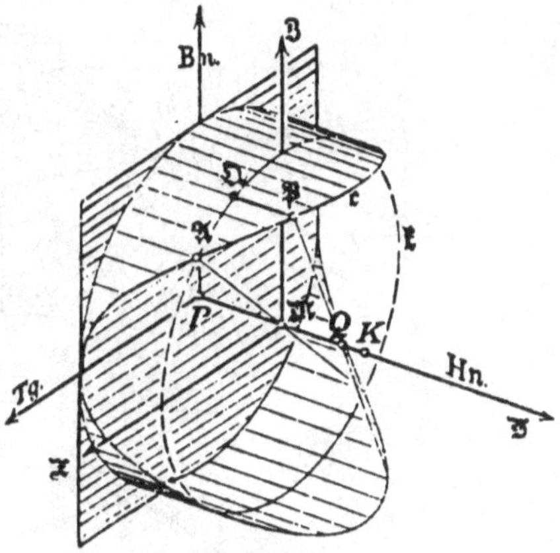

Fig. 75.

Rollt man den Zylinder auf einer Ebene ab (wie auf S. 212), so geht $\mathfrak{k}$ in eine Gerade über, siehe Fig. 76[1], und die Kurve (10) wird nach der vorstehenden Proportion eine Sinuskurve, deren Abszissenachse jene Gerade ist (vgl. das 2. Beispiel S. 43). Dabei wird jedoch die Periode der Sinuskurve, d. h. der zu einem Wellenberge und einem Wellentale gehörige Teil der Abszissenachse, gleich der halben Länge des Kreis-

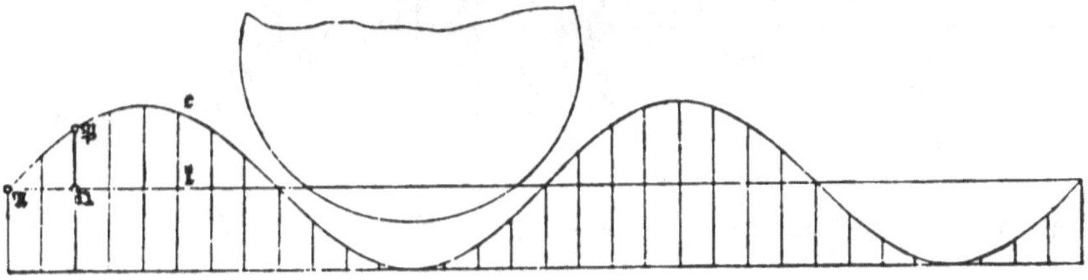
Fig. 76.

umfanges, so daß also eine einmalige Abrollung des Zylinders zwei Perioden der Kurve gibt, wie es Fig. 76 zeigt. Wenn man die Ebene auf den Zylinder aufwickelt, geht aus der Sinuskurve die in Fig. 75 angegebene Kurve $\mathfrak{c}$ oder (10) hervor. Die Achsen der

[1] Wegen Platzmangels ist Fig. 76 auf $^6/_7$ der wahren Größe verkleinert worden; der in der Figur angedeutete Kreis sollte denselben Durchmesser wie der Kreis $\mathfrak{k}$ haben, also die Hauptachse der Ellipse in Fig. 75.

Schraubenlinien sind nun alle Geraden, die die Hauptnormale von P (die y-Achse) senkrecht treffen und außerdem c schneiden. Ihre Gesamtheit bildet eine Fläche, die ein Zylindroid[1] heißt. Um

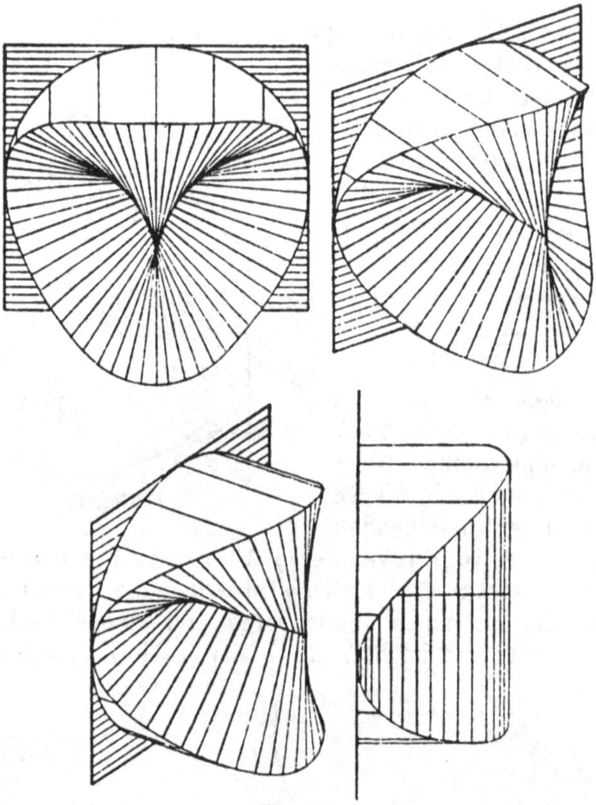

Fig. 77.

eine Vorstellung von ihr zu geben, ist sie in Fig. 77 in vier ver-

[1] Diese Fläche, eine geradlinige Fläche dritter Ordnung, trat zuerst und zwar bei anderen geometrischen Untersuchungen bei PLÜCKER auf, siehe: „On a new geometry of space", Proceedings of the R. Soc. vol. 14, 1865, und Philos. Transactions vol. 155, 1865, S. 756, sowie „Neue Geometrie des Raumes", 1. Abt. Leipzig 1868, S. 97. Auf den Vorschlag von CAYLEY hat BALL, der die Bedeutung dieser Fläche in der Mechanik bemerkte, sie als das Zylindroid bezeichnet, vgl. „The theory of screws, a geometrical study etc.", Transactions of the R. Irish Acad. vol. 25, 1871, S. 157, und „Theory of screws", Dublin 1876. Siehe auch BELTRAMI: „Del moto geometrico di un solido che ruzzola sopra un altro solido", Giornale di Matem. vol. 10, 1872. Das Zylindroid wird gelegentlich auch als PLÜCKERsches Konoid bezeichnet.

schiedenen Lagen dargestellt, in denen die Binormale von P immer dieselbe Neigung zur Bildebene hat. Die Fläche schneidet sich selbst längs der Zylinderachse. Sie erstreckt sich bis ins unendliche, während die Abbildungen nur ihren innerhalb des Zylinders gelegenen Teil zeigen. Zu den Geraden der Fläche gehört die Tangente von P, eine andere ist die Parallele zur Binormalen von P durch den Krümmungsmittelpunkt K. Der Punkt $\mathfrak{M}$ heißt aus naheliegendem Grunde der Mittelpunkt des Zylindroids.

Einige von diesen Ergebnissen fassen wir zusammen in dem

Satz 22: Die Achsen derjenigen gemeinen Schraubenlinien, die eine Kurve in einem Punkte P von allgemeiner Lage in zweiter Ordnung berühren, bilden ein Zylindroid, dessen Zylinderachse die Hauptnormale von P ist und dessen Zylinder die Ebene der Tangente und Binormalen von P in demjenigen Kreise schneidet, der P als Mittelpunkt und den Krümmungsradius von P als Radius hat. Der Mittelpunkt des Zylindroids liegt in der Mitte zwischen P und dem Krümmungsmittelpunkte von P.

Nach Satz 21 gibt es im allgemeinen keine gemeine Schraubenlinie, die mit der Raumkurve an der betrachteten Stelle P eine Berührung in höherer als zweiter Ordnung eingeht. Deshalb sind die bisher untersuchten Schraubenlinien als die in P oskulierenden gemeinen Schraubenlinien zu bezeichnen.

Jede von ihnen hat nach S. 236 eine konstante Krümmung und eine konstante Torsion, nämlich nach (29) ebenda die Krümmung $\cos^2 \vartheta : \mathfrak{r}$, d. h. nach (7) dieselbe Krümmung $1 : r$ wie die Raumkurve in P, und die Torsion

$$-\frac{\sin 2\vartheta}{2\mathfrak{r}} \quad \text{oder} \quad -\frac{\operatorname{tg}\vartheta}{r}.$$

Die Torsion stimmt mit der Torsion $1 : \varrho$ der Raumkurve in P überein, wenn man den Steigwinkel ϑ so wählt, daß

$$\operatorname{tg}\vartheta = -\frac{r}{\varrho} \tag{11}$$

ist, d. h. wenn

$$\sin\vartheta = \frac{r}{\sqrt{r^2+\varrho^2}}, \quad \cos\vartheta = -\frac{\varrho}{\sqrt{r^2+\varrho^2}} \tag{12}$$

gesetzt wird. Dann liefert (6) die gemeine Schraubenlinie:

$$(13)\quad \begin{cases} \mathfrak{x} = \dfrac{r}{r^2+\varrho^2}\left[\dfrac{\varrho^3}{\sqrt{r^2+\varrho^2}}\sin\dfrac{\mathfrak{s}\sqrt{r^2+\varrho^2}}{r\varrho} + r\mathfrak{s}\right], \\ \mathfrak{y} = \dfrac{r\varrho^2}{r^2+\varrho^2}\left[1-\cos\dfrac{\mathfrak{s}\sqrt{r^2+\varrho^2}}{r\varrho}\right], \\ \mathfrak{z} = \dfrac{r}{r^2+\varrho^2}\left[\dfrac{r\varrho^2}{\sqrt{r^2+\varrho^2}}\sin\dfrac{\mathfrak{s}\sqrt{r^2+\varrho^2}}{r\varrho} - \varrho\mathfrak{s}\right]. \end{cases}$$

Man erkennt, daß sich nur eine Schraubenlinie ergibt, obgleich die auftretende Quadratwurzel zweiwertig ist, denn der Sinus wechselt zugleich mit der Wurzel das Zeichen, der Kosinus aber nicht. Demnach gilt

Satz 23:[1] Es gibt nur eine gemeine Schraubenlinie, die eine Kurve in einem Punkte von allgemeiner Lage in zweiter Ordnung berührt und deren konstante Torsion gleich der Torsion der Kurve an der Berührungsstelle ist.

Ihre Achse hat nach (8) und (12) die Gleichungen

$$(14)\qquad X = \frac{r\,t}{\sqrt{r^2+\varrho^2}}, \quad Y = \frac{r\varrho^2}{r^2+\varrho^2}, \quad Z = \frac{-\varrho\,t}{\sqrt{r^2+\varrho^2}},$$

ausgedrückt mittels eines Parameters t. Dabei sind X, Y, Z die laufenden Koordinaten in bezug auf das Dreikant des betrachteten Punktes der Raumkurve.

§ 10. Schraubung des begleitenden Dreikants.

Zu zwei benachbarten Punkten P und P' einer Raumkurve gehören zwei verschiedene Dreikante, gebildet von den positiven Tangenten, Haupt- und Binormalen. Das erste läßt sich mittels einer Bewegung in das zweite verwandeln, und da die Bewegung nach Satz 2, S. 202, im allgemeinen durch eine Schraubung ersetzbar ist, stellen wir uns die Aufgabe, diese Schraubung zu ermitteln. Insbesondere wollen wir nachher untersuchen, welche Lage die Achse der Schraubung erreicht, wenn P' längs der Kurve nach P strebt.

Am bequemsten ist es, als Koordinatenachsen die des Dreikants von P zu benutzen. Die Bogenlänge von P bis P' sei Δs; ferner möge P' in diesem Achsenkreuze die Koordinaten Δx, Δy, Δz haben. Von den neun Richtungskosinus des Dreikants von P sind, weil das Dreikant als Achsenkreuz gewählt wird, α, m und ν gleich Eins und alle übrigen gleich Null. Da das Dreikant von P' zu dem von P

[1] Die in diesem Satze erwähnte besondere gemeine Schraubenlinie kommt schon bei SCHELL vor, vgl. die Anm. zu S. 258.

benachbart ist, drücken wir deshalb seine neun Richtungskosinus mit Hilfe des Differenzenzeichens so aus, wie es die folgende Tabelle angibt:

	x	y	z
Tangente	$1 + \Delta\alpha$	$\Delta\beta$	$\Delta\gamma$
Hauptnormale	Δl	$1 + \Delta m$	Δn
Binormale	$\Delta\lambda$	$\Delta\mu$	$1 + \Delta\nu$

Die Bewegung, die wir betrachten wollen, führt den Punkt, der ursprünglich im Anfangspunkte (in P) liegt, nach P', während die drei Geraden, die ursprünglich in der x-, y- und z-Achse gelegen sind, in die Tangente, Haupt- und Binormale von P' übergehen. In den Formeln des Satzes 2, S. 202, sind demnach a, b, c durch Δx, Δy, Δz, ferner α_1, β_1, γ_1 durch $1 + \Delta\alpha$, $\Delta\beta$, $\Delta\gamma$ und entsprechend α_2, β_2, γ_2 durch Δl, $1 + \Delta m$, Δn sowie α_3, β_3, γ_3 durch $\Delta\lambda$, $\Delta\mu$, $1 + \Delta\nu$ zu ersetzen. Außerdem wollen wir hier mit $\mathfrak{x}$, $\mathfrak{y}$, $\mathfrak{z}$ die Koordinaten eines Punktes in seiner ursprünglichen Lage und mit $\bar{\mathfrak{x}}$, $\bar{\mathfrak{y}}$, $\bar{\mathfrak{z}}$ seine Koordinaten nach vollzogener Bewegung bezeichnen. An die Stelle der genannten Formeln treten danach diese:

$$(1)\qquad \begin{cases} \bar{\mathfrak{x}} = (1 + \Delta\alpha)\,\mathfrak{x} + \Delta l\,.\,\mathfrak{y} + \Delta\lambda\,.\,\mathfrak{z} + \Delta x, \\ \bar{\mathfrak{y}} = \Delta\beta\,.\,\mathfrak{x} + (1 + \Delta m)\,\mathfrak{y} + \Delta\mu\,.\,\mathfrak{z} + \Delta y, \\ \bar{\mathfrak{z}} = \Delta\gamma\,.\,\mathfrak{x} + \Delta n\,.\,\mathfrak{y} + (1 + \Delta\nu)\,\mathfrak{z} + \Delta z. \end{cases}$$

Um die Achse der Schraubung zu finden, durch die man die Bewegung ersetzen kann, berechnet man nach dem angegebenen Satze zunächst drei Größen u, v, w, die den Gleichungen

$$(2)\qquad \begin{cases} \Delta\alpha\,.\,u + \Delta l\,.\,v + \Delta\lambda\,.\,w = 0, \\ \Delta\beta\,.\,u + \Delta m\,.\,v + \Delta\mu\,.\,w = 0, \\ \Delta\gamma\,.\,u + \Delta n\,.\,v + \Delta\nu\,.\,w = 0 \end{cases}$$

genügen. Ist die Quadratsumme der linken Seiten nicht gleich Null, so ist die gesuchte Achse die Gerade, die bei der Annahme

$$(3)\qquad t = \frac{\Delta x\,.\,u + \Delta y\,.\,v + \Delta z\,.\,w}{u^2 + v^2 + w^2}$$

den drei Ebenen

$$(4)\qquad \begin{cases} \Delta\alpha\,.\,\mathfrak{x} + \Delta l\,.\,\mathfrak{y} + \Delta\lambda\,.\,\mathfrak{z} + \Delta x - tu = 0, \\ \Delta\beta\,.\,\mathfrak{x} + \Delta m\,.\,\mathfrak{y} + \Delta\mu\,.\,\mathfrak{z} + \Delta y - tv = 0, \\ \Delta\gamma\,.\,\mathfrak{x} + \Delta n\,.\,\mathfrak{y} + \Delta\nu\,.\,\mathfrak{z} + \Delta z - tw = 0 \end{cases}$$

gemeinsam ist.

Nun wollen wir wie gesagt untersuchen, nach welcher Grenzlage die Achse der Schraubung strebt, wenn P' auf der Kurve nach P rückt, also für $\lim \Delta s = 0$. Es soll also die **unendlich kleine Schraubung** betrachtet werden, die das Dreikant des Punktes P der Kurve in das eines unendlich benachbarten Kurvenpunktes verwandelt.[1]

Dividiert man die Gleichungen (2) mit Δs und macht man dann den Grenzübergang $\lim \Delta s = 0$, so kommt:

$$\alpha' u + l' v + \lambda' w = 0,$$
$$\beta' u + m' v + \mu' w = 0,$$
$$\gamma' u + n' v + \nu' w = 0,$$

wobei der Strich die Differentiation nach der Bogenlänge andeutet. Die Ableitungen der Richtungskosinus sind aber in III(C) angegeben, und im vorliegenden Falle ist $\alpha = m = \nu = 1$, während alle anderen Richtungskosinus den Wert Null haben. Man erkennt daher, daß sich die drei Gleichungen auf die beiden reduzieren:

$$\frac{u}{r} + \frac{w}{\varrho} = 0, \qquad v = 0.$$

Wir können also

$$u = r, \qquad v = 0, \qquad w = -\varrho$$

setzen, so daß $u^2 + v^2 + w^2 = r^2 + \varrho^2$ ist. Wenn wir nun

(5) $$r^2 + \varrho^2 \neq 0$$

annehmen, ist die Bewegung nach Satz 2, S. 202, in der Tat durch eine Schraubung ersetzbar. Da

$$\Delta x = \frac{x'}{1!} \Delta s + \frac{x''}{2!} \Delta s^2 + \ldots,$$
$$\Delta y = \frac{y'}{1!} \Delta s + \frac{y''}{2!} \Delta s^2 + \ldots,$$
$$\Delta z = \frac{z'}{1!} \Delta s + \frac{z''}{2!} \Delta s^2 + \ldots$$

ist und x', y', z' nach III(B) gleich α, β, γ, also gleich 1, 0, 0 sind, kommt für $\lim \Delta s = 0$:

$$\lim \frac{\Delta x}{\Delta s} = 1, \qquad \lim \frac{\Delta y}{\Delta s} = 0, \qquad \lim \frac{\Delta z}{\Delta s} = 0.$$

---

[1] Diese unendlich-kleine Schraubung wurde von Beltrami in der Abhandlung: „Intorno ad una proprietà delle curve a doppia curvatura", Giornale di Matem. vol. 5, 1867, betrachtet.

Wird (3) mit $\varDelta s$ dividiert und dann der Grenzübergang $\lim \varDelta s = 0$ gemacht, so folgt mithin:

$$\lim \frac{t}{\varDelta s} = \frac{u}{u^2 + v^2 + w^2} = \frac{r}{r^2 + \varrho^2}.$$

Dividieren wir schließlich (4) mit $\varDelta s$ und machen wir dann den Grenzübergang $\lim \varDelta s = 0$, so kommt ähnlich wie bei der Behandlung der Gleichungen (2):

$$-\frac{1}{r}\mathfrak{y} + 1 - \frac{r^2}{r^2 + \varrho^2} = 0,$$

$$\frac{1}{r}\mathfrak{x} + \frac{1}{\varrho}\mathfrak{z} = 0,$$

$$-\frac{1}{\varrho}\mathfrak{y} + \frac{r\varrho}{r^2 + \varrho^2} = 0.$$

Die erste und letzte Gleichung besagen dasselbe, und wir erhalten daher als die Gleichungen der Achse der unendlich kleinen Schraubung diese beiden:

(6) $$\varrho\mathfrak{x} + r\mathfrak{z} = 0, \qquad \mathfrak{y} = \frac{r\varrho^2}{r^2 + \varrho^2}.$$

Da die in (14), S. 262, angegebenen Werte von X, Y, Z ihnen, für $\mathfrak{x}, \mathfrak{y}, \mathfrak{z}$ eingesetzt, genügen, so folgt, daß die Achse der unendlich kleinen Schraubung identisch ist mit der Achse derjenigen gemeinen Schraubenlinie, die die Raumkurve in P oskuliert und überdies dieselbe Torsion wie die Raumkurve in P hat.

Aus (1) läßt sich auch der analytische Ausdruck der unendlich kleinen Schraubung gewinnen. Die neuen Koordinaten $\bar{\mathfrak{x}}, \bar{\mathfrak{y}}, \bar{\mathfrak{z}}$ nämlich werden nach $\mathfrak{x}, \mathfrak{y}, \mathfrak{z}$ streben, wenn $\varDelta s$ nach Null strebt. Deshalb bezeichnen wir sie mit $\mathfrak{x} + \varDelta\mathfrak{x}$, $\mathfrak{y} + \varDelta\mathfrak{y}$, $\mathfrak{z} + \varDelta\mathfrak{z}$, so daß sich statt (1) ergibt:

$$\varDelta\mathfrak{x} = \varDelta\alpha \cdot \mathfrak{x} + \varDelta l \cdot \mathfrak{y} + \varDelta\lambda \cdot \mathfrak{z} + \varDelta x,$$

$$\varDelta\mathfrak{y} = \varDelta\beta \cdot \mathfrak{x} + \varDelta m \cdot \mathfrak{y} + \varDelta\mu \cdot \mathfrak{z} + \varDelta y,$$

$$\varDelta\mathfrak{z} = \varDelta\gamma \cdot \mathfrak{x} + \varDelta n \cdot \mathfrak{y} + \varDelta\nu \cdot \mathfrak{z} + \varDelta z.$$

Für $\lim \varDelta s = 0$ werden aus $\varDelta\mathfrak{x}, \varDelta\mathfrak{y}, \varDelta\mathfrak{z}$ Differentiale $d\mathfrak{x}, d\mathfrak{y}, d\mathfrak{z}$, so daß aus diesen Gleichungen nach Division mit $\varDelta s$ beim Grenzübergange hervorgeht:

(7) $$\left\{\begin{aligned} \frac{d\mathfrak{x}}{ds} &= -\frac{\mathfrak{y}}{r} + 1, \\ \frac{d\mathfrak{y}}{ds} &= \frac{\mathfrak{x}}{r} + \frac{\mathfrak{z}}{\varrho}, \\ \frac{d\mathfrak{z}}{ds} &= -\frac{\mathfrak{y}}{\varrho}. \end{aligned}\right.$$

Bei der unendlich kleinen Schraubung kommt also einem beliebigen Punkte $(\mathfrak{x}, \mathfrak{y}, \mathfrak{z})$ eine Fortschreitungsrichtung zu, deren Richtungskosinus den in (7) angegebenen Werten von $d\mathfrak{x}:ds$, $d\mathfrak{y}:ds$ und $d\mathfrak{z}:ds$ proportional sind.

Denkt man sich beständig auf alle Punkte $(\mathfrak{x}, \mathfrak{y}, \mathfrak{z})$ des Raumes eben diese unendlich kleine Schraubung ausgeübt, so kommt man zu dem Begriffe einer **stetigen Schraubung**. Diese stetige Schraubung denkt man sich am besten so entstanden: Zuerst führt man diejenige Schraubung aus, die den Punkt P und sein Dreikant in einen benachbarten Punkt P' und sein Dreikant verwandelt. Alsdann führt man auf das Ergebnis genau dieselbe Schraubung aus, und dies wiederholt man beliebig oft. So entsteht eine Folge von lauter gleichartigen einzelnen Schraubungen um dieselbe Achse und mit demselben Drehwinkel. Nun erst macht man den Grenzübergang $\lim \Delta s = 0$; alsdann erscheint die stetige Schraubung als eine Summe von lauter gleichartigen unendlich kleinen Schraubungen.

Bei der stetigen Schraubung, die durch beständige Wiederholung der unendlich kleinen Schraubung (7) hervorgeht, behalten r und ϱ in (7) wohlbemerkt immer dieselben Werte, nämlich die Werte, die dem Krümmungs- und Torsionsradius an der Kurvenstelle P zukommen. Da aber r und ϱ längs der Kurve Funktionen der Bogenlänge s sind, empfiehlt es sich zur Vermeidung von Verwirrungen, in (7) statt ds ein anderes Differential, etwa $d\mathfrak{s}$, zu schreiben. Alsdann faßt man, um zum analytischen Ausdrucke derjenigen stetigen Schraubung zu gelangen, die von der unendlich kleinen Schraubung erzeugt wird, $\mathfrak{x}, \mathfrak{y}, \mathfrak{z}$ als **solche Funktionen von** $\mathfrak{s}$ auf, die den drei Gleichungen genügen:

$$(8)\qquad \begin{cases} \dfrac{d\mathfrak{x}}{d\mathfrak{s}} = -\dfrac{\mathfrak{y}}{r} + 1, \\[2mm] \dfrac{d\mathfrak{y}}{d\mathfrak{s}} = \dfrac{\mathfrak{x}}{r} + \dfrac{\mathfrak{z}}{\varrho}, \\[2mm] \dfrac{d\mathfrak{z}}{d\mathfrak{s}} = -\dfrac{\mathfrak{y}}{\varrho}, \end{cases}$$

worin r und ϱ **gegebene Konstanten** bedeuten.

Die Gleichungen (8) sind drei **gewöhnliche Differentialgleichungen erster Ordnung** zur Bestimmung der Funktionen $\mathfrak{x}, \mathfrak{y}, \mathfrak{z}$ von $\mathfrak{s}$. Gewisse Funktionen $\mathfrak{x}, \mathfrak{y}, \mathfrak{z}$ von $\mathfrak{s}$, die ihnen genügen, kennen wir schon, nämlich die auf S. 262 unter (13) aufgestellten. In der Tat überzeugt man sich leicht davon, daß die Funktionen:

$$
(9)\qquad\left\{\begin{aligned}
\mathfrak{x} &= \frac{r}{r^2+\varrho^2}\left[\frac{\varrho^3}{\sqrt{r^2+\varrho^2}}\sin\frac{\mathfrak{s}\sqrt{r^2+\varrho^2}}{r\varrho}+r\mathfrak{s}\right],\\
\mathfrak{y} &= \frac{r\varrho^2}{r^2+\varrho^2}\left[1-\cos\frac{\mathfrak{s}\sqrt{r^2+\varrho^2}}{r\varrho}\right],\\
\mathfrak{z} &= \frac{r}{r^2+\varrho^2}\left[\frac{r\varrho^2}{\sqrt{r^2+\varrho^2}}\sin\frac{\mathfrak{s}\sqrt{r^2+\varrho^2}}{r\varrho}-\varrho\mathfrak{s}\right].
\end{aligned}\right.
$$

deren Ableitungen nach $\mathfrak{s}$ sind:

$$
\begin{aligned}
\frac{d\mathfrak{x}}{d\mathfrak{s}} &= \frac{1}{r^2+\varrho^2}\left[\varrho^2\cos\frac{\mathfrak{s}\sqrt{r^2+\varrho^2}}{r\varrho}+r^2\right],\\
\frac{d\mathfrak{y}}{d\mathfrak{s}} &= \frac{\varrho}{\sqrt{r^2+\varrho^2}}\sin\frac{\mathfrak{s}\sqrt{r^2+\varrho^2}}{r\varrho},\\
\frac{d\mathfrak{z}}{d\mathfrak{s}} &= \frac{r\varrho}{r^2+\varrho^2}\left[\cos\frac{\mathfrak{s}\sqrt{r^2+\varrho^2}}{r\varrho}-1\right],
\end{aligned}
$$

den Gleichungen (8) genügen. Denn wenn man sie und ihre Ableitungen in (8) einsetzt, entstehen lauter Identitäten. Dies war vorauszusehen. Denn die Gleichungen (9) sind ja eine Parameterdarstellung derjenigen gemeinen Schraubenlinie, deren Achse die Gerade (6) ist, die ferner durch den Punkt P geht, dort die Raumkurve oskuliert und dieselbe Torsion hat.

Bei der stetigen Schraubung ist also die Bahn eines Punktes, der zunächst in P liegt, gerade diejenige gemeine Schraubenlinie, die in P die Raumkurve oskuliert und deren Torsion gleich der Torsion der Raumkurve an der Stelle P ist.

Einen Teil der Ergebnisse sprechen wir so aus:

Satz 24: Ist für einen Punkt P einer Kurve die Summe der Quadrate des Krümmungsradius und des Torsionsradius nicht gerade gleich Null, so läßt sich sein begleitendes Dreikant vermöge einer unendlich kleinen Schraubung in das begleitende Dreikant eines unendlich benachbarten Kurvenpunktes überführen. Die Achse der Schraubung ist identisch mit der Achse derjenigen gemeinen Schraubenlinie, die die Kurve in P in zweiter Ordnung berührt und dieselbe Torsion wie die Kurve in P hat, und die Bahn von P wird eben diese Schraubenlinie.

Der Schnittpunkt der Schraubenachse mit der Hauptnormalen von P (der y-Achse) wird nach (6) durch

$$\mathfrak{y} = \frac{r\varrho^2}{r^2+\varrho^2}$$

bestimmt. Im reellen Falle liegt er auf der positiven Hauptnormalen zwischen P und dem Krümmungsmittelpunkte K von P, vgl. S. 258. Die Achse ist zur Hauptnormalen senkrecht und hat nach (6) die Gleichung

$$\varrho \mathfrak{x} + r \mathfrak{z} = 0,$$

bezogen auf das Koordinatensystem derjenigen beiden Achsen, die man durch jenen Schnittpunkt parallel zur positiven Tangente und positiven Binormalen von P ziehen kann. Da r im reellen Falle stets positiv ist (nach S. 231), hat sie also die in Fig. 78 oder die in Fig. 79 dargestellte Lage, je nachdem die Torsion $1:\varrho$ positiv oder negativ ist. Bei der unendlich kleinen Schraubung bewegt sich P momentan längs der Schraubenlinie, um zusammen mit seinem

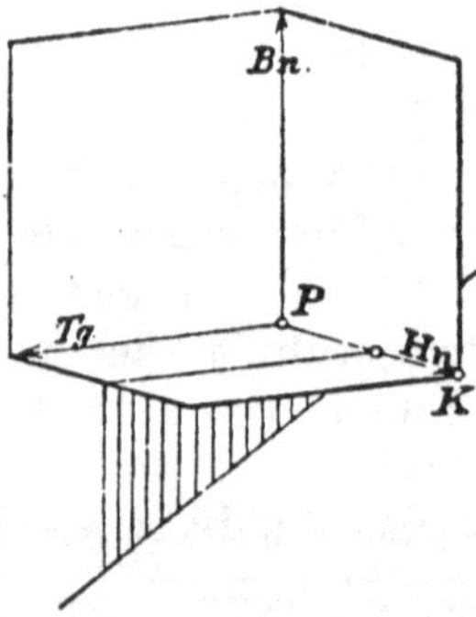

Fig. 78.

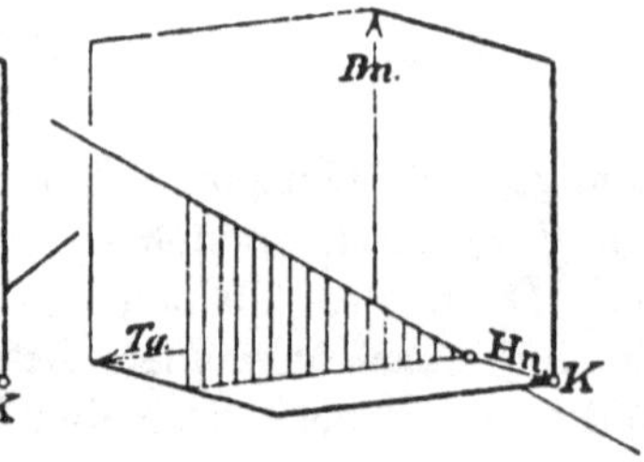

Fig. 79.

Dreikante in einen unendlich benachbarten Punkt der Kurve zusammen mit seinem Dreikante überzugehen. Weil die Kurventangente von P zugleich die Tangente der Schraubenlinie ist, sieht man: Im Falle $1:\varrho > 0$ ist die Schraubenlinie linksgewunden, im Falle $1:\varrho < 0$ rechtsgewunden (vgl. S. 213). Da sie sich der Kurve in der Umgebung des Punktes P besonders eng anschmiegt, sagt man auch, daß die Kurve an der Stelle P links- oder rechtsgewunden sei, je nachdem ihre Torsion dort positiv oder negativ ist. Weil die Art der Windung der Schraubenlinie ganz unabhängig davon ist, wie man sie sich orientiert denkt, gilt dasselbe bei der Raumkurve. In der Tat behält auch die Torsion der Raumkurve ihren Wert, falls man die Kurve anders orientiert. Denn wenn man die Bogenlänge s durch $-s$ ersetzt, ändern x', y', z', und x''', y''', z''' ihre Vorzeichen, dagegen x'', y'', z'' nicht, so daß der Wert III (E) der Torsion derselbe bleibt.

§ 11. Differentialinvarianten einer Kurve im Raume.

Wie bisher untersuchen wir eine Kurve

$$(1) \qquad x = \varphi(t), \quad y = \chi(t), \quad z = \psi(t)$$

auch weiterhin in der Umgebung einer Stelle (t). Die Zunahmen Δx, Δy, Δz, die den Koordinaten beim Wachsen von t um Δt zukommen, stellen sich als Potenzreihen dar, indem z. B.

$$\Delta x = x' \frac{\Delta t}{1!} + x'' \frac{\Delta t^2}{2!} + x''' \frac{\Delta t^3}{3!} + \dots$$

ist. Deshalb sind alle diejenigen Größen, die durch die vorgelegte Kurve (1) definiert werden und sich nur auf eine beliebig kleine Umgebung einer Stelle (t) der Kurve beziehen, Funktionen Ω von t, von x, y, z und von den in den Reihenentwicklungen auftretenden Koeffizienten x', y', z', x'', y'', z'' usw. Aber nicht alle Größen Ω haben eine Bedeutung, die von der zufälligen Art der analytischen Darstellung der Kurve unabhängig ist, vielmehr nur diejenigen, die stets ungeändert bleiben, wenn man einen neuen Parameter τ vermöge irgend einer erlaubten Substitution $t = w(\tau)$ nach S. 204 einführt. Welche Funktionen Ω dies sind, ist leicht zu erkennen: Insbesondere nämlich kann man x selbst als Parameter einführen, sobald $x = \varphi(t)$ nicht konstant ist, und deshalb handelt es sich um solche Funktionen, die nur von x, y, z und den Ableitungen von y und z nach x abhängen. Dabei hat man unter t die durch die erste Gleichung (1) definierte Funktion von x zu verstehen, so daß $y = \chi(t)$ und $z = \psi(t)$ ebenfalls Funktionen von x bedeuten. Umgekehrt leuchtet ein, daß eine nur von x, y, z und von den Ableitungen von y und z nach x abhängige Funktion eine Größe ist, die immer dieselbe bleibt, welche Parameterdarstellung man auch für die Kurve wählen mag. Wir erinnern hierbei an die einleitenden Bemerkungen in § 11 des ersten Abschnittes, S. 74, 75. Dort beschränkten wir uns von vornherein bei einer vorgelegten Kurve in der xy-Ebene auf Funktionen, die bloß von x, y und den Ableitungen von y nach x abhängen. Die vorhergehende Überlegung zeigt, daß dies berechtigt war. —

Insbesondere sollen nun die Differentialinvarianten der Raumkurve (1) gegenüber allen Bewegungen im Raume untersucht werden, d. h. diejenigen Funktionen

$$(2) \qquad J\left(x, y, z, \frac{dy}{dx}, \frac{dz}{dx}, \frac{d^2y}{dx^2}, \frac{d^2z}{dx^2}, \dots \frac{d^ny}{dx^n}, \frac{d^nz}{dx^n}\right),$$

die ungeändert bleiben, wenn man die Kurve (1) irgend welchen Bewegungen unterwirft.[1] Da eine Minimalkurve erster Ordnung nach Satz 18, S. 245, vermöge einer Bewegung wieder in eine derartige Kurve verwandelt wird und das Entsprechende für eine Minimalkurve zweiter Ordnung gilt, geht eine Kurve, die keine Minimalkurve der einen oder anderen Art ist, auch nie durch Bewegung in eine derartige besondere Kurve über. Deshalb kann man bei dem Problem der Bestimmung der Differentialinvarianten von vornherein von den Minimalkurven erster und zweiter Ordnung Abstand nehmen. Bei ihnen würde es eine besondere Untersuchung erfordern. Wir wollen ferner von den geraden Linien absehen, über deren Verhalten gegenüber Bewegungen des Raumes wir Bescheid wissen.

Die Koordinate x als unabhängige Veränderliche in der Funktion J zu verwenden, ist unerwünscht, weil erstens dadurch die Symmetrie gestört wird und weil sie zweitens nicht benutzt werden kann, wenn insbesondere $x = \varphi(t)$ konstant ist. Man wird es deshalb vorziehen, die Bogenlänge s als unabhängige Veränderliche anzuwenden. Deutet der Strich die Differentiation nach s an, so ist

$$\frac{dy}{dx} = \frac{dy:ds}{dx:ds} = \frac{y'}{x'}, \qquad \frac{dz}{dx} = \frac{dz:ds}{dx:ds} = \frac{z'}{x'};$$

abermalige Differentiation nach x gibt:

$$\frac{d^2y}{dx^2} = \frac{x'y'' - y'x''}{x'^3}, \qquad \frac{d^2z}{dx^2} = \frac{x'z'' - z'x''}{x'^3}$$

usw. Demnach lassen sich die Funktionen von x, y, z und den Ableitungen von y und z nach x bis zur n^{ten} Ordnung auch in der Form von Funktionen

$$J(x,\, y,\, z,\, x',\, y',\, z',\, x'',\, y'',\, z'',\, \ldots\, x^{(n)},\, y^{(n)},\, z^{(n)}) \tag{3}$$

von x, y, z und ihren Ableitungen nach der Bogenlänge bis zur n^{ten} Ordnung darstellen. Umgekehrt: Auf S. 227, 228 wurde gezeigt, daß man die Ableitungen von x, y, z nach s durch die nach irgend einem Parameter, also z. B. nach x, ausdrücken kann. Hierbei aber darf ein wichtiger Umstand nicht übersehen werden: Es tritt eine Quadratwurzel auf, die zweiwertig ist; infolge davon ergeben sich für die Ableitungen ungerader Ordnung x', y', z', x''', y''', z''' usw. zweiwertige Ausdrücke. Deshalb ist eine Funktion von der Form (3) nur dann als einwertige Funktion von der Form (2) darstellbar,

[1] Vgl. die Anm. zu S. 75.

wenn sie sich nicht ändert, sobald alle Ableitungen ungerader Ordnung x', y' z', x''', y''', z''' usw. mit -1 multipliziert werden.

Soll also eine Funktion von der Form (3) eine Differentialinvariante sein, so haben wir nicht nur zu verlangen, daß sie ungeändert bleibt, falls man die Raumkurve beliebigen Bewegungen unterwirft, sondern überdies, daß sie sich nicht ändere, wenn die Ableitungen ungerader Ordnung sämtlich mit -1 multipliziert werden. Die zweite Bedingung kann man auch so aussprechen: Die Funktion soll sich nicht ändern. wenn man die Bogenlänge s durch $-s$ ersetzt oder also die Orientierung der Kurve abändert.

Geht nun der Punkt (x, y, z) der Kurve vermöge irgend einer Bewegung in den Punkt $(\bar{x}, \bar{y}, \bar{z})$ über,[1] so bestehen nach I(A) Gleichungen von der Form:

$$(4)\qquad \begin{cases} \bar{x} = \alpha_1 x + \alpha_2 y + \alpha_3 z + a, \\ \bar{y} = \beta_1 x + \beta_2 y + \beta_3 z + b, \\ \bar{z} = \gamma_1 x + \gamma_2 y + \gamma_3 z + c. \end{cases}$$

Da wir jetzt die Koordinaten x, y, z als Funktionen der Bogenlänge s betrachten, werden hiernach auch $\bar{x}$, $\bar{y}$, $\bar{z}$ Funktionen von s, und l-malige Differentiation nach s gibt:

$$(5)\qquad \begin{cases} \bar{x}^{(l)} = \alpha_1 x^{(l)} + \alpha_2 y^{(l)} + \alpha_3 z^{(l)}, \\ \bar{y}^{(l)} = \beta_1 x^{(l)} + \beta_2 y^{(l)} + \beta_3 z^{(l)}, \\ \bar{z}^{(l)} = \gamma_1 x^{(l)} + \gamma_2 y^{(l)} + \gamma_3 z^{(l)}. \end{cases}$$

Nun ist nach Satz 3, S. 209:

$$(6)\qquad x'^2 + y'^2 + z'^2 = 1.$$

Bildet man aus (5) für $l = 1$ durch Quadrieren und Addieren den Ausdruck $\bar{x}'^2 + \bar{y}'^2 + \bar{z}'^2$, so ergibt sich für ihn wegen I(C) sofort der Wert $x'^2 + y'^2 + z'^2$, also nach (6) der Wert Eins. Mithin ist s auch bei der transformierten Kurve die Bogenlänge. Dies war natürlich vorauszusehen.

Eine Funktion J von x, y, z und ihren Ableitungen nach s ist nun dann und nur dann eine Differentialinvariante, wenn erstens stets

$$(7)\qquad J(\bar{x}, \bar{y}, \bar{z}, \bar{x}', \bar{y}', \bar{z}', \bar{x}'', \ldots) = J(x, y, z, x', y', z', x'', \ldots)$$

---

[1] Wir wählen also hier die Bezeichnungen der Koordinaten umgekehrt wie in § 2, S. 198.

infolge von (4) und (5) ist und zweitens J ungeändert bleibt, falls die Ableitungen ungerader Ordnung mit -1 multipliziert werden. Insbesondere heißt sie eine Differentialinvariante n^{ter} Ordnung, wenn sie die Ableitungen nach s bis zur n^{ten} Ordnung enthält. Offenbar ist jede einwertige analytische Funktion von Differentialinvarianten wiederum eine Differentialinvariante.

Wie auf S. 77 findet man eine erste Eigenschaft der gesuchten Differentialinvarianten so: Benutzt man als Bewegung insbesondere eine Schiebung

$$\bar{x} = x + a, \quad \bar{y} = y + b, \quad \bar{z} = z + c,$$

so werden $\bar{x}^{(i)}, \bar{y}^{(i)}, \bar{z}^{(i)}$ bzw. gleich $x^{(i)}, y^{(i)}, z^{(i)}$, so daß aus der Forderung (7) hervorgeht:

$$J(x + a,\ y + b,\ z + c,\ x', y', z', x'', \ldots) = J(x, y, z, x', y', z'\ x'', \ldots).$$

Diese Gleichung kann aber nur dann für alle Werte der Konstanten a, b, c bestehen, wenn in J die drei ersten Argumente fehlen. Die Differentialinvarianten enthalten somit nur die Ableitungen der Koordinaten, nicht die Koordinaten selbst.

Jede Bewegung im Raume kann dadurch bewirkt werden, daß man zunächst den Anfangspunkt durch eine Schiebung in irgend eine andere Lage (a, b, c) bringt und dann irgend eine Bewegung ausübt, die den neuen Anfangspunkt in Ruhe läßt. Nach dem Vorhergehenden brauchen wir daher nur noch solche Funktionen

$$J(x', y', z', x'', y'', z'', \ldots)$$

zu suchen, die bei denjenigen Bewegungen (4) ungeändert bleiben, die den Anfangspunkt O in Ruhe lassen, d. h. wir dürfen von jetzt an die Konstanten a, b, c in (4) gleich Null wählen. Um nun alle wesentlichen Differentialinvarianten bis zur zweiten Ordnung zu bestimmen, schließen wir so:

Werden zwei beliebige Punkte P_1 und P_2 oder (x_1, y_1, z_1) und (x_2, y_2, z_2) derselben Bewegung (4) (für $a = b = c = 0$) wie die Kurve unterworfen, so gehen sie in Punkte $\bar{P}_1$ und $\bar{P}_2$ mit den Koordinaten

$$\begin{aligned}
\bar{x}_1 &= \alpha_1 x_1 + \alpha_2 y_1 + \alpha_3 z_1, & \bar{x}_2 &= \alpha_1 x_2 + \alpha_2 y_2 + \alpha_3 z_2,\\
\bar{y}_1 &= \beta_1 x_1 + \beta_2 y_1 + \beta_3 z_1, & \bar{y}_2 &= \beta_1 x_2 + \beta_2 y_2 + \beta_3 z_2,\\
\bar{z}_1 &= \gamma_1 x_1 + \gamma_2 y_1 + \gamma_3 z_1, & \bar{z}_2 &= \gamma_1 x_2 + \gamma_2 y_2 + \gamma_3 z_2
\end{aligned}$$

über. Demnach drücken sich die Koordinaten

$$\bar{x}_1, \bar{y}_1, \bar{z}_1 \quad \text{bzw.} \quad \bar{x}_2, \bar{y}_2, \bar{z}_2$$

genau so durch die Koordinaten

$$x_1,\ y_1,\ z_1 \quad \text{bzw.} \quad x_2,\ y_2,\ z_2$$

aus wie nach (5) die Ableitungen

$$\bar{x}',\ \bar{y}',\ \bar{z}' \quad \text{bzw.} \quad \bar{x}'',\ \bar{y}'',\ \bar{z}''$$

durch die Ableitungen

$$x',\ y',\ z' \quad \text{bzw.} \quad x'',\ y'',\ z''.$$

Aus einer Differentialinvariante zweiter Ordnung $J(x', y', z', x'', y'', z'')$ geht daher, wenn man die Striche durch untere Indizes ersetzt, eine Funktion $J(x_1, y_1, z_1, x_2, y_2, z_2)$ der Koordinaten von P_1 und P_2 hervor, und zwar eine Funktion, die ungeändert bleibt, wenn man die Punkte P_1 und P_2 irgend einer Bewegung unterwirft, bei der der Anfangspunkt O in Ruhe bleibt. Die Aufgabe, alle Differentialinvarianten bis zur zweiten Ordnung zu berechnen, deckt sich somit analytisch mit der Aufgabe, diejenigen voneinander unabhängigen Funktionen der Koordinaten von P_1 und P_2 zu ermitteln, deren Unveränderlichkeit bewirkt, daß das Dreieck OP_1P_2 in ein kongruentes Dreieck $O\bar{P}_1\bar{P}_2$ übergeht. Aber die beiden Dreiecke sind dann und nur dann kongruent, wenn

$$OP_1^2 = O\bar{P}_1^2, \quad OP_2^2 = O\bar{P}_2^2, \quad P_1P_2^2 = \bar{P}_1\bar{P}_2^2$$

ist, d. h. jede Funktion der Koordinaten von P_1 und P_2, die bei allen Bewegungen mit festgehaltenem Anfangspunkte O ungeändert bleibt, muß sich als eine Funktion von

$$OP_1^2 = x_1^2 + y_1^2 + z_1^2, \qquad OP_2^2 = x_2^2 + y_2^2 + z_2^2,$$
$$P_1P_2^2 = (x_1 - x_2)^2 + (y_1 - y_2)^2 + (z_1 - z_2)^2$$

darstellen. Da aber

$$\tfrac{1}{2}(OP_1^2 + OP_2^2 - P_1P_2^2) = x_1x_2 + y_1y_2 + z_1z_2$$

ist, ergibt sich, wenn wir wieder x_1, y_1, z_1 durch x', y', z' und x_2, y_2, z_2 durch x'', y'', z'' ersetzen:

Jede Differentialinvariante bis zur zweiten Ordnung muß sich als eine Funktion der drei Funktionen

$$x'^2 + y'^2 + z'^2, \quad x''^2 + y''^2 + z''^2, \quad x'x'' + y'y'' + z'z''$$

darstellen, und umgekehrt ist jede Funktion von diesen dreien eine Differentialinvariante. Der erste Ausdruck aber hat nach (6) den Wert Eins, daher der letzte den Wert Null. Der zweite endlich ist nach III(D) gleich dem Quadrate der Krümmung oder also gleich dem reziproken Werte des Quadrates des Krümmungsradius r der Kurve. Also ergibt sich als einzige wesentliche Differentialinvariante bis zur zweiten Ordnung das Quadrat $1:r^2$ der Krümmung. Denn man sieht auch, daß sich $1:r^2$ nicht ändert, falls die Ableitungen ungerader Ordnung nach s ihr Zeichen wechseln.

Ferner erkennt man schon aus der geometrischen Bedeutung der Torsion $1:\varrho$ (siehe S. 268), daß sie unverändert bleibt, in welche Lage man die Raumkurve auch bringen mag. Man beweist es analytisch so: Nach III(E) und III(D) wird

$$-\frac{1}{r^2\varrho} = \begin{vmatrix} x' & x'' & x''' \\ y' & y'' & y''' \\ z' & z'' & z''' \end{vmatrix},$$

daher bei der Kurve in der neuen Lage

$$-\frac{1}{\bar{r}^2\bar{\varrho}} = \begin{vmatrix} \bar{x}' & \bar{x}'' & \bar{x}''' \\ \bar{y}' & \bar{y}'' & \bar{y}''' \\ \bar{z}' & \bar{z}'' & \bar{z}''' \end{vmatrix}.$$

Hierin ist $\bar{r}^2 = r^2$, wie sich vorhin ergab. Setzt man in die zweite Determinante die aus (5) für $l = 1, 2, 3$ folgenden Werte ein, so geht sie über in das Produkt der ersten Determinante mit der Determinante der neun Richtungskosinus α_i, β_i, γ_i ($i = 1, 2, 3$), die aber nach I(F) den Wert Eins hat. Die Vergleichung der beiden letzten Formeln lehrt daher, daß $1:\bar{\varrho} = 1:\varrho$ ist. Überdies ändert sich $1:\varrho$ nicht, wenn x', y', z' und x''', y''', z''' mit -1 multipliziert werden. Folglich stellt die Torsion $1:\varrho$ eine Differentialinvariante dritter Ordnung dar.

Man kann aus den beiden nunmehr bekannten Differentialinvarianten $1:r^2$ und $1:\varrho$ leicht unbegrenzt viele andere ableiten, indem man die folgenden Bemerkungen benutzt: Wenn Ω irgend eine Funktion von x', y', z', x'', ... vorstellt, die bei der Ausführung irgend welcher Bewegungen ungeändert bleibt, so daß stets

$$\Omega(\bar{x}', \bar{y}', \bar{z}', \bar{x}'', \ldots) = \Omega(x', y', z', x'', \ldots)$$

ist, ergibt sich durch Differentiation nach der Bogenlänge s sofort:

$$\frac{\partial \bar{\Omega}}{\partial \bar{x}'}\bar{x}'' + \frac{\partial \bar{\Omega}}{\partial \bar{y}'}\bar{y}'' + \frac{\partial \bar{\Omega}}{\partial \bar{z}'}\bar{z}'' + \frac{\partial \bar{\Omega}}{\partial \bar{x}''}\bar{x}''' + \ldots$$
$$= \frac{\partial \Omega}{\partial x'}x'' + \frac{\partial \Omega}{\partial y'}y'' + \frac{\partial \Omega}{\partial z'}z'' + \frac{\partial \Omega}{\partial x''}x''' + \ldots,$$

wobei $\bar{\Omega}$ natürlich die Funktion Ω, geschrieben in den überstrichenen Größen, bedeuten soll. Diese Formel aber besagt, daß mit Ω auch die Ableitung Ω' nach der Bogenlänge bei allen Bewegungen ungeändert bleibt. Dasselbe gilt also auch von Ω'', Ω''', ... Noch mehr: Wenn Ω bei allen Bewegungen nicht gerade ungeändert bleibt, sondern eventuell mit -1 multipliziert wird, folgt aus $\bar{\Omega} = \pm \Omega$, daß dasselbe auch von Ω', Ω'', ... gilt.

Wenn wir jetzt die Krümmung $1:r$ zur Abkürzung mit k bezeichnen, wissen wir, daß k deshalb, weil k^2 eine Differentialinvariante bedeutet, bei allen Bewegungen entweder ungeändert bleibt oder in $-k$ übergeht. Dasselbe gilt also, wenn wir k als die Funktion Ω anwenden, von den Ableitungen k', k'', ... von k nach s. Wenn ferner die Orientierung der Kurve geändert, also s durch $-s$ ersetzt wird, geht das Differential ds in $-ds$ über. Daraus folgt: Die Funktionen k, k', k'', ... sind so beschaffen: Wenn k bei einer Bewegung ungeändert bleibt, geht k' in $-k'$ über, während k'' ungeändert bleibt, k''' wieder in $-k'''$ verwandelt wird, usw. Wenn dagegen k bei einer Bewegung in $-k$ übergeht, bleibt k' ungeändert, während k'' durch $-k''$ ersetzt wird, k''' wieder ungeändert bleibt, usw. Daher bleiben in jedem Falle die Funktionen

$$(8) \qquad k^2, \quad k'^2, \quad k k'', \quad k' k''', \quad k k^{IV}, \quad k' k^{V}, \ldots$$

erstens bei allen Bewegungen und zweitens auch dann unverändert, wenn die Orientierung der Kurve wechselt. Die Funktionen (8) sind daher sämtlich Differentialinvarianten.

Bezeichnen wir die Torsion $1:\varrho$ zur Abkürzung mit $\varkappa$, so ist $\varkappa$ ebenfalls eine Differentialinvariante. Deshalb ändern sich auch $\varkappa'$, $\varkappa''$, $\varkappa'''$, ... nicht bei Ausführung irgend welcher Bewegungen. Aber wenn man die Orientierung der Kurve ändert, also s durch $-s$ ersetzt, gehen die Ableitungen ungerader Ordnung $\varkappa'$, $\varkappa'''$, ... in $-\varkappa'$, $-\varkappa'''$, ... über, während die von gerader Ordnung ihre Werte vollkommen beibehalten. Mithin sind

$$(9) \qquad \varkappa, \quad \varkappa'^2, \quad \varkappa'', \quad \varkappa' \varkappa''', \quad \varkappa^{IV}, \ldots$$

lauter Differentialinvarianten. In den beiden Reihen von Funktionen (8) und (9) treten die Ableitungen von ungerader Ordnung multipliziert mit k' bzw. $\varkappa'$ auf. In der Reihe (8) haben die Ableitungen von gerader Ordnung den Faktor k, während sie in der Reihe (9) allein stehen.

Hiernach haben wir den

Satz 25:[1] Unterwirft man eine Kurve, die keine Minimalkurve erster oder zweiter Ordnung und keine Gerade ist, allen Bewegungen des Raumes, so bleiben die Funktionen

$$k^2, \quad k'^2, \quad k k'', \quad k' k''', \quad k k^{\text{IV}}, \quad k' k^{\text{V}}, \ldots$$

$$\varkappa, \quad \varkappa'^2, \quad \varkappa'', \quad \varkappa' \varkappa''', \quad \varkappa^{\text{IV}}, \ldots$$

ungeändert; dabei sind k und $\varkappa$ die Krümmung und die Torsion, und die Differentiation ist hinsichtlich der Bogenlänge auszuführen. Diese Funktionen bleiben auch ungeändert, wenn die Kurve ihre Orientierung wechselt. Mit anderen Worten: Sie sind Differentialinvarianten der Kurve gegenüber allen Bewegungen des Raumes.

In diesem Satze sind die Differentialinvarianten so angeordnet worden, daß jedesmal die beiden untereinander stehenden von derselben Ordnung in bezug auf die in ihnen vorkommenden Ableitungen der Koordinaten nach der Bogenlänge sind. So ist k^2 von der zweiten Ordnung, während k'^2 und $\varkappa$ von der dritten sind, usw.

Für die Anwendungen erscheint es wünschenswert, die Formeln zur leichten Berechnung der Differentialinvarianten für den Fall anzugeben, wo die Kurve in irgend einer Parameterdarstellung

$$(10) \qquad x = \varphi(t), \quad y = \chi(t), \quad z = \psi(t)$$

vorliegt. Auf Grund der Formeln III(D) und III(E) macht das wie auf S. 227 keine Schwierigkeiten.

Es kommt vor allem darauf an, die Ableitungen erster bis dritter Ordnung von x, y, z nach der Bogenlänge s durch die nach dem Parameter t auszudrücken. Deshalb soll jetzt der Strich die Differentiation nach dem Parameter t andeuten. Wir haben dann

$$\left(\frac{ds}{dt}\right)^2 = \mathbf{S}\, x'^2 \quad \text{oder} \quad \frac{dt}{ds} = \frac{1}{\sqrt{\mathbf{S}\, x'^2}},$$

so daß allgemein

[1] Daß es nicht korrekt ist, die Funktionen $k, k', k'', \ldots$ und $\varkappa, \varkappa', \varkappa'', \ldots$ selbst samt und sonders als Differentialinvarianten zu bezeichnen, weil sie nicht einwertig sind (wie es Lie, vgl. die Anm. zu S. 84, und nach ihm der Verf. in der ersten Auflage dieses Buches getan hatte), wurde von Study in den auf S. 76 erwähnten Arbeiten zuerst festgestellt.

$$\text{(11)} \qquad \frac{df}{ds} = \frac{f'}{\sqrt{\mathbf{S}\, x'^2}}$$

wird. Wenn man nacheinander f gleich x oder $dx:ds$ oder $d^2x:ds^2$ annimmt, ergibt sich also (vgl. S. 229):

$$\frac{dx}{ds} = \frac{x'}{\sqrt{\mathbf{S}\, x'^2}},$$

$$\frac{d^2x}{ds^2} = \frac{x''\,\mathbf{S}\, x'^2 - x'\,\mathbf{S}\, x' x''}{(\mathbf{S}\, x'^2)^2},$$

$$\frac{d^3x}{ds^3} = \frac{x'''(\mathbf{S}\, x'^2)^2 - 3\,x''\,\mathbf{S}\, x'^2\,\mathbf{S}\, x' x'' + x'\,[4(\mathbf{S}\, x' x'')^2 - \mathbf{S}\, x'^2\,\mathbf{S}\, x''^2 - \mathbf{S}\, x'^2\,\mathbf{S}\, x' x''']}{(\mathbf{S}\, x'^2)^3\sqrt{\mathbf{S}\, x'^2}}$$

Wird hierin x durch y oder z ersetzt, wobei die auftretenden Summen $\mathbf{S}$ völlig ungeändert bleiben, so ergeben sich auch die Ableitungen erster bis dritter Ordnung von y und z nach s. Da nun in den Formeln III(D) und III(E) die Ableitungen die nach der Bogenlänge bedeuten, findet man durch Einsetzen der gefundenen Werte:

$$\text{(12)} \qquad \left\{ \begin{aligned} k^2 &= \frac{1}{r^2} = \frac{\mathbf{S}\, x'^2\,\mathbf{S}\, x''^2 - (\mathbf{S}\, x' x'')^2}{(\mathbf{S}\, x'^2)^3}, \\ \varkappa &= \frac{1}{\varrho} = -\frac{\begin{vmatrix} x' & x'' & x''' \\ y' & y'' & y''' \\ z' & z'' & z''' \end{vmatrix}}{\mathbf{S}\, x'^2\,\mathbf{S}\, x''^2 - (\mathbf{S}\, x' x'')^2}. \end{aligned} \right.$$

Will man auch die Differentialinvarianten höherer Ordnung als Funktionen des Parameters t berechnen, so hat man die Ableitungen von k^2 und $\varkappa$ nach s zu bilden, was auf Grund der Formel (11) keine Schwierigkeiten macht. Aber es gehen recht umständliche Ausdrücke hervor, so daß es zweckmäßiger ist, sich für jede besondere Anwendung der gegebenen Anweisung zu bedienen, anstatt die speziellen Werte in die allgemeinen Formeln einzusetzen. Nochmals erinnern wir aber daran, daß der Strich in den Formeln (11) und (12) die Differentiation nach dem Parameter t andeutet.

Schließlich erscheint es angebracht, insbesondere den Fall einer ebenen Kurve ins Auge zu fassen. Sie hat nach S. 239 die Torsion $\varkappa = 0$, so daß von den Differentialinvarianten des Satzes 25 diese übrig bleiben:

$$k^2, \quad k'^2, \quad k k'', \quad k' k''', \quad k k^{\text{IV}}, \quad k' k^{\text{V}}, \ldots$$

worin der Strich jetzt wieder die Differentiation nach der Bogenlänge s andeutet. Demgegenüber zeigen die Werte (16), S. 83, daß bei einer ebenen Kurve, die in der xy-Ebene liegt, die Differentialinvarianten

$$k^3, \quad k', \quad kk'', \quad k''', \quad kk^{IV}, \quad k^{V}, \ldots$$

vorhanden sind, die sich mit jenen nicht vollkommen decken. Dieser Unterschied findet seine Erklärung darin, daß wir seinerzeit die Kurve in der xy-Ebene nur allen Bewegungen innerhalb der xy-Ebene unterwarfen und daß dabei der positive Drehsinn in der Ebene nie geändert wurde. Diejenigen Bewegungen des Raumes, die ebenfalls jede Stelle der xy-Ebene in eine Stelle derselben Ebene verwandeln, zerfallen dagegen in zwei Klassen, von denen die der einen jenen Drehsinn unverändert lassen, die der anderen dagegen durch den umgekehrten ersetzen. Zu denen der zweiten Klasse gehört z. B. die Umlegung der xy-Ebene um die x-Achse, d. h. die Drehung des Raumes um die x-Achse und mit dem Drehwinkel π. Bei einer Umlegung der xy-Ebene geht eine in der Ebene gelegene Kurve in eine Kurve über, die in der Geometrie der Ebene nicht als eine kongruente, sondern nur als eine symmetrische Kurve zu bezeichnen ist. In der Geometrie des Raumes dagegen sind zwei in der xy-Ebene gelegene und hier zueinander symmetrische Kurven stets als kongruent zu bezeichnen.

§ 12. Die natürlichen Gleichungen einer Raumkurve.

Daß wir bei den Betrachtungen des vorigen Paragraphen die Minimalkurven erster und zweiter Ordnung sowie die Geraden ausgeschlossen haben, hat seinen guten Grund: Nur dann, wenn sie beiseite gelassen werden, existieren bei einer Kurve die Begriffe der Bogenlänge, Krümmung und Torsion, also auch die im vorigen Paragraphen bestimmten Differentialinvarianten. In bezug auf diejenigen Geraden, die keine Minimalgeraden sind, sei noch bemerkt: Bei ihnen existiert nur der Begriff der Torsion nicht (nach S. 222), während ihre Krümmung gleich Null ist. Wenn umgekehrt vorausgesetzt wird, daß eine Kurve die Krümmung Null hat, lehren die drei in III (C) links stehenden Formeln, daß $\alpha' = \beta' = \gamma' = 0$ wird, daher die in III (B) links stehenden Formeln, daß x', y', z' konstant sind, woraus sofort folgt:

Satz 26: Von den Kurven, die keine Minimalkurven erster oder zweiter Ordnung sind, haben nur die geraden Linien überall die Krümmung Null.

Indem wir wie bisher von den Minimalkurven erster und zweiter Ordnung und von den Geraden absehen, werfen wir die wichtige Frage auf:

Vorgelegt seien zwei Kurven im Raume. Wie erkennt man, ob sie einander kongruent sind? Anders ausgesprochen: Wie erkennt man, ob eine Kurve vermöge einer Bewegung im Raume in eine andere Kurve überführbar ist?[1]

Wir brauchen nur vorauszusetzen, daß die eine Kurve keine Minimalkurve erster oder zweiter Ordnung und keine Gerade sei. Denn dann gilt dasselbe von jeder mit ihr kongruenten Kurve (vgl. Satz 18, S. 245). Das gestellte Problem ist die Verallgemeinerung des in § 12 des ersten Abschnittes für den Fall der Ebene erledigten Problems, und seine Lösung beruht, wie sich zeigen wird, wesentlich auf der Benutzung der vier ersten in Satz 25, S. 276, gewonnenen Differentialinvarianten

$$k^2, \quad k'^2, \quad \varkappa, \quad \varkappa'^2,$$

wo k und $\varkappa$ die Krümmung und Torsion sind und der Strich die Differentiation nach der Bogenlänge andeutet. Liegt eine Kurve in irgend einer Parameterdarstellung vor:

$$x = \varphi(t), \quad y = \chi(t), \quad z = \psi(t), \tag{1}$$

so kann man jene vier Differentialinvarianten nach S. 276, 277 als Funktionen des Parameters t berechnen, und zwar ergeben sich einwertige analytische Funktionen, etwa:

$$k^2 = \Phi(t), \quad k'^2 = X(t), \quad \varkappa = \Psi(t), \quad \varkappa'^2 = \Omega(t). \tag{2}$$

Wenn nun zunächst die Krümmung k nicht konstant ist, definiert die erste Gleichung (2) den Parameter t als unentwickelte Funktion von k^2. Durch Substitution dieser Funktion in die beiden anderen Gleichungen (2) ergeben sich also für k'^2 und $\varkappa$ einwertige analytische Funktionen von k^2:

$$k'^2 = U(k^2), \quad \varkappa = V(k^2). \tag{3}$$

Wenn dagegen die Krümmung k konstant ist, wird Φ = konst. und $X = 0$. Ist alsdann zunächst die Torsion $\varkappa$ nicht konstant, so definiert die dritte Gleichung (2) den Parameter t als unentwickelte Funktion von $\varkappa$. Durch Substitution dieser Funktion in die letzte

[1] Vgl. die Anm. zu S. 84.

Gleichung (2) geht für $\varkappa'^2$ eine einwertige analytische Funktion $U(\varkappa)$ von $\varkappa$ hervor. Außerdem ist $k^2 =$ konst. Also haben wir:

$$(4) \qquad k^2 = \text{konst.}, \quad \varkappa'^2 = U(\varkappa).$$

Wenn schließlich sowohl die Krümmung k als auch die Torsion $\varkappa$ konstant ist, haben wir:

$$(5) \qquad k^2 = \text{konst.}, \quad \varkappa = \text{konst.}$$

Jede Kurve (1), die keine Gerade und keine Minimalkurve erster oder zweiter Ordnung ist, gehört einer der drei Klassen an, so daß für sie ein Gleichungenpaar von der Form (3) oder (4) oder (5) gilt. Ist nun eine zweite Kurve mit der betrachteten Kurve kongruent, so läßt sich die erste in die zweite durch eine Bewegung überführen. Dabei ändern sich die Werte der Differentialinvarianten nach der Definition der Differentialinvarianten nicht und zwar auch dann nicht, wenn die Orientierung der Kurve nach der Bewegung anders als vorher angenommen wird. Deshalb hat jede Differentialinvariante k^2 oder k'^2 oder $\varkappa$ oder $\varkappa'$ an homologen Stellen beider Kurven denselben Wert. Hieraus folgt: Wenn zwei Kurven einander kongruent sind, bestehen bei beiden dieselben beiden Gleichungen (3) oder (4) oder (5).

Die beiden Gleichungen (3) oder (4) oder (5), die bei einer Kurve bestehen, sollen die natürlichen Gleichungen der Kurve heißen.[1] Wir werden nämlich beweisen, daß der letzte Schluß umgekehrt werden kann, daß also zwei Kurven einander stets kongruent sind, wenn bei ihnen dieselben beiden natürlichen Gleichungen bestehen. Aus diesem Grunde charakterisieren die Gleichungen (3) oder (4) oder (5) eine Kurve ohne Rücksicht auf ihre zufällige Lage im Raume, auch ohne Rücksicht auf den zufällig für die Messung der Bogenlänge gewählten Anfangspunkt, sowie unabhängig von der willkürlichen Orientierung der Kurve und ihrer Hauptnormalen.

Um die Behauptung zu beweisen, muß man zunächst untersuchen, wie sich k^2 und $\varkappa$ infolge eines vorgelegten Paares von natürlichen Gleichungen als Funktionen der Bogenlänge s ergeben. Wir setzen dabei also voraus, daß nicht eine Kurve (1) vorliege, sondern ein Paar von natürlichen Gleichungen (3) oder (4) oder (5).

Zunächst sei ein Gleichungenpaar (3) gegeben. Weil k^2 nicht konstant sein soll (denn sonst läge der Fall (4) oder (5) vor), gibt es im Bereiche der erlaubten Werte von k^2 irgend einen von

[1] Vgl. die Anm. zu S. 86.

Null verschiedenen **bestimmten** Wert k_0^2, für den $U(k_0^2) \neq 0$ ist. Dann dürfen wir die Bogenlänge s einer Kurve, bei der die gegebenen Gleichungen (3) gelten sollen, von einem Punkte an rechnen, wo das Quadrat der Krümmung gerade den Wert k_0^2 hat. Wegen

$$\frac{d(k^2)}{ds} = 2k\frac{dk}{ds} = 2kk'$$

folgt nun aus der ersten Gleichung (3):

$$\frac{d(k^2)}{ds} = 2\sqrt{k^2 U(k^2)}.$$

Da der eine Wert der Wurzel aus dem anderen durch Multiplikation mit -1 hervorgeht und die Wurzel für $k^2 = k_0^2$ nicht verschwindet, liefert die Ausführung der Quadratur

$$\int\limits_{k_0^2}^{k^2} \frac{d(k^2)}{2\sqrt{k^2 U(k^2)}} = s$$

eine Gleichung von der Form

$$\pm[\Omega(k^2) - \Omega(k_0^2)] = s$$

oder also:

$$\Omega(k^2) - \Omega(k_0^2) = \pm s,$$

worin $\Omega(k^2)$ eine in der Umgebung von k_0^2 einwertige analytische Funktion von k^2 ist, deren Ableitung für $k^2 = k_0^2$ nicht verschwindet. Nun können wir die fragliche Kurve von der Stelle ($s = 0$) an in beliebigem Sinne orientieren, also, wenn wir wollen, s durch $-s$ ersetzen. Deshalb dürfen wir uns auf die Annahme

$$\Omega(k^2) - \Omega(k_0^2) = s$$

beschränken. Weil hier die linke Seite für $k^2 = k_0^2$ verschwindet, ihre Ableitung nach k^2 dagegen nicht, definiert die Gleichung nach dem Satze über das Vorhandensein einer unentwickelten Funktion (vgl. S. 3) die Größe k^2 als eine in der Umgebung von $s = 0$ einwertige analytische Funktion $F(s)$, die für $s = 0$ den von Null verschiedenen Wert k_0^2 annimmt. Wird $k^2 = F(s)$ in die zweite Gleichung (3) eingesetzt, so geht auch für $\varkappa$ eine in der Umgebung von $s = 0$ einwertige analytische Funktion $G(s)$ hervor. Also haben wir:

(6) $$k^2 = F(s), \quad \varkappa = G(s).$$

Zweitens sei ein **Gleichungenpaar** (4) **gegeben**. Weil $\bar{U}(\varkappa)$ hier nicht konstant ist, da sonst der Fall (5) vorläge, können wir einen erlaubten Wert $\varkappa_0$ von $\varkappa$ bestimmt wählen, so daß $U(\varkappa_0) \neq 0$ ist. Die Bogenlänge einer Kurve, bei der die Gleichungen (4) bestehen sollen, dürfen wir alsdann von einer Stelle aus rechnen, wo die Torsion den Wert $\varkappa_0$ hat. Nun gibt die zweite Gleichung (4):

$$\int\limits_{\varkappa_0}^{\varkappa} \frac{d\varkappa}{\sqrt{U(\varkappa)}} = s,$$

woraus bei passender Orientierung der Kurve entsprechend wie im vorigen Falle durch Quadratur eine Gleichung

$$\Omega(\varkappa) - \Omega(\varkappa_0) = s$$

hervorgeht. Hier ist $\Omega(\varkappa)$ eine in der Umgebung von $\varkappa_0$ einwertige analytische Funktion von $\varkappa$, deren Ableitung für $\varkappa = \varkappa_0$ nicht verschwindet. Wie im vorigen Falle erschließen wir hieraus das Bestehen einer Gleichung $\varkappa = G(s)$, wo $G(s)$ eine in der Umgebung von $s = 0$ einwertige analytische Funktion von s bedeutet, die für $s = 0$ den Wert $\varkappa_0$ hat. Außerdem gilt die erste Gleichung (4). Demnach haben wir hier:

(7) $$k^2 = \text{konst.}, \quad \varkappa = G(s).$$

Drittens sei ein Gleichungenpaar (5) gegeben. Hier sind keine weiteren Schlußfolgerungen nötig. Nur der Übersicht halber wiederholen wir die Gleichungen:

(8) $$k^2 = \text{konst.}, \quad \varkappa = \text{konst.}$$

Wie man sieht, sind die Gleichungenpaare (7) und (8) Spezialfälle des Gleichungenpaares (6). Schließt man sie aber vom Falle (6) aus, so darf man nach dem Vorhergehenden im Falle (6) insbesondere $F(0) \neq 0$ annehmen.

Es ergab sich der

Satz 27: Bedeuten $1:r$ und $1:\varrho$ die Krümmung und die Torsion einer Kurve mit der Bogenlänge s, wobei vorausgesetzt wird, daß die Kurve keine Gerade und keine Minimalkurve erster oder zweiter Ordnung sei, so liefern gegebene natürliche Gleichungen der Kurve, nämlich entweder

$$\left(\frac{d\frac{1}{r}}{ds}\right)^2 = U\left(\frac{1}{r^2}\right), \quad \frac{1}{\varrho} = V\left(\frac{1}{r^2}\right)$$

oder

$$\frac{1}{r^2} = \text{konst.}, \quad \left(\frac{d\frac{1}{\varrho}}{ds}\right)^2 = U\left(\frac{1}{\varrho}\right)$$

oder

$$\frac{1}{r^2} = \text{konst.}, \quad \frac{1}{\varrho} = \text{konst.}$$

in jedem Falle durch Quadratur und Elimination zwei Gleichungen von der Form:

$$\frac{1}{r^2} = F(s), \quad \frac{1}{\varrho} = G(s),$$

vorausgesetzt, daß man eine geeignete Stelle der Kurve als Anfangspunkt der Bogenlänge wählt und die Kurve in geeigneter Weise orientiert. Dabei bedeuten $F(s)$ und $G(s)$ zwei in der Umgebung von $s = 0$ einwertige analytische Funktionen von s.

Wie gesagt, beabsichtigen wir zu beweisen, daß zwei Kurven, bei denen dasselbe Paar von natürlichen Gleichungen (3) oder (4) oder (5) gilt, stets einander kongruent sind. Nach dem Vorhergehenden kommt diese Behauptung auf die andere hinaus, daß zwei Kurven, bei denen dieselben beiden Gleichungen

$$\frac{1}{r^2} = F(s), \quad \frac{1}{\varrho} = G(s) \tag{9}$$

gelten, stets einander kongruent sind, und dies soll jetzt gezeigt werden.

Infolge von (9) ist

$$\frac{r'}{r} = -\frac{2r'}{r^3}\cdot\frac{r^2}{2} = -\frac{F'(s)}{2F(s)},$$

so daß die Formeln III (H) liefern:

$$(10) \quad \begin{cases} x''' = -Fx' + \dfrac{F'}{2F}x'' - G(y'z'' - z'y''), \\ y''' = -Fy' + \dfrac{F'}{2F}y'' - G(z'x'' - x'z''), \\ z''' = -Fz' + \dfrac{F'}{2F}z'' - G(x'y'' - y'x''). \end{cases}$$

Der einzige hier vorkommende Nenner $F(s)$, der das Quadrat der Krümmung darstellt, ist von Null verschieden, weil wir ja von den Geraden absehen, vgl. Satz 26. Durch wiederholte Differentiation von (10) nach s und Substitution der in den schon gefundenen Formeln erhaltenen Werte der Ableitungen niedrigerer Ordnung von

x, y, z nach s erkennt man, daß sich alle Ableitungen von x, y, z nach s von der dritten Ordnung an als rationale Funktionen von

$$x', \quad y', \quad z', \quad x'', \quad y'', \quad z'', \quad F, \quad F', \ldots, \quad G, \quad G', \ldots$$

mit nicht verschwindenden Nennern darstellen. Das Koordinatensystem können wir nun in besonderer Weise wählen: Die Stelle ($s = 0$) oder (x_0, y_0, z_0) der Kurve sei der Anfangspunkt und seine positive Tangente die positive x-Achse. Nach den in III (B) angegebenen Werten von α, β, γ ist alsdann

$$x_0' = 1, \quad y_0' = 0, \quad z_0' = 0.$$

Die Hauptnormale des Punktes ($s = 0$) kann ferner als y-Achse gewählt werden. Dann wird nach den in III (B) angegebenen Werten von l, m, n:

$$x_0'' = 0, \quad y_0'' = \frac{1}{r_0} = \sqrt{F(0)}, \quad z_0'' = 0.$$

Die Wurzel $\sqrt{F(0)}$ ist zweiwertig. Wir erinnern dabei daran, daß $F(0)$ nach dem Früheren als von Null verschieden angenommen werden darf. Von den beiden Werten von $\sqrt{F(0)}$ wählen wir nun einen bestimmten aus. Sollte statt seiner der entgegengesetzte Wert gelten, so kommen wir doch zu dem ersten Falle einfach dadurch zurück, daß wir die y-Achse in dem umgekehrten Sinne positiv annehmen. Durch passende Wahl des Koordinatensystems erreichen wir demnach, daß den Ableitungen erster oder zweiter Ordnung von x, y, z nach s für $s = 0$ die oben angegebenen ganz bestimmten Werte zukommen. Da sich nun die Ableitungen höherer Ordnung von x, y, z nach s in der oben gefundenen Weise ausdrücken, kommen auch ihnen für $s = 0$ völlig bestimmte Werte zu.

Wenn also überhaupt eine Kurve vorhanden ist, bei der die Gleichungen (9) bestehen, kann man den Punkt ($s = 0$) der Kurve als Anfangspunkt wählen und das Koordinatensystem im übrigen so annehmen, daß alle Ableitungen von x, y, z nach der Bogenlänge für $s = 0$ bestimmte Werte haben. Aber in der Umgebung von $s = 0$ wird die Kurve durch die Gleichungen:

$$x = x_0 + \frac{x_0'}{1!} s + \frac{x_0''}{2!} s^2 + \ldots,$$

$$y = y_0 + \frac{y_0'}{1!} s + \frac{y_0''}{2!} s^2 + \ldots,$$

$$z = z_0 + \frac{z_0'}{1!} s + \frac{z_0''}{2!} s^2 + \ldots$$

dargestellt. Mithin ergibt sich eine und nur eine analytische Darstellung der Kurve. Dies aber besagt, daß alle Kurven, bei denen dieselben beiden Gleichungen (9) bestehen, bei geeigneter Wahl des Achsenkreuzes in derselben Art dargestellt werden können und daher einander kongruent sind. Somit gilt der

Satz 28: Wird von den Geraden und von den Minimalkurven erster und zweiter Ordnung abgesehen, so sind zwei Kurven einander dann und nur dann kongruent, wenn bei beiden dieselben natürlichen Gleichungen bestehen, wenn also bei beiden entweder dieselben beiden Gleichungen

$$\left(\frac{d\frac{1}{r}}{ds}\right)^2 = U\left(\frac{1}{r^2}\right), \quad \frac{1}{\varrho} = V\left(\frac{1}{r^2}\right)$$

oder aber dieselben beiden Gleichungen

$$\frac{1}{r^2} = \text{konst.}, \quad \left(\frac{d\frac{1}{\varrho}}{ds}\right)^2 = U\left(\frac{1}{\varrho}\right)$$

oder endlich dieselben beiden Gleichungen

$$\frac{1}{r^2} = \text{konst.}, \quad \frac{1}{\varrho} = \text{konst.}$$

gelten, worin r bzw. ϱ den Krümmungs- bzw. Torsionsradius und s die Bogenlänge, gemessen von irgend welchen Stellen der Kurven an und mit beliebiger Orientierung, bedeuten.

Erinnern wir uns daran, daß die Gleichungen (9) aus den natürlichen Gleichungen hervorgingen, indem dabei der Anfangspunkt ($s = 0$) der Bogenlänge und die Orientierung passend gewählt wurde, so finden wir noch den

Satz 29: Bei einer Kurve, die keine Gerade und keine Minimalkurve erster oder zweiter Ordnung ist, sind das Quadrat der Krümmung $1:r$ und die Torsion $1:\varrho$ gewisse Funktionen der Bogenlänge s:

$$\frac{1}{r^2} = F(s), \quad \frac{1}{\varrho} = G(s).$$

Eine zweite Kurve ist dieser Kurve dann und nur dann kongruent, wenn bei ihr die Gleichungen bestehen:

$$\frac{1}{r^2} = F\left(\pm(s - s_0)\right), \quad \frac{1}{\varrho} = G\left(\pm(s - s_0)\right),$$

worin s_0 irgend eine Konstante vorstellen kann und die Vorzeichen beide Male in derselben Weise zu wählen sind. F und G bedeuten hier dieselben Funktionen ihrer Argumente wie in den beiden ersten Gleichungen.

Im Gegensatze zu dem sonst herrschenden Brauche haben wir diejenigen Gleichungen die natürlichen Gleichungen der Kurve genannt, die in Satz 28 angegeben sind. Sonst nennt man die Gleichungen

$$\frac{1}{r^2} = F(s), \quad \frac{1}{\varrho} = G(s)$$

die natürlichen Gleichungen. Hiergegen aber sprechen zwei Umstände. Erstens ist die wirkliche Aufstellung dieser Gleichungen viel schwieriger, da sie noch eine Quadratur und eine Elimination verlangt, zweitens aber und hauptsächlich zeigt Satz 29, daß zwei einander kongruente Kurven durchaus nicht völlig übereinstimmende Gleichungen von der letzten Art zu haben brauchen. Das liegt eben daran, daß hier die Bogenlänge als eine Veränderliche vorkommt, deren Anfangspunkt und Orientierung willkürlich ist.

Auf der anderen Seite muß aber zugestanden werden, daß auch die wirkliche Aufstellung derjenigen Gleichungen (3) oder (4) oder (5), die wir die natürlichen Gleichungen genannt haben, meistens unmöglich sein wird. Denn wenn eine Kurve in irgend einer Parameterdarstellung (1) gegeben ist, kommt man zwar leicht mittels bloßer Differentiationen zu den Formeln (2), vermöge derer die Differentialinvarianten als Funktionen des Parameters t ausgedrückt werden. Aber die noch nötige Elimination von t wird meistens nicht durchführbar sein. Für den praktischen Gebrauch ist daher eine andere Formulierung des Satzes 28 vorzuziehen, die der Art entspricht, wie wir auf S. 88 den Satz 52, S. 86, durch den Satz 53 ersetzten, nämlich diese:

Satz 30:[1] Um zu entscheiden, ob zwei mittels je eines Parameters t bzw. $\bar{t}$ dargestellte Raumkurven kongruent sind, vorausgesetzt, daß die Kurven keine Geraden und keine Minimalkurven erster oder zweiter Ordnung sind, berechnet man bei beiden Kurven die Differentialinvarianten

---

[1] Dies ist die berichtigte Form, die Study dem Lieschen Satze über die Kongruenz zweier Raumkurven gegeben hat, siehe die zweite auf S. 76 genannte Abhandlung S. 23.

$$\frac{1}{r^2}, \quad \left(\frac{d\frac{1}{r}}{ds}\right)^2, \quad \frac{1}{\varrho}, \quad \left(\frac{d\frac{1}{\varrho}}{ds}\right)^2$$

als Funktionen von t bzw. $\bar{t}$. Dabei bedeutet $1:r$ die Krümmung, $1:\varrho$ die Torsion und s die Bogenlänge. Ergeben sich bei der einen Kurve die vier Funktionen

$$\Phi(t), \quad X(t), \quad \Psi(t), \quad \Omega(t)$$

und bei der anderen die vier Funktionen:

$$\bar{\Phi}(\bar{t}), \quad \bar{X}(\bar{t}), \quad \bar{\Psi}(\bar{t}), \quad \bar{\Omega}(\bar{t})$$

und ist $\Phi(t) \neq$ konst., so bildet man die drei Gleichungen:

$$\Phi(t) = \bar{\Phi}(\bar{t}), \qquad X(t) = \bar{X}(\bar{t}), \qquad \Psi(t) = \bar{\Psi}(\bar{t}).$$

Die Kurven sind nun dann und nur dann kongruent, wenn es eine einwertige analytische Beziehung zwischen t und $\bar{t}$ gibt, infolge deren diese drei Gleichungen bestehen. Ist dagegen $\Phi(t) =$ konst., so kann die Kongruenz nur dann eintreten, wenn $\bar{\Phi}(\bar{t})$ dieselbe Konstante wird. Wenn dann außerdem $\Psi(t) \neq$ konst. ist, bildet man die beiden Gleichungen:

$$\Psi(t) = \bar{\Psi}(\bar{t}), \qquad \Omega(t) = \bar{\Omega}(\bar{t}).$$

Die Kurven sind nunmehr dann und nur dann kongruent, wenn es eine einwertige analytische Beziehung zwischen t und $\bar{t}$ gibt, infolge deren diese beiden Gleichungen bestehen. Wenn aber sowohl $\Phi(t)$ als auch $\Psi(t)$ konstant ist, sind die beiden Kurven einander dann und nur dann kongruent, wenn $\bar{\Phi}(\bar{t})$ und $\bar{\Psi}(\bar{t})$ dieselben Konstanten werden.

§ 13. Bestimmung aller Kurven mit gegebenen natürlichen Gleichungen.

In einer Hinsicht haben die Betrachtungen des vorigen Paragraphen noch eine Lücke. Zwar ist bewiesen worden, daß zwei Kurven mit denselben natürlichen Gleichungen einander stets kongruent sind, aber wir wissen noch nicht, ob es überhaupt Kurven gibt, die zu irgend zwei gegebenen natürlichen Gleichungen gehören. Es bleibt noch die Aufgabe übrig, alle Kurven zu bestimmen, die gegebene natürliche Gleichungen haben. Wie auf S. 281, 282 gezeigt wurde, kann man aus den natürlichen

Gleichungen mittels Quadratur und Elimination finden, wie sich das Quadrat der Krümmung $1:r$ und die Torsion $1:\varrho$ vermöge der Bogenlänge s darstellen:

$$\frac{1}{r^2} = F(s), \quad \frac{1}{\varrho} = G(s).$$

Deshalb können wir von zwei gegebenen Gleichungen von dieser Form ausgehen. Da alle Kurven, die zu ihnen gehören, einander kongruent sind, wie oben bewiesen wurde, dürfen wir für $1:r$ eine bestimmte von den beiden Funktionen $\sqrt{F(s)}$ wählen. Mithin liegt die Aufgabe vor, alle Kurven zu finden, bei denen die Krümmung und die Torsion gegebene Funktionen der Bogenlänge s sind.[1]

Die Lösung dieser Aufgabe erfordert eine längere Betrachtung. Wir suchen zunächst auf Grund der Gleichungen III (C), in denen jetzt $1:r$ und $1:\varrho$ gegebenen Funktionen von s sind, die neun Funktionen $\alpha, \beta, \gamma, l, m, n$ und λ, μ, ν zu berechnen. Wenn dies gelungen ist, findet man aus den Werten von α, β, γ durch Quadratur nach den drei in III (B) links stehenden Formeln die Gleichungen der Kurve in der Form:

$$(1) \qquad x = \int \alpha\, d s, \quad y = \int \beta\, d s, \quad z = \int \gamma\, d s.$$

Wir nehmen also an, daß r und ϱ als Funktionen der Bogenlänge s gegeben seien. Indem wir nun einen Blick auf die drei jedesmal in einer Zeile stehenden Formeln III (C) werfen, bemerken wir: Wenn wir in den drei ersten für α, l, λ die Größen β, m, μ oder γ, n, ν schreiben, so gehen die nächsten drei bzw. letzten drei Formeln hervor. Dies können wir so ausdrücken: Unter u, v, w verstehen wir drei Funktionen von s, die den drei Gleichungen genügen:

$$(2) \qquad \frac{d u}{d s} = \frac{v}{r}, \quad \frac{d v}{d s} = -\frac{u}{r} - \frac{w}{\varrho}, \quad \frac{d w}{d s} = \frac{v}{\varrho};$$

wenn wir dann für u, v, w entweder α, l, λ oder β, m, μ oder γ, n, ν setzen, ergeben sich jedesmal drei der Gleichungen III (C). Nach

---

[1] Diese Aufgabe dürfte zuerst gelöst und insbesondere auf die im Folgenden auftretende Riccatische Differentialgleichung zurückgeführt worden sein in der Arbeit von Lie: „Bestimmung aller Raumkurven, deren Krümmungsradius, Torsionsradius und Bogenlänge durch eine beliebige Relation verknüpft sind", Videnskabs-Selskabs Forhandlinger, Christiania 1882.

II(B) muß außerdem jedesmal die Summe der Quadrate der drei zusammen genannten Richtungskosinus gleich Eins sein. Da diese Richtungskosinus als Funktionen von s noch unbekannt sind, gehen wir folglich darauf aus, diejenigen Funktionen u, v, w von s zu finden, die den Gleichungen (2) und der Gleichung

$$u^2 + v^2 + w^2 = 1 \tag{3}$$

genügen. Die letzte Formel läßt sich so schreiben:

$$(u + iv)(u - iv) = (1 + w)(1 - w). \tag{4}$$

Wenn wir also

$$\frac{u + iv}{1 - w} = \xi \tag{5}$$

setzen, ist auch:

$$\frac{u - iv}{1 + w} = \frac{1}{\xi}. \tag{6}$$

Nach (5) wird:

$$\frac{d\xi}{ds} = \frac{(u' + iv')(1 - w) + (u + iv)w'}{(1 - w)^2}.$$

Die Striche deuten dabei die Differentiation nach s an. Setzen wir hierin die Werte der Ableitungen u', v', w' aus (2) ein und beachten wir, daß nach (5) und (6)

$$u = \frac{\xi}{2}(1 - w) + \frac{1}{2\xi}(1 + w),$$

$$v = -\frac{i\xi}{2}(1 - w) + \frac{i}{2\xi}(1 + w)$$

ist, so finden wir schließlich:

$$\frac{d\xi}{ds} = \frac{i}{2\varrho} - \frac{i}{r}\xi - \frac{i}{2\varrho}\xi^2. \tag{7}$$

Hätten wir statt (5) gesetzt:

$$-\frac{u + iv}{1 + w} = \eta, \tag{8}$$

so hätte (4) geliefert:

$$-\frac{u - iv}{1 - w} = \frac{1}{\eta},$$

und ganz entsprechend hätte sich ergeben:

$$\frac{d\eta}{ds} = \frac{i}{2\varrho} - \frac{i}{r}\eta - \frac{i}{2\varrho}\eta^2. \tag{9}$$

Aus (5) und (8) folgt:

$$w = \frac{\xi + \eta}{\xi - \eta}.$$

Wird dieser Wert in (5) und (6) eingesetzt, so ergeben sich auch u und v als Funktionen von ξ und η. Es kommt:

$$u = \frac{1 - \xi\eta}{\xi - \eta}, \quad v = i\,\frac{1 + \xi\eta}{\xi - \eta}, \quad w = \frac{\xi + \eta}{\xi - \eta}. \tag{10}$$

Infolge der Gleichung (3) lassen sich also u, v, w in der Form (10) durch nur zwei Funktionen ξ und η ausdrücken, und diese Funktionen ξ und η müssen den Bedingungen (7) und (9) genügen. Wenn sie dies tun, genügen auch die Funktionen u, v, w, die durch (10) bestimmt sind, den Bedingungen (2). Denn z. B. aus der letzten Gleichung (10) folgt:

$$\frac{dw}{ds} = 2\,\frac{\xi\eta' - \xi'\eta}{(\xi - \eta)^2}$$

oder wegen (7) und (9):

$$\frac{dw}{ds} = \frac{i}{\varrho}\,\frac{1 + \xi\eta}{\xi - \eta},$$

d. h. wegen der zweiten Gleichung (10):

$$\frac{dw}{ds} = \frac{v}{\varrho},$$

wie es die dritte Gleichung (2) verlangt, usw.

Man erkennt hieraus: Es kommt darauf an, in allgemeinster Weise ξ und η so als Funktionen von s zu bestimmen, daß sie den Forderungen (7) und (9) genügen. Ihre Substitution in (10) gibt die allgemeinsten Funktionen u, v, w von s, die den Bedingungen (2) und (3) genügen.

Die beiden Gleichungen (7) und (9) für ξ und η, in denen man unter r und ϱ gegebene Funktionen von s zu verstehen hat, sind zwei gewöhnliche Differentialgleichungen erster Ordnung für ξ bzw. η (siehe S. 128), und zwar von genau gleicher Form. Tatsächlich liegt also nur eine gewöhnliche Differentialgleichung erster Ordnung vor, die wir so schreiben:

$$\frac{d\sigma}{ds} = \frac{i}{2\varrho} - \frac{i}{r}\,\sigma - \frac{i}{2\varrho}\,\sigma^2, \tag{11}$$

indem wir die unbekannte Funktion von s mit σ statt mit ξ oder η bezeichnen.

Diese Differentialgleichung (11) ordnet sich einer bemerkenswerten Klasse von Differentialgleichungen unter: Sie definiert den Differentialquotienten der unbekannten Funktion σ als eine quadratische Funktion von σ, deren Koeffizienten noch die unabhängige Veränderliche s enthalten. Solche Differentialgleichungen heißen RICCATIsche.[1] Die allgemeine Form einer RICCATIschen Gleichung ist also diese:

$$\frac{d\sigma}{ds} = A(s) + B(s)\sigma + C(s)\sigma^2. \tag{12}$$

Zwischen allen Funktionen σ von s, die eine Gleichung (12) befriedigen, besteht nun eine wichtige Beziehung. Es mögen nämlich P, Q, R drei bestimmte Funktionen sein, die — für σ eingesetzt — der Gleichung (12) genügen. Dann ist für alle Werte von s:

$$\left\{\begin{aligned} \frac{dP}{ds} &= A(s) + B(s)P + C(s)P^2,\\ \frac{dQ}{ds} &= A(s) + B(s)Q + C(s)Q^2,\\ \frac{dR}{ds} &= A(s) + B(s)R + C(s)R^2. \end{aligned}\right. \tag{13}$$

Bilden wir nun aus der allgemeinsten Funktion σ von s, die der Gleichung (12) genügt, und aus diesen drei besonderen (partikularen) Lösungen P, Q, R den Ausdruck:

$$\tau = \frac{\sigma - P}{\sigma - R} : \frac{Q - P}{Q - R}, \tag{14}$$

den man das Doppelverhältnis der vier Funktionen P, R, σ, Q nennt, so findet man, daß er konstant ist. Logarithmische Differentiation gibt nämlich:

$$\frac{\tau'}{\tau} = \frac{\sigma' - P'}{\sigma - P} - \frac{\sigma' - R'}{\sigma - R} + \frac{Q' - R'}{Q - R} - \frac{Q' - P'}{Q - P}; \tag{15}$$

dabei ist nach (12) und nach der ersten Gleichung (13):

$$\frac{\sigma' - P'}{\sigma - P} = B(s) + C(s)(\sigma + P)$$

und analog kommt:

[1] RICCATI (Acta Erud., Leipzig, Suppl. VIII. 1724) betrachtete Differentialgleichungen von der besonderen Form:

$$\frac{d\sigma}{ds} = a\sigma^2 + bs^m \quad (a, b = \text{konst.}).$$

Man hat aber die Bezeichnung: RICCATIsche Differentialgleichungen auf alle diejenigen gewöhnlichen Differentialgleichungen erster Ordnung ausgedehnt, in denen die Ableitung der Unbekannten als irgend eine ganze Funktion zweiten Grades der Unbekannten mit veränderlichen Koeffizienten gegeben ist.

$$\frac{\sigma' - R'}{\sigma - R} = B(s) + C(s)(\sigma + R),$$

$$\frac{Q' - R'}{Q - R} = B(s) + C(s)(Q + R),$$

$$\frac{Q' - P'}{Q - P} = B(s) + C(s)(Q + P).$$

Bilden wir also hieraus den in (15) rechts stehenden Ausdruck, so ergibt sich Null, also $\tau' = 0$, so daß τ in der Tat eine Konstante ist. **Vier beliebige Lösungen einer Riccatischen Differentialgleichung (12) haben also stets ein konstantes Doppelverhältnis.** Auflösung der Gleichung (14) nach σ gibt:

(16) $$\sigma = \frac{R(Q - P)\tau - P(Q - R)}{(Q - P)\tau - (Q - R)}.$$

Nun sind P, Q, R drei zwar beliebig, aber bestimmt gewählte spezielle Lösungen der Gleichung (12), während die allgemeine Lösung σ nach S. 130 eine willkürliche Konstante enthält. Daher muß die Konstante τ diese **willkürliche** Konstante sein. Mithin folgt, wenn c statt τ geschrieben wird:

Satz 31: **Die allgemeine Lösung σ einer Riccatischen Differentialgleichung**

$$\frac{d\sigma}{ds} = A(s) + B(s)\sigma + C(s)\sigma^2$$

ist hinsichtlich der Integrationskonstanten c eine gebrochene lineare Funktion:

$$\sigma = \frac{p(s)c + q(s)}{\pi(s)c + \varkappa(s)}.$$

Wenden wir dies Ergebnis auf unsere Riccatische Gleichung (11) an, so folgt, daß ihre allgemeine Lösung σ die Form hat:

(17) $$\sigma = \frac{p(s)c + q(s)}{\pi(s)c + \varkappa(s)},$$

in der c die willkürliche Konstante ist. Es gibt keine allgemeine Methode zur Integration einer Riccatischen Gleichung vermöge der elementaren Funktionen der Infinitesimalrechnung. Dies ist also eine Schwierigkeit, die hier nicht überwunden werden kann, und wir müssen uns damit begnügen, anzunehmen, daß wir auf irgend einem Wege die allgemeine Lösung gefunden hätten. Sie hat dann die Form (17), in der wir daher jetzt die Funktionen $p, q, \pi, \varkappa$ als **bekannte** Funktionen von s auffassen. Nach (16) ist die **allgemeine**

Lösung σ übrigens angebbar, sobald man irgend drei verschiedene partikuläre Lösungen P, Q, R kennt.[1] —

Nun waren ξ und η zwei Funktionen von s, die — für σ eingesetzt — die Riccatische Gleichung (11) erfüllen. Wir nehmen daher für c in (17) irgend zwei Zahlen a und b an und setzen:

$$(18) \qquad \xi = \frac{pa+q}{\pi a+\varkappa}, \quad \eta = \frac{pb+q}{\pi b+\varkappa} \quad (a,\ b = \text{konst.}).$$

Werden diese Werte in die Gleichungen (10) eingeführt, so erhalten wir die allgemeinsten Funktionen u, v, w von s, die den Bedingungen (2) und (3) genügen.

Wir bedürfen aber dreier Systeme von Lösungen dieser Gleichungen (2) und (3), denn α, l, λ, ferner β, m, μ und endlich γ, n, ν erfüllen, für u, v, w eingesetzt, die Bedingungen (2) und (3). Daher geben wir den Konstanten a und b in (18) je drei Werte a_1, a_2, a_3 und b_1, b_2, b_3 und setzen:

$$(19) \qquad \begin{cases} \xi_1 = \dfrac{pa_1+q}{\pi a_1+\varkappa}, & \xi_2 = \dfrac{pa_2+q}{\pi a_2+\varkappa}, & \xi_3 = \dfrac{pa_3+q}{\pi a_3+\varkappa}; \\[2ex] \eta_1 = \dfrac{pb_1+q}{\pi b_1+\varkappa}, & \eta_2 = \dfrac{pb_2+q}{\pi b_2+\varkappa}, & \eta_3 = \dfrac{pb_3+q}{\pi b_3+\varkappa}. \end{cases}$$

Alsdann bilden wir nach (10):

$$(20) \qquad \begin{cases} \alpha = \dfrac{1-\xi_1\eta_1}{\xi_1-\eta_1}, & l = i\dfrac{1+\xi_1\eta_1}{\xi_1-\eta_1}, & \lambda = \dfrac{\xi_1+\eta_1}{\xi_1-\eta_1}; \\[2ex] \beta = \dfrac{1-\xi_2\eta_2}{\xi_2-\eta_2}, & m = i\dfrac{1+\xi_2\eta_2}{\xi_2-\eta_2}, & \mu = \dfrac{\xi_2+\eta_2}{\xi_2-\eta_2}; \\[2ex] \gamma = \dfrac{1-\xi_3\eta_3}{\xi_3-\eta_3}, & n = i\dfrac{1+\xi_3\eta_3}{\xi_3-\eta_3}, & \nu = \dfrac{\xi_3+\eta_3}{\xi_3-\eta_3}. \end{cases}$$

Diese Funktionen erfüllen nun sicher die Formeln III(C), aus denen wir ja die Forderungen (2) ableiteten. Auch erfüllen sie wegen (3) die Bedingungen, die unter II(B) links stehen. Damit sie nun tatsächlich Richtungskosinus dreier zueinander senkrechter Richtungen bedeuten können, müssen sie noch die unter II(B) rechts stehenden Bedingungen erfüllen, die aussagen, daß die Richtungen ($\alpha : l : \lambda$),

[1] Obgleich Lie in der auf S. 288 erwähnten Arbeit nur eine Gleichung zwischen r, ϱ und s als gegeben annahm, also nicht genau das uns beschäftigende Problem behandelte, enthält doch diese Arbeit das Wesentliche der hier vorgetragenen Methode, die man auch bei Darboux, „Leçons sur la théorie générale des surfaces", 1. partie, Paris 1887, livre I, chap. II, findet. Lie fügte zu der gegebenen Gleichung zwischen r, ϱ, s eine zweite derart hinzu, daß es ihm auch gelang, die Riccatische Gleichung zu integrieren.

$(\beta : m : \mu)$ und $(\gamma : n : \nu)$ paarweise zueinander senkrecht sind. Nun aber gibt (20) z. B.:

$$\beta\gamma + mn + \mu\nu = -\frac{(\xi_2 - \xi_3)(\eta_2 - \eta_3) + (\xi_2 - \eta_3)(\eta_2 - \xi_3)}{(\xi_2 - \eta_2)(\xi_3 - \eta_3)}.$$

Weil dieser Wert gleich Null sein soll, ist also zu fordern:

$$\frac{\xi_2 - \xi_3}{\xi_2 - \eta_3} : \frac{\eta_2 - \xi_3}{\eta_2 - \eta_3} = -1.$$

Werden hierin die Werte (19) eingesetzt, so kommt die Forderung:

$$\frac{a_2 - a_3}{a_2 - b_3} : \frac{b_2 - a_3}{b_2 - b_3} = -1.$$

Das Doppelverhältnis der vier Konstanten soll also gleich -1 sein. Man sagt dafür auch: Das Paar a_2, b_2 soll durch das Paar a_3, b_3 harmonisch getrennt werden, und zwar bedient man sich dieser Ausdrucksweise deshalb, weil vier Punkte auf einer Abszissenachse, denen jene Werte a_2, b_2, a_3, b_3 als Abszissen zukommen, zwei harmonisch gelegene Punktepaare (a_2), (b_2) und (a_3), (b_3) bilden. Die beiden anderen in II(B) rechts stehenden Bedingungen liefern entsprechende Forderungen, so daß wir also drei Konstantenpaare

$$a_1,\ b_1;\quad a_2,\ b_2;\quad a_3,\ b_3$$

zu wählen haben, von denen jedes Paar jedes andere Paar harmonisch trennt.

Schließlich muß noch eine Bedingung erfüllt werden: Die drei zueinander senkrechten Richtungen $(\alpha : \beta : \gamma)$, $(l : m : n)$, $(\lambda : \mu : \nu)$ sollen so zueinander orientiert sein wie die drei positiven Koordinatenachsen, d. h. es soll noch die Gleichung II(D) bestehen. Zunächst ist nach (20):

$$\begin{vmatrix} \alpha & \beta & \gamma \\ l & m & n \\ \lambda & \mu & \nu \end{vmatrix} = \frac{-2i \begin{vmatrix} 1 & \xi_1 + \eta_1 & \xi_1\eta_1 \\ 1 & \xi_2 + \eta_2 & \xi_2\eta_2 \\ 1 & \xi_3 + \eta_3 & \xi_3\eta_3 \end{vmatrix}}{(\xi_1 - \eta_1)(\xi_2 - \eta_2)(\xi_3 - \eta_3)}.$$

Setzt man hierin die Werte (19) ein und entfernt man die Nenner der Elemente der Determinante, so tritt im Zähler eine Determinante auf, die sich sofort in das Produkt

$$\begin{vmatrix} \pi^2 & \pi\varkappa & \varkappa^2 \\ 2\pi p & \pi q + \varkappa p & 2\varkappa q \\ p^2 & pq & q^2 \end{vmatrix} \cdot \begin{vmatrix} a_1 b_1 & a_1 + b_1 & 1 \\ a_2 b_2 & a_2 + b_2 & 1 \\ a_3 b_3 & a_3 + b_3 & 1 \end{vmatrix}$$

zerlegen läßt. Hier ist der erste Faktor gleich $(\varkappa q - \varkappa p)^3$, und dieser Faktor tritt auch im Nenner auf. Infolgedessen kommt:

$$
(21)\qquad \begin{vmatrix} \alpha & \beta & \gamma \\ l & m & n \\ \lambda & \mu & \nu \end{vmatrix} = \frac{-2i\begin{vmatrix} 1 & a_1+b_1 & a_1 b_1 \\ 1 & a_2+b_2 & a_2 b_2 \\ 1 & a_3+b_3 & a_3 b_3 \end{vmatrix}}{(a_1-b_1)(a_2-b_2)(a_3-b_3)}.
$$

Man hat also die drei Konstantenpaare a_1, b_1; a_2, b_2; a_3, b_3 so zu wählen, daß erstens jedes Paar die beiden anderen Paare harmonisch trennt und zweitens die rechte Seite von (21) gleich $+1$ wird.

Weil infolge der ersten Bedingung die drei Richtungen $(\alpha : l : \lambda)$, $(\beta : m : \mu)$ und $(\gamma : n : \nu)$ paarweise zueinander senkrecht sind, steht aber nach S. 197 fest, daß ihre Determinante (21) nur einen der beiden Werte $+1$ und -1 haben kann. Also schließen wir: Wenn die drei Konstantenpaare a_1, b_1; a_2, b_2; a_3, b_3 einander paarweise harmonisch trennen, gilt sicher eine der beiden Gleichungen:

$$
\begin{vmatrix} 1 & a_1+b_1 & a_1 b_1 \\ 1 & a_2+b_2 & a_2 b_2 \\ 1 & a_3+b_3 & a_3 b_3 \end{vmatrix} = \pm \frac{(a_1-b_1)(a_2-b_2)(a_3-b_3)}{2i}
$$

Je nachdem sich rechts das Plus- oder Minuszeichen ergibt, wird die Determinante (21) gleich -1 oder $+1$. Liegt der erste Fall vor, so brauchen wir nur, um den gewünschten zweiten Fall zu bekommen, die imaginäre Einheit i durch $-i$ zu ersetzen, was erlaubt ist, weil $\sqrt{-1}$ zweiwertig ist. Demnach erreichen wir in jedem Falle, daß auch die Bedingung II (D) erfüllt wird.

Mithin haben wir nunmehr in (20) neun Funktionen von s vor uns, die alle diejenigen Bedingungen erfüllen, die man an die Richtungskosinus von drei zueinander senkrechten und ebenso wie die drei positiven Koordinatenachsen gegeneinander orientierten Richtungen stellen muß. Wenn wir nun noch im Anschlusse an (1) setzen:

$$
(22)\qquad x = \int \alpha\, ds, \quad y = \int \beta\, ds, \quad z = \int \gamma\, ds,
$$

werden auch x, y, z als Funktionen von s bestimmt. Die Integrale können wir dabei etwa von $s = 0$ an erstrecken.

Hiernach steht fest: Falls es überhaupt Kurven gibt, deren Krümmungs- und Torsionsradien r und ϱ die gegebenen Funktionen $\sqrt{F(s)}$ und $G(s)$ der Bogenlänge s sind, müssen es die Kurven (22) sein, in denen α, β, γ die nach dem

Vorhergehenden zu ermittelnden Funktionen von s bedeuten. Nun bleibt noch zu beweisen übrig, daß den Kurven (22) in der Tat diese Radien r und ϱ zukommen. Bei diesem Nachweise wird es zur Vermeidung von Verwechselungen zweckmäßig sein, die Richtungskosinus des die Kurven (22) begleitenden Dreikants mit anderen Buchstaben, etwa mit $\bar{\alpha}, \bar{\beta}, \bar{\gamma}, \bar{l}, \bar{m}, \bar{n}, \bar{\lambda}, \bar{\mu}, \bar{\nu}$ zu bezeichnen, entsprechend Krümmungs- und Torsionsradius mit $\bar{r}$ und $\bar{\varrho}$. Ziel der Überlegung ist dann, zu erkennen, daß diese Größen eben diejenigen sind, die im Vorhergehenden mit nicht überstrichenen Buchstaben bezeichnet wurden. Die im Vorhergehenden vorkommenden Größen waren so gewählt worden, daß sie den Gleichungen der Tafel II sowie den Gleichungen III (C) genügen; vgl. (2). Da die überstrichenen Größen die auf die Kurven (22) bezüglichen Richtungskosinus und Radien sein sollen, gelten die Gleichungen der Tafel II sowie die Gleichungen III (C) aber auch für die überstrichenen Buchstaben.

Nun ist nach (22), wenn der Akzent die Differentiation nach s andeutet, $x' = \alpha$, $y' = \beta$, $z' = \gamma$, und da $\mathbf{S}\alpha^2 = 1$ nach II (A) ist, folgt $\mathbf{S}x'^2 = 1$, d. h. s bedeutet die Bogenlänge und α, β, γ sind die Richtungskosinus $\bar{\alpha}, \bar{\beta}, \bar{\gamma}$ der Tangente. Nach der ersten Gleichung III (C) ist $\bar{\alpha}' = \bar{l}:\bar{r}$ und auch $\alpha' = l:r$, daher $\bar{l}:\bar{r} = l:r$. Ebenso ist $\bar{m}:\bar{r} = m:r$ und $\bar{n}:\bar{r} = n:r$. Andererseits ist nach II (A) sowohl $\mathbf{S}\bar{l}^2 = 1$ als auch $\mathbf{S}l^2 = 1$, mithin $\bar{r}^2 = r^2$, d. h. $\bar{r} = \varepsilon r$, wo ε entweder $+1$ oder -1 bedeutet, und $\bar{l} = \varepsilon l$, $\bar{m} = \varepsilon m$, $\bar{n} = \varepsilon n$. Nach der zweiten Gleichung III (C) ist ferner

$$\bar{l}' = -\frac{\bar{\alpha}}{\bar{r}} - \frac{\bar{\lambda}}{\bar{\varrho}} \quad \text{und} \quad l' = -\frac{\alpha}{r} - \frac{\lambda}{\varrho},$$

demnach wegen $\bar{\alpha} = \alpha$, $\bar{l} = \varepsilon l$ und $\bar{r} = \varepsilon r$ auch $\bar{\lambda}:\bar{\varrho} = \varepsilon\lambda:\varrho$. Ebenso ist $\bar{\mu}:\bar{\varrho} = \varepsilon\mu:\varrho$ und $\bar{\nu}:\bar{\varrho} = \varepsilon\nu:\varrho$, so daß wegen $\mathbf{S}\bar{\lambda}^2 = 1$ und $\mathbf{S}\lambda^2 = 1$ folgt, daß $\bar{\varrho}^2 = \varrho^2$, also $\bar{\varrho} = \eta\varrho$ ist, wo η entweder $+1$ oder -1 bedeutet, sowie $\bar{\lambda} = \varepsilon\eta\lambda$, $\bar{\mu} = \varepsilon\eta\mu$, $\bar{\nu} = \varepsilon\eta\nu$. Nach II ($D$) muß die Determinante von $\bar{\alpha}, \bar{\beta}, \bar{\gamma}$, von $\bar{l}, \bar{m}, \bar{n}$ und $\bar{\lambda}, \bar{\mu}, \bar{\nu}$ gleich $+1$ sein. Wegen $\bar{\alpha} = \alpha$, $\bar{l} = \varepsilon l$, $\bar{\lambda} = \varepsilon\eta\lambda$ usw. ist sie gleich der mit η multiplizierten Determinante von α, β, γ, von l, m, n und von λ, μ, ν, die nach derselben Gleichung II (D) auch den Wert $+1$ hat. Folglich ist $\eta = +1$, $\bar{\lambda} = \varepsilon\lambda$ usw., sowie $\bar{\varrho} = \varrho$. Den Kurven (22) kommt also der Torsionsradius $\varrho = G(s)$ zu. Ist $\varepsilon = +1$, so haben sie auch den Krümmungsradius $r = \sqrt{F(s)}$, dagegen im Falle $\varepsilon = -1$ den entgegengesetzten. Man hat aber zu beachten, daß die Orientierung der Hauptnormale nach S. 231 davon abhängt, welchen der beiden Werte des Krümmungsradius man wählen will. Wir dürfen deshalb im Falle $\varepsilon = -1$ die Orientierung der Hauptnormale entgegengesetzt annehmen, d. h. auch dann $\varepsilon = +1$ setzen, so auch daß der Krümmungsradius $\bar{r}$ gleich $\sqrt{F(s)}$ wird.

Übrigens läßt sich leicht ein neuer Beweis[1] dafür erbringen, daß alle Kurven (22), die sich ergeben haben, einander kongruent sind. Werden nämlich die Werte (19) in die Werte (20) von α, β, γ und darauf diese Werte in (22) eingesetzt, so kommt für x:

$$x = \frac{1 - a_1 b_1}{a_1 - b_1}\int\frac{(p^2 - \pi^2) - (q^2 - \varkappa^2)}{2(p\varkappa - q\pi)}\,ds + i\,\frac{1 + a_1 b_1}{a_1 - b_1}\int i\,\frac{(p^2 - \pi^2) + (q^2 - \varkappa^2)}{2(p\varkappa - q\pi)}\,ds$$
$$+ \frac{a_1 + b_1}{a_1 - b_1}\int\frac{\pi\varkappa - qp}{p\varkappa - q\pi}\,ds,$$

und die Werte von y und z gehen hieraus hervor, wenn der Index 1 durch 2 oder 3 ersetzt wird. Bedeuten nun $\mathfrak{x}, \mathfrak{y}, \mathfrak{z}$ die Funktionen von s:

$$(23)\quad \begin{cases} \mathfrak{x} = \displaystyle\int_0^s \frac{(p^2 - \pi^2) - (q^2 - \varkappa^2)}{2(p\varkappa - q\pi)}\,ds, \qquad \mathfrak{y} = \int_0^s i\,\frac{(p^2 - \pi^2) + (q^2 - \varkappa^2)}{2(p\varkappa - q\pi)}\,ds, \\ \mathfrak{z} = \displaystyle\int_0^s \frac{\pi\varkappa - qp}{p\varkappa - q\pi}\,ds, \end{cases}$$

so wird also:

$$(24)\quad \begin{cases} x = \dfrac{1 - a_1 b_1}{a_1 - b_1}\,\mathfrak{x} + i\,\dfrac{1 + a_1 b_1}{a_1 - b_1}\,\mathfrak{y} + \dfrac{a_1 + b_1}{a_1 - b_1}\,\mathfrak{z} + \text{konst.}, \\ y = \dfrac{1 - a_2 b_2}{a_2 - b_2}\,\mathfrak{x} + i\,\dfrac{1 + a_2 b_2}{a_2 - b_2}\,\mathfrak{y} + \dfrac{a_2 + b_2}{a_2 - b_2}\,\mathfrak{z} + \text{konst.}, \\ z = \dfrac{1 - a_3 b_3}{a_3 - b_3}\,\mathfrak{x} + i\,\dfrac{1 + a_3 b_3}{a_3 - b_3}\,\mathfrak{y} + \dfrac{a_3 + b_3}{a_3 - b_3}\,\mathfrak{z} + \text{konst.} \end{cases}$$

Die neun Koeffizienten von $\mathfrak{x}, \mathfrak{y}, \mathfrak{z}$ hierin haben aber gerade die Form der Werte (20) — nur in a, b statt in ξ, η geschrieben —. Da die drei Paare der a und b ebenso wie die drei Paare der ξ und η einander nach S. 294 harmonisch trennen, erfüllen die neun Koeffizienten in (24) alle Bedingungen, die man an die Richtungskosinus dreier zueinander senkrechter und wie die drei positiven Achsen zueinander orientierter Richtungen zu stellen hat. Andererseits aber sind sie Konstanten. Nach I(A) folgt daher, daß die Kurve (24) vermöge einer Bewegung aus derjenigen Kurve hervorgeht, die durch die Gleichungen (23) in den laufenden Koordinaten $\mathfrak{x}, \mathfrak{y}, \mathfrak{z}$ dargestellt wird. Die Kurve (23) ist

[1] Dieser direkte Beweis der Kongruenz aus der wirklichen Bestimmung aller Kurven der verlangten Art wurde vom Verf. in den Leipziger Berichten 1900, S. 5 gegeben.

also eine spezielle Kurve, bei der r und ϱ die vorgeschriebenen Funktionen von s sind. Sie ergibt sich auch, wenn man in die Gleichungen (22) diejenigen Werte von α, β, γ einsetzt, die aus (19) und (20) hervorgehen, wenn die Konstanten a, b insbesondere die Werte

$$a_1 = 1, \quad b_1 = -1; \quad a_2 = i, \quad b_2 = -i; \quad a_3 = \infty, \quad b_3 = 0$$

haben. In der Tat sind dies drei Paare, die einander harmonisch trennen.

Hiernach gilt der

Satz 32: Sind die Krümmung $1:r$ und die Torsion $1:\varrho$ einer Kurve als Funktionen der Bogenlänge s gegeben, so hat man, um die Kurve selbst zu finden, die Riccatische Differentialgleichung

$$\frac{d\sigma}{ds} = \frac{i}{2}\cdot\frac{1}{\varrho} - i\cdot\frac{1}{r}\sigma - \frac{i}{2}\cdot\frac{1}{\varrho}\sigma^2$$

zu integrieren. Ihre allgemeine Lösung σ hat die Form:

$$\sigma = \frac{p(s)c + q(s)}{\pi(s)c + \varkappa(s)} \qquad (c = \text{konst.}),$$

und es sind

$$x = \int\limits_0^s \frac{(p^2 - \pi^2) - (q^2 - \varkappa^2)}{2(p\varkappa - q\pi)}\,ds, \quad y = i\int\limits_0^s \frac{(p^2 - \pi^2) + (q^2 - \varkappa^2)}{2(p\varkappa - q\pi)}\,ds,$$

$$z = \int\limits_0^s \frac{\pi\varkappa - qp}{p\varkappa - q\pi}\,ds$$

die Gleichungen einer Kurve von der gesuchten Art. Jede andere Kurve, bei der $1:r$ und $1:\varrho$ dieselben gegebenen Funktionen von s sind, ist mit dieser einen Kurve kongruent.

Zu Anfang dieses Paragraphen nahmen wir an, daß nicht die Krümmung $1:r$ und die Torsion $1:\varrho$, sondern ihre Quadrate $1:r^2$ und $1:\varrho$ als Funktionen von s gegeben seien:

$$\frac{1}{r^2} = F(s), \quad \frac{1}{\varrho} = G(s),$$

weil die natürlichen Gleichungen einer Kurve zunächst solche Formeln liefern. Es liegen also eigentlich zwei entgegengesetzt gleiche Funktionen von s für $1:r$ vor. Deshalb dürfte es nicht überflüssig sein, noch zu erörtern, wie sich die Ergebnisse des Satzes 32 ändern, wenn r durch $-r$ ersetzt wird. In diesem Falle wollen wir die

Lösung der RICCATIschen Gleichung mit $\bar{\sigma}$ statt σ bezeichnen, so daß diese Gleichung die Form hat:

$$\frac{d\bar{\sigma}}{ds} = \frac{i}{2}\cdot\frac{1}{\varrho} + i\cdot\frac{1}{r}\bar{\sigma} - \frac{i}{2}\cdot\frac{1}{\varrho}\bar{\sigma}^2.$$

Man sieht, daß sie wieder in die des Satzes übergeht, wenn man $\bar{\sigma} = -\sigma$ annimmt und s durch $-s$ ersetzt. Also ist

$$\bar{\sigma} = \frac{-p(-s)c - q(-s)}{\pi(-s)c + \varkappa(-s)}$$

ihre allgemeine Lösung. In den Formeln für x, y, z hat man demnach

$$p(s), \quad q(s), \quad \pi(s), \quad \varkappa(s)$$

durch

$$-p(-s), \quad -q(-s), \quad \pi(-s), \quad \varkappa(-s)$$

zu ersetzen. Führt man dann $-s$ als neue Bogenlänge ein, was man tun darf, so erkennt man, daß sich, wie zu erwarten war, dieselben Kurven wie vorher ergeben.

§ 14. Beispiele zu den natürlichen Gleichungen einer Kurve.

Um die im letzten Paragraphen entwickelte und nicht ganz einfache Theorie anzuwenden, die zeigte, daß die Bestimmung einer Kurve mit gegebenen natürlichen Gleichungen im wesentlichen auf die Integration einer gewissen RICCATIschen Gleichung, nämlich:

$$\frac{d\sigma}{ds} = \frac{i}{2}\cdot\frac{1}{\varrho} - i\cdot\frac{1}{r}\sigma - \frac{i}{2}\cdot\frac{1}{\varrho}\sigma^2, \tag{1}$$

hinaus kommt, betrachten wir einige Beispiele.

Wir fragen zunächst nach den Kurven von der Torsion Null. Nach Satz 14, S. 241, wissen wir schon, daß es die ebenen Kurven sind. Dies soll jetzt bestätigt werden. Die Gleichung (1) lautet hier

$$\frac{d\sigma}{ds} = -\frac{i}{r}\sigma \quad \text{oder:} \quad \frac{d\log\sigma}{ds} = -\frac{i}{r}$$

und gibt:

$$\sigma = c e^{-i\int\frac{ds}{r}}$$

In der allgemeinen Form

$$\sigma = \frac{pc+q}{\pi c + \varkappa}$$

der Lösung der Riccatischen Gleichung darf man also annehmen:

$$p = e^{-i\int\frac{ds}{r}}, \quad q = 0, \quad \pi = 0, \quad \varkappa = 1,$$

so daß die Formel für z in Satz 32, S. 298, gibt: $z = 0$. Die im Satze angegebene Kurve ist daher eben. Alle anderen, bei denen r dieselbe Funktion von s und die Torsion gleich Null ist, sind ihr kongruent, daher auch eben.

Von besonderem Interesse sind diejenigen Kurven, bei denen das Verhältnis aus der Krümmung und Torsion konstant ist. Wenn $\varrho : r$ konstant ist, gibt es zwei Konstanten u, die der quadratischen Gleichung

$$(2) \qquad \frac{i}{2}\cdot\frac{1}{\varrho} - i.\frac{1}{r}u - \frac{i}{2}\cdot\frac{1}{\varrho}u^2 = 0$$

oder

$$1 - 2\frac{\varrho}{r}u - u^2 = 0$$

Genüge leisten. Sie seien mit a und b bezeichnet. Die Vergleichung mit (1) zeigt nun, daß die beiden Konstanten $\sigma = a$ und $\sigma = b$ die Riccatische Gleichung (1) befriedigen, weil ihre Ableitungen gleich Null sind. Demnach kennen wir im vorliegenden Falle zwei spezielle (partikulare) Lösungen der Riccatischen Gleichung, nämlich die Konstanten a und b. Dies ermöglicht uns auch, die allgemeine Lösung σ zu berechnen. Denn wenn wir von der Gleichung (1) die Gleichung

$$0 = \frac{i}{2}\cdot\frac{1}{\varrho} - i.\frac{1}{r}a - \frac{i}{2}\cdot\frac{1}{\varrho}a^2 \quad \text{oder} \quad 0 = \frac{i}{2}\cdot\frac{1}{\varrho} - i.\frac{1}{r}b - \frac{i}{2}\cdot\frac{1}{\varrho}b^2$$

abziehen, ergeben sich die beiden Formeln:

$$\frac{d(\sigma - a)}{ds} = -\frac{i}{r}(\sigma - a) - \frac{i}{2\varrho}(\sigma^2 - a^2),$$

$$\frac{d(\sigma - b)}{ds} = -\frac{i}{r}(\sigma - b) - \frac{i}{2\varrho}(\sigma^2 - b^2),$$

woraus folgt:

$$\frac{d\log(\sigma - a)}{ds} = -\frac{i}{r} - \frac{i}{2\varrho}(\sigma + a),$$

$$\frac{d\log(\sigma - b)}{ds} = -\frac{i}{r} - \frac{i}{2\varrho}(\sigma + b).$$

Subtrahieren wir diese beiden Gleichungen voneinander, so kommt:

$$\frac{d}{ds}\log\frac{\sigma - a}{\sigma - b} = -\frac{i}{2\varrho}(a - b).$$

Daher folgt durch eine Quadratur:

$$\frac{\sigma - a}{\sigma - b} = -c\,e^{-i(a-b)\int\frac{ds}{2\varrho}} \quad (c = \text{konst.}).$$

Natürlich ist diese Formel nur im Falle $a \neq b$ brauchbar; von dem Falle $a = b$ sprechen wir nachher. Auflösung nach σ gibt:

$$\sigma = \frac{c\,b\,e^{ib\int\frac{ds}{2\varrho}} + a\,e^{ia\int\frac{ds}{2\varrho}}}{c\,e^{ib\int\frac{ds}{2\varrho}} + e^{ia\int\frac{ds}{2\varrho}}},$$

so daß die Vergleichung mit der allgemeinen Form

$$\sigma = \frac{p\,c + q}{\pi\,c + \varkappa}$$

der Lösung der Riccatischen Gleichung zeigt, daß wir

$$(3) \qquad \begin{cases} p = b\,e^{ib\int\frac{ds}{2\varrho}}, & q = a\,e^{ia\int\frac{ds}{2\varrho}}, \\ \pi = e^{ib\int\frac{ds}{2\varrho}}, & \varkappa = e^{ia\int\frac{ds}{2\varrho}} \end{cases}$$

setzen dürfen. Satz 32, S. 298, gibt nun

$$z = \int_0^s \frac{1 - a\,b}{b - a}\,ds = \frac{1 - a\,b}{b - a}\,s$$

Demnach ist der Richtungskosinus $\gamma = z'$, den die Kurventangente mit der z-Achse bestimmt, konstant. Die Kurve des Satzes ist also so beschaffen, daß alle ihre Tangenten mit der z-Achse denselben Winkel bilden, mit anderen Worten: Die Tangenten der Kurve bilden mit der xy-Ebene einen konstanten Winkel. Mithin hat die Kurve gegenüber dieser Ebene eine konstante Neigung. Legt man durch alle Punkte der Kurve die Parallelen zur z-Achse, so entsteht ein Zylinder, und die Kurve schneidet alle Mantellinien des Zylinders unter demselben Winkel. Man nennt aber eine Kurve, die alle Mantellinien irgend eines Zylinders unter konstantem Winkel schneidet, eine allgemeine Schraubenlinie. Wir sind demnach zu einer Schraubenlinie gelangt. Wenn man ihren Zylinder auf der Ebene abwickelt, gehen die Mantellinien in lauter parallele Geraden über, so daß die Schraubenlinie in eine Kurve verwandelt wird, die eine konstante Richtung in der Ebene hat und daher eine Gerade sein muß. Früher (vgl. etwa das 4. Beispiel, S. 210) haben wir schon die gemeinen Schraubenlinien betrachtet. Es sind dies die Schraubenlinien auf Rotationszylindern.

Man kann leicht die Umkehrung beweisen, also zeigen, daß längs irgend einer allgemeinen Schraubenlinie auf irgend einem Zylinder das Verhältnis aus der Krümmung und Torsion konstant ist. Die Kurve

$$x = \varphi(s), \quad y = \chi(s), \quad z = \psi(s)$$

mit der Bogenlänge s ist nämlich eine Schraubenlinie, sobald ihre Tangenten mit einer bestimmten Richtung einen konstanten Winkel bilden. Denn wenn man durch alle ihre Punkte die Geraden von dieser Richtung zieht, entsteht ja ein Zylinder, dessen Mantellinien von der Kurve unter einem konstanten Winkel geschnitten werden. Wenn a, b, c die Richtungskosinus der festen Richtung sind, ist demnach

$$\mathbf{S}\, a\alpha = \text{konst.} \tag{4}$$

die analytische Bedingung für eine allgemeine Schraubenlinie. Hieraus ergibt sich durch Differentiation nach s infolge von III (C)

$$\mathbf{S}\, a l = 0, \tag{5}$$

falls $1:r$ nicht gleich Null, die Kurve also, wie wir annehmen, keine Gerade ist, vgl. Satz 26, S. 278. Abermalige Differentiation nach s liefert

$$\frac{1}{r}\mathbf{S}\, a\alpha + \frac{1}{\varrho}\mathbf{S}\, a\lambda = 0$$

oder:

$$\frac{\varrho}{r} = -\frac{\mathbf{S}\, a\lambda}{\mathbf{S}\, a\alpha}. \tag{6}$$

Der Nenner ist nach (4) konstant. Aber auch der Zähler, denn nach III (C) ist seine Ableitung

$$\frac{d\mathbf{S}\, a\lambda}{ds} = \frac{1}{\varrho}\mathbf{S}\, a l,$$

also gleich Null nach (5). Demnach ist das Verhältnis aus der Krümmung und Torsion in der Tat konstant. Dieser Schluß gilt jedoch nur so lange, als die Kurve keine Stelle hat, wo sowohl die Krümmung als auch Torsion gleich Null ist und daher $\varrho:r$ unbestimmt wird. Wir sprechen daher den Satz so aus:

Satz 33:[1] Bei einer Schraubenlinie ist das Verhältnis aus der Krümmung und Torsion konstant, soweit die Kurve

[1] Satz von Lancret 1802, siehe die auf S. 203 genannte Abhandlung. Daß wir die in dem Satze angegebene Beschränkung in der Tat machen müssen, zeigt eine einfache geometrische Überlegung: Wenn der senkrechte Quer-

nicht bis zu einer Stelle geht, wo sowohl die Krümmung als auch die Torsion gleich Null ist.

Die Umkehrung dieses Satzes können wir noch nicht aussprechen, weil wir oben den speziellen Fall $a = b$ vorläufig beiseite ließen. Dies ist der Fall, wo die quadratische Gleichung (2) eine Doppelwurzel hat, und er tritt ein, wenn $\varrho : r$ gleich i oder $-i$ ist. Beschränken wir uns auf die Annahme $\varrho : r = i$, so lautet die Riccatische Gleichung (1) so:

$$\frac{d\sigma}{ds} = \frac{1}{2r}(1 - i\sigma)^2$$

und gibt

$$\int \frac{d\sigma}{(1 - i\sigma)^2} = \tfrac{1}{2}\int \frac{ds}{r} + \text{konst.},$$

also:

$$\sigma = \frac{c - i - \int \frac{ds}{r}}{ic - 1 - i\int \frac{ds}{r}} \qquad (c = \text{konst.}).$$

Nach Satz 32, S. 298, darf daher

$$p = 1, \quad q = -i - \int \frac{ds}{r}, \quad \pi = i, \quad \varkappa = -1 - i\int \frac{ds}{r}$$

gesetzt werden, so daß sich die imaginäre Kurve ergibt:

$$(7) \quad \begin{cases} x = \tfrac{1}{2}\int \left[\left(\int \frac{ds}{r}\right)^2 - 2\right] ds, \quad y = -\frac{i}{2}\int \left(\int \frac{ds}{r}\right)^2 ds, \\ z = -\int\int \frac{ds}{r} ds. \end{cases}$$

Wir werden jedoch erst an einer späteren Stelle zeigen, daß diese imaginäre Kurve und die mit ihr kongruenten Kurven in gewissem Sinne auch als Schraubenlinien, aber auf Zylindern von Minimalgeraden, aufgefaßt werden können.

Die Umkehrung des Satzes 33 sprechen wir daher nur in beschränkter Weise aus in dem

Satz 34:[1] Ist das Verhältnis aus der Krümmung und

---

schnitt des Zylinders der Schraubenlinie an einer Stelle einen eigentlichen Wendepunkt hat, geht eine zunächst rechts gewundene Schraubenlinie auf der zugehörigen Mantellinie in eine links gewundene über und umgekehrt, d. h. die Torsion wechselt das Zeichen (nach S. 268). Das konstante Verhältnis aus der Krümmung und Torsion nimmt daher den entgegengesetzten Wert an.

[1] Als Urheber dieses Satzes nennt man mit Unrecht Bertrand, der ihn allerdings 1848 auf synthetischem Wege bewies („Sur la courbe dont les deux courbures sont constantes", Journ. de Mathém. 1. Reihe, Bd. 13,

Torsion einer Kurve konstant, aber nicht gleich i oder $-i$, so ist die Kurve eine Schraubenlinie, d. h. dann bilden alle ihre Tangenten mit einer festen Richtung einen konstanten Winkel.

Die vorhin erhaltene Formel (5) besagt, daß die Hauptnormalen einer Schraubenlinie senkrecht zu einer festen Richtung $(a:b:c)$, also parallel zu einer Ebene sind. Daher fragen wir jetzt umgekehrt nach denjenigen Kurven, bei denen die Hauptnormalen einer Ebene parallel sind, d. h. wir gehen von der Gleichung (5) aus. Aus ihr folgt nach den in III (B) in der Mitte stehenden Formeln:

$$a x'' + b y'' + c z'' = 0,$$

d. h.

$$a x' + b y' + c z' = \text{konst.}$$

oder

$$\mathbf{S}\, a\, \alpha = \text{konst.},$$

womit wir zu (4) zurückgelangt sind. Daher gilt der

Satz 35:[1] Die allgemeinen Schraubenlinien auf Zylindern, deren Mantellinien keine Minimalgeraden sind, kann man auch definieren als diejenigen Kurven, deren Hauptnormalen zu einer Ebene parallel sind, die keine Minimalebene ist.

Schließlich betrachten wir diejenigen Kurven, bei denen die Krümmung und die Torsion konstant ist. Sie ordnen sich den bisher betrachteten Kurven, bei denen das Verhältnis aus der Krümmung und Torsion konstant ist, als spezieller Fall unter. Man kann hier

$$\int \frac{ds}{2\varrho} = \frac{s}{2\varrho}$$

setzen, so daß (3) gibt:

$$p = b e^{\frac{ibs}{2\varrho}}, \quad q = a e^{\frac{ias}{2\varrho}}, \quad \pi = e^{\frac{ibs}{2\varrho}}, \quad \varkappa = e^{\frac{ias}{2\varrho}}.$$

Satz 32, S. 298, liefert nun, da sich die Integrale sofort auswerten lassen, insbesondere die Kurve:

S. 423). Der Satz wurde nämlich schon 1844 von DE SAINT-VENANT in seiner auf S. 203 genannten Abhandlung (S. 26) analytisch bewiesen. Wir zitieren die Worte: „Le rapport de la courbure à la cambrure (d. i. Torsion) est constant.... la courbe est une hélice (d. i. Schraubenlinie) à base quelconque, ou une courbe dont les tangentes font toutes le même angle avec un certain plan.“

[1] Satz von BERTRAND, „Mémoire sur les courbes à double courbure“ Journ. de Mathém. T. 15, 1850, p. 343.

$$(8)\quad \begin{cases} x = \dfrac{-i\varrho}{(b-a)^2}\left\{(b^2-1)e^{\frac{i(b-a)s}{2\varrho}} + (a^2-1)e^{\frac{i(a-b)s}{2\varrho}}\right\}, \\ y = \dfrac{\varrho}{(b-a)^2}\left\{(b^2-1)e^{\frac{i(b-a)s}{2\varrho}} - (a^2-1)e^{\frac{i(a-b)s}{2\varrho}}\right\}, \\ z = \dfrac{1-ab}{b-a}s. \end{cases}$$

Da hier

$$x^2 + y^2 = -\frac{4(a^2-1)(b^2-1)}{(b-a)^4}\varrho^2,$$

also konstant ist, stellt (8) eine Schraubenlinie auf einem Rotationszylinder dar, dessen Achse die z-Achse ist, indem dabei $\gamma' = z'$ konstant wird. Mithin liegt eine gemeine Schraubenlinie vor, wie nach S. 236 zu vermuten war. Indem man die in (8) auftretenden imaginären Exponentialfunktionen durch reelle goniometrische Funktionen ausdrückt, und beachtet, daß a und b die Wurzeln der quadratischen Gleichung (2) sind, gelangt man leicht wieder zu den gebräuchlichen Gleichungen der gemeinen Schraubenlinie.

In dem besonderen Falle der Doppelwurzel $a = b$ der quadratischen Gleichung (2), wobei also $r =$ konst. und $\varrho = \pm ir$ ist, ergibt sich nach (7), wenn man $\varrho = ir$ wählt, die imaginäre Kurve dritter Ordnung:

$$(9)\quad x = \frac{s^3}{6r^2} - s, \quad y = -\frac{is^3}{6r^2}, \quad z = -\frac{s^2}{2r}.$$

Alle Kurven also, bei denen $r =$ konst. und $\varrho = ir$ ist, sind mit dieser Kurve kongruent.

Mithin haben wir folgende Sätze:

Satz 36:[1] Die Schraubenlinien auf Rotationszylindern, deren Achsen keine Minimalgeraden sind, also die gemeinen Schraubenlinien, sind identisch mit den Kurven konstanter Krümmung und konstanter Torsion, bei denen das Verhältnis der Krümmung zur Torsion nicht gleich i oder $-i$ ist.

[1] Den Satz, daß die Kurven konstanter Krümmung und konstanter Torsion gemeine Schraubenlinien sind (abgesehen von dem oben erwähnten Falle $\varrho : r = \pm i$, von dem in jenen älteren Arbeiten nie die Rede ist), schreibt man Puiseux zu, der ihn in der Arbeit: „Problème de géométrie", Journ. de Mathém. T. 7, 1842, S. 65, bewies. Wir vermuten jedoch, daß dieser sehr naheliegende Satz damals schon manchem Mathematiker bekannt war.

Satz 37:[1] Alle Kurven von derselben konstanten Krümmung $1:r$, bei denen die Torsion auch konstant und zwar gleich $i:r$ ist, sind der imaginären Kurve dritter Ordnung

$$x = \frac{s^3}{6r^2} - s, \quad y = -\frac{i s^3}{6r^2}, \quad z = -\frac{s^2}{2r}$$

kongruent.

§ 15. Berührung zwischen Kurve und Fläche.

In § 4 haben wir die Berührung n^{ter} Ordnung zwischen zwei Raumkurven betrachtet. Obgleich wir uns erst später ausführlich mit den Flächen beschäftigen wollen, müssen wir doch schon hier einige besondere Flächen mit einer Raumkurve in Beziehung bringen. Wir sehen uns daher genötigt, auch die Berührung n^{ter} Ordnung zwischen einer Kurve und einer Fläche zu untersuchen. Wir sagen:

Eine Kurve c berührt eine Fläche in einem Punkte P in gerade n^{ter} Ordnung, wenn es auf der Fläche eine Kurve $\mathfrak{c}$ durch P gibt, die von der Kurve c in P in gerade n^{ter} Ordnung berührt wird, aber keine Kurve, die von der Kurve c in P in noch höherer Ordnung berührt würde.

Ist dies der Fall, so muß sich nach S. 27, 28 (vgl. auch S. 214) jeder Stelle A von c eine Stelle $\mathfrak{A}$ von $\mathfrak{c}$ in der Umgebung von P derart zuordnen lassen, daß $\mathfrak{A}$ zugleich mit A nach P strebt, und dann ist zu verlangen, daß dabei die Grenzwerte der Verhältnisse aus den Strecken $P\mathfrak{A}$, PA und $A\mathfrak{A}$:

$$\frac{P\mathfrak{A}}{PA} \quad \text{und} \quad \frac{A\mathfrak{A}}{PA^{n+1}}$$

endlich und von Null verschieden bleiben. Siehe Fig. 80.

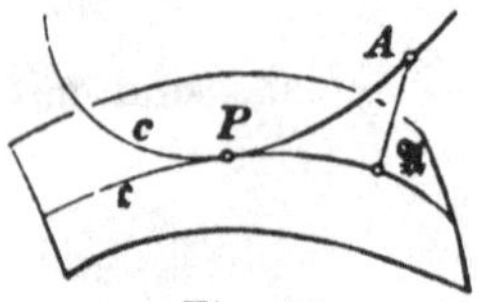

Fig. 80.

Die Fläche sei durch eine Gleichung

$$F(\mathfrak{x}, \mathfrak{y}, \mathfrak{z}) = 0 \tag{1}$$

in den laufenden Koordinaten $\mathfrak{x}$, $\mathfrak{y}$, $\mathfrak{z}$ gegeben (vgl. S. 208), die Kurve c dagegen in irgend einer Parameterdarstellung

$$x = \varphi(t), \quad y = \chi(t), \quad z = \psi(t). \tag{2}$$

[1] Auf diese Kurven hat erst Lyon 1890 aufmerksam gemacht: „Sur les courbes à torsion constante", Annales de l'Enseignement sup. de Grenoble, T. 2.

Insbesondere gehöre zu $t = t_0$ ein Kurvenpunkt P oder (x_0, y_0, z_0), der auch auf der Fläche (1) liege. Irgend eine Flächenkurve $\mathfrak{c}$ durch P geht nun hervor, wenn man unter $\mathfrak{x}$, $\mathfrak{y}$, $\mathfrak{z}$ irgend welche Funktionen eines Parameters $\mathfrak{t}$ versteht, die der Gleichung (1) genüge leisten und für einen gewissen Wert von $\mathfrak{t}$, etwa für $\mathfrak{t} = \mathfrak{t}_0$, die Werte x_0, y_0, z_0 annehmen. Die Aufgabe, die Merkmale der Berührung in gerade n^{ter} Ordnung aufzustellen, wird nun im vorliegenden Falle dadurch ganz erheblich erleichtert, daß man sich vorstellen kann, in die Gleichungen der Kurve $\mathfrak{c}$ sei von vornherein der neue Parameter t statt $\mathfrak{t}$ eingeführt. Denn da jedem Punkte A von c ein Punkt $\mathfrak{A}$ von $\mathfrak{c}$ zugeordnet sein soll, besteht zwischen den Parameterwerten t und $\mathfrak{t}$, die zu den einander entsprechenden Punkten A und $\mathfrak{A}$ gehören, eine umkehrbare einwertige analytische Beziehung. Hiernach verstehen wir im folgenden unter $\mathfrak{x}$, $\mathfrak{y}$. $\mathfrak{z}$ irgend welche Funktionen von t, die für $t = t_0$ die Werte x_0, y_0, z_0 annehmen und überhaupt für alle Werte von t in der Umgebung von t_0 der Gleichung (1) genüge leisten. Die Anwendung des Satzes 4, S. 215, worin jetzt $\mathfrak{t} = t$, also $\Delta\mathfrak{t} = \Delta t$ und daher $\lambda_1 = 1$, $\lambda_2 = \lambda_3 = \ldots = 0$ zu setzen ist, lehrt nun, daß man zu fordern hat, daß die Werte der Ableitungen erster bis n^{ter} Ordnung von x, y, z für $t = t_0$ mit den Werten der Ableitungen erster bis n^{ter} Ordnung von $\mathfrak{x}$, $\mathfrak{y}$, $\mathfrak{z}$ für $t = t_0$ entsprechend übereinstimmen, während nicht alle Ableitungen $(n+1)^{\text{ter}}$ Ordnung von x, y, z für $t = t_0$ mit den entsprechenden Ableitungen $(n+1)^{\text{ter}}$ Ordnung von $\mathfrak{x}$, $\mathfrak{y}$, $\mathfrak{z}$ für $t = t_0$ übereinstimmen dürfen. Wie auf S. 28 und S. 215 ist dabei ausdrücklich vorauszusetzen, daß der Punkt P weder für die Kurve c noch für die Kurve $\mathfrak{c}$ ein singulärer Punkt oder ein Minimalpunkt erster Ordnung sei, d. h. wir setzen voraus:

$$(3) \qquad x_0'^2 + y_0'^2 + z_0'^2 \neq 0, \qquad \mathfrak{x}_0'^2 + \mathfrak{y}_0'^2 + \mathfrak{z}_0'^2 \neq 0.$$

Der Index Null deutet natürlich an, daß die Ableitungen an der Stelle t_0 zu bilden sind. Übrigens braucht man nur die erste Annahme (3) zu machen, denn da $x_0' = \mathfrak{x}_0'$, $y_0' = \mathfrak{y}_0'$ und $z_0' = \mathfrak{z}_0'$ sein soll, folgt die zweite daraus.

Man hat nun zu bedenken, daß zwar x, y, z nach (2) als Funktionen von t gegeben sind, aber $\mathfrak{x}$, $\mathfrak{y}$, $\mathfrak{z}$ nicht. Da nur die Bedingung (1) für sie besteht, abgesehen von den Anfangsbedingungen $\mathfrak{x}_0 = x_0$, $\mathfrak{y}_0 = y_0$, $\mathfrak{z}_0 = z_0$, so gelten für die Ableitungen von $\mathfrak{x}$, $\mathfrak{y}$, $\mathfrak{z}$ nach t nur diejenigen Gleichungen, die durch wiederholte vollständige Differentiation von (1) nach t hervorgehen:

$$\frac{dF(\mathfrak{x}, \mathfrak{y}, \mathfrak{z})}{dt} = 0, \quad \frac{d^2F(\mathfrak{x}, \mathfrak{y}, \mathfrak{z})}{dt^2} = 0, \quad \ldots,$$

und zwar insbesondere für $t = t_0$ diese:

$$(4) \qquad \left[\frac{dF(\mathfrak{x}, \mathfrak{y}, \mathfrak{z})}{dt}\right]_0 = 0, \quad \left[\frac{d^2F(\mathfrak{x}, \mathfrak{y}, \mathfrak{z})}{dt^2}\right]_0 = 0, \quad \ldots .$$

Die erste lautet, ausführlich geschrieben, so:

$$F_x^0 \mathfrak{x}_0' + F_y^0 \mathfrak{y}_0' + F_z^0 \mathfrak{z}_0' = 0.$$

Hierbei deutet der Index Null bei den Ableitungen von F an, daß sie für x_0, y_0, z_0 zu bilden sind. Nach Voraussetzung nämlich sind $\mathfrak{x}_0$, $\mathfrak{y}_0$, $\mathfrak{z}_0$, d. h. die Werte von $\mathfrak{x}$, $\mathfrak{y}$, $\mathfrak{z}$ für $t = t_0$ gleich den Koordinaten x_0, y_0, z_0 des Punktes P. Die zweite Bedingung (4) enthält auch $\mathfrak{x}_0''$, $\mathfrak{y}_0''$, $\mathfrak{z}_0''$ und beginnt so:

$$F_x^0 \mathfrak{x}_0'' + F_y^0 \mathfrak{y}_0'' + F_z^0 \mathfrak{z}_0'' + \ldots = 0,$$

wobei die Punkte Glieder andeuten, in denen nur die Ableitungen erster Ordnung $\mathfrak{x}_0'$, $\mathfrak{y}_0'$, $\mathfrak{z}_0'$ vorkommen. Überhaupt bemerkt man: Die n^{te} Gleichung (4) hat die Form:

$$F_x^0 \mathfrak{x}_0^{(n)} + F_y^0 \mathfrak{y}_0^{(n)} + F_z^0 \mathfrak{z}_0^{(n)} + \ldots = 0,$$

wobei die Punkte für Glieder stehen, die nur die Ableitungen von $\mathfrak{x}$, $\mathfrak{y}$, $\mathfrak{z}$ für $t = t_0$ bis zur $(n-1)^{\text{ten}}$ Ordnung enthalten.

Setzen wir jetzt voraus, daß nicht alle drei Werte

$$(5) \qquad F_x^0, \quad F_y^0, \quad F_z^0$$

gleich Null seien, so dürfen wir etwa $F_z^0 \neq 0$ annehmen. Die erste Gleichung (4) lehrt dann, daß man $\mathfrak{x}_0'$ und $\mathfrak{y}_0'$ beliebig wählen darf, weil sie alsdann $\mathfrak{z}_0'$ bestimmt. Ebenso lehrt die zweite, daß man $\mathfrak{x}_0''$ und $\mathfrak{y}_0''$ beliebig wählen darf, weil sie alsdann $\mathfrak{z}_0''$ bestimmt, usw. Mithin sind jetzt die $n+1$ ersten Gleichungen (4) die einzigen Bedingungen, die den Ableitungen von $\mathfrak{x}$, $\mathfrak{y}$, $\mathfrak{z}$ nach t für $t = t_0$ bis zur $(n+1)^{\text{ten}}$ Ordnung einschließlich auferlegt sind.

Oben ergab sich, daß im Falle der Berührung in gerade n^{ter} Ordnung alle diese Ableitungen, abgesehen von denen $(n+1)^{\text{ter}}$ Ordnung, mit den entsprechenden von x, y, z übereinstimmen müssen. Deshalb tritt eine Berührung zwischen der Kurve c und der Fläche in gerade n^{ter} Ordnung ein, falls die Ableitungen von x, y, z nach t für $t = t_0$ bis zur $(n+1)^{\text{ten}}$ Ordnung die n ersten Gleichungen (4), aber nicht mehr die $(n+1)^{\text{te}}$ Gleichung (4) erfüllen, wenn sie darin statt der Ableitungen von $\mathfrak{x}$, $\mathfrak{y}$, $\mathfrak{z}$ eingesetzt werden. Diese Bedingungen kann man aber auch anders ausdrücken: Wir bilden die

Funktion F nicht für $\mathfrak{x}$, $\mathfrak{y}$, $\mathfrak{z}$, sondern für die Koordinaten x, y, z der Kurve c, d. h. wir betrachten die Funktion

$$F(x, y, z) \quad \text{oder} \quad F(\varphi(t), \chi(t), \psi(t)).$$

Weil die Kurve c keine Flächenkurve ist, wird diese Funktion von t für $t = t_0$ verschwinden, aber für $t \neq t_0$ im allgemeinen von Null verschieden sein. Ihre Ableitungen erster bis $(n+1)^{\text{ter}}$ Ordnung nach t gehen nun für $t = t_0$ genau in die linken Seiten der aufgestellten $n + 1$ Bedingungen über, von denen die letzte eine Ungleichung ist.

Ehe wir das Ergebnis als Satz formulieren, führen wir noch eine Bezeichnung ein: Der Punkt (x_0, y_0, z_0) der Fläche (1) heißt singulär, falls für ihn alle drei Werte (5) verschwinden. Auf die geometrische Bedeutung solcher Punkte kommen wir noch zurück. Wir haben im Vorhergehenden angenommen, daß der Punkt P kein singulärer Flächenpunkt sei. Demnach gilt der

Satz 38: Wenn die Kurve

$$x = \varphi(t), \qquad y = \chi(t), \qquad z = \psi(t)$$

mit der Fläche

$$F(\mathfrak{x}, \mathfrak{y}, \mathfrak{z}) = 0$$

den Punkt (t_0) oder (x_0, y_0, z_0) gemein hat und dieser Punkt weder ein singulärer oder Minimalpunkt erster Ordnung der Kurve noch ein singulärer Punkt der Fläche ist, tritt eine Berührung von gerade n^{ter} Ordnung zwischen der Kurve und der Fläche an der gemeinsamen Stelle dann und nur dann ein, wenn die Ableitungen erster bis n^{ter} Ordnung der Funktion

$$F(x, y, z) \quad \text{oder} \quad F(\varphi(t), \chi(t), \psi(t))$$

von t für $t = t_0$ verschwinden, dagegen die Ableitung $(n+1)^{\text{ter}}$ Ordnung dieser Funktion für $t = t_0$ von Null verschieden ist.

Wenn dagegen P ein singulärer Punkt der Fläche ist, also alle drei Werte (5) gleich Null sind, kann man nicht mehr wie vorhin folgern, daß die $n + 1$ ersten Gleichungen (4) die einzigen Bedingungen sind, die von den Ableitungen erster bis $(n+1)^{\text{ter}}$ Ordnung von $\mathfrak{x}$, $\mathfrak{y}$, $\mathfrak{z}$ für $t = t_0$ erfüllt sein müssen. Dann ist nämlich die erste Gleichung (4) an sich erfüllt, und allgemein wird die n^{te} frei von den Ableitungen n^{ter} Ordnung. Infolgedessen treten nun, falls nicht noch besondere weitere Annahmen in bezug auf die Ableitungen zweiter Ordnung von F für die Stelle P gemacht werden, die zweite bis $(n+2)^{\text{te}}$ Gleichung (4) an die Stelle der ersten bis $(n+1)^{\text{ten}}$. Wir begnügen uns mit der allgemeinen Vorschrift: In jedem Falle muß man zunächst alle diejenigen Bedingungen ausfindig machen, denen die Ableitungen erster bis $(n+1)^{\text{ter}}$ Ordnung von $\mathfrak{x}, \mathfrak{y}, \mathfrak{z}$ für $t = t_0$ unterworfen sind. Dann tritt eine Berührung in gerade n^{ter} Ordnung ein, falls die Bedingungen, soweit sie nur die Ableitungen bis zur n^{ten} Ordnung enthalten, auch durch die entsprechenden Ableitungen von x, y, z für $t = t_0$ befriedigt werden, aber die übrigen Bedingungen nicht sämtlich erfüllt werden können.

Falls (x_0, y_0, z_0) ein **singulärer** Punkt der Fläche ist, wird sich im **allgemeinen** für die Ableitungen erster Ordnung von $\mathfrak{x}, \mathfrak{y}, \mathfrak{z}$ an der Stelle $t = t_0$ nur die zweite Gleichung (4) ergeben, die jetzt die Form hat:

$$F_{xx}^0 \mathfrak{x}_0'^2 + F_{yy}^0 \mathfrak{y}_0'^2 + F_{zz}^0 \mathfrak{z}_0'^2$$
$$+ 2(F_{yz}^0 \mathfrak{y}_0' \mathfrak{z}_0' + F_{zx}^0 \mathfrak{z}_0' \mathfrak{x}_0' + F_{xy}^0 \mathfrak{x}_0' \mathfrak{y}_0') = 0.$$

Demnach wird alsdann eine Berührung in mindestens erster Ordnung eintreten, falls

$$(6) \qquad \left\{ \begin{aligned} & F_{xx}^0 x_0'^2 + F_{yy}^0 y_0'^2 + F_{zz}^0 z_0'^2 \\ & + 2(F_{yz}^0 y_0' z_0' + F_{zx}^0 z_0' x_0' + F_{xy}^0 x_0' y_0') = 0 \end{aligned} \right.$$

ist. —

Handelt es sich um die Berührung der Fläche $F = 0$ mit einer **Geraden**

$$(7) \qquad x = x_0 + At, \qquad y = y_0 + Bt, \qquad z = z_0 + Ct,$$

die von dem Flächenpunkte (x_0, y_0, z_0) oder P ausgeht, so hat man $x' = A$, $y' = B$ und $z' = C$ zu setzen. Also berührt die Gerade die Fläche in P in mindestens erster Ordnung, sobald

$$F_x^0 A + F_y^0 B + F_z^0 C = 0$$

oder also nach (7):

$$(8) \qquad F_x^0 \cdot (x - x_0) + F_y^0 \cdot (y - y_0) + F_z^0 \cdot (z - z_0) = 0$$

ist, vorausgesetzt, daß P **kein** singulärer Punkt der Fläche ist. Die Gerade heißt dann eine **Tangente der Fläche im Punkte** P. Weil die Gleichung (8) in x, y, z linear ist, erfüllen alle Tangenten von P eine Ebene, die man die **Tangentenebene** oder **Tangentialebene des Flächenpunktes** P nennt.

Satz 39: Die Tangenten eines nicht singulären Punktes (x_0, y_0, z_0) der Fläche

$$F(\mathfrak{x}, \mathfrak{y}, \mathfrak{z}) = 0$$

sind alle diejenigen von dem Punkte ausgehenden Geraden, die in der Ebene

$$F_x^0 . (x - x_0) + F_y^0 . (y - y_0) + F_z^0 . (z - z_0) = 0$$

durch den Punkt (x_0, y_0, z_0) liegen. Dabei bedeuten die Koeffizienten die Ableitungen $F_{\mathfrak{x}}, F_{\mathfrak{y}}, F_{\mathfrak{z}}$, berechnet für $\mathfrak{x} = x_0$, $\mathfrak{y} = y_0$, $\mathfrak{z} = z_0$.

Man kann auch sagen, daß alle durch den Punkt (x_0, y_0, z_0) oder P gehenden Flächenkurven $\mathfrak{c}$ in P solche Tangenten haben, die zugleich Flächentangenten in P sind und zusammen die Tangentenebene von P erfüllen. Wenn man also an drei durch P gehende Flächenkurven $\mathfrak{c}_1$, $\mathfrak{c}_2$ und $\mathfrak{c}_3$ in P die Tangenten t_1, t_2 und t_3 zieht, liegen alle drei Tangenten in der Tangentenebene von P, siehe Fig. 81. Die Gerade n, die in P auf der Tangentenebene senkrecht steht, heißt die Flächennormale in P.

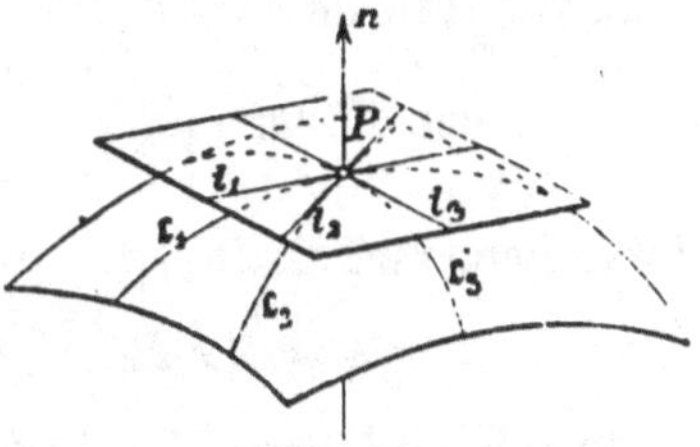

Fig. 81.

Nebenbei sei bemerkt: Eine Tangente wird die Fläche in P in mindestens zweiter Ordnung berühren, wenn nach Satz 38, da (7) jetzt $x'' = 0$, $y'' = 0$, $z'' = 0$ liefert, überdies noch

$$F_{xx}^0 A^2 + F_{yy}^0 B^2 + F_{zz}^0 C^2 + 2(F_{yz}^0 BC + F_{zx}^0 CA + F_{xy}^0 AB) = 0$$

ist, und hierfür kann infolge von (7) geschrieben werden:

$$(9) \quad \left\{ \begin{array}{l} F_{xx}^0 (x - x_0)^2 + F_{yy}^0 (y - y_0)^2 + F_{zz}^0 (z - z_0)^2 \\ + 2[F_{yz}^0 (y - y_0)(z - z_0) + F_{zx}^0 (z - z_0)(x - x_0) + F_{xy}^0 (x - x_0)(y - y_0)] = 0. \end{array} \right.$$

Diese Gleichung stellt aber für sich einen Kegel zweiten Grades mit der Spitze (x_0, y_0, z_0) in den laufenden Koordinaten x, y, z dar. Dieser Kegel wird von der Tangentenebene (8) in zwei Mantellinien geschnitten. Demnach gibt es unter den Tangenten eines nicht singulären Flächenpunktes nur zwei, die dort mit der Fläche eine Berührung in höherer als erster Ordnung eingehen. Sie können zusammenfallen oder auch imaginär sein. In speziellen Fällen kann auch der Kegel (9) in zwei Ebenen zerfallen, von denen die eine die Tangentenebene (8) selbst ist. Dann berühren alle Tangenten des Punktes (x_0, y_0, z_0) die Fläche in höherer als erster Ordnung. Diese besonderen, in mindestens zweiter Ordnung berührenden Tangenten werden uns erst im zweiten Bande beschäftigen.

Wenn der Flächenpunkt (x_0, y_0, z_0) singulär ist, liegen die Verhältnisse ganz anders. Beschränken wir uns auf den allgemeinsten Fall, so tritt hier die Bedingung (6) für eine berührende Gerade auf. Dies wird wieder die Gleichung (9), d. h. im allgemeinen werden alle diejenigen Geraden, die eine Fläche in einem singulären Punkte in mindestens erster Ordnung berühren, einen Kegel zweiter Ordnung bilden. Doch können noch verwickeltere Fälle vorkommen, auf die wir nicht eingehen.

Dagegen müssen wir darauf aufmerksam machen, daß Flächenpunkte bloß scheinbar singulär sein können. Man kann ja z. B. die Fläche

$$F(\mathfrak{x}, \mathfrak{y}, \mathfrak{z}) = 0$$

auch in der Form

$$\Phi = F^2(\mathfrak{x}, \mathfrak{y}, \mathfrak{z}) = 0$$

darstellen, und dann ist:

$$\Phi_{\mathfrak{x}} = 2FF_{\mathfrak{x}}, \quad \Phi_{\mathfrak{y}} = 2FF_{\mathfrak{y}}, \quad \Phi_{\mathfrak{z}} = 2FF_{\mathfrak{z}}.$$

Demnach wird dann für jeden Punkt der Fläche wegen $F = 0$ auch $\Phi_{\mathfrak{x}}$, $\Phi_{\mathfrak{y}}$ und $\Phi_{\mathfrak{z}}$ gleich Null. Folglich sind alle Punkte der Fläche $\Phi = 0$ singulär. Dies erklärt sich dadurch, daß $\Phi = 0$ die Fläche $F = 0$ doppelt darstellt, so daß die Tangentenebene eines Punktes auch doppelt zählt, sich also dem Falle unterordnet, wo der Tangentenkegel eines singulären Punktes eine Doppelebene wird. Um solche bei der Fläche $F = 0$ nur scheinbare Singularitäten auszuschließen, setzen wir fest:

Die Gleichung $F(\mathfrak{x}, \mathfrak{y}, \mathfrak{z}) = 0$ einer Fläche soll stets in einer Form angenommen werden, bei der nicht alle drei Ableitungen $F_{\mathfrak{x}}$, $F_{\mathfrak{y}}$, $F_{\mathfrak{z}}$ für alle Punkte der Fläche verschwinden.

Wenn die Fläche z. B. durch eine nach $\mathfrak{z}$ aufgelöste Gleichung

$$\mathfrak{z} = f(\mathfrak{x}, \mathfrak{y})$$

gegeben ist, kann $F = \mathfrak{z} - f$ angenommen werden, und dann ist $F_{\mathfrak{z}} \neq 0$.

Beispiel: Der Kreis in der xz-Ebene mit dem Radius r und dem Mittelpunkte mit der Abszisse a auf der x-Achse, also der Kreis:

$$(x - a)^2 + z^2 = r^2, \qquad y = 0$$

drehe sich um die z-Achse. Alsdann erzeugt er eine Ringfläche, auch Wulst genannt, siehe Fig. 82. Bei der Drehung des Kreises in irgend eine Lage treten $\sqrt{\mathfrak{x}^2 + \mathfrak{y}^2}$ und $\mathfrak{z}$ an die Stelle von x und z, wenn wir wie bisher die laufenden Koordinaten der Fläche mit $\mathfrak{x}$, $\mathfrak{y}$, $\mathfrak{z}$ bezeichnen. Demnach ist

$$\left(\sqrt{\mathfrak{x}^2 + \mathfrak{y}^2} - a\right)^2 + \mathfrak{z}^2 = r^2$$

die Gleichung der Fläche, aber wegen der Zweiwertigkeit der Wurzel in noch nicht brauchbarer Form, es sei denn $a = 0$, wobei die Wurzel fortfällt und die Gleichung der Kugel

$$\mathfrak{x}^2 + \mathfrak{y}^2 + \mathfrak{z}^2 = r^2 \tag{10}$$

hervorgeht. Wenn $a \neq 0$ ist, ergibt sich dagegen durch Entfernung der Wurzel die Flächengleichung:

$$F = (\mathfrak{x}^2 + \mathfrak{y}^2 + \mathfrak{z}^2 + a^2 - r^2)^2 - 4a^2(\mathfrak{x}^2 + \mathfrak{y}^2) = 0, \tag{11}$$

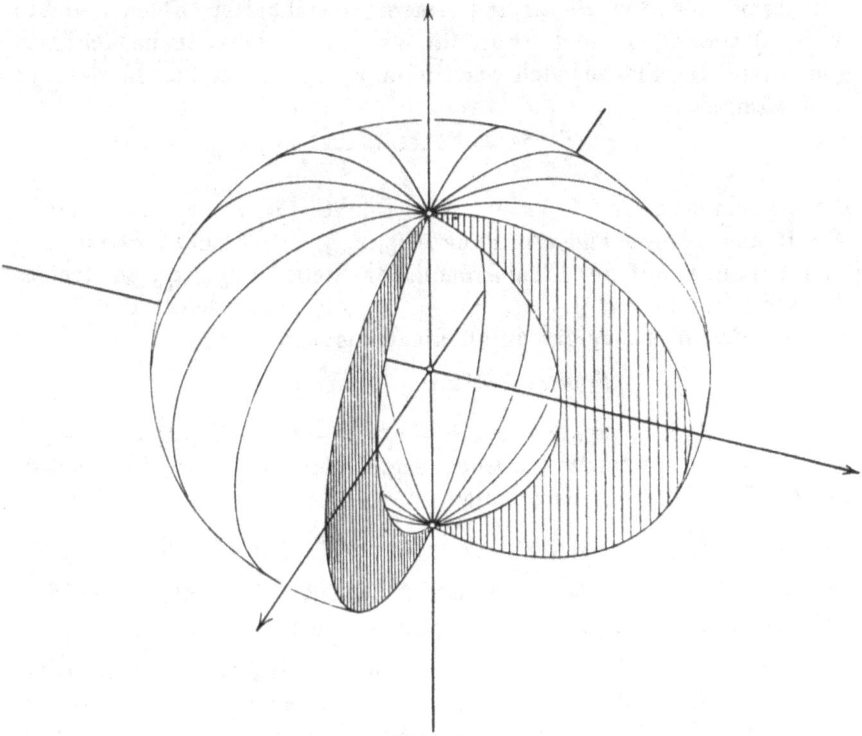

Fig. 82.

die also für $a = 0$ nach der oben gemachten allgemeinen Voraussetzung nicht gestattet ist, weil sie dann die Kugel (10) doppelt darstellen würde. Sieht man von dem Falle $a = 0$ ab, so erkennt man leicht, daß F, $F_{\mathfrak{x}}$, $F_{\mathfrak{y}}$ und $F_{\mathfrak{z}}$ zusammen nur für die beiden Punkte mit den Koordinaten

$$x_0 = 0, \qquad y_0 = 0, \qquad z_0 = \pm\sqrt{r^2 - a^2} \tag{12}$$

verschwinden. Dies sind also die beiden einzigen singulären Flächenpunkte. Ist r und a reell, so sind diese Punkte im Falle $r^2 > a^2$ auch reell, nämlich die Schnittpunkte des die Fläche erzeugenden Kreises mit der z-Achse. In Fig. 82 sind beide Stellen zu sehen, weil ein Viertel der Fläche fortgelassen worden ist. Die Fläche hat einen äußeren und einen inneren Mantel, und die

Figur ist unter der Voraussetzung gezeichnet worden, daß der Raum zwischen beiden Mänteln undurchsichtig sei. Man erkennt hier auch geometrisch, daß die Fläche an den beiden singulären Stellen keine Tangentenebenen, sondern Tangentenkegel hat, nämlich Rotationskegel, deren Achse die z-Achse ist. Es sei dem Leser überlassen, die Gleichungen dieser Kegel auf Grund der Formel (9) aufzustellen.

Die Tangenten eines nicht singulären Flächenpunktes (x_0, y_0, z_0) kann man übrigens auch als die Grenzlagen derjenigen Geraden definieren, die den Punkt mit einem benachbarten Flächenpunkte $(\mathfrak{x}, \mathfrak{y}, \mathfrak{z})$ verbinden, und zwar für den Fall, daß der benachbarte Punkt auf der Fläche nach der Stelle (x_0, y_0, z_0) strebt. In der Tat sind nämlich

$$(13) \qquad \frac{x - x_0}{\mathfrak{x} - x_0} = \frac{y - y_0}{\mathfrak{y} - y_0} = \frac{z - z_0}{\mathfrak{z} - z_0}$$

die Gleichungen der Geraden vom Punkte (x_0, y_0, z_0) der Fläche $F = 0$ nach einem anderen Punkte $(\mathfrak{x}, \mathfrak{y}, \mathfrak{z})$ der Fläche. Strebt der Punkt $(\mathfrak{x}, \mathfrak{y}, \mathfrak{z})$ auf der Fläche nach der Stelle (x_0, y_0, z_0), so streben die Verhältnisse von $\mathfrak{x} - x_0$, $\mathfrak{y} - y_0$, $\mathfrak{z} - z_0$ nach denen der Differentiale dx, dy, dz, die durch die Gleichung

$$F_x^0 dx + F_y^0 dy + F_z^0 dz = 0$$

verbunden sind. Weil $x - x_0$, $y - y_0$, $z - z_0$ nach (13) zu $\mathfrak{x} - x_0$, $\mathfrak{y} - y_0$, $\mathfrak{z} - z_0$ proportional sind, ergibt sich also, daß die Gerade in der Grenzlage die Gleichung

$$F_x^0 \cdot (x - x_0) + F_y^0 \cdot (y - y_0) + F_z^0 \cdot (z - z_0) = 0$$

befriedigt; dies aber ist nach Satz 39 die der Tangentenebene des Flächenpunktes (x_0, y_0, z_0). Folglich gilt der

Satz 40: Die Tangenten eines nicht singulären Flächenpunktes sind identisch mit den Grenzlagen derjenigen Sekanten, die den Flächenpunkt mit benachbarten Punkten der Fläche verbinden, und zwar für den Fall, daß diese benachbarten Punkte auf der Fläche nach dem betrachteten Flächenpunkte streben.

Man kann hiernach auch sagen:

Satz 41: Die Tangentenebene eines nicht singulären Flächenpunktes ist die Grenzlage derjenigen Ebene, die durch den Punkt und zwei benachbarte, aber verschiedene Flächenpunkte geht, und zwar für den Fall, daß diese benachbarten Punkte auf der Fläche nach dem betrachteten Flächenpunkte streben.

Eine andere Anwendung des Satzes 38 ergibt sich, wenn man als die Fläche eine Ebene durch den Punkt (x_0, y_0, z_0) annimmt, etwa diese:

$$A(\mathfrak{x} - x_0) + B(\mathfrak{y} - y_0) + C(\mathfrak{z} - z_0) = 0. \tag{14}$$

Es sei also

$$x = \varphi(t), \quad y = \chi(t), \quad z = \psi(t) \tag{15}$$

eine Kurve, deren Punkt (t_0) der Punkt (x_0, y_0, z_0) der Ebene (14) ist. Nun berührt die Kurve (15) die Ebene (14) an dieser Stelle (t_0) nach Satz 38 in mindestens erster Ordnung, falls

$$A x_0' + B y_0' + C z_0' = 0 \tag{16}$$

ist. Dann aber liegt die Tangente des Punktes (t_0) der Kurve, nämlich die Gerade mit den laufenden Koordinaten

$$x_0 + x_0'\tau, \quad y_0 + y_0'\tau, \quad z_0 + z_0'\tau,$$

für alle Werte des Parameters τ in der Ebene (14). Denn wenn man diese Werte für $\mathfrak{x}, \mathfrak{y}, \mathfrak{z}$ in (14) einsetzt, geht die Gleichung (16) hervor. Also gilt

Satz 42: Eine Ebene berührt eine Raumkurve in einem Punkte, der weder singulär noch ein Minimalpunkt erster Ordnung ist, in mindestens erster Ordnung dann und nur dann, wenn sie die Tangente des Kurvenpunktes enthält.

Die Berührung ist nach Satz 38 von mindestens zweiter Ordnung, wenn außerdem

$$A x_0'' + B y_0'' + C z_0'' = 0 \tag{17}$$

ist. Eliminiert man A, B, C aus (14), (16) und (17), so zeigt sich, daß die Ebene in den laufenden Koordinaten $\mathfrak{x}, \mathfrak{y}, \mathfrak{z}$ die Gleichung

$$\begin{vmatrix} \mathfrak{x} - x_0 & x_0' & x_0'' \\ \mathfrak{y} - y_0 & y_0' & y_0'' \\ \mathfrak{z} - z_0 & z_0' & z_0'' \end{vmatrix} = 0$$

hat. Nach (3), S. 222, stellt diese Gleichung die Schmiegungsebene des betrachteten Kurvenpunktes (x_0, y_0, z_0) dar. Wir haben also den

Satz 43: Die Schmiegungsebene eines Punktes einer Raumkurve, der nicht singulär und kein Minimalpunkt erster Ordnung ist, kann man als diejenige Ebene definieren, die mit der Kurve an der betrachteten Stelle eine Berührung von mindestens zweiter Ordnung eingeht.

§ 16. Die Schmiegungskugel bei einer Kurve.

Der Hauptzweck der Einschaltung, die § 15 darstellt, ist, die Mittel zu gewinnen, um die Berührung höherer Ordnung zwischen einer Kurve und einer Kugel zu untersuchen.

Es ist

$$(1)\qquad (\mathfrak{x}-A)^2+(\mathfrak{y}-B)^2+(\mathfrak{z}-C)^2=R^2$$

die Gleichung einer Kugel in den laufenden Koordinaten $\mathfrak{x}$, $\mathfrak{y}$, $\mathfrak{z}$. Dabei sind A, B, C die Koordinaten des Kugelmittelpunktes; R bedeutet den Kugelradius. Wir versuchen, die verfügbaren Konstanten A, B, C, R so zu wählen, daß die Kugel eine gegebene Kurve, bei der wir die bisher immer angewandten Bezeichnungen wieder aufnehmen, in ihrem Punkte (x, y, z) in möglichst hoher Ordnung berührt. Nach Satz 38, S. 309, differenzieren wir die Gleichung (1) wiederholt:

$$(2)\qquad \begin{cases} (\mathfrak{x}-A)\mathfrak{x}'+(\mathfrak{y}-B)\mathfrak{y}'+(\mathfrak{z}-C)\mathfrak{z}'=0, \\ (\mathfrak{x}-A)\mathfrak{x}''+(\mathfrak{y}-B)\mathfrak{y}''+(\mathfrak{z}-C)\mathfrak{z}''+\mathfrak{x}'^2+\mathfrak{y}'^2+\mathfrak{z}'^2=0, \\ (\mathfrak{x}-A)\mathfrak{x}'''+(\mathfrak{y}-B)\mathfrak{y}'''+(\mathfrak{z}-C)\mathfrak{z}'''+3(\mathfrak{x}'\mathfrak{x}''+\mathfrak{y}'\mathfrak{y}''+\mathfrak{z}'\mathfrak{z}'')=0 \end{cases}$$

usw. Um eine Berührung dritter Ordnung zu erzielen, haben wir nach jenem Satze zu verlangen, daß die Gleichungen (1) und (2) erfüllt werden, wenn wir darin statt $\mathfrak{x}$, $\mathfrak{y}$, $\mathfrak{z}$ überall x, y, z schreiben. Wir nehmen an, als Parameter sei bei der Kurve die Bogenlänge gewählt. Da dann $\mathbf{S}\,x'^2=1$ und $\mathbf{S}\,x'x''=0$ ist (nach S. 209), so kommt:

$$\begin{aligned} \mathbf{S}(x-A)^2 &= R^2, \\ \mathbf{S}(x-A)x' &= 0, \\ \mathbf{S}(x-A)x'' &= -1, \\ \mathbf{S}(x-A)x''' &= 0 \end{aligned}$$

oder nach III (B) und III (G):

$$\begin{aligned} \mathbf{S}(x-A)^2 &= R^2, \\ \mathbf{S}(x-A)\alpha &= 0, \\ \mathbf{S}(x-A)l &= -r, \end{aligned}$$

$$\mathbf{S}(x-A)\left(\frac{\alpha}{r^2}+\frac{r'}{r^2}\,l+\frac{\lambda}{r\varrho}\right)=0.$$

Die letzte Gleichung wird wegen der zweiten und dritten diese:

$$\mathbf{S}(x-A)\lambda=\varrho r'.$$

Die drei Bedingungen:

(3) $\mathbf{S}(x-A)\alpha = 0, \quad \mathbf{S}(x-A)l = -r, \quad \mathbf{S}(x-A)\lambda = \varrho r'$

dienen zur Bestimmung von A, B, C, und alsdann gibt die Bedingung

(4) $$\mathbf{S}(x-A)^2 = R^2$$

noch das Quadrat des Radius R.

Multiplizieren wir die Gleichungen (3) der Reihe nach mit α, l, λ und addieren sie, so kommt nach II (B):

$$x - A = -r l + \varrho r' \lambda.$$

Hieraus ergibt sich sofort A. Ähnlich ergeben sich B und C. Es kommt:

(5) $A = x + rl - \varrho r'\lambda, \quad B = y + rm - \varrho r'\mu, \quad C = z + rn - \varrho r'\nu.$

Nach (4) und (5) ist nun:

$$R^2 = \mathbf{S}(-rl + \varrho r'\lambda)^2 = r^2 \mathbf{S} l^2 - 2 r r' \varrho \mathbf{S} l\lambda + \varrho^2 r'^2 \mathbf{S} \lambda^2$$

oder nach II (A):

(6) $$R^2 = r^2 + \varrho^2 r'^2.$$

Satz 44: Es gibt eine und nur eine Kugel, die eine gegebene Kurve in einem gegebenen Punkte (x, y, z), der nicht singulär und kein Minimalpunkt erster oder zweiter Ordnung ist, in mindestens dritter Ordnung berührt. Es sind

$$x + rl - \varrho r'\lambda, \quad y + rm - \varrho r'\mu, \quad z + rn - \varrho r'\nu$$

die Koordinaten des Mittelpunktes der Kugel, während

$$R^2 = r^2 + \varrho^2 r'^2$$

das Quadrat ihres Radius angibt, wenn der Strich die Differentiation nach der Bogenlänge andeutet.

Diese Kugel heißt die Schmiegungskugel oder Oskulationskugel der Kurve im Punkte (x, y, z).[1]

Übrigens ist die Berührung im allgemeinen von nicht höherer als dritter Ordnung, denn die nächste auf die Gleichungen (2) folgende Gleichung lautet:

$$(\mathfrak{x} - A)\mathfrak{x}^{\text{IV}} + (\mathfrak{y} - B)\mathfrak{y}^{\text{IV}} + (\mathfrak{z} - C)\mathfrak{z}^{\text{IV}} +$$
$$+ 4(\mathfrak{x}'\mathfrak{x}''' + \mathfrak{y}'\mathfrak{y}''' + \mathfrak{z}'\mathfrak{z}''') + 3(\mathfrak{x}''^2 + \mathfrak{y}''^2 + \mathfrak{z}''^2) = 0$$

[1] Die Schmiegungskugel wurde schon 1771 von MONGE (vgl. die Anm. zu S. 203) analytisch untersucht, aber die obigen einfachen Formeln für ihre Mitte und ihren Radius hat erst DE SAINT-VENANT 1844 aufgestellt.

und gibt daher für Berührung in vierter Ordnung wegen (5) noch die Bedingung:

$$\mathbf{S}(-rl+\varrho r'\lambda)x^{\mathrm{IV}}+4\,\mathbf{S}\,x'x'''+3\,\mathbf{S}\,x''^2=0$$

oder wegen III(B) und III(G):

$$(7)\quad \mathbf{S}(-rl+\varrho r'\lambda)x^{\mathrm{IV}}-4\,\mathbf{S}\left(\frac{\alpha^2}{r^2}+\frac{r'}{r^2}\alpha l+\frac{\alpha\lambda}{r\varrho}\right)+\frac{3}{r^2}\mathbf{S}\,l^2=0\,.$$

Nach III(G) ist aber wegen III(C):

$$(8)\quad x^{\mathrm{IV}}=3\frac{r'}{r^3}\alpha+\left(\frac{2r'^2-rr''-1}{r^3}-\frac{1}{r\varrho^2}\right)l+\left(\frac{2r'}{r^2\varrho}+\frac{\varrho'}{r\varrho^2}\right)\lambda\,.$$

Setzen wir dies in (7) ein, so kommt nach II(A):

$$-\frac{2r'^2-rr''-1}{r^2}+\frac{1}{\varrho^2}+\frac{2r'^2}{r^2}+\frac{r'\varrho'}{r\varrho}-\frac{4}{r^2}+\frac{3}{r^2}=0\,,$$

d. h.

$$(9)\quad \frac{1}{r\varrho}\left(\frac{r}{\varrho}+r'\varrho'+r''\varrho\right)=0\,.$$

Also nur an solchen Kurvenstellen, an denen die Gleichung (9) erfüllt ist, berührt die Schmiegungskugel die Kurve in höherer als dritter Ordnung.

Wir fragen, ob es Kurven gibt, bei denen die Bedingung (9) für alle Punkte erfüllt ist. Nach (5) sind A, B, C Funktionen von s, für die wegen III(B) und III(C):

$$(10)\quad \begin{cases} \dfrac{dA}{ds}=-\lambda\left(\dfrac{r}{\varrho}+r'\varrho'+r''\varrho\right),\\ \dfrac{dB}{ds}=-\mu\left(\dfrac{r}{\varrho}+r'\varrho'+r''\varrho\right),\\ \dfrac{dC}{ds}=-\nu\left(\dfrac{r}{\varrho}+r'\varrho'+r''\varrho\right)\end{cases}$$

ist. Wenn die Bedingung (9) für alle Punkte der Kurve dadurch erfüllt wird, daß der in (9) in Klammern stehende Ausdruck für alle Werte von s verschwindet, so lehren die Formeln (10), daß A, B, C konstant sind. Dann also haben alle Schmiegungskugeln denselben Mittelpunkt (A, B, C). Aus (6) folgt ferner:

$$\frac{dR^2}{ds}=2r'\varrho\left(\frac{r}{\varrho}+r'\varrho'+r''\varrho\right),$$

so daß auch der Radius der Schmiegungskugel für alle Punkte derselbe ist. Mithin liegt die Kurve auf einer Kugel und heißt deshalb eine sphärische Kurve. Die Bedingung (9) kann aber auch durch $1:r = 0$ oder $1:\varrho = 0$ erfüllt werden. Die erste Annahme gibt nach Satz 26, S. 278, Geraden und die zweite nach Satz 14, S. 241, ebene Kurven. Beide sind Ausartungen von sphärischen Kurven, so daß folgt:

Satz 45: Sieht man von den Minimalkurven erster und zweiter Ordnung ab, so gibt es außer den sphärischen Kurven keine Kurve, die von allen ihren Schmiegungskugeln in höherer als dritter Ordnung berührt würde.

Zugleich hat sich ergeben:

Satz 46: Die Gleichung

$$\frac{1}{r\varrho}\left(\frac{r}{\varrho} + r'\varrho' + r''\varrho\right) = 0$$

ist charakteristisch für die sphärischen Kurven, die keine Minimalkurven erster oder zweiter Ordnung sind.

Wir betrachten jetzt wieder eine beliebige Raumkurve und ihre Schmiegungskugel im Punkte (x, y, z). Der Mittelpunkt der Kugel hat die durch (5) bestimmten Koordinaten A, B, C. Erinnern wir uns nun daran, daß nach (7), S. 251, der Mittelpunkt des Krümmungskreises, der in der Schmiegungsebene liegt, die Koordinaten:

$$(11)\quad \begin{cases} a = x + rl, \quad b = y + rm, \\ \qquad c = z + rn \end{cases}$$

hat, so erkennen wir sofort, daß der Mittelpunkt (A, B, C) der Schmiegungskugel auf dem Lote liegt, das man im Krümmungsmittelpunkte (a, b, c) auf der Schmiegungsebene errichten kann (siehe Fig. 83). Denn λ, μ, ν sind die Richtungskosinus des Lotes und daher

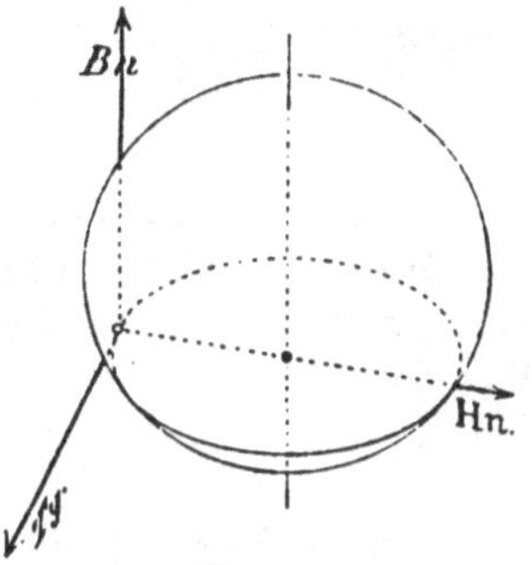

Fig. 83.

$$\mathfrak{x} = a + \lambda\sigma, \quad \mathfrak{y} = b + \mu\sigma, \quad \mathfrak{z} = c + \nu\sigma$$

oder

$$(12)\quad \mathfrak{x} = x + rl + \lambda\sigma, \quad \mathfrak{y} = y + rm + \mu\sigma, \quad \mathfrak{z} = z + rn + \nu\sigma$$

die Gleichungen des Lotes, ausgedrückt durch den Parameter σ, der die Strecke vom Punkte (a, b, c) bis zum Punkte (x, y, z) darstellt, und zwar gemessen im Sinne der positiven Binormalen. Die Gleichungen (12) aber ergeben für $\sigma = -\varrho r'$ die Werte (5) von A, B, C. Außerdem ist nach (6)

$$(\varrho r')^2 + r^2 = R^2,$$

d. h. der **Krümmungskreis liegt auf der Schmiegungskugel.** Die Tangente des Winkels, den der vom Kurvenpunkte ausgehende Radius der Schmiegungskugel mit dem Radius des Krümmungskreises bildet, ist gleich $\sigma : r$ oder $-r'\varrho : r$.[1]

Das Lot (12) heißt die **Krümmungsachse** oder **Polargerade** oder kurz **Polare** des Punktes (x, y, z) der Kurve. Diese Gerade ist also parallel zur Binormalen und geht durch den Krümmungsmittelpunkt sowie durch den Mittelpunkt der Schmiegungskugel.

Die Krümmungsachse kann auch so gefunden werden: Es ist in den laufenden Koordinaten $\mathfrak{x}, \mathfrak{y}, \mathfrak{z}$:

$$\alpha(\mathfrak{x} - x) + \beta(\mathfrak{y} - y) + \gamma(\mathfrak{z} - z) = 0 \tag{13}$$

die Gleichung der Normalebene des Kurvenpunktes (x, y, z). Bezeichnet man ihre linke Seite mit N, so hängt N von $\mathfrak{x}, \mathfrak{y}, \mathfrak{z}$ und der Bogenlänge s ab, da x, y, z und α, β, γ Funktionen von s sind. Ersetzt man also s durch $s + \Delta s$, wobei N in $N + \Delta N$ übergehe, so stellt $N + \Delta N = 0$ die Gleichung der Normalebene des Kurvenpunktes $(s + \Delta s)$ dar. Folglich geben $N = 0$ und $N + \Delta N = 0$ oder also

$$N = 0, \quad \frac{\Delta N}{\Delta s} = 0$$

zusammen die Schnittgerade der Normalebenen der beiden Punkte (s) und $(s + \Delta s)$, ausgedrückt in den laufenden Koordinaten $\mathfrak{x}, \mathfrak{y}, \mathfrak{z}$. Für $\lim \Delta s = 0$ geht die zweite Gleichung nach III (C) und III (B) über in

$$\mathbf{S}\,\frac{l}{r}(\mathfrak{x} - x) - \mathbf{S}\,\alpha^2 = 0$$

oder wegen $\mathbf{S}\,\alpha^2 = 1$ über in

$$\mathbf{S}\,l(\mathfrak{x} - x) = r.$$

Folglich wird die Schnittgerade beim Grenzübergange durch die beiden Gleichungen

$$\mathbf{S}\,\alpha(\mathfrak{x} - x) = 0, \quad \mathbf{S}\,l(\mathfrak{x} - x) - r = 0 \tag{14}$$

dargestellt. Da sie durch die Werte (12) von $\mathfrak{x}, \mathfrak{y}, \mathfrak{z}$ befriedigt werden, folgt der

Satz 47: Die Krümmungsachse oder Polare eines Kurvenpunktes ist die Grenzlage der Geraden, in der die Normalebene des Punktes von der Normalebene eines benachbarten Kurvenpunktes geschnitten wird, und zwar für

[1] Auch diesen Wert hat DE SAINT-VENANT 1844 zum erstenmal angegeben.

den Fall, wo der zweite Punkt längs der Kurve nach dem ersten strebt.

Wenn die linke Seite der zweiten Gleichung (14) mit M bezeichnet wird, stellen also $N = 0$ und $M = 0$ zusammen die Polare des Kurvenpunktes (s) dar. Wächst M von ΔM, sobald s um Δs zunimmt, so sind demnach

$$N + \Delta N = 0, \quad M + \Delta M = 0$$

die Gleichungen der Polaren eines benachbarten Kurvenpunktes $(s + \Delta s)$. Für einen etwa vorhandenen gemeinsamen Punkt $(\mathfrak{x}, \mathfrak{y}, \mathfrak{z})$ beider Polaren müßte also

$$N = 0, \quad M = 0 \quad \text{und} \quad N + \Delta N = 0, \quad M + \Delta M = 0$$

oder also

$$N = 0, \quad M = 0, \quad \frac{\Delta N}{\Delta s} = 0, \quad \frac{\Delta M}{\Delta s} = 0$$

sein. Im allgemeinen wird es keinen Punkt geben, dessen Koordinaten $\mathfrak{x}, \mathfrak{y}, \mathfrak{z}$ diese vier Gleichungen befriedigen. Aber beim Grenzübergange zu $\lim \Delta s = 0$ geht die Gleichung $M = 0$, wie sich vorhin ergab, aus $\Delta N : \Delta s = 0$ hervor. Demnach verbleiben dann nur die drei Bedingungen

$$N = 0, \quad M = 0, \quad \frac{dM}{ds} = 0.$$

Da aber $M = \mathbf{S}\, l(\mathfrak{x} - x) - r$ ist, liefert III (C) und III (B):

$$\frac{dM}{ds} = \mathbf{S}\left(-\frac{\alpha}{r} - \frac{\lambda}{\varrho}\right)(\mathfrak{x} - x) - \mathbf{S}\, l\alpha - r' = 0,$$

so daß wegen $\mathbf{S}\, l\alpha = 0$ als dritte Bedingung hervorgeht:

$$\frac{1}{r}\mathbf{S}\, \alpha(\mathfrak{x} - x) + \frac{1}{\varrho}\mathbf{S}\lambda(\mathfrak{x} - x) + r' = 0.$$

Wegen der Gleichung $N = 0$ fällt das erste Glied fort. Daher bleibt

$$(15) \qquad \mathbf{S}\lambda(\mathfrak{x} - x) + r'\varrho = 0.$$

Mithin liegen die drei Forderungen (14) und (15) für den gesuchten Punkt vor. Die Vergleichung mit (3) lehrt, daß sie durch die Werte $\mathfrak{x} = A$, $\mathfrak{y} = B$, $\mathfrak{z} = C$ befriedigt werden. Demnach gilt der

Satz 48: Strebt ein einem Kurvenpunkte (s) benachbarter Kurvenpunkt $(s + \Delta s)$ längs der Kurve nach dem ersten Punkte, so strebt seine Krümmungsachse so nach der Krümmungsachse des ersten Punktes, daß beide Achsen im Grenzfalle $\lim \varDelta s = 0$ den zum Kurvenpunkte (s) gehörigen Schmiegungskugel-Mittelpunkt gemein haben.

Hierbei sei erläuternd bemerkt, daß die Krümmungsachsen der Kurvenpunkte eine stetige Geradenschar bilden, d. h. eine solche Schar, bei der benachbarte Geraden beliebig dicht aufeinander folgen. Wir werden später erkennen, daß bei einer stetigen Geradenschar durchaus nicht immer der hier vorliegende Fall eintritt, in dem benachbarte Geraden bei der Annäherung aneinander einen Schnittpunkt bekommen. Die Sachlage kann auch so erörtert werden:

Wir betrachten drei benachbarte Kurvenpunkte (s), $(s + \varDelta s)$ und $(s + \varDelta' s)$. Dabei sei $\varDelta s \neq 0$, $\varDelta' s \neq 0$ und $\varDelta s \neq \varDelta' s$. Jeder Punkt hat eine Normalebene. Alle drei Normalebenen haben einen Punkt $(\mathfrak{x}, \mathfrak{y}, \mathfrak{z})$ gemein. Beim Grenzübergange $\lim \varDelta s = 0$ geht die Schnittgerade der beiden ersten Ebenen in die Krümmungsachse des Punktes (s) und beim Grenzübergange $\lim \varDelta s = \lim \varDelta' s$ die Schnittgerade der zweiten und dritten Ebene in die Krümmungsachse des Punktes $(s + \varDelta s)$ über, nach Satz 47. Demnach strebt der gemeinsame Punkt $(\mathfrak{x}, \mathfrak{y}, \mathfrak{z})$ aller drei Ebenen für $\lim \varDelta s = \lim \varDelta' s = 0$ nach dem Schnittpunkte der Krümmungsachsen der Punkte (s) und $(s + \varDelta s)$. Somit kann man dem Satze 48 auch diese Form geben:

Satz 49: Der Mittelpunkt der Schmiegungskugel eines Kurvenpunktes kann als die Grenzlage des Schnittpunktes der Normalebene des Punktes mit den Normalebenen zweier benachbarter Kurvenpunkte aufgefaßt werden für den Fall, wo die beiden benachbarten Punkte längs der Kurve nach dem ersten Punkte streben.

Schließlich wollen wir die Schmiegungskugel noch als Grenzlage der Kugel durch vier benachbarte Kurvenpunkte bestimmen:

Es mögen nämlich außer dem Kurvenpunkte (s) drei benachbarte Kurvenpunkte $(s + \varDelta_1 s)$, $(s + \varDelta_2 s)$ und $(s + \varDelta_3 s)$ betrachtet werden. Allgemein habe der Kurvenpunkt $(s + \varDelta_k s)$ $(k = 1, 2, 3)$ die Koordinaten $x + \varDelta_k x$, $y + \varDelta_k y$, $z + \varDelta_k z$. Alsdann betrachten wir die Kugel, die durch alle vier Punkte geht. Sind A, B, C die Koordinaten ihres Mittelpunktes und ist R ihr Radius, so bestehen vier Gleichungen, nämlich außer

$$(16) \qquad \mathbf{S}(x - A)^2 = R^2$$

noch die drei

$$\mathbf{S}(x + \varDelta_k x - A)^2 = R^2 \qquad (k = 1, 2, 3).$$

Die linke Seite kann man mit

$$\mathsf{S}(x-A)^2 + \Delta_k \mathsf{S}(x-A)^2$$

bezeichnen, weil sie aus $\mathsf{S}(x-A)^2$ hervorgeht, wenn x, y, z bzw. um $\Delta_k x$, $\Delta_k y$ und $\Delta_k z$ wachsen. Subtraktion der Gleichung (16) von den drei anderen gibt also die drei Gleichungen:

(17) $\Delta_1 \mathsf{S}(x-A)^2 = 0, \quad \Delta_2 \mathsf{S}(x-A)^2 = 0, \quad \Delta_3 \mathsf{S}(x-A)^2 = 0.$

Wir fragen, was sie für Bedingungen für den Kugelmittelpunkt (A, B, C) liefern, falls $\Delta_1 s$, $\Delta_2 s$ und $\Delta_3 s$ stets voneinander verschieden bleiben, aber doch nach Null streben.

Man kann die Gleichungen (17) ersetzen durch diese:

(18) $$\frac{\Delta_1 \mathsf{S}(x-A)^2}{\Delta_1 s} = 0, \quad \frac{\Delta_2 \mathsf{S}(x-A)^2}{\Delta_2 s} = 0, \quad \frac{\Delta_3 \mathsf{S}(x-A)^2}{\Delta_3 s} = 0.$$

Sie geben alle drei für $\lim \Delta_1 s = 0$, $\lim \Delta_2 s = 0$ und $\lim \Delta_3 s = 0$ die Bedingung:

(19) $$\frac{d\,\mathsf{S}(x-A)^2}{ds} = 0.$$

Aber sie liefern noch mehr. Subtrahiert man nämlich, ohne den Grenzübergang zu machen, die erste Gleichung (18) von den beiden anderen und dividiert man das Ergebnis mit $\Delta_2 s - \Delta_1 s$ bzw. $\Delta_3 s - \Delta_1 s$, so kommt:

(20) $$\frac{\dfrac{\Delta_2 \mathsf{S}(x-A)^2}{\Delta_2 s} - \dfrac{\Delta_1 \mathsf{S}(x-A)^2}{\Delta_1 s}}{\Delta_2 s - \Delta_1 s} = 0$$

und

(21) $$\frac{\dfrac{\Delta_3 \mathsf{S}(x-A)^2}{\Delta_3 s} - \dfrac{\Delta_1 \mathsf{S}(x-A)^2}{\Delta_1 s}}{\Delta_3 s - \Delta_1 s} = 0.$$

Die linke Seite der ersten Gleichung ist ein Differenzenquotient. Sein Nenner ist der Unterschied der Werte $s + \Delta_2 s$ und $s + \Delta_1 s$, und sein Zähler ist der Unterschied der Werte, die der Differenzenquotient

$$\frac{\Delta \mathsf{S}(x-A)^2}{\Delta s}$$

für die beiden Werte $\Delta_2 s$ und $\Delta_1 s$ von Δs hat. Beim Grenzübergange $\lim \Delta_1 s = 0$ und $\lim \Delta_2 s = 0$ wird auch $\lim(\Delta_2 s - \Delta_1 s) = 0$, und die Differentialrechnung lehrt, daß der in (20) links stehende Differenzenquotient eines Differenzenquotienten nach der Ableitung zweiter Ordnung von $\mathsf{S}(x-A)^2$ nach s strebt. Demnach folgt:

$$\frac{d^2\,\mathsf{S}(x-A)^2}{ds^2} = 0.$$

Dasselbe liefert (21) für $\lim \Delta_1 s = 0$ und $\lim \Delta_3 s = 0$. Aber man kann auch vor dem Grenzübergange von der Gleichung (21) die Gleichung (20) subtrahieren und das Ergebnis mit $\Delta_3 s - \Delta_2 s$ dividieren. Da $\Delta_3 s - \Delta_2 s$ die Differenz der Werte $\Delta_3 s - \Delta_1 s$ und $\Delta_2 s - \Delta_1 s$ ist, ergibt die Differentialrechnung alsdann für $\lim \Delta_1 s = 0$, $\lim \Delta_2 s = 0$, $\lim \Delta_3 s = 0$, daß die linke Seite der Gleichung in die Ableitung dritter Ordnung von $\mathbf{S}(x - A)^2$ nach s übergeht.

Somit folgt, daß die drei Bedingungen (18) beim Grenzübergange in diese verwandelt werden:

$$\frac{d\,\mathbf{S}(x-A)^2}{ds} = 0, \qquad \frac{d^2\,\mathbf{S}(x-A)^2}{ds^2} = 0, \qquad \frac{d^3\,\mathbf{S}(x-A)^2}{ds^3} = 0.$$

Wenn man aber diese Gleichungen auf Grund von III(B) und III(C) ausrechnet, kommt man wieder zu den Gleichungen (14) und (15), worin nur $\mathfrak{x}, \mathfrak{y}, \mathfrak{z}$ durch A, B, C zu ersetzen sind. Demnach wird der Kugelmittelpunkt (A, B, C) beim Grenzübergange der Mittelpunkt der Schmiegungskugel des Kurvenpunktes (s). Folglich haben A, B, C die Werte (3), und aus (16) ergibt sich noch für R^2 der Wert (6).

Mithin gilt der

Satz 50: Die Schmiegungskugel eines Kurvenpunktes ist die Grenzlage der Kugel durch den Punkt und drei benachbarte Kurvenpunkte für den Fall, wo die drei benachbarten Punkte längs der Kurve nach dem ersten Punkte streben.

Der Krümmungskreis ist der Schnitt der Schmiegungskugel mit der Schmiegungsebene; die Schmiegungsebene aber kann nach S. 222 als die Grenzlage der Ebene durch drei benachbarte Kurvenpunkte aufgefaßt werden. Folglich kann man auch den Krümmungskreis eines Kurvenpunktes als die Grenzlage desjenigen Kreises definieren, der durch den Punkt und zwei benachbarte Kurvenpunkte geht.

Es ist nützlich, sich die Beziehung zwischen dem Krümmungskreise und der Schmiegungskugel an einem einfachen Modelle klar zu machen, indem man die Kurve wie auf S. 224 durch ein räumliches Polygon ersetzt. Dies Modell wird so hergestellt: Zunächst zeichnet man ein ebenes Polygon $P_1 P_2 P_3 (P_4)$ siehe Fig. 84, sowie die Mittellote von $P_1 P_2$, von $P_2 P_3$ und von $P_3 (P_4)$. Die beiden ersten Lote mögen einander in K_1, die beiden letzten in (K_2) treffen. Nun muß man die Zeichenebene doppelt annehmen, nämlich die Punkte P_1, P_2, P_3 und K_1 auf dem einen Blatte und die Punkte $P_2, P_3, (P_4)$ und (K_2) auf dem anderen Blatte einzeichnen. Alsdann wird das zweite Blatt um die gemeinsame Gerade $P_2 P_3$ beider Ebenen gedreht, so daß es mit dem ersten Blatte einen Winkel ΔB bildet. Erst nach dieser Drehung gelangen (P_4) und (K_2) in diejenigen Lagen P_4 und K_2, die für das Modell in Betracht kommen. Der Querschnitt $K_1 A K_2$, in dem man den Winkel ΔB sieht, ist in Fig. 84 oben dargestellt.

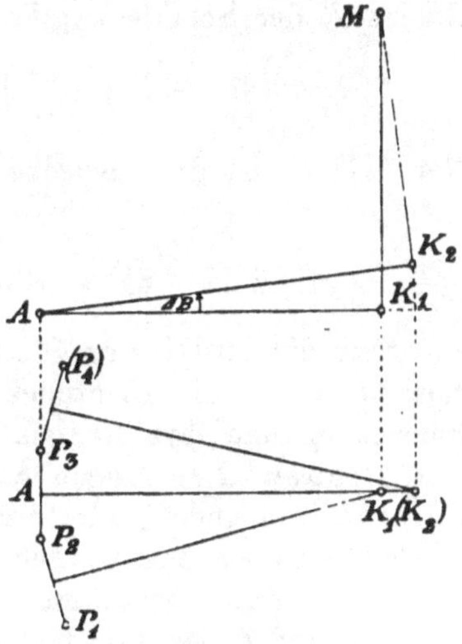

Fig. 84.

Jetzt bilden P_1, P_2, P_3, P_4 die Ecken eines **räumlichen Polygons**; betrachtet man es als Ersatz einer Raumkurve, so bedeuten die Geraden $P_1 P_2$, $P_2 P_3$, $P_3 P_4$ bzw. die Tangenten der Punkte P_1, P_2, P_3 und die beiden Ebenen $P_1 P_2 P_3$ und $P_2 P_3 P_4$ die Schmiegungsebenen der Punkte P_1 und P_2 (vgl. S. 224). Da K_1 und K_2 die Mittelpunkte der Kreise durch P_1, P_2, P_3 bzw. durch P_2, P_3, P_4 sind, bedeuten sie die Krümmungsmittelpunkte von P_1 und P_2. Die Kugel durch alle vier Punkte P_1, P_2, P_3, P_4 wird nach Satz 50 als die Schmiegungskugel von P_1 zu bezeichnen sein. Ihr Mittelpunkt M ist der Schnittpunkt der Lote, die man in K_1 und K_2 auf die beiden Schmiegungsebenen $P_1 P_2 P_3$ und $P_2 P_3 P_4$ errichten kann.

Erst wenn alle drei Strecken $P_1 P_2$, $P_2 P_3$, $P_3 P_4$ sowie die Winkel der Verlängerungen von $P_1 P_2$ bzw. $P_2 P_3$ mit $P_2 P_3$ bzw. $P_3 P_4$ und auch ΔB nach Null streben, kommt man zu dem Sachverhalte in der Umgebung eines Kurvenpunktes. Dabei wird aus ΔB das Winkeldifferential dB, das schon auf S. 235 auftrat, nämlich der Torsionswinkel.

Projiziert man den Linienzug $A K_1 M$ auf $A K_2$, so kommt:

$$A K_1 \cos \Delta B + K_1 M \sin \Delta B = A K_2.$$

Beim Grenzübergange strebt $A K_1$ nach derselben Länge wie $P_1 K_1$, also nach dem Krümmungsradius r von P_1, dagegen $A K_2$ ebenso wie $P_2 K_2$ nach dem Krümmungsradius $r + dr$ des zu P_1 benachbarten Punktes P_2. Also gibt die Formel

$$r + K_1 M . dB = r + dr$$

oder

$$K_1 M = \frac{dr}{dB},$$

daher:

$$AM^2 = AK_1{}^2 + K_1 M^2 = r^2 + \left(\frac{dr}{dB}\right)^2$$

Beim Grenzübergange strebt aber AM ebenso wie $P_1 M$ nach dem Radius R der Schmiegungskugel von P_1, so daß kommt:

$$R^2 = r^2 + \left(\frac{dr}{dB}\right)^2 = r^2 + \left(\frac{dr}{ds}\right)^2 : \left(\frac{dB}{ds}\right)^2.$$

Nach III (E) ist dies dieselbe Formel wie (6).

§ 17. Sphärische Abbildung der Kurven.

Sind die endlichen Gleichungen einer Kurve gegeben, so kann man nach § 6 die Richtungskosinus ihrer Tangenten, Haupt- und Binormalen und ihre Krümmung und Torsion berechnen. Sind ihre natürlichen Gleichungen gegeben, so hat man nach § 12 einige Eliminationen und Quadraturen sowie die Integration einer Riccatischen Gleichung auszuführen, um zu demselben Ziele zu gelangen. In diesem Falle bestimmt man zunächst Krümmung und Torsion als Funktionen der Bogenlänge, so daß wir also auch das Problem erledigt haben, eine Raumkurve aus gegebener Krümmung und Torsion zu bestimmen.

Andere ähnliche Probleme bieten sich dar: Wir können z. B. annehmen, die Richtungen aller Tangenten seien bekannt, gesucht wird die Kurve. Diese Aufgabe läßt sich so einkleiden: Wir ziehen durch einen festen Punkt, etwa durch den Anfangspunkt O, Parallelen zu allen Tangenten und erhalten dann einen Kegel mit der Spitze O. Die Aufgabe wird nun diese: Gegeben ist ein solcher Kegel, gesucht werden alle Kurven, deren Tangenten den Mantellinien des Kegels parallel sind. Andere Aufgaben gehen hervor, wenn man die Tangenten durch die Haupt- oder durch die Binormalen ersetzt.

Diese Aufgaben können noch etwas anders formuliert werden: Wir legen um O als Mittelpunkt eine Kugel vom Radius Eins. Indem wir zu jeder Tangente der Raumkurve — und zwar immer in ihrem positiven Sinne — den parallelen Strahl von O aus ziehen und diesen Strahl mit der Kugel zum Schnitte bringen, ordnen wir jedem Punkte der Raumkurve einen Punkt auf der Kugel zu (siehe Fig. 85). Man sagt: Die Raumkurve wird mittels Paralleler zu ihren Tangenten sphärisch abgebildet. Ebenso kann man sie auch mittels Paralleler zu ihren positiven Haupt- oder Binormalen sphärisch abbilden. Die Bildkurve heißt die **sphärische Indikatrix** und zwar je nach dem Falle die der Tangenten oder Haupt- oder Binormalen. Die sphärische Indikatrix der Tangenten existiert, wenn die Raumkurve keine Gerade ist, die Indikatrix der Hauptnormalen dann, wenn die Kurve keine Gerade und keine Minimalkurve erster oder zweiter Ordnung ist, und die Indikatrix der Binormalen dann, wenn die Kurve nicht eben und keine Minimalkurve erster Ordnung ist.

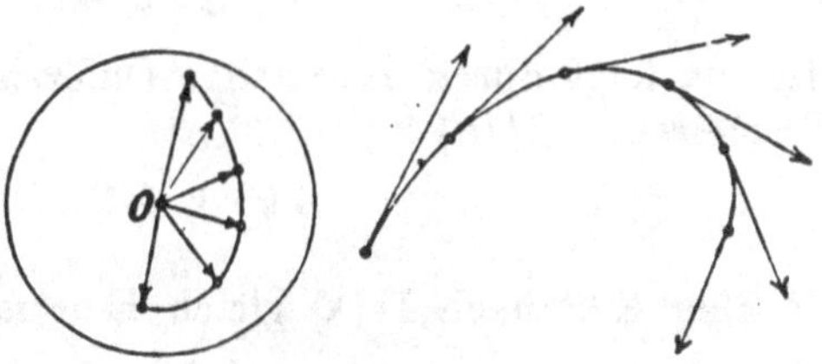

Fig. 85.

Liegt eine Kurve im Raume vor, so ist es leicht, ihre sphärischen Indikatrizen analytisch darzustellen, denn augenscheinlich sind die rechtwinkligen Koordinaten der Bildpunkte nichts anderes als die Richtungskosinus der Tangente bzw. Haupt- bzw. Binormalen der Raumkurve. Zugleich sieht man: Wenn die Kurve im Raume nebst ihrem begleitenden Dreikante orientiert worden ist, sind auch die drei sphärischen Indikatrizen orientiert.

Jetzt wird die Aufgabe gestellt: **Gegeben ist eine sphärische Indikatrix, gesucht werden alle zugehörigen Raumkurven. Dabei soll grundsätzlich von dem Falle abgesehen werden, wo die Indikatrix oder die Raumkurve eine Minimalkurve ist.** Alsdann können wir als Parameter der gegebenen Indikatrix ihre Bogenlänge $\bar{s}$ wählen. Überhaupt wollen wir die auf die Indikatrix bezüglichen Elemente mit überstrichenen Buchstaben bezeichnen, also unter $\bar{x}$, $\bar{y}$, $\bar{z}$ die Koordinaten ihrer Punkte verstehen, unter $\bar{\alpha}$, $\bar{\beta}$, $\bar{\gamma}$ die Richtungskosinus ihrer Tangenten usw. Dagegen sollen die gewöhnlichen Bezeichnungen $x, y, z, \alpha, \beta, \gamma$ usw. für die Elemente der gesuchten Raumkurve benutzt werden.

Weil die Indikatrix auf der Bildkugel vom Radius Eins um den Mittelpunkt O liegt und $\bar{s}$ ihre Bogenlänge bedeutet, nehmen wir also an, daß $\bar{x}$, $\bar{y}$, $\bar{z}$ **als derartige Funktionen von $\bar{s}$ gegeben seien, für die**

$$(1) \qquad \bar{x}^2 + \bar{y}^2 + \bar{z}^2 = 1, \qquad \bar{x}'^2 + \bar{y}'^2 + \bar{z}'^2 = 1$$

ist, vgl. Satz 3, S. 209. **Hierbei bezeichnet der Strich wie überall in diesem Paragraphen die Differentiation nach der Bogenlänge $\bar{s}$ der Indikatrix.** Die grundlegenden Formeln der Tafeln II und III gelten natürlich auch für die überstrichenen Buchstaben. Somit ist nach der ersten Formelreihe III(B):

(2) $$\bar{\alpha} = \bar{x}', \quad \bar{\beta} = \bar{y}', \quad \bar{\gamma} = \bar{z}',$$

so daß die Differentiation der ersten Gleichung (1) nach $\bar{s}$ gibt

(3) $$\mathbf{S}\,\bar{x}\,\bar{\alpha} = 0.$$

Hieraus folgt durch abermalige Differentiation auf Grund der ersten Formelreihe III(C):

$$\mathbf{S}\,\bar{\alpha}^2 + \frac{1}{\bar{r}}\mathbf{S}\,\bar{x}\,\bar{l} = 0.$$

Da aber $\mathbf{S}\,\bar{\alpha}^2$ nach II(A) gleich Eins ist, folgt:

$$\mathbf{S}\,\bar{x}\,\bar{l} = -\bar{r}.$$

Nochmalige Differentiation dieser Gleichung gibt auf Grund der mittleren Formelreihe III(C):

$$\mathbf{S}\,\bar{\alpha}\,\bar{l} - \frac{1}{\bar{r}}\mathbf{S}\,\bar{x}\,\bar{\alpha} - \frac{1}{\bar{\varrho}}\mathbf{S}\,\bar{x}\,\bar{\lambda} = -\bar{r}'.$$

Es ist jedoch $\mathbf{S}\,\bar{\alpha}\,\bar{l} = 0$ nach II(A). Daher kommt mit Rücksicht auf (3) noch:

$$\mathbf{S}\,\bar{x}\,\bar{\lambda} = \bar{r}'\,\bar{\varrho}.$$

Demnach gelten bei der sphärischen Kurve die drei späterhin anzuwendenden Formeln:

(4) $$\mathbf{S}\,\bar{x}\,\bar{\alpha} = 0, \quad \mathbf{S}\,\bar{x}\,\bar{l} = -\bar{r}, \quad \mathbf{S}\,\bar{x}\,\bar{\lambda} = \bar{r}'\,\bar{\varrho}.$$

Die letzte läßt sich nach II(C) auch so schreiben

(5) $$\begin{vmatrix} \bar{x} & \bar{\alpha} & \bar{l} \\ \bar{y} & \bar{\beta} & \bar{m} \\ \bar{z} & \bar{\gamma} & \bar{n} \end{vmatrix} = \bar{r}'\,\bar{\varrho}.$$

Indem wir uns nun den Aufgaben zuwenden, die zu einer gegebenen sphärischen Indikatrix gehörigen Raumkurven zu bestimmen, betonen wir, daß dabei natürlich nicht nur die Koordinaten $\bar{x}$, $\bar{y}$, $\bar{z}$, sondern auch alle übrigen Elemente der Indikatrix als Funktionen von $\bar{s}$ bekannt sind.

Erstes Problem: Gegeben die sphärischen Indikatrix der Tangenten, gesucht die zugehörigen Raumkurven.

Hier ist davon auszugehen, daß die Richtungskosinus α, β, γ die gegebenen Funktionen $\bar{x}$, $\bar{y}$, $\bar{z}$ von $\bar{s}$ sein sollen:

(6) $$\alpha = \bar{x}, \quad \beta = \bar{y}, \quad \gamma = \bar{z}.$$

Da α, β, γ den Differentialen dx, dy, dz proportional sind, muß sich also jede gesuchte Kurve so darstellen lassen:

$$(7) \qquad x = \int \varphi(\bar{s})\bar{x}\,d\bar{s}, \quad y = \int \varphi(\bar{s})\bar{y}\,d\bar{s}, \quad z = \int \varphi(\bar{s})\bar{z}\,d\bar{s},$$

wobei φ eine Funktion von $\bar{s}$ bedeutet.

Umgekehrt: Es sei $\varphi(\bar{s})$ eine irgendwie gewählte Funktion von $\bar{s}$. Dann bestimmen die drei Gleichungen (7) eine Kurve, ausgedrückt mittels des Parameters $\bar{s}$, und wir wollen untersuchen, ob sie die gegebene Indikatrix der Tangenten hat, d. h. ob bei ihr die Gleichungen (6) bestehen. Zu diesem Zwecke differenzieren wir (7) nach $\bar{s}$ und erhalten, da $dx:ds = \alpha$, also $dx:d\bar{s}$ gleich α, multipliziert mit $ds:d\bar{s}$ ist:

$$\alpha\frac{ds}{d\bar{s}} = \varphi\bar{x}, \quad \beta\frac{ds}{d\bar{s}} = \varphi\bar{y}, \quad \gamma\frac{ds}{d\bar{s}} = \varphi\bar{z}.$$

Quadrieren und Addieren aller drei Gleichungen liefert nach (1):

$$\left(\frac{ds}{d\bar{s}}\right)^2 = \varphi^2.$$

Demnach wird $\alpha = \bar{x}, \beta = \bar{y}, \gamma = \bar{z}$, sobald

$$(8) \qquad ds = \varphi\,d\bar{s}$$

gesetzt und die Kurve (7) hierdurch orientiert wird. Somit gilt der

Satz 51: Alle Kurven mit derselben gegebenen sphärischen Indikatrix der Tangenten werden durch die Gleichungen

$$x = \int \varphi(\bar{s})\bar{x}\,d\bar{s}, \quad y = \int \varphi(\bar{s})\bar{y}\,d\bar{s}, \quad z = \int \varphi(\bar{s})\bar{z}\,d\bar{s}$$

dargestellt. Dabei bedeuten $\bar{x}, \bar{y}, \bar{z}$ die Koordinaten und $\bar{s}$ die Bogenlänge der gegebenen Indikatrix, während φ irgendwie als Funktion von $\bar{s}$ gewählt werden darf. Die Orientierung der Kurven ist richtig, sobald man ihr Bogenelement auf Grund der Formel

$$ds = \varphi(\bar{s})\,d\bar{s}$$

festsetzt.

Wir wollen noch die übrigen Elemente der Kurven (7) berechnen. Da die Gleichungen (6) gelten, gibt die Differentiation nach $\bar{s}$ wegen (8) und der ersten Formelreihe III(*C*) sowie mit Rücksicht auf (2)

$$\frac{l}{r}\varphi = \bar{\alpha}, \quad \frac{m}{r}\varphi = \bar{\beta}, \quad \frac{n}{r}\varphi = \bar{\gamma}.$$

Hiernach sind l, m, n proportional $\bar{\alpha}$, $\bar{\beta}$, $\bar{\gamma}$, und weil sowohl $l^2+m^2+n^2$ als auch $\bar{\alpha}^2+\bar{\beta}^2+\bar{\gamma}^2$ gleich Eins ist, folgt:

$$(9)\qquad l=\varepsilon\bar{\alpha},\quad m=\varepsilon\bar{\beta},\quad n=\varepsilon\bar{\gamma},$$

wo ε gleich $+1$ oder -1 ist, sowie überdies

$$(10)\qquad r=\varepsilon\varphi.$$

Nun ist $\lambda=\beta n-\gamma m$ nach II (C), so daß aus (6) und (9) folgt:

$$\lambda=\varepsilon(\bar{y}\bar{\gamma}-\bar{z}\bar{\beta}).$$

Daher wird

$$(11)\quad \lambda=-\varepsilon(\bar{\beta}\bar{z}-\bar{\gamma}\bar{y}),\quad \mu=-\varepsilon(\bar{\gamma}\bar{x}-\bar{\alpha}\bar{z}),\quad \nu=-\varepsilon(\bar{\alpha}\bar{y}-\bar{\beta}\bar{x}).$$

Um noch die Torsion zu bestimmen, multiplizieren wir die drei mittleren Gleichungen III (C) mit λ, μ, ν und addieren sie. Dann kommt wegen $\mathbf{S}\alpha\lambda=0$ und $\mathbf{S}\lambda^2=1$:

$$\frac{1}{\varrho}=-\mathbf{S}\lambda\frac{dl}{ds}=-\frac{d\bar{s}}{ds}\mathbf{S}\lambda\frac{dl}{d\bar{s}}$$

und also nach (8), (9) und (11):

$$\frac{1}{\varrho}=\frac{1}{\varphi}\mathbf{S}(\bar{\beta}\bar{z}-\bar{\gamma}\bar{y})\bar{\alpha}'.$$

Da aber $\bar{\alpha}'=\bar{l}:\bar{r}$ nach III (C) ist, kommt hierfür mit Rücksicht auf (5),

$$(12)\qquad \frac{1}{\varrho}=-\frac{\bar{r}'\bar{\varrho}}{\bar{r}\varphi}.$$

Welchen der beiden Werte $\varepsilon=\pm 1$ man in (9), (10) und (11) wählen will, ist einerlei; nach S. 231 ist nämlich das begleitende Dreikant der Kurve erst dann vollständig orientiert, wenn man eine Auswahl unter den beiden für die Krümmung möglichen Werten getroffen hat. Wenn aber die Kurve insbesondere reell ist, soll r nach S. 231 positiv sein. Dann also hat man $\varepsilon=\pm 1$ nach (10) so zu wählen, daß $\varepsilon\varphi$ positiv wird.

Zweites Problem: Gegeben die sphärische Indikatrix der Hauptnormalen, gesucht die zugehörigen Raumkurven.

Hier sind die Richtungskosinus l, m, n der Hauptnormalen der gesuchten Kurven als Funktionen von $\bar{s}$ gegeben durch

$$(13)\qquad l=\bar{x},\quad m=\bar{y},\quad n=\bar{z},$$

so daß mit Rücksicht auf die in III (B) links stehenden Formeln hervorgeht:

$$l'=\bar{x}'=\bar{\alpha},\quad m'=\bar{y}'=\bar{\beta},\quad n'=\bar{z}'=\bar{\gamma}.$$

Die Ableitungen l', m', n' haben also nach der zweiten Formel (1) die Quadratsumme Eins. Andererseits sind sie den Ableitungen von l, m, n nach s proportional, die in der mittleren Formelreihe III(C) mit l', m', n' bezeichnet wurden. Demnach werden Gleichungen bestehen von dieser Art:

$$(14) \qquad \begin{cases} l' = \bar{x}' = \bar{\alpha} = -\alpha \cos \omega - \lambda \sin \omega, \\ m' = \bar{y}' = \bar{\beta} = -\beta \cos \omega - \mu \sin \omega, \\ n' = \bar{z}' = \bar{\gamma} = -\gamma \cos \omega - \nu \sin \omega. \end{cases}$$

Dabei bedeutet ω eine vorerst noch unbekannte Funktion von $\bar{s}$. Wir schließen hieraus:

$$m n' - n m' = (\beta n - \gamma m) \cos \omega + (\mu n - \nu m) \sin \omega$$

oder also nach II(C)

$$(15) \qquad m n' - n m' = \lambda \cos \omega - \alpha \sin \omega.$$

Hieraus und aus der ersten Gleichung (14) folgt:

$$\alpha = - l' \cos \omega - (m n' - n m') \sin \omega$$

oder also

$$(16) \qquad \begin{cases} \alpha = (\bar{\beta} \bar{z} - \bar{\gamma} \bar{y}) \sin \omega - \bar{\alpha} \cos \omega, \\ \beta = (\bar{\gamma} \bar{x} - \bar{\alpha} \bar{z}) \sin \omega - \bar{\beta} \cos \omega, \\ \gamma = (\bar{\alpha} \bar{y} - \bar{\beta} \bar{x}) \sin \omega - \bar{\gamma} \cos \omega. \end{cases}$$

Mithin wären uns α, β, γ als Funktionen von $\bar{s}$ bekannt, sobald wir schon ω als Funktion von $\bar{s}$ bestimmt hätten. Aber dies läßt sich leicht tun, denn nach (14) wird

$$l'' = (\alpha \sin \omega - \lambda \cos \omega) \omega' - \alpha' \cos \omega - \lambda' \sin \omega$$

und hierin ist mit Rücksicht auf III(C):

$$\alpha' = \frac{d\alpha}{ds} \frac{ds}{d\bar{s}} = \frac{l}{r} \frac{ds}{d\bar{s}}, \quad \lambda' = \frac{d\lambda}{ds} \frac{ds}{d\bar{s}} = \frac{l}{\varrho} \frac{ds}{d\bar{s}},$$

so daß wir erhalten:

$$l'' = \omega' \sin \omega \, . \, \alpha - \left(\frac{\cos \omega}{r} + \frac{\sin \omega}{\varrho} \right) \frac{ds}{d\bar{s}} \, . \, l - \omega' \cos \omega \, . \, \lambda .$$

Entsprechende Formeln gehen für m'' und n'' hervor. Multiplizieren wir sie bzw. mit

$$\alpha \sin \omega - \lambda \cos \omega, \qquad \beta \sin \omega - \mu \cos \omega, \qquad \gamma \sin \omega - \nu \cos \omega,$$

so fällt aus ihrer Summe nach II(A) das mit $ds : d\bar{s}$ behaftete Glied fort, indem einfach verbleibt:

$$l'' (\alpha \sin \omega - \lambda \cos \omega) + m'' (\beta \sin \omega - \mu \cos \omega) + n'' (\gamma \sin \omega - \nu \cos \omega) = \omega'$$

oder also wegen (15):

$$\omega' = -\begin{vmatrix} l & l' & l'' \\ m & m' & m'' \\ n & n' & n'' \end{vmatrix}.$$

Nach (13), (14) und III (C) läßt sich wegen $l'' = \bar{\alpha}' = \bar{l} : \bar{r}$ usw. hierfür schreiben:

$$\omega' = -\frac{1}{\bar{r}}\begin{vmatrix} \bar{x} & \bar{\alpha} & \bar{l} \\ \bar{y} & \bar{\beta} & \bar{m} \\ \bar{z} & \bar{\gamma} & \bar{n} \end{vmatrix}$$

oder also nach (5):

(17) $$\omega' = -\frac{\bar{r}'\bar{\varrho}}{\bar{r}}.$$

Eine Quadratur liefert nunmehr

(18) $$\omega = -\int \frac{\bar{r}'\bar{\varrho}}{\bar{r}} d\bar{s},$$

so daß in (16) auch α, β, γ als bekannte Funktionen von $\bar{s}$ vorliegen. Weil α, β, γ den Differentialen dx, dy, dz proportional sind, müssen sich daher die gesuchten Raumkurven mit Hilfe einer Funktion φ von $\bar{s}$ so darstellen:

(19) $$\begin{cases} x = \int \varphi(\bar{s})\,[(\bar{\beta}\bar{z} - \bar{\gamma}\bar{y}) \sin\omega - \bar{\alpha}\cos\omega]\,d\bar{s}, \\ y = \int \varphi(\bar{s})\,[(\bar{\gamma}\bar{x} - \bar{\alpha}\bar{z}) \sin\omega - \bar{\beta}\cos\omega]\,d\bar{s}, \\ z = \int \varphi(\bar{s})\,[(\bar{\alpha}\bar{y} - \bar{\beta}\bar{x}) \sin\omega - \bar{\gamma}\cos\omega]\,d\bar{s}. \end{cases}$$

Umgekehrt: Wird unter φ eine beliebige Funktion von $\bar{s}$, dagegen unter ω die Funktion (18) von $\bar{s}$ verstanden, so liegt in (19) eine Raumkurve vor, und wir wollen untersuchen, ob sie die gegebene Indikatrix der Hauptnormalen hat, d. h. ob bei ihr die Gleichungen (13) bestehen. Zunächst gibt die Differentiation der ersten Gleichung (19):

(20) $$\alpha \frac{ds}{d\bar{s}} = \varphi\,[(\bar{\beta}\bar{z} - \bar{\gamma}\bar{y}) \sin\omega - \bar{\alpha}\cos\omega].$$

Zwei weitere Formeln liefern die beiden anderen Gleichungen (19). Durch Bilden der Summe der Quadrate geht

$$\left(\frac{ds}{d\bar{s}}\right)^2 = \varphi^2\,[\mathbf{S}(\bar{\beta}\bar{z} - \bar{\gamma}\bar{y})^2 \sin^2\omega + \cos^2\omega]$$

hervor. Aber nach (11), S. 194, sowie nach (1) und (3) ist

$$\mathbf{S}(\bar{\beta}\bar{z} - \bar{\gamma}\bar{y})^2 = \mathbf{S}\,\bar{\alpha}^2 \cdot \mathbf{S}\,\bar{x}^2 - (\mathbf{S}\,\bar{\alpha}\bar{x})^2 = 1,$$

so daß der Inhalt der eckigen Klammer auch gleich Eins wird. Deshalb hat man

(21) $$ds = \varepsilon\varphi\, d\bar{s}$$

zu setzen, wobei ε gleich $+1$ oder -1 sein kann. Nun gibt (20):

(22) $$\alpha = \varepsilon[(\bar{\beta}\bar{z} - \bar{\gamma}\bar{y})\sin\omega - \bar{\alpha}\cos\omega],$$

und entsprechende Werte gehen für β und γ hervor. Da es aber darauf ankommt, die Richtungskosinus l, m, n zu ermitteln, differenzieren wir (22) noch einmal. Weil $d\alpha : ds = l : r$ und $\bar{\alpha}' = \bar{l} : \bar{r}$ nach III (*C*) ist und die Ableitungen von $\bar{y}$ und $\bar{z}$ nach III (*B*) gleich $\bar{\beta}$ und $\bar{\gamma}$ sind, ferner für ω' der Wert (17) eingesetzt und schließlich noch die Formel (21) beachtet werden muß, ergibt sich dabei:

$$\frac{\bar{r}\varphi}{r} l = [\bar{m}\bar{z} - \bar{n}\bar{y} - \bar{r}'\bar{\varrho}\bar{\alpha}]\sin\omega - [(\bar{\beta}\bar{z} - \bar{\gamma}\bar{y})\bar{r}'\bar{\varrho} + \bar{l}]\cos\omega.$$

Daß hierin der Faktor von $\sin\omega$ gleich Null ist, erkennt man, wenn man darin nach II (*C*) für $\bar{m}$ und $\bar{n}$ die Werte $\bar{\nu}\bar{\alpha} - \bar{\lambda}\bar{\gamma}$ und $\bar{\lambda}\bar{\beta} - \bar{\mu}\bar{\alpha}$ einführt, denn er wird dann gleich

$$\bar{\alpha}(\mathbf{S}\bar{\lambda}\bar{x} - \bar{r}'\bar{\varrho}) - \bar{\lambda}\,\mathbf{S}\bar{\alpha}\bar{x},$$

und dieser Ausdruck ist nach (4) gleich Null. Der Faktor von $\cos\omega$ dagegen kann so umgeformt werden: Nach (4) und (1) darf man $\bar{r}'\bar{\varrho}$ durch $\mathbf{S}\bar{x}\bar{\lambda}$ ersetzen und bei $\bar{l}$ den Faktor $\mathbf{S}\bar{x}^2$ hinzufügen. Dann wird der Ausdruck homogen vom zweiten Grade hinsichtlich $\bar{x}, \bar{y}, \bar{z}$, und $\bar{y}^2$ und $\bar{z}^2$ bekommen nach II (*C*) die Koeffizienten $-\bar{\beta}\bar{\nu}$ und $\bar{\gamma}\bar{\mu}$, so daß sich als Faktor von $\cos\omega$ ergibt:

$$-\bar{l}^2\bar{x}^2 + \bar{\lambda}\bar{\gamma}\bar{x}\bar{y} - \bar{\lambda}\bar{\beta}\bar{x}\bar{z} + (\bar{\beta}\bar{y} + \bar{\gamma}\bar{z})(\bar{\nu}\bar{y} - \bar{\mu}\bar{z}).$$

Nach (3) darf $\bar{\beta}\bar{y} + \bar{\gamma}\bar{z}$ durch $-\bar{\alpha}\bar{x}$ ersetzt werden, und dann geht wegen III (*C*) einfach $-\bar{x}\,\mathbf{S}\bar{l}\bar{x}$ oder also nach (4) schließlich $\bar{x}\bar{r}$ hervor. Wir erhalten demnach:

(23) $$\frac{\varphi}{r} l = \bar{x}\cos\omega.$$

Da sich zwei entsprechende Formeln durch zyklische Vertauschung der Bezeichnungen ergeben, sind also die Richtungskosinus l, m, n den Größen $\bar{x}, \bar{y}, \bar{z}$ proportional, deren Quadratsumme nach (1) ebenfalls gleich Eins ist, so daß sich ergibt:

$$l = \eta\bar{x}, \qquad m = \eta\bar{y}, \qquad n = \eta\bar{z}$$

und

$$\frac{1}{r} = \eta\frac{\cos\omega}{\varphi}.$$

Dabei ist η gleich $+1$ oder -1. Da uns nach S. 231 die Auswahl zwischen den beiden für $1:r$ möglichen Werten frei steht, dürfen wir $\eta = +1$ annehmen, und dann gehen für l, m, n gerade die gewünschten Werte $\bar{x}, \bar{y}, \bar{z}$ hervor, siehe (13), während

$$\frac{1}{r} = \frac{\cos\omega}{\varphi} \tag{24}$$

wird. Mithin gilt der

Satz 52: Alle Kurven mit derselben gegebenen sphärischen Indikatrix der Hauptnormalen werden durch die Gleichungen

$$x = \int \varphi(\bar{s})\,[(\bar{\beta}\bar{z} - \bar{\gamma}\bar{y})\sin\omega - \bar{\alpha}\cos\omega]\,d\bar{s},$$

$$y = \int \varphi(\bar{s})\,[(\bar{\gamma}\bar{x} - \bar{\alpha}\bar{z})\sin\omega - \bar{\beta}\cos\omega]\,d\bar{s},$$

$$z = \int \varphi(\bar{s})\,[(\bar{\alpha}\bar{y} - \bar{\beta}\bar{x})\sin\omega - \bar{\gamma}\cos\omega]\,d\bar{s}$$

dargestellt, worin

$$\omega = -\int \frac{\bar{\varrho}}{\bar{r}}\,\frac{d\bar{r}}{d\bar{s}}\,d\bar{s}$$

ist und φ irgend eine Funktion von $\bar{s}$ bezeichnet. Dabei bedeuten die überstrichenen Buchstaben die Elemente der gegebenen Indikatrix. Die Orientierung der Hauptnormalen der Kurven ist richtig, wenn die Krümmung mittels der Formel

$$\frac{1}{r} = \frac{\cos\omega}{\varphi}$$

definiert wird.

Wir berechnen nun noch die Richtungskosinus λ, μ, ν der Binormalen und die Torsion $1:\varrho$ der Raumkurven. Da λ nach II (C) gleich $\beta n - \gamma m$ ist, folgt aus (22) und (13)

$$\lambda = \varepsilon(\bar{x}\,\mathbf{S}\,\bar{\alpha}\bar{x} - \bar{\alpha}\,\mathbf{S}\,\bar{x}^2)\sin\omega - \varepsilon(\bar{\beta}\bar{z} - \bar{\gamma}\bar{y})\cos\omega$$

oder also nach (3) und (1):

$$\lambda = -\varepsilon\,[(\bar{\beta}\bar{z} - \bar{\gamma}\bar{y})\cos\omega + \bar{\alpha}\sin\omega]. \tag{25}$$

Entsprechende Werte gehen für μ und ν hervor. Indem wir schließlich noch wie auf S. 330 die Formel

$$\frac{1}{\varrho} = -\mathbf{S}\,\lambda\frac{dl}{ds} = -\frac{d\bar{s}}{ds}\,\mathbf{S}\,\lambda\frac{dl}{d\bar{s}}$$

benutzen, ergibt sich nach (21) und (25):

$$\frac{1}{\varrho} = \frac{\sin\omega}{\varphi} \tag{26}$$

In Anknüpfung an (24) ist wie beim ersten Problem noch zu sagen: Im Falle reeller Kurven hat man $r > 0$ zu wählen, d. h. $\varphi(\bar{s})$ muß dasselbe Vorzeichen wie $\cos\omega$ haben.

Drittes Problem: Gegeben die sphärische Indikatrix der Binormalen, gesucht die zugehörigen Raumkurven.

Hier kennt man die Richtungskosinus λ, μ, ν der Binormalen als Funktionen von $\bar{s}$, nämlich

(27) $$\lambda = \bar{x}, \quad \mu = \bar{y}, \quad \nu = \bar{z}.$$

Nach der letzten Formelreihe III (C) sind die Ableitungen von λ, μ, ν nach s oder also auch die nach $\bar{s}$, d. h. $\bar{x}', \bar{y}', \bar{z}'$ oder $\bar{\alpha}, \bar{\beta}, \bar{\gamma}$ proportional l, m, n. Daraus folgt

$$l = \varepsilon\bar{\alpha}, \quad m = \varepsilon\bar{\beta}, \quad n = \varepsilon\bar{\gamma},$$

wobei ε gleich $+1$ oder -1 ist. Nach II (C) wird ferner

$$\alpha = m\nu - n\mu = \varepsilon(\bar{\beta}\bar{z} - \bar{\gamma}\bar{y})$$

usw. Da α, β, γ zu dx, dy, dz proportional sind, müssen sich demnach die gesuchten Kurven mit Hilfe einer Funktion φ von $\bar{s}$ so darstellen:

(28) $$\begin{cases} x = \int \varphi(\bar{s})(\bar{\beta}\bar{z} - \bar{\gamma}\bar{y})\,d\bar{s}, \quad y = \int \varphi(\bar{s})(\bar{\gamma}\bar{x} - \bar{\alpha}\bar{z})\,d\bar{s}, \\ z = \int \varphi(\bar{s})(\bar{\alpha}\bar{y} - \bar{\beta}\bar{x})\,d\bar{s}. \end{cases}$$

Umgekehrt: Wenn φ irgendwie als Funktion von $\bar{s}$ gewählt wird, stellen die Gleichungen (28) eine Kurve dar, und wir wollen untersuchen, ob sie die gegebene sphärische Indikatrix der Binormalen hat, d. h. ob bei ihr die Gleichungen (27) bestehen. Zunächst folgt aus (28) durch Differentiation:

(29) $$\alpha \frac{ds}{d\bar{s}} = \varphi(\bar{\beta}\bar{z} - \bar{\gamma}\bar{y})$$

usw., also durch Quadrieren und Addieren aller drei Gleichungen:

$$\left(\frac{ds}{d\bar{s}}\right)^2 = \varphi^2\,\mathrm{S}(\bar{\beta}\bar{z} - \bar{\gamma}\bar{y})^2.$$

Die rechts stehende Summe aber ist, wie sich schon auf S. 332 ergab, gleich Eins. Daher kommt

(30) $$ds = \varepsilon\varphi\,d\bar{s},$$

wobei ε gleich $+1$ oder -1 ist, und nach (29):

(31) $$\alpha = \varepsilon(\bar{\beta}\bar{z} - \bar{\gamma}\bar{y}), \quad \beta = \varepsilon(\bar{\gamma}\bar{x} - \bar{\alpha}\bar{z}), \quad \gamma = \varepsilon(\bar{\alpha}\bar{y} - \bar{\beta}\bar{x}).$$

Abermalige Differentiation liefert, weil $\bar{y}' = \bar{\beta}$, $\bar{z}' = \bar{\gamma}$ ist, mit Rücksicht auf (30) und die erste Formel III(*C*):

$$\frac{l}{r}\varphi = \bar{\beta}'\bar{z} - \bar{\gamma}'\bar{y}$$

oder, weil $\bar{\beta}' = \bar{m} : \bar{r}$ und $\bar{\gamma}' = \bar{n} : \bar{r}$ nach III(*C*) ist:

$$\frac{l}{r}\varphi = \frac{\bar{m}\bar{z} - \bar{n}\bar{y}}{\bar{r}}.$$

Außerdem gelten zwei entsprechende Formeln, die durch zyklische Vertauschung der Bezeichnungen hervorgehen. Beachtet man nun, daß

$$\mathbf{S}\,\bar{x}(\bar{m}\bar{z} - \bar{n}\bar{y}) = 0, \qquad \mathbf{S}\,\bar{l}(\bar{m}\bar{z} - \bar{n}\bar{y}) = 0$$

und ganz analog

$$\mathbf{S}\,\bar{x}\bar{\alpha} = 0, \qquad \mathbf{S}\,\bar{l}\bar{\alpha} = 0$$

ist, so erkennt man, daß die drei Differenzen

$$\bar{m}\bar{z} - \bar{n}\bar{y}, \qquad \bar{n}\bar{x} - \bar{l}\bar{z}, \qquad \bar{l}\bar{y} - \bar{m}\bar{x}$$

proportional $\bar{\alpha}, \bar{\beta}, \bar{\gamma}$ sind. Demnach müssen auch l, m, n proportional $\bar{\alpha}, \bar{\beta}, \bar{\gamma}$ sein, d. h.:

(32) $$l = \eta\bar{\alpha}, \qquad m = \eta\bar{\beta}, \qquad n = \eta\bar{\gamma},$$

wobei η gleich $+1$ oder -1 ist. Wegen (31) und (32) ziehen wir nun aus II(*C*) noch den Wert:

$$\begin{aligned}\lambda &= \varepsilon\eta[(\bar{\gamma}\bar{x} - \bar{\alpha}\bar{z})\bar{\gamma} - (\bar{\alpha}\bar{y} - \bar{\beta}\bar{x})\bar{\beta}]\\ &= \varepsilon\eta[(\bar{\beta}^2 + \bar{\gamma}^2)\bar{x} - \bar{\alpha}(\bar{\beta}\bar{y} + \bar{\gamma}\bar{z})]\end{aligned}$$

oder, indem wir innerhalb der eckigen Klammer $\bar{\alpha}^2\bar{x}^2$ addieren und subtrahieren, einfach $\lambda = \varepsilon\eta\bar{x}$. Daher wird:

(33) $$\lambda = \varepsilon\eta\bar{x}, \qquad \mu = \varepsilon\eta\bar{y}, \qquad \nu = \varepsilon\eta\bar{z}.$$

Mithin wäre die Kurve (28) eine Kurve von der gesuchten Art, falls $\varepsilon\eta$ den Wert $+1$ hätte. Aber dies läßt sich durch passende Wahl ihres Krümmungsmaßes erreichen. Denn aus der mittleren Formelreihe III(*C*) geht durch Multiplikation mit α, β, γ und Addition hervor:

$$\frac{1}{r} = -\mathbf{S}\frac{dl}{ds}\alpha = -\frac{d\bar{s}}{ds}\mathbf{S}\frac{dl}{d\bar{s}}\alpha,$$

so daß wegen (30), (31) und (32) folgt:

$$\frac{1}{r} = -\frac{\eta}{\varphi}\mathbf{S}\,\bar{\alpha}'(\bar{\beta}\bar{z} - \bar{\gamma}\bar{y}).$$

Da nun $\bar{\alpha}'$ nach III(*C*) gleich $\bar{l} : \bar{r}$ ist, kommt mit Rücksicht auf (5):

$$\frac{1}{r} = \eta \, \frac{\bar{r}' \bar{\varrho}}{\bar{r} \varphi}$$

Demnach liefert (33) in der Tat die gewünschten Werte $\lambda = \bar{x}$, $\mu = \bar{y}$, $\nu = \bar{z}$, siehe (27), sobald man das Krümmungsmaß durch die Formel

$$(34) \qquad \frac{1}{r} = \varepsilon \cdot \frac{\bar{r}' \bar{\varrho}}{\bar{r} \varphi}$$

festsetzt, weil dann $\varepsilon \eta = 1$ sein muß. Also gilt der

Satz 53: Alle Kurven mit derselben gegebenen sphärischen Indikatrix der Binormalen werden durch die Gleichungen

$$x = \int \varphi(\bar{s})(\bar{\beta} \bar{z} - \bar{\gamma} \bar{y}) \, d\bar{s}, \qquad y = \int \varphi(\bar{s})(\bar{\gamma} \bar{x} - \bar{\alpha} \bar{z}) \, d\bar{s},$$

$$z = \int \varphi(\bar{s})(\bar{\alpha} \bar{y} - \bar{\beta} \bar{x}) \, d\bar{s}$$

dargestellt, worin φ irgendwie als Funktion von $\bar{s}$ gewählt werden darf und die überstrichenen Buchstaben die Elemente der gegebenen Indikatrix bezeichnen. Die Orientierung der Binormalen der Kurven ist richtig, wenn man in den Formeln für ihr Bogenelement ds und ihre Krümmung $1 : r$, nämlich in

$$ds = \pm \varphi \, d\bar{s}, \qquad \frac{1}{r} = \pm \frac{\bar{\varrho}}{\bar{r} \varphi} \frac{d\bar{r}}{d\bar{s}}$$

beide Male entweder die oberen oder die unteren Vorzeichen wählt.

Weil $\eta = \varepsilon$ gewählt worden ist, kommt statt (32):

$$(35) \qquad l = \varepsilon \bar{\alpha}, \qquad m = \varepsilon \bar{\beta}, \qquad n = \varepsilon \bar{\gamma}.$$

Zur Bestimmung der Torsion benutzen wir wie auf S. 330 die Formel

$$\frac{1}{\varrho} = - \frac{d\bar{s}}{ds} \mathsf{S} \lambda \frac{dl}{d\bar{s}},$$

die infolge von (30), (27), (35) und (4) sowie wegen $\bar{\alpha}' = \bar{l} : \bar{r}$ ergibt:

$$(36) \qquad \frac{1}{\varrho} = \frac{1}{\varphi}.$$

Wieder ist im Falle reeller Kurven bei der Formel (34) zu bemerken, daß man dann $\varepsilon = \pm 1$ so wählen muß, daß $r > 0$ wird.

Noch einmal weisen wir zum Schlusse darauf hin, daß wir in diesem Paragraphen grundsätzlich alle Minimalkurven erster oder zweiter Ordnung ausgeschlossen haben. Im Anhange sind die Formeln für die Bestimmung der Elemente der Raumkurven aus denen ihrer sphärischen Indikatrizen in den Tafeln IV, V und VI übersichtlich zusammengestellt.

§ 18. Nachträge zur sphärischen Abbildung der Kurven.

Aus den Ergebnissen des letzten Paragraphen wollen wir jetzt einige Schlüsse ziehen. Vorher sei noch erwähnt, daß das erste und dritte Problem im ganzen in ähnlicher Weise erledigt worden sind, während das zweite erheblichere Schwierigkeiten machte. Wie hier bemerkt man überhaupt oft in der Theorie der Kurven, daß die Hauptnormalen eine ganz andere Rolle als die Tangenten und Binormalen spielen.

Es gibt, wie man auch die Indikatrix auf der Kugel wählen mag, in jedem der drei Probleme zugehörige Raumkurven, und zwar tritt jedesmal sogar noch eine willkürliche Funktion $\varphi(\bar{s})$ auf. Beim ersten Problem ist $\varepsilon\varphi$, vgl. IV(*G*), der Krümmungsradius r der Raumkurve. Wählt man also $\varphi =$ konst., so haben die Raumkurven vorgeschriebene konstante Krümmung. Wie man sieht, darf die sphärische Indikatrix der Tangenten einer derartigen Kurve willkürlich angenommen werden. Somit gilt nach IV(*B*) der

Satz 54:[1] Jede Kurve von der konstanten Krümmung $1:r$ läßt sich in der Form

$$x = r\int \bar{x}\,d\bar{s}, \qquad y = r\int \bar{y}\,d\bar{s}, \qquad z = r\int \bar{z}\,d\bar{s}$$

darstellen. Dabei bedeuten $\bar{x}$, $\bar{y}$, $\bar{z}$ irgend drei Funktionen von $\bar{s}$, für die

$$\bar{x}^2 + \bar{y}^2 + \bar{z}^2 = 1, \qquad \bar{x}'^2 + \bar{y}'^2 + \bar{z}'^2 = 1$$

ist.

[1] Auf die Kurven konstanter Krümmung kommen wir noch einmal zurück. Ihre Gleichungen stellte zuerst Bonnet 1848 auf („Mémoire sur la théorie générale des surfaces", Journ. de l'École polyt. 32. cah.). Für die Theorie dieser Kurven kommen außerdem namentlich in Betracht der in Liouvilles Note I zu Monge, „Application de l'analyse à la géometrie" (1850, vgl. Anm. auf S. 203) abgedruckte Brief von J. A. Serret und die Abhandlung von Serret: „Sur quelques formules relatives à la théorie des courbes à double courbure", Journ. de Mathém. 1. Série, T. 16 (1851).

Beim dritten Problem stellte φ den Torsionsradius dar, siehe VI(G). Weil $\bar{u} = d\bar{x} : d\bar{s}$ usw. war, ergeben daher die Formeln VI(B) insbesondere den

Satz 55: Jede Kurve von der konstanten Torsion $1:\varrho$ läßt sich in der Form

$$x = \varrho \int (\bar{z}\,d\bar{y} - \bar{y}\,d\bar{z}), \quad y = \varrho \int (\bar{x}\,d\bar{z} - \bar{z}\,d\bar{x}),$$
$$z = \varrho \int (\bar{y}\,d\bar{x} - \bar{x}\,d\bar{y})$$

darstellen. Dabei bedeuten $\bar{x}$, $\bar{y}$, $\bar{z}$ irgend drei Funktionen von $\bar{s}$, für die

$$\bar{x}^2 + \bar{y}^2 + \bar{z}^2 = 1$$

ist.

Die Voraussetzung nämlich, daß $\bar{s}$ die Bogenlänge der sphärischen Indikatrix bedeuten, d. h.

$$\bar{x}'^2 + \bar{y}'^2 + \bar{z}'^2 = 1$$

sein soll, ist hier deshalb nicht mehr nötig, weil die Formeln nur die Differentiale von $\bar{x}$, $\bar{y}$, $\bar{z}$ enthalten. Die Bedingung

$$\bar{x}^2 + \bar{y}^2 + \bar{z}^2 = 1$$

wird in allgemeinster Weise erfüllt, wenn man

$$\bar{x} = \frac{u}{\sqrt{u^2 + v^2 + w^2}}, \quad \bar{y} = \frac{v}{\sqrt{u^2 + v^2 + w^2}}, \quad \bar{z} = \frac{w}{\sqrt{u^2 + v^2 + w^2}}$$

setzt. Alsdann darf man unter u, v, w beliebige Funktionen eines Parameters t verstehen, so daß sich der Satz 55 so umformen läßt:

Satz 56:[1] Jede Kurve von der konstanten Torsion $1:\varrho$ läßt sich in der Form

$$x = \varrho \int \frac{w\,dv - v\,dw}{u^2 + v^2 + w^2}, \quad y = \varrho \int \frac{u\,dw - w\,du}{u^2 + v^2 + w^2},$$
$$z = \varrho \int \frac{v\,du - u\,dv}{u^2 + v^2 + w^2}$$

darstellen. Dabei bedeuten u, v, w drei beliebige Funktionen eines Parameters t, deren Quadratsumme nicht verschwindet.

[1] So wie in diesem Satze treten die Kurven konstanter Torsion zuerst bei J. A. Serret in dem in voriger Anmerkung genannten Briefe 1850 auf. Vgl. auch die ebenda erwähnte Abhandlung Serrets.

In dem zweiten Problem des letzten Paragraphen stellte die willkürliche Funktion φ nach V(H) die Funktion

$$\varphi = \frac{1}{\sqrt{\frac{1}{r^2} + \frac{1}{\varrho^2}}} = \frac{r\varrho}{\sqrt{r^2 + \varrho^2}}$$

vor. Man kann demnach entsprechend den Sätzen 54 und 55 aus den Formeln V(B) einen Satz ableiten über diejenigen Kurven, bei denen die Summe der Quadrate von Krümmung und Torsion konstant ist. Wir verzichten darauf, weil diese Kurven geringeres Interesse darbieten. —

Im ersten Problem des § 17 zeigte sich — vgl. IV(E) —, daß die Hauptnormalen der Raumkurve parallel zu den Tangenten der sphärischen Indikatrix der Tangenten sind (wenn auch nicht notwendig von demselben Sinne). Dies kann man auch geometrisch so erkennen: Die Schmiegungsebene der Raumkurve ist nach S. 222 als Grenzlage, nämlich als Ebene zweier unendlich benachbarter Tangenten zu betrachten und daher zu der Ebene derjenigen beiden Kugelradien parallel, die nach zwei unendlich benachbarten Punkten der Indikatrix gehen. Diese Ebene aber enthält die Tangente der Indikatrix als Senkrechte zum Radius, während jene Schmiegungsebene die Hauptnormale der Raumkurve als Senkrechte zur Tangente der Raumkurve enthält.

Im dritten Problem ergab sich nach VI(E) ebenfalls, daß die Hauptnormalen der Raumkurve den Tangenten der sphärischen Indikatrix der Binormalen parallel sind. Auch dies kann man geometrisch folgern: Wir betrachten zwei unendlich benachbarte Binormalen der Raumkurve. Die beiden zu ihnen senkrechten Schmiegungsebenen schneiden einander in einer Tangente. Bei der sphärischen Abbildung ergibt sich daher, daß die Ebene zweier unendlich benachbarter Radien der Indikatrix der Binormalen auf der Tangente der Raumkurve senkrecht steht, d. h. der Normalebene der Kurve parallel ist. Da die Hauptnormale in der Normalebene liegt, verläuft sie also parallel zur Ebene zweier unendlich benachbarter Radien der Indikatrix. Andererseits ist sie senkrecht zur Binormalen der Raumkurve, also senkrecht zum Radius der Indikatrix und deshalb parallel zur Tangente der Indikatrix.

Von den vielen einzelnen Schlüssen, die man noch aus den Formeln der Tafel IV, V und VI ziehen kann, wollen wir nur noch einen erwähnen: Soll eine Kurve im Raume eine Bogenlänge haben, die zur entsprechenden Bogenlänge einer ihrer drei Indikatrizen in einem konstanten Verhältnisse steht, so muß die willkürliche Funktion φ nach IV (C) bzw. V (D) bzw. VI (C) als Konstante gewählt werden, und daraus folgt nach IV (G) bzw. V (H) bzw. VI (G) der

Satz 57: Eine Raumkurve hat dann und nur dann die Eigenschaft, daß ihre Bogenlänge zur Bogenlänge der sphärischen Indikatrix ihrer Tangenten bzw. Hauptnormalen bzw. Binormalen proportional ist, wenn sie konstante Krümmung bzw. konstante Summe der Quadrate von Krümmung und Torsion bzw. konstante Torsion hat. Dabei wird von Minimalkurven erster oder zweiter Ordnung abgesehen.

§ 19. **Drei einem Kurvenpunkte zugeordnete Kegel.**

Zu drei benachbarten Punkten einer Raumkurve und ihren Tangenten kann man einen Rotationskegel konstruieren, von dem drei Mantellinien diesen drei Tangenten parallel sind. Läßt man die drei benachbarten Punkte auf der Kurve zusammenrücken, so liegt die Aufgabe vor, die Form zu bestimmen, die dem Rotationskegel in dieser Grenzlage zukommt.[1]

Der Kegel hängt eng mit der sphärischen Indikatrix der Tangenten zusammen. Wählt man nämlich, siehe Fig. 86, den Mittelpunkt O der Bildkugel (vgl. S. 326) als Kegelspitze, so enthält der Kegel drei benachbarte Radien der Kugel, die nach drei benachbarten Punkten der Indikatrix gehen. Da der Kegel die Kugel in einem Kreise schneidet, handelt es sich also um denjenigen Kreis, der durch drei benachbarte Punkte der Indikatrix geht. Beim Grenzübergange wird die Ebene dieser drei Punkte eine Schmiegungsebene der Indikatrix (nach S. 222); andererseits ist die Bildkugel die Schmiegungskugel der Indikatrix. Mithin wird der Kreis in der Grenzlage ein Krümmungskreis der Indikatrix. Man vergleiche die Erörterungen auf S. 324. Nach (7),

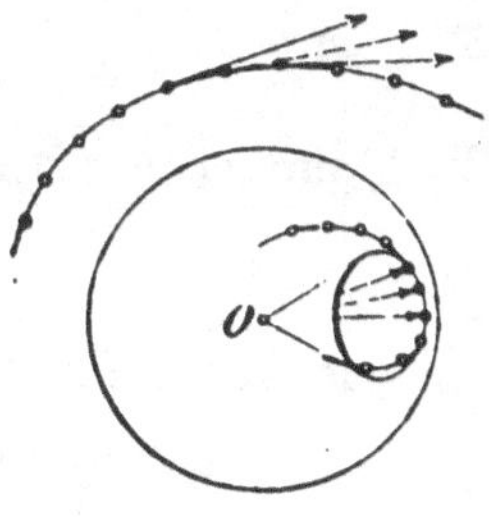

Fig. 86.

[1] Dieser Kegel tritt allgemein bei de Saint-Venant in der auf S. 203 genannten Arbeit auf, im speziellen Falle einer gemeinen Schraubenlinie schon bei Olivier („Mémoire de géométrie descriptive. Construction des points d'inflexion d'une courbe tracée sur une surface développable", Journ. de l'École polyt., 22. cahier, Note III, 1833).

S. 251, sind nun die Koordinaten des Mittelpunktes $(\bar{a}, \bar{b}, \bar{c})$ des Krümmungskreises eines Punktes $(\bar{x}, \bar{y}, \bar{z})$ der Indikatrix diese:

$$(1) \qquad \bar{a} = \bar{x} + \bar{r}\bar{l}, \quad \bar{b} = \bar{y} + \bar{r}\bar{m}, \quad \bar{c} = \bar{z} + \bar{r}\bar{n}.$$

Wie in § 17 benutzen wir nämlich auch hier überstrichene Buchstaben für alle auf die Indikatrix bezüglichen Größen.

Nach IV(D) ist

$$(2) \qquad \bar{x} = \alpha, \quad \bar{y} = \beta, \quad \bar{z} = \gamma,$$

ferner $\bar{\alpha} = \varepsilon l$ usw. nach IV(E), daher nach III(C), IV(C) und IV(G):

$$(3) \qquad \bar{l} = \bar{r}\frac{d\bar{\alpha}}{d\bar{s}} = \varepsilon\bar{r}\frac{dl}{ds}\frac{ds}{d\bar{s}} = -r\bar{r}\left(\frac{\alpha}{r} + \frac{\lambda}{\varrho}\right).$$

Entsprechende Werte gehen für $\bar{m}$ und $\bar{n}$ hervor. Weil $\mathbf{S}\,\bar{l}^2 = 1$ ist, folgt hieraus nach II(A):

$$1 = r^2\bar{r}^2\left(\frac{1}{r^2} + \frac{1}{\varrho^2}\right),$$

mithin:

$$(4) \qquad \bar{r} = \frac{\varrho}{\sqrt{r^2 + \varrho^2}}.$$

Die Achse des gesuchten Kegels ist die Gerade von O nach dem Mittelpunkte $(\bar{a}, \bar{b}, \bar{c})$ des Krümmungskreises der Indikatrix, und nach den vorhergehenden Formeln kommt:

$$(5) \qquad \bar{a} = \frac{r(r\alpha - \varrho\lambda)}{r^2 + \varrho^2}, \quad \bar{b} = \frac{r(r\beta - \varrho\mu)}{r^2 + \varrho^2}, \quad \bar{c} = \frac{r(r\gamma - \varrho\nu)}{r^2 + \varrho^2}.$$

Weil nun nach II(A)

$$\bar{a}^2 + \bar{b}^2 + \bar{c}^2 = \frac{r^2}{r^2 + \varrho^2}$$

ist, sind somit die Richtungskosinus der Kegelachse diese:

$$(6) \qquad u = \frac{r\alpha - \varrho\lambda}{\sqrt{r^2 + \varrho^2}}, \quad v = \frac{r\beta - \varrho\mu}{\sqrt{r^2 + \varrho^2}}, \quad w = \frac{r\gamma - \varrho\nu}{\sqrt{r^2 + \varrho^2}}.$$

Im reellen Falle soll diese Achse in dem Sinne von O nach dem Punkte $(\bar{a}, \bar{b}, \bar{c})$ orientiert werden, d. h. dann sollen u, v, w dieselben Vorzeichen wie $\bar{a}, \bar{b}, \bar{c}$ haben. Da aber

$$\frac{\bar{a}}{u} = \frac{\bar{b}}{v} = \frac{\bar{c}}{w} = \frac{r}{\sqrt{r^2 + \varrho^2}}$$

ist, muß man also die Quadratwurzel dann positiv annehmen, weil $r > 0$ ist (vgl. S. 231). Im imaginären Falle dagegen verbleibt es bei der Willkür, die in der zweiwertigen Quadratwurzel liegt, denn nach S. 231 kann man dann von den beiden Werten (4) des Krümmungsradius $\bar{r}$ einen nach Belieben auswählen.

Ist ω der Winkel der Kegelachse mit den Mantellinien des Kegels, so kommt, da ja die Gerade von O nach dem Punkte $(\bar{x}, \bar{y}, \bar{z})$ der Indikatrix eine Mantellinie ist, deren Richtungskosinus $\bar{x}, \bar{y}, \bar{z}$ selbst sind, nach (9), S. 193, und nach (2) und (6)

$$\cos\omega = \mathbf{S}\,\bar{x}\,u = \mathbf{S}\,\frac{\alpha(r\alpha - \varrho\lambda)}{\sqrt{r^2 + \varrho^2}}$$

oder nach II (A)

$$\cos\omega = \frac{r}{\sqrt{r^2 + \varrho^2}}\,.$$

Mithin darf

$$\operatorname{tg}\omega = \frac{\varrho}{r} \tag{7}$$

gesetzt werden, denn zu $\operatorname{tg}\omega = \varrho : r$ und zu $\operatorname{tg}\omega = -\varrho : r$ gehören lauter Winkel ω, die aus einem solchen Winkel ω in der Form $\pm\,\omega + k\pi$ hervorgehen, wo k eine beliebige ganze Zahl bedeutet, und für die Öffnung des Kegels spielen alle diese Winkel ein und dieselbe Rolle.

Bisher nahmen wir die Spitze des Kegels in O an; aber wir können sie auch nach dem betrachteten Punkte P der Raumkurve verlegen, so daß also eine Mantellinie des Kegels die Tangente von P wird, während zwei unendlich benachbarte Mantellinien zwei unendlich benachbarten Tangenten der Raumkurve parallel werden. Demnach formulieren wir den

Satz 58: Der Rotationskegel, dessen Spitze ein Punkt P einer Raumkurve ist, von dem ferner eine Mantellinie die Tangente der Kurve in P ist und zwei andere Mantellinien den Tangenten der Kurve in zu P benachbarten Punkten P' und P'' parallel sind, hat in der Grenzlage, wenn P' und P'' längs der Kurve nach P streben, als Achse diejenige Gerade von P aus, deren Richtungskosinus proportional $r\alpha - \varrho\lambda$, $r\beta - \varrho\mu$ und $r\gamma - \varrho\nu$ sind. Diese Achse liegt in der Ebene der Tangente $(\alpha : \beta : \gamma)$ und Binormalen $(\lambda : \mu : \nu)$ von P, und ihr Winkel ω mit der Tangente von P wird durch $\operatorname{tg}\omega = \varrho : r$ bestimmt, wobei r und ϱ den Krümmungs- und Torsionsradius des Kurvenpunktes P bedeuten.

Bei den Schraubenlinien, bei denen ja $\varrho : r$ konstant ist, vgl. Satz 33, S. 302, hat der Kegel demnach eine konstante Öffnung.

Wird insbesondere das Dreikant des Punktes P der Raumkurve als Achsenkreuz gewählt, so ist $\alpha = m = \nu = 1$, während alle anderen Richtungskosinus des Dreikants gleich Null sind, so daß (6) gibt:

$$(8)\qquad u = \frac{r}{\sqrt{r^2+\varrho^2}}, \qquad v = 0, \qquad w = \frac{-\varrho}{\sqrt{r^2+\varrho^2}}.$$

Aber die in (14), S. 262, angegebene Gerade hat dieselben Richtungskosinus. Daher folgt nach Satz 23 ebenda:

Satz 59: Die Achse des in Satz 58 erwähnten Rotationskegels ist der Achse derjenigen gemeinen Schraubenlinie parallel, die mit der Raumkurve an der Stelle P eine Berührung in zweiter Ordnung eingeht und deren konstante Torsion gleich der Torsion der Kurve an der Stelle P ist.

Dies Ergebnis war zu vermuten: Denn die Achse jener Schraubenlinie ist nach Satz 24, S. 267, die Achse der unendlich kleinen Schraubung, die den Punkt P momentan so auf der Kurve weiterführt, daß seine Tangente in unendlich benachbarte Tangenten übergeht. Bei der Schraubung behält aber eine Gerade denselben Winkel gegen die Achse der Schraubung. Wenn wir also durch einen Punkt der Achse der Schraubung zu drei unendlich benachbarten Tangenten der Kurve die Parallelen ziehen, werden sie mit der Achse denselben Winkel bilden, also auf einem Rotationskegel liegen, dessen Achse die Schraubenachse ist.

Die Binormale der Kurve steht auf der Tangente und Hauptnormalen senkrecht, daher nach IV(D) und IV(E) auch auf der Ebene durch den Radius und die Tangente der Indikatrix der Tangenten. Daraus folgt, daß diese Ebene der Schmiegungsebene der Raumkurve parallel ist. Da wir nun den Kegel zunächst mit der Spitze O so gewählt hatten, daß er durch drei benachbarte Punkte der Indikatrix geht (siehe Fig. 86 auf S. 341), so folgt noch

Satz 60: Der in den Sätzen 58 und 59 erwähnte Kegel kann auch als die Grenzlage desjenigen Rotationskegels definiert werden, dessen Spitze der Punkt P der Raumkurve ist, der ferner die Schmiegungsebene von P berührt und außerdem zwei Tangentenebenen hat, die zwei benachbarten Schmiegungsebenen der Raumkurve parallel sind.

Der bisher betrachtete Rotationskegel darf nicht mit demjenigen Rotationskegel verwechselt werden, dessen Spitze der Punkt P der Kurve ist und der die Kurve in P in möglichst hoher

Ordnung berührt.[1] Indem wir jetzt diesen oskulierenden Kegel bestimmen, erkennen wir, daß er tatsächlich von jenem Kegel verschieden ist.

Wir müssen zunächst die Gleichung eines Rotationskegels in allgemeiner Lage aufstellen. Es seien $\mathfrak{x}$, $\mathfrak{y}$, $\mathfrak{z}$ die laufenden Koordinaten auf dieser Fläche; die Spitze haben die Koordinaten a, b, c und die Achse des Kegels die Richtungskosinus u, v, w. Ferner sei ω der Winkel der Mantellinien mit der Achse des Kegels. Zu fordern ist, daß die von der Spitze (a, b, c) nach dem Flächenpunkte $(\mathfrak{x}, \mathfrak{y}, \mathfrak{z})$ gehende Gerade mit der Achse den Winkel ω bildet. Da jene Gerade die Richtungskosinus hat, die aus $\mathfrak{x} - a$, $\mathfrak{y} - b$ und $\mathfrak{z} - c$ durch Division mit der Quadratwurzel aus $\mathbf{S}(\mathfrak{x} - a)^2$ hervorgehen, lautet diese Bedingung nach (9), S. 193, so:

$$\frac{\mathbf{S}\, u(\mathfrak{x} - a)}{\sqrt{\mathbf{S}(\mathfrak{x} - a)^2}} = \cos\omega .$$

Entfernt man die Wurzel durch Quadrieren, so ergibt sich als Gleichung eines Rotationskegels in allgemeiner Lage:

$$(9) \qquad [\mathbf{S}\, u(\mathfrak{x} - a)]^2 - \cos^2\omega\, \mathbf{S}(\mathfrak{x} - a)^2 = 0.$$

Nun soll die Kegelspitze in einem bestimmten Punkte (x, y, z) der Raumkurve liegen, also $a = x$, $b = y$, $c = z$ sein, so daß wir die Gleichung aufstellen müssen:

$$(10) \qquad [\mathbf{S}\, u(\mathfrak{x} - x)]^2 - \cos^2\omega\, \mathbf{S}(\mathfrak{x} - x)^2 = 0.$$

Jetzt ist die Frage die, wie man die Richtungskosinus u, v, w und den Winkel ω zu wählen hat, damit der Kegel die Kurve in der Spitze in möglichst hoher Ordnung berühre. Nach S. 307 stellen wir uns also vor, eine Kurve verlaufe, ausgehend von der Spitze, auf dem Kegel, d. h. $\mathfrak{x}$, $\mathfrak{y}$, $\mathfrak{z}$ seien Funktionen eines Parameters, die der Gleichung (10) genügen und für einen gewissen Wert des Parameters gleich x, y, z sind. Der Satz 38, S. 309, kann jedoch nicht benutzt werden, weil die Spitze ein singulärer Punkt des Kegels ist. Nach den Auseinandersetzungen auf S. 310 müssen wir daher so vorgehen:

Durch wiederholte Differentiation der Gleichung (10) nach dem Parameter, von dem soeben die Rede war, geht hervor:

---

[1] Es darf wohl vermutet werden, daß dieser Kegel in der Literatur schon früher als in der ersten Auflage dieses Buches vorkommt. Den Verf. regte, soweit ihm erinnerlich, Engel zur Betrachtung dieses Kegels an.

$$\mathbf{S}\,u(\mathfrak{x}-x)\,.\,\mathbf{S}\,u\,\mathfrak{x}' - \cos^2\omega\,\mathbf{S}(\mathfrak{x}-x)\mathfrak{x}' = 0,$$

$$(\mathbf{S}\,u\,\mathfrak{x}')^2 + \mathbf{S}\,u(\mathfrak{x}-x)\,.\,\mathbf{S}\,u\,\mathfrak{x}'' - \cos^2\omega\,[\mathbf{S}\,\mathfrak{x}'^2 + \mathbf{S}(\mathfrak{x}-x)\mathfrak{x}''] = 0,$$

$$3\,\mathbf{S}\,u\,\mathfrak{x}'\,.\,\mathbf{S}\,u\,\mathfrak{x}'' + \mathbf{S}\,u(\mathfrak{x}-x)\,.\,\mathbf{S}\,u\,\mathfrak{x}''' - \cos^2\omega\,[3\,\mathbf{S}\,\mathfrak{x}'\mathfrak{x}'' + \mathbf{S}(\mathfrak{x}-x)\mathfrak{x}'''] = 0,$$

$$3(\mathbf{S}\,u\,\mathfrak{x}'')^2 + 4\,\mathbf{S}\,u\,\mathfrak{x}'\;\mathbf{S}\,u\,\mathfrak{x}''' + \mathbf{S}\,u(\mathfrak{x}-x)\,.\,\mathbf{S}\,u\,\mathfrak{x}^{\mathrm{IV}}$$
$$- \cos^2\omega\,[3\,\mathbf{S}\,\mathfrak{x}''^2 + 4\,\mathbf{S}\,\mathfrak{x}'\mathfrak{x}''' + \mathbf{S}(\mathfrak{x}-x)\mathfrak{x}^{\mathrm{IV}}] = 0$$

usw. Die auf dem Kegel gedachte Kurve geht von dem Punkte (x, y, z) aus, und für $\mathfrak{x} = x$, $\mathfrak{y} = y$, $\mathfrak{z} = z$ wird die erste Gleichung eine Identität, was eben darin seinen Grund hat, daß dieser Punkt auf dem Kegel singulär ist. Es verbleiben, wenn man $\mathfrak{x}, \mathfrak{y}, \mathfrak{z}$ durch x, y, z und ebenso die Ableitungen von $\mathfrak{x}, \mathfrak{y}, \mathfrak{z}$ durch die Ableitungen von x, y, z nach der Bogenlänge s der Raumkurve ersetzt, die Gleichungen:

$$(11)\quad \begin{cases} (\mathbf{S}\,u\,x')^2 - \cos^2\omega\,\mathbf{S}\,x'^2 = 0, \\ \mathbf{S}\,u\,x'\;\mathbf{S}\,u\,x'' - \cos^2\omega\,\mathbf{S}\,x'x'' = 0, \\ 3(\mathbf{S}\,u\,x'')^2 + 4\,\mathbf{S}\,u\,x'\,.\,\mathbf{S}\,u\,x''' - \cos^2\omega\,[3\,\mathbf{S}\,x''^2 + 4\,\mathbf{S}\,x'x'''] = 0 \end{cases}$$

usw. Die erste Gleichung ist eine Bedingung für x', y', z', die zweite ist eine lineare Bedingung für x'', y'', z'', die dritte eine lineare Bedingung für x''', y''', z''' usw., und man übersieht, daß die k^{te} Gleichung ebenso eine lineare Bedingung für $x^{(n)}, y^{(n)}, z^{(n)}$ bedeutet. Die Koeffizienten von $x^{(n)}, y^{(n)}, z^{(n)}$ sind darin, abgesehen von Zahlenfaktoren, die Größen $u\,\mathbf{S}\,u\,x' - x'\cos^2\omega$, $v\,\mathbf{S}\,u\,x' - y'\cos^2\omega$, $w\,\mathbf{S}\,u\,x' - z'\cos^2\omega$, die nicht sämtlich verschwinden, weil sonst $\cos^2\omega = 1$ oder $= 0$ wäre, also der Kegel (10) in eine Gerade oder Ebene ausarten würde, was wir ausschließen. Jede folgende Gleichung (11) dient also in der Tat zur Bestimmung einer der höheren Ableitungen von x, y, z. Demnach sind die Bedingungen für eine Berührung in mindestens dritter Ordnung gerade die drei ersten Gleichungen, also die unter (11) aufgestellten.

Zur Vereinfachung der Rechnung können wir ferner annehmen, daß das Koordinatenkreuz das begleitende Dreikant des Punktes (x, y, z) der Raumkurve sei. Wie in (1), S. 255, ist dann

$$(12)\quad \begin{cases} x' = 1, & x'' = 0, & x''' = -\dfrac{1}{r^2}, \\ y' = 0, & y'' = \dfrac{1}{r}, & y''' = -\dfrac{r'}{r^2}, \\ z' = 0, & z'' = 0, & z''' = -\dfrac{1}{r\varrho} \end{cases}$$

zu setzen. Dann aber werden die drei Bedingungen (11) einfach diese

$$u^2 - \cos^2\omega = 0, \qquad \frac{uv}{r} = 0,$$

$$3\frac{v^2}{r^2} - 4u\left(\frac{u}{r^2} + \frac{vr'}{r^2} + \frac{w}{r\varrho}\right) + \frac{\cos^2\omega}{r^2} = 0.$$

Zunächst muß also $u^2 = \cos^2\omega \neq 0$ sein. Wird $1:r \neq 0$ vorausgesetzt, so finden wir:

$$u = \pm\cos\omega, \qquad v = 0, \qquad w = \mp\frac{3\varrho}{4r}\cos\omega,$$

wobei entweder die beiden oberen oder die beiden unteren Vorzeichen gelten. Weil $u^2 + v^2 + w^2$ gleich Eins sein muß, folgt hieraus:

(13) $$\cos\omega = \frac{4r}{\sqrt{16r^2 + 9\varrho^2}},$$

und daher wird

(14) $$u = \frac{4r}{\sqrt{16r^2 + 9\varrho^2}}, \qquad v = 0, \qquad w = \frac{-3\varrho}{\sqrt{16r^2 + 9\varrho^2}}.$$

Die Vergleichung mit (8) lehrt, daß der Kegel, um den es sich handelt, in der Tat eine andere Achse als der frühere Kegel hat. Sie liegt aber ebenso wie die Achse des ersten Kegels in der Ebene der Tangente und Binormalen des Kurvenpunktes. Da es beim Kegel (10) nicht darauf ankommt, ob ω durch $\pi - \omega$ ersetzt wird, können wir nach (13) insbesondere

(15) $$\operatorname{tg}\omega = \frac{3\varrho}{4r}$$

setzen.

Die Formeln (14) geben die Richtungskosinus u, v, w der Kegelachse in bezug auf das begleitende Dreikant des Punktes (x, y, z) der Raumkurve. Es ist leicht, zu einem beliebigen Koordinatensysteme zurückzukehren. Denn demjenigen Punkte auf der Kegelachse, der von der Spitze (x, y, z) die Entfernung Eins hat, kommen in dem begleitenden Dreikante die Koordinaten u, v, w zu. Nach I(A) erhalten wir deshalb als seine Koordinaten in bezug auf das Achsenkreuz

$$x + \alpha u + lv + \lambda w, \quad y + \beta u + mv + \mu w, \quad z + \gamma u + nv + \nu w,$$

da die Tangente, Haupt- und Binormale die Richtungskosinus α, β, γ bzw. l, m, n bzw. λ, μ, ν haben. Deshalb sind

$$\alpha u + lv + \lambda w, \quad \beta u + mv + \mu w, \quad \gamma u + nv + \nu w$$

oder also nach (14)

$$(16)\qquad \frac{4r\alpha - 3\varrho\lambda}{\sqrt{16r^2 + 9\varrho^2}}, \quad \frac{4r\beta - 3\varrho\mu}{\sqrt{16r^2 + 9\varrho^2}}, \quad \frac{4r\gamma - 3\varrho\nu}{\sqrt{16r^2 + 9\varrho^2}}$$

die Richtungskosinus der Kegelachse in bezug auf das allgemeine Koordinatensystem. Hiernach können wir sagen:

Satz 61: Die Achse desjenigen Rotationskegels, der in seiner Spitze P eine Raumkurve oskuliert, d. h. in mindestens dritter Ordnung berührt, hat Richtungskosinus proportional $4r\alpha - 3\varrho\lambda$, $4r\beta - 3\varrho\mu$, $4r\gamma - 3\varrho\nu$. Dabei sind α, β, γ die Richtungskosinus der Tangente und λ, μ, ν die der Binormalen des Kurvenpunktes P, während r und ϱ den Krümmungs- und Torsionsradius von P bedeuten. Der Winkel ω der Kegelachse mit den Mantellinien wird durch $\operatorname{tg}\omega = 3\varrho : 4r$ bestimmt.

Beispiel: Bei einer Schraubenlinie ist $\varrho : r$ nach Satz 33, S. 302, konstant. Deshalb haben beide im Vorhergehenden betrachtete Kegel nach (7) und (15) in allen Punkten einer Schraubenlinie konstante Öffnungen. Wir wollen die Kegel insbesondere an einer Stelle einer gemeinen Schraubenlinie c konstruieren und zwar einer solchen, die einen Steigwinkel von 45° hat und rechtsgewunden ist. Sie liege auf einem Zylinder vom Radius $\mathfrak{r}$, siehe S. 211. Nach (29), S. 236, ist hier $r = 2\mathfrak{r}$, $\varrho = -2\mathfrak{r}$, also beim ersten Kegel $\operatorname{tg}\omega = -1$ und beim zweiten $\operatorname{tg}\omega = -\frac{3}{4}$, wofür wir auch $\operatorname{tg}\omega = 1$ und $\operatorname{tg}\omega = \frac{3}{4}$ setzen dürfen. Ist der Punkt P, für den wir die Kegel konstruieren wollen, der Punkt mit der Abszisse $x = \mathfrak{r}$ auf der x-Achse, so gibt (30), S. 237: $\alpha = \lambda = 0$, $\beta = \gamma = \nu = 1 : \sqrt{2}$ und $\mu = -1 : \sqrt{2}$, wobei $\sqrt{2}$ positiv ist. Nach Satz 58 und Satz 61 sind deshalb die Richtungskosinus der Achsen des ersten Kegels proportional 0, 0, 1 und des zweiten Kegels proportional 0, 1, 7. Beide Achsen sind zur x-Achse, der Hauptnormalen von P, senkrecht und die erste ist überdies zur Achse der

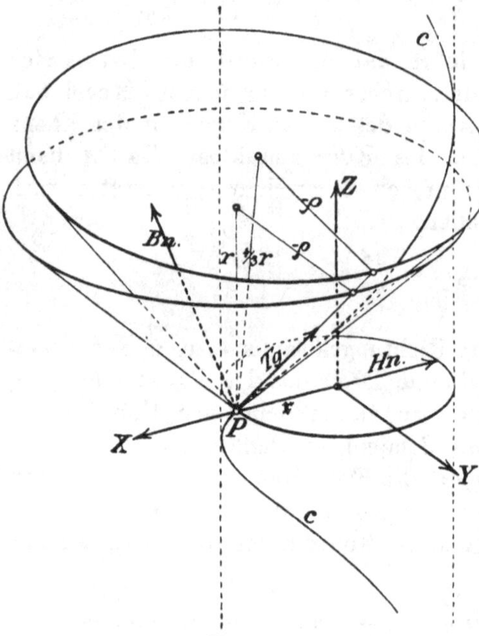

Fig. 87.

Schraubenlinie parallel. Siehe Fig. 87, worin der Deutlichkeit halber auch der Grundkreis des Zylinders der Schraubenlinie c angegeben und der Zylinder selbst angedeutet worden ist.

Man hat noch einen anderen Rotationskegel betrachtet, der eine gegebene Raumkurve an einer Stelle P in mindestens dritter Ordnung berührt, jedoch seine Spitze nicht in P, vielmehr auf der Krümmungsachse von P (vgl. S. 320) hat, nämlich denjenigen, der die Schmiegungskugel von P längs des Krümmungskreises von P berührt (vgl. S. 319, Fig. 83).[1] Dieser Kegel ist in Fig. 88 dargestellt. Den Beweis dafür, daß er die Kurve in P in mindestens dritter Ordnung berührt, wollen wir führen, indem wir von einem etwas allgemeineren Standpunkte ausgehen. Man bedenke nämlich, daß jede Fläche, die den Krümmungskreis von P enthält, die Kurve in P nach S. 306 in mindestens zweiter Ordnung berührt, weil der Krümmungskreis es tut (nach S. 251, 252). Deshalb wollen wir irgend einen Rotationskegel betrachten, der den Krümmungskreis von P enthält, also seine Spitze S auf der Krümmungsachse von P hat, und untersuchen, unter welcher Bedingung er die Kurve in P in höherer als zweiter Ordnung berühren wird.

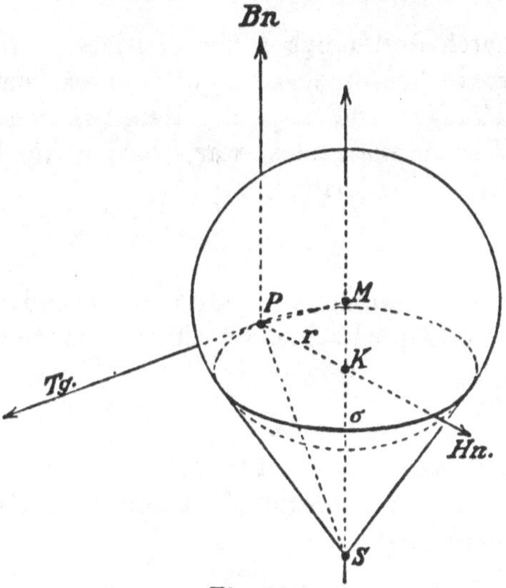

Fig. 88.

Die Spitze S habe vom Krümmungsmittelpunkte K von P irgend einen Abstand σ, gemessen von K aus im Sinne der wie die Binormale zu orientierenden Krümmungsachse von P. Wird das begleitende Dreikant von P als Achsenkreuz gewählt, so sind $a = 0$, $b = r$, $c = \sigma$ die Koordinaten von S und $u = 0$, $v = 0$, $w = 1$ die Richtungskosinus der Kegelachse. Da der Winkel ω der Mantel-

[1] Daß dieser Kegel die Kurve in mindestens dritter Ordnung berührt, zeigte Schell in seinem auf S. 223 genannten Buche.

linien mit der Kegelachse gleich $\sphericalangle KSP$ ist, wird außerdem $\cos\omega = \sigma : \sqrt{r^2 + \sigma^2}$. Mithin lautet die Kegelgleichung nach (9) so:

$$\sigma^2 \mathfrak{x}^2 + \sigma^2(\mathfrak{y} - r)^2 - r^2(\mathfrak{z} - \sigma)^2 = 0.$$

Um zu erkennen, für welchen Wert von σ er die Kurve in mindestens dritter Ordnung berührt, wenden wir den Satz 38, S. 309, an. Danach ist zu verlangen, daß die drei Gleichungen, die aus

$$\sigma^2 x^2 + \sigma^2(y - r)^2 - r^2(z - \sigma)^2 = 0$$

durch dreimalige Differentiation nach der Bogenlänge s der Raumkurve hervorgehen, erfüllt werden, wobei die Werte (12) für die Ableitungen von x, y, z gelten, während $x = y = z = 0$ zu setzen ist. Wie vorauszusehen war, werden die beiden ersten Bedingungen erfüllt. Die dritte gibt:

$$\frac{\sigma^2 r'}{r} - \frac{\sigma r}{\varrho} = 0.$$

Die Annahme $\sigma = 0$ ist auszuschließen, weil der Kegel sonst in eine (doppeltzählende) Ebene ausarten würde. Demnach kommt

$$\sigma = \frac{r^2}{r'\varrho}\,.$$

Nun sahen wir auf S. 319, daß die Strecke vom Krümmungsmittelpunkte K bis zum Mittelpunkte M der Schmiegungskegel den Wert $-\varrho r'$ hat. Da

$$\frac{r^2}{r'\varrho}(-\varrho r') = -r^2$$

ist, muß somit das Dreieck SPM in P einen rechten Winkel haben, d. h. die Spitze des Kegels S liegt so, daß der Kegel die Schmiegungskugel berührt. Folglich haben wir den

Satz 62: Unter allen Rotationskegeln, die den Krümmungskreis eines Punktes P von allgemeiner Lage auf einer Raumkurve enthalten und also die Kurve in P in mindestens zweiter Ordnung berühren, gibt es nur einen, der dort mit der Kurve eine Berührung in mindestens dritter Ordnung eingeht. Es ist dies derjenige Rotationskegel, der die Schmiegungskugel längs des Krümmungskreises berührt.

Dritter Abschnitt.

Kurven und abwickelbare Flächen.

§ 1. Die Tangentenfläche einer Kurve.

Im gegenwärtigen Abschnitte untersuchen wir solche Flächen und Kurven, die zu einer gegebenen Kurve in so enger Beziehung stehen, daß erst durch ihr Studium die Theorie der Raumkurven zu einem Abschlusse gelangt. Zugleich dient dieser Abschnitt als Vorbereitung zur allgemeinen Flächentheorie, da wir einige besondere Flächenarten schon hier besprechen.

Zunächst soll uns die Fläche beschäftigen, die von den Tangenten einer Raumkurve gebildet wird.[1] Wir behalten dabei die uns aus dem zweiten Abschnitte vertrauten Bezeichnungen für die Elemente der Kurve bei.

Gegeben sei eine Kurve c in Parameterdarstellung:

$$(1) \qquad x = \varphi(t), \quad y = \chi(t), \quad z = \psi(t).$$

Die Tangente des Punktes (t) oder (φ, χ, ψ) geht durch diesen Punkt selbst und hat Richtungskosinus proportional φ', χ', ψ', so daß ihre laufenden Koordinaten $\mathfrak{x}$, $\mathfrak{y}$, $\mathfrak{z}$ mittels eines Parameters τ so dargestellt werden können:

$$(2) \qquad \mathfrak{x} = \varphi(t) + \tau\varphi'(t), \quad \mathfrak{y} = \chi(t) + \tau\chi'(t), \quad \mathfrak{z} = \psi(t) + \tau\psi'(t),$$

siehe (2), S. 220. Gibt man t nach und nach verschiedene Werte, so heißt dies, daß man nach und nach verschiedene Tangenten ins Auge faßt. Dabei beschreibt der Punkt $(\mathfrak{x}, \mathfrak{y}, \mathfrak{z})$ jedesmal die betreffende Tangente, sobald man τ veränderlich läßt. Gibt man t und τ irgend welche bestimmte Werte, so bedeutet dies, daß man

[1] Solche Flächen wurden 1771 zuerst von Euler, „De solidis quorum superficiem in planum explicare licet", Novi Commentarii Acad. Petropolitanae, a. 1771, T. XVI, Petersburg 1772, und von Monge in seiner auf S. 219 angegebenen Arbeit betrachtet, alsdann 1774 von Tinseau (siehe die Anmerkung zu S. 203).

einen bestimmten Punkt ($\mathfrak{x}$, $\mathfrak{y}$, $\mathfrak{z}$) auf einer bestimmten Tangente der Kurve (1) betrachtet. Die Gleichungen (2) stellen mithin, sobald man t und τ als zwei beliebige Veränderliche auffaßt, die Gesamtheit aller derjenigen Punkte ($\mathfrak{x}$, $\mathfrak{y}$, $\mathfrak{z}$) analytisch dar, die auf den ∞^1 Tangenten der Kurve (1) liegen. Es ist dies, da $\mathfrak{x}$, $\mathfrak{y}$, $\mathfrak{z}$ einwertige analytische Funktionen von t und τ sind, eine stetige Gesamtheit von ∞^2 Punkten, die eine Fläche erfüllen. Diese Fläche, deren analytischer Ausdruck die Gleichungen (2) sind, heißt die Tangentenfläche der Kurve c.

Will man die Fläche durch eine einzige Gleichung zwischen $\mathfrak{x}$, $\mathfrak{y}$, $\mathfrak{z}$ allein darstellen, so muß man die Parameter t und τ aus den drei Gleichungen (2) eliminieren. Der Parameter τ ist leicht zu entfernen; es bleiben die beiden Gleichungen:

$$\frac{\mathfrak{x} - \varphi(t)}{\varphi'(t)} = \frac{\mathfrak{y} - \chi(t)}{\chi'(t)} = \frac{\mathfrak{z} - \psi(t)}{\psi'(t)}.$$

Hieraus wäre noch t zu entfernen, indem man mittels einer der Gleichungen t als Funktion von $\mathfrak{x}$, $\mathfrak{y}$, $\mathfrak{z}$ berechnete und in die andere einsetzte. So würde eine Gleichung $F(\mathfrak{x}, \mathfrak{y}, \mathfrak{z}) = 0$ hervorgehen (wie auf S. 208). Aber die Darstellungsform (2) der Tangentenfläche ist viel bequemer.

Ist insbesondere der in den Gleichungen (1) der Raumkurve c auftretende Parameter t die Bogenlänge s:

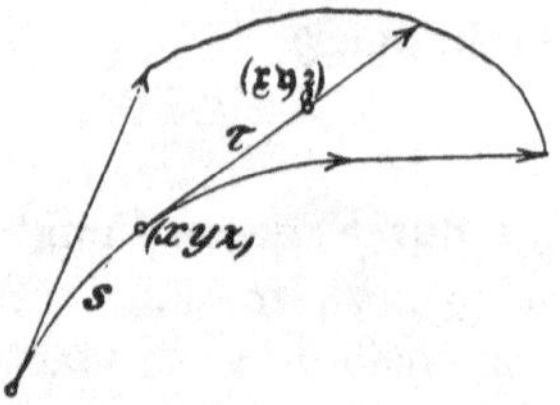

Fig. 89.

$$(3) \qquad x = \varphi(s), \quad y = \chi(s), \quad z = \psi(s),$$

so sind die Ableitungen von x, y, z nach s die Richtungskosinus α, β, γ der Tangente des Punktes (s). Ist nun ($\mathfrak{x}$, $\mathfrak{y}$, $\mathfrak{z}$) derjenige Punkt der Tangente, der vom Berührungspunkte den Abstand τ hat, indem man diesen Abstand entsprechend dem Sinne der orientierten Tangente vom Kurvenpunkte (x, y, z) nach dem Flächenpunkte ($\mathfrak{x}$, $\mathfrak{y}$, $\mathfrak{z}$) mißt, so wird:

$$(4) \qquad \mathfrak{x} = x + \alpha\tau, \quad \mathfrak{y} = y + \beta\tau, \quad \mathfrak{z} = z + \gamma\tau.$$

Hierin sind x, y, z die durch (3) bestimmten Funktionen von s und α, β, γ ihre Ableitungen nach s. Wiederum stellen die Gleichungen (4), wenn s und τ variieren, alle möglichen Punkte ($\mathfrak{x}$, $\mathfrak{y}$, $\mathfrak{z}$) der Tangentenfläche dar. Jetzt aber haben die Hilfsveränderlichen s und τ eine einfache geometrische Bedeutung (siehe Fig. 89).

Wir wollen nun den Parametern s und τ zwei bestimmte Werte beilegen, also einen bestimmten Punkt ($\mathfrak{x}$, $\mathfrak{y}$, $\mathfrak{z}$) der Tangentenfläche annehmen und darauf s und τ um absolut genommen beliebig kleine Größen Δs und $\Delta \tau$ ändern, so daß der neue Punkt $(s + \Delta s, \tau + \Delta \tau)$ auf einer der ersten Tangente benachbarten Tangente liegt und dem alten Punkte (s, τ) ebenfalls benachbart ist. Das Differential, das sich für die Entfernung beider Stellen von-

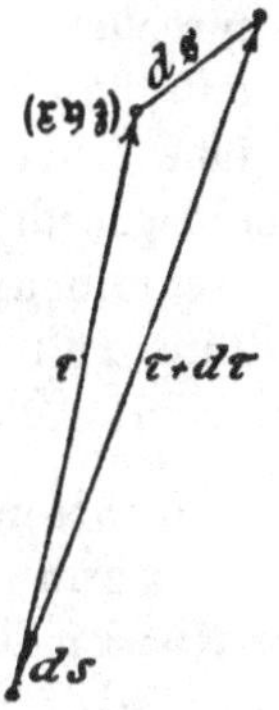

Fig. 90.

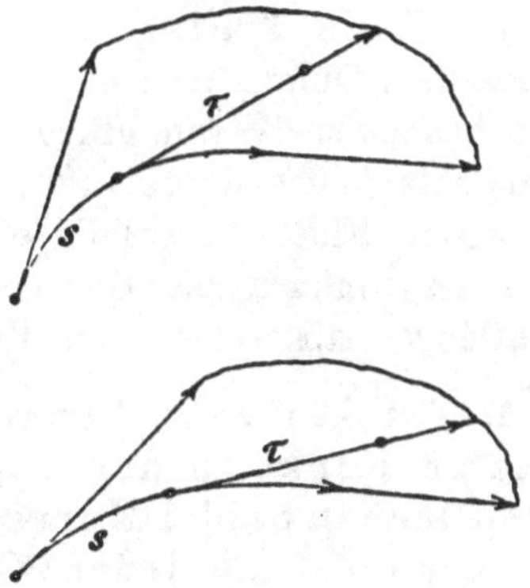

Fig. 91.

einander ergibt, falls Δs und $\Delta \tau$ nach Null streben, also statt Δs und $\Delta \tau$ Differentiale ds und $d\tau$ auftreten, heißt das **Bogenelement** $d\mathfrak{s}$ **der Tangentenfläche**, siehe Fig. 90. Sein Quadrat ist leicht zu berechnen. Denn es ist:

(5) $$d\mathfrak{s}^2 = d\mathfrak{x}^2 + d\mathfrak{y}^2 + d\mathfrak{z}^2.$$

Nach (4) aber wird

$$d\mathfrak{x} = \frac{\partial (x + \alpha \tau)}{\partial s} ds + \alpha\, d\tau = \left(\frac{dx}{ds} + \frac{d\alpha}{ds}\tau\right) ds + \alpha\, d\tau$$

oder nach III(B) und III(C)

$$d\mathfrak{x} = \left(\alpha + \frac{l}{r}\tau\right) ds + \alpha\, d\tau.$$

Ähnlich ergibt sich $d\mathfrak{y}$ und $d\mathfrak{z}$, so daß nach (5) und II(A) folgt:

(6) $$\begin{cases} d\mathfrak{s}^2 = \left(1 + \dfrac{\tau^2}{r^2}\right) ds^2 + 2\, ds\, d\tau + d\tau^2 \\ \quad\;\; = (ds + d\tau)^2 + \dfrac{\tau^2}{r^2} ds^2. \end{cases}$$

Betrachten wir nun irgend eine zweite Raumkurve $\mathfrak{c}$, auf der ebenfalls s die Bogenlänge bedeute, während τ auch dort die auf der Tangente gemessene Strecke darstelle. Dann **entspricht** jedem Punkte (s, τ) der Tangentenfläche von c ein bestimmter Punkt (s, τ) der Tangentenfläche von $\mathfrak{c}$, wenn wir eben diejenigen Punkte auf beiden Flächen einander zuordnen, die demselben Wertepaare s, τ zugehören (siehe Fig. 91). Wenn bei beiden Kurven c und $\mathfrak{c}$ überdies das Quadrat der Krümmung $1 : r$ dieselbe Funktion von s ist, stimmen die Quadrate der Bogenelemente auf beide Flächen nach (6) an entsprechenden Stellen und für dieselben Differentiale ds und $d\tau$ völlig miteinander überein. Dies aber bedeutet: Wenn ein Punkt irgend eine Kurve auf der ersten Tangentenfläche durchläuft, wird der ihm zugeordnete Punkt auf der zweiten Fläche ebenfalls eine Kurve beschreiben; und bei beiden Kurven stimmen die Bogenelement-Quadrate $d\mathfrak{s}^2$, also auch die Gesamtlängen abgesehen vom Vorzeichen überein. Daher:

Satz 1: Ist bei zwei Raumkurven die Krümmung ein und dieselbe Funktion der Bogenlänge, so kann man die Tangentenflächen beider Kurven einander Punkt für Punkt derart zuordnen, daß jeder Kurve auf der einen Fläche eine Kurve von gleicher Länge auf der anderen Fläche entspricht.

Welche Funktion der Bogenlänge s auch die Krümmung $1 : r$ einer gegebenen Kurve c im Raume sein mag, stets gibt es insbesondere eine ebene Kurve $\mathfrak{c}$, längs deren die Krümmung abgesehen von Vorzeichen dieselbe Funktion der Bogenlänge ist, denn nach Satz 31, S. 52, sind ja in der Ebene $z = 0$ z. B.

$$x = \int_0^s \cos\left(\int_0^s \frac{ds}{r}\right) ds, \quad y = \int_0^s \sin\left(\int_0^s \frac{ds}{r}\right) ds \tag{7}$$

die Gleichungen einer derartigen Kurve $\mathfrak{c}$. Weil die Tangenten der ebenen Kurve $\mathfrak{c}$ in ihrer Ebene liegen, folgt somit, daß man jedem Punkte der Tangentenfläche einer Raumkurve c einen Punkt in der Ebene $z = 0$ so zuordnen kann, daß jeder Kurve auf der Tangentenfläche von c eine Kurve von gleicher Länge in der Ebene entspricht. Man sagt: Die Tangentenfläche der Raumkurve c läßt sich Punkt für Punkt so auf die Ebene $z = 0$ abbilden (vgl. S. 166), daß dabei alle Längen ungeändert bleiben, und kann diese Zuordnung deshalb eine längentreue Abbildung der Tangentenfläche auf die Ebene nennen.

Analytisch wird sie so bewirkt: Die Richtungskosinus α, β, γ der Tangente der Kurve (7) — aufgefaßt als Raumkurve — sind der in (7) auftretende Kosinus und Sinus und Null. Entsprechend (4) sind daher

$$(8)\quad \begin{cases} \mathfrak{x} = \int\limits_0^s \cos\left(\int\limits_0^s \frac{ds}{r}\right) ds + \tau \cos\left(\int\limits_0^s \frac{ds}{r}\right), \\ \mathfrak{y} = \int\limits_0^s \sin\left(\int\limits_0^s \frac{ds}{r}\right) ds + \tau \sin\left(\int\limits_0^s \frac{ds}{r}\right), \\ \mathfrak{z} = 0 \end{cases}$$

die Koordinaten irgend eines Punktes (s, τ) der Tangentenfläche von $\mathfrak{c}$, die in der Ebene $z = 0$ liegt. Jedem Wertepaare s, τ gehört nun ein Punkt $(\mathfrak{x}, \mathfrak{y}, \mathfrak{z})$ der Tangentenfläche (4) der Raumkurve c sowie ein Punkt $(\mathfrak{x}, \mathfrak{y}, \mathfrak{z})$ der Ebene $z = 0$ infolge von (8) zu, und damit ist die Abbildung analytisch geleistet.

Ein Grenzübergang lehrt weiterhin, daß man diese Abbildung auch auf geometrischem Wege bewirken kann. Denkt man sich nämlich die Tangentenfläche (4) materiell aus einer völlig biegsamen, aber nirgends dehnbaren unendlich dünnen Haut hergestellt, so kann man sich vorstellen, daß sie sich durch Verbiegen derart auf die Ebene ausbreiten lasse, daß jeder Punkt der Fläche gerade in den zugehörigen Punkt der Ebene fällt. Wir betrachten nämlich wie auf S. 224 statt der Raumkurve c vorerst ein räumliches Polygon $P_1 P_2 P_3 P_4 \ldots$ (siehe Fig. 92), dessen Seiten geradlinig und verhältnismäßig kurz sind und bei dem jede Seite in ihrer Richtung nur sehr wenig von der vorhergehenden Seite abweicht. Die Polygonseiten $P_1 P_2$, $P_2 P_3$, $P_3 P_4 \ldots$ verlängern wir nach der einen Richtung hin, sagen wir über $P_2, P_3, P_4 \ldots$ hinaus, beliebig weit. Da je zwei aufeinanderfolgende Seiten einander schneiden, bilden sie eine Ebene und die verlängerten Seiten sind die Schenkel einer Reihe aufeinanderfolgender verhältnismäßig kleiner spitzer Winkel. Es seien $E_{123}, E_{234}, E_{345} \ldots$ die Winkelfelder. Wir denken uns diese Winkelfelder um ihre gemeinsamen Schenkel $P_2 P_3$, $P_3 P_4$, $P_4 P_5 \ldots$ drehbar, aber im übrigen starr. Zeichnen wir auf die Winkelfelder irgend

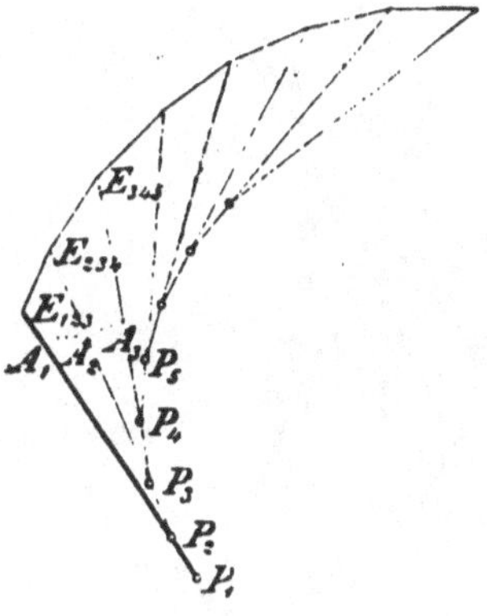

Fig. 92.

eine gebrochene Linie $A_1 A_2 A_3 \ldots$, so wird ihre Länge durch die Drehung der Winkelfelder gegeneinander nicht geändert.

Legen wir das erste Winkelfeld E_{123} auf die Ebene $z = 0$, so können wir das übrige Modell insgesamt so weit um $P_2 P_3$ drehen, bis auch das Winkelfeld E_{234} in der Ebene liegt. Den Rest des Modells drehen wir alsdann wiederum um $P_3 P_4$ so weit, bis auch das Feld E_{345} in der Ebene liegt, usw. Das aus den Winkelfeldern E_{123}, E_{234}, $E_{345} \ldots$ bestehende räumliche Gebilde wird so auf die Ebene $z = 0$ ausgebreitet. Die eingezeichnete gebrochene Linie $A_1 A_2 A_3 A_4 \ldots$ ist dabei in eine gebrochene Linie in der Ebene übergegangen, ohne ihre Länge geändert zu haben. Das räumliche Gebilde ist also ohne Dehnung auf die Ebene abgewickelt worden.[1]

Aber noch mehr: Jedes Winkelfeld E_{123}, E_{234}, $E_{345} \ldots$ hat ein Scheitel-Winkelfeld E'_{123}, E'_{234}, $E'_{345} \ldots$ Diese Scheitelfelder erzeugen zusammen ein räumliches Gebilde, das ebenfalls bei jenem Verfahren in ein ebenes Gebilde übergeht; siehe Fig. 93. Das räumliche Polygon $P_1 P_2 P_3 P_4 \ldots$ ist jetzt in ein ebenes Polygon $P_1 P_2 P_3' P_4 \ldots$ verwandelt worden, und zwar so, daß die Ebene $z = 0$ auf der konvexen Seite des Polygons doppelt mit den Winkelfeldern E_{123}, E_{234}, $E_{345} \ldots$ und E'_{123}, E'_{234}, $E'_{345} \ldots$ überdeckt ist.

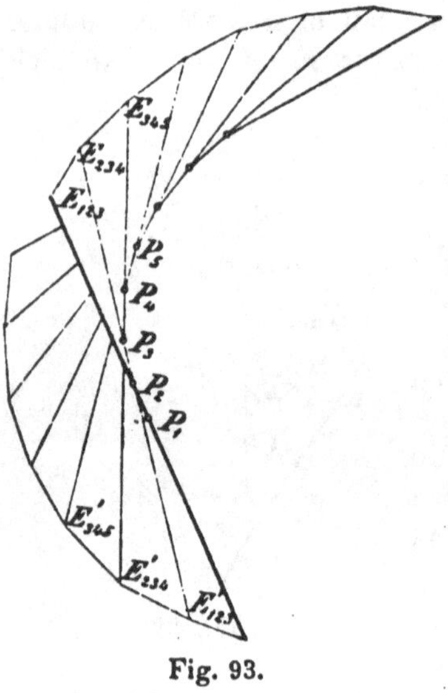

Fig. 93.

Man kann nun gedanklich den Grenzübergang ausführen, der das gegebene Polygon $P_1 P_2 P_3 P_4 \ldots$ in eine Raumkurve c verwandelt. Das aus den Winkelfeldern E_{123}, E_{234}, $E_{345} \ldots$ bestehende Gebilde geht dabei in die Fläche über, die von den nach einer Seite, etwa nach der positiven, gezogenen Tangenten der Kurve c erzeugt wird. Die Winkelfelder E'_{123}, E'_{234}, $E'_{345} \ldots$ dagegen liefern die Fläche, die von den negativen Teilen der Tangenten von c erzeugt wird.

Die Tangentenfläche einer reellen Raumkurve c hat

[1] Das in der Anmerkung zu S. 224 erwähnte Modell ist durch das umgekehrte Verfahren hergestellt worden.

also zwei reelle Mäntel, die sich längs der Kurve treffen, und bei der Ausbreitung der Tangentenfläche auf der Ebene geht die reelle Kurve c derart in eine ebene Kurve $\mathfrak{c}$ über, daß die beiden Mäntel der Tangentenfläche denjenigen Teil der Ebene doppelt überdecken, der auf der konvexen Seite der ebenen Kurve $\mathfrak{c}$ liegt.

Um den Beweis dafür, daß sich die Tangentenfläche einer Kurve ohne Dehnung auf die Ebene ausbreiten läßt, auch analytisch zu führen, gehen wir davon aus, daß die Krümmung $1:r$ und die Torsion $1:\varrho$ längs der gegebenen Kurve c gegebene Funktionen der Bogenlänge s sind, etwa diese

$$\frac{1}{r} = F(s), \quad \frac{1}{\varrho} = G(s). \tag{9}$$

Nun verstehen wir unter a eine Konstante und berechnen irgend eine von denjenigen Kurven, längs deren die Krümmung und die Torsion die Funktionen

$$\frac{1}{r} = F(s), \quad \frac{1}{\varrho} = a\,G(s) \tag{10}$$

der Bogenlänge sind; dabei hat man den Satz 32, S. 298, anzuwenden. In der dabei vorkommenden RICCATIschen Differentialgleichung tritt die Konstante a so auf, daß man aus der Theorie der Differentialgleichungen entnehmen kann, daß die Koordinaten x, y, z der Punkte einer Kurve, längs deren die Gleichungen (10) gelten, einwertige analytische Funktionen von s und a werden, wobei dem Bereiche von a insbesondere alle Werte von $a = 0$ und $a = 1$ angehören. Demnach mögen

$$x = \Phi(s, a), \quad y = X(s, a), \quad z = \Psi(s, a) \tag{11}$$

die Gleichungen der Kurve sein. Die Kurve selbst sei mit c_a bezeichnet. Ihre Tangentenfläche hat nach (4) die Gleichungen

$$\mathfrak{x} = \Phi(s, a) + \mathfrak{r}\frac{\partial \Phi}{\partial s}, \quad \mathfrak{y} = X(s, a) + \mathfrak{r}\frac{\partial X}{\partial s}, \quad \mathfrak{z} = \Psi(s, a) + \mathfrak{r}\frac{\partial \Psi}{\partial s}. \tag{12}$$

Wenn nun die Konstante a durch eine benachbarte Konstante b ersetzt wird, ergibt sich eine benachbarte Kurve c_b, deren Tangentenfläche zur Tangentenfläche (12) von c_a benachbart ist. Zu irgend einem bestimmten Wertepaare s, $\mathfrak{r}$ gehört nämlich ein Punkt $(\mathfrak{x}, \mathfrak{y}, \mathfrak{z})$ der Fläche (12) und ein Punkt $(\mathfrak{x} + \Delta\mathfrak{x}, \mathfrak{y} + \Delta\mathfrak{y}, \mathfrak{z} + \Delta\mathfrak{z})$ der Tangentenfläche von c_b, und dabei liegt der zweite Punkt in einer gewissen Umgebung des ersten Punktes, die man dadurch beliebig klein machen kann, daß man den absoluten Betrag von $b - a$ hinreichend klein wählt. Da nun die Krümmung $1:r$ bei beiden Kurven c_a und c_b nach (10) dieselbe Funktion $F(s)$ der Bogenlänge s ist, sind überdies die Tangentenflächen der beiden Kurven c_a und c_b Punkt für Punkt längentreu aufeinander abgebildet, vgl. Satz 1.

Lassen wir die Größe a die reellen Werte von Eins bis Null durchlaufen, so ergibt sich demnach eine stetige Schar von ∞^1 Kurven (11) und eine stetige Schar von ∞^1 Tangentenflächen (12). Dabei ist jede Fläche längentreu auf die benachbarten abgebildet, so daß einander entsprechende Punkte einander ebenfalls benachbart sind. Indem man von der ersten, nämlich der zu $a = 1$

gehörigen Fläche (12) durch alle Flächen der Schar bis zur letzten, nämlich der zu $a = 0$ gehörigen Fläche übergeht, ändert man somit die Fläche in stetiger Weise derart ab, daß jede Kurve auf der Fläche beständig ihre ursprüngliche Länge behält. Der Beweisgang wird durch die Bemerkung vollendet, daß die Kurven c_1 und c_0, die zu $a = 1$ und $a = 0$ gehören, der gegebenen Raumkurve c und der gegebenen ebenen Kurve $\mathfrak{c}$ kongruent sind. Bei der Kurve c_1 nämlich haben $1 : r$ und $1 : \varrho$ nach (10) dieselben Werte (9) wie bei der gegebenen Kurve c, und bei der Kurve c_0 haben sie nach (10) dieselben Werte wie bei der ebenen Kurve $\mathfrak{c}$, da dieser nach Satz 17, S. 244, die Torsion Null zukommt. Nach Satz 29, S. 285, ist deshalb in der Tat c_1 mit c und c_0 mit $\mathfrak{c}$ kongruent.

Bei allen bisherigen Betrachtungen dieses Paragraphen wie auch bei den folgenden sind natürlich die Geraden und Minimalkurven erster und zweiter Ordnung auszuschließen, weil bei ihnen die Begriffe der Krümmung und Torsion teilweise oder ganz fehlen. Hiernach gilt der

Satz 2: Die Tangentenfläche einer Raumkurve, die weder eine Gerade noch eine Minimalkurve erster oder zweiter Ordnung ist, läßt sich stetig so verändern, daß ihre Geraden beständig die Tangenten einer sich verändernden Kurve sind, daß ferner jede auf ihr gezogene Kurve ihre ursprüngliche Länge behält und daß sie schließlich in die xy-Ebene, nämlich in die Tangentenfläche einer ebenen Kurve übergeht. Alle Kurven, in die dabei die ursprüngliche Kurve verwandelt wird, und insbesondere die letzte ebene Kurve, in die sie übergeht, haben das eine gemeinsam, daß längs ihrer die Krümmung dieselbe Funktion der Bogenlänge ist.

Den Inhalt dieses Satzes meint man, wenn man so sagt: Die Tangentenfläche einer Raumkurve läßt sich in eine Ebene verbiegen. Später (in § 4) werden wir erkennen, daß jede Fläche, die sich punktweise so auf die Ebene abbilden läßt, daß entsprechende Kurven auf der Fläche und in der Ebene immer gleiche Längen haben, die Tangentenfläche einer Raumkurve ist. Indem wir dies für den Augenblick vorweg nehmen, erklären wir dadurch den Namen: abwickelbare Flächen oder developpable Flächen, den man den Tangentenflächen der Kurven gegeben hat.

Beispiel: Wenn die Raumkurve c eine gemeine Schraubenlinie ist, hat sie nach S. 236 eine konstante Krümmung $1 : r$. Nach Satz 29, S. 51, geht daher die Kurve, wenn man ihre Tangentenfläche auf die Ebene ausbreitet, in einen Kreis $\mathfrak{c}$ vom Radius r über, siehe Fig. 94. Dabei verwandeln sich die beiden Mäntel der Tangentenfläche in das Äußere des Kreises. Man hat sich daher die Kreisebene in der Figur doppelt zu denken. Natürlich erstrecken sich die Tangenten der Schraubenlinie und damit auch die beiden

Mäntel der Tangentenfläche bis ins Unendliche. In der Figur dagegen sind alle Tangenten nach beiden Seiten von den Berührungspunkten aus gleich lang gezogen, so daß zwei äußere Begrenzungslinien entstehen, die, wie man leicht erkennt, ebenfalls gemeine Schraubenlinien sind. In der Ebene entsprechen ihnen die Orte der Punkte, die man erhält, wenn man alle Tangenten des Kreises $\mathfrak{c}$ gleich weit von den Berührungspunkten aus fortsetzt, und so entstehen zwei äußere, einander in der Figur deckende Kreise. Übrigens ist in Fig. 94 noch eine Kurve eingezeichnet worden, die zur Erläuterung eines späteren Satzes dienen soll (vgl. S. 395).

Im vorliegenden Falle ist es leicht, den vorhin geführten analytischen Beweis der Abwickelbarkeit durch die wirklichen Gleichungen wiederzugeben. Nach (17), S. 213, sind nämlich

$$(13)\quad \begin{cases} x = \mathfrak{r}\cos\dfrac{s\cos\alpha}{\mathfrak{r}}, \\ y = \mathfrak{r}\sin\dfrac{s\cos\alpha}{\mathfrak{r}}, \\ z = s\sin\alpha \end{cases}$$

die Gleichungen einer gemeinen Schraubenlinie, so daß nach (4)

$$(14)\quad \begin{cases} \mathfrak{x} = \mathfrak{r}\cos\dfrac{s\cos\alpha}{\mathfrak{r}} \\ \qquad - \mathfrak{t}\cos\alpha\sin\dfrac{s\cos\alpha}{\mathfrak{r}}, \\ \mathfrak{y} = \mathfrak{r}\sin\dfrac{s\cos\alpha}{\mathfrak{r}} \\ \qquad + \mathfrak{t}\cos\alpha\cos\dfrac{s\cos\alpha}{\mathfrak{r}}, \\ \mathfrak{z} = s\sin\alpha + \mathfrak{t}\sin\alpha \end{cases}$$

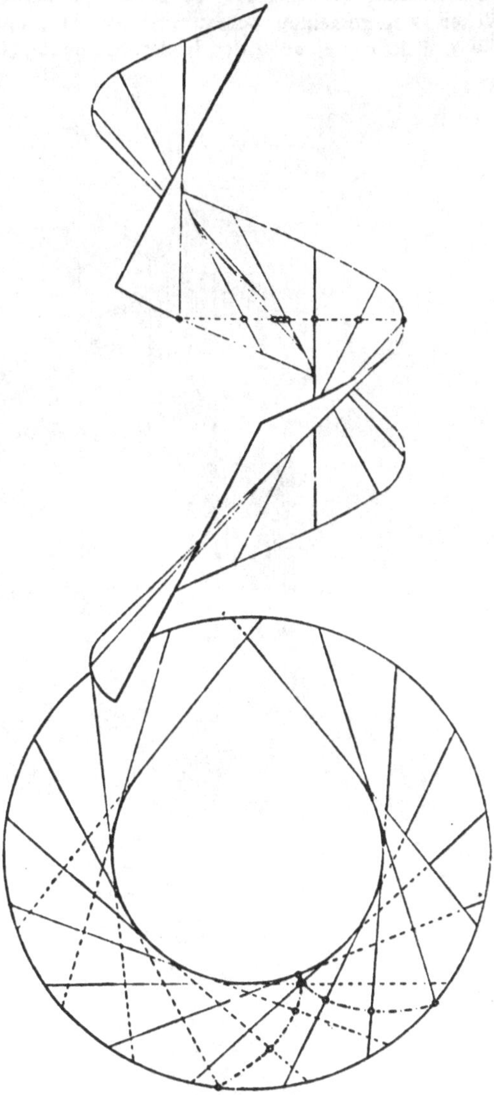

Fig. 94.

die der Tangentenfläche sind. Dabei hat die Schraubenlinie nach (29), S. 236, die Krümmung

$$(15)\quad \frac{1}{r} = \frac{\cos^2\alpha}{\mathfrak{r}}$$

Hält man also den Wert von r fest und ändert man den Radius $\mathfrak{r}$ des Zylinders der Schraubenlinie und ihren Steigwinkel α stetig so, daß beständig die Gleichung (15) besteht, so stellt (14) eine stetige Schar von Tangentenflächen von gemeinen Schraubenlinien dar, und insbesondere ergibt sich für $\alpha = 0$, d. h. $\mathfrak{r} = r$, nach der dritten Gleichung (14) die xy-Ebene, während (13)

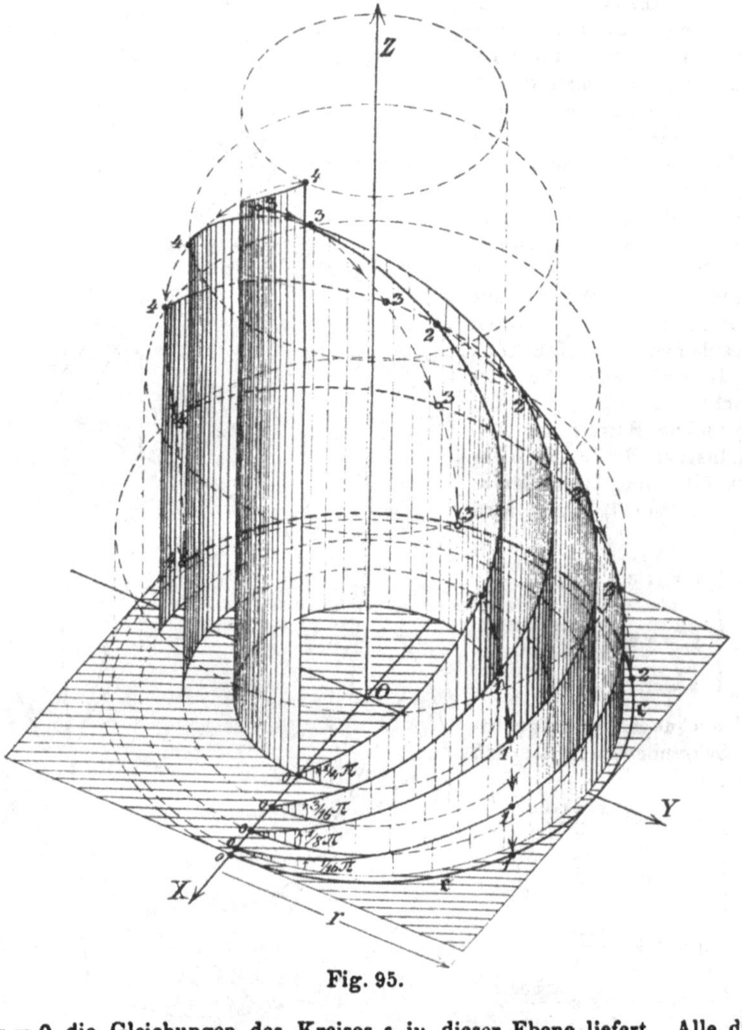

Fig. 95.

für $\alpha = 0$ die Gleichungen des Kreises $\mathfrak{c}$ in dieser Ebene liefert. Alle diese Tangentenflächen sind längentreu aufeinander bezogen. In Fig. 95 ist die Schar dadurch angedeutet worden, daß eine Anzahl der sich bis zum Kreise $\mathfrak{c}$ verändernden gemeinen Schraubenlinien (13) konstruiert worden ist. Dabei ist von der Kurve mit dem Steigwinkel $\alpha = \frac{1}{4}\pi$ ausgegangen, bei der der Zylinderradius $\mathfrak{r}$ nach (15) den Wert $\frac{1}{2}r$ hat. Eine Periode dieser Kurve (vgl. S. 211) geht von $s = 0$ bis $s = 2\pi\mathfrak{r} : \cos\alpha$, d. h. bis $s = \pi r\sqrt{2}$. Diese Periode ist in vier gleiche Teile geteilt worden, und die Figur zeigt, wie die Teilpunkte bei der Verbiegung der zugehörigen Tangentenfläche nach und nach in die der anderen gemeinen Schraubenlinien übergehen. Die Bahn, die dabei der Punkt (s) der ursprünglichen, zu $\alpha = \frac{1}{4}\pi$ gehörigen Schraubenlinie beschreibt, geht aus (13) hervor, wenn man darin s festhält und α als Parameter betrachtet, nachdem man $\mathfrak{r}$ vermöge (15) aus (13) eliminiert hat. Es kommt:

$$x = r\cos^2\alpha\cos\frac{s}{r\cos\alpha}, \quad y = r\cos^2\alpha\sin\frac{s}{r\cos\alpha}, \quad z = s\sin\alpha$$

oder, wenn man $s : r\cos\alpha$ als Parameter t einführt:

$$x = \frac{s^2}{r}\cdot\frac{\cos t}{t^2}, \quad y = \frac{s^2}{r}\cdot\frac{\sin t}{t^2}, \quad z = \frac{s}{r}\cdot\frac{\sqrt{r^2 t^2 - s^2}}{t}.$$

In Fig. 95 sind diese Kurven, die man erhält, wenn nur t veränderlich ist und für s nacheinander die Werte

$$\tfrac{1}{4}\pi r\sqrt{2}, \quad \tfrac{1}{2}\pi r\sqrt{2}, \quad \tfrac{3}{4}\pi r\sqrt{2}, \quad \pi r\sqrt{2}$$

angenommen werden, punktiert angedeutet. Es sind die Kurven, die die mit derselben Zahl 1, 2, 3, 4 bezeichneten Punkte verbinden.[1]

Wie schon bemerkt wurde, hat die Tangentenfläche einer reellen Raumkurve c zwei Mäntel, die sich längs der Kurve c treffen. Welche gestaltlichen Eigentümlichkeiten hierbei auftreten, untersuchen wir jetzt dadurch, daß wir die Fläche mit der Normalebene eines Punktes P der Kurve c schneiden. Dabei wählen wir das begleitende Dreikant von P als Achsenkreuz, so daß wir die Kurve in der Form (7), S. 225, darstellen können:

$$\begin{aligned}
x &= a_1 t + b_1 t^2 + c_1 t^3 + \ldots \quad (a_1 \neq 0),\\
y &= \phantom{a_1 t +{}} b_2 t^2 + c_2 t^3 + \ldots \quad (b_2 \neq 0),\\
z &= \phantom{a_1 t + b_2 t^2 +{}} c_3 t^3 + \ldots
\end{aligned}$$

Nach (2) sind die Gleichungen ihrer Tangentenfläche:

$$\begin{aligned}
\mathfrak{x} &= (a_1 t + b_1 t^2 + c_1 t^3 + \ldots) + (a_1 + 2b_1 t + 3c_1 t^2 + \ldots)\tau,\\
\mathfrak{y} &= (b_2 t^2 + c_2 t^3 + \ldots) + (2b_2 t + 3c_2 t^2 + \ldots)\tau,\\
\mathfrak{z} &= (c_3 t^3 + \ldots) + (3c_3 t^2 + \ldots)\tau.
\end{aligned}$$

[1] Eigentlich müßten in Fig. 95 die Tangentenflächen der Schraubenlinien angegeben werden, da es sich ja um ihre stetige Verbiegung handelt. Aber sie würden einander vollkommen verdecken. Um die Schraubenlinien deutlich hervortreten zu lassen, haben wir dagegen ihre Zylinder, soweit sie unterhalb der Schraubenlinien liegen (von der positiven z-Achse aus gerechnet), als Flächen angedeutet.

Die Normalebene des Punktes P oder $(t = 0)$ ist die yz-Ebene. Demnach ergibt sich die Schnittebene der Fläche mit der Normalebene, wenn man den Wert von τ, der aus $\mathfrak{x} = 0$ hervorgeht:

$$\tau = -\frac{a_1 t + b_1 t^2 + c_1 t^3 + \dots}{a_1 + 2b_1 t + 3c_1 t^2 + \dots}$$

in die Gleichungen für $\mathfrak{y}$ und $\mathfrak{z}$ einführt. Für Werte von t, deren absolute Beträge hinreichend klein sind, weichen nun die Werte der vorkommenden Potenzreihen bekanntlich beliebig wenig von ihren ersten Gliedern ab. Wenn wir also die Schnittkurve in der unmittelbaren Nähe des Punktes P von c untersuchen wollen, können wir als Kurve, die sich ihr dort beliebig stark nähert, diejenige betrachten, die hervorgeht, sobald man nur die ersten Glieder aller Reihen benutzt. Wir setzen daher in

$$\mathfrak{y} = b_2 t^2 + 2b_2 t\tau, \qquad \mathfrak{z} = c_3 t^3 + 3c_3 t^2 \tau$$

den Wert

$$\tau = -\frac{a_1 t}{a_1} = -t$$

ein und erhalten:

$$\mathfrak{y} = -b_2 t^2, \qquad \mathfrak{z} = -2c_3 t^3.$$

Diese Hilfskurve gilt, sobald nicht nur b_2, sondern auch $c_3 \neq 0$ ist, und dies ist der allgemeine Fall, den allein wir untersuchen wollen. Die Hilfskurve, die in der Ebene $\mathfrak{x} = 0$ liegt, hat dann nach S. 108 an der Stelle $(t = 0)$, d. h. in P selbst eine **Spitze** oder einen **Rückkehrpunkt**, indem sie sich der $\mathfrak{y}$-Achse, d. h. der Hauptnormalen von P, von beiden Seiten her anschmiegt. Daher gilt der

Satz 3: **Die Normalebene eines Punktes P allgemeiner Lage einer reellen Raumkurve c schneidet die beiden Mäntel der Tangentenfläche in einer Kurve, die in P einen Rückkehrpunkt hat, dessen Tangente die Hauptnormale des Punktes P der Raumkurve c ist.** (Siehe Fig. 96).

Die beiden Mäntel der Tangentenfläche einer reellen Kurve bilden demnach längs der Kurve einen scharfen Grat, indem sie sich längs der Kurve berühren. Deshalb heißt die Kurve selbst die **Gratlinie der Tangentenfläche** oder auch ihre **Rückkehrkurve**.[1]

---

[1] Monge nannte diese Kurve „l'arête de rebroussement". Die Verallgemeinerung des Satzes 3, die leicht zu beweisen ist und nach der jede Ebene durch P, die nicht die durch P gehende Tangente enthält, die Tangentenfläche in einer Kurve mit einem Rückkehrpunkte in P schneidet, wurde von de Saint-Venant 1844 ausgesprochen (vgl. die auf S. 203 genannte Abhandlung).

Da die Tangentenfläche ohne Dehnung in die Ebene ausgebreitet werden kann, folgert man leicht, daß der Winkel, unter dem zwei Kurven auf der Fläche einander schneiden, bei der Abwicklung ungeändert bleibt. Um dies aber streng analytisch zu beweisen, betrachten wir irgend eine Kurve C auf der Tangentenfläche. Wir erhalten sie, indem wir auf jeder Tangente der Kurve c eine Strecke τ abtragen, die sich von Tangente zu Tangente stetig ändert, also eine Funktion der Bogenlänge s von c ist. Wenn wir demnach in (4) unter τ irgend eine Funktion von s verstehen:

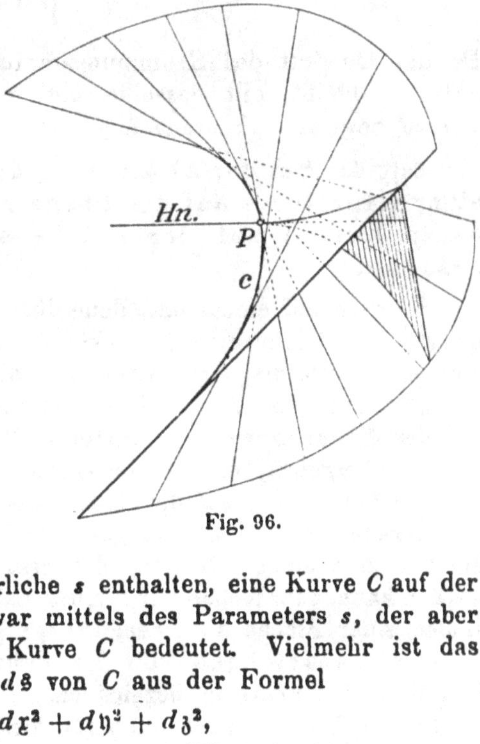

Fig. 96.

$$\tau = \omega(s),$$

stellen die hervorgehenden Gleichungen:

$$(16)\quad \begin{cases} \mathfrak{x} = x + \alpha\,\omega(s), \\ \mathfrak{y} = y + \beta\,\omega(s), \\ \mathfrak{z} = z + \gamma\,\omega(s), \end{cases}$$

die rechts in $x, y, z, \alpha, \beta, \gamma$ und ω ja nur eine Veränderliche s enthalten, eine Kurve C auf der Tangentenfläche dar, und zwar mittels des Parameters s, der aber nicht die Bogenlänge der Kurve C bedeutet. Vielmehr ist das Quadrat des Bogenelements $d\mathfrak{s}$ von C aus der Formel

$$d\mathfrak{s}^2 = d\mathfrak{x}^2 + d\mathfrak{y}^2 + d\mathfrak{z}^2,$$

erst zu berechnen. Nach (15), III(B) und III(C) ist hier:

$$\frac{d\mathfrak{x}}{ds} = \alpha + \frac{l}{r}\,\omega + \alpha\,\omega'$$

usw., so daß II(A) ergibt (siehe auch (6) oben):

$$\left(\frac{d\mathfrak{s}}{ds}\right)^2 = (1 + \omega')^2 + \frac{\omega^2}{r^2}\,.$$

Die Richtungskosinus $\bar{\alpha}, \bar{\beta}, \bar{\gamma}$ der Tangente von C sind die Ableitungen von $\mathfrak{x}, \mathfrak{y}, \mathfrak{z}$ nach $\mathfrak{s}$; daher wird

$$\bar{\alpha} = \frac{(1 + \omega')\alpha + \frac{\omega}{r}\,l}{\sqrt{(1 + \omega')^2 + \frac{\omega^2}{r^2}}},$$

und entsprechende Werte ergeben sich für $\bar{\beta}$ und $\bar{\gamma}$. Der Winkel Θ der Tangente von C im Punkte ($\mathfrak{x}, \mathfrak{y}, \mathfrak{z}$) oder ($\mathfrak{s}$) mit der durch diesen Punkt gehenden Tangente der Gratlinie c hat folglich nach II(A) den Kosinus:

$$\cos\Theta = \mathbf{S}\,\alpha\,\bar{\alpha} = \frac{1+\omega'}{\sqrt{(1+\omega')^2 + \frac{\omega^2}{r^2}}}\,.$$

Da das Quadrat des Krümmungsradius r bei der Verbiegung ungeändert bleibt, gilt dasselbe mithin vom Winkel Θ, und dies war zu beweisen. Hieraus folgt der

Satz 4: Bei der Abwicklung der Fläche der Tangenten einer Raumkurve auf die Ebene bleiben die Winkel, unter denen Kurven auf der Fläche einander schneiden, ungeändert.

Werden auf einem und demselben Mantel der Tangentenfläche einer reellen Kurve zwei Punkte P_0 und P angenommen und will man sie durch diejenige Kurve auf diesem Mantel verbinden, die die kürzeste von P_0 bis P ist, so wird man die Fläche zunächst auf der Ebene abwickeln, wodurch P_0 und P in zwei Punkte P_0' und P' übergehen, darauf die Gerade von P_0' bis P' ziehen und nun die Verbiegung auf die Ebene wieder rückgängig machen. Aus der Geraden geht dann die gesuchte kürzeste Kurve von P_0 bis P hervor. Aus einem Grunde, der erst im zweiten Bande erörtert werden kann, gebrauchen wir künftig statt der Bezeichnung: kürzeste Linien einer Fläche die Bezeichnung: geodätische Linien.

Als Ausartungen von Tangentenflächen kann man die Kegel und Zylinder bezeichnen. Obgleich es geometrisch einleuchtet, wollen wir doch auch für diese Flächen analytisch zeigen, daß man sie auf die Ebene längentreu abbilden kann. Dabei werde vorausgesetzt, daß die Erzeugenden des Kegels oder Zylinders keine Minimalgeraden seien.

Die Spitze eines Kegels können wir als Anfangspunkt wählen. Sind dann α, β, γ die Richtungskosinus einer Erzeugenden, so werden sie, weil es ∞^1 Erzeugende gibt, als Funktionen eines Parameters t aufzufassen sein. Demnach verstehen wir unter α, β, γ drei Funktionen von t, für die

$$\alpha^2 + \beta^2 + \gamma^2 = 1 \tag{17}$$

ist. Demjenigen Punkte (x, y, z) einer zu einem Werte von t gehörigen Erzeugenden, der von der Spitze die Entfernung r hat, gemessen im positiven Sinne der Erzeugenden, kommen alsdann die Koordinaten zu:

$$x = r\,\alpha(t), \qquad y = r\,\beta(t), \qquad z = r\,\gamma(t). \tag{18}$$

In der $\mathfrak{x}\,\mathfrak{y}$-Ebene wollen wir nun unter ω eine Funktion von t verstehen, über deren Annahme wir nachher verfügen werden, und setzen:

(19) $$\mathfrak{x} = \mathfrak{r}\cos\omega(t), \qquad \mathfrak{y} = \mathfrak{r}\sin\omega(t).$$

Zu jedem Wertepaare t, $\mathfrak{r}$ gehört nun nach (18) ein Punkt (x, y, z) des Kegels und nach (19) ein Punkt $(\mathfrak{x}, \mathfrak{y})$ der Ebene, d. h. der Kegel ist punktweise auf die $\mathfrak{x}\,\mathfrak{y}$-Ebene abgebildet. Erteilt man t und $\mathfrak{r}$ (ebenso wie s und $\mathfrak{r}$ auf S. 353) die Differentiale dt und $d\mathfrak{r}$, so ergibt sich aus

$$dx = \mathfrak{r}\alpha' dt + \alpha\, d\mathfrak{r}, \quad dy = \mathfrak{r}\beta' dt + \beta\, d\mathfrak{r}, \quad dz = \mathfrak{r}\gamma' dt + \gamma\, d\mathfrak{r}$$

das Quadrat des Bogenelements einer Kurve auf dem Kegel in der Form:

$$dx^2 + dy^2 + dz^2 = \mathfrak{r}^2 \mathbf{S}\,\alpha'^2 dt^2 + d\mathfrak{r}^2,$$

weil ja nach (17) auch $\mathbf{S}\,\alpha\alpha' = 0$ ist. Zugleich folgt nach (19) aus

$$d\mathfrak{x} = -\mathfrak{r}\sin\omega.\omega' dt + \cos\omega.d\mathfrak{r}, \qquad d\mathfrak{y} = \mathfrak{r}\cos\omega.\omega' dt + \sin\omega.d\mathfrak{r}$$

für das Quadrat des Bogenelements der entsprechenden Kurve in der Ebene der Wert:

$$d\mathfrak{s}^2 = d\mathfrak{x}^2 + d\mathfrak{y}^2 = \mathfrak{r}^2\omega'^2 dt^2 + d\mathfrak{r}^2.$$

Die Abbildung ist längentreu, wenn die Werte beider Bogenelement-Quadrate für alle Differentiale dt und $d\mathfrak{r}$ übereinstimmen, d. h. wenn $\omega'^2 = \mathbf{S}\,\alpha'^2$ ist. Verstehen wir also unter ω eine der beiden Funktionen

(20) $$\omega = \int\sqrt{\alpha'^2 + \beta'^2 + \gamma'^2}\, dt$$

von t, so ist die längentreue Abbildung des Kegels auf die Ebene geleistet. Jeder Erzeugenden, die durch (18) dargestellt wird, wenn man t festhält und $\mathfrak{r}$ variiert, entspricht eine Gerade in der Ebene, die durch (19) dargestellt wird, wenn man t denselben Wert erteilt und $\mathfrak{r}$ variieren läßt. Die letzte Formel bedeutet nach (10), S. 193, geometrisch: Das Verhältnis aus dem Winkel zweier Erzeugenden des Kegels zu dem Winkel der ihnen entsprechenden Geraden in der Ebene hat den Grenzwert Eins, wenn die zweite Erzeugende nach der ersten strebt.

Wir betrachten nunmehr einen Zylinder. Da seine Erzeugenden keine Minimalgeraden sein sollen, gibt es Ebenen, die zu den Erzeugenden senkrecht und also auch keine Minimalebenen sind. Eine derartige Ebene schneidet die Fläche in einer Kurve, etwa der Kurve

(21) $$x = \varphi(s), \qquad y = \chi(s), \qquad z = \psi(s)$$

mit der Bogenlänge s. Übrigens wäre es noch denkbar, daß die Schnittkurve eine Minimalkurve erster Ordnung und daher als ebene Linie eine Minimalgerade wäre. Dann müßte der Zylinder eine Ebene sein, da er von lauter Geraden erzeugt werden würde, die von dieser Minimalgeraden ausgehen. Sobald diese Ebene selbst keine Minimalebene ist, können wir aber statt der vorhin angenommenen Kurve (21) irgend eine Gerade in dieser Ebene wählen und als Erzeugende die zu ihr senkrechten Geraden in derselben Ebene betrachten. Die folgende Überlegung versagt deshalb nur dann, wenn ein Zylinder in eine Minimalebene ausartet. Sind a, b, c die konstanten Richtungskosinus der Erzeugenden des Zylinders, so erhalten wir einen beliebigen Punkt (x, y, z) der Fläche, wenn wir von einer Stelle (s) der Kurve (21) aus in der Richtung $(a:b:c)$ um eine beliebige Strecke τ weitergehen. Folglich ist

$$(22) \qquad x = \varphi(s) + a\tau, \qquad y = \chi(s) + b\tau, \qquad z = \psi(s) + c\tau$$

die analytische Darstellung des Zylinders. Weil s die Bogenlänge der Kurve (21) ist und a, b, c die Richtungskosinus einer überall zur Kurve (21) senkrechten Richtung sind, ist

$$(23) \qquad \varphi'^2 + \chi'^2 + \psi'^2 = 1, \qquad a\varphi' + b\chi' + c\psi' = 0, \qquad a^2 + b^2 + c^2 = 1.$$

Wir ordnen nun dem zu einem Wertepaare s, τ gehörigen Punkte der Fläche (22) den Punkt der $\mathfrak{x}\mathfrak{y}$-Ebene mit den Koordinaten

$$(24) \qquad \mathfrak{x} = s, \qquad \mathfrak{y} = \tau$$

zu. Werden jetzt s und τ Differentiale ds und $d\tau$ erteilt, so ergibt sich wegen

$$dx = \varphi' ds + a\,d\tau, \qquad dy = \chi' ds + b\,d\tau, \qquad dz = \psi' ds + c\,d\tau$$

als Quadrat des Bogenelements eine Kurve auf dem Zylinder mit Rücksicht auf (23) der Wert:

$$dx^2 + dy^2 + dz^2 = ds^2 + d\tau^2.$$

Zugleich aber ist dies nach (24) auch das Quadrat des Bogenelements der bei der Abbildung zugehörigen Kurve in der $\mathfrak{x}\mathfrak{y}$-Ebene. Mithin ist die Abbildung längentreu.

Zusammengefaßt hat sich hier also analytisch ergeben, daß alle Kegel und Zylinder, deren Erzeugende keine Minimalgeraden sind, ebenfalls längentreu auf die Ebene $z = 0$ abgebildet werden können. Dabei wird von den Minimalebenen (als Ausartungen von Zylindern oder Kegeln) abgesehen.

§ 2. Einiges über geradlinige Flächen.

Außer den Tangentenflächen von Raumkurven und den Kegeln und Zylindern gibt es noch manche andere Fläche, bei der wie bei diesen durch jeden Punkt eine Gerade geht, die vollständig auf der Fläche liegt, z. B. das einschalige Hyperboloid und das hyperboloide Paraboloid, ferner das auf S. 260 betrachtete Zylindroid usw. Die Eigenheiten der Tangentenflächen treten daher erst dann klar hervor, wenn wir überhaupt allgemeine Flächen betrachten, die von lauter Geraden erzeugt werden.

Eine Fläche heißt eine geradlinige Fläche oder auch Regelfläche, wenn durch jeden ihrer Punkte eine Gerade geht, die vollständig auf ihr liegt, wenn sie also ∞^1 Geraden enthält. Diese Geraden nennt man die Erzeugenden der Fläche. Wird auf der Fläche irgend eine Kurve gezogen (siehe Fig. 97):

$$(1) \qquad x = \varphi(t), \qquad y = \chi(t), \qquad z = \psi(t),$$

so werden die Richtungen $(f:g:h)$ der durch die Punkte (t) der Kurve gehenden Erzeugenden der Fläche für verschiedene Werte von t verschieden sein. Daher verstehen wir unter f, g, h irgend drei Funktionen des Parameters t. Dann sind die laufenden Koordinaten der durch den Punkt (t) der Fläche gehenden Erzeugenden diese:

Fig. 97.

$$(2)\quad \begin{cases} \mathfrak{x} = \varphi(t) + \tau f(t), \quad \mathfrak{y} = \chi(t) + \tau g(t), \\ \mathfrak{z} = \psi(t) + \tau h(t), \end{cases}$$

ausgedrückt mittels eines Parameters τ. Umgekehrt: Infolge von (2) gehört zu jedem Wertepaare t, τ ein Punkt $(\mathfrak{x}, \mathfrak{y}, \mathfrak{z})$. Er durchläuft, wenn man t festhält und τ variieren läßt, eine Gerade, und dieser Geraden gehört der Punkt (1) an, nämlich für $\tau = 0$. Mithin definieren die Gleichungen (2) alle Punkte einer Geradenschar, die so beschaffen ist, daß von jeder Stelle der Kurve (1) eine Gerade der Schar ausgeht. Daher läßt sich jede geradlinige Fläche in der Form (2) darstellen.

Aber die Gleichungen (2) stellen nicht immer eine Fläche dar. Zunächst selbstverständlich dann nicht, wenn f, g und h alle drei gleich Null sind. Ferner wird sich die Geradenschar auf nur eine Gerade reduzieren, wenn die Verhältnisse $f:g:h$ konstant sind und überdies die Ausgangskurve (1) entweder bloß ein Punkt oder eine solche Gerade ist, deren Richtung ebenfalls $(f:g:h)$ ist. Schließlich kann sich auch die Kurve (1) auf einen Punkt reduzieren und außerdem $f = 0$, $g = 0$, $h = 0$ sein. Dann bestimmt (2) nur einen Punkt. Von diesen Ausnahmefällen sehen wir ab.

Wir wenden uns zur Beantwortung der Frage, wann unendliche benachbarte Geraden der geradlinigen Fläche (2) einander schneiden. Dies ist so zu verstehen: Wir betrachten zunächst irgend zwei benachbarte Erzeugende der Fläche und stellen die Bedingung für ihr Schneiden auf; alsdann ist zu untersuchen, was aus dieser Bedingung wird, falls die eine Gerade auf der Fläche nach der anderen Geraden strebt. Nun kann man die Bedingung für das Schneiden zweier Geraden auf verschiedene Arten ausdrücken; man kann verlangen, daß beide Geraden einen Punkt gemein haben, oder, daß beide Geraden in einer Ebene liegen, oder schließlich, daß der kürzeste Abstand zwischen beiden Geraden gleich Null sei. Die dritte Art der Bedingung ist aber zu verwerfen. Erstens nämlich hat sie nur für reelle Geraden einen Sinn, wenn man nicht den kürzesten Abstand durch den zu beiden Geraden senkrechten Abstand ersetzt, von dem aber auch nicht die Rede sein kann, falls wenigstens eine der Erzeugenden eine Minimalgerade ist. Zweitens ist zu bedenken, daß selbst dann, wenn zwei reelle und windschiefe Geraden vorliegen, zu allen Punkten A der einen Geraden Punkte B auf der anderen vorhanden sind derart, daß die Geraden AB Minimalgeraden vorstellen, deren Länge gleich Null ist. In der Tat nämlich gehen in der Ebene, die man durch einen Punkt A der ersten Erzeugenden und durch die zweite Erzeugende legen kann, von A zwei Minimalgeraden aus.

Demnach drücken wir die Bedingung des Schneidens nur in der ersten oder zweiten Art aus: Beide Geraden müssen einen Punkt gemeinsam haben oder zusammen in einer Ebene liegen. Selbstverständlich werden beide Auffassungen zu denselben Ergebnissen führen.

Indem wir für den Parameter t zwei bestimmte benachbarte Werte t und $t + \Delta t$ annehmen, greifen wir zwei benachbarte Erzeugende der Fläche (2) heraus. Die laufenden Koordinaten $\mathfrak{x}$, $\mathfrak{y}$, $\mathfrak{z}$ der Punkte der ersten Erzeugenden werden mittels des Parameters τ in der Form (2) dargestellt und ebenso die der Punkte der zweiten Erzeugenden in der Form

$$(3)\qquad \begin{cases} \mathfrak{x} = \varphi(t + \Delta t) + \sigma f(t + \Delta t), \\ \mathfrak{y} = \chi(t + \Delta t) + \sigma g(t + \Delta t), \\ \mathfrak{z} = \psi(t + \Delta t) + \sigma h(t + \Delta t) \end{cases}$$

mittels eines Parameters σ. Beide Geraden haben einen Punkt gemein, wenn die Koordinaten (2) und (3) für ein gewisses Wertepaar τ, σ übereinstimmen. Dies führt auf die drei Bedingungen

$$(4)\qquad \begin{cases} \varphi(t + \Delta t) - \varphi(t) - \tau f(t) + \sigma f(t + \Delta t) = 0, \\ \chi(t + \Delta t) - \chi(t) - \tau g(t) + \sigma g(t + \Delta t) = 0, \\ \psi(t + \Delta t) - \psi(t) - \tau h(t) + \sigma h(t + \Delta t) = 0, \end{cases}$$

die einander im allgemeinen widersprechen. Denn da sie drei hinsichtlich 1, $-\tau$ und σ lineare homogene Gleichungen sind, wird nur dann kein Widerspruch vorhanden sein, wenn ihre Determinante

$$\begin{vmatrix} \varphi(t + \Delta t) - \varphi(t) & f(t) & f(t + \Delta t) \\ \chi(t + \Delta t) - \chi(t) & g(t) & g(t + \Delta t) \\ \psi(t + \Delta t) - \psi(t) & h(t) & h(t + \Delta t) \end{vmatrix}$$

verschwindet. Man kann dann die zweite Reihe von der dritten abziehen. Dividiert man die erste und dritte Reihe darauf mit Δt, so ergibt sich beim Grenzübergange $\lim \Delta t = 0$:

$$(5)\qquad \begin{vmatrix} \varphi'(t) & f(t) & f'(t) \\ \chi'(t) & g(t) & g'(t) \\ \psi'(t) & h(t) & h'(t) \end{vmatrix} = 0.$$

Dies also ist die Bedingung dafür, daß die Erzeugende (t) der geradlinigen Fläche eine unendlich benachbarte Erzeugende der Fläche schneidet. Den Wert von τ für den Schnittpunkt findet man so: Wird in (4) links $\sigma f(t)$ bzw. $\sigma g(t)$ bzw. $\sigma h(t)$ addiert und subtrahiert, so ergeben sich die drei Gleichungen:

$$\begin{aligned} \Delta\varphi + (\sigma - \tau) f(t) + \sigma \Delta f &= 0, \\ \Delta\chi + (\sigma - \tau) g(t) + \sigma \Delta g &= 0, \\ \Delta\psi + (\sigma - \tau) h(t) + \sigma \Delta h &= 0, \end{aligned}$$

worin $\Delta\varphi$ usw. die Differenzen $\varphi(t + \Delta t) - \varphi(t)$ usw. bedeuten. Im Falle $\lim \Delta t = 0$ bleiben nur die mittleren Glieder der Gleichungen übrig, woraus folgt, daß auch $\sigma - \tau$ nach Null strebt. Deshalb setzen wir $\sigma = \tau + \Delta\tau$, indem wir unter $\Delta\tau$ eine mit Δt nach Null strebende Größe verstehen, und erhalten nach Division der drei Gleichungen mit Δt beim Grenzübergange $\lim \Delta t = 0$:

$$\begin{aligned} \varphi'(t) + f(t) \lim \frac{\Delta\tau}{\Delta t} + f'(t)\tau &= 0, \\ \chi'(t) + g(t) \lim \frac{\Delta\tau}{\Delta t} + g'(t)\tau &= 0, \\ \psi'(t) + h(t) \lim \frac{\Delta\tau}{\Delta t} + h'(t)\tau &= 0. \end{aligned}$$

Besteht (5), so widersprechen diese drei Gleichungen einander nicht; vielmehr gibt es dann ein Wertepaar

$$\lim \frac{\Delta\tau}{\Delta t} \quad \text{und} \quad \tau,$$

das ihm genügt. Eliminieren wir die erste Größe, so kommt:

$$(6)\qquad (\varphi' + f'\tau) : (\chi' + g'\tau) : (\psi' + h'\tau) = f : g : h,$$

und infolge von (5) ist dies nur eine Bedingung für τ.

Wie gesagt, wollen wir dieselbe Aufgabe lösen, indem wir die Frage beantworten, wann zwei unendlich benachbarte Erzeugende der geradlinigen Fläche in einer Ebene liegen. Zunächst betrachten wir wieder diejenigen beiden Erzeugenden, die zu den Parameterwerten t und $t + \Delta t$ gehören, d. h. die beiden Geraden (2) und (3), die mittels des Parameters τ bzw. σ dargestellt sind. Liegt die Gerade (2) in einer Ebene

$$A\mathfrak{x} + B\mathfrak{y} + C\mathfrak{z} = D, \tag{7}$$

wobei also A, B, C nicht sämtlich gleich Null sein sollen, so müssen die beiden Bedingungen erfüllt sein:

$$A\varphi(t) + B\chi(t) + C\psi(t) = D, \tag{8}$$

$$Af(t) + Bg(t) + Ch(t) = 0, \tag{9}$$

weil τ beliebig veränderlich ist. Soll auch die Gerade (3) in der Ebene (7) liegen, so muß außerdem

$$A\varphi(t + \Delta t) + B\chi(t + \Delta t) + C\psi(t + \Delta t) = D,$$
$$Af(t + \Delta t) + Bg(t + \Delta t) + Ch(t + \Delta t) = 0$$

sein. Subtrahieren wir hiervon die entsprechenden Gleichungen (8) und (9) und dividieren wir dann mit Δt, so zeigt sich beim Grenzübergange $\lim \Delta t = 0$, daß die Gerade (t) der Fläche eine unendlich benachbarte Erzeugende dann und nur dann schneidet, wenn man A, B, C, D aus den vier Gleichungen (8), (9) und

$$\left\{\begin{array}{l} A\varphi'(t) + B\chi'(t) + C\psi'(t) = 0, \\ Af'(t) + Bg'(t) + Ch'(t) = 0 \end{array}\right. \tag{10}$$

ermitteln kann und zwar so, daß A, B und C nicht sämtlich gleich Null werden. Die erste Gleichung (8) dient zur nachträglichen Berechnung von D, wenn man A, B und C schon gefunden hat. Für A, B und C haben sich die drei linearen homogenen Gleichungen (9) und (10) ergeben, und folglich muß ihre Determinante gleich Null sein. Dadurch kommen wir zu der Bedingung (5) des Schneidens zurück.

Hiernach gilt der

Satz 5: Auf einer geradlinigen Fläche

$$\mathfrak{x} = \varphi(t) + \tau f(t), \quad \mathfrak{y} = \chi(t) + \tau g(t), \quad \mathfrak{z} = \psi(t) + \tau h(t)$$

schneidet eine Erzeugende (t) dann und nur dann eine unendlich benachbarte Erzeugende, wenn

$$\begin{vmatrix} \varphi'(t) & f(t) & f'(t) \\ \chi'(t) & g(t) & g'(t) \\ \psi'(t) & h(t) & h'(t) \end{vmatrix} = 0$$

ist. Der Schnittpunkt $(\mathfrak{x}, \mathfrak{y}, \mathfrak{z})$ gehört alsdann zu demjenigen Werte von τ, der den einander nicht widersprechenden Proportionen

$$(\varphi' + f'\tau):(\chi' + g'\tau):(\psi' + h'\tau) = f:g:h$$

Genüge leistet, und die Koeffizienten in der Gleichung

$$A\mathfrak{x} + B\mathfrak{y} + C\mathfrak{z} = D$$

der Ebene durch beide unendlich benachbarte Erzeugende genügen den einander nicht widersprechenden Gleichungen

$$A\varphi' + B\chi' + C\psi' = 0, \quad Af + Bg + Ch = 0, \quad Af' + Bg' + Ch' = 0,$$
$$A\varphi + B\chi + C\psi = D.$$

Wir wollen nun annehmen, daß die Bedingung (5) für das Schneiden durch alle Werte von t erfüllt werde, so daß jede Erzeugende der geradlinigen Fläche die unendlich benachbarten Erzeugenden trifft. In diesem Falle sind zwei geometrische Örter vorhanden, einmal der geometrische Ort aller Schnittpunkte unendlich benachbarter Erzeugender und dann der geometrische Ort aller Ebenen von je zwei unendlich benachbarten Erzeugenden. Der erste Ort wird im allgemeinen eine Kurve sein, denn die einander infolge von (5) nicht widersprechenden Proportionen

$$(11) \qquad (\varphi' + f'\tau):(\chi' + g'\tau):(\psi' + h'\tau) = f:g:h$$

werden für τ eine Funktion von t ergeben, durch deren Substitution in (2) für $\mathfrak{x}, \mathfrak{y}, \mathfrak{z}$ Funktionen von t allein hervorgehen. Die Richtung der Tangente der so gewonnenen Kurve wird durch die Ableitungen von $\mathfrak{x}, \mathfrak{y}, \mathfrak{z}$ nach t bestimmt, deren Werte sind:

$$\frac{d\mathfrak{x}}{dt} = \varphi' + \tau f' + f\tau', \qquad \frac{d\mathfrak{y}}{dt} = \chi' + \tau g' + g\tau',$$
$$\frac{d\mathfrak{z}}{dt} = \psi' + \tau h' + h\tau'.$$

Hierin bedeutet τ' die Ableitung der durch (11) definierten Funktion τ von t. Aber infolge von (11) ergibt sich hieraus:

$$\frac{d\mathfrak{x}}{dt} : \frac{d\mathfrak{y}}{dt} : \frac{d\mathfrak{z}}{dt} = f:g:h,$$

d. h. der Ort der Schnittpunkte $(\mathfrak{x}, \mathfrak{y}, \mathfrak{z})$ unendlich benachbarter Erzeugender (t) ist so beschaffen, daß die Tangente dieser Kurve im Punkte $(\mathfrak{x}, \mathfrak{y}, \mathfrak{z})$ gerade die hindurchgehende Erzeugende (t) wird.

Mithin besteht die Fläche (2) aus allen Tangenten dieser Ortskurve. Da ferner die vorhin betrachtete Ebene

$$A\mathfrak{x} + B\mathfrak{y} + C\mathfrak{z} = D$$

die Grenzlage der Ebene durch die Erzeugende (t) und eine benachbarte Erzeugende $(t + \Delta t)$ ist, folgt weiter, daß diese Ebene die Schmiegungsebene der Ortskurve an der Stelle $(\mathfrak{x}, \mathfrak{y}, \mathfrak{z})$ sein muß, nach S. 222.

Dies alles gilt unter der Voraussetzung, daß sich wirklich eine Kurve als Ort der Schnittpunkte $(\mathfrak{x}, \mathfrak{y}, \mathfrak{z})$ unendlich benachbarter Erzeugender (t) der Fläche (2) ergibt. Deshalb sind jetzt noch die Ausnahmefälle zu erörtern: Es kann sein, daß die Bedingungen (11) frei von τ werden, indem nämlich alle drei zweireihigen Determinanten

$$g'h - h'g, \qquad h'f - f'h, \qquad f'g - g'f$$

gleich Null sein können. Dann ergibt sich also gar keine Ortskurve. In diesem Falle verhalten sich f', g', h' zueinander wie f, g, h, woraus folgt, daß die Verhältnisse $f:g:h$ bloße Konstanten sind, d. h. daß alle Geraden der Fläche (2) einander parallel sind. Dies ist also der Fall einer Zylinderfläche, die von der Kurve (1) ausgeht. Es kann ferner vorkommen, daß die Gleichungen (2), nachdem man darin für τ die aus (11) folgende Funktion von t eingesetzt hat, für $\mathfrak{x}$, $\mathfrak{y}$, $\mathfrak{z}$ bloß Konstanten liefern. An Stelle der Ortskurve ergibt sich in diesem Falle bloß ein Punkt (a, b, c). Dies bedeutet: Alle Erzeugenden der Fläche (2) enthalten ein und denselben Punkt (a, b, c); die Fläche besteht daher aus denjenigen Geraden, die von den Punkten der Kurve (1) nach diesem Punkte (a, b, c) gehen, und ist somit eine Kegelfläche mit der Spitze (a, b, c). Erinnern wir uns daran, daß die Gleichungen (2) unter Umständen überhaupt gar keine Fläche darstellen, so können wir das Ergebnis so aussprechen:

Satz 6: Stellen die Gleichungen

$$\mathfrak{x} = \varphi(t) + \tau f(t), \qquad \mathfrak{y} = \chi(t) + \tau g(t), \qquad \mathfrak{z} = \psi(t) + \tau h(t)$$

mittels der beiden Parameter t und τ eine geradlinige Fläche und nicht nur eine Kurve oder eine Gerade oder einen Punkt dar und ist die Fläche weder ein Kegel noch ein Zylinder, so schneidet jede Erzeugende (t) der Fläche die unendlich benachbarten Erzeugenden dann und nur dann, wenn für alle Werte von t

$$\begin{vmatrix} \varphi'(t) & f(t) & f'(t) \\ \chi'(t) & g(t) & g'(t) \\ \psi'(t) & h(t) & h'(t) \end{vmatrix} = 0$$

ist. Die Erzeugenden der Fläche sind alsdann identisch mit den Tangenten derjenigen Kurve, die sich ergibt, wenn man unter τ die Funktion von t versteht, die den einander nicht widersprechenden Proportionen

$$(\varphi' + \tau f') : (\chi' + \tau g') : (\psi' + \tau h') = f : g : h$$

genügt. Die Ebenen je zweier unendlich benachbarter Erzeugender sind dabei die Schmiegungsebenen dieser Kurve.

Auch von zwei **parallelen** Geraden sagen wir, daß sie einander schneiden. Ihr Schnittpunkt liegt zwar unendlich fern, aber sie haben eine gemeinsame Ebene, und deshalb genügen sie der Bedingung des Schneidens, wenn man sie in der zweiten auf S. 367 angegebenen Art ausdrückt. Nunmehr können wir sagen:

Satz 7: Wenn je zwei unendlich benachbarte Erzeugende einer geradlinigen Fläche einander schneiden, ist die Fläche entweder die Tangentenfläche einer Kurve oder ein Kegel oder ein Zylinder.

1. Beispiel: Die gegebene Kurve (1) sei eine mittels ihrer Bogenlänge s dargestellte Raumkurve:

$$x = \varphi(s), \qquad y = \chi(s), \qquad z = \psi(s).$$

Wir betrachten die geradlinige Fläche, die von allen ihren Hauptnormalen gebildet wird. Indem wir die auf diese Kurve bezüglichen Elemente in der gewohnten Art schreiben, erhalten wir als Gleichungen (2) der Fläche:

$$\mathfrak{x} = x + \tau l, \qquad \mathfrak{y} = y + \tau m, \qquad \mathfrak{z} = z + \tau n.$$

An die Stelle von φ, χ, ψ und f, g, h setzen wir demgemäß x, y, z und l, m, n, während s statt t zu benutzen ist. Die Bedingung (5) lautet hier nach III (B) und III (C)

$$\begin{vmatrix} \alpha & l & -\frac{\alpha}{r} - \frac{\lambda}{\varrho} \\ \beta & m & -\frac{\beta}{r} - \frac{\mu}{\varrho} \\ \gamma & n & -\frac{\gamma}{r} - \frac{\nu}{\varrho} \end{vmatrix} = 0$$

oder wegen II (D) einfach $1 : \varrho = 0$. Nach Satz 14, S. 241, besagt dies, daß unendlich benachbarte Hauptnormalen einer Kurve einander nur dann schneiden, wenn die Kurve eben ist. Die Hauptnormalen sind in diesem Falle die im ersten Abschnitte schlechtweg als Normalen bezeichneten Geraden, d. h. der Ort der Schnittpunkte ist die Evolute der gegebenen ebenen Kurve und der Ort der Hauptnormalen die Ebene der Kurve.

2. Beispiel: Betrachten wir statt der Fläche der Hauptnormalen die der Binormalen, so kommt:

$$\mathfrak{x} = x + \tau\lambda, \qquad \mathfrak{y} = y + \tau\mu, \qquad \mathfrak{z} = z + \tau\nu$$

und als Bedingung (5):

$$\begin{vmatrix} \alpha & \lambda & \frac{l}{\varrho} \\ \beta & \mu & \frac{m}{\varrho} \\ \gamma & \nu & \frac{n}{\varrho} \end{vmatrix} = 0$$

oder wegen II (*D*) wieder $1:\varrho = 0$. Unendlich benachbarte Binormalen einer Kurve schneiden einander also nur dann, wenn die Kurve eben ist. Nach S. 239 ist der Ort der Binormalen alsdann der Zylinder, der längs der Kurve auf ihrer Ebene senkrecht steht.

Wir kehren jetzt zur Betrachtung einer beliebigen geradlinigen Fläche (2) zurück. Nach Satz 39, S. 310, ist der Ort aller Tangenten eines Punktes einer Fläche eine Ebene, falls der Punkt nicht singulär ist, und wir wollen nun die Tangentenebene eines Punktes der Fläche (2) bestimmen. Es soll also zunächst ein bestimmtes Wertepaar t, τ und damit ein bestimmter Punkt $(\mathfrak{x}, \mathfrak{y}, \mathfrak{z})$ der Fläche (2) ins Auge gefaßt werden. Wenn sich alsdann τ von dem bestimmten Werte an irgendwie als Funktion von t ändert, geht eine von jener Stelle ausgehende Kurve auf der Fläche hervor, und die Richtung ihrer Tangente wird an jener Stelle durch die Ableitungen

$$\frac{d\mathfrak{x}}{dt} = \varphi' + \tau f' + f\tau', \quad \frac{d\mathfrak{y}}{dt} = \chi' + \tau g' + g\tau', \quad \frac{d\mathfrak{z}}{dt} = \psi' + \tau h' + h\tau'$$

bestimmt. Dabei kann τ', der Wert der Ableitung von τ nach t für die betrachtete Stelle (t, τ), beliebig angenommen werden. Die Tangente hat in den laufenden Koordinaten X, Y, Z die Gleichungen:

$$X = \mathfrak{x} + \sigma\frac{d\mathfrak{x}}{dt}, \qquad Y = \mathfrak{y} + \sigma\frac{d\mathfrak{y}}{dt}, \qquad Z = \mathfrak{z} + \sigma\frac{d\mathfrak{z}}{dt},$$

ausgedrückt mittels eines Parameters σ, d. h. die Gleichungen:

$$X = \varphi + \tau f + \sigma(\varphi' + \tau f' + f\tau'),$$
$$Y = \chi + \tau g + \sigma(\chi' + \tau g' + g\tau'),$$
$$Z = \psi + \tau h + \sigma(\psi' + \tau h' + h\tau').$$

Lassen wir hierin σ und τ willkürlich, so geben diese Gleichungen die Koordinaten X, Y, Z aller Punkte aller derjenigen Tangenten, die man an der Stelle (t, τ) an die von dort ausgehenden Flächenkurven legen kann. Da die Werte von X, Y, Z in $\tau + \tau'$ und σ linear sind, geht durch Elimination von σ und τ' die in X, Y, Z lineare Gleichung hervor:

$$(12) \qquad \begin{vmatrix} X-\varphi & f & \varphi'+\tau f' \\ Y-\chi & g & \chi'+\tau g' \\ Z-\psi & h & \psi'+\tau h' \end{vmatrix} = 0.$$

Sind t und τ gegeben, so sind hierin alle Größen außer X, Y, Z bestimmt, so daß also (12) die Tangentenebene des Punktes (t, τ) der geradlinigen Fläche (2) darstellt, geschrieben in den laufenden Koordinaten X, Y, Z. Natürlich enthält die Ebene insbesondere die durch den Punkt (t, τ) gehende Erzeugende der Fläche. In der Tat wird (12) erfüllt, wenn man für X, Y, Z die Werte (2) von $\mathfrak{x}$, $\mathfrak{y}$, $\mathfrak{z}$ einsetzt.

Betrachten wir jetzt verschiedene Punkte (t, τ) einer Erzeugenden und ihre Tangentenebenen. Die Punkte einer Erzeugenden haben dasselbe t, aber verschiedenes τ. Da τ in (12) auftritt, so folgt, wie vorauszusehen war, daß verschiedene Punkte einer Erzeugenden im allgemeinen verschiedene Tangentenebenen haben. Da alle diese Tangentenebenen die Erzeugende selbst enthalten, können wir sagen: Durchläuft ein Punkt (t, τ) eine Erzeugende der geradlinigen Fläche, so dreht sich seine Tangentenebene um diese Erzeugende, und zwar nach einem gewissen Gesetze, das wir aber hier noch nicht genauer untersuchen wollen.

Dagegen wollen wir uns fragen, wann es vorkommt, daß alle Punkte einer Erzeugenden dieselbe Tangentenebene haben. Analytisch ausgesprochen: Unter welcher Bedingung enthält die Gleichung (12) nur scheinbar die längs der Erzeugenden veränderliche Größe τ? Da die Gleichung so geschrieben werden kann:

$$\begin{vmatrix} X-\varphi & f & \varphi' \\ Y-\chi & g & \chi' \\ Z-\psi & h & \psi' \end{vmatrix} + \tau \begin{vmatrix} X-\varphi & f & f' \\ Y-\chi & g & g' \\ Z-\psi & h & h' \end{vmatrix} = 0,$$

so enthält sie τ nur dann bloß scheinbar, wenn beide Determinanten, einzeln gleich Null gesetzt, dieselbe Gleichung in $X-\varphi$, $Y-\chi$, $Z-\psi$ ergeben, d. h. wenn

$$\begin{vmatrix} \varphi' & f & f' \\ \chi' & g & g' \\ \psi' & h & h' \end{vmatrix} = 0$$

ist. Nach Satz 6 tritt dies nur für die Tangentenflächen der Kurven und außerdem für die Kegel und die Zylinder ein. Daher gilt der

Satz 8: Die Tangentenflächen der Kurven und die Kegel und Zylinder sind die einzigen geradlinigen Flächen, bei denen die Tangentenebene in allen Punkten einer Erzeugenden dieselbe ist.

Oder auch:

Satz 9: Die Tangentenflächen der Kurven und die Kegel und Zylinder sind die einzigen Flächen, die von jeder ihrer Tangentenebenen längs einer Geraden berührt werden.

Aus leicht ersichtlichem Grunde konnte in diesem Satze von „Flächen" statt von „geradlinigen Flächen" gesprochen werden. Nach dem Früheren (siehe S. 372) wollen wir noch ausdrücklich hinzufügen:

Satz 10: Die Tangentenebenen der Tangentenfläche einer Kurve sind identisch mit den Schmiegungsebenen der Kurve.

§ 3. Einhüllende einer Ebenenschar.

Die Gesamtheit aller Tangentenebenen einer Fläche ist im allgemeinen zweifach unendlich. Denn wenn die Fläche etwa in der Form $z = f(x, y)$ gegeben ist, gehören zu verschiedenen Wertepaaren x, y nicht nur verschiedene Punkte der Fläche, sondern auch verschiedene Tangentenebenen, so daß also die Gesamtheit aller Tangentenebenen im allgemeinen wesentlich von zwei Bestimmungsstücken x und y abhängt. Nach dem letzten Paragraphen verhält es sich anders bei den Tangentenflächen von Raumkurven, bei den Kegeln und bei den Zylindern. Denn da bei ihnen jede Tangentenebene längs einer Geraden der Fläche überall die berührende Ebene ist, haben sie nur einfach unendliche Scharen von Tangentenebenen.

Jetzt wollen wir umgekehrt von einer einfach unendlichen Schar von Ebenen ausgehen und diejenige Fläche untersuchen, die von allen Ebenen der Schar berührt wird, also die Einhüllende der Schar betrachten.

Eine Ebene wird durch eine in x, y, z lineare Gleichung dargestellt, eine Schar von ∞^1 Ebenen also durch eine Gleichung

$$u(t)x + v(t)y + w(t)z = \omega(t), \tag{1}$$

worin u, v, w und ω Funktionen eines Parameters t sind. Zu jedem Werte von t gehört eine Ebene (1), die wir als die Ebene (t) bezeichnen können. Aber die zu den verschiedenen Werten von t gehörigen Ebenen (t) sind doch sämtlich miteinander identisch, wenn sich die vier Funktionen u, v, w und ω von t bloß wie vier Konstanten zueinander verhalten. Diesen Fall schließen wir daher aus. Wir wollen von vornherein auch die trivialen Fälle ausschließen, in denen die Ebenen (1) nur die Tangentenebenen eines Kegels oder eines Zylinders vorstellen. Sie sind die Tangentenebenen eines Kegels, wenn alle durch einen und denselben Punkt (a, b, c) gehen. Deshalb werde vorausgesetzt, daß es keine drei Konstanten a, b, c derart gebe, daß $ua + vb + wc$ für alle Werte von t gleich ω ist. Damit wird auch der Fall $\omega = 0$ ausgeschlossen, in dem alle Ebenen (1) durch den Anfangspunkt gehen, also einen Kegel umhüllen, dessen Spitze der Anfangspunkt ist. Ferner sind die Ebenen (1) die Tangentenebenen eines Zylinders, falls alle ∞^1 Ebenen Geraden von einer konstanten Richtung ($\alpha:\beta:\gamma$) enthalten, d. h. falls es drei nicht sämtlich verschwindende Konstanten α, β, γ gibt derart, daß $u\alpha + v\beta + w\gamma$ für alle Werte von t verschwindet. Diesen Fall schließen wir also ebenfalls aus. Nach Satz 19, S. 249 wird demnach vorausgesetzt, daß die Determinante

$$\Delta = \begin{vmatrix} u & v & w \\ u' & v' & w' \\ u'' & v'' & w'' \end{vmatrix}$$

nicht identisch verschwinde. Insbesondere ist nun auch der Fall unmöglich, in dem alle Ebenen (1) ein Ebenenbüschel bilden, d. h. sämtlich ein und dieselbe Gerade enthalten. Er würde nämlich vorliegen, wenn es einen Punkt (a, b, c) und eine Richtung ($\alpha:\beta:\gamma$) gäbe, die beide allen Ebenen (1) angehörten, wenn also sowohl $ua + vb + wc$ gleich ω als auch $u\alpha + v\beta + w\gamma$ gleich Null für alle Werte von t wäre, wobei α, β, γ nicht alle drei verschwinden.

Zwei benachbarte Ebenen der Schar sind die Ebenen (t) und ($t + \Delta t$), d. h. die Ebene (1) und die Ebene

$$(2) \qquad u(t + \Delta t)x + v(t + \Delta t)y + w(t + \Delta t)z = \omega(t + \Delta t).$$

Die Schnittgerade beider Ebenen erfüllt beide Gleichungen; wir wollen ihre Grenzlage im Falle $\lim \Delta t = 0$ bestimmen, also die Schnittgerade einer Ebene (t) der Schar mit einer unendlich benachbarten Ebene der Schar feststellen. Den Grenzübergang können wir machen, nachdem wir von der Gleichung (2) die Gleichung (1) subtrahiert und das Ergebnis mit Δt dividiert haben, denn dann tritt an die Stelle der zweiten Gleichung diese:

$$u'(t)x + v'(t)y + w'(t)z = \omega'(t).$$

Die beiden Gleichungen

$$(3) \qquad \begin{cases} u\,x + v\,y + w\,z = \omega, \\ u'x + v'y + w'z = \omega' \end{cases}$$

stellen also die Schnittgerade der Ebene (t) mit einer unendlich benachbarten Ebene der Schar dar. Die zweite Gleichung ist keine Folge der ersten, denn sonst müßten sich u', v', w', ω' wie u, v, w, ω zueinander verhalten, d. h. die Verhältnisse von u, v, w, ω wären Konstanten, und dies wurde oben ausgeschlossen. Ferner ergibt sich nicht für alle Werte von t dieselbe Schnittgerade, denn sonst läge ein Ebenenbüschel vor. Vielmehr hat sich wirklich eine einfach unendliche Schar von Schnittgeraden ergeben. Sie bilden eine geradlinige Fläche, und wir behaupten, daß dies eine Tangentenfläche ist, mit anderen Worten, daß jede Gerade (3) eine unendlich benachbarte Gerade der Schar schneidet, vgl. Satz 5, S. 370. Dies folgt geometrisch daraus, daß, wenn E_1, E_2, E_3 drei benachbarte Ebenen der Schar (1) sind, die Schnittgerade von E_1 und E_2 und die Schnittgerade von E_2 und E_3 beide in der Ebene E_2 liegen, also einander treffen, und dies gilt auch dann, wenn die Ebenen E_1, E_2, E_3 der Schar (1) zusammenrücken. Es soll aber auch rechnerisch bestätigt werden. Da die Geradenschar (3) nicht so wie die Geradenschar (2) auf S. 367 analytisch gegeben ist, können wir jedoch das in dem genannten Satze dafür aufgestellte Merkmal nicht anwenden. Vielmehr betrachten wir zunächst die zu zwei benachbarten Werten t und $t + \Delta t$ gehörigen Geraden. Die erste Gerade wird durch (3) definiert, die zweite entsprechend durch diejenigen Gleichungen, die aus (3) hervorgehen, wenn man darin t durch $t + \Delta t$ ersetzt. Hätten beide Geraden einen Punkt gemein, so würden für ihn auch diejenigen Gleichungen gelten, die aus den beiden letzten durch Subtraktion der entsprechenden Gleichungen (3) hervorgehen. Wenn man sie mit Δt dividiert, kann man den Grenzübergang $\lim \Delta t = 0$ machen, so daß sich ergibt: Die Gerade (3) schneidet eine unendlich benachbarte Gerade der Schar dann und nur dann, wenn es einen Punkt (x, y, z) gibt, dessen Koordinaten nicht nur den beiden Gleichungen (3), sondern auch den beiden Gleichungen

$$u'x + v'y + w'z = \omega', \qquad u''x + v''y + w''z = \omega''$$

genügen. Von ihnen ist aber die erste mit der zweiten Gleichung (3) identisch, so daß also für den Punkt (x, y, z) nur drei Bedingungen vorliegen, nämlich

$$(4)\qquad \begin{cases} u\,x + v\,y + w\,z = \omega\,, \\ u'\,x + v'\,y + w'\,z = \omega'\,, \\ u''x + v''y + w''z = \omega'' \end{cases}$$

Da sowohl ihre Determinante $\triangle$ nach den vorausgeschickten Bemerkungen von Null verschieden als auch $\omega \neq 0$ ist, lassen sich die Gleichungen (4) in der Tat für jeden Wert von t, für den nicht gerade ausnahmsweise die Determinante $\triangle$ oder ω gleich Null ist, durch ein und nur ein Wertsystem x, y, z befriedigen. Indem wir solche Ausnahmewerte von t ausschließen, für die $\triangle$ oder ω gleich Null ist, erkennen wir also, daß jede Gerade der Schar (3) eine unendlich benachbarte Gerade der Schar in einem bestimmten Punkte schneidet. Die Koordinaten x, y, z dieses Punktes sind nach (4) gewisse Funktionen von t, da u, v, w und ω von t abhängen. Sie sind nicht alle drei konstant, denn sonst würden alle Geraden (3) und also auch alle Ebenen (1) gegen die Voraussetzung einen Punkt gemein haben, also einen Kegel bestimmen. Der Ort der Schnittpunkte (x, y, z) ist somit eine Kurve, deren laufende Koordinaten x, y, z Funktionen des Parameters t sind. Jeden Punkt (t) der Kurve kann man einerseits als den Schnittpunkt einer Geraden der Schar (3) mit einer unendlich benachbarten Geraden derselben Schar und andererseits als den Schnittpunkt einer Ebene der Schar (1) mit zwei unendlich benachbarten Ebenen der Schar auffassen. Hieraus folgt schon nach S. 222, daß die gefundene Kurve die Ebenen der gegebenen Schar (1) zu Schmiegungsebenen hat, ebenso wie sie die Schar der Geraden (3) zu Tangenten hat. Es soll aber auch rechnerisch bewiesen werden:

Versteht man unter x, y, z die durch (4) definierten Funktionen von t, so dürfen die Gleichungen (4) vollständig nach t differenziert werden. Tut man dies mit der ersten und zweiten, so geben sie:

$$u'\,x + v'\,y + w'\,z + u\,x' + v\,y' + w\,z' = \omega'\,,$$

$$u''x + v''y + w''z + u'x' + v'y' + w'z' = \omega''$$

oder mit Rücksicht auf die zweite und dritte Gleichung (4):

$$(5)\qquad u\,x' + v\,y' + w\,z' = 0\,,$$

$$(6)\qquad u'\,x' + v'\,y' + w'\,z' = 0\,.$$

Differenziert man nun (5) noch einmal vollständig nach t, so kommt:

$$u'x' + v'y' + w'z' + ux'' + vy'' + wz'' = 0$$

oder mit Rücksicht auf (6) einfacher:

$$(7) \qquad ux'' + vy'' + wz'' = 0.$$

Aus (5) und (7) folgt jetzt:

$$u:v:w = (y'z'' - z'y''):(z'x'' - x'z''):(x'y'' - y'x''),$$

und dies besagt nach (4), S. 222, daß die Ebenen (1) in der Tat die Schmiegungsebenen der Kurve sind. Wir haben somit den

Satz 11: Jede Schar von ∞^1 Ebenen

$$u(t)x + v(t)y + w(t)z = \omega(t),$$

die nicht sämtlich durch einen und denselben Punkt gehen oder sämtlich Geraden von einer und derselben Richtung enthalten, besteht aus den Schmiegungsebenen einer Kurve. Die laufenden Koordinaten x, y, z der Kurve sind diejenigen Funktionen des Parameters t, die den drei Gleichungen

$$\begin{aligned} u\,x + v\,y + w\,z &= \omega, \\ u'x + v'y + w'z &= \omega', \\ u''x + v''y + w''z &= \omega'' \end{aligned}$$

genügen, während die Tangenten der Kurve diejenigen Geraden sind, die durch die beiden ersten Gleichungen

$$ux + vy + wz = \omega, \qquad u'x + v'y + w'z = \omega'$$

bestimmt werden. Die Punkte der Kurve sind die Grenzlagen der Schnittpunkte je dreier benachbarter Ebenen der Schar und ihre Tangenten die Grenzlagen der Schnittgeraden je zweier benachbarter Ebenen der Schar für den Fall, wo diese benachbarten Ebenen zusammenzufallen streben.

Man sagt auch:

Satz 12: Eine einfach unendliche Schar von Ebenen, die nicht sämtlich durch einen und denselben Punkt gehen und nicht sämtlich eine und dieselbe Richtung enthalten, hat als Einhüllende die Tangentenfläche einer gewissen Raumkurve, indem die Schar aus allen Schmiegungsebenen dieser Kurve besteht.

Schließlich kann man auch sagen:

Satz 13: Eine Fläche hat eine nur einfach unendliche Schar von Tangentenebenen dann und nur dann, wenn sie die Tangentenfläche einer nicht ebenen Kurve oder ein Kegel oder Zylinder ist, der nicht in eine Ebene ausartet.

Denn wir haben im vorhergehenden tatsächlich diejenige Fläche bestimmt, die nur die Ebenen der gegebenen Schar zu Tangentenebenen hat.

Beispiel: Wir betrachten eine einfach unendliche Schar von Ebenen E, die mit der xy-Ebene den konstanten Winkel ϑ bilden. Von den Fällen, wo die Ebenen sämtlich einen Punkt gemein haben oder sämtlich einander parallel sind, sehen wir ab, weil sie einfach sind. Deshalb wird die Funktion ω in der Gleichung (1) der Ebenenschar von Null verschieden sein, so daß sich durch Division mit ihr die einfachere Darstellung

$$ux + vy + wz = 1$$

ergibt. Dann sind u, v, w proportional den Richtungskosinus der Normalen der Ebenen, und wir nehmen also an, daß diese Normalen mit der z-Achse den Winkel ϑ bilden. Daher ist

$$\frac{w^2}{u^2 + v^2 + w^2} = \cos^2\vartheta$$

oder

$$(u^2 + v^2)\cos^2\vartheta = w^2 \sin^2\vartheta$$

zu setzen. Statt u und v führen wir t und p etwa vermöge

$$u = \frac{\cos p}{t}, \qquad v = \frac{\sin p}{t}$$

ein und können dann

$$w = \frac{\operatorname{ctg}\vartheta}{t}$$

annehmen, so daß

$$\cos p \,.\, x + \sin p \,.\, y + \operatorname{ctg}\vartheta \,.\, z = t \tag{8}$$

eine Ebene E darstellt, die mit der xy-Ebene den Winkel ϑ bildet. Wenn wir nun t beliebig veränderlich lassen und p als eine Funktion von t geben, so liegt in (8) eine einfach unendliche Ebenenschar mit dem Parameter t vor. Die von ihnen umhüllte Tangentenfläche einer Raumkurve hat alsdann die Ebenen zu Tangentenebenen, und deshalb sind alle Tangentenebenen der Fläche zur xy-Ebene gleich geneigt. Daher heißt die Fläche eine Böschungsfläche. Die Erzeugenden g der Fläche, d. h. die Tangenten der Raumkurve werden nach Satz 11 durch die Gleichung (8) zusammen mit derjenigen Gleichung bestimmt, die aus (8) durch Differentiation nach t hervorgeht:

$$-p' \sin p \,.\, x + p' \cos p \,.\, y = 1\,. \tag{9}$$

Diese Gleichung allein stellt für jeden Wert von t eine zur xy-Ebene senkrechte Ebene dar, die augenscheinlich auch auf der zu demselben Werte von t gehörigen Ebene (8) senkrecht steht. Diese Ebene (9) ist also diejenige Ebene N, vermöge deren die Erzeugende g der Fläche auf die xy-Ebene projiziert wird (siehe Fig. 98). Die Ebenen E schneiden die xy-Ebene in den Tangenten h einer Kurve k', und die Tangenten h stehen auf den Ebenen N ebenfalls senkrecht, so daß also die Ebenen N die xy-Ebene in den Normalen n der Kurve k schneiden. Die Geraden g umhüllen die Gratlinie c der Böschungsfläche. Da die Geraden n die Projektionen der Geraden g sind und da die Geraden n als Normalen von k die Evolute von k umhüllen, hat die Gratlinie der Böschungsfläche zur Projektion auf der xy-Ebene die Evolute der Schnittlinie k der Fläche mit der xy-Ebene. Dies Ergebnis bleibt

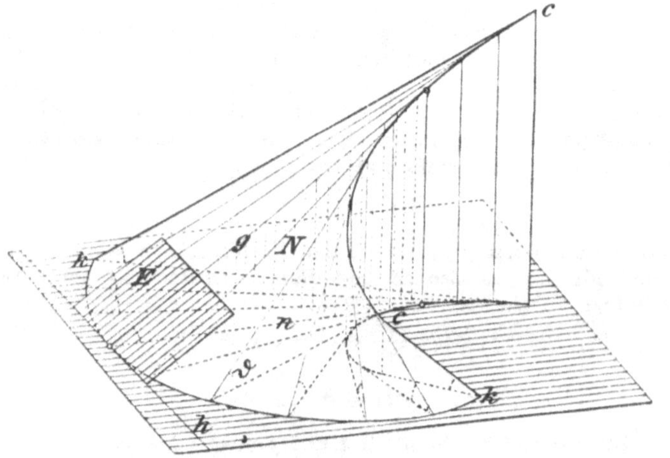

Fig. 98.

dasselbe, wenn die xy-Ebene parallel verschoben wird. Die Gratlinie der Böschungsfläche erfüllt die Gleichungen (8), (9) und die durch nochmalige Differentiation nach t aus (9) hervorgehende Gleichung. Man erkennt, daß die Gratlinie der Böschungsfläche eine Schraubenlinie auf dem Zylinder ist, dessen senkrechter Querschnitt die Evolute der Kurve k ist. Die Böschungsflächen sind mithin identisch mit den Tangentenflächen der Schraubenlinien (vgl. S. 301). In der Figur ist nur der eine Flächenmantel dargestellt.

§ 4. Abwickelbare Flächen.

In § 1 wurde gefunden, daß die Tangentenflächen von krummen Raumkurven, die keine Minimalkurven sind, längentreu oder also in der Art auf die Ebene abgebildet werden können, daß jeder Kurve auf der Fläche eine gleichlange Kurve in der Ebene entspricht. Wir gehen nun darauf aus, die Umkehrung hiervon zu beweisen, und stellen uns also die Frage, welche Flächen überhaupt längentreu auf die Ebene abgebildet werden können.

Soll jedem Punkte $(\mathfrak{x}, \mathfrak{y})$ in der Ebene $z = 0$ innerhalb eines gewissen Bereiches ein Punkt (x, y, z) einer Fläche entsprechen, so sind x, y, z gewisse Funktionen von $\mathfrak{x}$ und $\mathfrak{y}$ Demnach können wir die Fläche analytisch so darstellen:

$$x = \varphi(\mathfrak{x}, \mathfrak{y}), \quad y = \chi(\mathfrak{x}, \mathfrak{y}), \quad z = \psi(\mathfrak{x}, \mathfrak{y}). \tag{1}$$

Ist das erste Gleichungenpaar nach $\mathfrak{x}$ und $\mathfrak{y}$ auflösbar, so gibt die Substitution der aus ihnen folgenden Funktionen $\mathfrak{x}$ und $\mathfrak{y}$ von x und y in die dritte Gleichung eine Darstellung der Fläche in der Form $z = F(x, y)$. Ebenso ergibt sich eine Flächengleichung von der Form $x = F(y, z)$ oder von der Form $y = F(x, z)$, sobald die zweite und dritte Gleichung (1) oder die erste und dritte Gleichung (1) nach $\mathfrak{x}$ und $\mathfrak{y}$ auflösbar sind.

Wäre dagegen keines der drei in (1) enthaltenen Gleichungenpaare nach $\mathfrak{x}$ und $\mathfrak{y}$ auflösbar, d. h. wären nach S. 144 alle drei Determinanten

$$\chi_{\mathfrak{x}} \psi_{\mathfrak{y}} - \psi_{\mathfrak{x}} \chi_{\mathfrak{y}}, \quad \psi_{\mathfrak{x}} \varphi_{\mathfrak{y}} - \varphi_{\mathfrak{x}} \psi_{\mathfrak{y}}, \quad \varphi_{\mathfrak{x}} \chi_{\mathfrak{y}} - \chi_{\mathfrak{x}} \varphi_{\mathfrak{y}} \tag{2}$$

für alle Werte $\mathfrak{x}$, $\mathfrak{y}$ des erlaubten Bereiches gleich Null, so wären φ, χ und ψ voneinander abhängige Funktionen, d. h. dann wären φ, χ und ψ Funktionen einer einzigen Funktion t von $\mathfrak{x}$ und $\mathfrak{y}$, so daß das durch (1) dargestellte Gebilde auch eine Darstellung von der Form

$$x = \varphi(t), \quad y = \chi(t), \quad z = \psi(t)$$

hätte und daher eine Kurve und keine Fläche wäre. Hiernach muß vorausgesetzt werden, daß n i c h t a l l e d r e i D e t e r m i n a n t e n (2) v e r s c h w i n d e n.

Läßt man nun den Punkt $(\mathfrak{x}, \mathfrak{y})$ in der Ebene irgend eine Kurve durchlaufen, was man dadurch erreicht, daß man $\mathfrak{x}$ und $\mathfrak{y}$ gleich beliebigen Funktionen eines Parameters t setzt, so werden auch die Größen x, y, z infolge von (1) Funktionen von t, d. h. der zum Punkte $(\mathfrak{x}, \mathfrak{y})$ der Ebene gehörige Flächenpunkt (x, y, z) durchläuft zugleich eine gewisse Kurve auf der Fläche. Zu fordern ist, daß die Kurve in der Ebene und die Flächenkurve gleiche Bogenlänge haben, mithin die Quadrate ihrer Bogenelemente $d\mathfrak{s}$ und ds an entsprechenden Stellen übereinstimmen, und zwar muß dies gelten, w e l c h e F u n k t i o n e n v o n t m a n a u c h u n t e r $\mathfrak{x}$ u n d $\mathfrak{y}$ v e r s t e h e n m a g. Es ist aber einerseits

$$d\mathfrak{s}^2 = d\mathfrak{x}^2 + d\mathfrak{y}^2$$

und andererseits

$$ds^2 = dx^2 + dy^2 + dz^2,$$

worin nach (1) die Werte

$$dx = \varphi_{\mathfrak{x}}\, d\mathfrak{x} + \varphi_{\mathfrak{y}}\, d\mathfrak{y}, \qquad dy = \chi_{\mathfrak{x}}\, d\mathfrak{x} + \chi_{\mathfrak{y}}\, d\mathfrak{y}, \qquad dz = \psi_{\mathfrak{x}}\, d\mathfrak{x} + \psi_{\mathfrak{y}}\, d\mathfrak{y}$$

zu substituieren sind. Dann kommt für ds^2 ein Ausdruck:

$$ds^2 = E\, d\mathfrak{x}^2 + 2F\, d\mathfrak{x}\, d\mathfrak{y} + G\, d\mathfrak{y}^2,$$

worin

$$(3) \qquad \begin{cases} E = \varphi_{\mathfrak{x}}^2 + \chi_{\mathfrak{x}}^2 + \psi_{\mathfrak{x}}^2, \\ F = \varphi_{\mathfrak{x}}\varphi_{\mathfrak{y}} + \chi_{\mathfrak{x}}\chi_{\mathfrak{y}} + \psi_{\mathfrak{x}}\psi_{\mathfrak{y}}, \\ G = \varphi_{\mathfrak{y}}^2 + \chi_{\mathfrak{y}}^2 + \psi_{\mathfrak{y}}^2 \end{cases}$$

ist. Da $d\mathfrak{s}^2 = ds^2$ sein soll, ist also zu fordern:

$$d\mathfrak{x}^2 + d\mathfrak{y}^2 = E\, d\mathfrak{x}^2 + 2F\, d\mathfrak{x}\, d\mathfrak{y} + G\, d\mathfrak{y}^2$$

und zwar stets, wie auch $\mathfrak{x}$ und $\mathfrak{y}$ als Funktionen von t gewählt sein mögen, d. h. für alle Differentiale $d\mathfrak{x}$ und $d\mathfrak{y}$. Es muß somit einzeln

$$E = 1, \qquad F = 0, \qquad G = 1$$

sein. Hieraus aber ergeben sich nach (3) als Bedingungen für eine längentreue Abbildung diese:

$$(4) \qquad \begin{cases} \varphi_{\mathfrak{x}}^2 + \chi_{\mathfrak{x}}^2 + \psi_{\mathfrak{x}}^2 = 1, \\ \varphi_{\mathfrak{x}}\varphi_{\mathfrak{y}} + \chi_{\mathfrak{x}}\chi_{\mathfrak{y}} + \psi_{\mathfrak{x}}\psi_{\mathfrak{y}} = 0, \\ \varphi_{\mathfrak{y}}^2 + \chi_{\mathfrak{y}}^2 + \psi_{\mathfrak{y}}^2 = 1, \end{cases}$$

und sie müssen für alle erlaubten Werte von $\mathfrak{x}$ und $\mathfrak{y}$ gelten.

Differenzieren wir sie partiell nach $\mathfrak{x}$ und partiell nach $\mathfrak{y}$, so kommt:

$$\mathbf{S}\,\varphi_{\mathfrak{x}}\varphi_{\mathfrak{x}\mathfrak{x}} = 0, \qquad \mathbf{S}\,\varphi_{\mathfrak{x}}\varphi_{\mathfrak{x}\mathfrak{y}} = 0,$$
$$\mathbf{S}\,\varphi_{\mathfrak{y}}\varphi_{\mathfrak{x}\mathfrak{x}} + \mathbf{S}\,\varphi_{\mathfrak{x}}\varphi_{\mathfrak{x}\mathfrak{y}} = 0, \qquad \mathbf{S}\,\varphi_{\mathfrak{x}}\varphi_{\mathfrak{y}\mathfrak{y}} + \mathbf{S}\,\varphi_{\mathfrak{y}}\varphi_{\mathfrak{x}\mathfrak{y}} = 0,$$
$$\mathbf{S}\,\varphi_{\mathfrak{y}}\varphi_{\mathfrak{x}\mathfrak{y}} = 0, \qquad \mathbf{S}\,\varphi_{\mathfrak{y}}\varphi_{\mathfrak{y}\mathfrak{y}} = 0.$$

Die Summenzeichen **S** beziehen sich dabei stets auf φ, χ, ψ, während die Indizes $\mathfrak{x}$ und $\mathfrak{y}$ jedesmal in allen drei Gliedern der Summen dieselben sind. Die Gleichungen lassen sich offenbar vereinfachen:

$$\mathbf{S}\,\varphi_{\mathfrak{x}}\varphi_{\mathfrak{x}\mathfrak{x}} = 0, \qquad \mathbf{S}\,\varphi_{\mathfrak{x}}\varphi_{\mathfrak{x}\mathfrak{y}} = 0, \qquad \mathbf{S}\,\varphi_{\mathfrak{x}}\varphi_{\mathfrak{y}\mathfrak{y}} = 0;$$
$$\mathbf{S}\,\varphi_{\mathfrak{y}}\varphi_{\mathfrak{x}\mathfrak{x}} = 0, \qquad \mathbf{S}\,\varphi_{\mathfrak{y}}\varphi_{\mathfrak{x}\mathfrak{y}} = 0, \qquad \mathbf{S}\,\varphi_{\mathfrak{y}}\varphi_{\mathfrak{y}\mathfrak{y}} = 0.$$

Die beiden links stehenden zeigen, daß sich $\varphi_{\mathfrak{x}\mathfrak{x}}, \chi_{\mathfrak{x}\mathfrak{x}}, \psi_{\mathfrak{x}\mathfrak{x}}$ wie die Determinanten (2) zueinander verhalten. Dasselbe lehrt das mittlere Paar für $\varphi_{\mathfrak{x}\mathfrak{y}}, \chi_{\mathfrak{x}\mathfrak{y}}, \psi_{\mathfrak{x}\mathfrak{y}}$ und das rechte Paar für $\varphi_{\mathfrak{y}\mathfrak{y}}, \chi_{\mathfrak{y}\mathfrak{y}}, \psi_{\mathfrak{y}\mathfrak{y}}$. Hieraus folgt, daß die Funktionaldeterminate von $\varphi_{\mathfrak{x}}$ und $\chi_{\mathfrak{x}}$, ebenso die von $\chi_{\mathfrak{x}}$ und $\psi_{\mathfrak{x}}$ und drittens die von $\psi_{\mathfrak{x}}$ und $\varphi_{\mathfrak{x}}$, aber auch die von $\varphi_{\mathfrak{y}}$ und $\chi_{\mathfrak{y}}$, die von $\chi_{\mathfrak{y}}$ und $\psi_{\mathfrak{y}}$ sowie die von $\psi_{\mathfrak{y}}$ und $\varphi_{\mathfrak{y}}$ für beliebige Wertepaare $\mathfrak{x}$, $\mathfrak{y}$ gleich Null ist. Nach S. 120, 121 besagt dies:

Die drei Ableitungen $\varphi_{\mathfrak{x}}, \chi_{\mathfrak{x}}, \psi_{\mathfrak{x}}$ sind Funktionen von einer einzigen Funktion t von $\mathfrak{x}$ und $\mathfrak{y}$ und die drei Ableitungen $\varphi_{\mathfrak{y}}, \chi_{\mathfrak{y}}, \psi_{\mathfrak{y}}$ ebenfalls Funktionen von einer einzigen Funktion τ von $\mathfrak{x}$ und $\mathfrak{y}$.

Nach der zweiten Gleichung (4) besteht also, da alle Größen hierin nur t bzw. τ enthalten, eine Gleichung zwischen t und τ. Die Funktion τ ist demnach eine Funktion von t, so daß wir finden:

Alle sechs partiellen Ableitungen von φ, χ, ψ sind Funktionen einer einzigen Funktion t von $\mathfrak{x}$ und $\mathfrak{y}$.

Man erkennt leicht, daß folglich auch die Determinante

$$\triangle = \begin{vmatrix} \varphi & \chi & \psi \\ \varphi_{\mathfrak{x}} & \chi_{\mathfrak{x}} & \psi_{\mathfrak{x}} \\ \varphi_{\mathfrak{y}} & \chi_{\mathfrak{y}} & \psi_{\mathfrak{y}} \end{vmatrix} \tag{5}$$

nur von t abhängt. Denn da die Ableitungen der Glieder der ersten Zeile nach $\mathfrak{x}$ und nach $\mathfrak{y}$ mit den Gliedern der zweiten und dritten Zeile übereinstimmen, sind bei der Bildung von $\triangle_{\mathfrak{x}}$ und $\triangle_{\mathfrak{y}}$ nur die Glieder der zweiten und dritten Zeile nach $\mathfrak{x}$ bzw. $\mathfrak{y}$ zu differenzieren. Da sie aber Funktionen von t allein sind, ergibt sich $\triangle_{\mathfrak{x}} : \triangle_{\mathfrak{y}} = t_{\mathfrak{x}} : t_{\mathfrak{y}}$ und also

$$\triangle_{\mathfrak{x}} t_{\mathfrak{y}} - \triangle_{\mathfrak{y}} t_{\mathfrak{x}} = 0,$$

d. h. $\triangle$ hängt in der Tat nur von t ab.

Diese analytischen Ergebnisse haben eine geometrische Bedeutung. Um sie zu finden, betrachten wir die Tangentenebene eines Punktes P oder (x, y, z) der Fläche (1). Nach Satz 39, S. 310, ist sie die Ebene der Tangenten, die man in dem Punkte P an die hindurchgehenden Flächenkurven legen kann. Nun ergibt sich eine Flächenkurve von besonderer Art, wenn man $\mathfrak{y}$ festhält und nur $\mathfrak{x}$ variiert, nämlich die Bildkurve einer zur $\mathfrak{x}$-Achse parallelen Geraden der $\mathfrak{x}\mathfrak{y}$-Ebene. Diese Kurve wird durch (1) mittels des Parameters $\mathfrak{x}$ bei festgehaltenem $\mathfrak{y}$ dargestellt, und daher hat ihre Tangente die Richtung $(\varphi_{\mathfrak{x}} : \chi_{\mathfrak{x}} : \psi_{\mathfrak{x}})$. Ebenso hat diejenige Flächenkurve, die das Bild einer Parallelen zur $\mathfrak{y}$-Achse ist, also entsteht, wenn $\mathfrak{y}$ variiert und $\mathfrak{x}$ festgehalten wird, eine Tangente von der Richtung $(\varphi_{\mathfrak{y}} : \chi_{\mathfrak{y}} : \psi_{\mathfrak{y}})$. In den laufenden Koordinaten X, Y, Z werden diese beiden von dem Punkte P oder (x, y, z) der Fläche ausgehenden Tangenten mittels eines Parameters σ durch

$$X = x + \sigma\varphi_{\mathfrak{x}}, \quad Y = y + \sigma\chi_{\mathfrak{x}}, \quad Z = z + \sigma\psi_{\mathfrak{x}} \tag{6}$$

bzw. durch

(7) $$X = x + \sigma \varphi_{\mathfrak{y}}, \quad Y = y + \sigma \chi_{\mathfrak{y}}, \quad Z = z + \sigma \psi_{\mathfrak{y}}$$

dargestellt. Demnach ist eine Ebene

$$u(X - x) + v(Y - y) + w(Z - z) = 0$$

durch den Punkt (x, y, z) der Fläche die Tangentenebene, wenn ihre Gleichung durch (6) und durch (7) für alle Werte des Parameters σ befriedigt wird, wenn also

$$u \varphi_{\mathfrak{x}} + v \chi_{\mathfrak{x}} + w \psi_{\mathfrak{x}} = 0,$$
$$u \varphi_{\mathfrak{y}} + v \chi_{\mathfrak{y}} + w \psi_{\mathfrak{y}} = 0$$

ist. Eliminiert man u, v, w aus den drei letzten Gleichungen, so stellt sich die Tangentenebene so dar:

$$\begin{vmatrix} X - x & Y - y & Z - z \\ \varphi_{\mathfrak{x}} & \chi_{\mathfrak{x}} & \psi_{\mathfrak{x}} \\ \varphi_{\mathfrak{y}} & \chi_{\mathfrak{y}} & \psi_{\mathfrak{y}} \end{vmatrix} = 0.$$

Hierin haben x, y, z nach (1) die Werte φ, χ, ψ. Mit Rücksicht auf (5) läßt sich demnach die Gleichung so schreiben:

(8) $$\begin{vmatrix} X & Y & Z \\ \varphi_{\mathfrak{x}} & \chi_{\mathfrak{x}} & \psi_{\mathfrak{x}} \\ \varphi_{\mathfrak{y}} & \chi_{\mathfrak{y}} & \psi_{\mathfrak{y}} \end{vmatrix} = \triangle.$$

Nun aber wurde bewiesen, daß $\varphi_{\mathfrak{x}}, \chi_{\mathfrak{x}}, \psi_{\mathfrak{x}}$ und ebenso $\varphi_{\mathfrak{y}}, \chi_{\mathfrak{y}}, \psi_{\mathfrak{y}}$ und schließlich auch $\triangle$ Funktionen von einer einzigen Funktion t von $\mathfrak{x}$ und $\mathfrak{y}$ sind. Die Gesamtheit aller Tangentenebenen der Fläche (1) wird daher durch eine Gleichung (8) definiert, die außer den laufenden Koordinaten X, Y, Z nur noch eine Veränderliche enthält, und ist somit eine nur einfach unendliche Schar, mithin die Fläche nach Satz 13, S. 381, entweder die Tangentenfläche einer Raumkurve oder ein Kegel oder ein Zylinder.

In § 1 wurde andererseits gezeigt, daß die Tangentenfläche einer Kurve, die nicht geradlinig und keine Minimalkurve erster oder zweiter Ordnung ist, längentreu auf die xy-Ebene abgebildet werden kann. Daß dasselbe auch für Kegel und Zylinder gilt, deren Erzeugende keine Minimalgeraden sind, wurde dort ebenfalls gezeigt. Dabei war von den Minimalebenen abgesehen worden, die als Ausartungen der Zylinder vorkommen können. Fraglich bleibt nur noch, ob eine Tangentenfläche oder ein Kegel oder ein Zylinder von denjenigen Arten, die bisher ausgeschlossen wurden, längentreu auf die xy-Ebene abbildbar ist. Es sind das kurz gesagt alle Tangentenflächen, Kegel und Zylinder, deren Erzeugende aus Minimalgeraden bestehen, sowie außerdem als Spezialfall die Minimalebenen. Wenn nämlich eine Raumkurve eine Minimalkurve zweiter Ordnung ist, reduziert sich ihre Tangentenfläche nach Satz 15, S. 243, auf eine Minimalebene. Deshalb formulieren wir die Ergebnisse vorerst so:

Satz 14: Sieht man überhaupt von denjenigen Tangentenflächen, Kegeln und Zylindern ab, deren Erzeugende Minimalgeraden sind, insbesondere von den Minimalebenen, so kann man sagen: Eine Fläche läßt sich dann und nur dann längentreu auf die xy-Ebene abbilden, wenn sie eine Tangentenfläche oder ein Kegel oder ein Zylinder ist.[1]

Um die Ausnahmefälle zu untersuchen, macht man mit Vorteil von dem Begriffe der krummlinigen Koordinaten in der Ebene Gebrauch sowie von dem Satze 64, S. 154, über ihr Vorhandensein. Die Anwendung dieses Satzes wird uns im folgenden in mehreren Fällen die Unmöglichkeit der längentreuen Abbildung lehren.

Zuerst betrachten wir eine Tangentenfläche, deren Erzeugende Minimalgeraden sind. Die Gratlinie einer solchen Fläche ist eine Minimalkurve erster Ordnung. Sie sei mittels eines Parameters u dargestellt durch

$$x = \Phi(u), \quad y = X(u), \quad z = \Psi(u),$$

so daß nach S. 242

$$\Phi'^2 + X'^2 + \Psi'^2 = 0 \tag{9}$$

ist. Weil die Tangente des Punktes (u) der Kurve die Richtung $(\Phi' : X' : \Psi')$ hat, läßt sich die Tangentenfläche der Minimalkurve erster Ordnung mittels zweier Parameter u und v so darstellen:

$$x = \Phi(u) + v\,\Phi'(u), \quad y = X(u) + v\,X'(u), \quad z = \Psi(u) + v\,\Psi'(u). \tag{10}$$

Da dann zu jedem Wertepaare u, v ein Punkt (x, y, z) der Fläche gehört, wird die Fläche in allgemeinster Weise auf die Ebene $z = 0$ mit den rechtwinkligen Koordinaten $\mathfrak{x}$ und $\mathfrak{y}$ Punkt für Punkt abgebildet, wenn man für $\mathfrak{x}$ und $\mathfrak{y}$ irgend zwei voneinander unabhängige Funktionen φ und ψ von u und v setzt:

$$\mathfrak{x} = \varphi(u, v), \quad \mathfrak{y} = \psi(u, v). \tag{11}$$

Denn jetzt gehört zu jedem Wertepaare u, v einerseits ein Punkt (x, y, z) der Fläche (10) und andererseits ein Punkt $(\mathfrak{x}, \mathfrak{y})$ der Ebene. Faßt man u und v

[1] Daß die Forderung der längentreuen Abbildung eine Fläche auf die xy-Ebene nur zu den Tangentenflächen und Kegeln und Zylindern führt, wurde zuerst von Bonnet in der Abhandlung „Recherche des surfaces que l'on peut représenter sur un plan", Annali di Matem. Serie II, T. VII (1875), bewiesen.

als irgend welche Funktionen eines Parameters t auf, so stellen die Gleichungen (10) eine Kurve auf der Fläche und die Gleichungen (11) eine Kurve in der Ebene dar, und zwar sind dies solche Kurven, die einander bei der Abbildung entsprechen. Wenn die Abbildung längentreu sein soll, muß gefordert werden, daß die Quadrate der Bogenelemente ds und $d\mathfrak{s}$ beider Kurven einander gleich seien, wie auch u und v als Funktionen von t gewählt sein mögen. Weil aus (10)

$$dx = (\Phi' + v\,\Phi'')\,du + \Phi'\,dv$$

usw. folgt und nach (9) auch

$$\Phi'\,\Phi'' + X'\,X'' + \Psi'\,\Psi'' = 0$$

ist, ergibt sich für

$$ds^2 = dx^2 + dy^2 + dz^2$$

der Wert

$$ds^2 = v^2(\Phi''^2 + X''^2 + \Psi''^2)\,du^2, \tag{12}$$

dagegen in der $\mathfrak{x}\,\mathfrak{y}$-Ebene, wenn man wie auf S. 151

$$E = \varphi_u^2 + \psi_u^2, \qquad F = \varphi_u\,\varphi_v + \psi_u\,\psi_v, \qquad G = \varphi_v^2 + \psi_v^2 \tag{13}$$

setzt, für

$$d\mathfrak{s}^2 = d\mathfrak{x}^2 + d\mathfrak{y}^2$$

der Wert

$$d\mathfrak{s}^2 = E\,du^2 + 2F\,du\,dv + G\,dv^2, \tag{14}$$

vgl. (2) auf S. 151. Weil die Werte (12) und (14) für alle Differentiale du und dv übereinstimmen sollen, muß also $F = 0$ und $G = 0$ sein. Dann aber ist $EG - F^2 = 0$, und folglich gibt es nach Satz 64, S. 154, **kein** zugehöriges krummliniges Koordinatensystem u, v in der $\mathfrak{x}\,\mathfrak{y}$-Ebene. **Die Tangentenfläche einer Minimalkurve erster Ordnung läßt sich demnach nicht längentreu auf die Ebene $z = 0$ abbilden.**

Statt einer Tangentenfläche betrachten wir jetzt einen **Kegel von Minimalgeraden** mit der Spitze (a, b, c). Ist $(\Phi : X : \Psi)$ die Richtung irgend einer Erzeugenden des Kegels, so daß

$$\Phi^2 + X^2 + \Psi^2 = 0 \tag{15}$$

ist, so müssen Φ, X, Ψ noch von einem Parameter u abhängen, weil es ∞^1 Erzeugende gibt. Verstehen wir also unter Φ, X, Ψ Funktionen von u, die der Gleichung (15) genügen, so stellt

$$x = a + v\,\Phi(u), \qquad y = b + v\,X(u), \qquad z = c + v\,\Psi(u) \tag{16}$$

die Koordinaten aller Punkte (x, y, z) des Kegels dar, ausgedrückt mittels zweier Parameter u und v. Hier treten also die Gleichungen (16) an die Stelle der Gleichungen (10) des vorigen Falles, so daß wegen

$$dx = v\,\Phi'\,du + \Phi\,dv$$

usw. und wegen (15) statt (12) kommt:

$$ds^2 = v^2(\Phi'^2 + X'^2 + \Psi'^2)\,du^2, \tag{17}$$

denn wegen (15) ist ja auch $\Phi\,\Phi' + X X' + \Psi\,\Psi'$ gleich Null. Folglich wäre auch hier $F = G = 0$ zu fordern, was dem Satze 64, S. 154, widerspricht. **Deshalb**

läßt sich kein Kegel von Minimalgeraden längentreu auf die Ebene $z = 0$ abbilden.

Die beiden bisher gewonnenen negativen Ergebnisse können nicht überraschen. Denn die Ebene $z = 0$ enthält nach S. 12 nur zwei Scharen von Minimalgeraden mit den Richtungskoeffizienten i und $-i$, also keine Schar von Minimalgeraden, die eine Kurve umhüllen, wie es bei jener Tangentenfläche der Fall war, oder sämtlich von einem Punkte wie bei einem Kegel ausgehen. Andererseits nämlich steht es ja fest, daß sich die Minimalgeraden einer Fläche bei der längentreuen Abbildung als Kurven von der Länge Null, also als Minimalkurven erster Ordnung abbilden müßten. Im Falle eines **Zylinders von Minimalgeraden**, zu dem wir jetzt übergehen, haben diese Betrachtungen keine bindende Kraft mehr; in der Tat werden wir hier einsehen, daß die längentreue Abbildung möglich ist, sobald der Zylinder nicht in eine Minimalebene ausartet.

Von den Punkten einer Kurve

$$x = \Phi(u), \quad y = X(u), \quad z = \Psi(u) \tag{18}$$

aus ziehen wir alle Geraden von der konstanten Richtung $(a:b:c)$. Dann entsteht ein Zylinder, dessen Punkte die Koordinaten

$$x = \Phi(u) + a\,v, \quad y = X(u) + b\,v, \quad z = \Psi(u) + c\,v, \tag{19}$$

ausgedrückt mittels zweier Parameter u und v, haben, und zwar ist dies ein Zylinder von Minimalgeraden, falls

$$a^2 + b^2 + c^2 = 0 \tag{20}$$

ist. Hier kommt nun statt (12) oder (17) wegen

$$dx = \Phi'\,du + a\,dv$$

usw. und mit Rücksicht auf (20):

$$ds^2 = (\Phi'^2 + X'^2 + \Psi'^2)\,du^2 + 2(a\,\Phi' + b\,X' + c\,\Psi')\,du\,dv,$$

so daß die Vergleichung mit (14) zeigt, daß im Falle einer längentreuen Abbildung auf die $\mathfrak{x}\,\mathfrak{y}$-Ebene

$$E = \Phi'^2 + X'^2 + \Psi'^2, \quad F = a\,\Phi' + b X' + c\,\Psi', \quad G = 0$$

sein müßte. Da dann E und F von v frei sind und G verschwindet, wird die Fundamentalgleichung in Satz 64, S. 154, erfüllt. Mithin ist die längentreue Abbildung nur dann unmöglich, wenn $E\,G - F^2 = 0$ oder also

$$a\,\Phi' + b\,X' + c\,\Psi' = 0$$

ist. Dann aber liegt die Kurve (18) in einer Ebene

$$ax + by + cz = \text{konst.},$$

die wegen (20) eine **Minimalebene** ist (vgl. S. 231), und außerdem enthält die Ebene lauter Geraden von der Richtung $(a:b:c)$, d. h. der Zylinder ist diese Minimalebene selbst. **Von allen Zylindern lassen sich demnach nur die Minimalebenen nicht längentreu auf die Ebene $z = 0$ abbilden.**

Mithin gilt der

Satz 15: Von allen Tangentenflächen, Kegeln und Zylindern, deren Erzeugende Minimalgeraden sind, lassen sich nur die Zylinder längentreu auf die Ebene $z = 0$ abbilden, und zwar auch nur dann, wenn sie nicht in Minimalebenen ausarten.

Die Sätze 14 und 15 lassen sich zusammenfassen in dem

Satz 16: Auf die Ebene $z = 0$ lassen sich nur die Tangentenflächen, Kegel und Zylinder längentreu abbilden; ausgeschlossen sind jedoch Tangentenflächen und Kegel, nicht auch Zylinder, die von Minimalgeraden erzeugt werden, sowie Minimalebenen.

Weil man eine Fläche nur dann abwickelbar nennen darf, wenn sie längentreu auf die Ebene $z = 0$ abgebildet werden kann, ist also nicht jede geradlinige Fläche, auf der unendlich benachbarte Geraden einander schneiden, als abwickelbar zu bezeichnen. Vielmehr sind es nur die in Satz 16 genannten Flächen.

Mit Absicht ist in den vorhergehenden Sätzen die Ebene, auf der die Abbildung erfolgt, ausdrücklich als Ebene $z = 0$ genannt worden. An die Stelle dieser Ebene könnte ja allerdings jede andere Ebene treten, die vermöge einer Bewegung des Raumes aus der Ebene $z = 0$ hervorgeht, aber dazu gehören die Minimalebenen nicht, vgl. S. 244. Wenn man von der Abwicklung einer Fläche auf eine Ebene spricht, meint man damit stillschweigend die Abwicklung auf eine Ebene, die keine Minimalebene ist.

Schließlich weisen wir noch auf eine Anwendung des Satzes 14 hin: Wenn man sich eine Ebene vorstellt, die zwar vollkommen biegsam, aber unausdehnbar ist, so daß jede Kurve auf der Ebene bei den Verbiegungen ihre Länge behält, so wird die Ebene infolge jenes Satzes bei Verbiegungen stets in eine Tangentenfläche oder einen Kegel oder einen Zylinder übergehen, d. h.

Satz 17: Verbiegt man eine Ebene ohne Dehnung, so geht durch jeden Punkt der entstehenden Fläche eine Gerade, die vollständig der Fläche angehört, und alle diese Geraden sind die Tangenten einer Kurve oder die Erzeugenden eines Kegels oder Zylinders.

Eine reelle Tangentenfläche hat nach S. 356 zwei Mäntel, dasselbe gilt von einem Kegel. Hier sind beide Mäntel durch die Spitze des Kegels voneinander getrennt. Nur der Zylinder hat bloß einen Mantel. Wenn man eine Ebene, z. B. ein Stück Papier, vorbiegt, kommt man daher, falls sich eine Tangentenfläche oder ein Kegel ergibt, immer nur zu einem Teile des einen Mantels der Fläche.

Nimmt man aber die Ebene doppelt, so kann man Teile beider Mäntel erzeugen.

Beispiel: Ist längs einer Kurve c der Krümmungsradius r konstant, so ist die bei der Abwicklung ihrer Tangentenfläche auf die Ebene aus c hervorgehende Kurve c' ein Kreis, nach S. 358. Man kann daher umgekehrt alle reellen Raumkurven von konstanter Krümmung, die wir in Satz 54, S. 338, analytisch darstellten, mechanisch so erzeugen: Man legt zwei Blätter Papier aufeinander und schneidet aus beiden denselben Kreis c' aus (siehe Fig. 99). Alsdann befestigt man beide Blätter längs des Kreises aneinander, schneidet aber an einer Stelle beide Blätter vom Außenrande bis zum Kreise durch. Biegt man nun die Blätter auseinander, so geht der Kreis in eine Raumkurve konstanter Krümmung über. Es ist nützlich, auf beiden Blättern in einem Punkte P' die Tangenten des Kreises zu zeichnen. Man erkennt bei der Verbiegung, daß auf dem einen Blatt der eine, auf dem anderen der andere Teil der Tangente geradlinig bleibt. Insbesondere kann man das Modell so verbiegen, daß die Gratlinie eine gemeine Schraubenlinie wird, da die gemeine Schraubenlinie nach S. 236 konstante Krümmung hat. Diese Tangentenfläche einer gemeinen Schraubenlinie ist in Fig. 94, S. 359, dargestellt.

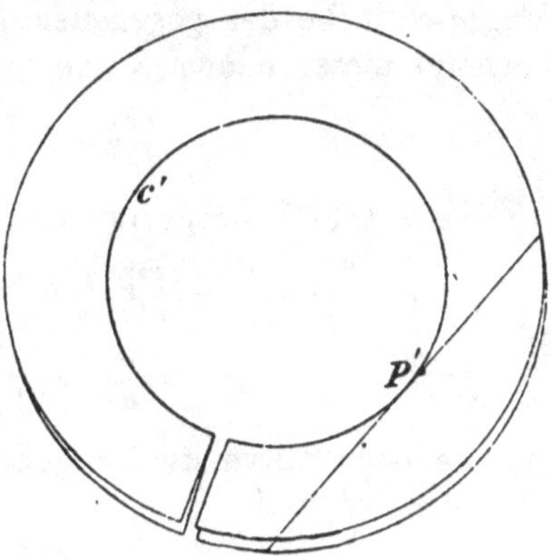

Fig. 99.

§ 5. Filarevolventen.

Die Tangentenfläche einer ebenen Kurve ist die Ebene der Kurve selbst. In dieser Ebene haben wir seinerzeit (in § 10 des ersten Abschnittes) die Evolventen der Kurve konstruiert. Wollen wir den Evolventenbegriff auch für Raumkurven bilden, so werden wir naturgemäß an die Stelle der Ebene die Tangentenfläche der Raumkurve treten lassen und also unter den Evolventen der Raumkurve diejenigen Kurven in ihrer Tangentenfläche verstehen, die alle Tangenten der Raumkurve senkrecht schneiden.

Sind

$$(1) \qquad x = \varphi(s), \quad y = \chi(s), \quad z = \psi(s)$$

die Gleichungen einer Raumkurve c, ausgedrückt durch die Bogenlänge s, so sind:

$$(2) \qquad \bar{x} = x + \alpha\tau, \quad \bar{y} = y + \beta\tau, \quad \bar{z} = z + \gamma\tau$$

die Koordinaten eines Punktes auf der Tangente der Stelle (s) oder (x, y, z) der Kurve (1), und τ bedeutet dabei die Entfernung des Punktes ($\bar{x}, \bar{y}, \bar{z}$) vom Berührungspunkte ($x, y, z$), gemessen im Sinne der positiven Tangente.

Schreiben wir vor, daß τ eine Funktion von s sein soll, so beschreibt der Punkt ($\bar{x}, \bar{y}, \bar{z}$) bei variierendem s eine Kurve auf der Tangentenfläche der gegebenen Kurve c. Die Richtungskosinus der Tangente dieser neuen Kurve sind proportional:

$$\frac{d\bar{x}}{ds}, \quad \frac{d\bar{y}}{ds}, \quad \frac{d\bar{z}}{ds},$$

d. h. nach III (C) proportional:

$$(3) \quad \left\{ \begin{aligned} &\frac{d\bar{x}}{ds} = \alpha + \frac{l}{r}\tau + \alpha\tau', \quad \frac{d\bar{y}}{ds} = \beta + \frac{m}{r}\tau + \beta\tau', \\ &\frac{d\bar{z}}{ds} = \gamma + \frac{n}{r}\tau + \gamma\tau'. \end{aligned} \right.$$

Soll die neue Kurve die Tangenten der gegebenen Kurve c senkrecht schneiden, so muß

$$\mathsf{S}\frac{d\bar{x}}{ds}\alpha = 0$$

sein. Diese Forderung gibt nach II (A) einfach $1 + \tau' = 0$, d. h.

$$\tau = a - s \qquad (a = \text{const.}).$$

Man beachte die Analogie mit der Betrachtung auf S. 61. Setzen wir den Wert $a - s$ statt τ in (2) ein, so ergeben sich

$$(4) \quad \bar{x} = x + \alpha(a - s), \quad \bar{y} = y + \beta(a - s), \quad \bar{z} = z + \gamma(a - s)$$

als die Gleichungen der **orthogonalen Trajektorien aller Tangenten der gegebenen Kurve** c, ausgedrückt mittels des Parameters s. Es gibt — entsprechend den ∞^1 Werten der willkürlichen Konstanten a — insgesamt ∞^1 orthogonale Trajektorien. Wegen der geometrischen Bedeutung von τ als Strecke vom Punkte (x, y, z) auf c bis zum Punkte ($\bar{x}, \bar{y}, \bar{z}$) auf der Tangente des ersteren Punktes folgt aus $\tau = a - s$ gerade so wie in der Ebene auf S. 63, daß die Kurven (4) mechanisch durch Abwicklung eines unausdehnbaren völlig biegsamen Fadens von der Kurve c erzeugt werden können. Solche Kurven aber heißen **Filarevolventen**[1] der ge-

[1] Die Filarevolventen wurden von MONGE 1771 (vgl. Anm. S. 219) betrachtet. Im Raume darf für diese Kurven nicht schlechtweg der Name Evolventen gebraucht werden, weil die Raumkurven noch eine andere Art von Evolventen haben, die sogenannten Planevolventen, von denen wir weiter unten, in § 6, sprechen werden.

gebenen Kurve c. Wenn wir von Filarevolventen reden, nehmen wir immer an, daß die gegebene Kurve keine Gerade oder Minimalkurve erster oder zweiter Ordnung sei. Daher können wir sagen:

Satz 18: Die orthogonalen Trajektorien der Tangenten einer Kurve sind die Filarevolventen der Kurve.

Wir können sie wie die Evolventen auf S. 63, 64 auch so erzeugen: Wir lassen eine starre Gerade ohne Gleiten längs der Kurve c rollen, so daß sie stets Tangente von c ist. Ein beliebiger Punkt der Geraden beschreibt dabei eine Filarevolvente von c.

Bei der Abwicklung der Tangentenfläche von c auf die Ebene, wobei c in eine ebene Kurve c' übergeht, werden die Filarevolventen die Evolventen der Kurve c'.

Liegt eine reelle Kurve c vor und ist a reell gewählt, so ändert der Abschnitt $\tau = a - s$ der Filarevolvente auf der Tangente von c sein Zeichen, sobald $s = a$ wird, d. h. dann geht die Filarevolvente von dem einen Mantel der Tangentenfläche auf den anderen über.

Die auf eine Filarevolvente bezüglichen Größen seien durch überstrichene Buchstaben bezeichnet. Da nach (3) wegen $\tau = a - s$

$$\frac{d\bar{x}}{ds} = \frac{l}{r}(a - s), \quad \frac{d\bar{y}}{ds} = \frac{m}{r}(a - s), \quad \frac{d\bar{z}}{ds} = \frac{n}{r}(a - s)$$

ist, kommt nach II (A):

$$(5) \qquad \left(\frac{d\bar{s}}{ds}\right)^2 = \left(\frac{a - s}{r}\right)^2.$$

Wollen wir bei einer reellen Kurve c den Sinn einer reellen Filarevolvente durchgehend entsprechend dem Sinne der Kurve c wählen, also das Bogenelement $d\bar{s}$ der Filarevolvente mit ds positiv annehmen, so müssen wir setzen:

$$(6) \qquad \frac{d\bar{s}}{ds} = \varepsilon\frac{s - a}{r},$$

wobei $\varepsilon = \pm 1$ ist, je nachdem die betrachtete Stelle der Filarevolvente auf dem negativen oder positiven Mantel der Tangentenfläche von c liegt, je nachdem also $s \gtreqless a$ ist. Im Falle imaginärer Kurven sei für ε irgend einer der beiden Werte ± 1 gewählt. Für die Richtungskosinus $\bar{\alpha}, \bar{\beta}, \bar{\gamma}$ der Tangente der Filarevolvente ergibt sich nun nach III (B):

$$\bar{\alpha} = \frac{d\bar{x}}{d\bar{s}} = \frac{d\bar{x}}{ds} : \frac{d\bar{s}}{ds}$$

usw., d. h.:

$$(7) \qquad \bar{\alpha} = -\varepsilon l, \quad \bar{\beta} = -\varepsilon m, \quad \bar{\gamma} = -\varepsilon n.$$

Geometrisch erhellt dies (abgesehen vom Vorzeichen) ohne weiteres, da die Tangente der Filarevolvente in der Schmiegungsebene von c senkrecht zur Tangente von c, d. h. parallel zur Hauptnormalen $(l:m:n)$ von c ist. Aus (7) folgt ferner nach III (C) und (6):

$$(8) \qquad \frac{\bar{l}}{\bar{r}} = \frac{d\bar{\alpha}}{d\bar{s}} = \frac{d\bar{\alpha}}{ds} : \frac{d\bar{s}}{ds} = \left(\frac{\alpha}{r} + \frac{\lambda}{\varrho}\right)\frac{r}{s-a}.$$

Analog geht $\bar{m}:\bar{r}$ und $\bar{n}:\bar{r}$ hervor. Hieraus folgt nun nach II (A):

$$\mathbf{S}\left(\frac{\bar{l}}{\bar{r}}\right)^2 = \frac{1}{\bar{r}^2} = \left(\frac{1}{r^2} + \frac{1}{\varrho^2}\right)\frac{r^2}{(s-a)^2}.$$

Wählen wir die Quadratwurzel von $r^2+\varrho^2$ bei reellen Kurven c positiv, so muß, da $\bar{r}$ positiv ist (nach S. 231), bei reellem a gesetzt werden:

$$(9) \qquad \bar{r} = \frac{\varepsilon\varepsilon'\varrho(s-a)}{\sqrt{r^2+\varrho^2}}.$$

Dabei ist $\varepsilon' = \pm 1$, je nachdem $\varrho \gtreqless 0$ ist. Im imaginären Falle ist einer der beiden Werte ± 1 für ε' anzunehmen. Aus (8) folgt nun:

$$(10) \qquad \bar{l} = \varepsilon\varepsilon'\frac{\alpha\varrho + \lambda r}{\sqrt{r^2+\varrho^2}}, \quad \bar{m} = \varepsilon\varepsilon'\frac{\beta\varrho + \mu r}{\sqrt{r^2+\varrho^2}}, \quad \bar{n} = \varepsilon\varepsilon'\frac{\gamma\varrho + \nu r}{\sqrt{r^2+\varrho^2}}.$$

Endlich gibt II (C) wegen (7) und (10):

$$(11) \qquad \bar{\lambda} = \varepsilon'\frac{\lambda\varrho - \alpha r}{\sqrt{r^2+\varrho^2}}, \quad \bar{\mu} = \varepsilon'\frac{\mu\varrho - \beta r}{\sqrt{r^2+\varrho^2}}, \quad \bar{\nu} = \varepsilon'\frac{\nu\varrho - \gamma r}{\sqrt{r^2+\varrho^2}}.$$

Hieraus schließen wir nach (6), S. 342 und Satz 59, S. 344:

Satz 19: Die Binormale einer Filarevolvente einer Kurve c ist parallel der Achse derjenigen gemeinen Schraubenlinie, von der die Kurve c an der zugehörigen Stelle mit übereinstimmender Torsion in zweiter Ordnung berührt wird, also parallel der Achse desjenigen Rotationskegels, von dem drei Mantellinien drei unendlich benachbarten Tangenten von c parallel sind.

Auch folgt aus (10) und (11):

Satz 20: Die Normalebenen der Filarevolventen einer Kurve c sind die Ebenen der Tangenten und Binormalen der Kurve c.

Nach III (C) ist noch wegen (11) und (6):

$$\frac{\bar{l}}{\bar{\varrho}} = \frac{d\bar{\lambda}}{d\bar{s}} = \frac{d\bar{\lambda}}{ds} : \frac{d\bar{s}}{ds} = \varepsilon\varepsilon'\frac{(\alpha\varrho + \lambda r)(\varrho' r - r'\varrho)}{\sqrt{r^2+\varrho^2}^3} \cdot \frac{r}{s-a},$$

so daß nach (10) kommt:

$$\bar{\varrho} = \frac{(r^2 + \varrho^2)(s - a)}{r(\varrho' r - r' \varrho)}. \tag{12}$$

Hier fehlen die Faktoren ε und ε'. In der Tat ist ja das Vorzeichen der Torsion einer Kurve nach S. 238 unabhängig von allen willkürlichen Vorzeichenbestimmungen. Man sieht, daß $\bar{\varrho}$ im reellen Falle im allgemeinen das Zeichen wechselt, wenn s durch den Wert a hindurchgeht. Daher folgt:

Satz 21: Eine reelle Filarevolvente ändert beim Übergange von dem einen Mantel der Tangentenfläche einer reellen Kurve in den anderen Mantel im allgemeinen die Art ihrer Windung.

Die Torsion der Filarevolvente ist längs der ganzen Kurve gleich Null, d. h. die Evolvente selbst nach Satz 14, S. 241, eben, wenn nach (12) entweder $r = 0$ oder $\varrho' r - r' \varrho = 0$ ist. Ist $r = 0$, so ist die ursprüngliche Kurve eine Gerade, nach Satz 26, S. 278, und hat überhaupt keine Evolventen. Ist $\varrho' r - r' \varrho = 0$, so ist $r : \varrho =$ konst., also die ursprüngliche Kurve nach Satz 34, S. 303, eine Schraubenlinie. In Fig. 94 auf S. 359 ist eine Filarevolvente für die Tangentenfläche einer gemeinen Schraubenlinie konstruiert. Die Fläche ist dort auf eine zu ihrer Achse parallele Ebene senkrecht projiziert worden, und die Filarevolvente erscheint im Bilde als Gerade, da ihre Ebene zur Schraubenachse senkrecht ist.

Wir haben in diesem Paragraphen die Filarevolventen einer gegebenen Kurve, die man im Einklange mit der Bezeichnung in der Ebene (S. 64) die Filarevolute nennen wird, untersucht. Man kann umgekehrt die Frage stellen, ob jede gegebene Kurve eine Filarevolute hat, d. h. ob jede Kurve als Filarevolvente einer gesuchten Kurve aufgefaßt werden kann. Diese Frage werden wir in § 7 beantworten.

Die auf die Berechnung der Filarevolventen bezüglichen Formeln sind am Schlusse dieses Bandes in Taf. VII zusammengestellt.

§ 6. Planevolventen und Planevoluten.

Betrachten wir statt der Kurve zunächst einmal ein räumliches Polygon $P_1 P_2 P_3 \ldots$ wie schon früher, z. B. auf S. 355. An die Stelle der Schmiegungsebenen treten die Ebenen je dreier aufeinanderfolgender Polygonecken, so die Ebene E_{123} der drei Punkte P_1, P_2, P_3 usw. Die Ebene E_{123} hat mit der Ebene E_{234} die

Polygonseite $P_2 P_3$ gemein. Durch Drehung um diese geht sie in die Ebene E_{234} über. Diese bringen wir durch Drehung um die Polygonseite $P_3 P_4$ in die Lage E_{345} usw. Durch eine Folge von Drehungen, deren Achsen die aufeinanderfolgenden Polygonseiten sind, können wir also eine Ebene nach und nach in alle einzelnen Ebenen E_{123}, E_{234}, E_{345} ... überführen. Sind die Polygonseiten sehr kurz und bilden sie paarweise fast gestreckte Winkel miteinander, so wird diese unstetige Bewegung nur wenig von einer stetigen abweichen, und wir können sie auch als ein Rollen der Ebene längs des Polygons bezeichnen. Dieses Rollen findet ohne Gleiten statt, wenn wir, wie geschehen, nur Drehungen um die Achsen $P_2 P_3$, $P_3 P_4$ ..., nicht aber gleichzeitig Schiebungen längs der Achsen, also Schraubungen, vornehmen. Ein beliebiger Punkt der rollenden Ebene wird eine Bahn beschreiben, die aus lauter kleinen Kreisbogenstücken besteht, von denen jedes in einer Ebene senkrecht zur Drehungsachse liegt und seinen Mittelpunkt auf der Drehungsachse hat. Diese Kreisbogen gehen senkrecht von den Ebenen E_{123}, E_{234} ... aus.

Machen wir den Grenzübergang, indem wir das Polygon durch eine Kurve c ersetzen, so kommen wir zu dem Begriffe des Rollens einer Ebene längs einer Kurve c. Die Ebene geht stetig in die wechselnden Schmiegungsebenen der Kurve c über, und ein Punkt der Ebene beschreibt eine stetige Kurve, die alle Schmiegungsebenen senkrecht durchsetzt. Eine solche Kurve heißt eine Planevolvente der Kurve c, die selbst die zugehörige Planevolute genannt wird.[1] Planevolventen heißen also die orthogonalen Trajektorien der Schmiegungsebenen der Planevolute. Unsere Aufgabe ist es, die Planevolventen einer gegebenen Kurve zu bestimmen. Vorher heben wir noch hervor, daß eine beliebige Kurve des Raumes im allgemeinen als eine Planevolvente aufgefaßt werden kann. In der Tat: Wir konstruieren die Normalebenen der Kurve. Sie bilden eine Schar von ∞^1 Ebenen, die nach Satz 11, S. 380, im allgemeinen die Schmiegungsebenen einer anderen Kurve sind, so daß die ursprüngliche Kurve als eine Planevolvente der neuen Kurve erscheint. Nach Satz 49, S. 322, aber ist die Einhüllende der Normalebenen der alten Kurve die Tangentenfläche des Ortes der Mittelpunkte ihrer Schmiegungskugeln. Daraus folgt der

Satz 22: Eine Raumkurve kann man als eine Plan-

[1] Die Planevolventen wurden von Lancret 1805 eingeführt. Siehe sein auf S. 203 genanntes „Mémoire".

evolvente des Ortes der Mittelpunkte ihrer Schmiegungskugeln auffassen.

In der Fassung des Satzes liegt es schon, daß dies nur dann möglich ist, wenn der Ort der Mittelpunkte der Schmiegungskugeln eine nicht ebene Kurve ist.

Nun sei die Planevolute c gegeben. Bei ihr benutzen wir die gewöhnlichen Bezeichnungen, also x, y, z als die Koordinaten der Punkte, s als Bogenlänge usw. Gesucht werden die Planevolventen $\bar{c}$, d. h. die orthogonalen Trajektorien der Schmiegungsebenen der gegebenen Kurve c.

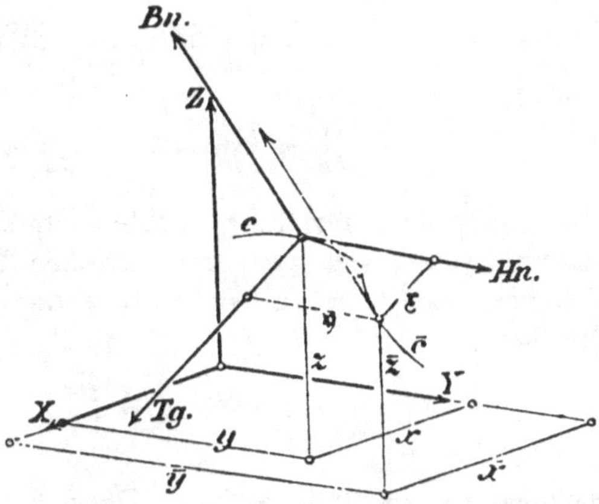

Fig. 100.

Es seien mit $\mathfrak{x}$ und $\mathfrak{y}$ die rechtwinkligen Koordinaten desjenigen Punktes bezeichnet, in dem eine solche orthogonale Trajektorie $\bar{c}$ die zum Punkte (s) gehörige Schmiegungsebene von c schneidet, und zwar bezogen auf das durch die Tangente und Hauptnormale des Punktes (s) gebildete Achsenkreuz (siehe Fig. 100). Im Raume seien $\bar{x}, \bar{y}, \bar{z}$ die Koordinaten dieses Punktes von $\bar{c}$. Wenn wir die Strecke vom Punkte (x, y, z) nach dem Punkte $(\bar{x}, \bar{y}, \bar{z})$ auf die x-Achse projizieren, ergibt sich $\bar{x} - x$. Dieselbe Projektion muß der aus $\mathfrak{x}$ und $\mathfrak{y}$ gebildete gebrochene Linienzug haben. Da $\mathfrak{x}$ gegen die x-Achse den Richtungskosinus α und $\mathfrak{y}$ den Richtungskosinus l hat, ist folglich $\bar{x} - x$ gleich $\alpha\mathfrak{x} + l\mathfrak{y}$, also:

$$(1) \quad \bar{x} = x + \alpha\mathfrak{x} + l\mathfrak{y}, \quad \bar{y} = y + \beta\mathfrak{x} + m\mathfrak{y}, \quad \bar{z} = z + \gamma\mathfrak{x} + n\mathfrak{y}.$$

Da in der Schmiegungsebene jedes Punktes (s) ein gewisser Punkt $(\bar{x}\ \bar{y}, \bar{z})$ der Trajektorie $\bar{c}$ liegen wird, müssen $\mathfrak{x}$ und $\mathfrak{y}$ Funktionen von s sein ebenso wie die in (1) auftretenden Größen $x, y, z, \alpha, \beta, \gamma, l, m, n$. Es handelt sich darum, $\mathfrak{x}$ und $\mathfrak{y}$ so als Funktionen von s zu bestimmen, daß die durch (1) mittels des Parameters s dargestellte Kurve $\bar{c}$ die Schmiegungsebenen der Kurve c senkrecht schneidet. Nun sind der Richtungskosinus der Tangente von $\bar{c}$ proportional den Ableitungen von $\bar{x}, \bar{y}, \bar{z}$ nach s. Es ist aber nach (1) und III(B):

$$(2) \qquad \frac{d\bar{x}}{ds} = \alpha + \frac{l}{r}\mathfrak{x} - \left(\frac{\alpha}{r} + \frac{\lambda}{\varrho}\right)\mathfrak{y} + \alpha\frac{d\mathfrak{x}}{ds} + l\frac{d\mathfrak{y}}{ds}.$$

Da die Tangente von $\bar{c}$ auf der Schmiegungsebene von c senkrecht stehen soll, muß

$$\mathbf{S}\alpha\frac{d\bar{x}}{ds} = 0, \qquad \mathbf{S}l\frac{d\bar{x}}{ds} = 0$$

sein. Dies liefert nach (2) und II (*A*):

$$1 - \frac{1}{r}\mathfrak{y} + \frac{d\mathfrak{x}}{ds} = 0, \qquad \frac{1}{r}\mathfrak{x} + \frac{d\mathfrak{y}}{ds} = 0$$

oder:

$$(3) \qquad \frac{d\mathfrak{x}}{ds} = \frac{1}{r}\mathfrak{y} - 1, \qquad \frac{d\mathfrak{y}}{ds} = -\frac{1}{r}\mathfrak{x}$$

als Bedingungen für die gesuchten Funktionen $\mathfrak{x}$ und $\mathfrak{y}$ von s. Dies ist ein System von zwei gewöhnlichen Differentialgleichungen, das sich vereinfacht, wenn wir statt s die Veränderliche T einführen, die durch

$$(4) \qquad T = \int_0^s \frac{ds}{r}$$

definiert ist, vgl. (26), S. 234. Dann kommt statt (3):

$$(5) \qquad \frac{d\mathfrak{x}}{dT} = \mathfrak{y} - r, \qquad \frac{d\mathfrak{y}}{dT} = -\mathfrak{x}.$$

Das Mißliche an diesen beiden Differentialgleichungen ist, daß jede die **beiden** gesuchten Funktionen $\mathfrak{x}$, $\mathfrak{y}$ enthält. Aber diesen Übelstand beseitigen wir, indem wir zunächst:

$$(6) \qquad X = \mathfrak{x} + i\mathfrak{y}, \qquad Y = \mathfrak{x} - i\mathfrak{y}$$

zu bestimmen suchen. Es ist ja nach (5):

$$(7) \qquad \frac{dX}{dT} = -iX - r, \qquad \frac{dY}{dT} = iY - r.$$

Jetzt enthält jede Differentialgleichung nur eine unbekannte Funktion X bzw. Y. Die erste ist leicht zu integrieren, denn e^{-iT} gibt differenziert $-ie^{-iT}$, und diese Bemerkung führt dazu, zu versuchen, eine Größe u so zu bestimmen, daß

$$X = ue^{-iT}$$

wird. Da dann $dX : dT$ den Wert

$$\frac{dX}{dT} = \frac{du}{dT}e^{-iT} - iue^{-iT}$$

hat und andererseits nach der ersten Gleichung (7) gleich $-iue^{-iT}-r$ sein soll, wird gefordert:

$$\frac{du}{dT}=-re^{iT}.$$

Hieraus ergibt sich

$$u=-\int re^{iT}\,dT$$

und somit:

$$X=-e^{-iT}\int re^{iT}\,dT.$$

Die zweite Gleichung (7) gibt entsprechend:

$$Y=-e^{iT}\int re^{-iT}\,dT.$$

Da $e^{iT}=\cos T+i\sin T$ ist, können wir X und Y in je zwei Teile zerlegen. Dies gibt für X den Wert:

$$X=-\cos T\int r\cos T\,dT-\sin T\int r\sin T\,dT+$$
$$+\,i\left[\sin T\int r\cos T\,dT-\cos T\int r\sin T\,dT\right]$$

und für Y den konjugierten Wert, so daß aus (6) schließlich folgt:

$$(8)\quad \begin{cases} \mathfrak{x}=-\cos T\int r\cos T\,dT-\sin T\int r\sin T\,dT,\\ \mathfrak{y}=\sin T\int r\cos T\,dT-\cos T\int r\sin T\,dT.\end{cases}$$

Hiermit sind die allgemeinen Lösungen der Differentialgleichungen (5) gefunden.

Nach (1) sind demnach:

$$(9)\quad \begin{cases} \bar{x}=x-(\alpha\cos T-l\sin T)\int r\cos T\,dT-(\alpha\sin T+l\cos T)\int r\sin T\,dT,\\ \bar{y}=y-(\beta\cos T-m\sin T)\int r\cos T\,dT-(\beta\sin T+m\cos T)\int r\sin T\,dT,\\ \bar{z}=z-(\gamma\cos T-n\sin T)\int r\cos T\,dT-(\gamma\sin T+n\cos T)\int r\sin T\,dT \end{cases}$$

die Gleichungen der Planevolventen. Sie enthalten die beiden Integrale:

$$\int r\cos T\,dT,\qquad \int r\sin T\,dT,$$

von denen jedes eine willkürliche Konstante hat, so daß tatsächlich ∞^2 Planevolventen vorliegen. Da nach (4)

$$r\,dT=ds$$

ist, können wir die Gleichungen (9) auch so schreiben:

$$
(10)\quad\left\{\begin{aligned}
\bar{x} &= x-(\alpha\cos T-l\sin T)\int\cos T\,ds-(\alpha\sin T+l\cos T)\int\sin T\,ds,\\
\bar{y} &= y-(\beta\cos T-m\sin T)\int\cos T\,ds-(\beta\sin T+m\cos T)\int\sin T\,ds,\\
\bar{z} &= z-(\gamma\cos T-n\sin T)\int\cos T\,ds-(\gamma\sin T+n\cos T)\int\sin T\,ds,
\end{aligned}\right.
$$

wobei dann T die durch

$$T=\int_0^s\frac{ds}{r}$$

definierte Funktion von s ist. In § 7 werden wir erkennen, wie man die Planevolventen einer gegebenen Kurve auf mechanischem Wege erzeugen kann (vgl. S. 414).

Die ∞^2 Planevolventen (10) einer Kurve c durchbohren die Schmiegungsebenen der Kurve c senkrecht. Daher haben, wie schon oben gesagt, die Planevolventen sämtlich diese Schmiegungsebenen zu Normalebenen. Man erkennt hieraus, daß auch ein anderes Problem zu den Planevolventen einer Kurve führt: Es sei eine Kurve C gegeben; gesucht werden die orthogonalen Trajektorien ihrer Normalebenen. Nach Satz 22 sind sie zusammen mit C die Planevolventen des Ortes der Mitten der Schmiegungskugeln von C, und alle diese Planevolventen haben dieselben Schmiegungskugelmittelpunkte.

Wir wollen — um dies Problem analytisch zu behandeln — jetzt unter x, y, z die Koordinaten längs der gegebenen Kurve C verstehen und die üblichen übrigen Bezeichnungen ebenfalls bei C benutzen. Ferner sollen $\mathfrak{x}, \mathfrak{y}$ die rechtwinkligen Koordinaten desjenigen Punktes $(\bar{x}, \bar{y}, \bar{z})$ oder $\bar{P}$ bedeuten, in dem eine gesuchte Trajektorie die Normalebene des Punktes (x, y, z) oder P von C durchbohrt, bezogen auf die Haupt- und Binormale von P als Achsen. Dann wird

$$(11)\quad \bar{x}=x+l\mathfrak{x}+\lambda\mathfrak{y},\quad \bar{y}=y+m\mathfrak{x}+\mu\mathfrak{y},\quad \bar{z}=z+n\mathfrak{x}+\nu\mathfrak{y},$$

wie sich analog (1) ergibt. Nun sind $\mathfrak{x}, \mathfrak{y}$ so als Funktionen der Bogenlänge s von C zu bestimmen, daß die Kuvre (11) die Normalebenen von C senkrecht durchbohrt, d. h. daß:

$$\mathbf{S}\,l\frac{d\bar{x}}{ds}=0,\quad \mathbf{S}\,\lambda\frac{d\bar{x}}{ds}=0$$

wird. Nach (11) ist aber wegen III (*B*):

$$\frac{d\bar{x}}{ds}=\alpha-\left(\frac{\alpha}{r}+\frac{\lambda}{\varrho}\right)\mathfrak{x}+\frac{l}{\varrho}\mathfrak{y}+l\frac{d\mathfrak{x}}{ds}+\lambda\frac{d\mathfrak{y}}{ds},$$

so daß nach II (A) zu fordern ist:

$$\frac{\mathfrak{y}}{\varrho} + \frac{d\mathfrak{x}}{ds} = 0, \quad -\frac{\mathfrak{x}}{\varrho} + \frac{d\mathfrak{y}}{ds} = 0$$

oder:

$$(12) \qquad \frac{d\mathfrak{x}}{ds} = -\frac{\mathfrak{y}}{\varrho}, \quad \frac{d\mathfrak{y}}{ds} = \frac{\mathfrak{x}}{\varrho}$$

Führen wir als unabhängige Veränderliche statt s die Größe

$$(13) \qquad B = \int_0^s \frac{ds}{\varrho}$$

ein, vgl. (26), S. 234, so wird:

$$(14) \qquad \frac{d\mathfrak{x}}{dB} = -\mathfrak{y}, \quad \frac{d\mathfrak{y}}{dB} = \mathfrak{x}.$$

Diese Differentialgleichungen sind noch einfacher als die Gleichungen (5) und lassen sich nach derselben Methode integrieren. Sie geben:

$$(15) \qquad \mathfrak{x} = \mathfrak{a}\cos B - \mathfrak{b}\sin B, \quad \mathfrak{y} = \mathfrak{a}\sin B + \mathfrak{b}\cos B.$$

Dabei bedeuten $\mathfrak{a}$ und $\mathfrak{b}$ beliebige Konstanten. Nach (11) und (13) sind somit

$$(16) \qquad \begin{cases} \bar{x} = x + (\mathfrak{a}\,l + \mathfrak{b}\,\lambda)\cos\int_0^s \frac{ds}{\varrho} - (\mathfrak{b}\,l - \mathfrak{a}\,\lambda)\sin\int_0^s \frac{ds}{\varrho}, \\ \bar{y} = y + (\mathfrak{a}\,m + \mathfrak{b}\,\mu)\cos\int_0^s \frac{ds}{\varrho} - (\mathfrak{b}\,m - \mathfrak{a}\,\mu)\sin\int_0^s \frac{ds}{\varrho}, \\ \bar{z} = z + (\mathfrak{a}\,n + \mathfrak{b}\,\nu)\cos\int_0^s \frac{ds}{\varrho} - (\mathfrak{b}\,n - \mathfrak{a}\,\nu)\sin\int_0^s \frac{ds}{\varrho} \end{cases}$$

die Gleichungen der ∞^2 orthogonalen Trajektorien der Normalebenen der gegebenen Kurve C.

In entsprechenden Punkten, d. h. für denselben Wert von s, haben alle ∞^2 Kurven (16) dieselbe Tangentenrichtung, nämlich $(\alpha:\beta:\gamma)$. Alle ∞^2 Kurven sind daher als die Parallelkurven der Kurve C zu bezeichnen. Nach (11), (16) und II (A) ist noch:

$$\mathbf{S}(\bar{x} - x)^2 = \mathfrak{x}^2 + \mathfrak{y}^2 = \mathfrak{a}^2 + \mathfrak{b}^2.$$

Entsprechende Punkte P und $\bar{P}$ der Kurve C und einer Kurve (16) haben hiernach einen konstanten Abstand voneinander.

Noch mehr: Der Punkt P hat in der Normalebene von P die rechtwinkligen Koordinaten $\mathfrak{x}$, $\mathfrak{y}$, bezogen auf das Achsenkreuz der Haupt- und Binormalen von P. Diese Koordinaten $\mathfrak{x}$, $\mathfrak{y}$ ändern sich in Gemäßheit von (15) mit s, d. h. wenn P längs der Kurve C wandert. Nach (1), S. 14, stellen die Gleichungen (15) eine Drehung um den Anfangspunkt P des $\mathfrak{x}\mathfrak{y}$-Systems dar. Wächst s um ds, so wachsen $\mathfrak{x}$ und $\mathfrak{y}$ nach (14) um:

$$d\mathfrak{x} = -\mathfrak{y}\, dB, \quad d\mathfrak{y} = \mathfrak{x}\, dB.$$

Das Differential des Drehwinkels ist dabei also gleich dem Torsionswinkel dB von C (vgl. S. 235). Mithin gilt der

Satz 23: Die Parallelkurven einer gegebenen Kurve C können dadurch erzeugt werden, daß man eine Ebene E so in Bewegung setzt, daß einer ihrer Punkte P die Kurve C beschreibt und sie selbst dabei beständig die Normalebene dieses Punktes der Kurve bleibt, aber in sich im Sinne der Drehung von der Hauptnormalen zur Binormalen so um P gedreht wird, daß der Drehungswinkel um den Torsionswinkel dB wächst, sobald P längs der Kurve C um das Bogenelement ds fortschreitet. Jeder Punkt der Ebene E beschreibt alsdann eine Parallelkurve zu C. Alle Parallelkurven haben denselben Ort der Mittelpunkte der Schmiegungskugeln und sind zusammen mit C die Planevolventen dieses Ortes.

Aus (16) folgt durch Differentiation nach s wegen III (C):

$$\frac{d\bar{x}}{ds} = \alpha\left[1 - \frac{\mathfrak{a}}{r}\cos\int_0^s \frac{ds}{\varrho} + \frac{\mathfrak{b}}{r}\sin\int_0^s \frac{ds}{\varrho}\right].$$

Wenn wir mit überstrichenen Buchstaben die auf die Parallelkurven (16) bezüglichen Größen bezeichnen, folgt hieraus, da $d\bar{s}^2 = d\bar{x}^2 + d\bar{y}^2 + d\bar{z}^2$ ist:

$$\left(\frac{d\bar{s}}{ds}\right)^2 = \left[1 - \frac{\mathfrak{a}}{r}\cos\int_0^s \frac{ds}{\varrho} + \frac{\mathfrak{b}}{r}\sin\int_0^s \frac{ds}{\varrho}\right]^2.$$

Wir können nun die Parallelkurven so orientieren, daß

$$\frac{d\bar{s}}{ds} = 1 - \frac{\mathfrak{a}}{r}\cos\int_0^s \frac{ds}{\varrho} + \frac{\mathfrak{b}}{r}\sin\int_0^s \frac{ds}{\varrho} \tag{17}$$

wird. Weil sich für $\mathfrak{a} = \mathfrak{b} = 0$ die ursprüngliche Kurve C ergibt und alle Parallelkurven eine stetige Schar bilden, richten wir also die Orientierung so ein, wie sie von der Kurve $\bar C$ naturgemäß bestimmt wird. Nun kommt

(18) $$\bar\alpha = \frac{d\bar x}{d\bar s} = \frac{d\bar x}{ds} : \frac{d\bar s}{ds} = \alpha, \quad \bar\beta = \beta, \quad \bar\gamma = \gamma.$$

Nach III ($\bar C$) ist ferner:

$$\frac{\bar l}{\bar r} = \frac{d\bar\alpha}{d\bar s} = \frac{d\bar\alpha}{ds} : \frac{d\bar s}{ds} = \frac{d\alpha}{ds} : \frac{d\bar s}{ds} = \frac{l}{r} : \frac{d\bar s}{ds}$$

oder, wenn man zur Abkürzung

(19) $$p = 1 - \frac{\mathfrak{a}}{r}\cos\int_0^s \frac{ds}{\varrho} + \frac{\mathfrak{b}}{r}\sin\int_0^s \frac{ds}{\varrho}$$

setzt:

$$\frac{\bar l}{\bar r} = \frac{l}{rp}, \quad \frac{\bar m}{\bar r} = \frac{m}{rp}, \quad \frac{\bar n}{\bar r} = \frac{n}{rp}.$$

Quadrieren und Addieren aller drei Gleichungen gibt $\bar r^2 = r^2 p^2$. Demnach wird

(20) $$\bar r = \varepsilon r p,$$

wobei $\varepsilon = \pm 1$ und zwar im reellen Falle gleich $+1$ oder -1 zu wählen ist, je nachdem p positiv oder negativ wird, weil $\bar r$ im reellen Falle positiv sein soll (nach S. 231). Außerdem kommt:

(21) $$\bar l = \varepsilon l, \quad \bar m = \varepsilon m, \quad \bar n = \varepsilon n.$$

Nach (18) und (21) ist wegen II ($\bar C$):

(22) $$\bar\lambda = \varepsilon\lambda, \quad \bar\mu = \varepsilon\mu, \quad \bar\nu = \varepsilon\nu.$$

Nun gibt III ($\bar C$) ferner

$$\frac{\bar l}{\bar\varrho} = \frac{d\bar\lambda}{d\bar s} = \varepsilon\frac{d\lambda}{ds} : \frac{d\bar s}{ds} = \frac{\varepsilon l}{\varrho p},$$

daher (21) schließlich noch:

(23) $$\bar\varrho = \varrho p.$$

Hiermit sind die auf die Parallelkurven bezüglichen Elemente berechnet.

Die Formeln (20) und (21) zeigen, daß

$$d\bar T = \frac{d\bar s}{\bar r} = \varepsilon\frac{ds}{r} = \varepsilon\, dT$$

ist, also zu entsprechenden Bogenelementen abgesehen vom Vorzeichen gleiche Kontingenzwinkel gehören, was geometrisch einleuchtet. Die auf die Parallelkurven bezüglichen Formeln sind in Tafel VIII im Anhange zusammengestellt.

Liegt eine Schraubenlinie C vor, d. h. ist $r:\varrho$ nach S. 302 konstant, so ist nach (20) und (23) auch $\bar{r}:\bar{\varrho} = \pm r:\varrho$ konstant.

Satz 24: Die Parallelkurven einer Schraubenlinie sind ebenfalls Schraubenlinien.

Insgesamt lehren die Formeln (18), (21) und (22):

Satz 25: Die begleitenden Dreikante sind bei Parallelkurven — abgesehen von der Orientierung der Haupt- und Binormalen — immer in entsprechenden Punkten einander parallel.

Mit den orthogonalen Trajektorien der Normalebenen einer Kurve C, d. h. also mit den Parallelkurven von C, dürfen gewisse andere Kurven nicht verwechselt werden, von denen man vielleicht bei flüchtiger Überlegung glauben möchte, daß sie mit jenen identisch seien: Bewegen wir nämlich eine Ebene E entlang C so, daß ein in ihr gelegenes Achsenkreuz beständig das Kreuz der Haupt- und Binormalen der Kurve C bildet, so beschreibt jeder mit dem Achsenkreuze fest verbundene Punkt der Ebene E eine Kurve. Sie wird durch (11) dargestellt, wenn darin $\mathfrak{x}$ und $\mathfrak{y}$ Konstanten bedeuten, und hat also die Gleichungen:

$$\bar{x} = x + \mathfrak{a} l + \mathfrak{b} \lambda, \quad \bar{y} = y + \mathfrak{a} m + \mathfrak{b} \mu, \quad \bar{z} = z + \mathfrak{a} n + \mathfrak{b} \nu, \tag{24}$$

die von den Gleichungen (16) der Parallelkurven wesentlich verschieden sind.

Die Parallelkurven von C sind nur dann Kurven von dieser Art, wenn auch bei ihnen $\mathfrak{x}$ und $\mathfrak{y}$ konstant sind, was nach (12) nur dann eintritt, wenn $1:\varrho = 0$, also C eben ist (nach Satz 17, S. 244).

§ 7. Die Polarfläche einer Kurve.

Die Normalebenen einer Kurve c bilden eine einfach unendliche Schar. Im allgemeinen werden sie nicht sämtlich durch einen Punkt gehen und auch nicht sämtlich eine Richtung gemein haben, sondern nach Satz 12, S. 380, von der Tangentenfläche einer gewissen Kurve $\bar{c}$ eingehüllt werden. Sie sind dabei die Schmiegungsebenen von $\bar{c}$. Die Schnittgeraden je zweier unendlich benachbarter Ebenen der Schar sind die Tangenten von $\bar{c}$ und die Schnittpunkte je dreier die Punkte von $\bar{c}$ (vgl. Satz 11, S. 380). Nach Satz 47, S. 320, und Satz 49, S. 322, hat daher $\bar{c}$ die Krümmungsachsen oder Polaren von c zu Tangenten und die Mittelpunkte der Schmiegungskugeln von c zu Punkten, so daß $\bar{c}$ der Ort der Mittelpunkte der Schmiegungskugeln von c ist, der schon gelegentlich in § 6 vorkam (vgl. z. B. Satz 22, S. 396). Da die Tangentenfläche von $\bar{c}$ von den Polaren von c erzeugt wird, heißt sie die **Polarfläche** von c.[1]

Nach Satz 44, S. 317, sind

$$(1)\quad \bar{x} = x + r l - \varrho r' \lambda, \quad \bar{y} = y + r m - \varrho r' \mu, \quad \bar{z} = z + r n - \varrho r' \nu$$

die Koordinaten der Mitte $(\bar{x}, \bar{y}, \bar{z})$ der Schmiegungskugel des Punktes (x, y, z) der Kurve c. Sie sind hierdurch als Funktionen von s, der Bogenlänge von c, dargestellt. Es liegt demnach in (1) eine Parameterdarstellung der Kurve $\bar{c}$ vor. Die auf die Kurve $\bar{c}$ bezüglichen Größen seien wieder durch überstrichene Buchstaben bezeichnet. Die Ableitungen von $\bar{x}, \bar{y}, \bar{z}$ nach s stehen schon in (10), S. 318, wo $\bar{x}, \bar{y}, \bar{z}$ mit A, B, C bezeichnet worden waren. Es ist also:

$$\frac{d\bar{x}}{ds} = -\lambda\left(\frac{r}{\varrho} + r'\varrho' + r''\varrho\right)$$

usw. Hieraus folgt durch Quadrieren und Addieren:

$$\left(\frac{d\bar{s}}{ds}\right)^2 = \left(\frac{r}{\varrho} + r'\varrho' + r''\varrho\right)^2,$$

so daß wir

$$(2)\quad \frac{d\bar{s}}{ds} = \varepsilon\left(\frac{r}{\varrho} + r'\varrho' + r''\varrho\right) = \varepsilon p$$

zu setzen haben, wenn wir unter ε eine der Zahlen ± 1 verstehen. Wählen wir $\varepsilon = +1$ oder $\varepsilon = -1$ im reellen Falle, je nachdem

$$(3)\quad p = \frac{r}{\varrho} + r'\varrho' + r''\varrho \gtreqless 0$$

ist, so hat $\bar{c}$ dieselbe Orientierung wie c. Es wird nun:

$$(4)\quad \bar{\alpha} = \frac{d\bar{x}}{ds} : \frac{d\bar{s}}{ds} = -\varepsilon\lambda, \quad \bar{\beta} = -\varepsilon\mu, \quad \bar{\gamma} = -\varepsilon\nu.$$

Weiter kommt nach III (C):

$$\frac{\bar{l}}{\bar{r}} = \frac{d\bar{\alpha}}{ds} : \frac{d\bar{s}}{ds} = -\frac{l}{\varrho p}, \quad \frac{\bar{m}}{\bar{r}} = -\frac{m}{\varrho p}, \quad \frac{\bar{n}}{\bar{r}} = -\frac{n}{\varrho p},$$

so daß die Summe der Quadrate gibt:

$$\frac{1}{\bar{r}^2} = \frac{1}{\varrho^2 p^2}.$$

[1] So genannt und zuerst untersucht wurde sie von Monge in der auf S. 219 erwähnten Abhandlung von 1771.

Hiernach ist

(5) $$\bar r = \varepsilon\varepsilon'\varrho p,$$

wobei ε' eine der Zahlen ± 1 bedeutet. Da $\bar r$ im reellen Falle positiv sein soll (nach S. 231) und εp nach der oben getroffenen Festsetzung im reellen Falle positiv ist, hat man dann $\varepsilon' = +1$ oder -1 zu wählen, je nachdem die Torsion $1:\varrho$ von c positiv oder negativ ist. Weiterhin kommt:

(6) $$\bar l = -\varepsilon\varepsilon' l, \quad \bar m = -\varepsilon\varepsilon' m, \quad \bar n = -\varepsilon\varepsilon' n.$$

Nach II (C) folgt aus (4) und (6):

(7) $$\bar\lambda = -\varepsilon'\alpha, \quad \bar\mu = -\varepsilon'\beta, \quad \bar\nu = -\varepsilon'\gamma.$$

Um schließlich noch $\bar\varrho$ zu berechnen, differenzieren wir die erste Formel (7) nach $\bar s$ und erhalten wegen III (C):

$$\frac{\bar l}{\bar\varrho} = -\varepsilon'\frac{d\mu}{ds} : \frac{d\bar s}{ds} = -\varepsilon\varepsilon'\frac{l}{rp}$$

oder nach (6):

(8) $$\bar\varrho = rp.$$

Zu diesen Formeln ist nun zu bemerken, daß sie natürlich nur dann einen Sinn haben, wenn die Mittelpunkte aller Schmiegungskugeln von c tatsächlich eine Kurve bilden. Untersuchen wir daher, wann dies nicht der Fall ist. Dabei wird immer vorausgesetzt, daß der Begriff der Schmiegungskugeln vorhanden sei, die Kurve c sei nämlich weder eine Gerade noch eine Minimalkurve erster oder zweiter Ordnung. Nach (1) ist $1:\varrho \neq 0$ anzunehmen, d. h. die Kurve c darf nicht eben sein (vgl. Satz 14, S. 241). Wegen

$$\frac{d\bar x}{ds} = -\lambda\left(\frac{r}{\varrho} + r'\varrho' + r''\varrho\right)$$

usw. reduziert sich der Ort der Mittelpunkte der Schmiegungskugeln auf einen Punkt, wenn der Ausdruck (3) überall gleich Null ist. d. h. nach S. 318, 319, wenn c eine nicht ebene sphärische Kurve ist. Ferner ist die Kurve $\bar c$ eine Gerade, bei der der Begriff der Torsion $1:\bar\varrho$ gar nicht existiert, falls $\bar\alpha$, $\bar\beta$ und $\bar\gamma$ konstante Werte haben. Dies tritt nun nach (4) nur dann ein, wenn λ, μ, ν konstante Werte haben, d. h. wenn alle Binormalen der Kurve c einander parallel sind. Da $\lambda' = l:\varrho$ usw. nach III (C) ist, muß dann wieder $1:\varrho = 0$ sein. Wir schließen daher bei der allgemeinen Betrachtung des Ortes $\bar c$ der Mittelpunkte der Schmiegungskugeln einer Kurve c mehrere Fälle aus: Die Kurve c soll weder eine Minimalkurve erster oder zweiter Ordnung noch sphärisch und insbesondere auch nicht eben und nicht geradlinig sein. Infolge von (4), (6) und (7) können wir nun sagen:

Satz 26: Eine Kurve und der Ort der Mitten ihrer Schmiegungskugeln haben parallele Hauptnormalen, während die Tangenten einer der beiden Kurven zu den Binormalen der anderen in entsprechenden Punkten parallel sind.

Wegen III (*D*) und III (*E*) ergibt sich aus (5) und (8):

$$d\bar{T} = \varepsilon' d B, \qquad d\bar{B} = \varepsilon d T,$$

so daß insbesondere der Satz gilt:

Satz 27: Abgesehen von den Vorzeichen ist der Kontingenzwinkel bzw. Torsionswinkel einer Kurve gleich dem Torsionswinkel bzw. Kontingenzwinkel der Kurve der Mitten ihrer Schmiegungskugeln.[1]

Hat die Kurve *c* konstante Krümmung, so fällt der Ort (1) der Mitten ihrer Schmiegungskugeln mit dem Orte

$$\mathfrak{x} = x + r l, \quad \mathfrak{y} = y + r m, \quad \mathfrak{z} = z + r n$$

der Krümmungsmittelpunkte, vgl. (7), S. 251, zusammen, da dann $r' = 0$ ist. Nach (3) ist dabei $p = r : \varrho$ und also nach (5) auch $\bar{r} = \pm r$. Die Kurve $\bar{c}$ hat somit in diesem Falle dieselbe konstante Krümmung wie die Kurve *c*, abgesehen vom Vorzeichen.

Umgekehrt: Die Mitten der Schmiegungskugeln fallen mit den Mitten der Krümmungskreise nur dann zusammen, wenn $\varrho r' = 0$ ist. Der Fall $r' = 0$ liefert die Kurven konstanter Krümmung, der Fall $\varrho = 0$ kommt dagegen überhaupt nicht vor. Wir haben also den

Satz 28: Die Mitten der Schmiegungskugeln einer Kurve fallen nur dann mit den Mitten der Krümmungskreise zusammen, wenn die Kurve konstante Krümmung hat. Alsdann hat der Ort der Mitten dieselbe konstante Krümmung, abgesehen vom Vorzeichen.

Die Polarfläche, der Ort der Krümmungsachsen von *c*, stellt sich nach (12), S. 319, in den laufenden Koordinaten *X*, *Y*, *Z* so dar:

$$(9) \qquad X = x + r l + \sigma \lambda, \quad Y = y + r m + \sigma \mu, \quad Z = z + r n + \sigma \nu,$$

ausgedrückt durch die Parameter *s* und σ. Insbesondere gibt die Annahme $\sigma = -\varrho r'$ die Gratlinie dieser Fläche, nämlich den Ort (1) der Mitten der Schmiegungskugeln von *c*.

---

[1] Satz von LANCRET 1802 (vgl. die Anmerkung zu S. 203).

Die Polarfläche (9) hat nun auch für die Filarevoluten eine Bedeutung. Wir wollen nämlich die auf S. 395 aufgeworfene Frage beantworten, ob eine gegebene Kurve c als Filarevolvente einer anderen, gesuchten Kurve C aufgefaßt werden kann. Nach S. 392 muß die gesuchte Kurve C zu Tangenten solche Geraden haben, die die gegebene Kurve c senkrecht schneiden, also Normalen von c sind. Sind aber P und P' zwei benachbarte Punkte von c, so schneiden sich zwei Normalen von P und P', wenn sie nicht überhaupt windschief sind, nur auf der Schnittlinie der Normalebenen von P und P', d. h., falls P' nach P strebt, auf einer Krümmungsachse oder Erzeugenden der Polarfläche (9) der Kurve c. Die gesuchte Kurve C muß also auf der Polarfläche von c liegen (siehe Fig. 101).

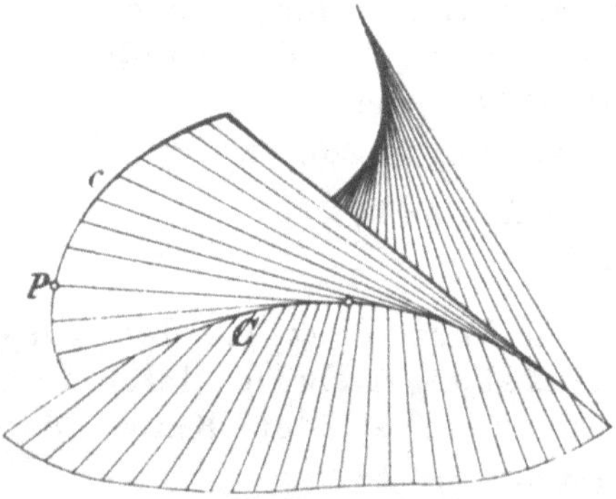

Fig. 101.

Unsere Aufgabe ist daher, auf der Polarfläche von c eine Kurve C so zu bestimmen, daß ihre Tangenten die Kurve c senkrecht schneiden. Wenn aber eine Tangente der Polarfläche die Kurve c trifft, ist sie ohne weiteres auch eine Normale von c. Wir brauchen also nur zu verlangen, daß die Tangenten der Kurve C die Kurve c schneiden.

Die Größe σ in (9) ist nach S. 319 die Strecke auf der Krümmungsachse des Punktes (x, y, z) von c, gemessen vom Krümmungsmittelpunkte $(x + r\,l,\ y + r\,m,\ z + r\,n)$ bis zum Punkte (X, Y, Z). Wenn also der Punkt (X, Y, Z) eine Kurve C auf der Polarfläche beschreiben soll, muß diese Strecke σ mit fortschreitendem Punkte (x, y, z) oder (s) variieren, also eine Funktion von s sein. Fassen wir mithin σ als irgend eine Funktion von s auf, so geben die Gleichungen (9) irgend eine Kurve C auf der Polarfläche, dargestellt mittels des Parameters s. Wir verlangen, daß die Tangente dieser Kurve den Punkt (x, y, z) von c enthalte, d. h. daß sich die vollständigen Ableitungen von X, Y, Z nach s, die ja den Richtungskosinus der Tangente von C proportional sind, zu einander verhalten wie $X - x,\ Y - y,\ Z - z$. Nun aber ist nach (9), III (B) und III (C):

$$\frac{dX}{ds} = \left(r' + \frac{\sigma}{\varrho}\right) l + \left(-\frac{r}{\varrho} + \sigma'\right) \lambda$$

und andererseits:

$$X - x = r l + \sigma \lambda.$$

Die Bedingung der Proportionalität liefert somit:

$$\frac{r' + \frac{\sigma}{\varrho}}{r} = \frac{-\frac{r}{\varrho} + \sigma'}{\sigma}$$

oder

$$\frac{d\sigma}{ds} = \frac{r}{\varrho} + \frac{r'}{r}\sigma + \frac{1}{r\varrho}\sigma^2. \tag{10}$$

Dies ist eine spezielle RICCATIsche Differentialgleichung für σ (nach S. 291) und läßt sich integrieren, wenn man statt σ zunächst die Größe $u = \sigma : r$ zu bestimmen versucht. Wegen $\sigma = r u$ und

$$\frac{d\sigma}{ds} = r' u + r \frac{du}{ds}$$

gibt sie nämlich für u die Bedingung:

$$\frac{du}{1 + u^2} = \frac{ds}{\varrho}$$

oder

$$\operatorname{arc\,tg} u = \int_0^s \frac{ds}{\varrho} + a \qquad (a = \text{konst.}),$$

woraus folgt:

$$u = \operatorname{tg}\left(\int_0^s \frac{ds}{\varrho} + a\right)$$

und daher:

$$\sigma = r \operatorname{tg}\left(\int_0^s \frac{ds}{\varrho} + a\right). \tag{11}$$

Dies ist die allgemeine Lösung σ der RICCATIschen Gleichung (10). Setzen wir sie in (9) ein, so kommt:

$$\left\{\begin{aligned} X &= x + r l + r \lambda \operatorname{tg}\left(\int_0^s \frac{ds}{\varrho} + a\right), \\ Y &= y + r m + r \mu \operatorname{tg}\left(\int_0^s \frac{ds}{\varrho} + a\right), \\ Z &= z + r n + r \nu \operatorname{tg}\left(\int_0^s \frac{ds}{\varrho} + a\right). \end{aligned}\right. \tag{12}$$

Diese Gleichungen stellen eine Kurve C dar, ausgedrückt durch den Parameter s, und diese Kurve ist eine Filarevolute der gegebenen Kurve c (vgl. S. 408). Da die Konstante a beliebig gewählt werden kann, folgt, daß die Kurve c ∞^1 Filarevoluten hat.[1]

Wir hätten die Filarevoluten auch dadurch ableiten können, daß wir die Strecken τ bestimmten, die von ihnen auf den Tangenten der Gratlinie (1) der Polarfläche abgeschnitten werden. Rückwärts können wir mit Hilfe von (12) die Länge dieser Strecken bestimmen. Da nämlich $\bar{\alpha}$, $\bar{\beta}$, $\bar{\gamma}$ die Richtungskosinus der Tangente der Kurve (1) sind, muß

$$(13) \qquad X = \bar{x} + \bar{\alpha}\tau, \qquad Y = \bar{y} + \bar{\beta}\tau, \qquad Z = \bar{z} + \bar{\gamma}\tau$$

sein. Setzen wir hierin die Werte (12), (1) und (4) ein, so ergibt sich leicht:

$$(14) \qquad \tau = -\varepsilon\left[\varrho r' + r \operatorname{tg}\left(\int_0^s \frac{ds}{\varrho} + a\right)\right].$$

Eine deutliche Vorstellung von der Lage der Kurven C gewinnen wir, wenn wir die gegebene Kurve c zunächst durch ein Polygon $p_1 p_2 p_3 p_4 \ldots$ ersetzen, das verhältnismäßig wenig von einer stetigen Kurve abweicht (siehe die obere Fig. 102). Als Normalebene N_1 von p_1 können wir dann die Ebene auffassen, die in p_1 auf $p_1 p_2$ senkrecht steht, usw. Die Schnittlinie von N_1 und N_2 ist die Krümmungsachse k_1 von p_1, usw. Die Krümmungsachsen k_1 und k_2 oder also die drei Normalebenen N_1, N_2, N_3 treffen sich in einem Punkte $\bar{p}_1$, der die Rolle des Mittelpunktes der Schmiegungskugel für p_1 spielt. Entsprechend ergeben sich $\bar{p}_2$, $\bar{p}_3$, ... Das Polygon $\bar{p}_1 \bar{p}_2 \bar{p}_3 \ldots$ ersetzt uns die Gratlinie $\bar{c}$ der Polarfläche. Die Polarfläche selbst ist durch das Gebilde dargestellt, das aus den spitzen Winkelfeldern N_1, N_2, N_3, ... besteht. Wir wählen nun auf k_1 irgend einen Punkt P_1 und ziehen $P_1 p_1$. Diese Gerade ist eine Normale von p_1, denn sie liegt in der Ebene N_1. Die Gerade $P_1 p_2$ liegt in der Ebene N_2 und ist also eine Normale von p_2. Sie treffe k_2 in P_2. Die Gerade $P_2 p_3$ liegt nun in der Ebene N_3 und ist daher eine Normale von p_3. Sie möge k_3 etwa in P_3 treffen, usw. So konstruieren wir ein Polygon $P_1 P_2 P_3 \ldots$ auf der Polarfläche, dessen Seiten Normalen von p_1, p_2, p_3, ... sind. Gehen wir statt von P_1

---

[1] Die Filarevoluten wurden von LANCRET 1802 (siehe Anm. auf S. 203) durch Quadratur bestimmt, nachdem MONGE 1785 ihre Differentialgleichungen aufgestellt hatte, ohne sich mit ihrer Integration zu beschäftigen (in den Mémoires des Savants étrangers de l'Inst. T. X).

von einem anderen Punkte Q_1 auf k_1 aus, so liefert dieselbe Konstruktion ein anderes derartiges Polygon $Q_1 Q_2 Q_3 \ldots$. Man beachte, daß die Konstruktionen nur innerhalb der Ebenen $N_1, N_2, N_3, \ldots$ ausgeführt werden. Die verschiedenen Polygone $P_1 P_2 P_3 \ldots, Q_1 Q_2 Q_3 \ldots$ ersetzen uns Kurven, ihre Seiten die Tangenten der Kurven, und da die Seiten Normalen von $p_1, p_2, p_3 \ldots$ sind, wird man die Polygone $P_1 P_2 P_3 \ldots, Q_1 Q_2 Q_3 \ldots$ als Filarevoluten des Polygons $p_1 p_2 p_3 \ldots$ bezeichnen. Sie ersetzen uns also die Kurven C.

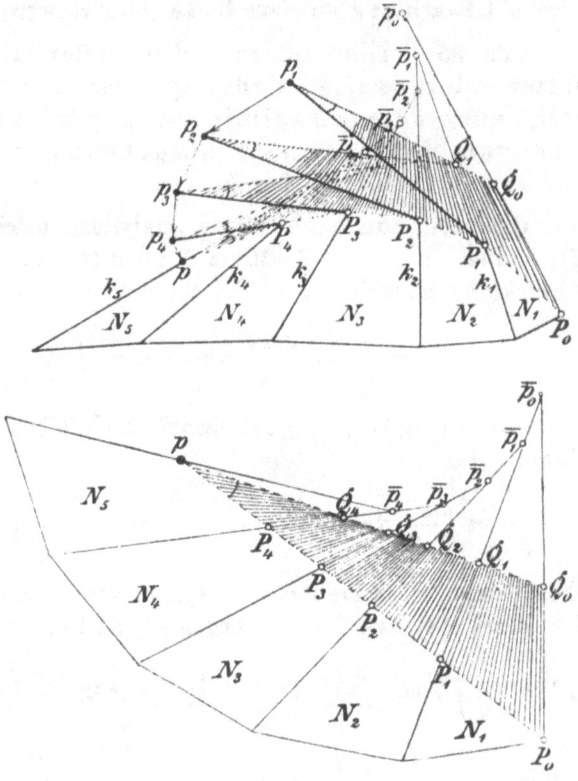

Fig. 102.

Wir denken uns nun p_1 durch das Winkelfeld $P_1 p_1 Q_1$ mit der Ebene N_1 starr verbunden, ebenso p_2 durch das Winkelfeld $P_2 p_2 Q_2$ mit der Ebene N_2 usw., nicht aber p_1 mit p_2, p_2 mit p_3 usw., und breiten die Polarfläche $N_1 N_2 N_3 \ldots$ auf die Ebene aus (siehe die untere Fig. 102). Um N_1 und N_2 in eine Ebene zu bringen, müssen wir N_1 um einen kleinen Winkel um k_1 drehen, so daß p_1 einen kurzen Kreisbogen beschreibt, der in p_1 auf N_1 senkrecht steht. Da $p_1 p_2$ auch auf N_1 senkrecht steht, folgt, daß p_1 nach p_2 rückt, sobald N_1 so weit um k_1 gedreht wird, bis N_1 und N_2 eine Ebene bilden. Derselbe Schluß wiederholt sich: Wir drehen jetzt die Ebene $N_1 N_2$ um k_2 so weit, bis sie mit N_3 keine Kante mehr bildet; dabei rückt der Punkt p_2 (oder p_1) nach p_3 usw. Man erkennt, daß schließlich, wenn die ganze Polarfläche in die Ebene ausgebreitet ist, alle Punkte $p_1, p_2, p_3 \ldots$ in einem Punkt p zusammenliegen. Auch erkennt man, daß $p_1 P_1$ mit $p_2 P_2$, $p_3 P_3, \ldots$

zur Deckung kommt, ebenso $p_1 Q_1$ mit $p_2 Q_2$, $p_3 Q_3, \ldots$, so daß wir also zwei Geraden $P_1 P_2 P_3 \ldots$ und $Q_1 Q_2 Q_3 \ldots$ durch p erhalten. Die Filarevoluten von $p_1 p_2 p_3 \ldots$ werden mithin bei der Abwicklung zu Geraden, so daß wir nach S. 364 zunächst durch diese geometrische Betrachtung zu dem Satze geführt werden:

Satz 29: Eine Kurve, die weder eine Minimalkurve erster oder zweiter Ordnung noch sphärisch, also auch nicht eben oder geradlinig ist, hat ∞^1 Filarevoluten. Sie sind von einem Punkte ausgehende geodätische Linien auf der Polarfläche der Kurve.

Dies soll nun auch streng analytisch bewiesen werden. Nach (7), S. 354, geht die Gratlinie $\bar{c}$ oder (1) der Polarfläche bei der Abwicklung über in die ebene Kurve:

$$\mathfrak{x} = \int \cos \int \frac{d\bar{s}}{\bar{r}}\, d\bar{s}, \qquad \mathfrak{y} = \int \sin \int \frac{d\bar{s}}{\bar{r}}\, d\bar{s}.$$

Die Kurve C oder (13) geht ferner nach (8), S. 355, in die ebene Kurve

$$\mathfrak{X} = \int \cos \int \frac{d\bar{s}}{\bar{r}}\, d\bar{s} + \tau \cos \int \frac{d\bar{s}}{\bar{r}}, \qquad \mathfrak{Y} = \int \sin \int \frac{d\bar{s}}{\bar{r}}\, d\bar{s} + \tau \sin \int \frac{d\bar{s}}{\bar{r}}$$

über. Dabei darf man alle Integrale von 0 bis s erstrecken. Da τ den Wert (14) hat, kommt wegen (2) und (5):

$$\mathfrak{X} = \varepsilon \int p \cos \int \frac{ds}{\varrho}\, ds - \varepsilon \left[\varrho r' + r \operatorname{tg}\left(\int \frac{ds}{\varrho} + a\right)\right] \cos \int \frac{ds}{\varrho},$$

$$\mathfrak{Y} = \varepsilon\varepsilon' \int p \sin \int \frac{ds}{\varrho}\, ds - \varepsilon\varepsilon' \left[\varrho r' + r \operatorname{tg}\left(\int \frac{ds}{\varrho} + a\right)\right] \sin \int \frac{ds}{\varrho}.$$

Mit Rücksicht auf (3) findet man hieraus durch Differentiation:

$$\frac{d\mathfrak{Y}}{ds} : \frac{d\mathfrak{X}}{ds} = \varepsilon' \operatorname{ctg} a.$$

Dies ist konstant; die Kurven $(\mathfrak{X}, \mathfrak{Y})$ also, die bei der Abwicklung der Polarfläche von c in die Ebene aus den Filarevoluten C von c hervorgehen, sind Geraden, was zu beweisen war. Trifft die Kurve c ihre Polarfläche in p, so gehen alle Filarevoluten C durch p, und dies gilt auch nach der Abwicklung.

Wenn wir wie in Fig. 102 zwei Filarevoluten $P_1 P_2 P_3 \ldots$ und $Q_1 Q_2 Q_3 \ldots$ von c betrachten, so sehen wir, daß die Winkel $Q_1 p_1 P_1$,

$Q_2 p_2 P_2, \ldots$ einander gleich sind, da sie bei der Abwicklung miteinander zur Deckung kommen. Hieraus folgt:

Satz 30: Sind C_1 und C_2 zwei Filarevoluten einer Kurve c, so bilden diejenigen beiden Normalen eines Punktes p von c, die nach C_1 und C_2 gehen und Tangenten von C_1 und C_2 sind, längs der ganzen Kurve c einen konstanten Winkel miteinander.

Um auch dies analytisch zu bestätigen, suchen wir die Richtungskosinus A, B, Γ der Tangente der Filarevolute C. Da diese Tangente eine Normale von c ist, sind die Kosinus proportional $X - x$, $Y - y$, $Z - z$. Nach (12) aber ist:

$$X - x = r l + r \lambda \operatorname{tg}\left(\int \frac{ds}{\varrho} + a\right),$$

so daß

$$\mathbf{S}(X - x)^2 = \frac{r^2}{\cos^2\left(\int \frac{ds}{\varrho} + a\right)}$$

ist und also kommt:

$$A = \pm \left[l \cos\left(\int_0^s \frac{ds}{\varrho} + a\right) + \lambda \sin\left(\int_0^s \frac{ds}{\varrho} + a\right)\right].$$

Entsprechende Werte gehen für B und Γ hervor. Bei allen dreien gilt entweder durchweg das obere oder durchweg das untere Vorzeichen. Die Tangente von C liegt in der Normalebene von c und bildet mit der Hauptnormalen von c einen Winkel, dessen Kosinus ist:

$$\cos \omega = \mathbf{S}\, A l = \pm \cos\left(\int_0^s \frac{ds}{\varrho} + a\right).$$

Gibt man also der Konstanten a zwei Werte a_1 und a_2, so erhält man zwei Winkel ω_1 und ω_2, deren Differenz konstant ist, was zu beweisen war.

Man kann das Ergebnis noch etwas anders aussprechen: Wir wählen eine **beliebige** Kurve C_1 im Raume, die weder eine Gerade noch eine Minimalkurve erster oder zweiter Ordnung ist, und konstruieren eine orthogonale Trajektorie c ihrer Tangenten, so daß C_1 eine Filarevolute von c ist. Diejenigen Normalen von c nun, die eine andere Filarevolute C_2 von c berühren, bilden mit denen, die C_1 umhüllen, nach dem letzten Satze einen konstanten, aber beliebigen Winkel. Daher:

Satz 31: Konstruiert man auf der Tangentenfläche einer nicht geradlinigen Kurve, die keine Minimalkurve erster oder zweiter Ordnung ist, eine orthogonale Trajektorie c ihrer Erzeugenden und dreht danach alle Erzeugenden um denselben, aber beliebigen Winkel um ihre Schnittpunkte mit c so, daß sie dabei senkrecht zu c bleiben, so bilden sie auch nach der Drehung die Tangentenfläche einer Kurve. Die Gratlinien aller so hervorgehenden Flächen sind die ∞^1 Filarevoluten der Kurve c.

Die in diesem Satze genannten abwickelbaren Flächen sind, wenn wir zu der Annäherungsfigur 102 auf S. 411 zurückkehren, die Flächen der Geraden $P_1 p_1$, $P_2 p_2$, $P_3 p_3, \ldots$ bzw. $Q_1 p_1$, $Q_2 p_2$, $Q_3 p_3, \ldots$ Diese Figur lehrt uns noch Einiges über die Abwicklung einer abwickelbaren Fläche: Wenn wir in der Ebene der Abwicklung, d. h. in der unteren Figur, irgend einen Punkt p markieren, können wir uns vorstellen, daß er einzeln mit den aufeinanderfolgenden in die Ebene zusammengeklappten Schmiegungsebenen der Gratlinie $\bar{c}$ starr verbunden sei. Wickeln wir dann die Ebene wieder zur Fläche auf, so liefert der Punkt p eine Kurve $p_1 p_2 p_3 \ldots$ im Raume. Jeder Punkt p der Ebene gibt daher eine Kurve c im Raume. So ergeben sich ∞^2 Raumkurven c, deren Normalebenen die Schmiegungsebenen von $\bar{c}$ sind, so daß die Mittelpunkte ihrer Schmiegungskugeln auf der Kurve $\bar{c}$ liegen. Hiermit ist auf mechanischem Wege die Aufgabe gelöst, zu einer gegebenen Kurve $\bar{c}$ im Raume alle ∞^2 Kurven zu finden, die ihre Schmiegungskugelmittelpunkte auf $\bar{c}$ haben oder also alle ∞^2 Kurven zu finden, die eine gegebene Polarfläche haben. Man beachte, daß wir dieselbe Aufgabe schon in § 6 analytisch erledigt haben: Die gesuchten ∞^2 Kurven sind nämlich die orthogonalen Trajektorien der Schmiegungsebenen der Kurve $\bar{c}$ und daher die Planevolventen von $\bar{c}$. In den Formeln (10), S. 400, sind alle Planevolventen einer gegebenen Kurve — die damals mit c statt mit $\bar{c}$ bezeichnet wurde — bestimmt.

Liegt eine ebene Kurve c vor, so arten ihre Schmiegungskugeln allerdings in die Ebene aus. Aber trotzdem gibt es eine Polarfläche. Denn zunächst wird diejenige ebene Evolute k von c, die wir auf S. 64 betrachteten, von den Hauptnormalen von c umhüllt, die ja in der Ebene von c liegen, und ist daher eine Filarevolute von c. Die Normalebenen von c und mithin auch die Krümmungsachsen von c stehen längs k auf der Ebene von k senkrecht, so daß also die Polarfläche ein Zylinder ist. Nach Satz 31 sind die übrigen

Filarevoluten der ebenen Kurve c solche Kurven auf dem Zylinder, deren Tangenten eine konstante Neigung zur Ebene von c haben. Sie sind daher Schraubenlinien oder auch nach dem Beispiele auf S. 381, 382 die Gratlinien der von der Kurve c aufsteigenden Böschungsflächen.

Schließlich sei noch ausdrücklich erwähnt, daß bei einer nicht ebenen Kurve c der Ort der Krümmungsmittelpunkte nicht zu den Filarevoluten gehört, denn die Hauptnormalen, auf denen ja die Krümmungsmittelpunkte liegen, bilden nach dem ersten Beispiele, S. 373, keine abwickelbare Fläche.[1]

Die Tafel IX des Anhanges enthält einige Formeln aus diesem Paragraphen.

§ 8. Die rektifizierende Fläche einer Kurve.

Nachdem wir im vorhergehenden Paragraphen die Polarfläche einer Kurve c als die Einhüllende ihrer Normalebenen untersucht haben, betrachten wir jetzt schließlich noch die Einhüllende der Ebenen, die von den Tangenten und Binormalen einer Kurve c gebildet werden.

Die Ebene der Tangente und Binormalen eines Punktes (x, y, z) einer Kurve c heißt aus einem nachher ersichtlichen Grunde die **rektifizierende Ebene des Kurvenpunktes**. Nach Satz 20, S. 394, ist sie eine Normalebene aller Filarevolventen von c. Deshalb muß die Einhüllende aller rektifizierenden Ebenen von c identisch mit der Polarfläche der Filarevolventen von c sein. Alle diese Evolventen haben ja dieselbe Polarfläche. Somit gilt der

Satz 32: Die Einhüllende aller rektifizierenden Ebenen einer Kurve c ist die gemeinsame Polarfläche aller Filarevolventen von c, d. h. ihre Gratlinie der Ort der Mittelpunkte der Schmiegungskugeln aller Filarevolventen von c.

Hieraus folgt sofort, daß der Tangente der Gratlinie, d. h. der Kurve, die die rektifizierenden Ebenen von c zu Schmiegungsebenen hat (vgl. Satz 12, S. 380), die in den Formeln (11), S. 394, bestimmten Richtungskosinus zukommen. Dies erkennt man auch direkt, denn die rektifizierende Ebene des Punktes (x, y, z) der Kurve c hat, da

[1] Dies wurde ausdrücklich von Jacobi bewiesen („Zur Theorie der Kurven", Journ. f. die reine u. angew. Math. 14. Bd., 1835).

sie auf der Hauptnormalen $(l:m:n)$ von c senkrecht steht, in den laufenden Koordinaten $\bar{x}$, $\bar{y}$, $\bar{z}$ die Gleichung:

$$(1) \qquad l(\bar{x}-x)+m(\bar{y}-y)+n(\bar{z}-z)=0,$$

die, nach der Bogenlänge s von c differenziert, wegen II (A) und III (C) ergibt:

$$(2) \qquad \mathbf{S}\left(\frac{\alpha}{r}+\frac{\lambda}{\varrho}\right)(\bar{x}-x)=0.$$

Die Gleichungen (1) und (2) bestimmen zusammen nach Satz 11, S. 380, die Tangente derjenigen Gratlinie, von der die Rede ist, nämlich die mittels eines Parameters t so darstellbare Gerade:

$$(3) \qquad \bar{x}=x+(\lambda\varrho-\alpha r)t, \quad \bar{y}=y+(\mu\varrho-\beta r)t, \quad \bar{z}=z+(\nu\varrho-\gamma r)t.$$

Ihre Richtungskosinus haben wirklich die unter (11), S. 394, angegebenen Werte. Nach Satz 19 ebenda ist diese Tangente zur Achse derjenigen gemeinen Schraubenlinie parallel, von der die Kurve c an der Stelle (x, y, z) mit übereinstimmender Torsion oskuliert wird.

Nochmalige Differentiation von (2) nach s gibt wegen III (C):

$$(4) \qquad \mathbf{S}\left(\frac{l}{r^2}+\frac{l}{\varrho^2}-\frac{\alpha r'}{r^2}-\frac{\lambda\varrho'}{\varrho^2}\right)(\bar{x}-x)-\mathbf{S}\left(\frac{\alpha}{r}+\frac{\lambda}{\varrho}\right)\alpha=0.$$

Alle drei Gleichungen (1), (2) und (4) zusammen bestimmen nach Satz 11, S. 380, den zum Punkte (x, y, z) von c gehörigen Punkt $(\bar{x}, \bar{y}, \bar{z})$ der Gratlinie. Die letzte Gleichung vereinfacht sich wegen (1) und II (A) so:

$$(5) \qquad \mathbf{S}\left(\frac{\alpha r'}{r^2}+\frac{\lambda\varrho'}{\varrho^2}\right)(\bar{x}-x)+\frac{1}{r}=0.$$

Die beiden Gleichungen (1) und (2) werden in allgemeinster Weise durch die Werte (3) von $\bar{x}, \bar{y}, \bar{z}$ erfüllt. Diese Werte erfüllen auch (5), wenn t so gewählt wird, daß — wie aus II (A) folgt —

$$t\left(\frac{\varrho'}{\varrho}-\frac{r'}{r}\right)+\frac{1}{r}=0$$

oder

$$t=-\frac{\varrho}{\varrho' r-r'\varrho}$$

ist. Setzen wir diesen Wert in (3) ein, so ergeben sich für die Gratlinie $\bar{c}$ der die rektifizierenden Ebenen von c einhüllenden Fläche diese Gleichungen:

$$(6) \qquad \bar{x}=x+\frac{\varrho(\alpha r-\lambda\varrho)}{\varrho' r-r'\varrho}, \quad \bar{y}=y+\frac{\varrho(\beta r-\mu\varrho)}{\varrho' r-r'\varrho}, \quad \bar{z}=z+\frac{\varrho(\gamma r-\nu\varrho)}{\varrho' r-r'\varrho},$$

ausgedrückt mittels der Bogenlänge s der gegebenen Kurve c. Man kann hierfür auch schreiben:

$$(7)\qquad \bar{x} = x - \frac{\alpha\frac{r}{\varrho} - \lambda}{\left(\frac{r}{\varrho}\right)'}, \quad \bar{y} = y - \frac{\beta\frac{r}{\varrho} - \mu}{\left(\frac{r}{\varrho}\right)'}, \quad \bar{z} = z - \frac{\gamma\frac{r}{\varrho} - \nu}{\left(\frac{r}{\varrho}\right)'}.$$

Die auf diese Gratlinie $\bar{c}$ bezüglichen Elemente mögen wieder mit überstrichenen Buchstaben bezeichnet sein. Zu ihrer Berechnung bilden wir nach III (C) zunächst die Ableitungen von $\bar{x}, \bar{y}, \bar{z}$ nach s. Es kommt

$$(8)\qquad \frac{d\bar{x}}{ds} = -\left(\alpha\frac{r}{\varrho} - \lambda\right)\frac{d}{ds}\frac{1}{\left(\frac{r}{\varrho}\right)'}$$

usw., so daß die Summe der Quadrate nach II (A) gibt:

$$(9)\qquad \frac{d\bar{s}}{ds} = \sqrt{\left(\frac{r}{\varrho}\right)^2 + 1}\,\frac{d}{ds}\frac{1}{\left(\frac{r}{\varrho}\right)'}.$$

Im reellen Falle wählen wir das Vorzeichen der Wurzel so, daß $d\bar{s} : ds$ positiv wird; andernfalls nehmen wir einen der beiden Wurzelwerte. Aus (8) und (9) folgt durch Division:

$$(10)\qquad \bar{\alpha} = -\frac{\alpha\frac{r}{\varrho} - \lambda}{\sqrt{\left(\frac{r}{\varrho}\right)^2 + 1}}.$$

Entsprechende Werte ergeben sich für $\bar{\beta}$ und $\bar{\gamma}$. Differentiation von (10) nach s gibt wegen (9) und III (C):

$$\frac{\bar{l}}{\bar{r}}\sqrt{\left(\frac{r}{\varrho}\right)^2 + 1}\,\frac{d}{ds}\frac{1}{\left(\frac{r}{\varrho}\right)'} = -\frac{\left(\frac{r}{\varrho}\right)'\left(\alpha + \lambda\frac{r}{\varrho}\right)}{\sqrt{\left(\frac{r}{\varrho}\right)^2 + 1}^{\,3}}$$

und daher

$$(11)\qquad \frac{\bar{l}}{\bar{r}} = -\frac{\left(\frac{r}{\varrho}\right)'\left(\alpha + \lambda\frac{r}{\varrho}\right)}{\left[\left(\frac{r}{\varrho}\right)^2 + 1\right]^2\frac{d}{ds}\frac{1}{\left(\frac{r}{\varrho}\right)'}}.$$

Entsprechende Werte gelten für $\bar{m} : \bar{r}$ und $\bar{n} : \bar{r}$. Quadrieren und Addieren aller drei Ausdrücke sowie das Ausziehen der Wurzel liefert:

(12)
$$\frac{1}{\bar r} = \frac{\varepsilon\left(\frac{r}{\varrho}\right)}{\sqrt{\left(\frac{r}{\varrho}\right)^2+1}^{\,3}\,\frac{d}{ds}\,\frac{1}{\left(\frac{r}{\varrho}\right)'}},$$

wobei $\varepsilon = \pm 1$ ist. Im reellen Falle hat man ε so zu wählen, daß $\bar r$ positiv wird (nach S. 231). Aus (11) und (12) ergibt sich ferner

(13)
$$\bar l = -\varepsilon\,\frac{\alpha + \lambda\frac{r}{\varrho}}{\sqrt{\left(\frac{r}{\varrho}\right)^2+1}},$$

und zyklische Vertauschung liefert ebenso $\bar m$ und $\bar n$. Nach II (C) ist nun $\bar\lambda$ aus den Werten von $\bar\beta$, $\bar\gamma$, $\bar n$ und $\bar m$ zu berechnen. Es kommt, da $\mu\gamma - \nu\beta$ gleich l ist, einfach:

(14)
$$\bar\lambda = -\varepsilon l.$$

Ebenso wird $\bar\mu = -\varepsilon m$ und $\bar\nu = -\varepsilon n$. Um schließlich noch die Torsion der Gratlinie zu bestimmen, differenzieren wir (14) mit Rücksicht auf (9) nach s; wegen III (C) kommt dann

$$\frac{l}{\bar\varrho}\sqrt{\left(\frac{r}{\varrho}\right)^2+1}\;\frac{d}{ds}\,\frac{1}{\left(\frac{r}{\varrho}\right)'} = \varepsilon\left(\frac{\alpha}{r} + \frac{\lambda}{\varrho}\right)$$

und daher mit Rücksicht auf (13):

(15)
$$\frac{1}{\bar\varrho} = -\frac{1}{r\,\frac{d}{ds}\,\frac{1}{\left(\frac{r}{\varrho}\right)'}}.$$

Dieser Wert der Torsion ist, wie es sein muß, von der willkürlichen Orientierung der Gratlinie $\bar c$ und ihrer Hauptnormalen unabhängig.

Bei der Berechnung dieser Formeln ist, wie das Vorkommen der Bogenlänge s und der Torsion $1:\varrho$ zeigt, vorausgesetzt worden, daß die gegebene Kurve c weder geradlinig noch eine Minimalkurve erster oder zweiter Ordnung sei. Aber es ist fraglich, ob nicht für die Gratlinie $\bar c$ der Einhüllenden der rektifizierenden Ebenen einer dieser Ausnahmefälle eintreten kann: ja es ist denkbar, daß gar keine Gratlinie vorhanden ist oder daß sie sich auf einen Punkt reduziert. Die Umstände, unter denen solche Ausnahmen vorkommen, sollen jetzt erörtert werden.

Daß die Kurve c nicht nur eine einzige rektifizierende Ebene hat, erkennt man leicht. Da also wirklich ∞^1 derartige Ebenen vorhanden sind, ist es zunächst denkbar, daß sie von einem Zylinder eingehüllt werden (vgl. S. 377); dies tritt ein, wenn sie eine Richtung $(a:b:c)$ gemein haben, also nach (1)

$$al + bm + cn = 0,$$

d. h. die Kurve c nach Satz 35, S. 304, eine Schraubenlinie ist. Der Zylinder ist alsdann identisch mit dem der Schraubenlinie. (Hierzu gehört auch die besondere Annahme, daß c eben sei, indem dann der Zylinder auf der Kurvenebene senkrecht steht.) Man kann auch so schließen: Die Werte $\bar{x}$, $\bar{y}$, $\bar{z}$ in (7) werden unbrauchbar, wenn die Ableitung von $r:\varrho$ verschwindet, daher $r:\varrho$ konstant ist, so daß man wieder zu den Schraubenlinien gelangt, vgl. Satz 34, S. 304. Hierbei sei bemerkt, daß wir im nächsten Paragraphen auf die Schraubenlinien und den in jenem Satze angegebenen Ausnahmefall zurückkommen werden.

Die Gratlinie $\bar{c}$ reduziert sich auf einen Punkt, falls $\bar{x}$, $\bar{y}$, $\bar{z}$ konstant und also ihre Ableitungen gleich Null werden. Nach (8) tritt dies ein, wenn die Ableitung zweiter Ordnung von $r:\varrho$ verschwindet, d. h.

$$\frac{r}{\varrho} = As + B \qquad (A,\, B = \text{konst.}) \tag{16}$$

ist. Dabei muß $A \neq 0$ angenommen werden, weil sonst der schon erledigte Ausnahmefall vorläge. Den Punkt, durch den jetzt alle rektifizierenden Ebenen gehen, können wir als Anfangspunkt O wählen, so daß nach (7)

$$\alpha\frac{r}{\varrho} - \lambda = x\left(\frac{r}{\varrho}\right)', \qquad \beta\frac{r}{\varrho} - \mu = y\left(\frac{r}{\varrho}\right)', \qquad \gamma\frac{r}{\varrho} - \nu = z\left(\frac{r}{\varrho}\right)'$$

wird. Durch Multiplikation mit α, β, γ bzw. l, m, n bzw. λ, μ, ν und jedesmalige Addition erhalten wir statt dieser drei Gleichungen nach II(*A*) die ihnen äquivalenten:

$$\frac{r}{\varrho} = \left(\frac{r}{\varrho}\right)' \mathbf{S}\,\alpha x, \qquad 0 = \left(\frac{r}{\varrho}\right)' \mathbf{S}\,l x, \qquad -1 = \left(\frac{r}{\varrho}\right)' \mathbf{S}\,\lambda x$$

oder wegen (16):

$$\mathbf{S}\,\alpha x = s + \frac{B}{A}, \qquad \mathbf{S}\,l x = 0, \qquad \mathbf{S}\,\lambda x = -\frac{1}{A}. \tag{17}$$

Aus der zweiten Gleichung (17) folgt, daß alle Tangenten der

Kurve c von dem Anfangspunkte O denselben Abstand haben. Denn die Tangente

$$\mathfrak{x} = x + \alpha t, \quad \mathfrak{y} = y + \beta t, \quad \mathfrak{z} = z + \gamma t$$

hat von O den Abstand k, dessen Quadrat ist:

$$k^2 = \mathbf{S}\, x^2 - (\mathbf{S}\, \alpha x)^2,$$

wie man leicht berechnet; da nun hiernach und nach III(B) und III(C)

$$(18) \qquad \frac{1}{2} \frac{d(k^2)}{ds} = \mathbf{S}\, \alpha x - \mathbf{S}\, \alpha x . \left[\mathbf{S}\, \alpha^2 + \frac{1}{r} \mathbf{S}\, l x\right]$$

ist, wird die Ableitung von k^2 wegen $\mathbf{S}\, \alpha^2 = 1$ und der zweiten Gleichung (17) gleich Null, so daß die Behauptung bewiesen ist. Da die rektifizierenden Ebenen von einem Kegel mit der Spitze O eingehüllt werden, geht aus c bei der Abwicklung des Kegels auf der Ebene eine Kurve hervor, deren Tangenten ebenfalls von O einen konstanten Abstand haben. Nun aber gibt es von solchen Kurven in der Ebene nur zwei Arten, nämlich die Geraden mit dem vorgeschriebenen Abstande und ihre Einhüllende, d. h. einen Kreis mit dem Mittelpunkte O. Der Fall, daß c bei der Abwicklung des Kegels zum Kreise wird, ist jedoch ausgeschlossen, denn sonst müßte $\mathbf{S}\, x^2 =$ konst., also $\mathbf{S}\, \alpha x = 0$ sein, was der ersten Gleichung (17) widerspricht. **Die Kurve c geht demnach bei der Abwicklung des Kegels in eine Gerade über.** Umgekehrt: Nimmt man in der Ebene eine Gerade an, die keine Minimalgerade ist, und verbiegt man die Ebene zu einem Kegel mit der Spitze O, so geht die Gerade in eine Kurve c auf diesem Kegel über, bei der k^2 konstant, also $\mathbf{S}\, l x$ nach (18) gleich Null ist, was nach (1) besagt, daß alle rektifizierenden Ebenen durch O gehen. Nach S. 364 hat sich also ergeben, **daß sich die Gratlinie $\bar{c}$ dann und nur dann auf einen Punkt reduziert, wenn die gegebene Kurve c eine geodätische Linie auf einem Kegel ist, der den Punkt zur Spitze hat.**

Wir kommen zu dem Falle, wo die Gratlinie $\bar{c}$ eine Gerade ist, d. h. wo die Ableitungen von $\bar{x}, \bar{y}, \bar{z}$ nach s drei nicht sämtlich verschwindenden Konstanten a, b, c proportional sind. Nach (8) kann dies nur dann eintreten, wenn drei Formeln mit einem Faktor ω bestehen:

$$\alpha \frac{r}{\varrho} - \lambda = \omega a, \quad \beta \frac{r}{\varrho} - \mu = \omega b, \quad \gamma \frac{r}{\varrho} - \nu = \omega c,$$

woraus jedoch durch Multiplikation mit l, m, n und Addition $\mathbf{S}\, a l = 0$

folgt. Wir kommen somit zum ersten Ausnahmefalle, dem der Schraubenlinie c, zurück. Die Gratlinie $\bar{c}$ wird also niemals eine Gerade sein können.

Sie ist eine Minimalkurve erster Ordnung, falls $\mathbf{S}\bar{x}'^2 = 0$ ist, d. h. nach (8), falls

$$\mathbf{S}\bar{x}'^2 = \left[\left(\frac{r}{\varrho}\right)^2 + 1\right]\left[\frac{d}{ds}\frac{1}{\left(\frac{r}{\varrho}\right)'}\right]^2$$

verschwindet, aber doch (7) wirklich eine Kurve darstellt. Nun ist $\mathbf{S}\bar{x}'^2 = 0$, wenn entweder $r:\varrho = \pm i$ oder $r:\varrho = As + B$ wird. Dies sind jedoch solche Annahmen, wie sie im ersten und zweiten Ausnahmefalle auftreten. Demnach ergibt sich nie eine Minimalkurve erster Ordnung.

Schließlich ist nur noch zu untersuchen, ob die Gratlinie $\bar{c}$ eine Minimalkurve zweiter Ordnung sein kann. Nach S. 230 und S. 242 muß dann der Nenner des Wertes (11) von $\bar{l}:\bar{r}$ verschwinden, und dies führt wie die vorhergehende Annahme zu den beiden ersten Ausnahmefällen. Die Gratlinie wird demnach niemals eine Minimalkurve zweiter Ordnung.

Zum Überflusse sei nochmals daran erinnert, daß wir stets von der gegebenen Kurve c voraussetzten, daß sie nicht geradlinig und auch keine Minimalkurve erster oder zweiter Ordnung sei.

Nachdem wir die Ausnahmefälle erledigt haben, betrachten wir nunmehr den allgemeinen Fall, d. h. wir setzen voraus, daß die gegebene Kurve c weder eine Schraubenlinie (insbesondere ebene Kurve) noch eine geodätische Linie auf einem Kegel sei. Alsdann werden ihre rektifizierenden Ebenen von der Tangentenfläche einer solchen Kurve $\bar{c}$ eingehüllt, die weder geradlinig noch eine Minimalkurve erster oder zweiter Ordnung ist. Diese Tangentenfläche wickeln wir auf die Ebene $z = 0$ ab. Hierbei geht die auf der Tangentenfläche von $\bar{c}$ gelegene Kurve c nach (8), S. 355, in eine Kurve $\mathfrak{c}$ über, deren laufende Koordinaten sind:

$$(19)\quad \begin{cases} \mathfrak{x} = \int\limits_0^{\bar{s}} \left(\cos \int\limits_0^{\bar{s}} \frac{d\bar{s}}{\bar{r}}\right) d\bar{s} + \bar{\mathfrak{r}} \cos \int\limits_0^{\bar{s}} \frac{d\bar{s}}{\bar{r}}, \\[2ex] \mathfrak{y} = \int\limits_0^{\bar{s}} \left(\sin \int\limits_0^{\bar{s}} \frac{d\bar{s}}{\bar{r}}\right) d\bar{s} + \bar{\mathfrak{r}} \sin \int\limits_0^{\bar{s}} \frac{d\bar{s}}{\bar{r}}. \end{cases}$$

Dabei bedeutet $\bar{\mathfrak{r}}$ die Strecke vom Punkte $(\bar{x}, \bar{y}, \bar{z})$ der Gratlinie $\bar{c}$ bis zum zugehörigen Punkte (x, y, z) von c, gemessen im positiven Sinne der Tangente der Gratlinie, so daß

$$x = \bar{x} + \bar{\tau}\bar{\alpha}, \quad y = \bar{y} + \bar{\tau}\bar{\beta}, \quad z = \bar{z} + \bar{\tau}\bar{\gamma}$$

ist, woraus nach (7) und (10) folgt:

$$\bar{\tau} = -\frac{\sqrt{\left(\frac{r}{\varrho}\right)^2 + 1}}{\left(\frac{r}{\varrho}\right)'}. \tag{20}$$

Wir behaupten nun, daß die Kurve $\mathfrak{c}$ eine **Gerade** sei. Zum Beweise muß gezeigt werden, daß $d\mathfrak{y} : d\mathfrak{x}$ konstant wird. Aber aus (19) folgt

$$\frac{d\mathfrak{x}}{d\bar{s}} = \cos\int_0^{\bar{s}} \frac{d\bar{s}}{\bar{r}} + \frac{d\bar{\tau}}{ds}\frac{ds}{d\bar{s}}\cos\int_0^{\bar{s}} \frac{d\bar{s}}{\bar{r}} - \frac{\bar{\tau}}{\bar{r}}\sin\int_0^{\bar{s}} \frac{d\bar{s}}{\bar{r}}$$

oder also mit Rücksicht auf (20), (9) und (12):

$$\frac{d\mathfrak{x}}{d\bar{s}} = \frac{\left(\frac{r}{\varrho}\right)'^2}{\left[\left(\frac{r}{\varrho}\right)^2 + 1\right]\left(\frac{r}{\varrho}\right)''}\left[\frac{r}{\varrho}\cos\int_0^{\bar{s}} \frac{d\bar{s}}{\bar{r}} - \varepsilon\sin\int_0^{\bar{s}} \frac{d\bar{s}}{\bar{r}}\right].$$

Entsprechend ergibt sich aus (19):

$$\frac{d\mathfrak{y}}{d\bar{s}} = \frac{\left(\frac{r}{\varrho}\right)'^2}{\left[\left(\frac{r}{\varrho}\right)^2 + 1\right]\left(\frac{r}{\varrho}\right)''}\left[\frac{r}{\varrho}\sin\int_0^{\bar{s}} \frac{d\bar{s}}{\bar{r}} + \varepsilon\cos\int_0^{\bar{s}} \frac{d\bar{s}}{\bar{r}}\right],$$

so daß kommt:

$$\frac{d\mathfrak{y}}{d\mathfrak{x}} = \frac{\frac{r}{\varrho}\sin\int_0^{\bar{s}} \frac{d\bar{s}}{\bar{r}} + \varepsilon\cos\int_0^{\bar{s}} \frac{d\bar{s}}{\bar{r}}}{\frac{r}{\varrho}\cos\int_0^{\bar{s}} \frac{d\bar{s}}{\bar{r}} - \varepsilon\sin\int_0^{\bar{s}} \frac{d\bar{s}}{\bar{r}}}.$$

Nun aber wird nach (9) und (12)

$$\int_0^{\bar{s}} \frac{d\bar{s}}{\bar{r}} = \varepsilon\int_0^{s} \frac{\left(\frac{r}{\varrho}\right)'}{\left(\frac{r}{\varrho}\right)^2 + 1}\, ds = \varepsilon\left(\operatorname{arctg}\frac{r}{\varrho} + h\right),$$

wo h eine Konstante bedeutet. Setzt man also $\operatorname{arc\,tg}(r:\varrho) = \omega$, so hat man:

$$\frac{d\mathfrak{y}}{d\mathfrak{x}} = \varepsilon\,\frac{\sin\omega\sin(\omega+h)+\cos\omega\cos(\omega+h)}{\sin\omega\cos(\omega+h)-\cos\omega\sin(\omega+h)} = -\,\varepsilon\operatorname{ctg}h\,,$$

und dieser Wert ist in der Tat konstant. Folglich gilt der

Satz 33: Wickelt man die einhüllende Fläche der rektifizierenden Ebenen einer Kurve auf die xy-Ebene ab, so geht die Kurve selbst in eine Gerade über.

Daß nämlich dieser Satz ohne Einschränkung gilt, sobald überhaupt eine Einhüllende vorhanden ist, zeigte sich oben bei der Besprechung der Ausnahmefälle, in denen die Einhüllende ein Zylinder oder ein Kegel war. Den Satz können wir nach S. 364 auch so aussprechen:

Satz 34: Auf der einhüllenden Fläche der rektifizierenden Ebenen einer Kurve ist die Kurve selbst geodätisch.

Da die Kurve bei der Abwicklung der Einhüllenden auf die xy-Ebene geradlinig, d. h. rektifiziert wird, heißt die Einhüllende die rektifizierende Fläche der Kurve, und aus demselben Grunde werden die Ebenen der Tangenten und Binormalen, wie schon auf S. 415 gesagt wurde, die rektifizierenden Ebenen genannt.[1]

Die wichtigsten Formeln dieses Paragraphen sind im Anhange in der Tafel X angegeben.

Während wir von einer Kurve c ausgingen und die rektifizierende Fläche mit ihrer Gratlinie $\bar{c}$ aus c ableiteten, kann man auch den umgekehrten Weg einschlagen: Es liege eine Kurve $\bar{c}$ als Gratlinie einer Tangentenfläche vor; dann fragt es sich, welche Kurven c auf dieser Fläche so beschaffen sind, daß sie eben diese Fläche zur rektifizierenden Fläche haben. Nach Satz 34 können es nur geodätische Kurven, d. h. solche sein, die bei der Abwicklung der Tangentenfläche Geraden werden. Wir wollen zeigen, daß man jede beliebige geodätische Kurve c wählen darf, d. h. daß die Tangentenfläche von $\bar{c}$ die rektifizierende Fläche für jede geodätische Kurve c der Tangentenfläche ist. Dabei sehen wir wie immer von den Minimalkurven ab. Auch sind die Geraden beiseite zu lassen.

Zum Beweise nehmen wir an, die Kurve $\bar{c}$ sei gegeben, d. h. ihre laufenden Koordinaten $\bar{x}, \bar{y}, \bar{z}$ seien gegebene Funktionen ihrer

[1] Diese Bezeichnungen und Satz 33 rühren von Lancret her, vgl. seine in der Anmerkung zu S. 203 genannte Abhandlung.

Bogenlänge $\bar{s}$. Eine Kurve c auf ihrer Tangentenfläche wird alsdann durch

(21) $$x = \bar{x} + \bar{\alpha}\bar{\tau}, \quad y = \bar{y} + \bar{\beta}\bar{\tau}, \quad z = \bar{z} + \bar{\gamma}\bar{\tau},$$

dargestellt, wenn dabei $\bar{\tau}$ irgend eine Funktion von $\bar{s}$ bedeutet, und zwar ist dies eine Darstellung mittels des Parameters $\bar{s}$. Im folgenden soll sich der Differentiationsstrich immer auf diese Bogenlänge $\bar{s}$ von $\bar{c}$ beziehen. Bei der Abwicklung der Tangentenfläche von $\bar{c}$ auf die Ebene $z = 0$ mit den rechtwinkligen Koordinaten $\mathfrak{x}, \mathfrak{y}$ geht die Kurve c oder (21) in diejenige Kurve über, die durch die früheren Gleichungen (19) gegeben wird. Soll c eine geodätische Kurve sein, so muß nun die Kurve (19) eine Gerade, d. h. $d\mathfrak{y} : d\mathfrak{x}$ konstant sein. Aber nach (19) ist, weil darin $\bar{\tau}$ eine Funktion von $\bar{s}$ bedeutet:

$$\frac{d\mathfrak{y}}{d\mathfrak{x}} = \frac{\sin\int\limits_0^{\bar{s}} \frac{d\bar{s}}{\bar{r}} + \frac{\bar{\tau}}{\bar{r}} \cos\int\limits_0^{\bar{s}} \frac{d\bar{s}}{\bar{r}} + \bar{\tau}' \sin\int\limits_0^{\bar{s}} \frac{d\bar{s}}{\bar{r}}}{\cos\int\limits_0^{\bar{s}} \frac{d\bar{s}}{\bar{r}} - \frac{\bar{\tau}}{\bar{r}} \sin\int\limits_0^{\bar{s}} \frac{d\bar{s}}{\bar{r}} + \bar{\tau}' \cos\int\limits_0^{\bar{s}} \frac{d\bar{s}}{\bar{r}}}.$$

Setzt man

(22) $$\frac{\bar{\tau}}{\bar{r}} \cdot \frac{1}{1 + \bar{\tau}'} = \operatorname{tg}\varphi,$$

so kann man hierfür schreiben:

$$\frac{d\mathfrak{y}}{d\mathfrak{x}} = \operatorname{tg}\left[\varphi + \int\limits_0^{\bar{s}} \frac{d\bar{s}}{\bar{r}}\right].$$

Damit also c eine geodätische Kurve auf der Tangentenfläche werde, ist

(23) $$\varphi = \text{konst.} - \int\limits_0^{\bar{s}} \frac{d\bar{s}}{\bar{r}}$$

zu wählen. Bezeichnen wir wieder die Elemente der Kurve $\bar{c}$ mit überstrichenen Buchstaben und die der Kurve c mit nicht überstrichenen, so ergibt sich ferner aus (21) durch Differentiation nach $\bar{s}$ infolge von III (C):

(24) $$\begin{cases} \alpha \dfrac{ds}{d\bar{s}} = \bar{\alpha} + \bar{l}\dfrac{\bar{\tau}}{\bar{r}} + \bar{\alpha}\bar{\tau}', \\ \beta \dfrac{ds}{d\bar{s}} = \bar{\beta} + \bar{m}\dfrac{\bar{\tau}}{\bar{r}} + \bar{\beta}\bar{\tau}', \\ \gamma \dfrac{ds}{d\bar{s}} = \bar{\gamma} + \bar{n}\dfrac{\bar{\tau}}{\bar{r}} + \bar{\gamma}\bar{\tau}'. \end{cases}$$

Multiplizieren wir diese Gleichungen der Reihe nach mit $\bar{\alpha}, \bar{\beta}, \bar{\gamma}$ oder mit $\bar{l}, \bar{m}, \bar{n}$ oder mit $\bar{\lambda}, \bar{\mu}, \bar{\nu}$ und addieren sie jedesmal, so kommt nach II (A):

$$(25)\qquad \mathbf{S}\alpha\bar{\alpha}\cdot\frac{ds}{d\bar{s}} = 1 + \bar{\tau}', \quad \mathbf{S}\alpha\bar{l}\cdot\frac{ds}{d\bar{s}} = \frac{\bar{\tau}}{\bar{r}}, \quad \mathbf{S}\alpha\bar{\lambda} = 0.$$

Die letzte Formel war vorherzusehen, denn die Kurve c liegt ja auf der Tangentenfläche von $\bar{c}$, und diese Fläche hat die Binormalen von $\bar{c}$ zu Normalen. Quadrieren und Addieren aller drei Gleichungen (24) gibt ferner:

$$\left(\frac{ds}{d\bar{s}}\right)^2 = (1 + \bar{\tau}')^2 + \left(\frac{\bar{\tau}}{\bar{r}}\right)^2$$

Deshalb folgt aus (25):

$$\mathbf{S}\alpha\bar{\alpha} = \frac{1 + \bar{\tau}'}{\sqrt{(1+\bar{\tau}')^2 + \left(\frac{\bar{\tau}}{\bar{r}}\right)^2}}, \quad \mathbf{S}\alpha\bar{l} = \frac{\frac{\bar{\tau}}{\bar{r}}}{\sqrt{(1+\bar{\tau}')^2 + \left(\frac{\bar{\tau}}{\bar{r}}\right)^2}}.$$

Die Vergleichung mit (22) zeigt, daß die rechten Seiten dieser Gleichungen mit $\cos\varphi$ und $\sin\varphi$ bezeichnet werden dürfen. Wir haben also:

$$(26)\qquad \mathbf{S}\alpha\bar{\alpha} = \cos\varphi, \quad \mathbf{S}\alpha\bar{l} = \sin\varphi.$$

Mithin bedeutet $\frac{1}{2}\pi - \varphi$ den Winkel, unter dem die Tangente von c die zugehörige Tangente von $\bar{c}$, also die zugehörige Erzeugende der Tangentenfläche von $\bar{c}$ schneidet. Differentiation von (26) nach $\bar{s}$ gibt nun infolge von III (C):

$$\frac{1}{r}\mathbf{S}l\bar{\alpha}\cdot\frac{ds}{d\bar{s}} + \frac{1}{\bar{r}}\mathbf{S}\alpha\bar{l} = -\sin\varphi\,.\,\varphi',$$

$$\frac{1}{r}\mathbf{S}l\bar{l}\cdot\frac{ds}{d\bar{s}} - \frac{1}{\bar{r}}\mathbf{S}\alpha\bar{\alpha} - \frac{1}{\bar{\varrho}}\mathbf{S}\alpha\bar{\lambda} = \cos\varphi\,.\,\varphi'$$

oder wegen (26) und der letzten Gleichung (25):

$$\frac{1}{r}\mathbf{S}l\bar{\alpha}\cdot\frac{ds}{d\bar{s}} + \left(\frac{1}{\bar{r}} + \varphi'\right)\sin\varphi = 0,$$

$$\frac{1}{r}\mathbf{S}l\bar{l}\cdot\frac{ds}{d\bar{s}} - \left(\frac{1}{\bar{r}} + \varphi'\right)\cos\varphi = 0,$$

Aber nach (23) ist der Inhalt der Klammer gleich Null. Folglich kommt:

$$\mathbf{S}l\bar{\alpha} = 0, \quad \mathbf{S}l\bar{l} = 0.$$

Dies besagt: Die Hauptnormalen der geodätischen Linie c sind zugleich Normalen der Tangentenfläche von $\bar{c}$, oder: Die Tangentenebenen der Tangentenfläche von $\bar{c}$, d. h. die Schmiegungsebenen von $\bar{c}$, sind identisch mit den rektifizierenden Ebenen von c. Mit anderen Worten: Die Tangentenfläche von $\bar{c}$ ist in der Tat die rektifizierende Fläche von c. Somit gilt der

Satz 35: Jede geodätische Kurve c auf der Tangentenfläche einer Kurve $\bar{c}$ hat diese Tangentenfläche von $\bar{c}$ zur rektifizierenden Fläche. Dabei wird vorausgesetzt, daß c und $\bar{c}$ weder Minimalkurven noch geradlinig seien.

Ferner hat sich ergeben der

Satz 36: Die geodätischen Kurven c auf der Tangentenfläche einer Kurve $\bar{c}$ können auch definiert werden als diejenigen Kurven auf der Fläche, deren Hauptnormalen Flächennormalen sind. Dabei wird vorausgesetzt, daß c und $\bar{c}$ weder Minimalkurven noch geradlinig seien.

Wir werden im zweiten Bande sehen, daß diese Eigenschaft auch für die geodätischen Kurven auf beliebigen Flächen charakteristisch ist.

§ 9. Verallgemeinerung des Begriffes der Schraubenlinien.

In diesem Paragraphen, der eine Einschaltung darstellt, wenden wir uns zur Ausfüllung der auf S. 303 erwähnten Lücke betreffs der Kurven, bei denen das Verhältnis aus der Krümmung und Torsion gleich i oder $-i$ ist.

Als Schraubenlinien wurden auf S. 301 diejenigen Kurven definiert, die alle Mantellinien eines Zylinders unter einem konstanten Winkel schneiden und daher bei der Abwicklung des Zylinders auf die Ebene in Geraden übergehen. Diese Kurven sind also nach S. 364 geodätische Kurven auf Zylinderflächen. Nun fragt es sich, ob jede geodätische Kurve auf einem Zylinder als Schraubenlinie zu bezeichnen ist.

In dem Falle, wo die Mantellinien des Zylinders keine Minimalgeraden sind, gibt es in der Tat noch andere geodätische Kurven auf dem Zylinder, die keine Schraubenlinien sind. Denn wenn man den Mantel des Zylinders auf die Ebene ausbreitet, kann man als Gerade eine Minimalgerade der Ebene wählen. Sie liefert, wenn die Ebene wieder in den Zylindermantel übergeführt wird, eine geodätische Kurve, die eine Minimalkurve erster Ordnung ist. Denn bei der Abwicklung auf die Ebene bleiben alle Längen ungeändert, und auf jener Geraden ist die Bogenlänge gleich Null.

Umgekehrt: Liegt im Raume irgend eine Minimalkurve erster Ordnung vor und zieht man durch alle ihre Punkte Geraden von ein und derselben Richtung, so entsteht ein Zylinder, auf dem die Kurve geodätisch ist. Da es aber keinen Winkel gibt, unter dem die Tangenten dieser Minimalkurve die Mantellinien schneiden, weil ja diese Tangenten Minimalgeraden sind, kann man aber doch nicht die ursprüngliche Definition der Schraubenlinien auf die Minimalkurve anwenden.

Wir betrachten nun einen Zylinder, dessen Mantellinien Minimalgeraden sind. Bei ihm versagt die Definition der Schraubenlinien durchaus. Aber der Zylinder hat geodätische Kurven, die nicht sämtlich Minimalkurven erster Ordnung sind. Denn der Zylinder läßt sich nach S. 389 längentreu auf die xy-Ebene abbilden, und jeder Geraden dieser Ebene entspricht demnach eine geodätische Kurve des Zylinders. Zu diesen Kurven gehört, behaupten wir, die auf S. 303 unter (7) gefundene, deren Gleichungen sind:

$$(1)\quad \begin{cases} x = \frac{1}{2}\int\left[\left(\int\frac{ds}{r}\right)^2 - 2\right]ds, \quad y = -\frac{i}{2}\int\left(\int\frac{ds}{r}\right)^2 ds, \\ z = -\int\int\frac{ds}{r}\,ds, \end{cases}$$

wobei s die Bogenlänge und r den Krümmungsradius bedeutet, der irgendwie als Funktion von s gewählt werden kann. Nach S. 303 sind alle Kurven, bei denen das Verhältnis aus der Krümmung und Torsion gleich i ist, mit Kurven von der Art (1) kongruent. Dasselbe gilt von allen, bei denen jenes Verhältnis gleich $-i$ ist, denn wenn man i durch $-i$ und zugleich r durch $-r$ ersetzt und außerdem die Kurve um die z-Achse um einen Winkel von zwei Rechten dreht, so daß y und z in $-y$ und $-z$ übergehen, ergeben sich wieder die Gleichungen (1). Daß nun die Kurven (1) geodätische Kurven auf Zylindern von Minimalgeraden sind, erkennt man so:

Die Richtung $(1 : -i : 0)$ ist die einer Minimalgeraden. Legen wir durch alle Punkte der Kurve (1) Geraden von dieser Richtung, so entsteht ein Zylinder von Minimalgeraden mit den Gleichungen:

$$(2)\quad \begin{cases} x = \frac{1}{2}\int\left[\left(\int\frac{ds}{r}\right)^2 - 2\right]ds + t, \quad y = -\frac{i}{2}\int\left(\int\frac{ds}{r}\right)^2 ds - it, \\ z = -\int\int\frac{ds}{r}\,ds, \end{cases}$$

ausgedrückt mittels der beiden Parameter s und t. Setzen wir nun noch

$$(3) \qquad \mathfrak{x} = s - t, \quad \mathfrak{y} = it,$$

so gehört zu jedem Wertepaare s, t einerseits ein Punkt (x, y, z) des Zylinders (2) und andererseits ein Punkt $(\mathfrak{x}, \mathfrak{y})$ der Ebene $z = 0$, so daß der Zylinder auf dieser Ebene abgebildet wird. Diese Abbildung ist längentreu. Eine beliebige Kurve auf dem Zylinder ergibt sich nämlich, wenn wir in (2) für t irgend eine Funktion von s setzen. Tun wir dasselbe in (3), so liegt die zugehörige Bildkurve in der Ebene $z = 0$ vor. Es muß nun gezeigt werden, daß die Bogenelement-Quadrate bei beiden Kurven dieselben sind. Nach (2) ist:

$$(4) \quad \begin{cases} dx = \frac{1}{2}\left[\left(\int \frac{ds}{r}\right)^2 - 2\right] ds + dt, \quad dy = -\frac{i}{2}\left(\int \frac{ds}{r}\right)^2 ds - i\,dt, \\ dz = -\int \frac{ds}{r}\, ds \end{cases}$$

und nach (3):

$$d\mathfrak{x} = ds - dt, \quad d\mathfrak{y} = i\,dt,$$

und hieraus folgt sowohl

$$dx^2 + dy^2 + dz^2 = ds^2 - 2ds\,dt$$

als auch

$$d\mathfrak{x}^2 + d\mathfrak{y}^2 = ds^2 - 2ds\,dt.$$

Welche Funktion von s also auch unter t verstanden sein möge, stets hat die Kurve auf der Zylinderfläche dasselbe Bogenelement-Quadrat wie die zugehörige Kurve in der Ebene $z = 0$, so daß die Abbildung tatsächlich längentreu ist. Wählt man insbesondere $t = 0$, so stellen die Gleichungen (2) die Kurve (1) selbst dar, und aus (3) ergibt sich, daß diese Kurve als die Kurve $\mathfrak{x} = s$, $\mathfrak{y} = 0$, d. h. als die x-Achse in der Ebene $z = 0$ abgebildet wird, somit als eine Gerade. Folglich ist die Kurve (1) eine geodätische Kurve auf dem konstruierten Zylinder, d. h.

Satz 37: Diejenigen Kurven, bei denen das Verhältnis aus der Krümmung und Torsion gleich i oder $-i$ ist, sind geodätische Kurven auf Zylindern von Minimalgeraden.

Wir untersuchen nun die Umkehrung dieses Satzes. Zu diesem Zwecke gehen wir von einer Raumkurve aus, die keine Gerade und keine Minimalkurve erster oder zweiter Ordnung sei. Ist s ihre Bogenlänge, so mögen:

$$(5) \qquad x = \varphi(s), \quad y = \chi(s), \quad z = \psi(s)$$

die Gleichungen der Kurve sein. Durch die Kurve legen wir einen Zylinder von Minimalgeraden; alsdann wollen wir feststellen, unter welcher Bedingung die Kurve (5) eine geodätische Kurve des Zylinders ist. Es mögen also a, b, c drei nicht sämtlich verschwindende Konstanten sein derart, daß

$$(6) \qquad a^2 + b^2 + c^2 = 0$$

ist, so daß $(a:b:c)$ die Richtung einer Minimalgeraden bedeutet. Ziehen wir durch alle Punkte der Kurve (5) die Minimalgeraden von dieser Richtung, so entsteht der Zylinder:

$$(7) \qquad x = \varphi(s) + at, \quad y = \chi(s) + bt, \quad z = \psi(s) + ct,$$

ausgedrückt mittels zweier Parameter s und t. Wir behaupten, daß dieser Zylinder vermöge der Annahme

$$(8) \qquad \mathfrak{x} = \tfrac{1}{2}\left[\mathbf{S}a\varphi + \int \frac{ds}{\mathbf{S}a\varphi'}\right] + t, \quad \mathfrak{y} = -\frac{i}{2}\left[\mathbf{S}a\varphi - \int \frac{ds}{\mathbf{S}a\varphi'}\right] + it$$

längentreu auf die Ebene $z = 0$ mit den rechtwinkligen Koordinaten $\mathfrak{x}$ und $\mathfrak{y}$ abgebildet wird. Dabei soll sein:

$$\mathbf{S}a\varphi = a\varphi + b\chi + c\psi, \quad \mathbf{S}a\varphi' = a\varphi' + b\chi' + c\psi'.$$

In der Tat gehört wieder zu jedem Wertepaare s, t infolge von (7) ein Punkt des Zylinders und infolge von (8) ein Punkt der Ebene $z = 0$, und wenn man unter t irgend eine Funktion von s versteht, stellen (7) und (8) eine Kurve auf dem Zylinder und die ihr bei der Abbildung entsprechende Kurve in der Ebene $z = 0$ dar, ausgedrückt mittels des Parameters s, so daß also nur noch zu beweisen ist, daß die Quadrate der Bogenelemente beider Kurven übereinstimmen. Da s die Bogenlänge der Kurve (5) sein sollte, ist $\mathbf{S}\varphi'^2 = 1$ nach Satz 3, S. 209, so daß aus (7) oder

$$dx = \varphi' ds + a\,dt, \quad dy = \chi' ds + b\,dt, \quad dz = \psi' ds + c\,dt$$

mit Rücksicht auf (6) folgt:

$$(9) \qquad dx^2 + dy^2 + dz^2 = ds^2 + 2\mathbf{S}a\varphi'\,ds\,dt.$$

Dabei hat man, wie gesagt, unter t irgend eine Funktion von s zu verstehen. Andererseits ergibt sich bei (8):

$$d\mathfrak{x} = \tfrac{1}{2}\left[\mathbf{S}a\varphi' + \frac{1}{\mathbf{S}a\varphi'}\right] ds + dt, \quad d\mathfrak{y} = -\frac{i}{2}\left[\mathbf{S}a\varphi' - \frac{1}{\mathbf{S}a\varphi'}\right] ds + i\,dt,$$

also für $d\mathfrak{x}^2 + d\mathfrak{y}^2$ genau derselbe Wert (9), und hiermit ist die Längentreue der Abbildung bewiesen.

Setzt man insbesondere $t = 0$, so kommen die Gleichungen (7) auf die der gegebenen Kurve (5) zurück. Soll sie eine geodätische Kurve des Zylinders sein, so muß ihre Bildkurve in der Ebene $z = 0$, also diejenige Kurve, die sich aus (8) für $t = 0$ ergibt:

$$\mathfrak{x} = \frac{1}{2}\left|\mathbf{S}\, a\, \varphi + \int \frac{ds}{\mathbf{S}\, a\, \varphi'}\right|, \qquad \mathfrak{y} = -\frac{i}{2}\left|\mathbf{S}\, a\, y - \int \frac{ds}{\mathbf{S}\, a\, \varphi'}\right|,$$

eine Gerade sein, d. h. es muß hier $d\mathfrak{y} : d\mathfrak{x}$ eine Konstante werden. Es kommt aber:

$$\frac{d\mathfrak{y}}{d\mathfrak{x}} = -i\,\frac{\mathbf{S}\, a\, \varphi' - \dfrac{1}{\mathbf{S}\, a\, \varphi'}}{\mathbf{S}\, a\, \varphi' + \dfrac{1}{\mathbf{S}\, a\, \varphi'}} = -i\,\frac{(\mathbf{S}\, a\, \varphi')^2 - 1}{(\mathbf{S}\, a\, \varphi')^2 + 1}.$$

Mithin ist die Kurve (5) eine geodätische Kurve des Zylinders (7), sobald $\mathbf{S}\, a\, \varphi' =$ konst. ist.

Zunächst also haben wir den

Satz 38: Eine nicht geradlinige Kurve

$$x = \varphi(s), \qquad y = \chi(s), \qquad z = \psi(s)$$

mit der Bogenlänge s, die keine Minimalkurve zweiter Ordnung ist, stellt eine geodätische Kurve auf einem Zylinder von Minimalgeraden dann und nur dann dar, wenn es drei nicht sämtlich verschwindende Konstanten a, b, c derart gibt, daß erstens

$$a^2 + b^2 + c^2 = 0$$

und zweitens für alle Werte von s

$$a\,\varphi'(s) + b\,\chi'(s) + c\,\psi'(s) = \text{konst.}$$

ist. Dabei gibt $(a:b:c)$ die Richtung der Erzeugenden des Zylinders an.

Bezeichnen wir die Elemente der Kurve in der gewohnten Weise, so ist die letzte Bedingung des Satzes nichts anderes als $\mathbf{S}\, a\, \alpha =$ konst., also dieselbe wie die Bedingung (4) auf S. 302, und wie dort ergibt sich, daß erstens $\mathbf{S}\, a\, l = 0$, zweitens

$$(10) \qquad \frac{\varrho}{r} = -\frac{\mathbf{S}\, a\, \lambda}{\mathbf{S}\, a\, \alpha}$$

und drittens $\mathbf{S}\, a\, \lambda =$ konst. wird, so daß das Verhältnis aus der Krümmung und Torsion konstant ist. Da aber nach der Voraussetzung (6) auch $\mathbf{S}\,a^2 = 0$ ist, ergibt sich hier noch ein weiteres: Bezeichnen wir nämlich die Konstanten $\mathbf{S}\,a\,\alpha$ und $\mathbf{S}\,a\,\lambda$ mit h und k:

(11) $$\mathbf{S}\,a\,\alpha = h, \quad \mathbf{S}\,a\,\lambda = k,$$

so folgt aus den drei in a, b, c linearen Gleichungen:

$$\mathbf{S}\,a\,\alpha = h, \quad \mathbf{S}\,a\,l = 0, \quad \mathbf{S}\,a\,\lambda = k,$$

deren Determinante nach II (D) den Wert Eins hat:

$$a = h(m\nu - n\mu) + k(\beta n - \gamma m)$$

oder nach II (C):

$$a = h\alpha + k\lambda.$$

Ebenso wird $b = h\beta + k\mu$ und $c = h\gamma + k\nu$. Daher gibt (6)

$$h^2\,\mathbf{S}\,\alpha^2 + 2hk\,\mathbf{S}\,\alpha\lambda + k^2\,\mathbf{S}\,\lambda^2 = 0$$

oder nach II (A) einfach

$$h^2 + k^2 = 0.$$

Aber hieraus und aus (10) und (11) schließen wir:

$$\frac{\varrho}{r} = \pm i.$$

Demnach gilt der

Satz 39: Diejenigen Kurven, bei denen das Verhältnis aus der Krümmung und Torsion konstant ist, sind identisch mit denjenigen nicht geradlinigen geodätischen Kurven auf Zylindern von Minimalgeraden, die keine Minimalkurven erster oder zweiter Ordnung sind.

Da $\mathbf{S}\,a\,\alpha =$ konst. ihre charakteristische Eigenschaft ist und aus ihr durch Differentiation nach s wegen III (C)

$$\frac{1}{r}\,\mathbf{S}\,a\,l = 0$$

folgt, können wir sie auch durch die Eigenschaft $\mathbf{S}\,a\,l = 0$ charakterisieren, wobei $a^2 + b^2 + c^2$ verschwindet. Dies aber bedeutet, daß die Hauptnormalen $(l:m:n)$ der in Rede stehenden Kurven sämtlich einer Ebene

$$ax + by + cz = \text{konst.}$$

parallel sind, und das ist eine Minimalebene, weil $a^2 + b^2 + c^2$ verschwindet (vgl. S. 231).

Folglich haben wir den

Satz 40: Sieht man von den geraden Linien und den Minimalkurven erster oder zweiter Ordnung ab, so kann man sagen: Diejenigen Kurven, deren Hauptnormalen sämtlich zu einer Minimalebene parallel laufen, sind identisch mit den Kurven, bei denen das Verhältnis aus der Krümmung und Torsion gleich i oder $-i$ ist.

Indem wir uns an Satz 35, S. 304, und Satz 34, S. 303, erinnern, können wir sie mit den neuen Sätzen so zusammenfassen:

Satz 41: Sieht man von den geraden Linien und den Minimalkurven erster oder zweiter Ordnung ab, so sind alle Kurven, bei denen das Verhältnis aus der Krümmung und Torsion konstant ist, identisch mit allen Kurven, deren Hauptnormalen einer Ebene parallel sind, und auch identisch mit allen geodätischen Kurven auf Zylindern. Dann und nur dann, wenn jenes Verhältnis gleich i oder $-i$ ist, sind alle Hauptnormalen einer Minimalebene parallel, und dann und nur dann sind die Kurven die geodätischen Kurven auf Zylindern von Minimalgeraden.

Hiernach erscheint es gerechtfertigt, die Definition der Schraubenlinien zu verallgemeinern. Künftig heiße so jede Kurve, bei der das Verhältnis aus der Krümmung und Torsion konstant ist. Bei dieser Definition sind von selbst alle Geraden, sowie alle Minimalkurven erster und zweiter Ordnung ausgeschlossen.

§ 10. Kurven mit denselben Hauptnormalen.

In der Kurventheorie gibt es ein Fülle von Problemen, deren Lösung zu besonders bemerkenswerten Kurven oder Kurvenarten führt. Aber die Rücksicht auf den Umfang dieses Buches nötigt uns, sie beiseite zu lassen. Nur eine einzige Frage soll hier beantwortet werden, weil sich gerade an sie eine ausgedehnte Literatur[1] angeknüpft hat, nämlich die Frage nach denjenigen Paaren von Kurven, die alle Hauptnormalen miteinander gemein haben. Daß die Hauptnormalen eine ganz andere Rolle als die Tangenten und Binormalen spielen, wurde schon auf S. 338 betont und geht aus vielen früheren Betrachtungen deutlich hervor. Es wird deshalb nicht überraschen, daß die Fragen nach den Kurvenpaaren mit lauter gemeinsamen Tangenten oder mit lauter gemeinsamen Binormalen nur triviale Antworten haben, während die Frage nach den Kurvenpaaren mit

[1] Man findet viele Literaturnachweise hierzu in des Verfassers Artikel „Besondere transzendente Kurven" in der Enzyklopädie der math. Wiss. III, 3 (1903).

lauter gemeinsamen Hauptnormalen zu wichtigen Ergebnissen führt. Der Gleichmäßigkeit halber wollen wir alle drei Probleme besprechen.

Wir nehmen eine Kurve c an, die keine Gerade und keine Minimalkurve erster oder zweiter Ordnung sei, und bezeichnen ihre Elemente in der gewohnten Weise. Dann soll untersucht werden, ob es eine zweite Kurve $\bar{c}$ mit denselben Tangenten oder Haupt- oder Binormalen wie c gibt. Ihre Elemente bezeichnen wir mit überstrichenen Buchstaben.

Wenn $\bar{c}$ dieselben Tangenten wie c hat, schneidet $\bar{c}$ auf den Tangenten von c Strecken u ab, die im allgemeinen veränderlich und also von der Bogenlänge s von c abhängig sind. Dabei ist

$$(1) \qquad \bar{x} = x + \alpha u, \quad \bar{y} = y + \beta u, \quad \bar{z} = z + \gamma u.$$

Es fragt sich daher, wie man u als Funktion von s zu bestimmen hat, damit die Kurve (1), die mittels des Parameters s dargestellt wird, dieselben Tangenten wie c hat. Dazu ist notwendig und hinreichend, daß $\bar{\alpha}, \bar{\beta}, \bar{\gamma}$ entweder gleich α, β, γ oder gleich $-\alpha$, $-\beta$, $-\gamma$ werden oder, was dasselbe besagt, daß $\mathbf{S}\, l\bar{\alpha} = 0$ und $\mathbf{S}\,\lambda\bar{\alpha} = 0$ wird, denn dann ist die Richtung $(\bar{\alpha}:\bar{\beta}:\bar{\gamma})$ zur Richtung der Haupt- und Binormalen von c senkrecht. Nun aber geht aus (1) durch Differentiation nach der Bogenlänge s von c infolge von III (B) und III (C) hervor:

$$\bar{\alpha}\frac{d\bar{s}}{ds} = \alpha + \frac{l}{r}u + \alpha u';$$

dazu treten zwei entsprechende Formeln. Multipliziert man sie mit l, m, n bzw. λ, μ, ν und addiert sie dann, so geben die Forderungen $\mathbf{S}\, l\bar{\alpha} = 0$ und $\mathbf{S}\,\lambda\bar{\alpha} = 0$ mit Rücksicht auf II (A):

$$\frac{u}{r} = 0, \quad u' = 0.$$

Da $1:r \neq 0$ ist, weil die Kurve c keine Gerade sein soll (vgl. Satz 26, S. 278), muß also $u = 0$ sein. Aber dann ist die Kurve $\bar{c}$ mit der Kurve c identisch. Es gibt demnach keine von c verschiedene Kurve, die mit c alle Tangenten gemein hätte.

Wenn $\bar{c}$ dieselben Binormalen wie c hat und u die längs c im allgemeinen veränderliche Strecke bedeutet, die $\bar{c}$ auf den Binormalen von c abschneidet, sind

$$(2) \qquad \bar{x} = x + \lambda u, \quad \bar{y} = y + \mu u, \quad \bar{z} = z + \nu u$$

die Gleichungen von $\bar{c}$, ausgedrückt mittels des Parameters s. Es handelt sich jetzt darum, u so als Funktion dieser Bogenlänge s

von c zu bestimmen, daß $\bar{\lambda}, \bar{\mu}, \bar{\nu}$ gleich λ, μ, ν oder $-\lambda, -\mu, -\nu$ werden. Zunächst ergibt sich nun aus (2) durch Differentiation nach s infolge von III (B) und III (C)

$$\bar{\alpha}\frac{d\bar{s}}{ds} = \alpha + \frac{l}{\varrho}u + \lambda u'.$$

Dazu treten zwei entsprechende Formeln. Multiplizieren wir sie mit λ, μ, ν und addieren sie dann, so wird die links vorkommende Summe $\mathbf{S}\lambda\bar{\alpha}$ gleich Null, weil sie gleich $\mathbf{S}\bar{\lambda}\bar{\alpha}$ oder $-\mathbf{S}\bar{\lambda}\bar{\alpha}$ sein soll, vgl. II (A). Somit kommt einfach $u' = 0$. Mithin ist der Abschnitt u **konstant**. Aus der Formel

$$\bar{\alpha}\frac{d\bar{s}}{ds} = \alpha + \frac{l}{\varrho}u$$

ergibt sich durch abermalige Differentiation nach s infolge von III (C):

$$\frac{\bar{l}}{\bar{r}}\left(\frac{d\bar{s}}{ds}\right)^2 + \bar{\alpha}\frac{d^2\bar{s}}{ds^2} = \frac{l}{r} - \frac{u}{r\varrho}\alpha - \frac{u}{\varrho^2}\lambda - u\left(\frac{1}{\varrho}\right)' l,$$

und hierzu treten wieder zwei entsprechende Formeln. Multiplizieren wir sie mit λ, μ, ν und addieren sie dann, so kommen links die Summen $\mathbf{S}\lambda\bar{l}$ und $\mathbf{S}\lambda\bar{\alpha}$ vor, die sich nur durchs Vorzeichen von $\mathbf{S}\bar{\lambda}\bar{l}$ und $\mathbf{S}\bar{\lambda}\bar{\alpha}$ unterscheiden können und daher nach II (A) verschwinden. Demnach bleibt

$$\frac{u}{\varrho^2} = 0$$

übrig. Ist $1 : \varrho \neq 0$, d. h. c nicht eben (vgl. Satz 17, S. 244), so wird $u = 0$, d. h. $\bar{c}$ ist dann mit c identisch. Wenn dagegen $1 : \varrho = 0$, also c eine ebene Kurve ist, folgt daraus, daß der Abschnitt u auf den Binormalen von c konstant sein muß, nach S. 239 (vgl. die Fig. 71 daselbst) sofort, daß $\bar{c}$ eine der unendlich vielen Kurven ist, in denen der Zylinder der Binormalen von c durch alle zur Ebene E von c parallelen Ebenen geschnitten wird. Augenscheinlich haben diese mit c kongruenten Kurven $\bar{c}$ in der Tat dieselben Binormalen. **Demnach gibt es nur zu den ebenen Kurven c von ihnen verschiedene Kurven $\bar{c}$ mit denselben Binormalen, aber die Kurven $\bar{c}$ sind mit den Kurven c kongruent.**

Diese Ergebnisse sind trivial, und man hätte sie leicht auf geometrischem Wege finden können. **Erst das Problem aller Kurvenpaare $c, \bar{c}$ mit gemeinsamen Hauptnormalen**[1] führt zu nicht trivialen Kurven, wie die folgenden Entwicklungen zeigen.

[1] De Saint-Venant warf 1844 (vgl. die Anmerkung zu S. 203) die Frage auf, ob es auf der Fläche, die von den Hauptnormalen einer Kurve gebildet

Hat die Kurve $\bar{c}$ dieselben Hauptnormalen wie die Kurve c und schneidet sie auf den Hauptnormalen von c eine als Funktion von s anzunehmende Strecke u ab, so sind

$$\bar{x} = x + l u, \quad \bar{y} = y + m u, \quad \bar{z} = z + n u \tag{3}$$

die Gleichungen von $\bar{c}$, ausgedrückt mittels des Parameters s. Damit die Kurve $\bar{c}$ dieselben Hauptnormalen wie die Kurve c habe, ist nun notwendig und hinreichend, daß die Summen $\mathbf{S}\alpha\bar{l}$ und $\mathbf{S}\lambda\bar{l}$ verschwinden, denn dann sind $\bar{l}, \bar{m}, \bar{n}$ entweder gleich l, m, n oder gleich $-l, -m, -n$. Infolge davon wird alsdann auch $\mathbf{S}l\bar{\alpha}$ gleich $\pm\mathbf{S}\bar{l}\bar{\alpha}$ und mithin nach II (*A*) gleich Null. Hiervon machen wir sogleich Gebrauch. Indem wir nämlich (3) nach s differenzieren, erhalten wir infolge von III (*B*) und III (*C*) drei Formeln, von denen die erste so lautet:

$$\bar{\alpha}\frac{d\bar{s}}{ds} = \alpha - u\left(\frac{\alpha}{r} + \frac{\lambda}{\varrho}\right) + u' l,$$

und durch Multiplikation mit l, m, n und Addition ergibt sich einfach $u' = 0$, d. h. die Kurve $\bar{c}$ schneidet auf den Hauptnormalen von c Strecken von konstanter Länge ab. Diese Länge sei von jetzt an mit h bezeichnet, so daß wir statt (3) haben:

$$\bar{x} = x + l h, \quad \bar{y} = y + m h, \quad \bar{z} = z + n h \tag{4}$$

und infolge hiervon:

$$\bar{\alpha}\frac{d\bar{s}}{ds} = \left(1 - \frac{h}{r}\right)\alpha - \frac{h}{\varrho}\lambda, \tag{5}$$

wozu zwei entsprechende Formeln treten. Quadrieren und Addieren aller drei Gleichungen liefert nach II (*A*)

$$\frac{d\bar{s}}{ds} = \sqrt{\left(1 - \frac{h}{r}\right)^2 + \frac{h^2}{\varrho^2}}. \tag{6}$$

Wird nun mit ψ derjenige Winkel bezeichnet, für den

$$\sin\psi = \frac{\frac{h}{\varrho}}{\sqrt{\left(1 - \frac{h}{r}\right)^2 + \frac{h^2}{\varrho^2}}}, \quad \cos\psi = \frac{1 - \frac{h}{r}}{\sqrt{\left(1 - \frac{h}{r}\right)^2 + \frac{h^2}{\varrho^2}}} \tag{7}$$

---

wird, eine zweite Kurve geben kann, deren Hauptnormalen dieselben Geraden sind. Die erste Antwort gab Bertrand 1850 in seinem „Mémoire sur la théorie des courbes à double courbure", Comptes Rendus T. XXXVI und Journ. de Mathém. 1. Serie, T. XV. Nach ihm heißen die Kurvenpaare mit gemeinsamen Hauptnormalen Bertrandsche Kurvenpaare.

ist, so folgt aus (5) und (6):

(8) $\bar{\alpha} = \alpha \cos\psi - \lambda \sin\psi, \quad \bar{\beta} = \beta \cos\psi - \mu \sin\psi, \quad \bar{\gamma} = \gamma \cos\psi - \nu \sin\psi.$

Demnach wird $\cos\psi$ gleich $\mathbf{S}\,\alpha\bar{\alpha}$, so daß ψ den Winkel der Tangenten in entsprechenden Punkten von c und $\bar{c}$ bedeutet. Nochmalige Differentiation von (8) nach s gibt infolge von III (*C*) drei neue Formeln, von denen die erste so lautet:

$$\frac{\bar{l}}{\bar{r}}\frac{d\bar{s}}{ds} = \left(\frac{\cos\psi}{r} - \frac{\sin\psi}{\varrho}\right) l - (\alpha \sin\psi + \lambda \cos\psi)\,\psi'.$$

Sie dienen zur Berechnung von $\bar{l} : \bar{m} : \bar{n}$. Da wir nur $\mathbf{S}\,\alpha\bar{l} = 0$ und $\mathbf{S}\,\lambda\bar{l} = 0$ zu fordern haben, multiplizieren wir die drei Formeln mit α, β, γ bzw. λ, μ, ν und addieren sie jedesmal, wodurch sich wegen II (*A*) als notwendige und hinreichende Bedingungen dafür, daß $\bar{c}$ dieselben Hauptnormalen wie c hat, diese beiden ergeben:

$$\sin\psi \,.\, \psi' = 0, \qquad \cos\psi \,.\, \psi' = 0.$$

Mit anderen Worten: Der Winkel ψ muß konstant sein. Weil aber ψ nach (7) durch

$$\left(1 - \frac{h}{r}\right)\sin\psi - \frac{h}{\varrho}\cos\psi = 0$$

oder

(9) $$\frac{\sin\psi}{r} + \frac{\cos\psi}{\varrho} = \frac{\sin\psi}{h}$$

definiert wird (denn h ist von Null verschieden anzunehmen), so bedeutet dies, daß zwischen der Krümmung $1 : r$ und der Torsion $1 : \varrho$ von c eine lineare Gleichung mit konstanten Koeffizienten bestehen muß.[1]

Nun kehren wir die Betrachtung um: Wir gehen aus von einer Kurve c, bei der zwischen der Krümmung und Torsion eine lineare Gleichung

(10) $$\frac{A}{r} + \frac{B}{\varrho} = C$$

besteht, in der A, B, C konstant sind und A und B natürlich nicht beide verschwinden sollen. Es gibt dann zu c eine Kurve $\bar{c}$ mit denselben Hauptnormalen, falls man zwei Konstanten h und ψ so bestimmen kann, daß die Gleichung (10) die Form (9) annimmt. Aber es ist möglich, daß bei der Kurve c zwei verschiedene Gleichungen von der Form (10) bestehen, d. h. daß bei c die Krümmung und die

[1] Dies Kennzeichen wurde von Bertrand a. a. O. aufgestellt.

Torsion einzeln konstant sind. Diesen Fall schließen wir zunächst aus.

Dann sieht man: Ist $C = 0$, aber $A \neq 0$, so gibt die Vergleichung von (9) und (10), daß $h = \infty$ sein muß. Von dieser Annahme ist natürlich abzusehen. Dieser Fall liegt vor, wenn das Verhältnis von $1:r$ und $1:\varrho$ konstant ist. Weil B von Null verschieden sein muß, da sonst $1:r = 0$, also die Kurve c gegen die Voraussetzung eine Gerade wäre (nach Satz 26, S. 278), ist dann gewiß $1:\varrho \neq 0$, d. h. die Kurve c nicht eben (nach Satz 17, S. 244). Der Fall $C=0$, $A \neq 0$ liegt also vor, falls c eine allgemeine und nicht ebene Schraubenlinie ist (vgl. S. 432).

Ist $C = 0$ und $A = 0$, so gibt (10) die Torsion Null, d. h. c ist eine ebene Kurve. Die Vergleichung von (9) mit (10) liefert dann $\sin\psi = 0$, während die Konstante h beliebig bleibt. Deshalb gibt es zu einer ebenen Kurve c unendlich viele Kurven $\bar{c}$ mit denselben Hauptnormalen; in der Tat sind es diejenigen Kurven, die auf S. 62 als die Parallelkurven von c bezeichnet wurden. Immerhin ist dieser Fall trivial.

Wir kommen jetzt zur Annahme $C \neq 0$, $A = 0$. Hier ist c nach (10) eine nicht ebene Kurve von konstanter Torsion. Die Gleichung (9) oder

$$\frac{1}{\varrho} = \left(\frac{1}{h} - \frac{1}{r}\right) \operatorname{tg}\psi$$

wäre jedoch nur dann mit $1:\varrho =$ konst. vereinbar, wenn $\operatorname{tg}\psi = 0$ und $h = 0$ wäre, weil ja jetzt $1:r$ nicht konstant ist (denn sonst läge der zunächst ausdrücklich ausgeschlossene Fall $1:r =$ konst., $1:\varrho =$ konst. vor). Aber die Strecke h darf nicht gleich Null sein, weil sonst $\bar{c}$ mit c identisch wäre.

Ist schließlich $C \neq 0$ und $A \neq 0$, so gibt die Vergleichung von (9) und (10):

$$h = \frac{A}{C}, \quad \operatorname{tg}\psi = \frac{C}{B}.$$

Hier also ergibt sich für h ein und nur ein bestimmter und von Null verschiedener Wert, d. h. es gibt gerade eine von c verschiedene Kurve $\bar{c}$ mit denselben Hauptnormalen. Insbesondere wird $\operatorname{tg}\psi = \infty$, wenn $B = 0$ ist. Dieser spezielle Fall tritt nach (10) ein, wenn die Krümmung von c konstant ist. Wir kommen auf diesen Fall auf S. 444 zurück.

Jetzt gehen wir zu der Annahme über, daß längs der Kurve c sowohl die Krümmung als auch die Torsion konstant sei. Die Kurve c ist alsdann entweder eine gemeine Schraubenlinie, oder eine gewisse imaginäre Kurve dritter Ordnung, bei der die Krümmung und die Torsion konstant sind und ihr Verhältnis gleich i oder $-i$ ist (vgl. S. 305). Man kann dann der Gleichung (9), weil $1:r$ und $1:\varrho$ darin Konstanten bedeuten, auf unendlich viele Arten genügen, indem man die Konstante h beliebig wählt und auf Grund von (9) den zugehörigen konstanten Winkel ψ bestimmt. Mithin hat hier jede Kurve, die auf den Hauptnormalen von c eine konstante Strecke abschneidet, dieselben Hauptnormalen wie c.

Wir fassen die Ergebnisse zusammen in dem

Satz 42: Zu einer Kurve c, die keine Gerade und keine Minimalkurve erster oder zweiter Ordnung ist, kann es nur dann eine andere Kurve $\bar{c}$ mit denselben Hauptnormalen geben, wenn zwischen der Krümmung $1:r$ und der Torsion $1:\varrho$ von c wenigstens eine lineare Gleichung mit konstanten Koeffizienten besteht:

$$\frac{A}{r} + \frac{B}{\varrho} = C,$$

wobei A und B nicht beide verschwinden. Wenn aber nur eine solche Gleichung besteht, sind die Fälle $C = 0$, $A \neq 0$ und $C \neq 0$, $A = 0$ auszuschließen, d. h. die Kurve c darf weder eine allgemeine und nicht ebene Schraubenlinie, noch eine nicht ebene Kurve konstanter Torsion sein.[1] Mehr als eine Kurve $\bar{c}$, der dieselben Hauptnormalen wie c zukommen, und zwar unendlich viele Kurven $\bar{c}$ sind nur dann vorhanden, wenn c eine ebene Kurve oder eine gemeine Schraubenlinie oder eine Kurve konstanter Krümmung und konstanter Torsion ist, bei der die Krümmung und Torsion das Verhältnis i oder $-i$ haben.

Außerdem hat sich ergeben

Satz 43: Haben zwei verschiedene Kurven c und $\bar{c}$ dieselben Hauptnormalen, so schneiden sie auf allen Hauptnormalen eine konstante Strecke ab; außerdem ist der

[1] Nach den vorhergehenden Entwicklungen kann man auch sagen: Ist c eine nicht ebene allgemeine Schraubenlinie, so liegt $\bar{c}$ unendlich fern; ist c eine nicht ebene Kurve konstanter Torsion, so fällt $\bar{c}$ mit c zusammen. Diese Fälle sind also gewissermaßen die Grenzfälle.

Winkel, den die Tangenten in entsprechenden Punkten von c und $\bar c$ miteinander bilden, konstant.[1]

Wir nehmen jetzt an, daß es eine Kurve $\bar c$ gebe, der dieselben Hauptnormalen wie c zukommen, d. h. daß es zwei Konstanten h und ψ gebe, die der Gleichung (9) genügen, wobei $h \neq 0$ sei. Alsdann folgt aus (8) durch Differentiation nach s wegen III (C):

$$\frac{\bar l}{\bar r}\frac{d\bar s}{ds} = \left(\frac{\cos\psi}{r} - \frac{\sin\psi}{\varrho}\right) l.$$

also nach (6) und (7):

$$\frac{\bar l}{\bar r} = \frac{\varrho\sin\psi}{h}\left(\frac{\cos\psi}{r} - \frac{\sin\psi}{\varrho}\right) l.$$

Entsprechende Formeln gelten für $\bar m : \bar r$ und $\bar n : \bar r$. Demnach ist

$$\frac{1}{\bar r} = \varepsilon\,\frac{\varrho\sin\psi}{h}\left(\frac{\cos\psi}{r} - \frac{\sin\psi}{\varrho}\right), \tag{11}$$

wobei ε gleich $+1$ oder -1 ist, und überdies:

$$\bar l = \varepsilon l, \quad \bar m = \varepsilon m, \quad \bar n = \varepsilon n. \tag{12}$$

Weil $\lambda = \bar\beta\,\bar n - \gamma m$ nach II (C) ist, folgt aus (8) und (12):

$$\left\{\begin{aligned} \bar\lambda &= \varepsilon(\alpha\sin\psi + \lambda\cos\psi), \quad \bar\mu = \varepsilon(\beta\sin\psi + \mu\cos\psi), \\ \bar\nu &= \varepsilon(\gamma\sin\psi + \nu\cos\psi). \end{aligned}\right. \tag{13}$$

Aus den Formeln (8), (12), (13) erkennt man, daß das begleitende Dreikant eines Punktes von $\bar c$ gegenüber dem begleitenden Dreikant des zugehörigen Punktes von c konstante Richtungen hat, weil ψ konstant ist. Da auch die Entfernung h zwischen beiden Punkten konstant ist, kann man sagen:

Satz 44: Haben zwei Kurven c und $\bar c$ dieselben Hauptnormalen, so haben die zu zwei einander entsprechenden Punkten beider Kurven gehörigen begleitenden Dreikante überall längs des Kurvenpaares dieselbe gegenseitige Lage.

Man kann sich also beide Dreikante starr verbunden denken.

Von den Elementen der Kurve $\bar c$ ist nun nur der Torsionsradius $\bar\varrho$ noch nicht berechnet werden. Um ihn zu finden, differenzieren wir $\bar\lambda$ nach s, so daß sich aus (13) infolge von III (C) ergibt:

$$\frac{\bar l}{\bar\varrho}\frac{d\bar s}{ds} = \varepsilon\left(\frac{\sin\psi}{r} + \frac{\cos\psi}{\varrho}\right) l$$

---

[1] Die Konstanz des Winkels ψ wurde nicht von BERTRAND, sondern erst von CURTIS bemerkt. Vgl. seine Abhandlung: „Sur la surface engendrée par les normales principales d'une courbe à double courbure", Journ. de Mathém. 2. Serie, T. I (1856).

oder wegen (12) und (9):

$$\frac{1}{\bar{\varrho}}\frac{d\bar{s}}{ds} = \frac{\sin\psi}{h},$$

d. h. nach (6) und (7):

$$\frac{1}{\varrho}\cdot\frac{1}{\bar{\varrho}} = \frac{\sin^2\psi}{h^2}. \tag{14}$$

Die rechte Seite ist konstant, daher kommt der

Satz 45: Haben zwei Kurven c und $\bar{c}$ dieselben Hauptnormalen, so ist das Produkt ihrer Torsionen in einander entsprechenden Punkten konstant.[1]

Insbesondere zeigt (14): Wenn c und $\bar{c}$ reell sind, haben beide Kurven in einander entsprechenden Punkten Torsionen mit demselben Vorzeichen; sie sind also an zusammengehörigen Punkten beide rechtsgewunden oder beide linksgewunden.

Nach III (C) folgt aus (13) auch:

$$\frac{d\bar{\lambda}}{ds} = \varepsilon l\left(\frac{\sin\psi}{r} + \frac{\cos\psi}{\varrho}\right)$$

oder wegen (9):

$$\frac{d\bar{\lambda}}{ds} = \frac{\varepsilon\sin\psi}{h}\,l. \tag{15}$$

Dazu treten zwei entsprechende Formeln. Die Summe ihrer Quadrate liefert:

$$\frac{d\bar{\lambda}^2 + d\bar{\mu}^2 + d\bar{\nu}^2}{ds^2} = \frac{\sin^2\psi}{h^2},$$

also einen konstanten Wert. Nun sind aber $\bar{\lambda}$, $\bar{\mu}$, $\bar{\nu}$ nach S. 335 die rechtwinkligen Koordinaten der sphärischen Indikatrix der Binormalen der Kurve $\bar{c}$. Also besagt die Formel: Das Quadrat des Bogenelements $d\sigma$ dieser Indikatrix steht zum Quadrate des Bogenelements ds von c in einem konstanten Verhältnisse:

$$\left(\frac{d\sigma}{ds}\right)^2 = \frac{\sin^2\psi}{h^2}. \tag{16}$$

Daher gilt der

Satz 46: Haben zwei Kurven dieselben Hauptnormalen, so stehen entsprechende Bogenlängen der einen Kurve und der sphärischen Indikatrix der Binormalen der anderen Kurve in einem konstanten Verhältnisse.

Dieser Satz gibt uns nun das Mittel, alle Kurven c zu berechnen, zu denen es Kurven $\bar{c}$ mit denselben Hauptnormalen gibt. Wir

---

[1] Dies fand zuerst SCHELL 1859 in dem auf S. 223 genannten Werke.

gehen dabei aus von einer als gegeben betrachteten sphärischen Indikatrix der Binormalen von $\bar{c}$. Wenn σ ihre Bogenlänge bedeutet, sollen also $\bar{\lambda}$, $\bar{\mu}$, $\bar{\nu}$ solche gegebene Funktionen von σ sein, die den beiden Bedingungen

$$(17)\qquad \bar{\lambda}^2 + \bar{\mu}^2 + \bar{\nu}^2 = 1\,, \qquad \bar{\lambda}'^2 + \bar{\mu}'^2 + \bar{\nu}'^2 = 1$$

genügen, wobei sich der Differentiationsstrich wie im folgenden überhaupt auf die Bogenlänge σ der Indikatrix beziehen soll. Aus (17) folgt noch die nachher zu verwendende Formel:

$$(18)\qquad \bar{\lambda}\bar{\lambda}' + \bar{\mu}\bar{\mu}' + \bar{\nu}\bar{\nu}' = 0.$$

Außer den Funktionen $\bar{\lambda}$, $\bar{\mu}$, $\bar{\nu}$ von σ seien noch die beiden Konstanten h und ψ gegeben. Nun suchen wir auf Grund der entwickelten Formeln die Koordinaten x, y, z der Kurve c als Funktionen von σ zu ermitteln. Alle Elemente von c sind dabei als vorläufig noch unbekannte Funktionen von σ zu betrachten.

Nach (16) kommt zunächst:

$$(19)\qquad \frac{ds}{d\sigma} = \frac{\theta h}{\sin\psi}\,,$$

wo θ eine der beiden Zahlen ± 1 bedeutet. Da nun nach (15)

$$l = \frac{h}{\varepsilon \sin\psi}\,\frac{d\bar{\lambda}}{d\sigma} : \frac{ds}{d\sigma}$$

ist, kommt weiter:

$$(20)\qquad l = \varepsilon\,\theta\,\bar{\lambda}'$$

Entsprechend ergeben sich m und n als Funktionen von σ. Um α, β, γ zu berechnen, benutzen wir die Gleichung $\mathbf{S}\,l\alpha = 0$, die nach (20) die Form

$$\mathbf{S}\,\bar{\lambda}'\alpha = 0$$

annimmt, sowie die aus (13) folgende Gleichung

$$\mathbf{S}\,\bar{\lambda}\alpha = \varepsilon \sin\psi\,.$$

Bequemer ist es dabei, zunächst die Größen

$$\frac{\alpha - \varepsilon\bar{\lambda}\sin\psi}{\cos\psi}\,, \qquad \frac{\beta - \varepsilon\bar{\mu}\sin\psi}{\cos\psi}\,, \qquad \frac{\gamma - \varepsilon\bar{\nu}\sin\psi}{\cos\psi}$$

zu berechnen, die für den Augenblick mit u, v, w bezeichnet seien. Denn für sie ergibt sich aus den beiden angegebenen Gleichungen

$$\mathbf{S}\,\bar{\lambda}'u = -\,\varepsilon\,\mathrm{tg}\,\psi\,\mathbf{S}\,\bar{\lambda}'\bar{\lambda}\,, \qquad \mathbf{S}\,\bar{\lambda}u = 0$$

oder nach (18):

$$\mathbf{S}\,\bar{\lambda}' u = 0, \qquad \mathbf{S}\,\bar{\lambda} u = 0,$$

so daß u, v, w proportional den aus den beiden Reihen $\bar{\lambda}$, $\bar{\mu}$, $\bar{\nu}$ und $\bar{\lambda}'$, $\bar{\mu}'$, $\bar{\nu}'$ zu bildenden zweireihigen Determinanten werden. Daraus schließt man dann, wenn η ein vorläufig noch unbekannter Faktor ist, daß α die Form hat:

$$\alpha = \varepsilon \bar{\lambda} \sin\psi + \eta \cos\psi (\bar{\mu}\bar{\nu}' - \bar{\nu}\bar{\mu}') \tag{21}$$

und daß für β und γ entsprechende Werte hervorgehen. Nun aber muß $\mathbf{S}\,\alpha^2 = 1$ sein. Hieraus folgt wegen (17):

$$\sin^2\psi + \eta^2 \cos^2\psi\, \mathbf{S}\,(\bar{\mu}\bar{\nu}' - \bar{\nu}\bar{\mu}')^2 = 1.$$

Es ist aber nach der Identität (11), S. 194, und wegen (17) und (18)

$$\mathbf{S}\,(\bar{\mu}\bar{\nu}' - \bar{\nu}\bar{\mu}')^2 = \mathbf{S}\,\bar{\lambda}^2\,\mathbf{S}\,\bar{\lambda}'^2 - (\mathbf{S}\,\bar{\lambda}\bar{\lambda}')^2 = 1, \tag{22}$$

so daß einfach $\eta^2 = 1$ hervorgeht. Also ist η eine der beiden Zahlen ± 1. Ferner ergibt sich aus (13) infolge von (21)

$$\lambda = \varepsilon \bar{\lambda} \cos\psi - \eta \sin\psi (\bar{\mu}\bar{\nu}' - \bar{\nu}\bar{\mu}'), \tag{23}$$

und entsprechende Werte gehen für μ und ν hervor. Nach (20), (21) und (23) sind nun alle neun Richtungskosinus bekannt. Aber ihre Determinante muß nach II (D) gleich Eins sein, woraus mit Rücksicht auf (22) folgt, daß $\theta = -\eta$ wird. Wir haben also gefunden:

$$\left\{\begin{aligned} \alpha &= \varepsilon \bar{\lambda} \sin\psi + \eta \cos\psi (\bar{\mu}\bar{\nu}' - \bar{\nu}\bar{\mu}'), \qquad l = -\varepsilon\eta\bar{\lambda}', \\ \lambda &= \varepsilon \bar{\lambda} \cos\psi - \eta \sin\psi (\bar{\mu}\bar{\nu}' - \bar{\nu}\bar{\mu}'), \end{aligned}\right. \tag{24}$$

und entsprechende Formeln gelten für die übrigen sechs Richtungskosinus.

Nun ist nach III (B)

$$\frac{dx}{d\sigma} = \frac{dx}{ds}\,\frac{ds}{d\sigma} = \alpha\,\frac{ds}{d\sigma},$$

daher nach der ersten Formel (24) und nach (19), worin $\theta = -\eta$ zu setzen ist:

$$\frac{dx}{d\sigma} = -h\,[\varepsilon\eta\bar{\lambda} + \operatorname{ctg}\psi\,(\bar{\mu}\bar{\nu}' - \bar{\nu}\bar{\mu}')].$$

Bezeichnet man die Größe $-\varepsilon\eta$, die gleich $+1$ oder -1 ist, mit ϑ, so kommt durch Integration:

$$(25)\quad \begin{cases} x = h\int[\vartheta\bar\lambda - \operatorname{ctg}\psi(\bar\mu\bar\nu' - \bar\nu\bar\mu')]\,d\sigma, \\ y = h\int[\vartheta\bar\mu - \operatorname{ctg}\psi(\bar\nu\bar\lambda' - \bar\lambda\bar\nu')]\,d\sigma, \\ z = h\int[\vartheta\bar\nu - \operatorname{ctg}\psi(\bar\lambda\bar\mu' - \bar\mu\bar\lambda')]\,d\sigma. \end{cases}$$

Dies also müssen die Gleichungen der Kurve c sein, ausgedrückt mittels des Parameters σ, nämlich der Bogenlänge der Indikatrix der Binormalen von $\bar c$. Indem man rückwärts von diesen Kurvengleichungen (25) ausgeht und auf Grund der Formeln der Tafel III die Richtungskosinus des begleitenden Dreikants und die Krümmung und Torsion berechnet, erkennt man leicht, daß tatsächlich bei der Kurve (25) die Gleichung (9) zwischen der Krümmung und Torsion besteht. Hiernach gilt, wenn man $\vartheta\bar\lambda$, $\vartheta\bar\mu$ und $\vartheta\bar\nu$ mit u, v, w bezeichnet, der

Satz 47:[1] Diejenigen Kurven, die weder Geraden noch Minimalkurven erster oder zweiter Ordnung sind, aber die Eigenschaft haben, daß es von ihnen verschiedene Kurven mit denselben Hauptnormalen gibt, lassen sich so darstellen:

$$x = h\int[u - \operatorname{ctg}\psi(vw' - wv')]\,d\sigma,$$

$$y = h\int[v - \operatorname{ctg}\psi(wu' - uw')]\,d\sigma,$$

$$z = h\int[w - \operatorname{ctg}\psi(uv' - vu')]\,d\sigma,$$

wenn dabei unter u, v, w solche drei Funktionen des Parameters σ verstanden werden, die den beiden Gleichungen

$$u^2 + v^2 + w^2 = 1, \qquad u'^2 + v'^2 + w'^2 = 1,$$

genügen, und h und ψ zwei Konstanten bedeuten.

Es dürfte nicht überflüssig sein, ausdrücklich darauf hinzuweisen, daß die Beziehung zwischen zwei Kurven c und $\bar c$ mit gemeinsamen Hauptnormalen durchaus wechselseitig ist. Analytisch tritt dies so hervor: Setzt man

$$(26)\qquad \bar h = -\varepsilon h,$$

[1] Die hier entwickelte Bestimmung der Bertrandschen Kurven rührt von Darboux her. Siehe seine „Leçons sur la théorie générale des surfaces", 1. partie, Paris 1887, S. 45.

so ist nach (4) und (12):

$$x = \bar{x} + \bar{l}\bar{h}, \quad y = \bar{y} + \bar{m}\bar{h}, \quad z = \bar{z} + \bar{n}\bar{h},$$

und diese Formeln sind den Formeln (4) durchaus analog, indem die überstrichenen Buchstaben mit den nicht überstrichenen vertauscht sind. Setzt man außerdem

(27) $$\bar{\psi} = -\varepsilon\psi,$$

so folgt aus (8) und (13) durch Auflösung nach α, β, γ und λ, μ, ν, daß die Formeln (8) und (13) auch dann gelten, wenn man hierin dieselben Vertauschungen vornimmt. Überhaupt gibt jede Gleichung von (4) bis (16) durch Vertauschung der überstrichenen mit den nicht überstrichenen Buchstaben immer wieder eine richtige Gleichung. So gilt z. B. entsprechend (9) bei $\bar{c}$ die Formel

$$\frac{\sin\bar{\psi}}{\bar{r}} + \frac{\cos\bar{\psi}}{\bar{\varrho}} = \frac{\sin\bar{\psi}}{\bar{h}}$$

oder also nach (26) und (27) diese:

(28) $$-\varepsilon\frac{\sin\psi}{\bar{r}} + \frac{\cos\psi}{\bar{\varrho}} = \frac{\sin\psi}{h}.$$

Zum Schlusse gehen wir noch auf einen besonders interessanten speziellen Fall ein: Wenn eine nicht ebene Kurve c von konstanter Krümmung $1:r$ vorliegt, gibt es nach S. 437 eine zweite Kurve $\bar{c}$ mit denselben Hauptnormalen. Dabei ist $\operatorname{tg}\psi = \infty$, d. h. die Tangenten von einander entsprechenden Punkten von c und $\bar{c}$ sind zueinander senkrecht. Außerdem wird nach (9) oder

$$\frac{1}{r} + \frac{\operatorname{ctg}\psi}{\varrho} = \frac{1}{h}$$

die Konstante h gerade gleich r. Dies aber bedeutet: Die Kurve $\bar{c}$ ist der Ort der Krümmungsmittelpunkte von c. Nach (8) und (13) sind ihre Tangenten bzw. Binormalen parallel zu den Binormalen bzw. Tangenten der Kurve c in den entsprechenden Punkten. Aus (11) folgt ferner $\bar{r} = -\varepsilon r$, so daß ε im reellen Falle gleich -1 zu wählen ist. Vgl. Satz 28, S. 407. Wir sagen daher:

Satz 48: Der Ort der Krümmungsmittelpunkte einer nicht ebenen Kurve von konstanter Krümmung ist ebenfalls eine Kurve von konstanter Krümmung, und zwar sind die absoluten Beträge der Krümmungen beider Kurven gleich groß.[1] Die Hauptnormalen beider Kurven sind dieselben, dagegen sind die Tangenten der einen den Binormalen der anderen parallel und umgekehrt.

§ 11. Das Doppelverhältnis.

Die Minimalkurven erster und zweiter Ordnung mußten wir bei allen denjenigen Betrachtungen, bei denen die Bogenlänge, Krümmung und Torsion eine Rolle spielten, beständig ausschließen. Sie verlangen daher eine besondere Besprechung. Dabei bedürfen wir einiger Begriffe aus der projektiven Geometrie.[2] Da sie auch später, in der Flächentheorie, hier und da gebraucht werden, wollen wir den gegenwärtigen Paragraphen nur zu ihrer Erläuterung benutzen. In § 12 kommen wir alsdann zu den Minimalgeraden, in § 13 zu den Minimalkurven.

Schon gelegentlich (auf S. 291 und S. 294) wurde das Doppelverhältnis von vier Größen a, b, c, d erwähnt. Man definiert als dies Doppelverhältnis $(abcd)$ den Ausdruck:

$$(1)\qquad (abcd) = \frac{c-a}{c-b} : \frac{d-a}{d-b}.$$

Es seien u und v zwei Veränderliche, zwischen denen eine sowohl in u als auch in v lineare Gleichung, also eine sogenannte bilineare Relation mit konstanten Koeffizienten $\alpha, \beta, \gamma, \delta$ besteht:

$$(2)\qquad \gamma uv - \alpha u + \delta v - \beta = 0,$$

anders ausgedrückt: v sei eine linear gebrochene Funktion von u:

$$(3)\qquad v = \frac{\alpha u + \beta}{\gamma u + \delta}.$$

---

[1] Dies findet sich schon bei Monge in seiner Abhandlung: „Supplément, où l'on fait voir que les équations aux differences ordinaires, pour lesquelles les conditions d'intégrabilité ne sont pas satisfaites, sont susceptibles d'une véritable intégration et que c'est de cette intégration que dépend celle des équations aux dérivées partielles élevées," Mém. de l'Acad. des Sciences pour l'année 1784.

[2] Die projektive Geometrie beschäftigt sich mit denjenigen Eigenschaften der Figuren, die bei beliebigen Parallel- und Zentralprojektionen ungeändert bleiben. Ihr erster Begründer ist Poncelet in seinem „Traité des propriétés projectives des figures", 1822. Möbius führte in seinem Werke „Der barycentrische Calcul" Leipzig 1827, den Begriff des Doppelverhältnisses, allerdings mit dem umständlicheren Namen: Doppelschnittsverhältnis, ein. Ferner sind noch besonders Steiner, Plücker und von Staudt als Mitbegründer der projektiven Geometrie zu erwähnen.

Sie soll keine Konstante sein, d. h. $\alpha u + \beta$ soll sich nicht für alle Werte von u nur um einen konstanten Faktor von $\gamma u + \delta$ unterscheiden. Deshalb ist

$$\alpha \delta - \beta \gamma \neq 0$$

vorauszusetzen. Geben wir der Veränderlichen u irgend welche vier Werte u_1, u_2, u_3, u_4, so nimmt die Veränderliche v entsprechend vier Werte v_1, v_2, v_3, v_4 an, und zwar ist dann:

$$v_3 - v_1 = \frac{\alpha u_3 + \beta}{\gamma u_3 + \delta} - \frac{\alpha u_1 + \beta}{\gamma u_1 + \delta}$$

oder:

$$v_3 - v_1 = \frac{\alpha \delta - \beta \gamma}{(\gamma u_1 + \delta)(\gamma u_3 + \delta)} \cdot (u_3 - u_1),$$

und entsprechende Werte ergeben sich für $v_3 - v_2$, $v_4 - v_1$ und $v_4 - v_2$. Wenn wir nun nach (1) das Doppelverhältnis

$$(v_1\, v_2\, v_3\, v_4) = \frac{v_3 - v_1}{v_3 - v_2} : \frac{v_4 - v_1}{v_4 - v_2}$$

bilden und hierin die berechneten Werte der Differenzen eintragen, kommt sofort:

$$(v_1\, v_2\, v_3\, v_4) = \frac{u_3 - u_1}{u_3 - u_2} : \frac{u_4 - u_1}{u_4 - u_2} = (u_1\, u_2\, u_3\, u_4).$$

Es gilt daher der

Satz 49: **Besteht zwischen zwei Veränderlichen u und v eine bilineare Relation:**

$$\gamma u v - \alpha u + \delta v - \beta = 0 \quad (\alpha \delta - \beta \gamma \neq 0),$$

mit anderen Worten: ist v eine nicht konstante linear gebrochene Funktion von u:

$$v = \frac{\alpha u + \beta}{\gamma u + \delta},$$

so haben irgend vier bestimmte Werte u_1, u_2, u_3, u_4 von u dasselbe Doppelverhältnis wie die zugehörigen vier Werte v_1, v_2, v_3, v_4 von v:

$$(u_1\, u_2\, u_3\, u_4) = (v_1\, v_2\, v_3\, v_4).$$

Man spricht ferner vom **Doppelverhältnisse** von vier **Punkten einer Geraden** g (siehe Fig. 103). Legen wir der Geraden und demgemäß auch den Strecken zwischen ihren Punkten $A, B \ldots$ einen bestimmten Fortschreitungssinn bei, so daß alle diese Strecken AB usw., mit der Maßeinheit gemessen, bestimmte Maßzahlen haben,

Fig. 103.

so wird das Doppelverhältnis von vier Punkten A, B, C, D der Geraden durch die Formel

$$(4)\qquad (ABCD) = \frac{AC}{BC} : \frac{AD}{BD}$$

definiert. Ändern wir den Sinn der Geraden in den entgegengesetzten um, so ändern alle Strecken ihr Vorzeichen, so daß der Wert des Doppelverhältnisses ungeändert bleibt. Das Doppelverhältnis ist also von dem Fortschreitungssinne der Geraden unabhängig.

Noch mehr: Teilt man die vier Punkte in zwei Paare und vertauscht man alsdann gleichzeitig jedes Paar in sich, so bleibt das Doppelverhältnis ebenfalls ungeändert. Z. B., wenn man jedes der Paare A, D und B, C in sich vertauscht, also A mit D und zugleich B mit C vertauscht, kommt:

$$(DCBA) = \frac{DB}{CB} : \frac{DA}{CA} = \frac{-BD}{-BC} : \frac{-AD}{-AC} = (ABCD).$$

Diese Operation: Teilung in Paare und Vertauschung läßt sich auf drei Arten vornehmen. Insgesamt aber kann man die Punkte A, B, C, D auf vierundzwanzig Arten in eine Reihe bringen. Von den zugehörigen vierundzwanzig Doppelverhältnissen sind deshalb je vier einander gleich, so daß nur sechs verschiedene Werte vorhanden sind. Zwischen diesen bestehen einfache Beziehungen. Wird nämlich

$$(5)\qquad (ABCD) = \Delta$$

gesetzt, so ist

$$(6)\qquad (ACBD) = 1 - \Delta, \quad (BACD) = \frac{1}{\Delta},$$

wie man sofort nachweisen kann, wenn man beachtet, daß z. B. $AC = AB + BC$ usw. ist. Vertauschen des zweiten Punktes mit dem dritten gibt also die Ergänzung des Doppelverhältnisses zu Eins, Vertauschen des ersten Punktes mit dem zweiten dagegen den reziproken Wert des Doppelverhältnisses. Wenden wir das erste Verfahren auf $(BACD)$ und das zweite auf $(ACBD)$ an, so kommt:

$$(BCAD) = 1 - (BACD), \quad (CABD) = \frac{1}{(ACBD)}$$

oder nach (6)

$$(7)\qquad (BCAD) = \frac{\Delta - 1}{\Delta}, \quad (CABD) = \frac{1}{1 - \Delta}$$

Wenn wir das zweite Verfahren auf $(B\,C\,A\,D)$ anwenden, so kommt noch:

$$(C\,B\,A\,D) = \frac{1}{(B\,C\,A\,D)},$$

daher nach (7):

$$(C\,B\,A\,D) = \frac{\Delta}{\Delta - 1}. \tag{8}$$

In den Formeln (5), (6), (7), (8) liegen jetzt sechs verschiedene Werte der vierundzwanzig Doppelverhältnisse vor. Somit folgt der

Satz 50: Aus vier Punkten A, B, C, D einer Geraden kann man vierundzwanzig Doppelverhältnisse bilden, von denen aber je vier einander gleich sind, so daß sie insgesamt höchstens sechs verschiedene Werte haben können. Wird irgend einer der sechs Werte mit Δ bezeichnet, so sind

$$\Delta, \quad 1 - \Delta, \quad \frac{1}{\Delta}, \quad \frac{\Delta - 1}{\Delta}, \quad \frac{1}{1 - \Delta}, \quad \frac{\Delta}{\Delta - 1}$$

alle diese sechs Werte.

Insbesondere kann es eintreten, daß die vier Punkte A, B, C, D der Geraden eine spezielle Lagerung haben, so daß unter diesen sechs Werten einander gleiche vorkommen. Um alle Möglichkeiten zu übersehen, brauchen wir nur Δ je einem der fünf anderen Werte gleich zu setzen. Z. B. $\Delta = 1 - \Delta$ gibt die Fälle $\Delta = \frac{1}{2}$ und $\Delta = \infty$. So kommen die folgenden Zahlenwerte für Δ:

$$-1, \quad 0, \quad \frac{1}{2}, \quad 1, \quad 2, \quad \infty, \quad \frac{1 + i\sqrt{3}}{2}, \quad \frac{1 - i\sqrt{3}}{2}.$$

Ist $\Delta = 0$ oder $\Delta = 1$ oder $\Delta = \infty$, so fallen zwei der vier Punkte A, B, C, D zusammen, wie man sofort sieht.

Ist $\Delta = (1 + i\sqrt{3}) : 2$ oder $\Delta = (1 - i\sqrt{3}) : 2$, so haben alle sechs im Satze genannten Ausdrücke eben diese beiden Werte. Dann also haben die vierundzwanzig Doppelverhältnisse nur zwei verschiedene Werte. Dieser Fall kann nur bei imaginären Punkten auftreten, weshalb wir hierauf nicht näher eingehen. Man nennt diese besonderen Doppelverhältnisse äquianharmonisch.

Ist $\Delta = -1$ oder $\Delta = \frac{1}{2}$ oder $\Delta = 2$, so erkennt man jedesmal, daß sich alle sechs im Satze genannten Ausdrücke auf die drei Zahlen -1, $\frac{1}{2}$, 2 reduzieren. Es liegt hier also der Fall vor, wo alle vierundzwanzig Doppelverhältnisse nur drei voneinander verschiedene Werte haben; und indem wir den Fall $\Delta = -1$ oder

$$(A\,B\,C\,D) = -1$$

allein betrachten, umfassen wir zugleich auch die beiden anderen Fälle $\Delta = \frac{1}{2}$ und $\Delta = 2$. Hier können wir infolge der Definition (4) schreiben:

(9) $$\frac{AC}{BC} = -\frac{AD}{BD}.$$

Die Strecke AB wird daher von C und D innerlich und äußerlich oder äußerlich und innerlich in demselben Verhältnisse geteilt, wie es in Fig. 104 durch eine bekannte Konstruktion angedeutet ist. Man muß nämlich bedenken, daß das rechts stehende Minuszeichen zum Ausdrucke bringt, daß, wenn der eine der Punkte C und D zwischen A und B liegt, alsdann der andere außerhalb AB liegen muß.

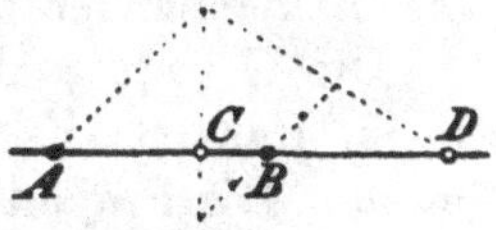

Fig. 104.

Man sagt in diesem Falle bekanntlich: Das Punktepaar A, B wird von dem Punktepaare C, D harmonisch geteilt oder getrennt. Da wir die Formel (9) auch so schreiben können:

$$\frac{CA}{DA} = -\frac{CB}{DB},$$

wird auch das Paar C, D von dem Paare A, B harmonisch geteilt oder getrennt. Das Doppelverhältnis $(ABCD) = -1$ heißt wegen dieser geometrischen Eigenschaft harmonisch. Wir haben nun den

Satz 51: Die vierundzwanzig Doppelverhältnisse von vier solchen Punkten einer Geraden, von denen keine zusammenfallen, haben nur dann gerade drei voneinander verschiedene Zahlenwerte — und zwar die Werte -1, $\frac{1}{2}$ und 2 —, wenn von den vier Punkten zwei die Strecke der beiden anderen innerlich und äußerlich in demselben Verhältnisse, also harmonisch teilen.

Das Doppelverhältnis von vier Punkten einer Geraden kann leicht als Doppelverhältnis von vier Größen dargestellt werden. Wählen wir nämlich auf der Geraden einen Punkt als Anfangspunkt, und sind a, b, c, d die Abszissen der vier Punkte auf der Geraden, so ist $AC = c - a$ usw., also

$$(ABCD) = \frac{c-a}{c-b} : \frac{d-a}{d-b},$$

daher nach (1):

$$(ABCD) = (abcd).$$

Satz 52: Das Doppelverhältnis von vier Punkten einer Geraden ist gleich dem Doppelverhältnisse der auf der

Geraden von irgend einem Punkte aus gemessenen Abszissen der vier Punkte.

Das Doppelverhältnis $(a\,b\,c\,d)$ ist hiernach auch harmonisch zu nennen, wenn

$$\frac{c-a}{c-b}:\frac{d-a}{d-b}=-1$$

ist, und man sagt dann, daß das Größenpaar a, b und das Größenpaar c, d einander harmonisch teilen oder trennen (vgl. S. 294).

Die Gerade g der vier Punkte A, B, C, D liege jetzt irgendwie im Raume. Es seien x_1, x_2, x_3, x_4 die x-Koordinaten der vier Punkte. Die Projektionen A', B', C', D' der vier Punkte A, B, C, D auf die x-Achse haben die Abszissen x_1, x_2, x_3, x_4. Ferner ist das Verhältnis einer beliebigen Strecke der Geraden, z. B. AB, zu ihrer Projektion auf die x-Achse, also $A'B'$, für alle Strecken das gleiche. Da im Doppelverhältnisse $(A\,B\,C\,D)$ nur die Verhältnisse der Strecken auftreten, folgt also:

$$(A\,B\,C\,D)=(A'\,B'\,C'\,D')$$

oder nach Satz 52:

$$(A\,B\,C\,D)=(x_1\,x_2\,x_3\,x_4).$$

Demnach gilt der

Satz 53: Das Doppelverhältnis von vier Punkten einer Geraden im Raume ist gleich dem Doppelverhältnisse der vier x-Koordinaten oder y-Koordinaten oder z-Koordinaten der Punkte.

Sind:

$$(10)\qquad x=a+\alpha t,\quad y=b+\beta t,\quad z=c+\gamma t$$

die Gleichungen der Geraden g, ausgedrückt durch einen Parameter t, und sind t_1, t_2, t_3, t_4 die zu den vier Punkten gehörigen Werte des Parameters, so ist:

$$x_i=a+\alpha t_i\quad(i=1,2,3,4),$$

d. h. nach Satz 49, weil $x=a+\alpha t$ eine lineare Funktion von t ist:

$$(x_1\,x_2\,x_3\,x_4)=(t_1\,t_2\,t_3\,t_4).$$

Daher gilt auch der

Satz 54: Vier Punkte der Geraden

$$x=a+\alpha t,\quad y=b+\beta t,\quad z=c+\gamma t$$

haben dasselbe Doppelverhältnis wie die zugehörigen vier Werte des Parameters t.

Es sei M irgend ein Punkt im Raume mit den Koordinaten $\mathfrak{a}$, $\mathfrak{b}$, $\mathfrak{c}$. Die Gerade, die M mit einem beliebigen Punkte (t) der Geraden (10) verbindet, hat die Gleichungen:

$$\mathfrak{x} = \mathfrak{a} + (a - \mathfrak{a} + \alpha t)\tau, \quad \mathfrak{y} = \mathfrak{b} + (b - \mathfrak{b} + \beta t)\tau, \quad \mathfrak{z} = \mathfrak{c} + (c - \mathfrak{c} + \gamma t)\tau,$$

ausgedrückt mittels eines Parameters τ. Denn zunächst sind dies die Gleichungen einer Geraden, da τ linear auftritt. Außerdem gibt $\tau = 0$ den Punkt M und $\tau = 1$ den Punkt (x, y, z) oder (10). Diese Gerade schneidet die $\mathfrak{x}\mathfrak{y}$-Ebene in einem Punkte, für den $\mathfrak{z} = 0$, also

$$\tau = \frac{-\mathfrak{c}}{c - \mathfrak{c} + \gamma t},$$

daher

$$\mathfrak{x} = \mathfrak{a} - \mathfrak{c} \cdot \frac{a - \mathfrak{a} + \alpha t}{c - \mathfrak{c} + \gamma t} \tag{11}$$

ist. Wenn wir so M mit den vier Punkten A, B, C, D oder (t_1), (t_2), (t_3), (t_4) der Geraden (10) verbinden und die Schnittpunkte $\mathfrak{A}$, $\mathfrak{B}$, $\mathfrak{C}$, $\mathfrak{D}$ von MA, MB, MC, MD mit der $\mathfrak{x}\mathfrak{y}$-Ebene feststellen, d. h. wenn wir A, B, C, D vom Punkte M aus auf die $\mathfrak{x}\mathfrak{y}$-Ebene projizieren wie in Fig. 105, so haben $\mathfrak{A}$, $\mathfrak{B}$, $\mathfrak{C}$, $\mathfrak{D}$ die $\mathfrak{x}$-Koordinaten $\mathfrak{x}_1$, $\mathfrak{x}_2$, $\mathfrak{x}_3$, $\mathfrak{x}_4$, die aus (11) hervorgehen, wenn darin für t die vier Werte t_1, t_2, t_3, t_4 gesetzt werden. Da aber der Wert (11) von $\mathfrak{x}$ eine linear gebrochene Funktion von t ist, folgt aus Satz 49:

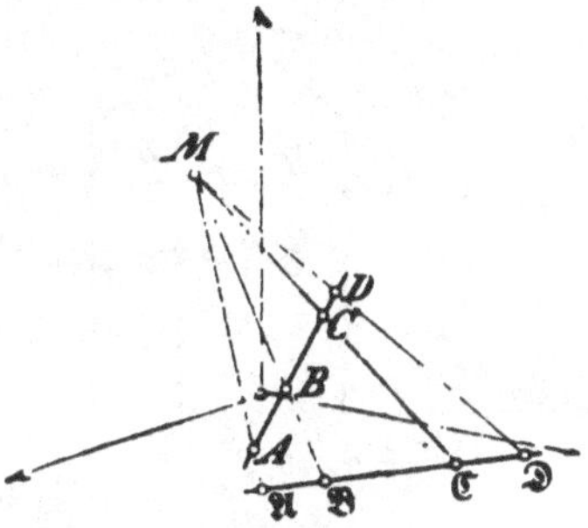

Fig. 105.

$$(\mathfrak{x}_1\,\mathfrak{x}_2\,\mathfrak{x}_3\,\mathfrak{x}_4) = (t_1\,t_2\,t_3\,t_4)$$

oder nach Satz 53 und 54:

$$(\mathfrak{A}\,\mathfrak{B}\,\mathfrak{C}\,\mathfrak{D}) = (A\,B\,C\,D).$$

In Worten:

Satz 55:[1] Projiziert man vier Punkte einer Geraden von irgend einem Punkte aus auf irgend eine Ebene, so haben die Projektionen dasselbe Doppelverhältnis wie die Punkte selbst.

Dasselbe läßt sich so aussprechen:

Satz 56: Vier von einem Punkte ausgehende Geraden, die in einer Ebene liegen, werden von irgend einer Ebene

[1] Dieser grundlegende Satz stammt aus dem Altertume. Er findet sich bei Pappus in seinen „Collectiones mathematicae", VII, und heißt daher oft der Satz des Pappus.

in solchen vier Punkten geschnitten, deren Doppelverhältnis von der Lage der schneidenden Ebene ganz unabhängig ist.

Dies für alle schneidenden Ebenen konstante Doppelverhältnis ist also den vier Geraden allein eigentümlich und heißt daher das Doppelverhältnis der vier von einem Punkte ausgehenden und in einer Ebene liegenden Geraden.

Nun folgt weiter der

Satz 57: Das Doppelverhältnis der Punkte, in denen vier Ebenen mit einer gemeinsamen Geraden von irgend einer Geraden getroffen werden, ist für alle schneidenden Geraden dasselbe.

Man beweist dies zuerst für zwei solche schneidende Geraden, die einander treffen, durch die also eine gemeinsame Ebene geht, wie in Fig. 106, denn auf die vier Schnittgeraden dieser gemeinsamen Ebene mit den vier gegebenen Ebenen kann man Satz 55 oder 56 anwenden. Darauf wird der Satz für zwei zueinander windschiefe Geraden nachgewiesen, indem man eine Gerade einschaltet, die beide Geraden trifft.

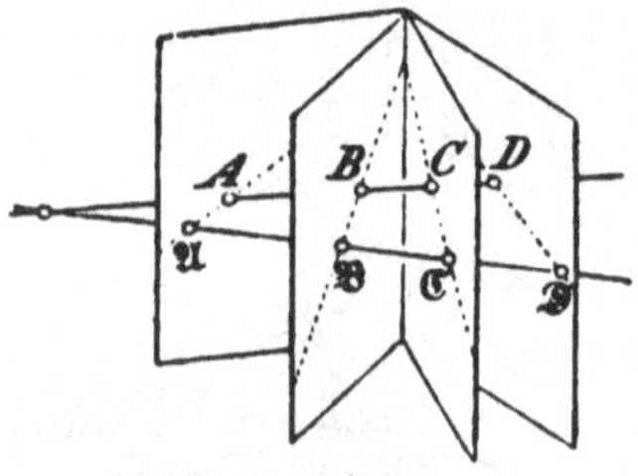

Fig. 106.

Nach dem letzten Satze dürfen wir das Doppelverhältnis der vier Punkte, in denen eine beliebige Gerade jene vier Ebenen schneidet, schlechtweg das Doppelverhältnis der vier Ebenen mit einer gemeinsamen Geraden nennen.

Man nennt den Inbegriff aller Punkte einer Geraden eine Punktreihe, den Inbegriff aller Geraden, die durch einen Punkt gehen und dabei in einer Ebene liegen, ein Strahlenbüschel, endlich den Inbegriff aller Ebenen durch eine Gerade ein Ebenenbüschel. Mit Benutzung dieser Bezeichnungen lassen sich die letzten Sätze so zusammenfassen:

Satz 58: Liegen von den drei Gebilden: Punktreihe, Strahlenbüschel und Ebenenbüschel zwei vor und zwar so, daß jedes Element des einen (Punkt, Gerade oder Ebene) durch ein Element des anderen geht oder ein Element des anderen enthält, so haben vier Elemente des einen dasselbe Doppelverhältnis wie die zugehörigen Elemente des anderen.

Man sagt dann auch, daß sich die beiden Gebilde in perspektiver Lage zueinander befinden, so daß der Satz kürzer so ausgesprochen werden kann:

Satz 59: Sind zwei der drei Gebilde: Punktreihe, Strahlenbüschel und Ebenenbüschel in perspektiver Lage zueinander, so haben vier Elemente des einen dasselbe Doppelverhältnis wie die entsprechenden Elemente des anderen.

Es sei angemerkt, daß sich insbesondere der Begriff des harmonischen Doppelverhältnisses sinngemäß auf vier Strahlen eines Strahlenbüschels oder vier Ebenen eines Ebenenbüschels übertragen läßt: Z. B. vier Ebenen mit einer gemeinsamen Geraden bilden zwei harmonisch getrennte Paare, wenn eine Gerade sie in vier harmonisch gelegenen Punkten trifft. Alsdann wird jede beliebige Gerade sie ebenfalls in vier harmonisch gelegenen Punkten schneiden.

Von den Ergebnissen dieses Paragraphen machen wir zum Teil im nächsten Paragraphen, zum Teil aber erst im zweiten Bande Gebrauch.

§ 12. Die Minimalgeraden.

Die Gerade:

(1) $$x = a + At, \quad y = b + Bt, \quad z = c + Ct$$

durch den Punkt (a, b, c) und mit dem Parameter t ist nach S. 191 eine Minimalgerade, wenn

(2) $$A^2 + B^2 + C^2 = 0$$

ist. Dies ist nur eine Bedingung für die drei Größen A, B, C. Aber für die Bestimmung der Geraden (1) kommen außer a, b, c nur die Verhältnisse von A, B, C in Betracht. Nach (2) bleibt nur eines von ihnen willkürlich. Durch den Punkt (a, b, c) gehen folglich ∞^1 Minimalgeraden. Um ihren Ort zu bestimmen, setzen wir die aus (1) folgenden Werte

$$A = \frac{x-a}{t}, \quad B = \frac{y-b}{t}, \quad C = \frac{z-c}{t}$$

in (2) ein, wodurch die von t freie Gleichung hervorgeht:

(3) $$(x-a)^2 + (y-b)^2 + (z-c)^2 = 0.$$

Sie stellt in den laufenden Koordinaten x, y, z eine Fläche zweiten

Grades dar, die den Punkt (a, b, c) enthält. Man kann sie als die Gleichung einer Kugel vom Radius Null, einer sogenannten Nullkugel, auffassen, die außer dem eventuell reell angenommenen Punkte (a, b, c) keinen reellen Punkt enthält. Man kann sich diese imaginäre Fläche wenigstens in gewissem Maße plausibel machen, wenn man bedenkt, daß jede Fläche zweiten Grades überhaupt unendlich viele Geraden enthält, die allerdings nur beim einschaligen Hyperboloid, beim hyperbolischen Paraboloid, beim reellen Kegel und beim reellen Zylinder reell sind. Hier sind nun die Geraden imaginär, die Fläche enthält ja die ∞^1 vom Punkte (a, b, c) ausgehenden Minimalgeraden. Man kann die Fläche auch als einen imaginären Kegel zweiten Grades mit der Spitze (a, b, c) bezeichnen.

Verschieben wir den ganzen Raum, bis der Punkt (a, b, c) der Anfangspunkt wird, so werden $x - a$, $y - b$, $z - c$ die neuen Koordinaten, so daß statt (3) insbesondere die Gleichung

$$x^2 + y^2 + z^2 = 0 \tag{4}$$

der Nullkugel des Anfangspunktes hervorgeht. Daher dürfen wir sagen: Der Kegel, der von den Minimalgeraden eines beliebigen Punktes gebildet wird, geht durch Schiebung aus dem Kegel für den Anfangspunkt hervor. Alle diese Kegel sind also miteinander kongruent und gleich gestellt.

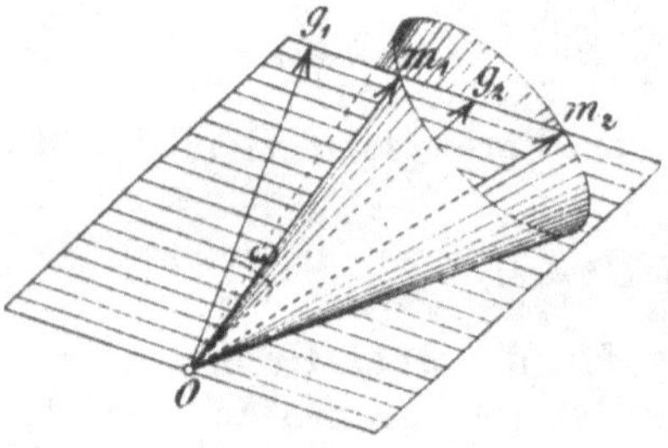

Fig. 107.

Es seien α_1, β_1, γ_1 und α_2, β_2, γ_2 die Richtungskosinus zweier Geraden im Raume. Den Winkel ω, den die Geraden miteinander bilden und für den

$$\cos\omega = \alpha_1\alpha_2 + \beta_1\beta_2 + \gamma_1\gamma_2$$

ist, konstruieren wir, indem wir zu den Geraden die Parallelen g_1 und g_2 durch den Anfangspunkt O legen. Die Ebene von g_1 und g_2 (siehe die schematische Fig. 107)[1] schneidet den Kegel (4) in zwei Minimalgeraden m_1 und m_2. Wir wollen das Doppelverhältnis $(g_1\, g_2\, m_1\, m_2)$ der vier Strahlen g_1, g_2, m_1, m_2 bestimmen. Es ist nach Satz 58, S. 452, gleich dem der

[1] Fig. 107 nennen wir nur schematisch, weil wir uns darin erlaubt haben, statt des in Wahrheit imaginären Kegels (4) einen reellen Kegel darzustellen.

vier Punkte G_1, G_2, M_1, M_2, in denen eine Gerade h die vier Geraden g_1, g_2, m_1, m_2 trifft. Als diese Gerade h wählen wir die Gerade durch diejenigen Punkte auf g_1 und g_2, die von O den Abstand Eins haben und deren Koordinaten also die Richtungskosinus $\alpha_1, \beta_1, \gamma_1$ und $\alpha_2, \beta_2, \gamma_2$ sind. Die laufenden Koordinaten der Geraden h lassen sich mittels eines Parameters t so darstellen:

(5) $$x = t\alpha_1 + (1-t)\alpha_2, \quad y = t\beta_1 + (1-t)\beta_2, \quad z = t\gamma_1 + (1-t)\gamma_2,$$

denn diese Werte sind in t linear und geben für $t = 1$ den Punkt $(\alpha_1, \beta_1, \gamma_1)$ und für $t = 0$ den Punkt $(\alpha_2, \beta_2, \gamma_2)$. Die Gerade (5) oder h trifft in ihren Schnittpunkten mit der Nullkugel (4) die Minimalgeraden m_1 und m_2 in denjenigen Punkten (t), für die nach (5) und (4):

$$\mathbf{S}\,[t\alpha_1 + (1-t)\alpha_2]^2 = 0$$

ist. Da $\mathbf{S}\,\alpha_1{}^2 = 1$, $\mathbf{S}\,\alpha_1\alpha_2 = \cos\omega$, $\mathbf{S}\,\alpha_2{}^2 = 1$ ist, kommt hierfür:

$$t^2 + 2t(1-t)\cos\omega + (1-t)^2 = 0$$

oder:

(6) $$t^2 - t + \frac{1}{2(1-\cos\omega)} = 0.$$

Es mögen t_1 und t_2 die beiden Wurzeln dieser quadratischen Gleichung für t sein. Nun ist das Doppelverhältnis $(g_1\, g_2\, m_1\, m_2)$ oder $(G_1\, G_2\, M_1\, M_2)$ nach Satz 54, S. 450, gleich dem der vier Parameterwerte t, die, in (5) eingesetzt, die Punkte G_1, G_2, M_1, M_2 liefern. Diese Werte sind aber:

$$1, \quad 0, \quad t_1, \quad t_2.$$

Daher ist:

$$(g_1\, g_2\, m_1\, m_2) = (1, 0, t_1, t_2),$$

d. h. nach (1), S. 445:

$$(g_1\, g_2\, m_1\, m_2) = \frac{t_1 - 1}{t_1} : \frac{t_2 - 1}{t_2} = \frac{1 - \frac{1}{t_1}}{1 - \frac{1}{t_2}}.$$

Nach (6) aber ist

$$\frac{1}{t_1} = 1 - \cos\omega + i\sin\omega, \quad \frac{1}{t_2} = 1 - \cos\omega - i\sin\omega,$$

und somit wird

$$(g_1\, g_2\, m_1\, m_2) = \frac{\cos\omega - i\sin\omega}{\cos\omega + i\sin\omega} = \frac{1 - i\,\mathrm{tg}\,\omega}{1 + i\,\mathrm{tg}\,\omega}.$$

Hiermit haben wir gefunden:

Satz 60: Sind g_1 und g_2 zwei Geraden durch einen Punkt O und sind m_1 und m_2 diejenigen beiden Minimalgeraden durch O, die mit g_1 und g_2 in einer Ebene liegen, so drückt sich das Doppelverhältnis aller vier Geraden mittels des Winkels ω von g_1 und g_2 so aus:

$$(g_1\, g_2\, m_1\, m_2) = \frac{1 - i\,\mathrm{tg}\,\omega}{1 + i\,\mathrm{tg}\,\omega}.$$

Wird das Doppelverhältnis mit $\varDelta$ bezeichnet, so folgt hieraus:

$$\mathrm{tg}\,\omega = i\,\frac{\varDelta - 1}{\varDelta + 1} \tag{7}$$

Vermöge dieser Formel also läßt sich der Tangens des Winkels zweier Geraden durch ein Doppelverhältnis ausdrücken.[1]

Wenn insbesondere die beiden Geraden g_1 und g_2 aufeinander senkrecht stehen, ist $\mathrm{tg}\,\omega = \infty$, also jenes Doppelverhältnis gleich -1. Ist umgekehrt $\varDelta = -1$, so folgt aus (7), daß $\mathrm{tg}\,\omega = \infty$ ist. Daher kommt mit Rücksicht auf S. 449:

Satz 61: Zwei Geraden g_1 und g_2 durch einen Punkt stehen dann und nur dann aufeinander senkrecht, wenn sie von denjenigen beiden Minimalgeraden, die durch ihren gemeinsamen Punkt gehen und in ihrer gemeinsamen Ebene liegen, harmonisch getrennt werden.

In der Geometrie der Flächen zweiten Grades lernt man den Begriff der Polarebene kennen: Liegt eine Fläche zweiten Grades und ein Punkt P vor, so berühren die von P ausgehenden Tangenten die Fläche in den Punkten einer ebenen Kurve, also eines Kegelschnittes, dessen Ebene die Polarebene des Punktes P heißt. Ist die Fläche insbesondere ein Kegel zweiten Grades, so geht die Polarebene von P stets durch die Kegelspitze. Ziehen wir eine Gerade g durch die Kegelspitze, so haben alle Punkte von g dieselbe Polarebene.

Suchen wir jetzt die Polarebene der Geraden g_1 durch O mit den Richtungskosinus $\alpha_1, \beta_1, \gamma_1$ hinsichtlich des Kegels (4). Die Polarebene eines beliebigen Punktes $(\mathfrak{x}, \mathfrak{y}, \mathfrak{z})$ hinsichtlich des Kegels (4) hat nach den Regeln der analytischen Geometrie die Gleichung

$$\mathfrak{x}\,x + \mathfrak{y}\,y + \mathfrak{z}\,z = 0$$

in den laufenden Koordinaten x, y, z. Daher hat der Punkt $(\alpha_1, \beta_1, \gamma_1)$ von g_1 die Polarebene:

$$\alpha_1 x + \beta_1 y + \gamma_1 z = 0.$$

---

[1] Diese projektive Deutung des Winkelbegriffes fand LAGUERRE, „Note sur la théorie des foyers“, Nouv. Annales T. XII (1853).

Dies aber ist die Ebene durch O, die auf der Richtung $(\alpha_1 : \beta_1 : \gamma_1)$ senkrecht steht. Mithin gilt der

Satz 62: Eine Ebene steht auf einer Geraden senkrecht, wenn sie die Polarebene der Punkte der Geraden hinsichtlich desjenigen Kegels von Minimalgeraden ist, dessen Spitze der gemeinsame Punkt von Gerade und Ebene ist.

Und weiter folgt der

Satz 63: Zwei einander schneidende Geraden stehen aufeinander senkrecht, wenn die eine in der Polarebene der Punkte der anderen hinsichtlich des Kegels der Minimalgeraden durch den gemeinsamen Punkt liegt.

Oben sahen wir, daß alle Nullkugeln

$$(x - a)^2 + (y - b)^2 + (z - c)^2 = 0,$$

aufgefaßt als Kegel mit den Spitzen (a, b, c), einander kongruent und gleichgestellt sind. Liegen zwei solche Kegel vor, so ist also jede Mantellinie des einen einer Mantellinie des anderen parallel. Man sagt hierfür auch: Jede Mantellinie des einen schneidet eine Mantellinie des anderen im Unendlichfernen. Alle diese Kegel oder Nullkugeln haben also das Unendlichferne gemein. Stellen wir uns, wie man dies in der projektiven Geometrie zu tun pflegt, für den Augenblick vor, das Unendlichferne des Raumes bilde eine Ebene, so schneidet diese Ebene alle Nullkugeln, da diese das Unendlichferne gemein haben, in ein und demselben Kreise, dem sogenannten unendlich fernen imaginären Kugelkreise. Es ist leicht zu sehen, daß überhaupt alle Kugeln des Raumes die unendlich ferne Ebene in eben diesem Kreise treffen. Die Minimalgeraden erscheinen bei dieser Auffassung als diejenigen Geraden, die den Kugelkreis treffen. Doch gehen wir auf diese Erörterungen hier nicht näher ein. Unser Zweck ist nur, dem Leser die Auffassungen anzudeuten, mit denen man in der projektiven Geometrie operiert.

§ 13. Die Minimalkurven.

Eine Kurve

(1) $$x = \varphi(t), \quad y = \chi(t), \quad z = \psi(t)$$

ist nach S. 242 eine Minimalkurve erster Ordnung[1], wenn für jeden Wert von t:

(2) $$x'^2 + y'^2 + z'^2 = \varphi'^2 + \chi'^2 + \psi'^2 = 0$$

[1] Tatsächlich hat Monge schon 1795 (vgl. die Anm. auf S. 203) die endlichen Gleichungen der Minimalkurven erster Ordnung, mit Integralzeichen be-

ist. Statt (2) kann man schreiben:

$$x'^2 + y'^2 = -z'^2$$

oder:

$$(x' + iy')(x' - iy') = -z'^2.$$

Führen wir eine unbekannte Funktion λ von t ein, indem wir

$$-\frac{x' + iy'}{z'} = \lambda(t)$$

setzen, so kommt also:

$$\frac{x' - iy'}{z'} = \frac{1}{\lambda(t)}.$$

Aus beiden Gleichungen folgt:

$$x' = \frac{1}{2}\left(\frac{1}{\lambda} - \lambda\right)z', \quad y' = \frac{i}{2}\left(\frac{1}{\lambda} + \lambda\right)z'.$$

Bedeuten λ und z irgend welche Funktionen von t, und setzen wir diese Gleichungen an, so folgt aus ihnen rückwärts durch Quadrieren und Addieren die Bedingung (2) für Minimalkurven erster Ordnung. Also sind, wenn wir $z = \mu(t)$ annehmen:

(3) $$x = \frac{1}{2}\int\left(\frac{1}{\lambda} - \lambda\right)\mu' dt, \quad y = \frac{i}{2}\int\left(\frac{1}{\lambda} + \lambda\right)\mu' dt, \quad z = \mu(t)$$

die allgemeinen Gleichungen einer Minimalkurve erster Ordnung. Dabei bedeuten λ und μ zwei beliebige Funktionen des Parameters t.

Um die Gleichungen auf eine elegantere Form zu bringen, machen wir davon Gebrauch, daß wir nach S. 204 eine Funktion von t als neuen Parameter τ einführen können. Wir setzen nämlich:

(4) $$\tau = \lambda(t).$$

Vermöge dieser Gleichung ist t eine gewisse Funktion von τ. Diese haben wir überall in (3) für t einzusetzen. Außerdem ist nach (4):

$$dt = \frac{d\tau}{\lambda'(t)}$$

---

haftet, aufgestellt. LEGENDRE, ENNEPER und WEIERSTRASS brachten sie alsdann auf die in Satz 65, S. 460, angegebene einfache und von Integralen befreite Form. Aber bei allen diesen treten die Minimalkurven nicht als solche, vielmehr die Formeln für die Minimalkurven nur als ein analytisches Hilfsmittel auf. Erst LIE führte den Namen: Minimalkurven ein und operierte mit diesen Kurven geometrisch. Vgl. seine Arbeit: „Beiträge zur Theorie der Minimalflächen, I," Math. Annalen, Bd. XIV 1879, der die Abhandlung: „Synthetisch-analytische Untersuchungen über Minimalflächen, I", Archiv for Math. og Naturv., Bd. II. 1877, vorherging.

in die Integrale einzuführen. Tun wir zuerst nur dies, so kommt:

$$x = \frac{1}{2}\int(1-\lambda^2)\frac{\mu'}{\lambda\lambda'}\,d\tau, \quad y = \frac{i}{2}\int(1+\lambda^2)\frac{\mu'}{\lambda\lambda'}\,d\tau, \quad z = \mu(t).$$

Hierin bedeutet nun t die durch (4) bestimmte Funktion von τ. Deshalb ist auch $\mu' : \lambda\lambda'$ als eine Funktion von τ aufzufassen. Bezeichnen wir sie mit $F(\tau)$, so kommt, da λ nach (4) durch τ zu ersetzen ist:

$$x = \frac{1}{2}\int(1-\tau^2)F(\tau)\,d\tau, \quad y = \frac{i}{2}\int(1+\tau^2)F(\tau)\,d\tau$$

und

$$z = \mu = \int\mu'\,dt = \int\frac{\mu'\,d\tau}{\lambda'} = \int\lambda F(\tau)\,d\tau = \int\tau F(\tau)\,d\tau.$$

Jetzt sind x, y, z mittels einer Funktion $F(\tau)$ durch den Parameter τ dargestellt. Wie auch die Funktion $F(\tau)$ gewählt sein mag, stets ist:

$$\left(\frac{dx}{d\tau}\right)^2 + \left(\frac{dy}{d\tau}\right)^2 + \left(\frac{dz}{d\tau}\right)^2 = 0.$$

Die Funktion $F(\tau)$ ist also ganz beliebig wählbar. Nur die Annahme $F = 0$ liefert keine Kurve, sondern nur Punkte (x, y, z).

Die Einführung der Größe $\lambda(t)$ als neuen Parameters τ ist nur dann erlaubt, wenn λ nicht konstant ist. Ist λ = konst., so ist nach (3) auch $x' : z'$ = konst. und $y' : z'$ = konst. Dann liegt folglich eine **Minimalgerade** vor. Umgekehrt: bei jeder Parameterdarstellung einer **Minimalgeraden** ist $x' : z'$ = konst. und $y' : z'$ = konst.; daher stellen die Gleichungen (3) auch nur dann eine Minimalgerade dar, wenn λ = konst. ist.

Es hat sich mithin ergeben:

Satz 64: **Alle nicht geradlinigen Minimalkurven erster Ordnung lassen sich mittels eines Parameters τ so darstellen:**

$$x = \frac{1}{2}\int(1-\tau^2)F(\tau)\,d\tau, \quad y = \frac{i}{2}\int(1+\tau^2)F(\tau)\,d\tau, \quad z = \int\tau F(\tau)\,d\tau.$$

Dabei bedeutet $F(\tau)$ eine von Null verschiedene Funktion des Parameters τ.

Wir können diese Formeln von den Integralzeichen befreien, indem wir die Methode der teilweisen Integration nach der Formel

$$\int u v'\,d\tau = uv - \int u' v\,d\tau$$

anwenden. Wenn wir nämlich jedesmal den ersten Faktor unter dem Integralzeichen als u, den zweiten als v' auffassen, kommt hiernach:

$$x = \frac{1}{2}(1-\tau^2)\int F(\tau)\,d\tau + \int \tau\left(\int F(\tau)\,d\tau\right)d\tau,$$

$$y = \frac{i}{2}(1+\tau^2)\int F(\tau)\,d\tau - i\int \tau\left(\int F(\tau)\,d\tau\right)d\tau,$$

$$z = \tau\int F(\tau)\,d\tau - \iint F(\tau)\,d\tau^2.$$

Dasselbe Verfahren gibt aber

$$\int \tau\left(\int F(\tau)\,d\tau\right)d\tau = \tau\iint F(\tau)\,d\tau^2 - \iiint F(\tau)\,d\tau^3.$$

Wird nun

$$\iiint F(\tau)\,d\tau^3 = f(\tau) \tag{5}$$

gesetzt, so kommt folglich:

$$\left\{\begin{aligned} x &= \frac{1}{2}(1-\tau^2)f''(\tau) + \tau f'(\tau) - f(\tau),\\ y &= \frac{i}{2}(1+\tau^2)f''(\tau) - i\tau f'(\tau) + if(\tau),\\ z &= \tau f''(\tau) - f'(\tau). \end{aligned}\right. \tag{6}$$

Jetzt ist $f(\tau)$ an die Stelle von $F(\tau)$ als willkürliche Funktion getreten. Da oben der Fall $F = 0$ auszuschließen war und $F = f'''(\tau)$ nach (5) ist, haben wir anzunehmen, daß $f'''(\tau) \neq 0$ sei. Die Annahme

$$f(\tau) = \text{konst.}\,\tau^2 + \text{konst.}\,\tau + \text{konst.}$$

liefert eben keine Minimalkurven, sondern nur Punkte. Daher ergibt sich der

Satz 65: Alle nicht geradlinigen Minimalkurven erster Ordnung lassen sich mittels eines Parameters τ so darstellen:

$$x = \frac{1}{2}(1-\tau^2)f''(\tau) + \tau f'(\tau) - f(\tau),$$

$$y = \frac{i}{2}(1+\tau^2)f''(\tau) - i\tau f'(\tau) + if(\tau),$$

$$z = \tau f''(\tau) - f'(\tau).$$

Dabei bedeutet $f(\tau)$ eine Funktion von τ, deren Ableitung dritter Ordnung nicht verschwindet.

Nach (2), S. 220, sind

$$(7)\quad \begin{cases} \mathfrak{x} = x + \frac{1}{2}(1 - \tau^2) f'''(\tau)\sigma, \\ \mathfrak{y} = y + \frac{i}{2}(1 + \tau^2) f'''(\tau)\sigma, \\ \mathfrak{z} = z + \qquad\quad \tau f'''(\tau)\sigma \end{cases}$$

die Gleichungen der Tangente der Minimalkurve (6) im Punkte (τ), ausgedrückt mittels eines Parameters σ. Natürlich ist diese Tangente eine Minimalgerade, da $x'^2 + y'^2 + z'^2 = 0$ ist. Nach (3), S. 222, hat die Schmiegungsebene der Minimalkurve (6) in ihrem Punkte (τ) in den laufenden Koordinaten $\mathfrak{x}$, $\mathfrak{y}$, $\mathfrak{z}$ die Gleichung:

$$\begin{vmatrix} \mathfrak{x} - x & \frac{1}{2}(1 - \tau^2) f''' & -\tau f''' + \frac{1}{2}(1 - \tau^2) f^{\mathrm{IV}} \\ \mathfrak{y} - y & \frac{i}{2}(1 + \tau^2) f''' & i\tau f''' + \frac{i}{2}(1 + \tau^2) f^{\mathrm{IV}} \\ \mathfrak{z} - z & \tau f''' & f''' + \tau f^{\mathrm{IV}} \end{vmatrix} = 0.$$

In der letzten Reihe sind die zweiten Summanden den Gliedern der mittleren Reihe proportional. Sie können also gestrichen werden. Alsdann sondert sich noch der von Null verschiedene Faktor f''' zweimal ab. Daher bleibt:

$$\begin{vmatrix} \mathfrak{x} - x & 1 - \tau^2 & -\tau \\ \mathfrak{y} - y & i(1 + \tau^2) & i\tau \\ \mathfrak{z} - z & 2\tau & 1 \end{vmatrix} = 0$$

oder:

$$(8)\quad (1 - \tau^2)(\mathfrak{x} - x) + i(1 + \tau^2)(\mathfrak{y} - y) + 2\tau(\mathfrak{z} - z) = 0.$$

Da die Tangenten Minimalgeraden sind und unendlich benachbarte Tangenten einander nach S. 222 schneiden, folgt, daß ihre Ebene, also die Schmiegungsebene der betrachteten Stelle der Minimalkurve zwei unendlich benachbarte Mantellinien desjenigen Kegels von Minimalgeraden enthält, der die betrachtete Stelle zur Spitze hat. Um dies auch analytisch darzutun, betrachten wir verschiedene Minimalkurven durch denselben festgedachten Punkt (x, y, z) und ihre Schmiegungsebenen an dieser Stelle. Die verschiedenen Schmiegungsebenen hängen nach (8) nur von dem Parameter τ ab. Sie bilden also eine Schar von ∞^1 Ebenen durch den Punkt (x, y, z) und umhüllen folglich einen Kegel. Nach S. 378 aber erhalten wir diesen Kegel, indem wir zu der Gleichung (8) diejenige Gleichung hinzufügen, die aus ihr durch Differentiation nach τ hervorgeht, also die Gleichung:

$$\tau(\mathfrak{x} - x) - i\tau(\mathfrak{y} - y) - (\mathfrak{z} - z) = 0,$$

und alsdann τ aus beiden Gleichungen eliminieren. Dadurch geht in der Tat die Gleichung

$$(\mathfrak{x} - x)^2 + (\mathfrak{y} - y)^2 + (\mathfrak{z} - z)^2 = 0$$

der Nullkugel des Punktes (x, y, z) hervor, siehe (3), S. 453.

In (8) ist die Summe der Quadrate der Koeffizienten von $\mathfrak{x}$, $\mathfrak{y}$ und $\mathfrak{z}$:

$$(1 - \tau^2)^2 - (1 + \tau^2)^2 + 4\tau^2 = 0,$$

d. h. die Schmiegungsebenen der Minimalkurven erster Ordnung sind Minimalebenen, nach S. 231. Liegt umgekehrt die Gleichung einer Minimalebene in den laufenden Koordinaten $\mathfrak{x}$, $\mathfrak{y}$, $\mathfrak{z}$ vor:

(9) $$A\mathfrak{x} + B\mathfrak{y} + C\mathfrak{z} = D,$$

worin also

(10) $$A^2 + B^2 + C^2 = 0$$

ist, so werde eine Größe τ vermöge

$$\frac{A}{C} = \frac{1 - \tau^2}{2\tau}$$

eingeführt. Dann wird nach (10):

$$\frac{B}{C} = \sqrt{-\left(\frac{A}{C}\right)^2 - 1} = \sqrt{-\frac{(1 + \tau^2)}{4\tau^2}}.$$

Deshalb kann man

$$\frac{B}{C} = i\,\frac{1 + \tau^2}{2\tau}$$

setzen, so daß (9) die Form annimmt:

$$(1 - \tau^2)\mathfrak{x} + i(1 + \tau^2)\mathfrak{y} + 2\tau\mathfrak{z} = \text{konst.}$$

Ist $(x; y, z)$ ein bestimmter Punkt im Raume, so läßt sich daher jede Minimalebene durch ihn in der Form

$$(1 - \tau^2)(\mathfrak{x} - x) + i(1 + \tau^2)(\mathfrak{y} - y) + 2\tau(\mathfrak{z} - z) = 0,$$

d. h. in der Form (8) darstellen.

Die Minimalebenen sind folglich nach dem Vorhergehenden identisch mit allen Tangentenebenen aller Nullkugeln. In der Auffassung der projektiven Geometrie sind sie deshalb diejenigen Ebenen, die den unendlich fernen imaginären Kugelkreis (vgl. S. 457) berühren, während die Minimalgeraden alle Geraden sind, die ihn treffen.

Da bei einer Bewegung jede Minimalebene nach Satz 18, S. 245, wieder in eine Minimalebene übergeht, bleibt bei der Bewegung mithin der Kugelkreis unverändert, weil er von allen Minimalebenen berührt wird. In der Auffassung der projektiven Geometrie, in der man, wie gesagt (vgl. S. 457), das Unendlichferne als eine unendlich ferne Ebene bezeichnet, ergibt sich überhaupt, daß die einzigen Kurven und Flächen, die bei allen Bewegungen des Raumes ihre Lage behalten, der Kugelkreis und die ihn enthaltende unendlich ferne Ebene sind.

Die Minimalkurven erster Ordnung sind als Kurven von der Länge Null geodätische Kurven auf allen Zylindern, die sie enthalten. Auch die Schraubenlinien auf Zylindern sind geodätische Kurven (vgl. S. 426). In dem Beispiele auf S. 381, 382 ergab sich, daß die Projektion einer Schraubenlinie auf eine zu ihrem Zylinder senkrechte Ebene die Evolute derjenigen Kurve ist, in der die Tangentenfläche der Schraubenlinie dieselbe Ebene schneidet. Dies gilt auch, wenn man statt der Schraubenlinie eine Minimalkurve erster Ordnung und als Ebene eine beliebige Ebene wählt, die keine Minimalebene ist, z. B. die Ebene $z = 0$. In der Tat: Die Tangenten (7) der Minimalkurve erster Ordnung (6) treffen diese Ebene in denjenigen Punkten (7), für die $\mathfrak{z} = 0$ ist. Man hat also, um den Schnitt der Tangentenfläche mit der Ebene zu bekommen, in den beiden ersten Gleichungen (7)

$$\sigma = -\frac{z}{\tau f'''(\tau)}$$

zu setzen. Dann ergibt sich für die rechtwinkligen Koordinaten $\mathfrak{x}$ und $\mathfrak{y}$ in der Ebene $z = 0$:

$$\mathfrak{x} = x - \frac{1}{2}\left(\frac{1}{\tau} - \tau\right)z, \qquad \mathfrak{y} = y - \frac{i}{2}\left(\frac{1}{\tau} + \tau\right)z. \tag{11}$$

Dabei sind x, y, z die Funktionen (6) von τ, also auch $\mathfrak{x}$ und $\mathfrak{y}$ Funktionen von τ. Durchläuft τ alle Werte, so stellen die Gleichungen (11) die Schnittkurve der Tangentenfläche mit der Ebene $z = 0$ dar, ausgedrückt in den laufenden Koordinaten $\mathfrak{x}$ und $\mathfrak{y}$ und mittels des Parameters τ. Deutet der Strich die vollständige Differentiation nach τ an, so folgt aus (11) immer mit Rücksicht auf die Werte (6) von x, y, z:

$$\mathfrak{x}' = \frac{1}{2}\left(\frac{1}{\mathfrak{r}^2} + 1\right) z, \qquad \mathfrak{y}' = \frac{i}{2}\left(\frac{1}{\mathfrak{r}^2} - 1\right) z;$$

$$\mathfrak{x}'' = \frac{\mathfrak{r}}{2}\left(\frac{1}{\mathfrak{r}^2} + 1\right) f''' - \frac{z}{\mathfrak{r}^2}, \qquad \mathfrak{y}'' = \frac{i\,\mathfrak{r}}{2}\left(\frac{1}{\mathfrak{r}^2} - 1\right) f''' - \frac{i\,z}{\mathfrak{r}^2}.$$

Nach Satz 17, S. 39, lassen sich mittels dieser Formeln sofort die Koordinaten des Krümmungsmittelpunktes des Punktes $(\mathfrak{r})$ der Kurve (11) berechnen, und dabei findet man einfach x und y, d. h. der Krümmungsmittelpunkt ist der Fußpunkt $(x, y, 0)$ des Lotes, das man vom Punkte (x, y, z) der Minimalkurve erster Ordnung (6) auf die Ebene $z = 0$ fällen kann. Mithin haben wir den

Satz 66: Die Projektion einer Minimalkurve erster Ordnung auf die Ebene $z = 0$ ist die Evolute derjenigen Kurve, in der die Tangentenfläche der Minimalkurve die Ebene schneidet.

Die Minimalkurven zweiter Ordnung sind nach Satz 15, S. 243, alle nicht geradlinigen Kurven in den Minimalebenen. Was die Geraden in einer Minimalebene anbetrifft, so zerfallen sie in zwei Arten, in Geraden, deren Bogenlänge nicht gleich Null ist, und in Minimalgeraden. Die Minimalgeraden in einer Minimalebene sind sämtlich einander parallel, indem sie als unendlich fernen Punkt diejenige Stelle haben, wo die Minimalebene den Kugelkreis berührt. Jede andere Gerade in einer Minimalebene bietet dagegen keine Besonderheiten. In der Tat kann man durch jede beliebige Gerade, die keine Minimalgerade ist, sogar zwei Minimalebenen legen. Den Beweis hierfür überlassen wir dem Leser.

Die in den Paragraphen 11 bis 13 des zweiten Abschnittes gegebene Theorie für die Kongruenz von Raumkurven gilt, wie hervorgehoben wurde, nicht für die Minimalkurven. Für diese wäre die Theorie vielmehr besonders zu entwickeln, worauf wir jedoch verzichten wollen.[1]

---

[1] Den Grund zu dieser Theorie legte Lie im 22. Kap., § 4, des auf S. 75 genannten Werkes. Berichtigt und vollendet wurde sie von Study in der zweiten auf S. 76 erwähnten Abhandlung.

Anhang.

Tafel I.

Änderung des Koordinatensystems.

(Siehe 2. Abschn. § 2.)

	x	y	z
$\bar{x}$	α_1	β_1	γ_1
$\bar{y}$	α_2	β_2	γ_2
$\bar{z}$	α_3	β_3	γ_3

$$(A)\qquad \begin{cases} x = \alpha_1 \bar{x} + \alpha_2 \bar{y} + \alpha_3 \bar{z} + a, \\ y = \beta_1 \bar{x} + \beta_2 \bar{y} + \beta_3 \bar{z} + b, \\ z = \gamma_1 \bar{x} + \gamma_2 \bar{y} + \gamma_3 \bar{z} + c. \end{cases}$$

$$(B)\qquad \begin{cases} \bar{x} = \alpha_1 (x - a) + \beta_1 (y - b) + \gamma_1 (z - c), \\ \bar{y} = \alpha_2 (x - a) + \beta_2 (y - b) + \gamma_2 (z - c), \\ \bar{z} = \alpha_3 (x - a) + \beta_3 (y - b) + \gamma_3 (z - c). \end{cases}$$

$$(C)\qquad \begin{cases} \alpha_1^2 + \beta_1^2 + \gamma_1^2 = 1, & \alpha_2 \alpha_3 + \beta_2 \beta_3 + \gamma_2 \gamma_3 = 0, \\ \alpha_2^2 + \beta_2^2 + \gamma_2^2 = 1, & \alpha_3 \alpha_1 + \beta_3 \beta_1 + \gamma_3 \gamma_1 = 0, \\ \alpha_3^2 + \beta_3^2 + \gamma_3^2 = 1; & \alpha_1 \alpha_2 + \beta_1 \beta_2 + \gamma_1 \gamma_2 = 0. \end{cases}$$

$$(D)\qquad \begin{cases} \alpha_1^2 + \alpha_2^2 + \alpha_3^2 = 1, & \beta_1 \gamma_1 + \beta_2 \gamma_2 + \beta_3 \gamma_3 = 0, \\ \beta_1^2 + \beta_2^2 + \beta_3^2 = 1, & \gamma_1 \alpha_1 + \gamma_2 \alpha_2 + \gamma_3 \alpha_3 = 0, \\ \gamma_1^2 + \gamma_2^2 + \gamma_3^2 = 1; & \alpha_1 \beta_1 + \alpha_2 \beta_2 + \alpha_3 \beta_3 = 0. \end{cases}$$

$$(E)\ \begin{cases} \alpha_1 = \beta_2 \gamma_3 - \beta_3 \gamma_2, & \beta_1 = \gamma_2 \alpha_3 - \gamma_3 \alpha_2, & \gamma_1 = \alpha_2 \beta_3 - \alpha_3 \beta_2, \\ \alpha_2 = \beta_3 \gamma_1 - \beta_1 \gamma_3, & \beta_2 = \gamma_3 \alpha_1 - \gamma_1 \alpha_3, & \gamma_2 = \alpha_3 \beta_1 - \alpha_1 \beta_3, \\ \alpha_3 = \beta_1 \gamma_2 - \beta_2 \gamma_1, & \beta_3 = \gamma_1 \alpha_2 - \gamma_2 \alpha_1, & \gamma_3 = \alpha_1 \beta_2 - \alpha_2 \beta_1. \end{cases}$$

$$(F)\qquad \begin{vmatrix} \alpha_1 & \beta_1 & \gamma_1 \\ \alpha_2 & \beta_2 & \gamma_2 \\ \alpha_3 & \beta_3 & \gamma_3 \end{vmatrix} = 1.$$

Tafel II.

Beziehungen zwischen den Richtungskosinus des begleitenden Dreikants einer Kurve.

(Siehe 2. Abschn. § 5.)

	x	y	z
Tangente	α	β	γ
Hauptnormale	l	m	n
Binormale	λ	μ	ν

$$(A)\quad \begin{cases} \alpha^2 + \beta^2 + \gamma^2 = 1, & l\lambda + m\mu + n\nu = 0, \\ l^2 + m^2 + n^2 = 1, & \lambda\alpha + \mu\beta + \nu\gamma = 0, \\ \lambda^2 + \mu^2 + \nu^2 = 1; & \alpha l + \beta m + \gamma n = 0. \end{cases}$$

$$(B)\quad \begin{cases} \alpha^2 + l^2 + \lambda^2 = 1, & \beta\gamma + mn + \mu\nu = 0, \\ \beta^2 + m^2 + \mu^2 = 1, & \gamma\alpha + nl + \nu\lambda = 0, \\ \gamma^2 + n^2 + \nu^2 = 1; & \alpha\beta + lm + \lambda\mu = 0. \end{cases}$$

$$(C)\quad \begin{cases} \alpha = m\nu - n\mu, & \beta = n\lambda - l\nu, & \gamma = l\mu - m\lambda, \\ l = \mu\gamma - \nu\beta, & m = \nu\alpha - \lambda\gamma, & n = \lambda\beta - \mu\alpha, \\ \lambda = \beta n - \gamma m, & \mu = \gamma l - \alpha n, & \nu = \alpha m - \beta l. \end{cases}$$

$$(D)\quad \begin{vmatrix} \alpha & \beta & \gamma \\ l & m & n \\ \lambda & \mu & \nu \end{vmatrix} = 1.$$

Tafel III.

Richtungskosinus des begleitenden Dreikants einer Kurve und ihre Ableitungen nach der Bogenlänge.

(Siehe 2. Abschn. § 6.)

$$(A)\quad x'^2 + y'^2 + z'^2 = 1, \quad x'x'' + y'y'' + z'z'' = 0.$$

$$(B)\quad \begin{cases} \alpha = x', & l = r x'', & \lambda = r(y'z'' - z'y''), \\ \beta = y', & m = r y'', & \mu = r(z'x'' - x'z''), \\ \gamma = z', & n = r z'', & \nu = r(x'y'' - y'x''). \end{cases}$$

$$(C)\quad \begin{cases} \alpha' = \dfrac{l}{r}, & l' = -\dfrac{\alpha}{r} - \dfrac{\lambda}{\varrho}, & \lambda' = \dfrac{l}{\varrho}, \\ \beta' = \dfrac{m}{r}, & m' = -\dfrac{\beta}{r} - \dfrac{\mu}{\varrho}, & \mu' = \dfrac{m}{\varrho}, \\ \gamma' = \dfrac{n}{r}, & n' = -\dfrac{\gamma}{r} - \dfrac{\nu}{\varrho}, & \nu' = \dfrac{n}{\varrho}. \end{cases}$$

$$(D)\quad \frac{1}{r} = \frac{dT}{ds} = \sqrt{x''^2 + y''^2 + z''^2}.$$

(Positiv bei reellen Kurven.)

$$(E)\quad \frac{1}{\varrho} = \frac{dB}{ds} = -\frac{1}{x''^2 + y''^2 + z''^2} \begin{vmatrix} x' & x'' & x''' \\ y' & y'' & y''' \\ z' & z'' & z''' \end{vmatrix}$$

$$(F)\quad \begin{cases} \left(\dfrac{dT}{ds}\right)^2 = \alpha'^2 + \beta'^2 + \gamma'^2 = \dfrac{1}{r^2}, \\ \qquad\qquad l'^2 + m'^2 + n'^2 = \dfrac{1}{r^2} + \dfrac{1}{\varrho^2}, \\ \left(\dfrac{dB}{ds}\right)^2 = \lambda'^2 + \mu'^2 + \nu'^2 = \dfrac{1}{\varrho^2}. \end{cases}$$

$$(G)\quad \begin{cases} x''' = -\dfrac{1}{r^2}\alpha - \dfrac{r'}{r^2}l - \dfrac{1}{r\varrho}\lambda, \\ y''' = -\dfrac{1}{r^2}\beta - \dfrac{r'}{r^2}m - \dfrac{1}{r\varrho}\mu, \\ z''' = -\dfrac{1}{r^2}\gamma - \dfrac{r'}{r^2}n - \dfrac{1}{r\varrho}\nu. \end{cases}$$

$$(H)\quad \begin{cases} x''' = -\dfrac{1}{r^2}x' - \dfrac{r'}{r}x'' - \dfrac{1}{\varrho}(y'z'' - z'y''), \\ y''' = -\dfrac{1}{r^2}y' - \dfrac{r'}{r}y'' - \dfrac{1}{\varrho}(z'x'' - x'z''), \\ z''' = -\dfrac{1}{r^2}z' - \dfrac{r'}{r}z'' - \dfrac{1}{\varrho}(x'y'' - y'x''). \end{cases}$$

Tafel IV.

Bestimmung einer Kurve aus der sphärischen Indikatrix ihrer Tangenten.

(Siehe 2. Abschn. § 17.)

Die überstrichenen Buchstaben beziehen sich auf die Indikatrix, und die Differentiationen sind in bezug auf die Bogenlänge $\bar{s}$ der Indikatrix auszuführen. Gegeben sind $\bar{x}, \bar{y}, \bar{z}$ als Funktionen von $\bar{s}$, so daß

(*A*) $$\bar{x}^2 + \bar{y}^2 + \bar{z}^2 = 1\,, \quad \bar{x}'^2 + \bar{y}'^2 + \bar{z}'^2 = 1$$

ist. Unter φ ist eine beliebige Funktion von $\bar{s}$ zu verstehen.

(*B*) $$x = \int \varphi\, \bar{x}\, d\bar{s}, \quad y = \int \varphi\, \bar{y}\, d\bar{s}, \quad z = \int \varphi\, \bar{z}\, d\bar{s}.$$

(*C*) $$ds = \varphi\, d\bar{s}.$$

(*D*) $$\alpha = \bar{x}\,, \quad \beta = \bar{y}\,, \quad \gamma = \bar{z}\,.$$

(*E*) $$l = \varepsilon\bar{\alpha}, \quad m = \varepsilon\bar{\beta}, \quad n = \varepsilon\bar{\gamma} \quad (\varepsilon = \pm 1).$$

(*F*) $$\lambda = -\varepsilon(\bar{\beta}\bar{z} - \bar{\gamma}\bar{y}), \quad \mu = -\varepsilon(\bar{\gamma}\bar{x} - \bar{\alpha}\bar{z}), \quad \nu = -\varepsilon(\bar{\alpha}\bar{y} - \bar{\beta}\bar{x}).$$

(*G*) $$r = \varepsilon\varphi\,, \quad \varrho = -\frac{\bar{r}\,\varphi}{\bar{r}'\,\bar{\varrho}} = \frac{\varphi}{\mathbf{S}(\bar{\beta}\bar{z} - \bar{\gamma}\bar{y})\bar{\alpha}'}\,.$$

Im reellen Falle sind $\varepsilon = \pm 1$ und φ so zu wählen, daß $\varepsilon\varphi > 0$ wird.

Tafel V.

Bestimmung einer Kurve aus der sphärischen Indikatrix ihrer Hauptnormalen.

(Siehe 2. Abschn. § 17.)

Die überstrichenen Buchstaben beziehen sich auf die Indikatrix, und die Differentiationen sind in bezug auf die Bogenlänge $\bar{s}$ der Indikatrix auszuführen. Gegeben sind $\bar{x}, \bar{y}, \bar{z}$ als Funktionen von $\bar{s}$, so daß

(*A*) $$\bar{x}^2 + \bar{y}^2 + \bar{z}^2 = 1\,, \quad \bar{x}'^2 + \bar{y}'^2 + \bar{z}'^2 = 1$$

ist. Unter φ ist eine beliebige Funktion von $\bar{s}$ zu verstehen.

$$(B)\qquad \begin{cases} x = \int \varphi\,[(\bar\beta\,\bar z - \bar\gamma\,\bar y)\sin\omega - \bar\alpha\cos\omega]\,d\bar s\,,\\ y = \int \varphi\,[(\bar\gamma\,\bar x - \bar\alpha\,\bar z)\sin\omega - \bar\beta\cos\omega]\,d\bar s\,,\\ z = \int \varphi\,[(\bar\alpha\,\bar y - \bar\beta\,\bar x)\sin\omega - \bar\gamma\cos\omega]\,d\bar s\,. \end{cases}$$

Dabei ist

$$(C)\qquad \omega = -\int \frac{\bar r'\,\bar\varrho}{\bar r}\,d\bar s\,.$$

$$(D)\qquad ds = \varepsilon\varphi\,d\bar s \quad (\varepsilon = \pm 1)\,.$$

$$(E)\qquad \begin{cases} \alpha = \varepsilon\,[(\bar\beta\,\bar z - \bar\gamma\,\bar y)\sin\omega - \bar\alpha\cos\omega]\,,\\ \beta = \varepsilon\,[(\bar\gamma\,\bar x - \bar\alpha\,\bar z)\sin\omega - \bar\beta\cos\omega]\,,\\ \gamma = \varepsilon\,[(\bar\alpha\,\bar y - \bar\beta\,\bar x)\sin\omega - \bar\gamma\cos\omega]\,. \end{cases}$$

$$(F)\qquad l = \bar x\,,\quad m = \bar y\,,\quad n = \bar z\,.$$

$$(G)\qquad \begin{cases} \lambda = -\,\varepsilon\,[(\bar\beta\,\bar z - \bar\gamma\,\bar y)\cos\omega + \bar\alpha\sin\omega]\,,\\ \mu = -\,\varepsilon\,[(\bar\gamma\,\bar x - \bar\alpha\,\bar z)\cos\omega + \bar\beta\sin\omega]\,,\\ \nu = -\,\varepsilon\,[(\bar\alpha\,\bar y - \bar\beta\,\bar x)\cos\omega + \bar\gamma\sin\omega]\,. \end{cases}$$

$$(H)\qquad r = \frac{\varphi}{\cos\omega}\,,\quad \varrho = \frac{\varphi}{\sin\omega}\,.$$

Im reellen Falle ist φ mit demselben Vorzeichen wie $\cos\omega$ zu wählen.

Tafel VI.

Bestimmung einer Kurve aus der sphärischen Indikatrix ihrer Binormalen.

(Siehe 2. Abschn. § 17.)

Die überstrichenen Buchstaben beziehen sich auf die Indikatrix, und die Differentiationen sind in bezug auf die Bogenlänge $\bar s$ der Indikatrix auszuführen. Gegeben sind $\bar x, \bar y, \bar z$ als Funktionen von $\bar s$, so daß

$$(A)\qquad \bar x^2 + \bar y^2 + \bar z^2 = 1\,,\quad \bar x'^2 + \bar y'^2 + \bar z'^2 = 1$$

ist. Unter φ ist eine beliebige Funktion von $\bar s$ zu verstehen.

$$(B)\qquad \begin{cases} x = \int \varphi\,(\bar\beta\,\bar z - \bar\gamma\,\bar y)\,d\bar s\,,\quad y = \int \varphi\,(\bar\gamma\,\bar x - \bar\alpha\,\bar z)\,d\bar s\,,\\ z = \int \varphi\,(\bar\alpha\,\bar y - \bar\beta\,\bar x)\,d\bar s\,. \end{cases}$$

(C) $$ds = \varepsilon \varphi d\bar{s} \quad (\varepsilon = \pm 1).$$

(D) $$\alpha = \varepsilon(\bar{\beta}\bar{z} - \bar{\gamma}\bar{y}), \quad \beta = \varepsilon(\bar{\gamma}\bar{x} - \bar{\alpha}\bar{z}), \quad \gamma = \varepsilon(\bar{\alpha}\bar{y} - \bar{\beta}\bar{x}).$$

(E) $$l = \varepsilon\bar{\alpha}, \quad m = \varepsilon\bar{\beta}, \quad n = \varepsilon\bar{\gamma}.$$

(F) $$\lambda = \bar{x}, \quad \mu = \bar{y}, \quad \nu = \bar{z}.$$

(G) $$r = \varepsilon\frac{\bar{r}\varphi}{\bar{r}'\bar{\varrho}}, \quad \varrho = \varphi.$$

Im reellen Falle ist $\varepsilon = \pm 1$ so zu wählen, daß $\varepsilon\bar{r}\varphi$ dasselbe Vorzeichen wie $\bar{r}'\bar{\varrho}$ bekommt.

Tafel VII.

Elemente der Filarevolventen einer Kurve.

(Siehe 3. Abschn. § 5.)

Die nicht überstrichenen Buchstaben beziehen sich auf die gegebene Filarevolute, die überstrichenen auf die gesuchten Filarevolventen. a ist eine willkürliche Konstante.

(A) $$\bar{x} = x + \alpha(a - s), \quad \bar{y} = y + \beta(a - s), \quad \bar{z} = z + \gamma(a - s).$$

(B) $$d\bar{s} = \varepsilon\frac{s - a}{r}ds,$$

wo $\varepsilon = \pm 1$ ist und zwar im reellen Falle, je nachdem:

$$s - a \gtrless 0.$$

(C) $$\bar{\alpha} = -\varepsilon l, \quad \bar{\beta} = -\varepsilon m, \quad \bar{\gamma} = -\varepsilon n.$$

(D) $$\bar{l} = \varepsilon\varepsilon'\frac{\alpha\varrho + \lambda r}{\sqrt{r^2 + \varrho^2}}, \quad \bar{m} = \varepsilon\varepsilon'\frac{\beta\varrho + \mu r}{\sqrt{r^2 + \varrho^2}}, \quad \bar{n} = \varepsilon\varepsilon'\frac{\gamma\varrho + \nu r}{\sqrt{r^2 + \varrho^2}},$$

wo $\varepsilon' = \pm 1$ ist und zwar im reellen Falle, je nachdem:

$$\varrho \gtrless 0,$$

wenn dabei die Quadratwurzel $\sqrt{r^2 + \varrho^2}$ positiv gewählt wird.

(E) $$\bar{\lambda} = \varepsilon'\frac{\lambda\varrho - \alpha r}{\sqrt{r^2 + \varrho^2}}, \quad \bar{\mu} = \varepsilon'\frac{\mu\varrho - \beta r}{\sqrt{r^2 + \varrho^2}}, \quad \bar{\nu} = \varepsilon'\frac{\nu\varrho - \gamma r}{\sqrt{r^2 + \varrho^2}}.$$

(F) $$\frac{1}{r} = \varepsilon\varepsilon' \frac{\sqrt{r^2+\varrho^2}}{\varrho(s-a)}.$$

(G) $$\frac{1}{\varrho} = \frac{r(\varrho' r - r'\varrho)}{(r^2+\varrho^2)(s-a)}.$$

Hierbei sind r' und ϱ' die Ableitungen von r und ϱ nach s.

Tafel VIII.

Elemente der Parallelkurven einer Kurve.

(Siehe 3. Abschn. § 6.)

Die nicht überstrichenen Buchstaben beziehen sich auf eine gegebene Kurve, die überstrichenen auf ihre gesuchten Parallelkurven. $\mathfrak{a}$ und $\mathfrak{b}$ sind willkürliche Konstanten.

(A) $$\begin{cases} \bar{x} = x + (\mathfrak{a}\,l + \mathfrak{b}\,\lambda)\cos\int\limits_0^s \frac{ds}{\varrho} - (\mathfrak{b}\,l - \mathfrak{a}\,\lambda)\sin\int\limits_0^s \frac{ds}{\varrho}, \\ \bar{y} = y + (\mathfrak{a}\,m + \mathfrak{b}\,\mu)\cos\int\limits_0^s \frac{ds}{\varrho} - (\mathfrak{b}\,m - \mathfrak{a}\,\mu)\sin\int\limits_0^s \frac{ds}{\varrho}, \\ \bar{z} = z + (\mathfrak{a}\,n + \mathfrak{b}\,\nu)\cos\int\limits_0^s \frac{ds}{\varrho} - (\mathfrak{b}\,n - \mathfrak{a}\,\nu)\sin\int\limits_0^s \frac{ds}{\varrho}. \end{cases}$$

(B) $$d\bar{s} = \left[1 - \frac{\mathfrak{a}}{r}\cos\int\limits_0^s \frac{ds}{\varrho} + \frac{\mathfrak{b}}{r}\sin\int\limits_0^s \frac{ds}{\varrho}\right] ds.$$

(C) $$\bar{\alpha} = \alpha, \quad \bar{\beta} = \beta, \quad \bar{\gamma} = \gamma.$$

(D) $$\bar{l} = \varepsilon\, l, \quad \bar{m} = \varepsilon\, m, \quad \bar{n} = \varepsilon\, n.$$

(E) $$\bar{\lambda} = \varepsilon\,\lambda, \quad \bar{\mu} = \varepsilon\,\mu, \quad \bar{\nu} = \varepsilon\,\nu.$$

Hierbei ist $\varepsilon = \pm 1$ und zwar im reellen Falle, je nachdem:

$$(\bar{F})\qquad p = 1 - \frac{\mathfrak{a}}{r}\cos\int\limits_0^s \frac{ds}{\varrho} + \frac{\mathfrak{b}}{r}\sin\int\limits_0^s \frac{ds}{\varrho} \gtreqless 0.$$

$$(G)\qquad \frac{1}{\bar{r}} = \frac{\varepsilon}{r p}.$$

$$(H)\qquad \frac{1}{\bar{\varrho}} = \frac{1}{\varrho p}.$$

Tafel IX.

Elemente der Gratlinie der Polarfläche einer Kurve.

(Siehe 3. Abschn. § 7.)

Die nicht überstrichenen Buchstaben beziehen sich auf eine gegebene Kurve, die überstrichenen auf die gesuchte Gratlinie ihrer Polarfläche. Die Differentiationen sind in bezug auf die Bogenlänge s der gegebenen Kurve auszuführen.

$$(A)\qquad \bar{x} = x + r l - \varrho r'\lambda, \quad \bar{y} = y + r m - \varrho r'\mu, \quad \bar{z} = z + r n - \varrho r'\nu.$$

$$(B)\qquad d\bar{s} = \varepsilon\left(\frac{r}{\varrho} + r'\varrho' + r''\varrho\right) ds = \varepsilon p\, ds,$$

wo $\varepsilon = \pm 1$ ist und zwar im reellen Falle, je nachdem:

$$(C)\qquad p = \frac{r}{\varrho} + r'\varrho' + r''\varrho \gtreqless 0.$$

$$(D)\qquad \bar{\alpha} = -\varepsilon\lambda, \quad \bar{\beta} = -\varepsilon\mu, \quad \bar{\gamma} = -\varepsilon\nu.$$

$$(E)\qquad \bar{l} = -\varepsilon\varepsilon' l, \quad \bar{m} = -\varepsilon\varepsilon' m, \quad \bar{n} = -\varepsilon\varepsilon' n,$$

wo $\varepsilon' = \pm 1$ ist und zwar im reellen Falle, je nachdem $\varrho \gtreqless 0$ ist.

$$(F)\qquad \bar{\lambda} = -\varepsilon'\alpha, \quad \bar{\mu} = -\varepsilon'\beta, \quad \bar{\nu} = -\varepsilon'\gamma.$$

$$(G)\qquad \frac{1}{\bar{r}} = \frac{\varepsilon\varepsilon'}{\varrho p}.$$

$$(H)\qquad \frac{1}{\bar{\varrho}} = \frac{1}{r p}.$$

Tafel X.

Elemente der Gratlinie der rektifizierenden Fläche einer Kurve.

(Siehe 3. Abschn. § 8.)

Die nicht überstrichenen Buchstaben beziehen sich auf eine gegebene Kurve, die überstrichenen auf die gesuchte Gratlinie ihrer rektifizierenden Fläche. Die Differentiationen sind in bezug auf die Bogenlänge s der gegebenen Kurve auszuführen.

$$(A)\qquad \bar{x} = x - \frac{\alpha\frac{r}{\varrho} - \lambda}{\left(\frac{r}{\varrho}\right)'}, \quad \bar{y} = y - \frac{\beta\frac{r}{\varrho} - \mu}{\left(\frac{r}{\varrho}\right)'}, \quad \bar{z} = z - \frac{\gamma\frac{r}{\varrho} - \nu}{\left(\frac{r}{\varrho}\right)'}.$$

$$(B)\qquad \frac{d\bar{s}}{ds} = \sqrt{\left(\frac{r}{\varrho}\right)^2 + 1}\;\frac{d}{ds}\frac{1}{\left(\frac{r}{\varrho}\right)'}.$$

Im reellen Falle ist die Quadratwurzel so zu wählen, daß $d\bar{s}:ds$ positiv wird.

$$(C)\qquad \bar{\alpha} = -\frac{\alpha\frac{r}{\varrho} - \lambda}{\sqrt{\left(\frac{r}{\varrho}\right)^2 + 1}}, \quad \bar{\beta} = -\frac{\beta\frac{r}{\varrho} - \mu}{\sqrt{\left(\frac{r}{\varrho}\right)^2 + 1}}, \quad \bar{\gamma} = -\frac{\gamma\frac{r}{\varrho} - \nu}{\sqrt{\left(\frac{r}{\varrho}\right)^2 + 1}}.$$

$$(D)\qquad \bar{l} = -\varepsilon\frac{\alpha + \lambda\frac{r}{\varrho}}{\sqrt{\left(\frac{r}{\varrho}\right)^2 + 1}}, \quad \bar{m} = -\varepsilon\frac{\beta + \mu\frac{r}{\varrho}}{\sqrt{\left(\frac{r}{\varrho}\right)^2 + 1}}, \quad \bar{n} = -\varepsilon\frac{\gamma + \nu\frac{r}{\varrho}}{\sqrt{\left(\frac{r}{\varrho}\right)^2 + 1}}.$$

$$(E)\qquad \bar{\lambda} = -\varepsilon l, \quad \bar{\mu} = -\varepsilon m, \quad \bar{\nu} = -\varepsilon n.$$

$$(F)\qquad \bar{r} = \varepsilon\frac{\sqrt{\left(\frac{r}{\varrho}\right)^2 + 1}^{\,3}\;\frac{d}{ds}\frac{1}{\left(\frac{r}{\varrho}\right)'}}{\left(\frac{r}{\varrho}\right)'}, \quad \bar{\varrho} = -r\frac{d}{ds}\frac{1}{\left(\frac{r}{\varrho}\right)'}.$$

Im reellen Falle ist $\varepsilon = \pm 1$ so zu wählen, daß $\bar{r}$ positiv wird.

Sachregister.[1]

A

Abbildung von Ebene auf Ebene 166 und zwar flächentreu 167f.; von Flächen längentreu 354, 382f., insbesondere von Tangentenflächen, Kegeln oder Zylindern 354 f., 386 f., 390, 427 f.; sphärische 326 f., 338 f., 341.

Abhängigkeit von Funktionen 121.

Ableitungen nach der Bogenlänge 35 f., 39, 52, 83, 227 f., 232 f., 234, 237 f., 274 f.; nach dem Tangentenwinkel in der Ebene 25 f., 40, 51 f., 59, 66 f., 68 f., 79 f.

Abwickelbare Flächen 358, 390.

Abwicklung einer Fläche auf die Ebene 356 f., 363 f., 390 f.; insbesondere eines Kegels oder Zylinders 212, 301, 364 f., 390, 420, 426 f.; der Polarfläche 411 f.; der rektifizierenden Fläche 421 f.; gleichbedeutend mit längentreuer Abbildung.

Algebraische ebene Kurven 109f.

Analytische Darstellung von Geraden im Raume 190 f.; von Kurven in der Ebene 1 f., insbesondere in krummlinigen Koordinaten 149 f.; von Kurven im Raume 203 f., 207; von Flächen 208; siehe auch die speziellen Stichworte und Parameterdarstellung.

Analytische Funktionen 2 f.

Analytisches Dreieck 115 f.

Änderung des Koordinatensystems in der Ebene 13 f.; im Raume 194 f.

Änderung einer Ortsfunktion in der Ebene 122 f., 181 f.

Äquianharmonisches Doppelverhältnis 448.

Äquivalenzproblem (84).

Asymptote 26 f.

Asymptotischer Punkt 27.

B

Begleitende Punkte und Kurven in der Ebene 91 f.; siehe auch natürliche Gleichungen.

Begleitendes Achsenkreuz einer ebenen Kurve 91.

Begleitendes Dreikant einer Raumkurve 223 f.; verschraubt 262 f.; einer gemeinen Schraubenlinie 237; einer Parallelkurve 404; bei Kurvenpaaren mit denselben Hauptnormalen 439.

Bertrandsche **Kurvenpaare** (435).

Berührende Gerade oder Ebene siehe Tangenten und Tangentenebene.

Berührung (höherer Ordnung) von Kurven in der Ebene 27 f., 33 f., 45, 70; von Kurve und Gerade in der Ebene 32; von Kurve und Kreis in der Ebene 38 f.; von Kurve und Kegelschnitt in der Ebene 45; von Kurven im Raume 214 f., 217 f.; von Kurve und Gerade im Raume 215 f.; von Kurve und Kreis im Raume 249 f.; von Kurve und Fläche 306 f., insbesondere in einem singulären Flächenpunkte 309 f.; von Kurve und Ebene 315; von Kurve und Kugel 316 f.; von Fläche und Gerade 310 f.; siehe auch Tangenten und Tangentenebene.

Bewegung in der Ebene 15 f., 75 f.; im Raume 194, 197 f., 269 f.; ersetzbar durch Drehung, Schiebung oder Schraubung 16 f., 49 f., 201 f., 262; stetig 266 f.; unendlich klein 264 f.

Biegung einer Ebene 390; einer Tangentenfläche 358; als Name der Krümmung (235); siehe auch Abbildung von Flächen längentreu und Abwicklung.

Bildebene zur Untersuchung singulärer Stellen 113 f.

[1] Zahlen in Klammern deuten auf Stellen in den Anmerkungen.

Bildkugel 326 f.
Bilineare Relation zwischen zwei Veränderlichen 445 f.
Binormale 223.
Bogenelement einer ebenen Kurve 9, insbesondere bei krummlinigen Koordinaten 146; einer Raumkurve 208; einer Tangentenfläche 358; einer Flächenkurve siehe Abbildung von Flächen längentreu.
Bogenlänge in der Ebene 9 f., insbesondere bei Kurvennetzen ohne Umwege 181 f.; im Raume 208 f.; als Parameter in der Ebene 11 f., 34 f. und im Raume 209, 227 f., 270 f.; einer Kurve proportional der einer sphärischen Indikatrix 341, 440; gleich Null siehe Minimalgeraden und Minimalkurven erster Ordnung.
Böschungsfläche 381 f., 415.
Büschel von Ebenen 377, 452 f.; von Kurven 55; von Kreisen 58, 134, 178 f.; von Kegelschnitten 55; von Strahlen 452 f.

C

Cartesisches Blatt 116.
Cassinische Kurven 127.
Cesàrosche Fundamentalformeln (94).

D

Determinante der Ableitungen erster bis dritter Ordnung bei einer Kurve 240; von Funktionen und ihren Ableitungen 248 f.; der Richtungskosinus eines Achsenkreuzes 197; der Richtungskosinus des begleitenden Dreikants 294 f.; von Wronski (248).
Developpabele Fläche 358.
Diagonalkurven 162 f.; orthogonal 164; eines Isothermennetzes 172.
Dichtigkeit einer einfach unendlichen Kurvenschar 162.
Differentialgleichungen s. unter gewöhnlicher, linearer partieller und Riccatischer Differentialgleichung.
Differentialinvarianten bei einer Kurve in der Ebene 75 f., 80 f., 84 f., 91 f., 278; bei einer Kurve im Raume 269 f., 275 f., 279 f.
Differentialparameter 79 f.
Differentialquotienten siehe Ableitungen.
Dipolare Koordinaten 145.
Doppelpunkt 111, 116 f.
Doppelverhältnis von vier Größen 291, 445 f.; von vier Punkten einer Geraden 446 f.; von vier Strahlen oder Ebenen eines Büschels 452; von zwei Geraden und zwei Minimalgeraden 454 f.; von vier Lösungen einer Riccatischen Differentialgleichung 291 f.; unverändert bei Projektion 451; bei perspektiver Lage 453; äquianharmonisch 448; harmonisch 294, 449, 453.
Drehung in der Ebene 16 f., 78 und zwar unendlich klein um den Krümmungsmittelpunkt 49 f.; im Raume 272 f.; innerhalb der Normalebenen einer Kurve 402.
Dreikant siehe begleitendes Dreikant.

E

Ebene Kurve siehe Kurve in der Ebene; aufgefaßt als Raumkurve 206, 239 f., 244, 246 f., 277 f., 300, 414 f., 434, 437.
Ebenenbüschel 377, 452 f.
Eigentlicher Scheitel 53.
Eigentlicher Wendepunkt 21.
Einhüllende einer Kurvenschar in der Ebene 57 f., insbesondere einer Geradenschar 59 f., siehe auch Evoluten; der Krümmungskreise in der Ebene 59, 188; einer Ebenenschar 376 f., siehe auch Tangentenfläche; der Normalebenen 404 f.; der rektifizierenden Ebenen 415 f., 421 f.
Einsiedlerpunkt 111.
Ellipse 127, 253; ihre natürliche Gleichung 90 f.; siehe auch Kegelschnitte.
Elliptische Integrale 137 f.
Elliptische Koordinaten 148 f., 175.
Elliptische Punkte 74.
Entfernungen zwischen zwei Geraden 367 f.
Enveloppe 57, gleichbedeutend mit Einhüllender.
Erste, zweite Krümmung 236, 252.
Erzeugende einer geradlinigen Fläche 366.
Evoluten in der Ebene 64 f., 92, 98 f., 100, 102 f., 374, 382, 414, 464, und zwar höhere 66 f., 83, insbesondere beim Kegelschnitte 71 f.; im Raume siehe Filar- und Planevoluten.
Evolventen in der Ebene 64 f., insbesondere des Kreises 101; im Raume siehe Filar- und Planevolventen.
Exzentrische Anomalie (8).

F

Filarevoluten 395, 408 f.; als geodätische Kurven der Polarfläche 412; als Gratlinien 414; von ebenen Kurven 414 f.

Filarevolventen 392f., insbesondere von Schraubenlinien 395; ihre Polarfläche 415.
Fläche 189, 208, 306f.; der Tangenten einer Kurve siehe Tangentenfläche; der Hauptnormalen einer Kurve 373, 415; der Binormalen einer Kurve 374; die von jeder Tangentenebene längs einer Geraden berührt wird, 376; mit nur einfach unendlicher Schar von Tangentenebenen 381, 386; siehe auch abwickelbare Flächen, geradlinige Fläche und Polarfläche.
Flächentreue Abbildung der Ebene 167f.
Flexion (235).
Frenetsche Formeln (236).
Fundamentalformeln der natürlichen Geometrie (94).
Fundamentalgleichung der Ebene 154, 156f., 389.
Fundamentalgrößen der Ebene 147f., 151f.; und die zwischen ihnen bestehende Bedingung 154; und die zugehörigen Systeme von krummlinigen Koordinaten 151f.; zum Ausdrucke innerer Eigenschaften eines Netzes 158f.; bei Isothermen 170f.; bei Kurvennetzen ohne Umwege 184f.
Funktionaldeterminante 120f.
Funktionen 2 u. f.; unentwickelt 3, 144; unabhängig 121; komplexer Veränderlicher bei Isothermen 176f.; linear abhängig 248; des Ortes in der Ebene 119f., 181f., 188f.; der Abstände von festen Punkten 126f.

G

Gemeine Schraubenlinien 210f., 217, 236f., 253f., 305, 348, 358f., 391, 395, 438; die eine Kurve oskulieren, 254f., und dabei dieselbe Torsion haben, 262, 267f., 344, 394.
Geodätische Kurven 364; von Tangentenflächen 364; einer Polarfläche 412; einer rektifizierenden Fläche 423f.; von Kegeln 420; von Zylindern 426f., 463.
Geraden in der Ebene 5, 7; als Kreise oder Kurven von der Krümmung Null 43, 51, 89; ihre natürliche Gleichung 89; als Hilfskurven an singulären Stellen 117; im Raume 189f., 222, 253, 278; siehe auch Minimalgeraden.
Geradenpaar zirkular 13.
Geradlinige Fläche 189, 366f., 374f.; auf der sich unendlich benachbarte Erzeugende schneiden, 371f.; der Tangenten siehe Tangentenfläche; der Hauptnormalen 373, 415; der Binormalen 374.
Geschwindigkeit der Änderung einer Ortsfunktion 122f., 126, 181.
Gewöhnliche Differentialgleichung erster Ordnung 128f.: für die Trajektorien einer Kurvenschar in der Ebene 132f.; für Kurvennetze ohne Umwege 182f.; siehe auch Riccatische Differentialgleichung.
Gitter zur Untersuchung singulärer Stellen 113f.
Gleichungen von Kurven und Flächen siehe analytische Darstellung, Parameterdarstellung und natürliche Gleichungen.
Glockenkurve 44.
Gratlinie einer Tangentenfläche 362; einer Böschungsfläche 382; der Polarfläche 405f.; der rektifizierenden Fläche 415f.
Grenzpunkte bei Kurvenscharen in der Ebene 57.
Grenzwert des Verhältnisses des Bogens zur Sehne 11, 209.

H

Harmonisches Doppelverhältnis 294, 449, 453.
Hauptnormalen 223, 251; von geodätischen Kurven 426.
Hilfskurven bei Untersuchung singulärer Stellen 106f., 112f., 362.
Hilfsveränderliche 2, gleichbedeutend mit Parameter.
Höhere Evoluten 66f., 83.
Hüllkurve 57, gleichbedeutend mit Einhüllender.
Hyperbel 27, 127; ihre natürliche Gleichung 91; siehe auch Kegelschnitte.
Hyperbolische Spirale 27.
Hyperbolische Punkte 74.
Hyperboloid 189.

I

Identische Umformung von Summen 194.
Imaginäre Gebilde 5f.
Implizite Funktionen 3, gleichbedeutend mit unentwickelten Funktionen.

Indikatrix siehe sphärische Indikatrix.
Inflexionspunkt und -tangente 20.
Inhalt einer Netzmasche 165 f.
Innere Eigenschaften einer Kurve 75, 86; eines Kurvennetzes 158 f.
Integrabilitätsfaktor 131.
Integrale 130; elliptische 137 f.
Integralkurven 128 f.
Integration der natürlichen Gleichungen 85 f., 287 f., 299 f.
Integrationskonstante 130; insbesondere bei einer RICCATIschen Differentialgleichung 292.
Invarianten 75, siehe auch Differentialinvarianten.
Irreduzible algebraische Kurven 109.
Isolierte Punkte 111, 117.
Isometrische Parameter (173).
Isothermennetze 171 f.; ausgedrückt mittels Funktionen komplexer Veränderlicher 176 f.; von Geraden und Kreisen 174, 177 f.; von Kegelschnitten 175.

K

Kegel 189, 373, 377, 381, 386 f., 390; längentreu auf die Ebene abgebildet 361 f., 386 f.; von Minimalgeraden 388 f.; zweiten Grades 311 f.; siehe auch Rotationskegel.
Kegelschnitte dargestellt mittels des Tangentenwinkels 68; ihre natürliche Gleichung 91; eine Kurve in der Ebene oskulierend 45, 70 f.; Krümmungsradien ihrer höheren Evoluten 68; bei elliptischen Koordinaten 148 f., 175; konfokal 149, 175.
Konchoide 117.
Kongruenz von Kurven in der Ebene 17, 84 f., 88 f.; im Raume 279 f., 283 f., 285 f., 297 f.; insbesondere von Geraden oder Kreisen 89.
Konoid von PLÜCKER (260).
Kontingenzwinkel in der Ebene 46, 247 und zwar bei einer begleitenden Kurve 95; im Raume 235, 247; des Ortes der Mitten der Schmiegungskugeln 407.
Konvexität und Konkavität 40.
Koordinaten 1, siehe auch Änderung des Koordinatensystems; krummlinig in der Ebene 145 f., 151 f.; dipolar 145; elliptisch 148 f., 175; Polarkoordinaten 145, 147 f.; gebildet aus den Abständen von festen Punkten 126 f.
Kosinus einwertig 192; des Winkels zweier Geraden im Raume 193; siehe auch Richtungskosinus.
Kreis 8, 127, 143, 207, 210, 249, 253; als Kurve mit lauter Scheiteln 43; als Kurve konstanter Krümmung 51, 391; seine natürliche Gleichung 89; senkrecht zu zwei Kreisen in der Ebene 56; siehe auch Krümmungskreis und Nullkreise.
Kreisbüschel 56, 134.
Kreisevolventen 101.
Krummlinige Koordinaten in der Ebene 145 f.; zu gegebenem Kurvennetze 150; zu gegebenem Quadrate des Bogenelements 151 f.; isothermisch (173); thermisch 173 f.
Krümmung einer ebenen Kurve 45 f., 236, 246 f.; als Verhältnis des Bogenelements des Bildkreises zum Bogenelement der Kurve 51; ihr Quadrat als Differentialinvariante 76 f., 278; ihr Vorzeichen 46, 246 f., (252); konstant oder gleich Null 51; mittlere für ein Kurvenstück 46.
Krümmung einer Raumkurve 235 f., 250; berechnet bei beliebiger Parameterdarstellung 277; ihr Quadrat als Differentialinvariante 274 f.; konstant siehe Kurven im Raume mit konstanter Krümmung; gleich Null 278; bei gemeiner Schraubenlinie 236; als Biegung oder Flexion bezeichnet (235); zweite 236.
Krümmungsachsen 320 f., 404 f.; bei ebener Kurve 414.
Krümmungskreis in der Ebene 39 f., 48 f., insbesondere bei Trajektorien 134, siehe auch Kurven in der Ebene; im Raume 252 f., 319 f., 324, siehe auch Kurven im Raume.
Krümmungsmaß gleichbedeutend mit Krümmung.
Krümmungsmittelpunkt in der Ebene und zwar als Schnitt unendlich benachbarter Normalen 49 und als Drehungsmittelpunkt 50, insbesondere von höheren Evoluten 68 f. und von Kegelschnitten und ihren höheren Evoluten 71 f. sowie von Trajektorien 133 f.; im Raume 252, 319, insbesondere bei gemeinen Schraubenlinien 253.
Krümmungsradius in der Ebene 48 f. und zwar bei Evoluten 66 f. sowie bei Netzkurven 161, siehe auch Kurven in der Ebene; im Raume (231), 252 und zwar bei gemeinen

Schraubenlinien 253 f., siehe auch Kurven im Raume.

Krümmungswinkel (235).

Kugel 313, 457; die eine Kurve oskuliert, 316 f., gleichbedeutend mit Schmiegungskugel; als Bildkugel 326 f.; siehe auch Nullkugeln.

Kugelkreis unendlich fern 457, 463.

Kurve in der Ebene 1 f.; dargestellt mittels der Bogenlänge 12, 35 f., 39, 52; dargestellt mittels des Tangentenwinkels 25 f., 40, 51 f., 59, 66 f., und zwar insbesondere die höheren Evoluten 68 f.; begleitende 91 f.; gegeben durch ihre natürliche Gleichung, siehe natürliche Gleichungen; betrachtet als Kurve im Raume 206, 239 f., 244, 246 f., 277 f., 300, 414 f., 434, 437; mit gegebener Krümmung 52; mit konstanter Krümmung 51, 391; mit der Krümmung Null 51; mit konstantem Produkte von Krümmungsradius und Normaler 135 f. und zwar ihre verschiedenen Typen 141 f.; mit konstanter Tangentenlänge 143; die ihrer Evolute kongruent ist, 102; mit der Bogenlänge Null siehe Minimalgeraden in der Ebene; siehe ferner die spezielleren Stichworte: algebraische ebene Kurven, Cartesisches Blatt, Cassinische Kurven, Ellipse, Evoluten und Evolventen in der Ebene, Geraden, Glockenkurve, Hyperbel, Kegelschnitte, Konchoide, Kreis, Kreisevolventen, Kurvennetz, logarithmische Spirale, orthogonale Trajektorien, Orthogonalsystem, oskulierende Kurven, Parabel, Parallelkurven, Parameterkurven, Quadratnetz, Rhombennetz, Schar von Kurven, Sinuskurve, Stromlinien, Tangentiale, Trajektorien.

Kurven im Raume 189, 203 f.; Berechnung ihrer Elemente bei beliebiger Parameterdarstellung 227 f.; projiziert auf die Ebenen ihres begleitenden Dreikants 225 f.; als Schnitt zweier Flächen 208; bezeichnet als Kurve doppelter Krümmung 205, 236; geodätisch auf ihrer rektifizierenden Fläche 423; gegeben durch ihre natürlichen Gleichungen, siehe natürliche Gleichungen; gegeben durch die sphärische Indikatrix ihrer Tangenten 327 f. bzw. ihrer Hauptnormalen 327 f., 330 f. bzw. ihrer Binormalen 327 f., 335 f.; gegeben durch das Quadrat der Krümmung und die Torsion als Funktionen der Bogenlänge 283 f., 288 f., 298 f.; mit gegebener Polarfläche 414 f.; mit gegebener rektifizierender Fläche 423 f.; mit der Bogenlänge Null siehe Minimalkurven erster Ordnung; in Minimalebenen siehe Minimalkurven zweiter Ordnung; mit konstanter Krümmung 338, 341, 391, 407, 444 f.; mit der Krümmung Null 278; mit konstanter Torsion 339, 341, 437; mit der Torsion Null 239, 241, 244, 277, 299 f.; mit konstantem Verhältnisse von Krümmung und Torsion 300 f., 432 und zwar mit dem Verhältnisse $\pm i$ 303 f., 426 f.; mit konstanter Summe der Quadrate von Krümmung und Torsion 340 f.; mit linearer Relation zwischen Krümmung und Torsion 436 f.; von konstanter Neigung gegen eine Ebene 301 f.; mit lauter parallelen Schmiegungsebenen 239 f.; deren Hauptnormalen einer Ebene parallel sind, 304, 432, und zwar insbesondere einer Minimalebene 431 f.; deren Tangenten von einem Punkte konstanten Abstand haben, 420; mit konstantem Verhältnisse der Bogenlänge zur Bogenlänge einer sphärischen Indikatrix 341; eben 206, 239 f.; sphärisch 318 f.; mit konstanter Krümmung und konstanter Torsion 304 f., 437 f. und zwar insbesondere mit dem Verhältnisse $\pm i$ aus beiden 305 f., 438; siehe ferner die spezielleren Stichworte: Bertrandsche Kurvenpaare, Filarevoluten und -evolventen, gemeine Schraubenlinien, geodätische Kurven, Gratlinie, Kurvenpaare, kürzeste Linien, Minimalkurven, Ort, orthogonale Trajektorien, oskulierende Kurven, Parallelkurven, Planevoluten und -evolventen, Schraubenlinien, sphärische Indikatrix.

Kurven doppelter Krümmung 205, 236.

Kurvennetz in der Ebene 143 f., 158 f.; orthogonal 148; mit unendlich kleinen Rhomben 164; mit unendlich kleinen Quadraten 165; isotherm 171 f.; ohne Umwege 181 f.; mit gegebener Schar von ∞^2 Krümmungskreisen 187 f.

Kurvenpaare mit denselben Tangenten 433 bzw. Hauptnormalen 434 f., 438 f., 443 f. bzw. Binormalen 433 f.

Kurvenschar in der Ebene siehe Schar von Kurven.
Kürzeste Linien 364.

L

Längentreue Abbildung von Flächen 354 f., 382 f., 387 f., 390, 427 f.
Linear abhängige Funktionen 248.
Lineare partielle Differentialgleichung für die Integrale einer gewöhnlichen Differentialgleichung 130.
Lineare Relation zwischen Krümmung und Torsion 436 f.
Linear gebrochene Funktion 446.
Linie 1, gleichbedeutend mit Kurve.
Linienelement 127.
Links- und rechtsgewunden siehe Windung.
Logarithmische Spirale 103.
Lösungen von Differentialgleichungen 128 f.; von besonderer Art 291 f., 398 f., 401.

M

Magische Gleichung der Tangente (59).
Maschen eines ebenen Kurvennetzes 162 f.; ihr Inhalt 165 f.; als unendlich kleine Rhomben 164: als unendlich kleine Quadrate 165, 170 f.; bei Isothermennetzen 170 f.; bei Kurvennetzen ohne Umwege 183 f.
Maxima und Minima der Krümmung ebener Kurven 53; der Geschwindigkeit der Änderung einer Ortsfunktion 123 f.
Mechanische Erzeugung der Evolventen 63 f.; der Filarevolventen 392 f.; der Parallelkurven 402; der Planevolventen 396, 414.
Mehrfacher Kurvenpunkt 111.
Methode des analytischen Dreiecks 115 f.
Minimalebenen 231, 243 f., 389 f., 431 f., 462 f., 464.
Minimalgeraden in der Ebene 13, 15, 89 und zwar als Tangenten 24; im Raume 191, 193 f., 201, 209, 244, 453 f., 464 und zwar als Kurventangenten 219.
Minimalkurven erster Ordnung 209, 242 f., 245 f., 270, 426 f., 457 f. und zwar als geodätische Kurven von Zylindern 463; insbesondere eben 243 f.; zweiter Ordnung 242 f., 245 f., 270, 464.
Minimalpunkte in der Ebene 24, 43, 47, 126; erster Ordnung im Raume 209, 219, 231; zweiter Ordnung im Raume 231.
Mittlere Krümmung eines ebenen Kurvenbogens 46.
Multiplikator 131.

N

Natürliche Geometrie (92).
Natürliche Gleichungen ebener Kurven 86 f., 91 f. und zwar der Evoluten 98, der Parallelkurven 99, der Tangentialen 99, von begleitenden Kurven überhaupt 92 f., 97 f., von Ellipsen 90 f., von Kegelschnitten 91, von Kreisevolventen 101; von Raumkurven 280 f., 286 f.
Netz von Kurven siehe Kurvennetz.
Neue Parameter 6 f., 204.
Neue rechtwinklige Koordinaten in der Ebene 13 f.; im Raume 194 f.
Normalebenen 219, 222, 320 f.
Normalen einer Kurve in der Ebene 24; einer Kurve im Raume 223, 404 f.; einer Fläche 311; einer Tangentenfläche 426.
Normalenebene 219, gleichbedeutend mit Normalebene.
Normalenwinkel in der Ebene 24.
Nullkreise 13, 89, 246.
Nullkugeln 454 f.

O

Ordnung einer Berührung 27 f., 33 f., 214 f., 306 f.; einer Differentialinvariante 80, 272.
Orientierung des Achsenkreuzes im Raume 195; von Geraden im Raume 191; von Hauptnormalen 223, 231, 251; von Kurven und Tangenten in der Ebene 23 f.: von Kurven und Tangenten im Raume 209; von Kurvenscharen in der Ebene 124 f.
Ort der Krümmungsachsen 404 f.; der Mitten der Krümmungskreise 60 f.; 407, 415, siehe auch Evoluten; der Mitten der Schmiegungskugeln 397, 400, 402, 405 f. und zwar insbesondere bei Kurven konstanter Krümmung 407, 444 f.; eines Punktes der Normalebene 404.
Orthogonale Trajektorien einer Kurvenschar in der Ebene 133 und

zwar von spezieller Art 135 f.; der Tangenten einer Kurve in der Ebene 62 f.; der Tangenten einer Raumkurve 392 f., 413 f.; der Normalebenen 400; der Schmiegungsebenen 396 f.
Orthogonalität eines Kurvennetzes 148; der Diagonalen eines Kurvennetzes 164; der Parameterlinien in der Ebene 148.
Orthogonalsystem in der Ebene 148 f.; von Geraden und Kreisen 174, 177 f.; von konfokalen Kegelschnitten 149, 175.
Oskulation 38, 45, 219.
Oskulationsebene 222, gleichbedeutend mit Schmiegungsebene.
Oskulationskreis 252, gleichbedeutend mit Krümmungskreis.
Oskulationskugel 317, gleichbedeutend mit Schmiegungskugel.
Oskulierende Kurven 45, 219; Kegelschnitte 45, 70 f.; die gemeine Schraubenlinien sind, 254 f., und zwar insbesondere mit übereinstimmender Torsion 262, 267 f., 344.
Oskulierende Rotationskegel 344 f., 348, 394.

P

Parabel als Hilfskurve 116, 119; ihre natürliche Gleichung 91.
Parabolische Punkte 74.
Paraboloid 189.
Parallelkurven in der Ebene 62, 64, 437, als begleitende Kurven aufgefaßt 93, 99 f., der Evolute 100, einer besonderen begleitenden Kurve 101; im Raume 401 f.; von Schraubenlinien 404.
Parallelogramm unendlich klein 164.
Parameter zur Darstellung von Kurven in der Ebene 2, 6 bzw. im Raume 203; neu 6, 204; gleichbedeutend mit krummlinigen Koordinaten siehe krummlinige Koordinaten in der Ebene.
Parameterdarstellung von Kurven in der Ebene 2 f., 7 und zwar insbesondere mittels der Bogenlänge 11 f., 34 f. oder des Tangentenwinkels 25; von Kurven im Raume 203 f.; von Geraden im Raume 190, 204.
Parameterkurven in der Ebene 145 f.
Partielle Differentialgleichung für die Integrale einer gewöhnlichen Differentialgleichung 130 f.
Perspektive Lage 453.
Planevoluten 396 f.
Planevolventen 396 f., 414.
Plückersches Konoid (260).
Polare 320, gleichbedeutend mit Krümmungsachse.
Polarebenen bei einer Nullkugel 456 f.
Polarfläche 405 f.; abgewickelt 411 f.; bei ebener Kurve 414; einer Filarevolvente 415.
Polargerade 320, gleichbedeutend mit Krümmungsachse.
Polarkoordinaten 145, 147 f.
Polygon statt einer Kurve 224, 324 f., 355 f., 395 f., 410 f.
Projektion einer Kurve auf die Ebenen des begleitenden Dreikants 225 f.; eines geschlossenen Polygons auf eine Gerade 14; einer Strecke auf die Achsen 30; einer Schraubenlinie 382; einer gemeinen Schraubenlinie (254); einer Minimalkurve erster Ordnung 463 f.
Projektive Geometrie 445.
Punktreihe 452.

Q

Quadrat unendlich klein 165, 170.
Quadratnetz in der Ebene 165, 170, gleichbedeutend mit Isothermennetz.

R

Radius der Krümmung siehe Krümmungsradius; der ersten und zweiten Krümmung 252; der Schmiegungskugel 317, 326.
Raumkurve siehe Kurven im Raume.
Rechteck unendlich klein 165.
Rechtecksnetz in der Ebene 148, 165.
Rechts- und linksgewunden siehe Windung.
Regelfläche 188, 366, gleichbedeutend mit geradliniger Fläche.
Rektifizierende Ebenen 415 f., 419; geodätischer Kurven von Kegeln 420.
Rektifizierende Fläche 423 f.; einer geodätischen Kurve einer Tangentenfläche 423 f.
Rhombennetz in der Ebene 164.
Rhombus unendlich klein 164.
Riccatische Differentialgleichung 291 f.; für die Bestimmung von Raumkurven aus ihren natürlichen Gleichungen 291 f., 298 f.; von spezieller Art 409.
Richtungskoeffizient 18.

Richtungskosinus einer Geraden 191f., 204; eines Achsenkreuzes 194f.; der Tangente 216f., 229; der Hauptnormalen 224, 230; der Binormalen 224, 229; des begleitenden Dreikants differenziert nach der Bogenlänge 232f.
Ringfläche 312f.
Rollen einer Geraden auf einer Kurve 63f., 393; einer Ebene auf einer Kurve 396.
Rotationskegel 345; in der Spitze eine Kurve oskulierend 344f., 348; von dem drei Mantellinien drei unendlich benachbarten Kurventangenten parallel sind, 341f., 348, 394; der drei unendlich benachbarte Schmiegungsebenen berührt, 344; der die Schmiegungskugel längs des Krümmungskreises berührt, 349f.
Rückkehrkurve 362, gleichbedeutend mit Gratlinie.
Rückkehrpunkt 108, gleichbedeutend mit Spitze.

S

Schar von Kurven in der Ebene 45, insbesondere einfach unendlich 53f., 119f., 127f., 132f., siehe auch Kurvennetze; von Kreisen in der Ebene zweifach unendlich 187f.; von Ebenen einfach unendlich 376f.
Scheitel einer ebenen Kurve 42, 53; eines Kurvenbüschels 55.
Schiebung in der Ebene 16, 77; im Raume 199, 201, 272.
Schmiegung (235).
Schmiegungsebene 222f., 226f., 315 und zwar insbesondere eine Minimalebene 231; als Tangentenebene der Tangentenfläche 376; einer Minimalkurve erster Ordnung 461f.
Schmiegungskreis 252, gleichbedeutend mit Krümmungskreis.
Schmiegungskugel 317f., 319f., 322f.; ihr Mittelpunkt 319, 321f.
Schnabelspitze 107.
Schneiden von Geraden 367; insbesondere von unendlich benachbarten 367, 369f.
Schraubenhöhe 211.
Schraubenlinien auf Rotationszylindern siehe gemeine Schraubenlinien; allgemein 301f., 304, 343, 382, 395, 404, 415, 419, 426, 432, 437, (438), 463.
Schraubung 201f.; stetig 266; des begleitenden Dreikants 262f.
Sekante 18.
Selbstberührungspunkt 111, 119.
Senkrechtstehen von Geraden und Ebenen 457.
Serretsche Formeln (236).
Singuläre Stellen ebener Kurven 4f., 43, 47, 104f., 109, 111f., aber nur scheinbar 105; von Evolventen 63, 108; von algebraischen ebenen Kurven 109f., 116f.; von Raumkurven 206, 208f., 219; von Flächen 309f. und zwar insbesondere von Ringflächen 313f.
Sinuskurve 43, 212, (254), 259.
Sphärische Abbildung von Kurven 326f., 338f.
Sphärische Indikatrix der Tangenten 327f., 338, 340f.; der Hauptnormalen 327f., 330f., 341; der Binormalen 327f., 335f., 339f., 440f.
Sphärische Kurven 318f.
Spiegelung 21.
Spitze 107, 111, 118.
Stationäre Strömung in der Ebene 128.
Steigwinkel einer Schraubenlinie 213.
Strahlenbüschel 452f.
Strahlenkomplex 190.
Strahlenkongruenz oder Strahlensystem 190.
Stromlinien 128.
Summenzeichen S 228f.
Symmetriegerade einer Kurve in der Ebene 42.
Symmetrie in der Ebene 278.

T

Tangenten von Kurven in der Ebene 18f., 21f., 32 und zwar insbesondere von singulären Stellen 106; von Raumkurven 216f., 220, 222, 315 und zwar insbesondere Minimalgeraden 219; von Flächen 310f., 314 und zwar insbesondere von singulären Stellen 312f.
Tangentenebene 310f., 314; einer geradlinigen Fläche 375; einer Nullkugel 462.
Tangentenfläche 351f., 372f., 376, 380f., 386f., 414; abgewickelt auf die Ebene 355f., 363f., 390f.; längentreu auf eine andere oder auf die Ebene abgebildet 354f.; ihre geodätischen Kurven 423f.; einer allgemeinen Schraubenlinie 382; einer gemeinen Schraubenlinie 358f., 391; einer Kurve konstanter Krümmung 391; einer Minimalkurve erster Ordnung 387f.,

463f.; siehe auch Kegel und Zylinder als Spezialfälle.
Tangentenkegel 312f., 314.
Tangentenwinkel ebener Kurven 23, 59, 79; bei einfach unendlicher Kurvenschar 124.
Tangentiale 99.
Tangentialebene 310, gleichbedeutend mit Tangentenebene.
Thermische Parameter 173f.
Traktrix 143.
Trajektorien einer Kurvenschar in der Ebene 132f. und zwar von spezieller Art 135f.; siehe auch orthogonale Trajektorien.
Torsion 235f.; ihr Vorzeichen 268; als Differentialinvariante 274f.; berechnet bei beliebiger Parameterdarstellung 277; als zweite Krümmung 236; konstant 239, 241, 437; gleich Null 239, 241, 244, 277, 299f.; bei gemeinen Schraubenlinien 236.
Torsionsradius 252.
Torsionswinkel 235; des Ortes der Mitten der Schmiegungskugeln 407.

U

Umhüllende 57, gleichbedeutend mit Einhüllender.
Umlegung 247, 278.
Unabhängigkeit von Funktionen 121.
Unendlich ferne Ebene 457, 463.
Unendlich kleine Bewegung des begleitenden Dreikants 264f.
Unendlich kleine Parallelogramme, Rechtecke, Rhomben und Quadrate 164f., 170.
Unentwickelte Funktionen 3, 144.

V

Verbiegung 358, gleichbedeutend mit Biegung.
Vollständiges Differential durch Bestimmung eines Multiplikators 131; einer Ortsfunktion 122, 182.
Vorzeichen der Krümmung einer ebenen Kurve 48, 50, 247; der Krümmung einer Raumkurve 231, 247; der Torsion 268.

W

Wahrscheinlichkeitskurve 44.
Wendepunkt und -tangente 20, 32f., 37, 43, 47; verallgemeinert 217.
Windung einer Raumkurve (235), 268; einer allgemeinen Schraubenlinie (303); einer gemeinen Schraubenlinie 213, 268; einer Filarevolvente 395.
Winkel zweier Geraden 193; ausgedrückt durch ein Doppelverhältnis 456; zweier unendlich benachbarter Geraden 193.
Winkeltreue bei längentreuer Abbildung einer Fläche 363f.
Wronskische Determinante (248).

Z

Zeichnen von Kurven 43.
Zirkulares Geradenpaar 13.
Zweite Krümmung 236, 252.
Zylinder 189, 205, 301f., 373, 377, 381, 386f., 390; abgewickelt auf die Ebene 365f., 386f.; als Polarfläche einer ebenen Kurve 414; von Minimalgeraden 389f., 427f.
Zylindroid 260f.

Papier | Fördert gute Waldnutzung
FSC® C083411

Kolibri 360 GmbH
Ferdinand-Jühlke-Straße 7
99095 Erfurt, Deutschland
produktsicherheit@kolibri360.de